Dr. Josef Foclor

Hygienische Untersuchungen über Luft, Boden und Wasser insbesondere auf ihre Beziehungen zu den epidemischen Krankheiten

Dr. Josef Foclor

Hygienische Untersuchungen über Luft, Boden und Wasser insbesondere auf ihre Beziehungen zu den epidemischen Krankheiten

ISBN/EAN: 9783743320277

Hergestellt in Europa, USA, Kanada, Australien, Japan

Cover: Foto ©berggeist007 / pixelio.de

Manufactured and distributed by brebook publishing software (www.brebook.com)

Dr. Josef Foclor

Hygienische Untersuchungen über Luft, Boden und Wasser insbesondere auf ihre Beziehungen zu den epidemischen Krankheiten

HYGIENISCHE UNTERSUCHUNGEN

ÜBER

LUFT, BODEN UND WASSER,

INSBESONDERE

AUF IHRE BEZIEHUNGEN

ZU DEN

EPIDEMISCHEN KRANKHEITEN.

IM AUFTRAGE

DER

UNGARISCHEN AKADEMIE DER WISSENSCHAFTEN

AUSGEFÜHRT UND VERFASST

VON

DR. JOSEF FODOR,

Professor der Hygiene an der Universität Budapest.

AUS DEM UNGARISCHEN ÜBERSETZT.

MIT TAFELN UND ABBILDUNGEN.

ERSTE ABTHEILUNG: **DIE LUFT.**

BRAUNSCHWEIG,

DRUCK UND VERLAG VON FRIEDRICH VIEWEG UND SOHN.

1881.

DIE LUFT

UND

IHRE BEZIEHUNGEN

ZU DEN

EPIDEMISCHEN KRANKHEITEN.

HYGIENISCHE UNTERSUCHUNGEN

VON

DR. JOSEF FODOR,

Professor der Hygiene an der Universität Budapest.

AUS DEM UNGARISCHEN ÜBERSETZT.

MIT DREI TAFELN.

BRAUNSCHWEIG,

DRUCK UND VERLAG VON FRIEDRICH VIEWEG UND SOHN.

1881.

VORWORT.

Ich stellte mir die Aufgabe, jene Naturkräfte zu beobachten und zu erforschen, welchen beim Entstehen und bei der Verbreitung gewisser epidemischer Krankheiten eine Rolle zuzukommen scheint.

Es ist das ein breit angelegter Arbeitsplan; bei seinem Entwurfe leiteten mich die Ideen, welche für die wissenschaftliche Forschung zuerst durch Pettenkofer ergriffen wurden.

Nach seinen Untersuchungen ist es heute schon bekannt, dass die Seuchen — besonders Cholera, Typhus, Wechselfieber, Gelbfieber, Pest und einige Andere — bei ihrer Verbreitung constant und unverkennbar zwei Erscheinungen darbieten, die nämlich: dass sie von örtlichen und von zeitlichen Momenten abhängig sind. Diese sind die Grundeigenschaften jener Krankheiten, und in ihnen offenbart sich auch theilweise die verborgene Naturkraft, welche sie regulirt.

Es ist höchst wichtig, diese zu Tage tretenden Erscheinungen festzuhalten, und an ihrer Hand die Naturkräfte selbst, die an der Steuerung der epidemischen Krankheiten betheiligt sind, zu erforschen. Auf diesem

Wege ist es zu erhoffen, dass die bisher in so tiefes Dunkel gehüllte Natur jener Krankheiten vielleicht doch endlich zu ergründen sein wird.

Von diesem Gesichtspunkte aus unterzog ich die wichtigsten, auf die zeitliche und locale Verbreitung der epidemischen Krankheiten allem Anscheine nach Einfluss habenden Naturkräfte einer systematischen und gründlichen Untersuchung und wünsche im Vorliegenden über diese Arbeit und die bisher erlangten Resultate zu berichten.

Den Ort meiner Untersuchungen bildete Budapest links der Donau (die Pester Seite). Hier trachtete ich vor Allem, in das örtliche und zeitliche Verhalten der epidemischen Krankheiten einen klaren Einblick zu erlangen.

Zu diesem Zwecke notirte ich fortlaufend aus den hauptstädtischen officiellen Ausweisen alle durch eine epidemische Krankheit verursachten Todesfälle. Desgleichen notirte ich auf Grundlage der Protokolle des allgemeinen Krankenhauses zu St. Rochus, des Kinderspitales und beider Militärspitäler alle Erkrankungen von derselben Natur. Diese Daten dienten als Leitfaden über das zeitliche Verhalten jener Krankheiten.

Um auch das örtliche Verhalten derselben Krankheiten am Territorium der Hauptstadt zu erkennen, legte ich ein Stammprotokoll an, in welchem ich auf Grund der Protokolle von den hauptstädtischen Todtenbeschauern zu jedem einzelnen Pester Hause notirte, wie viel Todesfälle an epidemischen Krankheiten darin von 1863 bis 1877[1]) vorgekommen sind.

---

[1]) Die neue Häusernumerirung in der Hauptstadt hat meine diesbezüglichen Untersuchungen seitdem unterbrochen; ich bedauere es hauptsäch-

Auf Grundlage dieses Stammprotokolls verzeichnete ich auf Stadtplänen in jedem Hause die Zahl der entsprechenden Todesfälle; es kann da die Vertheilung der epidemischen Krankheiten auf die einzelnen Strassen und Häuser auf den ersten Blick abgelesen werden[1]).

Nachdem ich durch das Gesagte das zeitliche und örtliche Verhalten der epidemischen Krankheiten erkannt hatte, schritt ich an die Untersuchung der Luft, des Bodens und des Wassers, sodann der einzelnen Häuser in der Hauptstadt, überall die wahrnehmbaren Veränderungen und Unterschiede (so weit es in meinen Kräften lag) suchend und beobachtend.

Ich bestimmte und notirte von Tag zu Tag, von Jahr zu Jahr, die chemische Constitution der Luft und ihre Schwankungen, — die im Inneren des Bodens vor sich gehenden Bewegungen und deren Auf- und Abwogen, — die unaufhaltsamen Veränderungen des Trink- und Grundwassers, um zu erkennen, welchen zeitlichen Modificationen Luft, Boden und Wasser, diese hauptsächlichsten Naturkräfte, welche auf das menschliche Leben fortwährend einwirken, unterworfen sind, — um zu erkennen, ob in diesen eine gesetzmässige Uebereinstimmung, ein natürlicher Zusammenhang mit dem zeitlichen Verhalten der epidemischen Krankheiten obwaltet oder nicht. Ich forschte aber auch danach, ob sich der

---

lich um meiner über Wechselfieber und Darmcatarrh begonnenen Untersuchungen willen.

[1]) Solche Pläne habe ich auf dem IX. internationalen statistischen Congress zu Budapest im Jahr 1876 ausgestellt. Ich halte diese Cumulativ-Zeichnungen der epidemischen Krankheiten für sehr vortheilhaft zu epidemiologischen Untersuchungen.

Boden, das Wasser, die Reinlichkeit von Häusern oder Stadttheilen, in oder auf welchen die epidemischen Krankheiten verheerend auftraten, von solchen unterscheidet, wo Epidemien milde und selten waren: um nachweisen zu können, ob es locale Verhältnisse giebt, welche mit dem örtlichen Verhalten jener Krankheiten übereinstimmen, Hand in Hand gehen, und welcher Natur diese sind.

Wie aus den gebotenen Umrissen zu ersehen ist, bestehen also diese wissenschaftlichen Forschungen einerseits aus Versuchen und Beobachtungen, deren Zweck es ist, die vom epidemiologischen Standpunkte wichtigsten Naturkräfte wissenschaftlich zu beleuchten und zu erkennen, — andrerseits aus der praktischen Verwerthung der hier erlangten Resultate im Wege einer ununterbrochenen Kette von Beobachtungen, welche den Verlauf der Seuchen mit den vorkommenden Veränderungen in jenen Medien von Jahr zu Jahr confrontiren, sowie vermittelst ausgebreiteter örtlicher Untersuchungen, eines Netzes von Haus zu Haus geführter Nachforschungen, welche dem Gesundheitszustand dieser Orte und Häuser die Qualität, die hygienischen Eigenschaften von Boden und Wasser derselben Häuser und Orte gegenüberstellen.

Jedem Fachmanne ist wohl bekannt, wie nothwendig solche ausgebreitete, systematische und fortlaufende Untersuchungen sind; es ist auch Jedermann einleuchtend, der bedenkt, wie mangelhaft noch jetzt unsere Kenntnisse selbst über jene wichtigsten Factoren sind, durch welche die Epidemien am unmittelbarsten beeinflusst zu sein scheinen. Solche Forschungen sind berufen der Hygiene, insbesondere aber der Seuchenlehre die so sehr nothwendig gewordene naturwissenschaftliche Grundlage zu erwerben.

In der That spornen auch Fachmänner wie Pettenkofer, Simon, Reinhard, Günther, Port und Andere die Aerzte zu solchen Untersuchungen an; zur Unterstützung dieser Thätigkeit appelliren sie an den Staat, an die ganze Gesellschaft.

Der sicherste Weg, welcher zu einer erfolgreichen Thätigkeit in dieser Richtung führen kann, ist die Errichtung eigener hygienischer Observatorien zur Ausführung solcher wissenschaftlicher Untersuchungen und Beobachtungen.

Wer diese Idee popularisirt, hat ihr die Zukunft erobert. Die erleuchtete Gesellschaft, die mit solcher Freigebigkeit für Institute sorgt, in denen der Lauf der Gestirne beobachtet wird, sollte doch endlich zur Einsicht gebracht werden, um wie Vieles es ihrem eigenen Leben und indirecten Wohlergehen näher steht, auch solche Institute an ihrer Unterstützung zu betheiligen, welche den Schritt und die Natur ihres gefährlichsten Mörders, der Epidemien, beobachten und erforschen[1]).

Mehrere Anzeichen weisen darauf hin, dass sich diese Einsicht bereits an mehreren Orten regt. Pettenkofer, dem Begründer der hygienischen Forschung, wurde in München ein grossartiges Gebäude mit reicher Einrichtung zur Verfügung gestellt, um hygienische und darunter auch epidemiologische Forschungen anstellen zu können. Auch Sachsen hat bereits vor Jahren in Dresden unter der Leitung von Fleck ein Institut errichtet zur Ausführung hygienischer Untersuchungen, und neue-

[1]) Vergl. Pettenkofer: Ueber den gegenwärtigen Stand der Cholerafrage. München 1873, S. 90 bis 91.

stens ermöglichte es die Opferwilligkeit der Stadt Paris, dass in der meteorologischen Beobachtungsstelle in Montsouris unter der Leitung von Chemikern und Mikroskopikern auch hygienische Forschungen und Beobachtungen über die Qualität und die Veränderungen der Luft angestellt werden können.

Welche Fülle der wichtigsten Forschungsobjecte böte sich einem Institute, welches die ausschliessliche Bestimmung und die entsprechende Einrichtung für hygienische Beobachtungen hätte. Vor einigen Jahren entwarf ich einen Plan für den Arbeitskreis eines solchen Institutes[1]). Der Vorschlag errang zwar die Beachtung der Fachmänner[2]), konnte aber bisher nicht zur Ausführung gelangen; das dort gesäete Korn mag wohl auf fruchtbaren Boden gefallen sein, konnte aber nicht keimen; der Zeitlauf war dazu nicht günstig.

Auch meine vorliegenden Veröffentlichungen können einen Begriff über das ausgebreitete und vielseitige Arbeitsgebiet, welches sich einem solchen Institute eröffnet, schaffen; besonders wenn es mit seinen Arbeitern alle Kräfte ausschliesslich solchen Forschungen widmen könnte, und nicht, wie auch ich und mein Institut, ausserdem die Aufgabe hätte, jährlich nahezu anderthalb Hundert Medicinern über das Gesammtmaterial der Hygiene theoretischen und praktischen Unterricht zu ertheilen und eine Gruppe strebsamer junger Leute in die verschiedenen Zweige jener Wissenschaft zu selbstständiger Forschung einzuführen.

---

[1]) Vgl. Orvosi Hetilap. 1874; und Vierteljahrsschrift für öffentliche Gesundheitspflege 1874, 3. Heft, S. 377.

[2]) Vgl. Uffelmann: „Darstellung des auf dem Gebiete der öffentlichen Gesundheitspflege in ausserdeutschen Ländern bis jetzt Geleisteten.“ Berlin. Reimer 1878, S. 188.

Ich wiege mich nicht in der allzu sanguinischen Hoffnung, dass solche Institute mit ihren Daten im Stande sein können, die Aetiologie der Seuchen rasch und leicht aufzuklären. So viel erwarte ich aber mit Gewissheit von ihnen, dass sie gut und massenhaft beobachtete Naturerscheinungen für die epidemiologische Forschung liefern würden, welche mit diesen ausgerüstet eher befähigt wäre, an die Aufklärung der verhüllten Krankheitsursachen zu schreiten, als mit der gegenwärtig noch vorwiegenden conjecturellen Klügelei.

Ich wünsche, diese meine Arbeit möge je mehr Fachgenossen zur Aufstellung ähnlicher Untersuchungsprogramme ermuntern; sie möge ihre Arbeit, durch die Beschreibung der von mir angewandten Untersuchungsmethoden, möglichst erleichtern, ja auf die Gleichgestaltung dieser Untersuchungen einfliessen, damit ihre Ergebnisse seiner Zeit zur Vergleichung sich eignen mögen.

Ich wünsche endlich, durch meine Veröffentlichung es befördert zu haben, dass auch anderswo, und zwar an möglichst vielen Orten, specielle Anstalten, hygienische Observatorien errichtet werden, zur Ausführung systematischer Beobachtungen und Untersuchungen über die Naturgesetze der epidemischen Krankheiten.

Die meinem Werke zu Grunde liegenden Untersuchungen begann ich schon im Jahre 1874, als ich einerseits an das Sammeln der Mortalitätsdaten, andererseits an die Auswahl und Erprobung der zu benützenden Untersuchungsmethoden schritt. Im Herbst 1876 wurden die systematischen Beobachtungen begonnen, und nahmen bis heute ihren ununterbrochenen Fortgang; sie werden auch in der Zukunft fortgesetzt werden, so weit ich es als im Interesse der Wissenschaft gelegen erachte, und so lange die verfügbaren Kräfte dazu ausreichen.

Das zur Publication gelangende Werk wird, aus drei Theilen bestehend, die Darlegung meiner Untersuchungen über die Luft, den Boden und das Wasser enthalten. Mit dem 31. December 1879 fand alles seinen vorläufigen Abschluss. Die seitdem fortlaufenden Beobachtungen sind einer späteren Mittheilung vorbehalten.

Die den Forschungen zu Grunde liegenden Ausschreibungen, die nach Tausenden zählenden chemischen und mikroskopischen Untersuchungen wurden theils von mir selbst, grossentheils aber von meinen Institutsassistenten ausgeführt. Und zwar waren mir bei den Beobachtungen bis Herbst 1877 die Herren Dr. Julius Tóthfalusy und Franz Tabak, — seitdem aber die Herren Dr. Aladár Rózsahegyi, Alexander Martin, sowie auch Herr Dr. Edmund Téry behülflich.

Empfangen sie Alle für ihre aufopfernde Ausdauer und sorgfältige Arbeitsamkeit meinen aufrichtigsten Dank.

INHALTSVERZEICHNISS.

Erster Theil.

Die Luft.

Erstes Capitel.

Die Kohlensäure der Atmosphäre.

Anhang.

Einströmen der Grundluft in die Wohnungen.

Zweites Capitel.

Das atmosphärische Ammoniak.

Drittes Capitel.

Das atmosphärische Ozon.

Viertes Capitel.

Der atmosphärische Staub.

Beiliegende Abbildungen.

ERSTER THEIL.

Die Luft.

Der Glaube, dass die Krankheitskeime in der Luft enthalten seien, reicht bis an die Wiege der medicinischen Kenntnisse zurück. Doch haben die Begriffe, welche sich die Menschen, und namentlich auch Aerzte über die Rolle der Atmosphäre in der Verbreitung der Krankheiten schufen, im Laufe der Zeit vielfache Veränderungen erfahren.

Demokrit glaubte, dass der Staub von im Kosmos zerstörten Himmelskörpern in die Atmosphäre niederfalle und Epidemieen erzeuge [1]. Varro vermuthete in der Luft kleine Insecten, die durch den Menschen eingeathmet werden und in ihm Wechselfieber erzeugen können [2]. Linné, der grosse Naturforscher, dachte sich nicht nur den ganzen Luftkreis, sondern auch das Weltall mit lebenden Thierchen und deren Eiern bevölkert, und reihte unter jene Thierchen die Radiaten, den Proteus, die Infusorien, die Fäulnisserzeuger, die Erreger von contagiösen und fieberhaften Krankheiten, den Krankheitsstoff der Syphilis etc., die er insgesammt mit dem Namen „Chaos aethereum" belegte. Selbst noch in der 1788 erschienenen XIII. Auflage seines „Systema naturae" ist als Ursache der im Norden wüthenden Variola haemorrhagica ein „Furia infernalis" benanntes Thier angeführt [3]. Zu Ende des vorigen

---

[1]) Vgl. Haeser. Lehrb. d. Gesch. d. Medicin u. d. epid. Krankheiten. Jena. Bd. I.

[2]) De re rustica.

[3]) Vgl. Ehrenberg (Christian, Gottfried). „Uebersicht der seit 1847 fortgesetzten Untersuchungen über das von der Atmosphäre unsichtbar getragene reiche organische Leben." Berlin, 1871, S. 2. u. 3.

Jahrhunderts hat sogar ein Anonymus die Insecten, welche die verschiedenen Krankheiten erzeugen, abgebildet und mit den Namen: la migrainiste, vérolique, petite vérolique, erysipeliste etc. versehen [1]). Auch in neuester Zeit nahmen Naturforscher keinen Anstand, die nächstbeste aus der Luft gefischte und unter das Mikroskop gezwungene Schimmelspore oder einzellige Alge als die geheimnissvollen Krankheitserreger zu beschreiben, wie z. B. Balestra, Salisbury u. A. m.

Auch die Verpestung der Luft durch schädliche Gase ist von den Aerzten von jeher geglaubt und behauptet worden. Schon Empedokles kämpfte gegen diese giftigen Gase an, als er zur Abwehr der Pest in den Strassen Feuer anzünden liess. Auch Hippocrates suchte die Krankheitsursachen in der Luft, in ihren schädlichen Dämpfen, und wie nahe Sydenham der heutigen Auffassung gestanden ist, mögen die folgenden, auf die Verpestung der Atmosphäre bezüglichen Worte beweisen:

„Variae sunt nempe annorum constitutiones, quae neque calori, neque frigori, non sicco humidove ortum suum debent, sed ab occulta potius et inexplicabili quadam alteratione in ipsis terrae visceribus pendent, unde aër ejusmodi effluviis contaminatur.... “ [2])

Vielleicht bediene ich mich nicht des richtigen Ausdrucks, wenn ich sage, dass Sydenham unserer heutigen Auffassung nahe steht. Ich müsste die Sache richtiger so darstellen, dass wir heute noch so ziemlich dort stehen, wohin schon Sydenham gelangt war, — dort nämlich, dass auch wir glauben: der Infectionsstoff vieler Krankheiten sei in der Luft enthalten, dass jener Infectionsstoff sich auch aus dem Boden in die Atmosphäre erheben könne, ohne aber diesen Glauben oder diese Vermuthung durch wissenschaftliche Beobachtungen oder Daten unterstützen zu können.

Und wie oft hat doch das Forscherherz in Hoffnung oder Siegesrausch aufgepocht, so wie mit den Fortschritten der Chemie die einzelnen Betandtheile der Luft, der Sauerstoff, das Ozon bekannt wurden und analysirt werden konnten. Von solchen Ideen begeistert wünschte Regnault die Atmosphäre des ganzen Erdballs zu analysiren. Mit Hülfe der französischen Gesandtschaften überschwemmte er alle Welttheile mit Glasröhrchen, die mit Luft zu füllen und behufs der Analyse an ihn zurück zu senden gewesen

---

[1]) Vgl. Anglada: „Étude sur les maladies éteintes etc.“ Paris, 1859, p. 593.

[2]) Opera omnia, Genevae 1723.

wären [1]). Die meisten Röhren blieben in Folge der französischen Revolution uneingesendet; die eingelangten Luftproben schienen aber zu beweisen, dass die chemische Beschaffenheit der Luft überall doch nur die gleiche ist. Viele Naturforscher nehmen auch heute noch diesen Standpunkt ein.

Einige Forscher und Aerzte haben auch andere Eigenschaften der Atmosphäre untersucht und ihre Resultate mit den hygienischen Verhältnissen confrontirt. So wurden Ozongehalt, Elektricität, Feuchtigkeit, Temperaturschwankungen, die Bewegung etc. der Atmosphäre u. s. w. beobachtet. Diese Forschungen brachten der Wissenschaft vielen Nutzen; trotzdem kann nicht geleugnet werden, dass sie hinsichtlich der gesundheitlichen Bedeutung der meisten dieser Naturkräfte noch bis heute zu keinem positiven Resultate gelangen konnten. Ist ja doch die Uebereinstimmung nicht einmal bis zur Vergleichbarkeit der Beobachtungsmethoden und der Ergebnisse gediehen.

Es kann demnach füglich gesagt werden, dass wir in den Kenntnissen über die Luft noch sehr weit zurück sind. Besonders ist es zu bedauern, dass eben jene Daten, die vom hygienischen, epidemiologischen Standpunkte sehr nothwendig wären, am lückenhaftesten, mit einander im Widerspruche und fragmentarisch sind.

In dieser Richtung ist ein Fortschritt nur dann möglich, wenn — wie ich es im Vorhergehenden erörterte — den Zwecken der hygienischen Forschung dienende Beobachtungsstationen errichtet werden. Solche Observatorien können ihre Beobachtungen nach einem einheitlichen Plane ausführen, bezüglich aller Fragen, die vom Standpunkte der Hygiene von Wichtigkeit, von Interesse sind; sie könnten zur Erforschung der Krankheitsursachen richtige und vergleichbare Daten liefern.

Unter den die Luft betreffenden wissenschaftlichen Beobachtungen sind diejenigen von der grössten Bedeutung für die Hygiene, welche sich auf die Kohlensäure, das Ammoniak, das Ozon, den Staub, und die organisirten Körperchen beziehen; sehr wichtig ist es, die Untersuchungen auch auf Temperatur, Feuchtigkeit, Gewicht, Bewegung der Atmosphäre und die Regenmenge zu erstrecken. Die ersten haben einen chemisch- mikroskopischen, sowie pathologischen Charakter, die letzteren sind physikalische Untersuchungen. Diese werden in den zu physikalischen Beobachtungen eingerichteten

---

[1]) Vgl. Moitessier „L'air", Paris, 1875.

meteorologischen Stationen gewöhnlich eingehend betrieben; die ersteren würden vorzugsweise die Aufgabe für die Forschungen der hygienischen Observatorien bilden.

In meinem Institute haben sich die Untersuchungen auf die erste Arbeitsgruppe, ohne das Ozon, erstreckt, während die meteorologische Landesanstalt die physikalischen und Ozonbeobachtungen ausführt. Diesbezügliche Daten in meinen späteren Erörterungen sind also den Mittheilungen des meteorologischen Institutes entnommen.

Erstes Capitel.

Die Kohlensäure der Atmosphäre.

Geschichtliches und Literatur.

Die Kohlensäure ist ein seit Langem bekannter, und der am meisten untersuchte Bestandtheil der Luft. Van Helmont wusste schon am Anfang des 17. Jahrhunderts, dass sie darin enthalten ist. Am Ende des vorigen Jahrhunderts befasste sich Horace Saussure mit ihr, während sich seit dem Beginne unseres Säculums zahlreiche Chemiker und Naturforscher um die Erforschung des Vorkommens und der Menge der Kohlensäure in der Luft bemüheten.

Die ersten quantitativen Bestimmungen wurden von Fourcroy, Humboldt und Gilbert[1]) ausgeführt. Dann war Dalton bemüht, die Menge der atmosphärischen Kohlensäure auf folgende Art zu erfahren. Er untersuchte, durch wie viel Kohlensäure 8 ccm Kalkwasser gesättigt werden, und fand, dass dazu 4,5 ccm CO_2 nöthig sind. Fortsetzungsweise prüfte er das Luftquantum, welches dieselbe Kalkwassermenge neutralisirt, und fand er gleich 6600 ccm. Auf Grundlage dieser Befunde berechnete er die atmosphärische Kohlensäure auf 0,680 Vol. pro Mille[2]) (Saussure).

Zu demselben Zwecke schüttelte Thenard später die Luft in einer grossen starken Flasche mit Barytwasser, pumpte dann die

---

1) Vgl. Théodore de Saussure, Annales de Chimie et de Phys. 1830. T. 44, p. 1—55.

2) Im Laufe dieser Arbeit werde ich die Kohlensäure der Luft stets in Volum pro Mille ausdrücken, wobei die Volumina selbstverständlich auf 0° und 760 mm Luftdruck wie auch auf absolute Trockenheit reducirt sind.

verbrauchte Luft aus und füllte die Flasche neuerdings mit frischer Luft. Diese Operation wurde 20 bis 30 mal wiederholt und schliesslich der kohlensaure Baryt abgewogen. Nach dieser Methode berechnete er die atmosphärische Kohlensäure zu 0,391 Vol. pro Mille. (Saussure.)

Ausführlicher und lehrreicher als diese, und überhaupt als alle bis dann ausgeführten Untersuchungen über die atmosphärische Kohlensäure sind die von Saussure dem Jüngeren (Théodor)[1], der sich beinahe 12 Jahre hindurch mit der Frage befasste. Er führte fortwährend neue und neue Analysen aus, um dann die Resultate zu verwerfen, weil er sich von der Unzuverlässlichkeit und Trughaftigkeit der Methode überzeugt hatte. Schliesslich nahm auch er die Thenard'sche Methode mit einigen Modificationen an und vollendete nach dieser in den Jahren 1827 bis 1829 insgesammt 104 Analysen.

Saussure nahm eine 35 bis 45 Liter haltige Flasche, wusch und trocknete sie aus und pumpte sie luftleer. Je nach Zeit und Ort, als die Analyse vorgenommen werden sollte, öffnete er den Hahn und liess die Luft eindringen, goss 100 g einer 1proc. Barytlösung nach, schüttelte um und liess stehen. Darauf wurde der kohlensaure Baryt abfiltrirt, ausgewaschen, und in Salzsäure gelöst; auch der an der Wand der Flasche verbliebene kohlensaure Baryt wurde in Salzsäure gelöst, und dann beide Lösungen mit schwefelsaurem Natron ausgefällt. Der Niederschlag wurde gewogen. Die beschwerliche Ausführung der Methode war die Ursache, dass Saussure nur so wenige Analysen ausführen konnte, und so viele als ungelungen verwerfen musste. Die Methode selbst ist zweifelsohne nicht empfindlich genug, um damit die atmosphärische Kohlensäure genau zu messen, und nur in Saussure's gewandter und sorgfältiger Hand konnte sie zu verlässlichen Resultaten führen.

Auf Grund der 104 gelungenen Analysen bestimmte Saussure die atmosphärische Kohlensäure durchschnittlich zu 0,415 Vol. pro Mille.

Da Saussure seine Untersuchungen zu verschiedenen Zeiten und an verschiedenen Orten angestellt hat, konnte er auch die Umstände näher beleuchten, welche die Schwankungen des Kohlensäuregehaltes der Luft beeinflussen. Seine diesbezüglichen Beobachtungen werde ich später würdigen.

---

[1]) A. a. O.

Der Vorschlag Brunner's: die Luft mittelst Aspiratoren durch Kohlensäure absorbirende Substanzen zu leiten, hat die Analyse der atmosphärischen Kohlensäure sehr vereinfacht.

Diese Methode wurde alsobald von Verver in Göttingen angewandt[1]), der die Kohlensäure der Luft (aus 96 Bestimmungen) zu 0,4188 Vol. pro Mille fand.

Dieselbe Methode benutzte auch Boussingault[2]), der die Luft in Paris vom Januar 1840 bis Juli 1841 untersuchte. Die Kohlensäure betrug bei ihm durchschnittlich 0,400 Vol. pro Mille.

Auffallend sind die Resultate von Léwy, der um dieselbe Zeit an mehreren Orten, über dem Meere und dem Festlande, Luftuntersuchungen anstellte[3]). So fand er z. B. in Bogota, wo die meisten Daten herstammen, die atmosphärische Kohlensäure gleich 0,3 bis 0,4; doch stieg sie zuweilen bis 4,9 Vol. pro Mille. Als Ursache dieser ausserordentlichen Kohlensäuremenge giebt Léwy den Ausbruch von Vulcanen und Prärieenbrände an. Die Untersuchungsmethode Léwy's lässt jedoch seine Angaben als sehr unzuverlässig erscheinen. Er liess, wie vor ihm schon Andere, die Kohlensäure im Eudiometer absorbiren, was ein zu rohes Verfahren ist, um die atmosphärische Kohlensäure zu messen, und leicht zu namhaften Irrthümern führt.

Aus ähnlichen Ursachen halte ich auch die Analysen von Frankland[4]), der den Kohlensäuregehalt der Atmosphäre auf hohen Bergspitzen untersuchte, für unzuverlässlich und erwähne ihrer deshalb nur in Kürze. Er fand auf der Grand-Mulets-Spitze (11 000') 1,100 pro Mille, am Montblanc (15000') 0,610 pro Mille Kohlensäure; zu Chamounix war sie zur selben Zeit 0,630 pro Mille.

Auch die Gebrüder Schlagintweit haben auf Bergeshöhen Kohlensäurebestimmungen ausgeführt[5]). Sie fanden am Monte Rosa (zwischen 13 374 bis 13 858') im Durchschnitte 0,790 Vol. pro Mille; doch haben auch sie mit unverlässlichen Methoden gearbeitet. Zur Absorption des Gases wurde Kali angewandt, und die geringe Gewichtszunahme von 3 bis 6 mg nach Monaten zu Hause bestimmt.

---

[1]) Berzelius' Jahresberichte; Bd. XXII.
[2]) Ann. de Chim. et de Phys. 1844. 3me sér. T. X, p. 456.
[3]) Comptes Rendus, 1850, II, p. 725 und C. R. 1851, II, p. 345.
[4]) Quarterly Journal of the Chem. Soc. London 1861, p. 22.
[5]) Ibidem.

Zahlreiche Beobachtungen an der Kohlensäure machte Mène[1]), zu welchem Behufe er die Luft durch eine Kalilösung leitete und letztere nach einer älteren Methode[2]) mit Säure titrirte.

Auch Gilm in Innsbruck hat die atmosphärische Kohlensäure bestimmt, und bei 20 Analysen 0,380 bis 0,460 Vol. pro Mille gefunden; er wog den Barytniederschlag ab[3]).

Einen grossen Aufschwung gewann die chemische Untersuchung der Luft, als Pettenkofer seine sehr einfache und pünktliche Untersuchungsmethode publicirte[4]). Sie bestand darin, dass die Kohlensäure der Luft in einer weiten Flasche durch Kalk- oder Barytwasser absorbirt und dieses mit Oxalsäure titrirt wurde. Eine Erweiterung gewann die Methode, als Pettenkofer bei seinem Respirationsapparate die zu prüfende Luft durch ein mit Barytwasser gefülltes Glasrohr aspiriren liess. Seitdem geschahen die meisten Bestimmungen mit einer der Pettenkofer'schen Methoden.

Eine sehr umfangreiche Arbeit über auf diese Weise ausgeführte Untersuchungen hat A. Smith publicirt[5]). Er fand 1864 in Manchester im Durchschnitte aus 14 Bestimmungen 0,369 Vol. pro Mille Kohlensäure. Auch in London hat er mehrere Analysen vollzogen; über der Themse betrug die Kohlensäure 0,343 (Durchschnitt aus 8 Bestimmungen), in den Parks 0,301 (5 Best.), in den Strassen 0,380 (10 Best.) Vol. pro Mille. Er führte die Bestimmungen in Flaschen aus.

De Luna in Madrid fand in- und ausserhalb der Stadt im März und April durchschnittlich (aus 18 Best.) 0,505 Vol. pro Mille CO_2[6]).

Sehr umfangreich sind auch die Beobachtungen von Schultze[7]). Er machte schon 1864 einige Kohlensäurebestimmungen. Vom 18. October 1868 bis November 1869 liess er etwa 25 Liter Luft durch ein Pettenkofer'sches Rohr aspiriren; dann wandte er bis Juli 1871 eine 4 Liter haltige Flasche an. Im Durchschnitte betrug die Kohlensäure 0,29197 pro Mille, und zwar 1869: 0,28668, 1870: 0,29052, 1871 (bis Juli): 0,30126.

---

[1]) Comptes Rendus, 1862, I, und 1863, I, p. 155.

[2]) C. R. 1851, II, p. 222.

[3]) Sitzungsber. der Wien. Akad. d. Wiss. XXIV, 1857, S. 257.

[4]) Sitzber. d. bayr. Akad. Naturw. Section; 1862, 1. Heft, S. 3, und Annalen d. Chem. u. Pharm. Suppl. 2, S. 23.

[5]) Air and Rain. The beginning of a chemical climatology. London 1872.

[6]) Estudios quimicos sobre el aire atmosférico. Madrid, 1860. Smith. l. c. p. 47.

[7]) Landwirthschaftl. Versuchsstation. XIV, 1871, S. 366.

Die Angaben der jetzt folgenden zahlreichen Forscher erwähne ich bloss kurz, da sie Alle mit derselben Pettenkofer'schen Methode arbeiteten.

Henneberg fand 0,320 pro Mille, Truchot[1]) zu Clermont-Ferrand im Juli bis August durchschnittlich 0,378 pro Mille CO_2. Derselbe fand ausserdem ferne von der Vegetation: 0,346, in deren Nähe: 0,5015 pro Mille.

In den Jahren 1873 und 1874 führte auch ich[2]) zu Klausenburg Kohlensäurebestimmungen in der Luft aus. Der Durchschnitt von 7 Analysen war 0,380 pro Mille.

Fittbogen und Hasselbarth[3]) beobachteten die atmosphärische Kohlensäure zu Dahne, nahe am Meere, vom September 1874 bis September 1875; im Durchschnitte fanden sie 0,334 pro Mille.

Claesson[4]) giebt den Durchschnitt der Kohlensäure in der Luft zu Lund aus 31 Versuchen mit 0,297 pro Mille, Farsky[5]) zu Tabor aus 295 Analysen mit 0,343 pro Mille an.

Eine ganz neue Methode wählte Lévy im Observatorium am Montsouris[6]). Er aspirirt tägliche 3,5 cbm Luft durch Kalilösungen, treibt aus diesen die gebundene Kohlensäure mit Chlorwasserstoff aus und misst deren Volumen ab. Auf diese Weise bestimmt Lévy die atmosphärische Kohlensäure seit December 1876 täglich, und fand sie durchschnittlich vom September 1877 bis August 1878 zu 0,327 pro Mille, in 1878 bis 1879 zu 0,353 pro Mille. Ich gestehe, dass ich mich über die Verlässlichkeit der Methode nicht beruhigen kann. Einestheils, weil ich es für zweifelhaft halte, dass bei so vehementer Aspiration sämmtliche Kohlensäure gebunden werden könnte, — obschon Lévy die Luft durch drei Flaschen leitet und behauptet, dass die letzte bloss mehr 2 bis 3 ccm Kohlensäure binde. Andererseits sind das Austreiben mit Salzsäure und das Abmessen des Volums der ausgetriebenen Kohlensäure so mangelhafte Methoden, dass man ihnen nicht vollkommenes Vertrauen schenken kann. Ich weiss nicht, ob es nicht in der Methode begründet ist, dass Lévy fortwährend, von Monat zu Monat, beinahe vollständig identische Kohlensäurevolumina erhält.

---

[1]) C. R. 1873, II, p. 675.
[2]) Orvosi Hetilap. 1875.
[3]) Chem. Centralbl. 1875, 694.
[4]) Ber. Chem. Ges. 1876, S. 175.
[5]) Sitzber. d. K. K. Akad. d. Wiss. Math.-Nat. Classe. Bd. 74. Abtheil. II, S. 64.
[6]) Vgl. Annuaire de l'Observatoire d. Montsouris. 1878, 1879 etc.

Auf ähnliche Weise, wie Lévy, lässt Reiset[1]) die Luft (und zwar in 12 Stunden etwa 600 Liter) durch eine Barytlösung in drei Kugelapparate streichen. Er fand auf freier Wiese neben Dieppe in 4 Meter Höhe, vom 9. September 1872 bis 20. August 1873 — als Mittel aus 92 Analysen — 0,2942 pro Mille Kohlensäure.

Zu Glasgow lässt das Gesundheitsamt die Kohlensäure in der Luft fortlaufend bestimmen [2]), und zwar gleichzeitig an mehreren Stellen der Stadt. Die Untersuchungsmethode ist mir unbekannt. In dem Zeitraume vom November 1877 bis April 1878 ergab sich als Mittel der 6 Stellen 0,366 pro Mille. Endlich berechne ich — nach den Mittheilungen von Wolffhügel[3]) die atmosphärische Kohlensäure in München (vom December 1874 bis Ende Juli 1875, aus 205 Bestimmungen) auf 0,3757 pro Mille. Wolffhügel aspirirte — denke ich — die Luft durch eine Pettenkofer'sche Röhre.

Ort, Anordnung und Methoden meiner Kohlensäurebestimmungen.

Systematische Kohlensäurebestimmungen stelle ich seit März 1877 an. Um nach den physikalischen Ursachen der Kohlensäureschwankungen forschen zu können, habe ich gewöhnlich die Luft zweier Luftschichten gleichzeitig untersucht, nämlich unmittelbar über der Bodenoberfläche und in der Höhe von mehreren Metern.

Letztere Luft habe ich von März 1877 bis März 1878 im hygienischen Laboratorium der Universität untersucht, wohin ich sie in einer, durch das doppelte Fensterkreuz gezogenen Bleiröhre von der Gasse her leitete. Die äussere Mündung des Leitungsrohres lag 5 m über dem Strassenpflaster. Das Fenster, wo die Röhre angebracht war, wurde zur Ventilation nie geöffnet.

Es entstand in mir die Befürchtung, dass aus den Arbeitslocalitäten oder aus den Schornsteinen der nebenan und gegenüberliegenden Häuser Kohlensäure zur Aspirationsröhre gelangen und meine Daten alteriren könnte. Aus dieser Ursache nahm ich vom März 1878 angefangen die Luft im Hofe des chemischen Laboratoriums, von der oberen Kante der gegen die Landstrasse (Museum-Ringstrasse) liegenden Umfassungsmauer. Dass übrigens meine Befürchtung unbegründet war, bewies das Resultat

[1]) Comptes Rendus, 1879, I. B. (LXXXVIII). S. 1007.
[2]) Ann. de l'Observ. d. Montsouris. 1879, p. 343.
[3]) Ztschr. f. Biologie, XV, I, 98. 1879.

der während der folgenden zwei Monate an beiden Orten angestellten Parallelbeobachtungen. Im März war nämlich der Kohlensäuregehalt im Mittel 0,361, resp. 0,351, im April an beiden Orten 0,334 pro Mille.

Im Hofe des Chemischen Laboratoriums liess ich die Luft aus der Höhe von 2,5 Metern durch ein enges Bleirohr aspiriren. In der Nähe der Röhrenmündung fand ich keine Quelle der Luftverunreinigung. Die Schornsteine mündeten in einer Entfernung von 100 und mehr Metern in der Höhe aus; die nächste Strassenlaterne stand auf 10 Meter entfernt und höher als die Röhrenöffnung.

Die Bodenniveauluft aspirirte ich während der ganzen Zeit unmittelbar neben der jetzt erwähnten Stelle ebenfalls durch ein Bleirohr empor. Dieses Rohr mündete $1/2$ bis 1 cm über der Bodenoberfläche; um die Oeffnung befand sich etwas Gras und Ziegelschutt. Die Mündung wurde mit einem Dachziegelstücke bedeckt, um sie vor Regen und Schnee zu bewahren.

Auf dieser Luftbeobachtungsstation liess ich einen Holzkasten, 2 m lang, je 1 m hoch und tief, aufstellen, dessen Inneres die Aspirationsgeräthe und anderweitigen Untersuchungsinstrumente barg. Eine Abbildung des Kastens und seiner inneren Einrichtung habe ich im Jahrbuch der Königl. Gesellschaft Budapester Aerzte 1876 (ungarisch) mitgetheilt.

Zur Bestimmung der atmosphärischen Kohlensäure habe ich verschiedene Methoden versucht, mich jedoch gewöhnlich der Pettenkofer'schen Röhre mit Baryt- oder Kalkwasser bedient.

Ich goss in die Röhre 100 ccm des Kalk- oder Barytwassers, die darin eine 60 bis 70 cm lange Schichte bildeten. Mittelst Kautschukröhren wurde sie einerseits mit dem bleiernen Zuleitungsrohre, andererseits mit einem Aspirator verbunden. An letzterem war ein Manometer angebracht, um den Unterschied am Luftdruck abzulesen; nebenan stand ein Thermometer.

Das Wasser tröpfelte an dem Hahne des Aspirators langsam aus, so dass stündlich kaum $1/2$ bis $1^1/_2$ Liter Luft durch das Barytwasser aspirirt wurden.

Letzteres band die Kohlensäure vollkommen; ich überzeugte mich davon dadurch, dass ich nach dem Pettenkofer'schen Rohre noch einen Liebig'schen Kugelapparat mit Barytwasser einschaltete; bei langsamer Durchleitung blieb der Titer des letzteren unverändert. Es wurde im Liebig'schen Apparate selbst dann sehr wenig, zusammen 0,3, höchstens 0,6 ccm Kohlensäure gefunden, wenn in viel schnellerem Strome 50 bis 70 Liter aspirirt worden waren. Ich habe übrigens, seitdem ich die täglich aspirirte Luftmenge erhöhte (1879), nach der Pettenkofer'schen Röhre stets noch einen Liebig'schen Kugelapparat eingeschaltet.

Die bei den einzelnen Bestimmungen während 24, eventuell 12 Stunden aspirirte Luft betrug bis November 1877 wenigstens 3, und höchstens 6 Liter; seitdem habe ich grössere Aspiratoren in Anwendung gebracht, so dass die aspirirte Luft gewöhnlich 17 Liter ausmachte; ausnahmsweise kamen Schwankungen zwischen 12 bis 18 Liter vor. Die Analysen solcher Tage, wo die aspirirte Luft unterhalb der erwähnten Grenze blieb, wurden aus den Berechnungen einfach gestrichen, da ich mich — wie sogleich erörtert wird — überzeugt habe, dass nur solche Resultate mit einander mit Beruhigung verglichen werden können, die bei Aspiration gleicher Luftmengen erhalten wurden. Aus demselben Grunde war ich besonders auch darauf bedacht, dass bei den Parallelbeobachtungen der Kohlensäure am Bodenniveau und in der Höhe möglichst gleiche Luftmengen durch die Barytwasser aspirirt werden sollen.

Zur Absorption der Kohlensäure fand ich das Kalk- und Barytwasser gleich brauchbar. In den ersten zwei Jahren arbeitete ich überhaupt bloss mit Kalkwasser, im Jahre 1879 mit Baryt. 100 ccm des Kalk- oder Barytwassers konnten circa 50 ccm Kohlensäure binden.

Ich bereitete vom Kalk- und Barytwasser auf einmal grössere Mengen, etwa 10 bis 12 Liter. Etwas Chlorcalcium, resp. Chlorbaryum wurde dem Wasser gewöhnlich zugesetzt. So hielt es sich bei sorgfältiger Verkorkung sehr gut; die in den ersten Tagen nach der Bereitung vorgenommene Bestimmung ergab nämlich einen kaum merklich stärkeren Normaltiter, als eine nach Wochen, ja Monaten vorgenommene neue Titrirung.

Aus der Aufbewahrungsflasche zog ich das Kalk- oder Barytwasser mittelst einer gebogenen, bis an den Boden reichenden und an der äusseren Mündung mit Kautschuk und Quetschhahn verschlossenen Heberröhre aus Glas in die Wasserflasche.

Aus letzterer wurden die 100 ccm Wasser in die Pettenkofer'sche Röhre gegossen, nach beendigter Aspiration aber in kleine Medicamentenfläschchen übergefüllt und mit ausschliesslich zu diesem Zwecke dienenden Kautschukstöpseln verschlossen. Sobald 20 bis 25 Fläschchen beisammen waren, vollzog ich die Titrirung auf einmal, und controlirte zugleich den normalen Titer der Originallösung.

Zum Titriren diente frische, an der Luft getrocknete Oxalsäure, wovon 5,645 g auf den Liter Wasser gelöst wurden. 1 ccm dieser Lösung entspricht genau 1 ccm Kohlensäure. Als Indicator habe ich vielerlei Substanzen versucht, als Curcuma, Lackmus, Cochenille, Rosolsäure, Tropeolin etc.; am bequemsten anzuwenden und am empfindlichsten zugleich war die violette Lackmustinctur, wovon 1 bis 2 Tropfen genügten, um 35 bis 40 ccm Flüssigkeit entschieden roth oder blau zu färben, wenn darin nicht mehr als 0,02 ccm der Normalsäure, resp. Kalk oder Baryt von entsprechender Stärke, im Ueberschuss waren.

Die Lackmuslösung bereitete ich wie Casselmann[1]). Ich extrahirte vorerst den Lackmus mehrere Tage hindurch mit Alkohol bei gelinder Wärme, und erst dann bereitete ich den wässerigen Auszug, der eingedickt und mit einem geringen Alkoholzusatz aufgehoben wurde. Hatte ich verdünnte Lösung nöthig, so konnte sie aus der concentrirten durch einfachen Wasserzusatz bereitet werden; einige Tropfen Schwefelsäure riefen die gewünschte violette Farbe hervor. In einer mit Watte leicht verschlossenen Flasche hielt sich die Lackmustinctur monatelang unverändert; hatte sich doch manchmal die Farbe gebrochen, so konnte durch einfaches Schütteln mit Luft das Violett wieder hergestellt werden.

Zum Titriren wandte ich enge Glashahnbüretten mit einer Scala nach $^1/_{10}$ ccm an, wobei $^1/_{40}$ bis $^1/_{50}$ ccm noch sicher genug ablesbar waren.

Die zu titrirende Flüssigkeit wurde mit einer 25-ccm-Pipette aus dem Fläschchen gehoben, davon etwa 24 ccm in ein kleines, enghalsiges, weisses Medicamentenfläschchen laufen gelassen, 1 bis 2 Tropfen Lackmuslösung dazugegeben und aus der Bürette unter wiederholtem Umschütteln so viel Normalsäure zugezetzt, bis die Färbung in ein deutliches Roth überging. Jetzt wurde auch die in der Pipette verbliebene Flüssigkeit beigemengt und durch tropfen-, dann nur halbtropfenweisen Säurezusatz die Titrirung unter stärkerem Schütteln bis zum plötzlichen Umschlag der blauen Farbe in Violett zu Ende geführt.

Während der Arbeit war ich besonders darauf bedacht, dass zu den zu titrirenden Flüssigkeiten durch etwaiges Zuathmen oder durch übermässige Berührung mit der Luft keine Kohlensäure gelange. Auch darauf legte ich Gewicht, dass einerseits die Normal-, andererseits die Versuchslösungen möglichst mit denselben Instru-

---

[1]) Zeitschr. f. anal. Chem. 9. S. 251.

menten mit gleichen Handgriffen titrirt wurden. Das Resultat dieser Vorsicht war, dass bei derselben Lösung wiederholtes Titriren selbst einen Unterschied von nur 0,05 ccm sehr selten aufwies. Im Allgemeinen befähigte das Verfahren, eine Kohlensäuremenge von $^1/_{40}$ bis $^1/_{50}$ ccm ($^1/_{25}$ mg) zu bestimmen.

In den letzten zwei Monaten (1879) — so wie auch bei vielen anderen Gelegenheiten — habe ich die Kohlensäure nach der folgenden vereinfachten Pettenkofer'schen Methode in 11 bis 14 Liter haltigen Flaschen bestimmt. Im gut schliessenden Kautschukstöpsel der Flasche steckte ein dünnes Glasrohr, an dem aussen ein 4 bis 5 cm langes Kautschukröhrchen mit Quetschhahn befestigt war. Die Flasche wurde mit Salzsäure, darauf mit destillirtem Wasser ausgewaschen, ausgetrocknet, mit einem Handblasebalg mit der zu prüfenden Luft in der Mitte des Hofes im Freien angefüllt, rasch verkorkt, die Lufttemperatur an einem bereit gehaltenen Thermometer abgelesen und die Flasche ins Laboratorium getragen. Hier wurde eine 50-ccm-Pipette mit Barytlösung bis an den Strich vollgesogen, mit der Spitze in das verschlossene Kautschukröhrchen am Flaschenstöpsel gefügt, der Quetschhahn geöffnet und die Flüssigkeit in die Flasche laufen gelassen. Die letzten Paar Tropfen Barytlösung wurden durch kurzes Einblasen in die Flasche gebracht, der Quetschhahn wieder geschlossen, und unter wiederholtem Umschütteln 48 bis 72 Stunden lang stehen gelassen. Nun wurde die Flüssigkeit in ein reines Fläschchen gegossen und wohl verkorkt. Nachdem sich auch hier mehrere Versuchsflüssigkeiten ansammelten, wurden sie — mit Ausnahme der von den letzten 3 bis 4 Tagen herstammenden — auf einmal nach der im Obigen beschriebenen Weise titrirt.

Die grössten Schwierigkeiten bereitete die Winterkälte; es froren nämlich die Apparate draussen im Freien ein. Das Aspiratorwasser konnte ich wohl durch Kochsalzzusatz vor dem Einfrieren bewahren; nicht so die Absorptionsflüssigkeit. Eine Zeit lang versuchte ich das Baryt- und Kalkwasser mit Kochsalz zu sättigen; dadurch wurde aber der Titer der Normallösung veränderlich, und gaben auch in der Aufbewahrungsflasche die oberen und unteren Schichten des Barytwassers verschiedene Titer. Unter diesen Umständen nahm ich meine Zuflucht zur Brunner'schen Methode und aspirirte die Luft durch Kali, durch Natronkalk, oder Barytkrystalle [1]), wobei ich den Wasserdampf durch Chlorcalcium,

---

[1]) S. Claesson, Ber. chem. Ges. 1876, S. 176.

Schwefel- oder Phosphorsäure zu binden trachtete. Die mit diesem Verfahren erhaltenen Daten musste ich aber beinahe alle cassiren, weil ich mich überzeugte, dass sie zu namhaften Fehlern führen können. Näheres darüber sogleich.

Zum Schlusse erwähne ich noch, dass sämmtliche Analysen auf 0° und 760 mm, sowie auf trockene Luft reducirt sind. Die täglichen Barometerschwankungen aber habe ich nicht in Betracht gezogen.

Kritik der Methoden zur Kohlensäurebestimmung.

Während meiner zahlreichen Luftuntersuchungen habe ich auch die Pünktlichkeit und Vergleichbarkeit der verschiedenen Methoden zur Kohlensäurebestimmung durch viele Experimente geprüft. Dabei machte ich die unangenehme Erfahrung, dass sich keine der in Betracht kommenden Methoden einer absoluten Pünktlichkeit erfreut, sowie, dass die gewonnenen Resultate bei den Meisten weder mit den nach derselben Methode zu anderen Gelegenheiten gewonnenen, noch weniger mit den Resultaten anderer Methoden mit voller Beruhigung verglichen werden können.

Es würde mich zu weit führen, wollte ich alle diesbezüglich angestellten Versuche mit den beweisenden Daten einzeln anführen; ich erachte es für hinreichend, wenn ich die Ergebnisse der wichtigeren Experimente, eventuell durch Beispiele illustrirt, darlege.

Bestimmung der Kohlensäure mittelst Aspiration der Luft durch Kalk- oder Barytwasser.

Diese Methode kann nebst der nächstfolgenden die pünktlichste unter sämmtlichen von mir geprüften genannt werden. Zwei und mehrere Analysen, die nach ihr unter übereinstimmenden Umständen ausgeführt wurden, ergaben beinahe dasselbe Resultat. So wurde z. B. am 1. Mai 1879 die Luft durch eine T-Röhre in zwei Pettenkofer'sche Röhren geleitet; die gefundene Kohlensäuremenge betrug 0,319 und 0,327 pro Mille; am 3. Mai war das Ergebniss desselben Versuches 0,257 und 0,263 pro Mille; es stimmte also in beiden Röhren sehr gut überein. Zuweilen kamen aber auch bedeutendere Unterschiede vor.

Auch die Absorption in der Röhre und die Bestimmung in der Flasche liefern ziemlich identische Resultate, wenn man in Betracht zieht, dass bei der Aspiration der mittlere Kohlensäuregehalt eines längeren Zeitraumes, durch die Flaschenmethode aber der Gehalt des gegebenen Versuchsmomentes gewonnen wird. So war am 6. Mai die 24stündige durchschnittliche Kohlensäuremenge, durch Aspiration bestimmt, 0,370 pro Mille, während am selben Tage von Früh bis Abends ausgeführte 6 Flaschenbestimmungen 0,333 pro Mille ergaben; am 7. Mai durch Aspiration bestimmt: 0,342, durch Flaschen (4 Best.) 0,344 pro Mille u. s. w. Bei einer grösseren Anzahl von Analysen erhielt ich durch die Flaschenmethode durchschnittlich etwas höhere Resultate, als durch Aspiration (s. unten).

Bei der Aspiration in der Pettenkofer'schen Röhre taucht eine Erscheinung auf, deren bestimmte Erklärung ich noch heute vergebens suche. Wird nämlich die Luft durch Baryt- oder Kalkwasser in ungleichen Mengen aspirirt, so werden wir auch in derselben Luft verschiedene Kohlensäuremengen erhalten, und zwar wird diese um so kleiner sein, je grösser das aspirirte Luftquantum war. Ein mit möglichster Präcision ausgeführter Versuch unter den vielen hatte folgendes Resultat: dieselbe Luft ergab bei Aspiration von 73 000 und 40 000 ccm: 0,297 resp. 0,324 pro Mille Kohlensäure; oder z. B. bei Aspiration von 17660, resp. 35 550 ccm ergab sich 0,264 und 0,231 pro Mille; häufig genug war der Unterschied noch grösser.

Anfangs dachte ich, dass bei der Aspiration von grösseren Luftmengen die raschere Passage der Luft einen Kohlensäureverlust verursachen könnte; Controlversuche haben mich jedoch sehr bald überzeugt, dass bei langsamer sowohl als bei rascher Aspiration die entweichende Kohlensäuremenge eine so minimale ist, dass sie zur Erklärung des besprochenen Umstandes nicht ausreicht. Ausserdem trachtete ich durch Einschaltungen von Kugelapparaten nach der Pettenkofer'schen Röhre zu bewerkstelligen, dass weder im langsam, noch im schnell aspirirenden Apparate nicht einmal Spuren von Kohlensäure entweichen können; trotzdem war die Kohlensäure eine geringere, wenn mehr Luft durch das Barytwasser aspirirt worden war, als bei weniger Luft.

Sollte es vielleicht ein bisher unbeachteter Bestandtheil der Luft sein, welcher das Kalk- oder Barytwasser während der Berührung modificirt, ihren Titer erhöht? Der folgende sehr sorgfältig ausgeführte Versuch widerspricht einer ähnlichen, schon an sich sehr unwahrscheinlichen Annahme. Ich aspirirte durch eine Pettenkofer'sche Röhre 7000 und 28 000 ccm Luft, deren Kohlensäure jedoch in einer Natronkalkröhre zurückgehalten worden war. Nach beendigter Aspiration fand ich, dass in beiden Fällen der Titer des gebrauchten Barytwassers beinahe ganz unverändert geblieben ist.

Derselbe Versuch schliesst auch jene Möglichkeit aus, dass im Barytwasser selbst irgend eine Substanz enthalten wäre, die durch die Einwirkung grösserer oder kleinerer Luft-(Sauerstoff-)mengen den Titer der Barytlösung zu erhöhen vermöchte.

Nach alledem ist es am wahrscheinlichsten, dass die atmosphärische Kohlensäure, indem sie in der Pettenkofer'schen Röhre an kleiner Stelle mit kleinen Barytwassermengen in Berührung steht, einen Theil des letzteren zu Bicarbonat verwandelt, was wohl bedingen könnte, dass bei weiterer Aspiration ein kleiner Theil der Kohlensäure fortwährend ohne Wirkung auf das Barytwasser verbleibt; dadurch wird naturgemäss der Titer des Barytwassers relativ erhöht.

In dieser Richtung stellte ich zur Aufklärung des Sachverhaltes mehrere Versuche an. Ich sammelte wiederholt den nach der Aspiration in der Röhre verbliebenen Barytniederschlag sammt dem Barytwasser, bestimmte den Titer, darauf kochte ich sie unter hermetischem Verschluss und titrirte nach dem Abstehen neuerdings. Letzterer Titer hätte schwächer ausfallen müssen als der erste, wenn auch nur ein Minimum von Bicarbonat im Barytwasser und Niederschlag enthalten war. Unter den angeführten Versuchen haben einige thatsächlich ein solches Resultat ergeben; als Beispiel mag der folgende dienen: Nach Aspiration von 50 Liter Luft wurde das Barytwasser sammt dem Niederschlag in einen Kochkolben gebracht; 25 ccm davon entsprachen 9,925 ccm normaler Oxalsäure. Nach dem Kochen benöthigte dasselbe Volumen Barytwasser bloss 9,775 ccm Säure zur Neutralisation; es konnten also im Ganzen 0,6 ccm Kohlensäure zu Bicarbonat gebunden sein. Zahlreiche andere Versuche haben aber zu keinem positiven, oder wenigstens zu keinem so bestimmten Resultate geführt, indem der Titer nach dem Kochen derselbe blieb wie zuvor, oder nur um ein Geringes abnahm. Deshalb wage ich es nicht, die Untersuchungen in einer oder der anderen Richtung schon heute für abgeschlossen zu betrachten, — ich wage für die Erscheinung, dass das Barytwasser in dem Maasse weniger Kohlensäure aufweist, als die aspirirte Luftmenge wächst, keine bestimmte Erklärung zu liefern.

Die besprochene Erfahrung hat für die Beurtheilung und Vergleichung der bei der Analyse gefundenen Kohlensäuremenge eine grosse Wichtigkeit. Einerseits berechtigt sie zu dem Ausspruche, dass sämmtliche mit der Pettenkofer'schen Methode ausgeführten Kohlensäurebestimmungen etwas geringere Kohlensäuremengen liefern als der Thatsache entspricht, und zwar um so geringere, je grösser das zur Bestimmung verwendete Luftquantum war. Andererseits erhellt auch, dass zwei oder mehrere mit derselben Methode ausgeführte Bestimmungen nur dann mit voller Beruhigung verglichen werden können, wenn bei jeder dieselbe Luftmenge verwendet worden war.

Bestimmung der Kohlensäure in Flaschen nach der Pettenkofer'schen Methode.

Dieses Verfahren ist unter allen das einfachste und scheint auch das pünktlichste zu sein.

Je zwei Parallelanalysen mit derselben Luft, und in gleich grossen Flaschen ausgeführt, ergeben nahezu vollkommen übereinstimmende Resultate. Z. B. war das Ergebniss je zweier Bestimmungen am 29. December (1879): 0,373 und 0,374, am 30: 0,407 und 0,412, am 31: 0,376 und 0,378 pro Mille etc.

Es ist ganz gleichgültig, ob Kalk- oder Barytwasser verwendet wird.

Auffallend ist es, dass die gefundene relative Kohlensäuremenge auch bei dieser Methode etwas von der verwendeten Luftmenge abhängig ist, wie ich es bei der vorhergehenden Methode fand. Als Beleg kann ich folgende aus 9 Versuchen mit circa 6 und 12 Liter haltigen Flaschen erhaltene Durchschnittszahlen anführen: in den kleinen Flaschen 0,3773, in den grossen 0,3676 pro Mille.

Noch eine auffallende Beobachtung verdient Erwähnung. Ich habe die Kohlensäurebestimmungen Monate hindurch in denselben Flaschen ausgeführt. Nach erfolgter Absorption wurden die Flaschen bloss mit Wasser, und nicht mit Salzsäure ausgewaschen, ausgetrocknet und zu neueren Luftanalysen verwendet. Mehrere Wochen hindurch fiel es auf, dass ich in diesen Flaschen stetig zunehmende Kohlensäuremengen erhielt, bedeutend höhere, als die parallel fortgesetzte Aspirationsmethode ergab. — Endlich kam ich zur Ueberzeugung, dass der an der inneren Flaschenwand verbleibende kohlensaure Baryt während des Austrocknens aus der umgebenden Atmosphäre etwas Kohlensäure absorbirte, die er dann der zugegossenen normalen Barytlösung übergab und dadurch ihren Titer ungerechterweise herabsetzte. Ich habe kaum zu erwähnen, dass ich alle diese Analysen (etwa 400) gänzlich verwarf, und mich mit der Lehre begnügte.

Doch ist auch das noch nicht alles; ganz ähnliche Flaschen benutzte ich später zur Kohlensäurebestimmung in einer Weise, dass nach jeder Bestimmung der anhaftende Baryt mit Salzsäure ausgewaschen wurde. Trotzdem trübten sich die Flaschen mit der Zeit, und schien in ihnen der Baryttiter stetig schwächer zu werden. Es ist klar, dass das Barytwasser auf das Glas zersetzend wirkt und vielleicht mit der Kieselsäure vereint die Titrirung fälscht. Es scheint demnach, dass die Flasche zu keinen weiteren Kohlensäureanalysen verwendet werden darf, sobald sich ihre Wand getrübt hat. Auf dem Gesagten mag wohl theilweise auch jene Beobachtung beruhen, dass die Flaschenbestimmungen durchschnittlich etwas höhere Resultate liefern als die Aspirationsmethode; so haben im November 1879 nach beiden Verfahren ausgeführte je 10 Analysen folgende Mittelwerthe ergeben: Aspiration: 0,4228, Flasche: 0,4358 pro Mille[1]).

Kohlensäurebestimmungen nach der Brunner'schen Methode.

Die Brunner'sche Methode wurde schon mit vielfachen Modificationen zur Bestimmung der atmosphärischen Kohlensäure verwendet, und zwar wurden bald zur Bindung der Kohlensäure andere Substanzen empfohlen, als frisch gelöschter Kalk, Kalilauge, oder Kalistückchen, mit Kalilauge getränkter Bimsstein, des Krystallwassers beraubter Baryt, Natronkalk etc., — bald wandte sich die Sorgfalt besonders der Bindung des Wasserdampfes zu, zu welchem Zwecke Chlorcalcium, Schwefelsäure, Phosphorsäure angerathen wurden.

Es ist evident, dass beim Brunner'schen Verfahren der Wasserdampf die Hauptrolle spielt, denn die Kohlensäure wird durch jede der genannten Substanzen leicht und vollständig gebunden, während der Wasserdampf der Absorption sehr hartnäckigen Widerstand leistet. Dazu kommt noch, dass der in der

---

[1]) Vgl. S. 16.

Luft vertheilte Wasserdampf schon bei gewöhnlicher Temperatur das Gewicht der Kohlensäure in derselben Luft um das 10- bis 20fache übertrifft; wenn also bei einem Versuche bloss $^1/_{200}$ des Wasserdampfes entweichen kann: so wird er die gefundene Kohlensäuremenge um 10 Proc. erhöhen, eventuell vermindern.

Es darf also kein Staunen erregen, wenn schon vor langer Zeit gegen die Verlässlichkeit der Methode Einwände erhoben wurden, wie von Mène[1]), Gilm[2]), Hlasiwetz[3]) u. A.

Die unverlässlichste Austrocknesubstanz ist das Chlorcalcium; es wurde das von Pettenkofer[4]), dann von Fresenius[5]), Laspeyres[6]), Dibbits[7]) nachgewiesen und auch ich habe es erfahren. Am meisten wird die Analyse noch dann zutreffen, wenn vor und hinter der Absorptionsröhre Chlorcalcium von gleicher Frische eingeschaltet wird, ferner bei kalter Witterung. Solches Chlorcalcium, welches schon Wasserdampf absorbirt hat, wird anderem, frischen Chlorcalcium gegenüber Wasserdampf einbüssen, ebenso verliert es gegenüber der Schwefel- oder Phosphorsäure.

Hlasiwetz dachte, dass die Schwefelsäure Sauerstoff absorbire; er wurde aber durch Pettenkofer widerlegt. Bald wurde angegeben, dass sie Kohlensäure bindet; Fresenius leugnet es zwar, doch hat Setschenow nachgewiesen, dass die Kohlensäure auch in der Schwefelsäure beiläufig im selben Verhältnisse gelöst wird, als in Wasser. Alldas würde jedoch keinen namhafteren Irrthum verursachen; mehr schon kann der Umstand beitragen, dass die Schwefelsäure den Wasserdampf nicht vollkommen absorbirt. Voit[8]) fand, dass die Schwefelsäure in einem Liter Luft 0,21 mg Wasserdampf unabsorbirt zurücklässt; bei gewissen Analysen ist diese Menge ganz unbedeutend; bei Bestimmungen der atmosphärischen Kohlensäure jedoch ist sie ganz bedeutend, da sie eventuell 20 Proc. der gesammten Kohlensäure betragen kann.

Bei den eigenen Versuchen habe ich übereinstimmende Resultate am ehesten noch dann erhalten, wenn vor und nach der Kohlensäureröhre Schwefelsäure von gleicher Concentration einge-

---

1) Comptes Rendus, T. XXXIII, S. 222.
2) A. a. O.
3) Sitzber. der Wiener K. K. Akad. Bd. XX, S. 189.
4) Sitzber. d. bayr. Akad. 1862, II, S. 59.
5) Zeitschr. f. anal. Chem. I, S. 487.
6) Journ. f. prakt. Chem. (2), XI, S. 26; XII, S. 347.
7) Zeitschr. f. analyt. Chem. 1876, S. 149.
8) Vgl. Zeitschr. f. anal. Chem. 1876, S. 432.

stellt war; gebrauchte Schwefelsäure verlor an die noch frische vom Wasser.

Das Phosphorsäureanhydrid hat sich bei den Versuchen von Dibbits[1]) zur vollkommenen Bindung des Wasserdampfes als ganz verlässlich gezeigt; meine eigenen Versuche beweisen die Unzuverlässlichkeit dieser Substanz. Ich stellte abgewogene U-förmige Röhren mit verschiedenem Inhalt in folgender Reihe auf: 1) Natronkalk, 2) Schwefelsäure, 3) Phosphorsäure, 4) Natronkalk, 5) Phosphorsäure, 6) Natronkalk und (im anderen Schenkel) Phosphorsäure, 7) nochmals Natronkalk und Phosphorsäure. In wiederholten Versuchen wurden durch die Apparate etwa 30 Liter Luft in raschem oder langsamem Strome, also unter kürzerer oder längerer Zeit aspirirt. Das Ergebniss war, dass bei rascher Aspiration die Röhre 4 und 5 zusammen, sowie Röhre 6 und 7 keine Gewichtsänderung aufwiesen; bei langsamer Aspiration jedoch, wo die Luft mit den absorbirenden Medien länger als 24 Stunden hindurch in Berührung gestanden war, hatten Röhre 4 und 5, sowie die 6. und 7. Röhre an Gewicht zugenommen, und zwar betrug der Zuwachs in der Röhre 5 um 8,25 bis 4,9 mg mehr, als der Verlust in der Röhre 4; die Röhre 6 war mit 4,75 bis 4,25 mg schwerer, die Röhre 7 mit 2,75 bis 0,25 mg[2]).

Es ist also ersichtlich, dass die Röhren selbst nach der sorgfältigsten Bindung der Kohlensäure und des Wasserdampfes noch an Gewicht zugenommen hatten.

Um so weniger kann daran gedacht werden, dass die Gewichtszunahme der Röhren durch Kohlensäure oder Wasserdampf verursacht sein konnte, als der Gewichtszuwachs bei der kurze Zeit währenden aber raschen und ausgiebigen Aspiration ausblieb, hingegen bei der langsamen, langwierigen Aspiration auftrat. Die Ursache der Gewichtszunahme muss also in einem anderen Bestandtheil der Luft, wahrscheinlich im Sauerstoff, liegen.

Um diesbezüglich ins Reine zu kommen, habe ich die Phosphorsäureröhren zusammen verschlossen 8 Tage lang stehen lassen; die jetzt vorgenommene Gewichtsbestimmung ergab bei der 5. und 6. Röhre einen Zuwachs von 7,85 resp. 1,5 mg. Der Gewichtszuwachs konnte also bloss (?) durch Sauerstoffaufnahme bedingt sein.

---

[1]) A. a. O.

[2]) Ich kann noch erwähnen, dass in der 6. Röhre halb so viel Phosphorsäure enthalten war als in der 5.; die 7. enthielt auch nur die Hälfte der 6.

Nun forschte ich nach der Ursache der Sauerstoffabsorption. Die Phosphorsäure erwies nicht einmal Spuren von phosphoriger Säure. Wurden grössere Phosphorsäuremengen in Wasser gelöst, so ergab darin die Mitscherlich'sche Probe wohl keinen freien Phosphor; wurde jedoch dieselbe Säure in Wasser gelöst, decantirt, und der Rückstand getrocknet: so lieferte dieser Phosphorgeruch.

Ich muss mir also den gefundenen Gewichtszuwachs der Phosphorsäure so erklären, dass in der Phosphorsäure minimale Phosphorpartikel enthalten sein können, die bei der langsamen und langwierigen Aspiration oxydirt werden. Die event. Anwesenheit dieser Phosphorpartikel macht die Phosphorsäure zur Bindung des Wasserdampfes bei der Bestimmung der atmosphärischen Kohlensäure unbrauchbar.

Nach dem Angeführten kann den mit der Brunner'schen Methode ausgeführten Kohlensäurebestimmungen kein Vertrauen entgegengebracht werden. Am beruhigendsten wird die Methode noch dann sein, wenn zur Bindung des Wasserdampfes frische Schwefelsäure benutzt, wenn Schwefelsäure von vollkommen identischer Stärke vor und nach der Absorptionsröhre eingeschaltet wird, und wenn man es mit wasserarmer (kalter) Luft zu thun hat.

Ein grosser Nachtheil der Methode ist noch das langwierige Abwägen.

Gegen die Genauigkeit der von Lévy angewendeten analytischen Methode habe ich schon weiter oben meine Bedenken hervorgehoben.

Menge der atmosphärischen Kohlensäure.

Die mittlere Menge der atmosphärischen Kohlensäure war auf Grundlage von circa 1200[1]) Analysen auf meiner Versuchsstation in den Jahren 1877 bis 1879 = 0,3886 ccm im Liter Luft und zwar betrug die Kohlensäure 1877: 0,4135, 1878: 0,3735, 1879: 0,3788 pro Mille.

Der höhere Werth des Jahres 1877 war zweifellos theilweise dadurch bedingt, dass in diesem Jahre gewöhnlich bedeutend weniger Luft durch das Barytwasser aspirirt wurde, als in den folgenden Jahren. Dies in Betracht gezogen, kann gesagt werden, dass die atmosphärische Kohlensäure an ein- und dem-

---

[1]) In dieser Zahl sind bloss die systematischen Luftanalysen enthalten. Längere Zeit hindurch habe ich täglich zwei Bestimmungen gemacht, Nachts und Tags über gesondert; daher die grosse Anzahl der Analysen.

selben Orte von Jahr zu Jahr ein überraschendes Gleichgewicht einhält.

Nicht so gleichwerthig ist die Kohlensäure an von einander entfernten Orten. Zur leichteren Uebersicht stelle ich hier die an verschiedenen Orten und zu verschiedenen Zeiten ausgeführten Analysen zusammen:

Thenard (Paris)	0,391
Th. Saussure (Genf etc.)	0,415
Boussingault (Paris)	0,400
Léwy (Süd-Amerika)	0,300 bis 0,400
Gilm (Innsbruck)	0,380 bis 0,460
Smith (Manchester)	0,369
„ (London)	0,349
De Luna (Madrid)	0,505
Schultze (Rostock)	0,292
Truchot (Clermont-Ferrand)	0,378
Fodor (Klausenburg)	0,380
Fittbogen und Hasselbarth (Dahne)	0,334
Claesson (Lund)	0,297
Farsky (Tabor)	0,343
Lévy (Paris, Montsouris) 1877 bis 1879	0,340
Reiset (Dieppe)	0,294
? (Glasgow)	0,366
Wolffhügel (München)	0,376
Macagno (Palermo)	0,360
Fodor (Budapest)	0,389

Aus diesen Reihen ist es evident, dass die Analysen an verschiedenen Orten sehr abweichende Resultate geliefert haben. Ich muss gleich hier erwähnen, dass diese Unterschiede der Ergebnisse theilweise auch durch die Verschiedenheit der Untersuchungsmethoden bedingt sind; auf Grundlage meiner obigen Erörterungen über die einzelnen Untersuchungsmethoden kann das aufs Bestimmteste gesagt werden. Trotzdem ist nicht zu bezweifeln, dass der Unterschied in den Angaben grösstentheils doch von der ungleichen Menge der Kohlensäure an verschiedenen Orten abhängt. Ein Vergleich der obigen Angaben lässt also den Ausspruch zu, dass der Kohlensäuregehalt der Atmosphäre in den nördlichen, dem Meere nahe liegenden Gegenden (Rostock, Lund, Dahne, Dieppe) ein geringerer, an südlicheren, im Centrum des Continentes gelegenen Orten aber

(Madrid, Genf, Innsbruck, Klausenburg, Budapest) ein grösserer ist. Gewiss reichen aber die bisherigen Daten bei weitem nicht aus, um aus ihnen die Gesetze der Verbreitung der Kohlensäure unter verschiedenen Zonen genauer aufzustellen.

Schwankungen der Kohlensäuremengen.

a) Schwankungen nach Monaten und Jahreszeiten.

Während der drei abgelaufenen Jahre schwankte das Kohlensäuremittel in den einzelnen Monaten folgendermaassen:

	1877	1878	1879
Januar	—	0,372	0,372
Februar	—	364	366
März	0,450	356	— [1])
April	398	334	— [1])
Mai	413	392	347
Juni	468	340	353
Juli	411	352	357
August	412	387	368
September	424	405	390
October	416	415	376
November	414	382	413 [2])
December	379	384	446 [2])
Jahresmittel:	0,4135	0,3735	0,3788

Ein Vergleich dieser Zahlenreihen wird beweisen, dass die Schwankungen der einzelnen Monate gewissen Gesetzen folgen. Im Allgemeinen ist die Kohlensäure im Winter am geringsten, in den Frühjahrsmonaten steigt sie etwas an, fällt zur Sommermitte neuerdings und erreicht den höchsten Stand im Herbst. Augenscheinlicher wird das durch folgende Mittelwerthe für die Jahreszeiten, welche aus obigen Zahlen gezogen sind:

---

[1]) Im März und April 1879 habe ich die Kohlensäure nach dem Brunner'schen Verfahren bestimmt; wegen Unverlässlichkeit der Methode mussten die Daten nachträglich verworfen werden.

[2]) Die Analysen wurden nach der Pettenkofer'schen Methode in 12 Liter haltigen Flaschen ausgeführt.

Mittel für December	bis	Februar . . .	383
„ „ März	„	Mai	384
„ „ Juni	„	August . . .	383
„ „ September	„	November . .	404

Von älteren Beobachtern hat schon Lewy[1]) erwähnt, dass er zuweilen im Herbst viel höhere Kohlensäurewerthe erhielt als im Sommer und Frühjahre. Auch Mène[2]) behauptet auf Grundlage seiner Beobachtungen, dass die Kohlensäure im Frühjahre zunimmt, zur Sommermitte fällt, dann wieder ansteigt und ihr Maximum im October erreicht. Aehnliches erhellt auch aus den Daten von Fittbogen und Hasselbarth[3]); ihr Mittel ist für December bis Februar: 0,324; für März bis Mai: 0,337; für Juni bis August: 0,334, endlich für September bis November: 0,339 pro Mille.

Abweichend von diesen Beobachtungen sind die Angaben von Lévy[4]), der bei seinen Analysen 1877/78 und 1878/79 folgende Kohlensäuremengen erhielt: im Winter: 0,348, im Frühjahr 0,347, im Sommer 0,349, im Herbst 0,318. Nimmt man übrigens nur die Daten von 1877/78 in Betracht, so ergiebt sich auch bei ihm, dass die Kohlensäure der warmen Jahreszeit (0,343) ansehnlich höher ist, als die der kalten Saison (0,312)[5]).

In die Erörterung der Ursachen dieser Erscheinung werde ich mich weiter unten einlassen.

b) Tägliche Schwankungen der Kohlensäure.

Weit beträchtlicher als die jährlichen und monatlichen Schwankungen der Kohlensäure sind die täglichen. Man kann sagen, dass in einer Reihe von Jahren kaum zwei Tage einander folgen, an denen die atmosphärische Kohlensäure ganz dieselbe bliebe. Am besten wird das eine Durchsicht der ersten Curve auf der beiliegenden Tafel I. beweisen, welche den täglichen Stand der atmosphärischen Kohlensäure illustrirt[6]). Das Wogen der Kohlensäure geschieht, wie dort zu sehen, ziemlich regelmässig. Einige Tage hindurch steigt sie an, um dann unter das Tagesmittel zu sinken.

[1]) Comptes Rendus 1850, II, 725.

[2]) Ibidem, 1863, I, 155.

[3]) A. a. O.

[4]) Annuaire etc. 1879 und 1880.

[5]) Macagno, in Palermo, fand im Februar bis Mai 0,330, Juni bis August 0,390 pro Mille Kohlensäure. Chem. Centralbl. 1880, 15.

[6]) Auf dieser Zeichnung entspricht die Höhe von 1 mm je 0,01 pro Mille Kohlensäure; es wird also z. B. der 50. mm, d. h. der 5. cm, 0,5 pro Mille CO_2 anzeigen.

Die Schwankung erfolgt stets zwischen bestimmten Grenzen. Bei den Untersuchungen von Schultze 1869 bis 1871 war der höchste Kohlensäurewerth 0,344 pro Mille, der niedrigste 0,225 pro Mille. Claesson fand als Maximum 0,327, als Minimum 0,237 pro Mille. Bei Farsky war die Schwankung durch 0,407 und 0,302 pro Mille begrenzt, — bei Fittbogen und Hasselbarth hielt sie sich zwischen 0,417 bis 0,270 pro Mille etc.

Andere haben grössere Kohlensäureschwankungen aufgezeichnet. So war bei Saussure das Maximum 0,574, das Minimum 0,315 pro Mille. De Luna fand zu Madrid als Grenzen 0,200 und 0,900, Smith 0,285 und 0,734. Léwy hat sogar, wie ich schon erwähnt, eine Schwankung zwischen 0,3, 0,4 und 4,9 pro Mille beobachtet.

In meinen Untersuchungen hält die Schwankungsweite der Kohlensäure die Mitte unter den angeführten Beobachtern ein. Selten erhob sie sich über 0,500, nur ausnahmsweise bis 0,600. Es wurden jedoch am 29. Juli 1877 0,737 pro Mille notirt. Nach unten sank die Kohlensäure selten unter 0,300; sie war im Juni 1878 vorzüglich niedrig, zu welcher Zeit ein Stand unter 0,300 häufiger vorkam, so z. B. am 10. 0,233 (Durchschnitt aus 2 Bestimmungen) pro Mille, ebenso im April und Juli desselben Jahres.

Ich bemerke gleich, dass ich auf diese Maximal- und Minimalzahlen für sich allein kein grosses Gewicht lege, weil ich weiss, dass selbst bei der sorgfältigsten Controle in grösseren Versuchsreihen, bei massenhaften Kohlensäureanalysen einzelne Irrthümer unterlaufen. Deshalb bin ich geneigt, als Grenzen der Kohlensäureschwankungen 0,200 bis 0,600 pro Mille aufzustellen, welche, wenn auch selten, doch zeitweise thatsächlich vorkamen. — Höhere oder niedere Mengen beruhen entweder überhaupt auf Irrthümern, oder ereignen sich höchst selten.

Ein Blick auf die 1. Curve der Tafel I. wird beweisen, dass die täglichen Schwankungen der Kohlensäure im Verlaufe des ganzen Jahres keine gleichmässigen sind. — Es fällt auf, dass sich die Kohlensäure, kürzere oder längere Zeit hindurch, auf ziemlich constanter Höhe erhält, dann weist sie plötzlich eine bedeutendere Schwankung auf, um nach Ablauf dieses bedeutenderen Wogens wieder constant zu werden. Diese beträchtlichen Tagesschwankungen ereignen sich besonders im Herbst, sowie zu Ende des Frühjahrs und Anfangs Sommer. Dem gegenüber fällt die Constanz der Kohlensäure im Winter und zu Beginn des Frühjahres auf.

Auch das kann der Aufmerksamkeit nicht entgehen, dass dieses Wogen in den einzelnen Jahren nicht übereinstimmt; im einen, z. B. 1877, ist es um vieles bedeutender, im anderen, z. B. 1879, überhaupt schwächer.

Die auffällige Gleichmässigkeit der Kohlensäuremenge in diesem letzten Jahre stimmt mit den Beobachtungen am Montsouris überein, wo im Jahre 1879 gleichfalls erstaunlich constante Kohlensäuremengen gefunden wurden [1]).

c) Kohlensäuremenge am Tage und in der Nacht.

Saussure hat die atmosphärische Kohlensäure auch in der Nacht sehr fleissig untersucht. Zu diesem Zwecke hat er häufig um Mitternacht in seinen ausgepumpten Flaschen Luft gesammelt. Die Nachtluft fand er im Allgemeinen kohlensäurereicher als die Tagesluft. Während das Kohlensäuremittel bei jener 0,432 pro Mille war, betrug es bei letzterer 0,398. Saussure bemerkt auch noch, dass dieser Unterschied im Winter weniger auffällt, als im Sommer. Dasselbe fanden Mène, Léwy (über dem Meeresspiegel), Boussingault und Truchot. Thorpe kam zum entgegengesetzten Resultate; er fand ein Tagesmittel von 0,3011, und ein Nachtmittel von nur 0,2993 pro Mille.

Meine eigenen diesbezüglichen Untersuchungen weisen folgendes Ergebniss auf. Im März und April, so wie im September, October und November 1877 habe ich die Tages- und die Nachtkohlensäure abgesondert bestimmt. Die Luft wurde zu diesem Zwecke einmal vom Morgen bis zum Abend, dann vom Abend bis zum Morgen durch besonderes Kalkwasser geleitet. Das Resultat ist folgendes:

Das Mittel der Tagesanalysen war zu jener Zeit 0,418, das Nachtmittel 0,426, es ist also des Nachts mehr Kohlensäure in der Atmosphäre enthalten als am Tage. In Folge dessen werden nur solche Analysen die wirkliche Kohlensäuremenge der Atmosphäre anzeigen, welche nicht nur die Tagesluft, sondern in demselben Maasse auch die Nachtluft berücksichtigen. Dieser Anforderung entsprechen meine eigenen Analysen, bei denen die Luft Tag und Nacht ununterbrochen aspirirt worden war.

---

[1]) Vgl. Annuaire de l'Obs. d. Monts. 1879, S. 426. 1880, S. 385.

Sehr lehrreich ist die besondere Zusammenstellung der Tages- und der Nachtmenge der Kohlensäure nach den einzelnen Monaten. Das Monatsmittel war:

	Tagesluft	Nachtluft		
im März . . .	0,456	0,444	pro	Mille.
im April . . .	0,413	0,374	„	„
im September .	0,402	0,474	„	„
im October . .	0,407	0,425	„	„
im November .	0,415	0,413	„	„

Die Kohlensäure ist also nicht immer des Nachts mehr, als am Tage. In sehr bedeutendem Maasse ist sie es im Herbst, während im Frühling die Nachtluft weniger Kohlensäure enthält als die Tagesluft. Die Erörterung der Ursache dieser Erscheinung lasse ich später folgen.

Mène[1]) hat behauptet, dass die Kohlensäuremenge auch während des Tages Schwankungen unterworfen ist. Seine Analysen lassen die Sache wahrhaftig in diesem Lichte erscheinen; trotzdem muss ich seine Angaben als vollständig unverlässlich erklären, weil seine einzelnen Parallelbeobachtungen sehr abweichende Resultate lieferten. So erhielt er z. B.:

	Früh	Mittags	Abends		
Am 4. August	4,400	0,420	0,270	pro	Mille.
„ 5. „	0,120	0,270	0,290	„	„
„ 6. „	0,130	0,360	0,300	„	„
„ 7. „	0,125	0,340	0,112	„	„

Diese Analysen waren zweifellos höchst fehlerhaft.

Auch Truchot[2]) hat in neuester Zeit einige Bestimmungen ausgeführt, mit denen er die Frage zu entscheiden bestrebt ist; doch sind auch seine Analysen durchaus unverlässlich, dazu auch noch zu wenige. So sollte z. B. an ein und demselben Tage die Kohlensäure Morgens 0,460, Nachmittags 0,870 pro Mille (!) betragen haben; an einem anderen Tage Morgens 0,480, Nachmittags 0,350 pro Mille etc.

Im Verlaufe meiner Untersuchungen richtete ich mein Augenmerk auch auf diese Frage und habe zu wiederholten Malen zahlreiche Bestimmungen Morgens, Mittags und Abends in Pettenkofer'schen Flaschen gemacht. Wegen Raummangel muss ich

---

[1]) C. R. 1851, II, 222.
[2]) Jahresber. f. agr. Chemie 1877, S. 93.

mich begnügen, nur die Analysen von Mitte Mai 1878 anzuführen, die mit besonderer Sorgfalt vollzogen wurden. Die Kohlensäuremenge war die folgende:

	Morgens	Mittags	Abends
7. Mai	0,324	0,349	0,337
	0,321	0,325	0,341
8. „	0,394	0,368	—
9. „	0,371	0,427	0,357
10. „	—	0,331	0,388
11. „	—	0,365	0,369
	—	0,392	0,378
12. „	0,375	0,397	0,373
	—	0,407	0,400
13. „	0,362	0,379	0,391
	0,391	0,401	—
14. „	0,359	—	0,445
	—	—	0,439
15. „	0,394	0,387	0,457
16. „	0,369	0,362	0,397
17. „	0,421	—	0,488
18. „	0,369	0,381	0,433
19. „	0,410	0,367	0,484
20. „	0,403	—	0,427
Mittel:	0,376	0,376	0,406.

Aus diesen Zahlen ist ersichtlich, dass die Kohlensäure während des Tages ziemlich beständig ist, am Abend jedoch eine bedeutende Vermehrung erleidet. Die Erhöhung ist so beträchtlich, dass sie das Verhältniss, in dem die Nachtkohlensäure höher steht als die Tageskohlensäure, noch um vieles übertrifft. Mit Recht kann also gefolgert werden, dass die nächtliche Kohlensäurezunahme hauptsächlich durch den Kohlensäurereichthum der Abendstunden zu Stande kommt.

d) Kohlensäureschwankungen unter verschiedenen Verhältnissen; nämlich: Berg und Thal, Meeresspiegel und Continent, Städte und Dörfer.

Unter allen den verschiedenen Verhältnissen wurde die atmosphärische Kohlensäure untersucht. Obwohl sich meine Beobachtungen in dieser Richtung nicht erstreckten, wünsche ich doch von den diesbezüglichen Angaben eine Uebersicht zu liefern, weil deren Resultate zur Beleuchtung des späteren Verlaufs meiner Arbeiten beitragen.

Auf Bergeshöhen haben mehrere Naturforscher die Kohlensäure untersucht: Saussure, die Gebrüder Schlagintweit, Frankland, Smith, Truchot u. A.

Saussure behauptet, auf Bergen mehr Kohlensäure gefunden zu haben, als in den Thälern [1]). Aus seinen Daten erhellt jedoch, dass das keine constante Erscheinung war; er fand sogar häufig im Thale mehr Kohlensäure als auf dem Berge.

Die Analysen der Gebrüder Schlagintweit und Frankland's habe ich schon oben als unverlässlich gekennzeichnet; der Umstand, dass sie auf hohen Bergen auffallend viele Kohlensäure gefunden haben, besitzt also kaum welche Bedeutung. Um vieles beruhigender sind die Untersuchungen von Smith [2]). Er bestimmte die Kohlensäure in Schottland auf zahlreichen Bergen und an deren Fusse; im Durchschnitt war sie auf der Höhe 0,332, und am Fusse 0,341 pro Mille. Auf Grund der auf verschieden hohen Bergen ausgeführten Analysen stellte er folgende Mittelwerthe zusammen:

in der Höhe von weniger als 1000′	. . . 0,337	pro Mille
„ „ „ „ 1000 bis 2000′	. . . 0,334	„ „
„ „ „ „ 2000 bis 3000′	. . . 0,332	„ „
„ „ „ über 3000′	. . . 0,336	„ „

Im Ganzen genommen ist also die Kohlensäure an höher gelegenen Orten, auf Bergen und Hügeln, mit ziemlicher Regelmässigkeit geringer als an tiefer gelegenen.

Am entschiedensten sprechen aber die Zahlen von Truchot [3]). Dieser Forscher fand in Clermont-Ferrand, welches 395 m über dem Meeresspiegel liegt, 0,313 pro Mille CO_2; auf der Spitze des Puy de Dôme (1446 m) bloss 0,203 pro Mille, und am Pic de Sancy (1884 m) bloss 0,172 pro Mille. Auf Bergen fand er also ein umgekehrtes Verhältniss zwischen der Höhe und dem Kohlensäuregehalt der Atmosphäre.

---

1) A. a. O.
2) A. a. O. S. 60.
3) C. R. 1873, II, 675.

Ich halte letztere Auffassung für die richtige trotz der Meinung von Saussure und der widersprechenden Daten der Gebrüder Schlagintweit und Frankland's, selbst trotzdem, dass Tissandier anlässlich einer Luftschifffahrt in der Höhe von 890 m bloss 0,240 Kohlensäure gefunden hat, auf 1000 m Höhe jedoch 0,300 pro Mille[1]). Die Untersuchungen von Smith und Truchot sind nämlich — wegen der empfindlicheren Methode — verlässlicher, als die der Anderen[2]); ausserdem entspricht aber diese Auffassung auch viel besser den Naturgesetzen, welche die Vertheilung der Kohlensäure in der Atmosphäre zu reguliren scheinen. Es gilt das sowohl vom Dalton'schen Gesetze, auf welches sich Truchot zur Erklärung seiner Beobachtung beruft, als auch von der Bodentheorie, welche ich unten darlegen werde.

Léwy, Muir, Thorpe haben die Kohlensäure über dem Meeresspiegel untersucht; bisher haben diese Untersuchungen zu keinem bestimmten Resultate geführt. Léwy fand über dem Meeresspiegel mehr Kohlensäure[3]), Muir giebt die Kohlensäure dort und am Continente als gleich an[4]), während Thorpe mit der Pettenkofer'schen Methode in Brasilien eben über dem Festlande die höhere Kohlensäure fand[5]).

Saussure fand über dem Spiegel des Genfersee weniger Kohlensäure als in der freien Luft von Chambeisy; am ersteren Orte war das Mittel von 36 Bestimmungen 0,439, am Festlande 0,460 pro Mille.

Nachdem auch Schultze bei seinen zahlreichen und aufmerksamen Untersuchungen gefunden hat, dass der vom Meere kommende Wind ärmer an Kohlensäure ist (s. unten), als der vom Festlande her wehende, kann vorläufig als wahrscheinlich acceptirt werden, dass die Kohlensäure über dem Meeresspiegel in Wahrheit geringer ist als über dem Continente.

Für den ersten Blick könnte geglaubt werden, dass die Städte mit den zahlreichen Fabriken, den vielen athmenden Menschen und Thieren den Kohlensäuregehalt in der Stadt oft um ein Bedeutendes erhöhen müssten; die Erfahrung lehrt jedoch, dass diesbezüglich

---

1) C. R. 1875, I, 976.

2) Tissandier hat die Kohlensäure durch Kalihydrat absorbiren lassen, sie dann mit Schwefelsäure ausgetrieben und im Eudiometer, wieder mittelst Kali, gemessen.

3) L. c. Smith. Air and Rain. S. 48.

4) Chem. News XXXIII, l. c. Jahresber. Fortschr. d. Chem. 1876, S. 213.

5) Jahresber. Fortschr. d. Chem. 1867, S. 183.

kein grosser Unterschied zwischen den Grossstädten und ihrer Umgebung besteht. Saussure hat z. B. die Atmosphäre von Genf und Chambeisy verglichen, und fand dort 0,468, hier 0,437 pro Mille. Lehrreicher noch ist die Angabe von Boussingault[1]), der im Vereine mit Léwy die Luft zur selben Zeit in Paris und in Andilly untersuchte; das Mittel von drei Bestimmungen war dort 0,319, hier 0,299 pro Mille. Dasselbe Resultat erhielten Smith, Roscoe in Manchester, London und anderwärts.

Es kann demnach als eine auffällige zwar aber naturgemässe Thatsache angenommen werden, dass selbst die colossale Kohlensäureproduction in Grossstädten nicht im Stande ist, den Kohlensäuregehalt der Atmosphäre beträchtlich zu erhöhen. In der grossen Masse der Atmosphäre vertheilt sich und verschwindet selbst die reichliche Kohlensäure des engen Stadtgebietes.

Ursachen der Schwankungen der Kohlensäure in der Atmosphäre.

Aus dem bisher Gesagten folgt, dass die Menge der atmosphärischen Kohlensäure an verschiedenen Orten, unter verschiedenen Verhältnissen, — ferner während des ganzen Jahres, ja selbst zu verschiedenen Stunden des Tages eine andere, — dass sie einer fortwährenden Schwankung, einem unbeständigen Wogen unterworfen ist.

Eine hochwichtige Frage der Naturwissenschaft ist es, zu ergründen, welche Naturkräfte es sind, die diese Schwankungen beeinflussen, sie bedingen?

Es sei mir gestattet, diese Naturkräfte und ihre Rolle gegenüber der atmosphärischen Kohlensäure detaillirt zu besprechen.

a) Einfluss des Regens auf die atmosphärische Kohlensäure.

Saussure hat behauptet, dass die Regen auf die Kohlensäure des Luftkreises einen grossen Einfluss ausüben. Er folgerte es daraus, dass während 1827, 1828 und 1829 die Kohlensäure desselben Monates in den verschiedenen Jahren dem entsprechend mehr oder

---

[1]) Ann. d. Chim. et de Phys. 1844, S. 456.

weniger war, als in demselben Monate mehr oder weniger Regen fiel. So betrugen z. B. die Regen- und Kohlensäuremengen im September jener drei Jahre:

Jahr	Regen (in mm)	CO_2
1827	30	0,510
1828	104	0,418
1829	254	0,357

Der Regenfall vermindert also, nach Saussure, die Kohlensäure in der Atmosphäre; hauptsächlich thut es der anhaltende Regen, der plötzliche, wenn auch massenhafte, jedoch nicht so sehr. – Schultze äussert sich dahin, dass während des Regens auf die Kohlensäure so entgegengesetzte Kräfte einwirken, dass dadurch bald dieses bald jenes Resultat hervorgerufen wird [1]).

Meine Beobachtungen beweisen den entschiedenen Einfluss der Regen auf die Kohlensäuremenge, und zwar in jener Richtung, die schon Saussure behauptete. Wer sich der Mühe unterzieht, auf den beiliegenden Tafeln die Curven der atmosphärischen Kohlensäure (Tafel I. Curve 1) und des Regens (Tafel II. Curve 1) zu vergleichen, wird wahrnehmen, wie regelmässig die Kohlensäuremenge während des Regens abnimmt, und dass nach dem Regen, besonders in warmen Jahreszeiten, wieder eine Kohlensäurezunahme erfolgt. Als Beispiele können dienen: 18. bis 19., 20. bis 21. März 1877, 1. bis 2., 6. bis 7., 16. bis 17. April, 16. bis 17., 21. bis 22. Mai, 22. bis 23. Juni, 2. bis 3., 6. bis 7. Juli etc.

Ich weiss recht gut, wie beschwerlich es ist, umfangreiche Zeichnungen zur Erkenntniss eines Sachverhaltes durchzusehen und zu vergleichen; deshalb habe ich getrachtet, den Einfluss der Regen auf die Kohlensäure in einfacherer Form ersichtlich zu machen. Ich entnahm den dreijährigen Beobachtungen die Kohlensäuredaten der Regentage und der vorhergehenden Tage, und berechnete daraus folgende Mittelwerthe:

Ich fand 77 nach regenfreien Tagen folgende Regentage; darunter wiesen 58 im Vergleich zum vorhergehenden Tage eine Kohlensäureabnahme, 19 eine Zunahme auf. Die Mittel dieser Regen- und vorhergehenden regenfreien Tage waren:

	Tag vor dem Regen	Regentag
1877	0,461	0,415
1878	0,386	0,353
1879	0,368	0,360

---

1) Landw. Versuchsstationen. XIV, 1871, S. 380.

Der Regen vermindert sonach ganz entschieden die Kohlensäure der Atmosphäre.

Ferner verglich ich 53 solche Tage, an denen — nach vorhergegangenem trockenen Wetter — Regen gefallen war, mit je 3 — also zusammen 155 — darauf folgenden Tagen, und zwar in den Winter- und Sommermonaten (November bis April, resp. Mai bis October) gesondert. Es ergab sich im Durchschnitt der folgende Kohlensäuregehalt der Luft:

	Regentage	Durchschnitt von 3 Tagen nach dem Regen
im Winter	0,378	0,368
im Sommer	0,368	0,390

Nach der Betrachtung dieser Mittelwerthe kann nicht bezweifelt werden, dass die Verminderung der Kohlensäure nach dem Regen im Winter eine andauernde ist; im Sommer folgt ihr jedoch alsbald eine bedeutendere Kohlensäurevermehrung.

Die Erörterung der Frage: auf welche Weise der Regen die Kohlensäure vermindert, resp. erhöht? möge für später vorbehalten bleiben.

b) Einfluss des Schneefalles.

Schultze machte in Rostock die Beobachtung, dass an Tagen mit starkem Schneefall die Kohlensäure häufig eine bedeutende Zunahme erfuhr; ein anderes Mal blieb sie unverändert, oder nahm ab. Auch meine eigenen Beobachtungen haben zu ähnlichen Resultaten geführt. An Tagen mit sehr starkem Schneefall stieg die Kohlensäure zuweilen sehr stark an; zu anderen Gelegenheiten erfolgte das nicht. Im Ganzen haben 30 Schneetage und 23 vorhergegangene Tage ohne Schneefall folgende Kohlensäuremittel geliefert:

Schneetage:	0,381
Tage vor dem Schneefall:	0,375.

Am Schneetage ward also eine factische, wenn auch geringe Zunahme der Kohlensäure verzeichnet.

c) Einfluss des Nebels.

Smith[1]) und Schultze[2]) haben auch während starker Nebel einige Mal auffallende Kohlensäurezunahmen beobachtet. Smith

---

[1]) Air and Rain. S. 52. [2]) Schultze, a. a. O. S. 381.

fand in den Strassen von Manchester zu normalen Zeiten 0,403 pro Mille Kohlensäure, während eines (!) dichten Nebels aber 0,679 pro Mille. Bei meinen Beobachtungen war das Kohlensäuremittel aus 26 Tagen mit dichtem Nebel: 0,376, dasjenige der vorhergehenden Tage 0,374 pro Mille. Der Unterschied ist also verschwindend klein.

d) Einfluss von Frost und Thauwetter auf die Kohlensäure.

Einen bedeutenden Einfluss auf den Kohlensäuregehalt der Atmosphäre übt der Frost und das darauf folgende Thauwetter aus. Saussure hat trotz der geringen Anzahl seiner Untersuchungen auch diese Erscheinung wahrgenommen und behauptet, dass die Kohlensäure während des Frostes vermehrt, während des Aufthauens aber vermindert ist. Auch meine Daten beweisen es mit einer jeden Zweifel ausschliessenden Gewissheit. Ich habe zuerst jene Tage zusammengestellt, an denen der Frost begann, dann diejenigen, welche dem Froste vorangegangen waren, und diejenigen, an welchen Thauwetter eintrat [1]), und erhielt dadurch folgende Mittelwerthe:

Kohlensäure der Tage vor dem Froste	0,354
„ „ „ welche Frost einleiten .	0,371 [2])
„ „ „ bei Thauwetter	0,369

Die natürlichste Erklärung dessen, dass die Kohlensäure durch den Frost vermehrt wird, kann darin gesucht werden, dass der Frost aus den Gewässern die Gase, somit auch die Kohlensäure, austreibt. Ein auf derselben Grundlage fortgesetztes Raisonnement wird auch zur Ursache der Kohlensäureabnahme zu Beginn des Thauwetters führen. Das durch den Frost seiner Gase beraubte Wasser wird beim Aufthauen aus der über ihm lagernden Luftschicht die Gase, darunter auch die Kohlensäure, begierig absorbiren.

---

[1]) Um den unmittelbaren Vergleich in dieser Richtung zu ermöglichen, habe ich in der Curve 3 der Tafel II. die Schwankungen der Lufttemperatur in 1877, 1878 und 1879 nach den Angaben der königl. meteorol. Centralanstalt aufgenommen.

[2]) Die zur Mitte November 1879 eingetretene ausserordentliche Kälte hat den Kohlensäurereichthum dieses und des folgenden Monats merklich erhöht. Vgl. Tafel I. Curve 1.

e) Einfluss der Luftdruckschwankungen.

Ich habe die Schwankungen des Barometers[1]) mit denen der Kohlensäure verglichen. Aus den Jahren 1877, 1878 und 1879 habe ich die Kohlensäuremengen von insgesammt 255 solchen Tagen entnommen, die ihren Vorgängern gegenüber eine bedeutende Barometerschwankung aufwiesen, und dann das Kohlensäuremittel einerseits der Tage mit erhöhtem Barometerstand, andererseits jener mit vermindertem Luftdruck verglichen. Das Resultat fiel negativ aus; die Kohlensäure war beim Steigen und Fallen des Luftdruckes ziemlich dieselbe, nämlich 0,395 und 0,387. Es schien mir wahrscheinlich, dass in diesen Zahlen unter dem Einfluss eigenthümlicher Naturkräfte ein Werth den anderen deckt, und dadurch das Ergebniss verschwommen macht; desshalb habe ich das Verhalten der Kohlensäure während verschiedener Luftdruckschwankungen zur kalten[2]) und zur warmen[2]) Jahreszeit gesondert untersucht.

Es ergab sich, dass in der kalten Jahreszeit die Kohlensäure sich vermehrt, wenn der Luftdruck steigt und vice versa; in der warmen Jahreszeit hingegen geht mit der Erhöhung des Luftdruckes ein Sinken der Kohlensäure und mit der Abnahme des Luftdruckes eine Zunahme der Kohlensäuremenge einher. Es ist das aus folgenden Mittelwerthen ersichtlich:

	Winter (1877, 1878 und 1879[3]).	Sommer (1877, 1878 und 1879[3]).
Luftdruckerhöhung	0,410 = +	0,380 = −
Luftdruckfall :	0,378 = −	0,395 = +

Die Ursachen dieser Erscheinung sollen später erörtert werden.

f) Wirkung der Winde.

Winde bewegen die Atmosphäre, peitschen sie auf; es ist von grossem Interesse zu wissen, welchen Einfluss sie auf deren chemische Zusammensetzung, speciell auf den Kohlensäuregehalt ausüben.

---

[1]) Die Luftdruckschwankungen sind auf Tafel II. in der Curve 4 verzeichnet.

[2]) Kalte Jahreszeit = December bis April; warme Jahreszeit = Mai bis November.

[3]) Winter = December bis April; Sommer = Mai bis November.

Saussure fand an windigen Tagen etwas mehr Kohlensäure als an windstillen. Bei Smith finde ich an windigen Tagen bald mehr bald weniger Kohlensäure verzeichnet. Eine besondere Wichtigkeit schreibt Schultze den Winden zu; er fand, dass bei Nord-Ost die Kohlensäure gewöhnlich zu-, bei Süd-West abnahm. In Anbetracht der geographischen Lage von Rostock zog er daraus den Schluss, dass es die Meeresoberfläche ist, über die der Südwestwind hinfegt und an die er einen Theil seiner Kohlensäure abgiebt, daher die Kohlensäureabnahme; bei dem über das Festland herwehenden Nordostwinde findet das nicht statt, weshalb auch beim Herrschen dieses Windes die Kohlensäure nicht abnimmt.

Ich habe 222 windige Tage [1]) aus 1877, 1878 und 1879 auf ihre Kohlensäure mit dem Jahresmittel verglichen und folgende Werthe erhalten:

	Jahresmittel	Mittel der windigen Tage
1877 bis 1878 . .	0,3935	0,3891
1879	0,3788	0,3656

An windigen Tagen ist also der Kohlensäuregehalt der Atmosphäre etwas geringer als bei Windstille.

Des Weiteren habe ich den Einfluss der Winde auf die Kohlensäure im Winter und im Sommer [2]) besonders untersucht, und gefunden, dass die Winde im Winter kohlensäurereicher sind als im Sommer; im Winter war nämlich das Mittel für windige Tage: 0,389, im Sommer bloss 0,378.

Es findet das seine natürliche Erklärung in den vorhergehenden Untersuchungen. — Im Winter gehen die Winde gewöhnlich mit Frost einher, im Sommer aber mit Regen; wie ich gezeigt habe, erhöht jener die Kohlensäure, dieser vermindert sie.

Ich dehnte meine Aufmerksamkeit auch auf die Windrichtungen aus und prüfte: ob wohl die zwei Hauptluftströme, der Passat und Antipassat, hinsichtlich der Kohlensäure einen Unterschied aufweisen. Das überaus interessante Ergebniss trachte ich in folgenden Durchschnittszahlen zu veranschaulichen:

---

[1]) Taf. II. Curve 5 zeigt die Winde nach den Mittheilungen der königl. meteorolog. Centralanstalt. Die Curvenhöhe bedeutet die Summe der täglichen drei Bestimmungen der Windstärke; die Höhe von 1 mm entspricht 1 Grad der Windstärke. — Die hinzu gezeichneten Buchstaben deuten die Windrichtungen nach englischer Nomenclatur an. E ist daher = East (Ost), S = South (Süd) u. s. w.

[2]) Winter = November bis April; Sommer = Mai bis October.

	Bei N, NE, E-Richtung	Bei S, SW und W-Richtung
1877	0,407	0,427 = + 0,020
1878	0,359	0,362 = + 0,003
1879	0,363	0,382 = + 0,019
im Mittel	0,376	0,390 = + 0,014

Der aus südlichen Gegenden eintreffende Wind ist also um ein Gutes reicher an Kohlensäure, als der vom Norden kommende, trotzdem bei ersterem der Umstand, dass er über dem Meeresspiegel zu uns kommt und auch bei uns gewöhnlich Regen bringt, seine Kohlensäure noch herabmindert, — während im Gegentheil der Umstand, dass er vom Festlande und aus frostigen Gefilden kommt, den Kohlensäuregehalt des Passatwindes noch vermehrt. Feuchtigkeit und Meeresfläche, andererseits Frost und Festland waren also nicht im Stande, den charakteristischen Unterschied zwischen Passat und Antipassat zu verwischen, obwohl jene Factoren die Kohlensäuredifferenz der zwei Windrichtungen gewiss bedeutend herabgedrückt haben. Ohne diese conträren Einflüsse wäre der Unterschied zu einem viel auffälligeren, grösseren angewachsen. Darüber wird uns folgende Zusammenstellung meiner Daten überzeugen, in der ich die verschiedenen Windrichtungen im Winter und Sommer[1]) gesondert anführe:

	Winter		Sommer	
	N-NE-E ±	S-SW-W ±	N-NE-E ±	S-SW-W ±
1877	0,411 —	0,431 +	0,404 —	0,424 +
1878	0,355 +	0,353 —	0,364 —	0,371 +
1879	0,387 —	0,398 +	0,339 —	0,365 +
Mittel	0,384 —	0,394 +	0,369 —	0,387 +

Diese Daten beweisen noch bestimmter, dass der Antipassat überhaupt kohlensäurereicher ist als der vom Norden kommende Passat, und speciell dass die Wirkung des Antipassats vorzüglich im Sommer bemerkbar ist, während sie im Winter durch den Einfluss des Frostes theilweise verwischt wird.

Ich behalte mir die Erörterung der Endursache dieser Erscheinung für unten vor.

---

[1]) Winter = November bis April; Sommer = Mai bis October.

g) Rolle des Bodens bei der Schwankung der atmosphärischen Kohlensäure.

Im Obigen habe ich die Menge und die Schwankungen der atmosphärischen Kohlensäure unter verschiedenen Verhältnissen und Umständen dargelegt. Es war zu sehen, wie die Kohlensäuremenge Tags und Nachts, Morgens und Abends, von einem Tag zum andern, im Sommer und Winter modificirt wird; wie sie bei Regen ab- und durch Frost zunimmt; wie der Barometerstand und die Windrichtungen auf sie einwirken. — Man muss gestehen, dass diese Naturkräfte für sich allein nicht ausreichen, um die fortwährende und regelmässige Schwankung der atmosphärischen Kohlensäure aufzuklären. Das nächtliche Dunkel oder die Luftbewegung, die Barometerschwankung oder die Sommerhitze verursachen in der Luft selbst keine solche Veränderung, welche die täglichen oder jahreszeitgemässen Schwankungen der Kohlensäuremenge mit sich bringen könnten; die Kohlensäuremodificationen aber, welche der Regen und der Frost erzeugen, sind an sich so gering und zwischen so enge Grenzen gebannt, dass auch diese keinenfalls als Ursachen der fortwährenden Schwankungen figuriren können.

Die Naturkraft, welche die atmosphärische Kohlensäure in ultima analysi regulirt, suchte Saussure in der Vegetation der Pflanzenwelt. Seiner Meinung nach käme die nächtliche Kohlensäurezunahme dadurch zu Stande, dass die Pflanzen des Nachts Kohlensäure exhaliren, während sie des Tags dieselbe aufnehmen. Diese Ansicht hat ihre allgemeine Herrschaft bis zum heutigen Tage erhalten. So erklärt auch Truchot [1]) die nächtliche Kohlensäurevermehrung aus dem Lebensprocess der Pflanzen.

Ich habe kaum nöthig, ausführlicher zu beweisen, dass dieser Lebensprocess zur Erklärung der Kohlensäureschwankungen ganz unzureichend ist. Schon Corenwinder hat nachgewiesen [2]), dass die Pflanzen nur an ihren ganz jungen Trieben, und auch hier nur in unbedeutendem Maasse und ungleichmässig, Kohlensäure ausströmen lassen. Ausserdem wissen wir auf Grundlage der beschriebenen Untersuchungen, dass die Kohlensäure eben im Herbst am höchsten steht, am meisten schwankt, zu einer Zeit also, wo die

---

[1]) Comptes Rendus 1873, II, 675. [2]) Déherain, Cours de chimie agricole; 1873, p. 34.

vegetativen Lebensvorgänge der Pflanzenwelt bedeutend herabgestimmt sind, wo auch junge Triebe am wenigstens existiren.

Andere Forscher, und besonders Schultze [1]), haben an das Meer gedacht, welches die Kohlensäure der über ihm schwebenden Atmosphäre reguliren sollte, wo dann die herrschenden Winde jene Atmosphäre nach allen Himmelsrichtungen vertheilen würden. Diese Idee kann jedenfalls jener Beobachtung zur Erklärung dienen, dass der vom Meere her wehende Wind in Rostock ärmer an Kohlensäure war als der vom Festlande wehende. Die See könnte thatsächlich im Stande sein, aus der sie bedeckenden Atmosphäre colossale Kohlensäuremengen aufzunehmen, die Kohlensäure dauerhaft zu vermindern. Doch würde diese Theorie eben die Hauptfrage noch unerklärt lassen, die nämlich: woher sich die im Gleichgewichte bleibende Kohlensäure in der Luft vermehrt?

Als Quellen der atmosphärischen Kohlensäure, mithin auch als Ursachen ihrer Vermehrung führt Schultze den Ausbruch von Vulkanen, die animalische Respiration, die Verwesung, die Verbrennung und „andere unbekannte Processe" an. Pettenkofer [2]) hingegen wirft anlässlich seiner Bodenluftuntersuchungen die Frage auf: ob wohl unter jene unbekannten Processe, welche die Kohlensäure der Luft vermehren, nicht auch die Kohlensäure der Bodenluft gehöre?

Ich sprach im Jahre 1875 anlässlich meiner in Klausenburg ausgeführten Bodenluftuntersuchungen die Meinung aus, dass die Atmosphäre ihre Kohlensäure in erster Reihe aus dem Boden erhalte, aus diesem Hauptherde der animalischen und pflanzlichen Verwesung, Oxydation [3]). Diesmal werde ich Gelegenheit haben, über jene Untersuchungen zu berichten, welche ich behufs wissenschaftlicher Klärung der Frage zu Budapest ausgeführt habe.

Ich kam zur Ueberzeugung, dass der namhafteste Regulator für die Schwankungen der atmosphärischen Kohlensäure der Boden selbst ist; dieser ist es, welcher in einem Falle die Abnahme der Kohlensäure bedingt, er ist es, der im anderen Falle die Zunahme erzeugt.

Um bezüglich der Rolle des Bodens gegenüber der atmosphärischen Kohlensäure entscheidende Beweise zu erhalten, habe ich zu breit angelegten Untersuchungen gegriffen.

---

[1]) L. c. S. 384. [2]) Zeitschr. f. Biol. 1871, S. 417.
[3]) Orvosi Hetilap 1875, und Vierteljahrsschrift f. öffentl. Gesundheitspflege. 1875, S. 228.

Von der Betrachtung ausgehend, dass, wenn der Boden wirklich einen Einfluss auf die Kohlensäure der Atmosphäre ausübt, dieser Einfluss in jener Luftschicht am augenscheinlichsten hervortreten müsse, welche dem Bodenniveau am nächsten liegt: habe ich die Kohlensäure unmittelbar an der Bodenoberfläche in Untersuchung gezogen, und sie mit der Kohlensäure erhöhterer Luftschichten verglichen [1]).

Zu diesem Zwecke habe ich an demselben Orte, wo die atmosphärische Kohlensäure in der Höhe von $2^1/_2$ m constant beobachtet wurde, im Hofe des chemischen Laboratoriums, die Luft auch $^1/_2$ bis 1 cm über dem Bodenniveau aufgefangen, in den Untersuchungskasten zur Pettenkofer'schen Barytröhre geleitet, und darin die Kohlensäure bestimmt [2]).

Die Analyse der Bodenniveauluft wurde vom Januar 1877 bis November 1879, die frostigsten Tage ausgenommen, täglich vorgenommen. Viele der erhaltenen Resultate, besonders vom Winter und Frühjahr, musste ich aber verwerfen, weil sie mit der unverlässlichen Brunner'schen Methode erzielt waren. Die Ergebnisse sind auf Tafel I. als Curve 2 verzeichnet, wo die Kohlensäuremenge der Bodenniveauluft abgelesen, und ihre Schwankungen mit denen der freien Atmosphäre bequem verglichen werden können.

Im Allgemeinen war die Kohlensäure der beiden Luftschichten nur selten dieselbe; die Bodenniveauluft zeigte Monate lang bald mehr bald weniger Kohlensäure als die erhöhtere Atmosphäre.

In dieser Richtung ist die folgende Zusammenstellung besonders lehrreich. Die Kohlensäure der beiden Luftschichten war in den einzelnen Monaten d. J. 1877 bis 1879 die folgende:

	1877		1878		1879	
	Bodenniveau	Höhe	Bodenniveau	Höhe	Bodenniveau	Höhe
Januar	0,478	—	0,303	0,372	0,332	0,371
Februar	0,425	—	0,337	0,364	0,279	0,366
März	0,229	0,450	0,369	0,356	0,248	—
April	0,155	0,398	0,385	0,334	—	—
Mai	0,462	0,413	0,522	0,388	0,394	0,347

[1]) Wolffhügel untersuchte in München ebenfalls die Bodenniveauluft und eine höhere Luftschicht auf Kohlensäure, vom 2. December 1874 bis Ende Juli 1875, nahezu täglich. Die Münchener Station hat sich aber wegen des geringen Kohlensäuregehaltes der Grundluft für diese Untersuchungen als ungeeignet erwiesen. Vgl. Zeitschr. f. Biologie, 1879, Bd. XV, Heft 1, S. 102.

[2]) Vgl. oben, S. 11.

	1877		1878		1879	
	Bodenniveau	Höhe	Bodenniveau	Höhe	Bodenniveau	Höhe
Juni	0,584	0,468	0,377	0,340	0,418	0,353
Juli	0,412	0,411	0,423	0,352	0,393	0,357
August	0,474	0,412	0,669	0,387	0,456	0,368
September	0,675	0,424	0,545	0,405	0,432	0,390
October	0,566	0,416	0,443	0,415	0,380	0,376
November	0,502	0,414	0,391	0,382	—	—
December	0,315	0,379	—	0,384	—	—

Ich denke, dass diese Tabelle klarer und bestimmter spricht als jede langwierige Erörterung. Sie zeigt, dass die Kohlensäure am Bodenniveau den grössten Theil des Jahres hindurch den Gehalt der höheren Luftschichten beträchtlich überragt, ferner dass dieselbe in den verschiedenen Jahreszeiten, Monaten, an der Oberfläche des Bodens noch viel bedeutender schwankt, als in höheren Luftschichten; besonders aber zeigt sie, dass in jener Schichte sowohl die Zu- als die Abnahme der Kohlensäure den Schwankungen der höheren Luftschichten vorangeht. Schon hieraus kann gefolgert werden, dass die Kohlensäuren der beiden Luftschichten im abhängigen Verhältniss zu einander stehen, und zwar in der Weise, dass die Bodenniveauschichte den Kohlensäuregehalt der höheren Schichten regulirt und bedingt. Noch besser wird das aus den folgenden detaillirten Betrachtungen hervorgehen.

Dass der Boden die Fähigkeit besitzt, die Kohlensäure der Atmosphäre zu vermindern, kann schon daraus gefolgert werden, dass die Bodenniveauschicht an gewissen Tagen, zu gewissen Zeiten ärmer an Kohlensäure ist, als die höhere Atmosphäre; es ist das der Fall an Regentagen, besonders aber im Frühling. Ich habe schon erwähnt, dass die atmosphärische Kohlensäure zu Regenzeiten abnimmt; jetzt kann auch die Ursache dieser Abnahme aufgesucht werden. Das Regenwasser konnte die verschwundene Kohlensäure nicht absorbirt haben, da es ein sehr geringes Absorptionsvermögen für Kohlensäure besitzt. Umsomehr konnte das aber der durchnässte Boden gethan haben. Ein einfaches Experiment kann uns davon überzeugen. Leitet man Luft durch 50 bis 100 ccm ausgekochten Wassers, sowie durch Boden, welcher mit demselben Wasser durchfeuchtet ist, so wird das erstere von der Kohlensäure der Luft nicht einmal $^1/_{10}$ ccm zurückhalten, während letzterer sogar sehr viel davon bindet. So haben z. B. 300 g Sand, mit etwa 100 g gekochtem destillirtem Wasser befeuchtet, während der Aspiration von 10 l Luft[1]) von deren Kohlensäure 1,6 ccm gebunden. Bei demselben Verhältnisse könnte 1 l Wasser, auf den Boden gegossen, 16 ccm Kohlensäure binden, während dieselbe Wassermenge für sich kaum $^1/_{15}$ bis $^1/_{20}$ jener Kohlensäuremengen absorbirt.

Dass der durchnässte Boden jener Factor ist, welcher die atmosphärische Kohlensäure absorbirt, dafür spricht auch die Erfahrung, dass die Kohlensäure am Bodenniveau im Frühjahre und am Ende des Winters am geringsten ist. Der Boden ist nämlich während des ganzen Jahres eben zu dieser Zeit am feuchtesten, besonders enthält er in den oberflächlichen Schichten das meiste Wasser. Zur selben Zeit existirt aber diese Feuchtigkeit, dieses Wasser in einem gas- und kohlensäurefreien Zustande und ist somit vorzüglich befähigt, die atmosphärische Kohlensäure zu binden.

Daher also der auffallend geringe Kohlensäuregehalt der Bodenniveauluft Anfangs Frühling sowie auch gegen Ende Winter.

Doch nicht allein im Frühjahre trägt der Boden zur Verminderung der Kohlensäure in der auf ihm lagernden Luft bei, sondern auch zu anderen Zeiten des Jahres. Man wird das leicht wahrnehmen, wenn man in den Curven 1 und 2 Tafel I., sowie Curve 1 Tafel II. den Kohlensäuregehalt der erhöhten und Bodenniveauluft mit den Regen vergleicht. Es ist dort zu sehen, dass einem grösseren Regen gewöhnlich eine Abnahme der Kohlensäure folgt, und zwar ist die Abnahme in der Bodenniveauluft gewöhnlich bedeutend grösser, als in der Höhe. Zur leichteren Erkenntniss dieses Sachverhaltes habe ich Mittelwerthe berechnet, welche die Kohlensäure vor und nach dem Regen ausweisen; um einen Vergleich zu ermöglichen, wiederhole ich hier auch die diesbezüglichen Daten aus der höheren Luftschicht:

	Bodenniveau			Höhe		
	vor dem Regen	nach dem Regen	±	vor dem Regen	nach dem Regen	±
1877	0,870[2])	0,666[2])	— 0,204	0,461	0,416	— 0,045
1878	0,443	0,405	— 0,038	0,386	0,353	— 0,033
1879	0,372	0,352	— 0,020	0,368	0,360	— 0,008
Mittel	0,562	0,474	— 0,088	0,405	0,376	— 0,029

[1]) Die Luft muss rasch durch den eingekühlten Boden geleitet werden, sonst entwickelt sich aus den organischen Substanzen des Bodens alsobald Kohlensäure, welche das Kohlensäureabsorptionsvermögen des feuchten Bodens leicht verdeckt. — [2]) Blos die Kohlensäure der Sommermonate.

Die Bodenniveauluft büsst also durch die Regen von ihrer Kohlensäure ein, und zwar bedeutend mehr als die höhere Luftschicht. Zur Regenzeit wird demnach die Absorption der Kohlensäure nicht so sehr in der Atmosphäre als an der Oberfläche des durchnässten Bodens vor sich gehen.

Dieselben Beobachtungsergebnisse verweisen auch darauf, dass die absorbirte Menge der Kohlensäure sehr bedeutend ist. Nach einem ausgiebigen Regen ist der Boden im Stande, aus der über ihm ruhenden Atmosphäre so viel Kohlensäure zu absorbiren, dass jene selbst noch in einer Höhe von $2^1/_2$ Metern durchschnittlich 0,029 ccm Kohlensäure pro Liter, also 29 ccm pro Cubikmeter einbüsst. Nimmt man nur 10 m Höhe für die Berechnung der absorbirten Kohlensäure an, so entfallen auf jeden Quadratmeter Bodenoberfläche im Durchschnitte 290 ccm nach dem Regen absorbirte Kohlensäure. So viel kann das auf dieser Oberfläche an einem Regentage niedergefallene Wasser allein (bei 10 mm mittlerer Regenmenge pro Tag, auf den Quadratmeter 10 Liter) unter keiner Bedingung in sich aufnehmen. Jene Kohlensäure konnte also bloss der Boden selbst absorbiren, dessen mineralische Bestandtheile die Neigung haben, Kohlensäure aufzunehmen und sich dadurch in Carbonate, besonders aber in Bicarbonate umzuwandeln und so in löslichere Modificationen zu gelangen.

Die auf besagte Weise durch den Boden absorbirte Kohlensäure hat also zweifellos auch für die chemischen Umwandlungen des Bodens und für das Pflanzenleben eine grosse Bedeutung. Die Fortspinnung der Frage in dieser Richtung liegt jedoch ausserhalb meines Fachkreises.

Wenden wir uns jetzt einer anderen Erscheinung zu und untersuchen wir die Rolle des Bodens bei der Vermehrung der atmosphärischen Kohlensäure.

Aus obigen (S. 41 bis 42) Monatsmitteln konnte entnommen werden, dass die Kohlensäure am Bodenniveau während des grösseren Abschnittes des Jahres bedeutend mehr ist, als in den höher gelegenen Luftschichten. Es kann demnach keinem Zweifel unterliegen, dass die höhere Atmosphäre ihre Kohlensäure aus der tieferen erhält, dass sie also unter dem Einflusse dieser steht.

Den entscheidenden Beweis werden wir diesbezüglich erhalten, wenn wir die Schwankungen der Kohlensäure in der Bodenniveau- und in der höheren Luft von Jahr zu Jahr, von Monat zu Monat, von Tag zu Tag vergleichen, wie sie auf Tafel I. graphisch dargestellt erscheinen [1]). Es muss sogleich auffallen, dass in dem Maasse, als die Kohlensäure der Bodenniveauluft zu steigen anfängt, dies auch in der Höhenluft geschieht, und wie die erstere wieder zurücksinkt, nimmt die Kohlensäure auch in der Höhe ab. — Die grössten Schwankungen verlaufen in beiden Luftschichten mit einander parallel, immer jedoch so, dass der Kohlensäuregehalt in der Bodenniveauluft grösser ist, als in der höheren Luftschichte und dass die Zu- und Abnahme am Bodenniveau meistens um etwas früher eintritt als an der höheren Stelle. Besonders auffallend ist dieses parallele mit einander Schwanken z. B. am 8., 9., 13., 14. und 27. Mai 1877; der grosse Ausfall der Bodenniveaukohlensäure am Anfang Juli geht mit einer parallelen Verminderung in der höheren Atmosphäre einher; am 19. und 22. August verursacht die auffallend hohe Kohlensäure am Bodenniveau auch eine bedeutende Vermehrung in der Höhe; Mitte September: parallele Erhöhung in beiden Luftschichten, — eine gleiche Erhöhung in beiden am Anfang October, und Sinken beider vom Beginn des November. Anfangs April 1878 hoher Kohlensäurestand in beiden Luftschichten, darauf Verminderung ebenfalls in beiden. Um den 6. und 14. Mai ist die Kohlensäure an beiden Orten sehr erhöht, darauf gemeinschaftliches Sinken bis Mitte Juni. Ende August und Anfangs September sehr hoher Kohlensäuregehalt in beiden Luftschichten, — Ende September gemeinsamer Niedergang, Anfangs October aber wieder gemeinsamer hoher Stand. Parallele Zunahme der Kohlensäure den ganzen November hindurch und besonders auffallende Erhöhung am 7. December. Endlich ist die gemeinsame Schwankung von Mitte August 1879 angefangen unverkennbar, besonders am 17., 20., 21., 28. und 29., ferner am 4. und 7. September, gemeinsames Sinken am 12. bis 14., Erhöhung am 16. bis 17., gemeinschaftliche Erhöhung Ende September und Anfangs October, darauf Sinken; Ende October ist die gemeinsame Zunahme besonders auffallend, endlich erfolgt der Niedergang Anfangs November ebenfalls gemeinsam etc.

Es darf nicht daran gedacht werden, dass während dieser Schwankungen die höhere Luftschichte die Bodenniveauluft regulirt; es ist das unmöglich, weil (den bereits besprochenen Frühling ausgenommen) immer die Bodenniveauluft die kohlensäurereichere

---

[1]) Zur Vergleichung der Monatsmittel siehe die Tabelle auf Seite 41 bis 42.

war. Es wird also durch die weitere Erhöhung des Kohlensäuregehaltes dieser Luftschichte auch die Kohlensäurezunahme der höher gelegenen verursacht, während bei der Abnahme der Kohlensäure am Bodenniveau sehr bald auch die Höhenluft kohlensäureärmer wird.

Auch darf nicht eingewendet werden, dass diese Abhängigkeit der höheren Luftschichte von der Kohlensäure am Bodenniveau nur auf der Beobachtungsstation bestehe, dass die Höhenluft nur hier durch Bodenniveauluft verunreinigt wurde; ist ja doch die Höhenluft am Untersuchungsorte nicht abgeschlossen, sondern bewegt sich und circulirt ganz ungehindert, so sehr, dass füglich gesagt werden kann, die auf der Beobachtungsstation gefundene atmosphärische Kohlensäure entspreche dem mittleren Kohlensäurereichthume grösserer Complexe, um so mehr, als die im Hofe des chemischen Institutes beobachtete Kohlensäuremenge derjenigen vollkommen entsprechend war, die längere Zeit hindurch, mit jener parallel, in der Luft am Fenster des hygienischen Laboratoriums, also etwa auf 100 m Entfernung, bestimmt wurde.

Uebrigens habe ich auch besondere directe Untersuchungen darüber angestellt, ob auch anderswo, nicht bloss im chemischen Hofe, am Bodenniveau mehr Kohlensäure vorhanden ist, und wie sich dort die Kohlensäureschwankungen verhalten? Zu diesem Behufe habe ich von Mitte August bis Ende October 1877 von der ersten Station etwa 1600 Schritte entfernt — im Hofe der Üllöer Kaserne — gleichfalls die Kohlensäure der Bodenniveauluft untersucht. Die bei dieser Gelegenheit erhaltenen Kohlensäuremengen sind auf Tafel I. Curve 4 ersichtlich. Ein Vergleich mit den Kohlensäure-Curven der Bodenniveau- und Höhenluft im chemischen Hofe wird beweisen, dass auch an jener entlegenen Stelle die Kohlensäure am Bodenniveau gewöhnlich höher war, als in der höheren Luftschichte des chemischen Hofes; ferner ist wahrzunehmen, dass die Kohlensäure der Bodenniveauluft an jenem entlegenen Orte und im chemischen Hofe ganz gleichzeitige und übereinstimmende Schwankungen aufweist. So wurde z. B. am 17. und 18. August an beiden Orten eine mässige Kohlensäuremenge gefunden, am 19. steigt sie an beiden auffallend, am 20. bis 21. erfolgt ein paralleler Niedergang, am 22. ein beiderseitiger Sprung in die Höhe, am 23. übereinstimmendes Sinken, am 25. neuerliche Erhöhung, am 26. abermaliges Sinken der Kohlensäure an beiden Orten etc.

All das Gesagte erwogen, kann als Thatsache angenommen werden, dass die Kohlensäure der Bodenniveauluft auf grossen Complexen gleichmässige, parallele Schwankungen ausführt; ferner, dass die höheren Luftschichten aus der Bodenniveauluft Kohlensäure erhalten, dass also die Kohlensäureschwankungen in ihnen von dem Kohlensäuregehalte der tieferen Luftschichten abhängig sind.

Woher und auf welche Weise kommt die Bodenniveauluft zu dieser Kohlensäure?

Auf den ersten Blick wäre man vielleicht geneigt, anzunehmen, dass der Fäulniss- oder Verwesungsprocess an der Bodenoberfläche der sie bedeckenden Luftschichte unaufhörlich die Kohlensäure liefert, ihren Kohlensäuregehalt erhöht.

Es ist nicht zu bezweifeln, dass die Verwesung an der Bodenoberfläche fast ununterbrochen vor sich geht, also der Atmosphäre auch Kohlensäure überliefert; wenn man jedoch denkt, dass das die einzige Art der Erhöhung der Kohlensäure in der Bodenniveauluft wäre, so würde ein Umstand vernachlässigt, welcher diese Erklärung als unzulänglich erscheinen lässt, — der nämlich, dass die Kohlensäuremenge am Bodenniveau bedeutenden Schwankungen unterworfen, dass jene Menge von einem Tag zum anderen, ja sogar von der Nacht zum Tage überaus veränderlich ist. Die Fäulniss an der Bodenoberfläche kann keinen so fortwährenden und beträchtlichen Schwankungen ausgesetzt sein; wenn sie einmal durch die Wärme und Feuchtigkeit in Gang gebracht worden ist, wird sie unaufhaltsam fortschreiten, so lange Wärme und Nässe und die organischen Substanzen anhalten; mit ihrer Abnahme wird auch die Fäulniss abnehmen und endlich ganz sistiren. Jene Schwankung des Kohlensäuregehaltes der Bodenniveauluft kann also in jener Fäulniss oder Verwesung allein, welche an der Bodenoberfläche vor sich gehen, ihre Erklärung nicht finden.

Doch widersprechen dieser Erklärung auch noch viele andere Umstände. So z. B. die Erfahrung, dass die Kohlensäure der Bodenniveauluft auch im Winter [1]) bei gefrorener Oberfläche plötzlich empor springt, und zwar um ein Bedeutendes über den Kohlensäuregehalt der höheren Luftschicht; in diesem Falle kann das Plus

---

[1]) Z. B. am 11., 14., 18. Februar 1877, am 9., 20., 21. Januar, am 17., 20. Februar 1878, am 1., 4., 20., 26. Januar, und am 7. Februar 1879 u. s. w.

an Kohlensäure keineswegs von der Fäulniss an der Bodenoberfläche herrühren. Ferner widerspricht auch die Beobachtung, dass das Uebergewicht an Kohlensäure am Bodenniveau nicht im Frühjahr oder Sommer am bedeutendsten ist, — wo doch die Bodenoberfläche am reichlichsten Wärme und Feuchtigkeit erhält, sondern gegen Ende Sommer und im Herbst, zu einer Zeit also, wo die Erdoberfläche am trockensten ist und auszukühlen beginnt, — zu einer Zeit, wo höhere Temperatur und Feuchtigkeit, d. h. die Bedingungen der erhöhten Kohlensäureproduction nicht mehr an der Oberfläche, sondern in der Tiefe des Bodens vorhanden sind.

Woher erhält also die Bodenniveauluft den Ueberschuss an Kohlensäure und deren Schwankungen, wenn nicht von der Bodenoberfläche? Aus dem Inneren des Bodens, aus der Grundluft.

Wie allbekannt, ist die Grundluft sehr reich an Kohlensäure, um das Zehn-, ja Hundertfache reicher als die atmosphärische Luft. Was dürfte natürlicher sein, als dass, wenn die Grundluft in grösserer oder geringerer Menge an die Bodenoberfläche strömt, sie fähig ist, hier den Kohlensäuregehalt bedeutend zu erhöhen. Die Grundluft ist demnach vorwiegend im Stande, die Kohlensäure der Atmosphäre am Bodenniveau zu vermehren. Ob aber auch sie es ist, die das thut?

Jedenfalls. In der Nähe der Bodenniveauluft ist nur die Grundluft jene Kohlensäurequelle, welche reichliche Kohlensäuremengen zu liefern vermag, sie ist ferner auch jene Kohlensäurequelle, welche — je nachdem die Luft im Inneren des Bodens schwankt — die freie Atmosphäre in einer schwankenden, rasch veränderlichen Menge mit Kohlensäure versehen kann. Ausser ihr kennen wir keine andere Kohlensäurequelle in der Nähe des Bodenniveaus von der gleichen Ausgiebigkeit und Schwankungsfähigkeit.

Ausserdem weisen auch das Verhalten der am Bodenniveau beobachteten Kohlensäure, sowie die physikalischen Eigenschaften der Grundluft geradezu darauf hin, dass die Schwankungen dieser beiden einander nahe gelegenen Luftschichten auch von einander abhängig sind. So ist z. B. die Kohlensäure am Bodenniveau dann am meisten, wenn auch die Grundluft am kohlensäurereichsten ist. Man wird sich davon überzeugen, wenn man auf Tafel I. die Curven 2 und 3, welche die Kohlensäureschwankungen der beiden genannten Luftschichten ausdrücken, vergleicht. — Es ist dort zu sehen, dass Anfangs Juli 1877 beide eine enorme Erhöhung, darauf ein bedeutendes Sinken aufweisen[1]); dann eine geringe parallele Erhöhung am Ende Juli und August; eine parallele Erhöhung im Mai 1878, und die Verminderung im Juni, dann eine neuerliche Erhöhung im Juli. Auffällig ist der hohe Kohlensäurestand beider im August und Anfangs September; parallel verläuft die Abnahme bis Mitte November, wo dann eine geringe Erhöhung eintritt. Im Jahre 1879 hatte zwar die auffallende Kohlensäurevermehrung der Grundluft im Juni und Juli nicht dieselbe Veränderung der Bodenniveauluft zur Folge, was ich vorläufig nicht im Stande bin zu erklären; doch ist auch in diesem Jahre, und zwar Ende August und Anfangs September, dann Ende September und Anfangs October, sowie Ende October und Anfangs November, eine parallele Erhöhung der Kohlensäure in beiden Luftschichten unverkennbar.

Die Bodenniveauluft zeigt ferner dann die meiste Kohlensäure, wenn die Grundluft — aus natürlichen Ursachen, die ich bei der Grundluft näher besprechen werde — am meisten fähig und geneigt ist, sich auf die Bodenoberfläche zu erheben, das ist im Herbst. Zu dieser Zeit setzt der ausgetrocknete Boden der Erhebung der Grundluft an die Oberfläche wenig Widerstand entgegen, und besitzt um diese Zeit die Grundluft, wegen der grössten Wärme des Bodens, vorzüglich die Neigung, in die abkühlende schwerere freie Atmosphäre auszuströmen. Hingegen wird die wenigste Kohlensäure am Bodenniveau im Frühjahre gefunden, als auch die Kohlensäure der Grundluft aufs Minimum herabfällt, als die Grundluft durch den feuchten Boden nur schwer auf die Oberfläche gelangen könnte, als sie wegen der niedrigeren Temperatur des Bodens auch kälter, schwerer ist als die freie Luft, und aus ihrer Lage schwerer verdrängt werden kann, als die warme Grundluft im Herbste.

Nach all dem Gesagten kann kaum bezweifelt werden, *dass es die Grundluft ist, welche der am Bodenniveau stehenden Luft den erhöhten Kohlensäuregehalt liefert*, dass sie es ist, welche letztere zeitweise mit Kohlensäure und anderen Bestandtheilen versetzt und verunreinigt.

Es wird nun nicht uninteressant sein, damit ins Reine zu kommen, *auf welche Weise* die Grundluft an die Erdoberfläche

[1]) Die Vermehrung der Kohlensäure am Bodenniveau geht zuweilen der Vermehrung in ein Meter Tiefe voraus. Diesmal konnte die Atmosphäre den Zuwachs an Kohlensäure bereits aus oberflächlicheren Bodenschichten als ein Meter erhalten haben, in denen die Kohlensäurevermehrung — naturgemäss — schon früher als in ein Meter Tiefe eingetreten sein konnte.

gelangt? Ob **nur** auf die Weise, dass die im Inneren des Bodens enthaltene kohlensäurereiche Luft einfach auf die Bodenoberfläche diffundirt, oder — zeitweise wenigstens — **auch** auf die Weise, dass die Grundluft, durch gewisse physikalische Kräfte in Bewegung gebracht, bald in grösserem oder kleinerem Maasse nach oben an die Bodenoberfläche strömt, bald wieder nach unten sinkt, so dass das Ausströmen nach dem Bodenniveau stockt?

Anlässlich meiner Grundluftuntersuchungen zu Klausenburg habe ich den Satz aufgestellt [1]), dass die Grundluft im Inneren des Bodens — durch gewisse Naturkräfte geleitet — zeitweise hin und her schwankt, bald nach oben strömt, bald stockt, in der Ruhe verbleibt, und sogar vielleicht nach unten dringt.

Von der Existenz dieser Erscheinung, von diesem Wogen der Grundluft, wird man sich später überzeugen können, wenn ich die physikalischen Verhältnisse der Grundluft erörtern werde. Es genügt hier, hervorzuheben, dass die Luftanalysen am Bodenniveau in unbezweifelbarer Form dasselbe beweisen.

Sollte nämlich die Grundluft und ihre Kohlensäure aus der fortwährend ruhenden Grundluft an die Oberfläche einfach empordiffundiren, so müsste hier die Zunahme der Kohlensäure eine gleichmässige, eine constante sein; es dürfte höchstens auf die Einwirkung auffallender Naturkräfte, welche — wie z. B. Regen und Wind — die Diffusion modificiren, eine merkliche Veränderung eintreten. Die Sache verhält sich aber nicht so. In der Luft am Bodenniveau schwankt der Kohlensäuregehalt ununterbrochen, insbesondere steigt er zuweilen beträchtlich an, bald sinkt er, manchmal noch am selben Tage, oder in der nächstfolgenden Nacht, auf den Gehalt der Höhenluft herab.

Sehr lehrreich wird uns dies durch die folgende Tabelle veranschaulicht, auf der ich beispielsweise die im September 1877 an der Bodenoberfläche von Tag zu Tag, des Nachts und am Tage, beobachteten Kohlensäuremengen zusammengestellt habe:

Tag	Tageszeit (Tags-Nachts)	CO_2	Tag	Tageszeit (Tags-Nachts)	CO_2
1. September	T u. N	0,320	4. September	T	0,650
2. „	T u. N	0,340	4. „	N	0,300
3. „	T	1,620	5. „	T	0,312
3. „	N	0,560	5. „	N	0,579

[1]) Orvosi hetilap, 1875, und Vierteljahrsschr. für öffentliche Gesundheitspflege, 1875.

Tag	Tageszeit (Tags-Nachts)	CO_2
6. September	T	0,880
6. „	N	0,580
7. „	T	0,440
7 „	N	0,670
8. „	T	0,270
8. „	N	0,480
9. „	T	0,440
9. „	N	0,580
10. „	T	—
10. „	N	0,460
11. „	T	0,750
11. „	N	1,100
12. „	T	0,690
12. „	N	1,440
13. „	T	0,820
13. „	N	0,700
14. „	T	0,730
14. „	N	2,830
15. „	T	1,090
15. „	N	0,700
16. „	T	0,530
16. „	N	0,770
17. „	T	1,720
17. „	N	0,380
18. „	T	0,940
18. „	N	0,385
19. September	T	0,470
19. „	N	0,590
20. „	T	0,490
20. „	N	0,600
21. „	T	0,730
21. „	N	0,620
22. „	T	0,320
22. „	N	0,380
23. „	T	0,390
23. „	N	0,570
24. „	T	0,470
24. „	N	0,650
25. „	T	0,760
25. „	N	0,370
26. „	T	0,430
26. „	N	0,550
27. „	T	0,540
27. „	N	0,440
28. „	T	0,550
28. „	N	0,430
29. „	T	0,480
29. „	N	0,560
30. „	T	0,550
30. „	N	0,540
Mittel	T	0,641
	N	0,700

Ich könnte noch mehrere andere Monate als Beispiel anführen, wo die rasche Schwankung von einem Tage zum anderen, vom Tag zur Nacht sichtbar ist; doch begnüge ich mich anstatt dessen mit dem Beweis, den die Curve 2, Tafel I. liefert, wenn man darauf die Schwankungen, hauptsächlich das im Herbste jedesmal auftretende heftige Wogen der Kohlensäure in der Bodenniveauluft aufmerksam verfolgt. Die zu gewissen Zeiten besonders stark hervortretende Erhöhung und Abnahme der Bodenniveaukohlensäure, wie dies auf dieser Zeichnung besonders deutlich ins Auge fällt, lässt die Folgerung auf eine wogende Grundluftströmung gewiss viel eher zu, als auf eine fortwährende gleichmässige Diffusion.

Die Grundluft wirkt also auf die am Boden ruhende Luftschichte nicht bloss auf die Weise, dass sie beständig empordiffundirt, sondern auch dadurch, dass sie zeitweise (besonders im Herbst) in stärkerem Strome, in grösserer Menge hervortritt und die Atmosphäre mit ihrer Kohlensäure verunreinigt.

Die bisher erörterten Thatsachen — insbesondere aber das wechselseitige Verhältniss zwischen der Grundluft und der Atmosphäre am Bodenniveau — gelangen zu einer grossen Wichtigkeit, wenn man auf der so geebneten Bahn mit den Folgerungen weiter schreitet.

Nachdem man sich schon früher überzeugen konnte, dass die Kohlensäure der freien Atmosphäre unter der Einwirkung der Luftschicht am Bodenniveau steht, durch sie regulirt wird, so muss man jetzt in den Folgerungen bis dahin vordringen, dass die Schwankungen des Kohlensäuregehaltes der freien Atmosphäre von denselben Ursachen abhängig sind, welche die Kohlensäure der Bodenniveauluft steuern. Auch die freie Atmosphäre wird also ihren Kohlensäurezuwachs — in der Mehrzahl der Fälle — aus dem Boden, speciell aus der Grundluft erhalten, welche sich ihr bald in langsamem Strome, bald in unregelmässigen Explosionen beimengt.

Desgleichen muss anerkannt werden, dass die Zunahme und Schwankung der Kohlensäure in der freien Atmosphäre im grössten Theil des Jahres anzeigt, dass die Atmosphäre mehr oder weniger Grundluft aufgenommen hat, dass sie durch letztere verunreinigt wurde.

Nachdem man so in die Haupt- und Fundamentalursache der Schwankungen im Kohlensäuregehalt der freien Luft einen bestimmteren Einblick gewonnen hat: wird es auch gelingen, das Zustandekommen und die Mechanik der unter verschiedenen Umständen, in verschiedenen Verhältnissen beobachteten Kohlensäureschwankungen aufzufassen und zu erklären. Es ist jetzt mit Bestimmtheit erkannt worden, dass alles, was das Absorptionsvermögen des Bodens für Kohlensäure erhöht, zu einer Verminderung der Kohlensäure in der Atmosphäre führen wird; und vice versa wird alles eine Vermehrung des Kohlensäuregehaltes der Atmosphäre zur Folge haben, was die Kohlensäureproduction im Boden, sowie das Ausströmen der Grundluft befördert.

So ist nun die Kohlensäure der Atmosphäre im Frühjahr deshalb am geringsten, weil dann auch die Kohlensäure der Bodenluft am niedrigsten steht, — weil zur selben Zeit der feuchte Boden der Grundluft nicht einmal gestattet, emporzuströmen, — weil dann die Grundluft, ob ihres grösseren Gewichtes, nicht einmal geneigt ist, sich auf die Oberfläche zu erheben; mit einem Worte, weil im Frühjahr keine Grundluft die Atmosphäre verunreinigt. Dazu tritt noch der Umstand, dass das durch den Winterfrost ihrer Gase beraubte Wasser im Frühjahr in den oberflächlichen Bodenschichten einen Theil der Kohlensäure aus der Grundluft, wie aus der Atmosphäre absorbirt.

Ganz natürlich wird jetzt auch das erscheinen, dass die Atmosphäre im Herbste den höchsten Werth und die heftigsten Schwankungen im Kohlensäuregehalt aufweist, weil die Grundluft im Herbst am kohlensäurereichsten ist, — zu dieser Zeit durch den trockenen Boden am leichtesten aufwärts strömen kann, — weil diese Strömung durch die Wärme der Grundluft am meisten begünstigt wird, — kurz weil die Grundluft eben im Herbst am meisten in die freie Luft aufsteigt.

Auf dieselbe Weise kann die Schwankung der Kohlensäure am Tage und in der Nacht erklärt werden. Nachts wird die wärmere Grundluft leichter in die kalte Atmosphäre ausströmen, als es am Tage die kältere Grundluft in die warme Atmosphäre thun könnte; die freie Luft wird also Abends und des Nachts durch Grundluft mehr verunreinigt, als am Tage. Dass die nächtliche Kohlensäure besonders im Herbste so hoch steht, im Frühjahr aber am Tage mehr Kohlensäure in der Luft enthalten ist, als in der Nacht, kann ebenfalls sehr gut erklärt werden, wenn man bedenkt, dass im Herbste besonders die Nächte kühl sind, um diese Zeit also die Atmosphäre am leichtesten warme Grundluft austreiben kann; im Frühjahr hingegen wird weder am Tage noch in der Nacht viel Grundluft heraufströmen können, es wird sogar zu dieser Zeit — wo wenigstens am Tage die oberflächliche Bodenschichte sich durchzuwärmen und in Verwesung zu gerathen beginnt — die Atmosphäre vom Boden eher am Tage etwas Kohlensäure gewinnen, und nicht in der Nacht.

Es war zu sehen, dass die atmosphärische Kohlensäure besonders im Sommer nach dem Regen zunimmt. Diese Erscheinung findet ihre Erklärung darin, dass unter der Einwirkung des Regens in dem sonst schon warmen Boden die Fäulniss um so heftiger beginnt.

Auch der Wind bringt vom Festlande her deshalb mehr Kohlensäure als vom Meeresspiegel her, weil er über Bodenflächen hinwegstreicht, aus denen er Kohlensäure austreibt und mit sich fortreisst, während der Seewind dazu keine Gelegenheit hat.

Desgleichen kann auch der Süd- und Südwestwind (Antipassat) kohlensäurereicher sein als der Nord- und Nordostwind (Passat), weil er aus Gegenden kommt, in denen, ob der grösseren Wärme und Feuchtigkeit, die Verwesung und Kohlensäureproduction im Boden eine ausgiebigere sein kann, als bei uns oder in den noch nördlicher gelegenen Gegenden. Diese Erklärung findet in den Sauerstoffuntersuchungen von Jolly[1]) eine sehr glückliche Unterstützung. Dieser Forscher hat den Sauerstoff in der Luft von München längere Zeit hindurch untersucht und gefunden, dass dieser Luftbestandtheil nicht eben unbedeutenden Schwankungen unterworfen ist. Das atmosphärische Oxygen zeigte 1877 unter 21 Versuchen als Maximum 21,01, als Minimum 20,53; während in 1875/76 mit einer anderen Methode ausgeführte 46 Bestimmungen als Maximum 20,96, als Minimum 20,47 Proc. ergaben. Der höchste Sauerstoffgehalt ward, in beiden Untersuchungsreihen, während der Dauer der Passatwindrichtung beobachtet, der niedrigste aber zur Zeit des Antipassat oder Föhn. Vergisst man nicht, dass bei der Fäulniss im Boden im selben Maasse Sauerstoff verbraucht als dafür Kohlensäure producirt wird: so muss man zugeben, dass diese Daten mit meinen Kohlensäureuntersuchungen vollkommen übereinstimmen, in denen ich, wie bereits erwähnt, bei der Antipassatwindrichtung eine Kohlensäurezunahme, bei der Passatrichtung hingegen eine Abnahme beobachtet habe.

Auf dieser Grundlage ist es also wahrscheinlich, dass eine starke Antipassatströmung, welche vielleicht aus Südamerika zu uns käme, an ihrem hohen Kohlensäure- und niedrigen Sauerstoffgehalte eventuell ebenso erkennbar wäre, als an den Diatomeen und dem Meteorstaub[2]).

---

[1]) Die Veränderlichkeit in der Zusammensetzung der atmosphärischen Luft; Ph. v. Jolly; Abth. d. Königl. bayr. Akad. d. Wissenschaft. II. Cl. XIII. Bd. II. Thl.

[2]) Während ich diese Zeilen zum Druck vorbereitete, kamen mir zwei hierher gehörige Abhandlungen zu Händen, auf die ich in Kürze zu reflectiren wünsche. Marié-Davy weist auf Grundlage der am Montsouris ausgeführten Kohlensäurebestimmungen nach (C. R. 1880, 5. janvier), dass in Paris in den Jahren 1876 bis 1879 der Kohlensäuregehalt der Atmosphäre bei Nord- und Nordostwinden durchschnittlich niedri-

Endlich ist auch die durch die Luftdruckschwankungen im Kohlensäuregehalt der Atmosphäre bewirkte Veränderung auf Grundlage des Gesagten leicht zu erklären. Im Winter pflegt der zunehmende Luftdruck mit kalten, trockenen Nordwinden einherzugehen und Frost zu bringen, die insgesammt die atmosphärische Kohlensäure leicht erhöhen können, — während der sinkende Luftdruck Süd- oder Südwestwind mit Thauwetter und Regen anzeigt, welche im Winter die Kohlensäure herabsetzen. Im Sommer verhält sich die Sache entgegengesetzt. Es wird nämlich der sinkende Luftdruck, wenn er zu Regen führt, die Fäulniss beschleunigen und hierdurch zur Vermehrung der Kohlensäure in der Atmosphäre beitragen; bringt er keinen Regen, so strömt die Grundluft an die freie Oberfläche des Bodens, und bewirkt hier ebenfalls eine Zunahme der Kohlensäure. Ein Ausströmen der Grundluft aus dem Boden bei sinkendem Luftdruck wurde schon früher von Vogt[1]) auf theoretischer, und von mir auf experimenteller Grundlage behauptet[2]). Bei sinkenden Barometerstand vermindert sich nämlich der Druck, dem die Grundluft im Boden unterworfen ist, und nun dehnt sie sich aus und tritt auf die Bodenoberfläche.

---

ger, bei Süd- und Südwestwinden aber höher war. Seit 1878 ist der Kohlensäuregehalt von Jahr zu Jahr stetig im Steigen begriffen, dem entsprechend, dass die während dieser Zeit vorherrschende — Regen und Missernten verursachende — nördliche und nordöstliche Luftströmung in neuerer Zeit in eine südliche und südwestliche umzuschlagen beginnt, was zu der Hoffnung auf trockenere Witterung und bessere Ernten berechtigt. Ich brauche kaum zu sagen, dass diese Pariser Beobachtungen im Grunde mit meinen eigenen Untersuchungen übereinstimmen, sowie dass diese Forschungen uns auch zur Erklärung der Pariser Beobachtungen den Schlüssel in die Hand geben.

Professor Morley (American Journal of Science and Arts 1879, Nr. 105, im Auszug mitgetheilt im Centralbl. f. Agriculturchemie. 1880, März) bezweifelt, dass die Zu- und Abnahme des atmosphärischen Sauerstoffs durch die Windrichtung verursacht wird. Er glaubt vielmehr, dass zuweilen kalte Luftströme aus den höheren Luftregionen zur Erdoberfläche herabsinken, und dass dann der Sauerstoff in der Luft abnimmt, weil jene hohen Luftschichten sauerstoffärmer wären als die tiefer gelegenen. Meiner Ansicht nach hat diese Auffassung weniger Berechtigung als die von Jolly; es ist wahrscheinlicher, dass die Menge des atmosphärischen Sauerstoffs von dem Einfluss der äquatorialen und polaren Windrichtungen abhängt, als dass sie durch die senkrechten Luftströmungen regulirt werde. Die Kohlensäureanalysen verweisen nämlich ganz bestimmt darauf, dass solche Windrichtungen die Zusammensetzung der Luft modificiren, während uns zur Annahme der senkrechten Luftströmungen, zur Erkenntniss ihres Einflusses, die Angaben zur Zeit gänzlich fehlen.

[1]) Vogt, Trinkwasser und Bodengase. Basel 1874.

[2]) Orvosi Hetilap, 1875 u. Vierteljahresschr. f. öffentl. Gesundheitspflege. 1875.

Die folgenden Daten sprechen sehr entschieden für die Richtigkeit dieser Auffassung. Aus den Jahren 1877, 1878 und 1879 habe ich die Kohlensäuremenge am Bodenniveau an 224 solchen Tagen zusammengestellt, an denen sich der Luftdruck bald um ein Bedeutendes erhöhte, bald verminderte, und zwar that ich es gesondert für die Sommer- und Wintermonate[1]); diesen gegenüber stelle ich die Kohlensäure der Höhenluft an denselben Tagen (s. S. 36); das Ergebniss ist auf der folgenden Tabelle zusammengestellt:

	Kohlensäuregehalt der Luft							
	am Bodenniveau				in der Höhe			
	Winter	±	Sommer	±	Winter	±	Sommer	±
Zunahme des Luftdrucks	0,317	—	0,416	—	0,410	+	0,380	—
Abnahme „ „	0,330	+	0,492	+	0,378	—	0,395	+

Aus diesen Zahlen ist ersichtlich, dass, wie in der freien Atmosphäre, so auch am Bodenniveau die Kohlensäure im Sommer bei sinkendem Luftdruck bedeutend zunimmt, es erhellt auch, dass diese Zunahme am Bodenniveau um vieles bedeutender ist, als in der höheren Luftschichte, was wieder nur dafür spricht, dass letztere unter dem Einflusse der am Bodenniveau verlaufenden Schwankungen, also der Grundluftströmungen steht.

Mit einem Worte: die atmosphärische Kohlensäure und ihre Schwankungen sind in erster Reihe ein Product des Bodens und der in ihm verlaufenden Zersetzungsprocesse, und deshalb gleichzeitig der Index für die Verunreinigung der Atmosphäre mit solchen Zersetzungsproducten.

Die Kenntniss dieser — um so zu sagen — Physiologie der Luft besitzt nicht nur vom naturwissenschaftlichen, sondern auch, und ganz besonders, vom hygienischen Standpunkte die grösste Wichtigkeit. Die Gesundheitslehre ist längst überzeugt, dass der Boden, insbesondere dessen Verunreinigung und Fäulniss die Entwickelung gewisser, hauptsächlich epidemischer Krankheiten beeinflusst; sie ist auch davon überzeugt, dass der verunreinigte Boden diesen Einfluss unter Anderem durch Vermittelung der Grundluft zur Geltung bringen kann; bisher war sie aber wahrlich sehr wenig in der Lage, die schädliche Wirkung des Bodens und vor-

[1]) Winter = November bis April; Sommer = Mai bis October.

nemlich der Grundluft, auf directem Wege prüfen, studiren zu können.

In meinen Darlegungen sind, denke ich, die Mittel und Wege zur Ausführung diesbezüglicher Untersuchungen geliefert. Wenn wir nämlich das Verhalten der Kohlensäure in der Bodenniveauluft oder auch nur in einer höheren Luftschicht mit Aufmerksamkeit verfolgen, werden wir in den Stand gesetzt, zu erkennen, wann, zu welcher Zeit und in welchem Maasse sich die Grundluft der freien (atmosphärischen) Luft beimengt, wann diese durch Zersetzungsproducte der Grundluft verunreinigt wird. Schreitet man auf dieser Grundlage fort, so wird man demnächst vergleichen können, ob und welchen Zusammenhang die Verunreinigung der Atmosphäre durch Grundluft mit Infectionskrankheiten aufweist?

In dieser Weise ist also die fortwährende und aufmerksame Untersuchung der atmosphärischen Kohlensäure nicht mehr bloss eine rein chemische, sondern auch, und noch vielmehr eine hygienische Frage.

Die durch Grundluft verunreinigte Atmosphäre und die Infectionskrankheiten.

Ich werde an einer anderen Stelle die Frage erörtern, welches die wissenschaftlichen Beweise sind, auf deren Grundlage angenommen werden kann, dass die Grundluft beim Zustandekommen infectiöser Krankheiten eine Rolle innehat. Als kostbarster Beweis wird derjenige erscheinen, dass von der Malaria und vom Gelbfieber besonders jene Individuen heftig inficirt zu werden schienen, welche aus gewissem frisch aufgegrabenen Boden entweichenden Dunst und Gase einathmeten. Desgleichen wird ersichtlich sein, dass einige epidemische Krankheiten während ihrer Entwickelung und Verbreitung an einem Orte solche Schwankungen aufweisen, welche Verdacht auf den in grösserer Ausbreitung plötzlich hervorbrechenden, dann wieder entfliehenden Infectionsstoff erregen, also auf eine Bewegung jenes Infectionsstoffes, wie sie im Grundwasser, in der Fäulniss und in anderen Verhältnissen des Bodens weit weniger, als in der Strömung seiner Atmosphäre, der Grundluft, zu finden ist. Andere, directe Beweise, um zu bekräftigen, dass die Grundluft Einfluss auf die fraglichen Epidemien ausübt, besitzen wir zur Zeit noch gar nicht. Es ist also heute noch die

Aufgabe der wissenschaftlichen Forschung, die Infectionsfähigkeit der Grundluft, ihren Zusammenhang mit der Ausbreitung epidemischer Krankheiten klar zu stellen.

Nägeli hat einen Schritt zur Forschung in dieser Richtung gethan. Er stellte darüber Versuche an, ob wohl von der Oberfläche befeuchteten Bodens, wenn Luft durchaspirirt wird, Bacterien entweichen oder nicht? und er fand, dass die Nährflüssigkeit, durch die er die aus dem befeuchteten faulenden Boden aspirirte Luft leitete, ganz klar und unverändert blieb. Daraus folgerte Nägeli, dass von der feuchten Bodenoberfläche oder aus dem feuchten Inneren des Bodens mit der Grundluft keine Bacterien entweichen können, dass also von der Bodenoberfläche nur dann Bacterien in die Luft gelangen, wenn der Boden trocken ist und der Wind die Bacterien als Staub emporwirbelt.

Der Nägeli'sche Versuch kann durch Jedermann wiederholt werden; man kann sich überzeugen, dass die Luft, wenn sie in gemässigtem Strom aspirirt wird, keine Bacterien von der Oberfläche einer feuchten Bodenprobe fortreisst. Wiederholte Versuche haben mir wenigstens dieses Ergebniss geliefert. Andere Erfahrungen machte ich über den Boden im Freien.

Im November 1878 exponirte ich im chemischen Hofe die Nährflüssigkeit unter folgenden Cautelen. Ein weites Glasrohr wurde etwa 5 cm tief in den frisch aufgelockerten feuchten Boden gestochen, und in das Rohr eine gewöhnliche Eprouvette gebracht, in die ausgekochte Ichthyocollalösung gefüllt wurde und die mit einem an langem Glasstabe befestigten Wattepfropf bacteriendicht verschlossen war. Die Eprouvette stand auf dem lockeren Boden, während der Glasstab an der oberen Oeffnung des weiten Glasrohres herausragte, welche hier ebenfalls um den Glasstab mit Watte verschlossen war. Das weite Glasrohr sammt seinem Watteverschluss, sowie die Eprouvette mit ihrem Wattepfropf und der Glasstab wurden vor der Einstellung in den Boden gut ausgehitzt, nach der Einstellung aber wurde mit einem durch den Boden in das Innere des weiten Glasrohres führenden Bleirohre längere Zeit hindurch Wasserdampf eingeleitet und so der ganze Apparat organismenfrei gemacht. Nach dem Erkalten wurde die Oeffnung der Eprouvette durch langsames Herausziehen des Glasstabes befreit. Wenn aus dem Boden lebensfähige Organismen entweichen, so müssen sie auch in das weite Glasrohr gelangen, da durch seine bloss mit Watte verschlossene obere Oeffnung die Luft frei verkehren kann; gelangen aber die Organismen einmal in das weite

Rohr, so können sie auch in das offenstehende Gefäss, in die Nährflüssigkeit fallen. Ich verfolgte nun das im weiten Rohre eingeschlossene Nährungsrohr vier Monate lang mit Aufmerksamkeit[1]); es blieb klar und unverändert. Da trat Anfangs März plötzlich ein kleiner grauer Fleck an der Innenwand der Eprouvette auf und breitete sich stetig aus. Jetzt wurde durch Herabdrücken des Glasstabes die Eprouvette verschlossen und in das Laboratorium gebracht, einer gelinden Wärme ausgesetzt. Aus dem grauen Fleckchen entwickelte sich binnen wenigen Tagen ein beträchtlicher Schimmelrasen. Die mikroskopische Untersuchung ergab ausser einem hyalinen Mycelnetz keine Formelemente.

Dieser Versuch lässt es als sehr wahrscheinlich erscheinen, dass Organismen — obwohl sehr schwierig — doch auch ohne Einfluss des Windes von der Bodenoberfläche entweichen können. Noch mehr wird das durch meine später zu beschreibenden Versuche bewiesen, bei welchen ich beobachtete, dass Bacterien- und Schimmelkeime in die Ichthyocollalösung, welche in der Höhe exponirt war, sehr häufig selbst an solchen Tagen fielen und sich darin fort entwickelten, wenn Wochen hindurch Regen und Schnee gefallen war, wo also der Boden überall gewiss sehr feucht und die Luft ausgewaschen sein musste[2]).

Aber selbst in dem Falle, als ich gar keine Organismen erhalten hätte, würde ich beim gegenwärtigen bescheidenen Stande unserer Kenntnisse es nicht wagen, zu behaupten, dass, nachdem aus feuchtem Boden durch Hindurchsaugen von Luft keine Bacterien zu erhalten sind, von dort überhaupt keine Infectionsstoffe mit der Grundluft entweichen können. Wir wissen nämlich nicht, ob bei der Infection die Bacterien selbst in natura, oder aber jene Producte thätig sind, welche bei ihrer Entwickelung im verunreinigten, inficirten Boden entstehen, und welche eventuell flüchtiger sein können als die Bacterien selbst.

Unter diesen Verhältnissen fällt eine um so grössere Berechtigung solchen Untersuchungen zu, welche im Stande sind, jene Frage direct zu entscheiden, ob die dem Boden entströmende

---

[1]) Der ganze Apparat wurde mit einem Holzkasten vor dem Regen geschützt.

[2]) Miflet aspirirte mittelst einer in den Boden versenkten Zinnröhre Grundluft aus 2 Fuss Tiefe, und leitete sie durch eine Nährflüssigkeit. Es entwickelten sich hier bald darauf Bacterienschwärme. Vergl. F. Cohn's Beiträge z. Biolog. d. Pflanzen; III. Bd., 3 Heft, S. 134.

Grundluft, und ob die mit Grundluft inficirte Atmosphäre einen Einfluss auf die Entwickelung und Verbreitung der Infectionskrankheiten ausübt?

Diese Frage zu beantworten, werden mit der Zeit jene Versuche berufen sein, welche ich im Obigen proponirt habe, nämlich die ununterbrochene Beobachtung der atmosphärischen Kohlensäure.

Wenn ich meine eigenen diesbezüglichen Forschungen überblicke, so kann ich hinsichtlich der baldigen Erreichbarkeit des Erfolges keine besonders sanguinische Hoffnungen hegen. Trotzdem schrecke ich vor der weiteren beschwerlichen Arbeit nicht zurück; denn ich weiss recht wohl, dass eine dreijährige Beobachtung — zudem noch in einer Zeit, wo sich die epidemischen Krankheiten eben sehr sanft verhielten — schlechterdings unzureichend ist, um ein so verborgenes Naturgesetz zu ergründen, wie es die Frage von der Existenz oder Nichtexistenz eines Zusammenhanges zwischen der Verunreinigung der Luft mittelst Bodengase und der Verbreitung der Infectionskrankheiten ist.

Auf Tafel I. und III. kann die Verunreinigung der Atmosphäre durch Grundluft mit dem Verhalten verschiedener Infectionskrankheiten für die Jahre 1877, 1878 und 1879 verglichen werden, und zwar zeigt erstere die täglichen Kohlensäureschwankungen der freien Luft, sowie der Bodenniveau- und Grundluft, die letztere aber die Morbidität und Mortalität der wichtigsten Infectionskrankheiten in den Jahren 1877, 1878 und 1879 [1]).

Bei einer aufmerksamen Durchmusterung der Tafel I. wird man allsogleich bemerken, dass während jener drei Jahre das Ausströmen der Grundluft in die Atmosphäre am massenhaftesten in 1877, am mässigsten in 1879 erfolgte. Ferner kann bemerkt werden, dass jenes Ausströmen im Herbste am bedeutendsten, zu Beginn des Frühjahres am geringsten, zu letzterer Zeit gewöhnlich nicht einmal bemerkbar ist. Auch muss auffallen, dass die Kohlensäureschwankungen, in Folge des Ausströmens der Grundluft von Tag zu Tag, während der drei Jahre ebenfalls ungleich sind; die grösste erwies sich in 1877, die geringste in 1879. Endlich kann der Aufmerksamkeit nicht entgehen, dass auch diese Schwankung im Herbst am bedeutendsten, zu Anfang Frühjahr und im Winter am geringsten war.

---

[1]) Auf dieser Tafel bedeutet jeder Millimeter einen Erkrankungs- resp. Todesfall am betreffenden Tage.

Die Mortalitätsdaten der Tafel III. wurden aus den Todescertificaten, welche die Todtenbeschauärzte über jeden Fall an das hauptstädtische Oberphysikat resp. statistische Bureau einsenden, notirt und enthalten die Todesfälle der linken (pester) Uferseite der Hauptstadt Budapest. Diese Daten sind also vollständig und pünktlich. Die Morbiditätsziffern habe ich bloss aus den grossen Spitälern gesammelt, und zwar enthalten sie alle im allgemeinen Krankenhause zu St. Rochus und im Kinderhospitale bettlägerig und ambulatorisch und die in den zwei grossen Garnisonspitälern (Rákos, und Christinenstadt) bettlägerig behandelten Kranken.

Die Angaben über Morbidität haben also bloss auf einen Theil der Bevölkerung Bezug, auf jenen nämlich, der in den genannten Spitälern verkehrt, und zeigen also die Morbidität der ganzen Stadt bloss mit statistischer Wahrscheinlichkeit an. Eine grosse Schwierigkeit bot sich der Zusammenstellung dieser statistischen Daten dadurch, dass, von Mitte bis Ende 1878, der grösste Theil des Militärs mobilisirt war und die Hauptstadt auch verliess, während andererseits vom Kriegsschauplatz viele Kranke hierher transportirt wurden. Bei den Kranken, welche in diesem Zeitraume in den Militärspitälern behandelt wurden, war es nicht einmal in jedem Falle nachzuweisen, ob sie hier erkrankten oder bereits krank aus Bosnien eintrafen. Deshalb habe ich im Juli bis December 1878 vorgezogen, die erkrankten Militärs überhaupt wegzulassen. Dieser Umstand muss bei der Uebersicht und Vergleichung der graphischen Tafeln besonders berücksichtigt werden.

Es scheinen überhaupt nur drei Krankheitsformen zur Vergleichung mit der Verunreinigung der Atmosphäre durch die Grundluft geeignet zu sein: der Typhus (T. abd.), das Wechselfieber und der Darmcatarrh (Enteritis); die übrigen Krankheiten sind in verhältnissmässig zu geringer Zahl vorgekommen.

Auch der Typhus war nur von März bis Juli 1877 epidemisch; später wurde er nur sehr spärlich beobachtet. Diese Epidemie fällt damit zusammen, dass die Bodenluft um diese Zeit einen sonst nicht beobachteten Kohlensäuregehalt aufwies.

Wenn man die beiden Curven näher vergleicht, so wird man noch mehr Uebereinstimmendes finden. So ging die Vermehrung der Typhusfälle am 7., 12., 18., und 27. März mit der Erhöhung der Bodenniveaukohlensäure einher, desgleichen am 1. April; am 8. April hingegen fällt der heftige Typhus mit einer Verminderung der Kohlensäure der Bodenniveauluft zusammen. Bis zum Ende dieses Monates laufen wieder beide Curven parallel und steigen

Anfangs Mai gemeinsam an. Besonders ist wahrzunehmen, dass der Typhus um den 6. ungewöhnlich hoch steht; die Kohlensäure vom 5. bis 8. ebenfalls. Eine starke Erhöhung zeigen beide am 4. Juni. auch am 16. bis 19. stehen beide hoch; von hier an hört die Uebereinstimmung wieder auf. In den ersten Julitagen stehen wieder beide sehr hoch; darauf verschwindet aber der Parallelismus und hört überhaupt der epidemische Charakter der Krankheit auf.

Eine noch mehr hervortretende Uebereinstimmung findet zwischen dem Kohlensäuregehalt der Bodenniveauluft und dem Wechselfieber statt. Malariafälle zeigten sich im August bis November 1877 in grosser Zahl; auf dieselbe Zeit fällt auch ein sehr hoher Stand der Kohlensäure. Dann nahmen die Erkrankungen — den Januar 1878 ausgenommen — bis zum Frühjahre stetig ab, um jetzt — besonders im April, Mai und Juni — häufiger zu werden; damit parallel nahm auch die Kohlensäure ab und stieg dann ein wenig im Januar, noch mehr im Mai. Endlich kann eine grössere Morbidität im August und September 1879 beobachtet werden, zu welcher Zeit auch die Bodenniveaukohlensäure am höchsten steht und am bedeutendsten schwankt.

Die meiste Uebereinstimmung kann wahrgenommen werden, wenn man die Curven der Kohlensäure und des Wechselfiebers von Tag zu Tag verfolgt. Am 4. Mai 1877 z. B. ist eine starke Erhöhung an beiden bemerkbar, am 20. bis 21. eine starke Abnahme. Am 3. Juni nehmen beide parallel ab, am 4. bis 5. wieder zu; desgleichen fällt auf die Monatsmitte eine parallele Zunahme, welcher eine Abnahme folgt. Am Ende des Monates stimmen die Curven nicht überein. Am 27. Juni starke Zunahme beider, desgleichen Ende Juli, am Anfang und im letzten Drittel des August, im ersten und zweiten Quartal des September; — im 3. und 4. Quartal ist jedoch keine Uebereinstimmung bemerkbar. Anfangs October findet man wieder beide Curven parallel verlaufend; hierauf und im November aber weichen sie von einander ab. Im Januar und Mai 1878 verlaufen beide Curven parallel, besonders im letzteren Monate sind am 1. bis 5., 10. bis 15. und am 23. beide erhöht, am 29. sinken sie beide und erheben sich am 30. bis 31. neuerdings. Endlich ist am 1. und um den 5. August 1879 eine parallele Zunahme, darauf, besonders um die Mitte des Monates, eine Abnahme zu erkennen; jetzt folgt wieder eine übereinstimmende Erhöhung unter starken Schwankungen und eine parallele Abnahme gegen Ende des Monates. Eine bedeutende Erhöhung beider Curven am 1. bis 10., sowie am 15. bis 25. September etc.

Es scheint mit einem Worte unzweifelhaft, dass sowohl der Typhus als — und insbesondere — das Wechselfieber, im Allgemeinen als auch in den Details, mit den Schwankungen der Kohlensäure in der Bodenniveauluft ziemlich häufig parallel verlaufen. Trotzdem ist es vor der Zeit, schon hieraus auf den causalen Zusammenhang der beiden Naturerscheinungen zu folgern. Die Daten dieser etlichen Jahre und ihr wahrnehmbares Zusammentreffen sind bloss eine Erscheinung, danach angethan, um einstweilen zur Fortführung der Forschungen anzuspornen.

Der Darmcatarrh (Enteritis) weist gar keinen wahrnehmbaren Zusammenhang mit den Kohlensäureschwankungen auf.

Anhang.

Einströmen der Grundluft in die Wohnungen.

Aus den bisherigen Untersuchungen hat sich ergeben, dass die Atmosphäre zeitweise durch die dem Boden entströmende Grundluft verunreinigt wird. Diesen Untersuchungen sehr nahe gelegen ist das Aufwerfen und die Lösung der Frage: ob die Grundluft zeitweise nicht auch in die Wohnungen eindringt?

Dieser Frage wurde bisher nicht nachgeforscht. Wohl untersuchte Forster[1]) vor einigen Jahren den Kohlensäuregehalt von Zimmern im Erdgeschoss und im ersten Stockwerk, unter denen im Keller gährender Wein untergebracht war, und, da er in den über dem Keller gelegenen Räumlichkeiten die Kohlensäure vermehrt fand, folgerte er, dass die Grundluft auf gleiche Weise in die oberen Wohnungen emporströmen würde, wenn sie im Keller anwesend wäre; doch hat er nicht untersucht, ob die Grundluft thatsächlich in den Keller gelangt und nach welchen Modalitäten das geschieht?

In dieser Richtung wünschte ich durch directe Versuche Aufklärung zu erhalten und ging zu diesem Zwecke folgendermassen vor:

In einem Zimmer des hygienischen Laboratoriums, welches zu etwa $^2/_3$ in dem Boden vertieft lag, analysirte ich lange Zeit hindurch die Kohlensäure fortwährend. Diese Localität bildete ein Eckzimmer; zwei sehr dicke Umfassungsmauern begrenzen es gegen die Gasse, eine dritte trennt das Local von anderen Zimmern, welche alle leer und abgesperrt standen; die vierte Wand geht auf die Stiege, steht also ebenfalls frei.

---

[1]) Zeitschr. f. Biol. Bd. XI (1875). Heft 3, S. 392.

Während des Versuches stand dieses Zimmer ganz leer. Der Fussboden besteht aus gut gefugten Parquets, die Decke ist gewölbt, die beiden Fenster und Thüren wurden verschlossen gehalten. In der Mitte des Zimmers war der Aspirator aufgestellt, mit welchem die Luft vom Niveau des Fussbodens angesaugt und durch Barytwasser in einer Pettenkofer'schen Röhre geleitet wurde.

Die Ergebnisse dieser Bestimmungen zeigt die Curve 5 auf Tafel I.[1]). Eine aufmerksame Durchsicht dieser Zeichnung lässt uns folgendes Ergebniss entnehmen.

Die Kohlensäure war im Zimmer durchschnittlich höher als in der äusseren Luft, hingegen stimmte sie mit der am Bodenniveau gefundenen Kohlensäuremenge ziemlich überein.

Ferner war die Kohlensäuremenge während des Winters und Frühlings eine geringere, darauf begann sie zuzunehmen, und erreichte im Hebst ihr Maximum, gerade so, wie die Kohlensäure der Bodenniveauluft.

Endlich war die Kohlensäure während der ganzen Beobachtungsperiode fortwährenden Schwankungen, Wogungen unterworfen. Dieses Schwanken war im Winter und Frühjahr ein mässiges, darauf nahm es stetig an Intensität zu und war im Herbst am heftigsten, gerade so, wie das an der Bodenniveauluft beobachtet worden war.

Das zusammengefasst kann schon den Verdacht wachrufen, dass die Grundluft auch in die Wohnung eingedrungen ist, ebenso, wie sie sich auf die Bodenoberfläche erhebt. Der blosse Verdacht muss sich aber zur positiven Ueberzeugung erhöhen, sobald man die Zimmerluft und die Bodenniveauluft auf ihre Schwankungen von Tag zu Tag vergleicht. Das Wogen der beiden Kohlensäuren ist nämlich selbst in diesen Details fast ganz identisch; höchstens besteht der eine Unterschied zwischen ihnen, dass sich die Zu- und Abnahme der Kohlensäure in der Zimmerluft zuweilen etwas später bemerkbar macht als am Bodenniveau. Um nur der auffallenderen Uebereinstimmungen zu gedenken, so kann an beiden Orten eine doppelte Acme zwischen 17. bis 20. Februar, ferner am 1. und 4. März wahrgenommen werden, dann parallele Schwankungen zwischen 13. bis 16., eine Erhöhung vom 21. bis 24., eine Abnahme bis zum Ende des Monates, eine sehr starke Acme am Anfang April

[1]) Auf dieser Zeichnung entspricht die Höhe von einem Millimeter je 0,01 ccm Kohlensäure im Liter (= 1000 Volumen) Luft. Der 50. Millimeter, oder 5. Centimeter entspricht daher dem Kohlensäuregehalte von 0,5 Vol. pro Mille.

mit nachfolgendem Sinken bis zum Ende des zweiten Monatsdrittels, darauf neuerliche Zunahme; gleichförmig hoher Stand an beiden Orten Mitte Mai, mit hervorragenden Acmepunkten am 7., 14. und 15., einem Minimum am 20. und 21., 25. und 26., 29. Parallele Abnahme am 2. Juni, Zunahme am 3. und 4., Abnahme am 7. und 9. bis 10. Im Juli erfolgt hie Zunahme stetig, aber unter heftigen Schwankungen, sehr tiefer Stand am 18. und 19., darauf Zunahme und neuerlicher Abfall bis zum Monatsschluss, und bis Anfangs August. In diesem Monate starke Zunahme am 11. bis 13., Abnahme am 15. und 16., neuere Zunahme am 19. und 20., neuere Abnahme und endlich eine Erhöhung am Ende dieses Monates und Anfangs September. Sehr hoher Kohlensäuregehalt am 7., darauf Abnahme, neuere Erhöhung am 13., und ein sehr bedeutendes Sinken zwischen 17. und 22. Paralleles Ansteigen am 3., 5. October etc.

Auf Grund dieser positiven Resultate meiner Untersuchungen kann ich behaupten, dass:

a) die Grundluft in die Wohnungen eindringt; dass

b) dieses Eindringen einer ungleichmässigen Schwankung während des Jahres unterworfen ist; dass

c) das Eindringen im Sommer und Herbst im bedeutendsten Maasse erfolgt; dass

d) das Einströmen durch dieselben Naturkräfte geleitet wird, welche überhaupt bewirken, dass die Grundluft an die Bodenoberfläche gelangt; dass also

e) die Kohlensäurevermehrung, welche am Bodenniveau beobachtet wird, im Grossen und Ganzen darauf folgern lässt, dass die Grundluft zur selben Zeit auch in die Wohnungen, hauptsächlich in die Souterrainzimmer in grösserer Menge eindringt.

Zweites Capitel.

Das atmosphärische Ammoniak.

Geschichtliches und Literatur.

Scheele war es, der die Anwesenheit von Ammoniak in der Atmosphäre zuerst erkannte. Nach ihm haben es Viele untersucht und quantitativ bestimmt; bis zur jüngsten Zeit wurden jedoch diese Untersuchungen aus rein chemischen Zwecken ausgeführt und geniessen kaum eine hygienische Bedeutung. Aber auch ihr chemischer Werth ist ein überaus geringer; es wurden nämlich zu jenen Forschungen meistens Methoden verwendet, die beim heutigen Stande unserer Kenntnisse jedes Vertrauen verwirkt haben. In diesen lückenhaften Methoden ist auch die Ursache zu suchen, dass die einzelnen Forscher — wie allsogleich gezeigt werden wird — zu so sehr abweichenden Resultaten gelangt sind.

Gräger, der Erste, der quantitative Bestimmungen ausführte [1]), leitete die Luft durch verdünnte Salzsäure, welche das Ammoniak band; letzteres wurde durch Platinchlorid unter Kochen niedergeschlagen und gewogen; die verbrauchte Luftmenge betrug mehr als 1 cbm, das gewonnene Platinsalmiak aber bloss etwa 6 mg. Wie ersichtlich, ist die Methode nicht empfindlich genug, um minimale Ammoniakmengen genau abzuwägen.

Kemp [2]), der die Luft auf dieselbe Weise untersuchte, hat einen mehr als 11fachen Ammoniakgehalt gefunden.

Fresenius [3]) hat in Wiesbaden das atmosphärische Ammoniak im August und September untersucht. Er leitete die Luft

---

[1]) Vergl. Fresenius, Ann. de chimie et de phys. (3), 26, S. 208.
[2]) Ibidem.
[3]) A. a. O.

ebenfalls durch verdünnte Salzsäure und wog das gebildete Chlorammonium ab. Er verbrauchte zu diesem Zwecke 126 und 128 l Luft und die Gewichtszunahme der Wägeschale nach der Ammoniakabsorption betrug 0,24 und 0,41 mg. Wenn man der Wägefähigkeit und Geschicklichkeit Fresenius' noch so grosse Anerkennung zollt: so sind doch die erwähnten Gewichte so geringe, dass es schlechterdings unmöglich ist sie auch nur mit dem geringsten Vertrauen zu beschenken; ganz abgesehen davon, dass es ungewiss ist, ob Fresenius den unsichtbaren atmosphärischen Staub auch zurückgehalten hat, bevor er die Luft in die Salzsäure leitete. Denn, wie sich ergeben wird, kann dieser Staub für sich allein einen solchen Gewichtszuwachs betragen, als ihn Fresenius gefunden hat.

Es ist meinerseits überflüssig, die Kritik der Methoden fortzusetzen; ich stelle die Resultate der älteren Ammoniakbestimmungen auf einer Tabelle zusammen [1]; der Mangel an Uebereinstimmung wird auch ihren Werth genügend verurtheilen.

In einem Kubikmeter Luft fanden Ammoniak:

Gräger zu Mühlhausen im Mai an 4 Regentagen . .	0,425 mg
Kemp 300′ über dem irländischen Meeresspiegel, im Juni und Juli, bei heiterem Wetter	4,64 „
Fresenius zu Wiesbaden im August und September, 40 Tage hindurch am Tage	0,126 „
„ „ „ in der Nacht	0,218 „
Horsford zu Boston im Juli	62,3 „
„ „ „ im December	1,55 „
Pierre zu Caen, im Winter, 3 m über dem Bodenniveau	4,515 „
„ „ „ vom Mai 1852 bis Ende April 1853, 8 m über dem Bodenniveau	0,645 „
Bineau zu Lyon, 7½ m über dem Bodenniveau . .	0,425 „
„ „ „ im Observatorium, 23 m über dem Bodenniveau	0,27 „
„ zu Caluire, bei Lyon, im Sommer	0,132 „
„ „ „ „ „ im Winter	0,0516 „
Ville zu Paris in 1849 bis 1850, aus 16 Bestimmungen	0,0322 [2] „

[1] Vgl. Liebig's Handw. 2. Aufl. Bd. II, S. 450. Die Angaben habe ich behufs leichterer Vergleichbarkeit umgerechnet.

[2] Vgl. Ann. de l'Observ. d. Montsouris. 1879, S. 316.

In neuerer Zeit wurde das Ammoniak wieder zum Gegenstand eifrigerer Forschungen; gleichzeitig wurden auch neue Methoden zur Ermöglichung genauerer Bestimmungen gesucht.

Truchot[1]) schlug folgenden Weg ein: Er construirte eine Gasuhr, welche, durch ein Uhrwerk in Gang gesetzt, Luft aspirirte. Nun säuerte er das Wasser in der Gasuhr mit etwas Schwefelsäure an (?!) und liess dadurch das Ammoniak absorbiren, welches in der durchpassirenden Luft (2 bis 5 cbm) enthalten war. Das Wasser aus der Gasuhr wurde dann, nach der Boussingault'schen Methode für Wasseranalysen[2]), auf Ammoniak geprüft. Er fand in Clermont-Ferrand sowie auf hohen Bergen in je einem Kubikmeter Luft folgende Ammoniakmengen:

Clermont-Ferrand; am 22. Juli	. . . .	1,23 mg
„ „ „ 3. August (Regen)	. .	2,06 „
„ „ „ 5. „	. . . .	0,93 „
„ „ „ 6. „	. . . .	1,4 „
„ „ „ 8. October	. . . . .	2,43 „
„ „ „ 9. „	. . . . . .	1,33 „
„ „ „ 14. „	. . . . . .	2,79 „
Am Puy de Dôme (1446 m)	. . . . . 1,12 bis	3,18 „
„ Pic de Sancy (1884 m)	. . . . . 5,55 bis	5,27 „

Man muss gestehen, dass auch diese Methode, sowie die mit ihr erzielten Resultate nicht darnach angelegt sind, um Vertrauen zu erwecken. Einerseits ist es nämlich sehr unwahrscheinlich, dass das angesäuerte Wasser in der Gasuhr alles Ammoniak gebunden habe; andererseits kann bei der Ansäuerung, Destillation und Titrirung solcher Wassermassen ein so bedeutender Fehler unterlaufen, welcher der minimalen Menge des thatsächlichen Ammoniaks gleichkommt oder dieselbe auch bedeutend überragt; auch das ist nicht bekannt, ob Truchot den atmosphärischen Staub vor der Gasuhr zurückgehalten hat, und der konnte beim Abdestilliren beträchtliche Ammoniakmengen liefern.

Im Uebrigen kann den Angaben von Truchot ein relativer Werth nicht abgesprochen werden; von diesem Standpunkte möge man acceptirten, dass nach einem Regen thatsächlich weniger Am-

---

[1]) Comptes Rendus, 1873, II, 1159.

[2]) Meines Wissens besteht die Methode darin, dass das Wasser angesäuert und eingeengt, dann auf überschüssiger gebrannter Magnesia abdestillirt wird. Im Destillate wird das Ammoniak mit Normal-Schwefelsäure titrirt.

moniak in der Atmosphäre vorhanden war, als vor dem Regen, ferner dass die hohen Luftregionen mehr Ammoniak enthalten, als die auf der Ebene, — obwohl letztere Behauptung mit den Angaben Bineau's sowie mit unserer Auffassung in der Frage im entschiedensten Widerspruche steht. Der höhere Ammoniakgehalt der hohen Luftregionen könnte auf Grund des einmal bereits erwähnten Dalton'schen Gesetzes erklärt werden, wenn er nämlich der Wahrheit entsprechen würde.

Ein hohes Interesse kommt den Untersuchungen von Schlösing über das atmosphärische Ammoniak zu. Seiner auf dieser Grundlage erhobenen Theorien wünsche ich erst später zu gedenken; gegenwärtig gebe ich bloss seine Untersuchungsmethode wieder. Schlösing legt das Hauptgewicht darauf, dass das Ammoniak in möglichst grossen Luftmengen bestimmt werde. Zu diesem Behufe lässt er die Luft durch ein Dampfrohr aspiriren. Aus einem kleineren Kessel wird in eine Glasröhre — bei der Mitte — Dampf eingeleitet; die hinter dem Dampfstrome entstehende Luftverdünnung zieht die zu untersuchende Luft herbei. Es wurde ein für allemal bestimmt, welche Menge Luft durch eine bestimmte Menge Dampf (resp. zu Dampf verwandeltes Wasser) aspirirt wird; auf diese Weise bestimmt Schlösing die im einzelnen Versuche aspirirte Luftmenge aus dem verbrauchten Wasserquantum. Neben dieser keineswegs genau erscheinenden Aspirationsmethode präsentirt sich die Bindungsmethode für das Ammoniak als nicht um vieles genauer. Die zu untersuchende Luft wird durch ein weites Rohr in ein grosses Glasgefäss geleitet [1]), in welchem ein glockenförmiges Glas mit abwärts gekehrter weiter Oeffnung untergebracht ist. Diese Oeffnung wird mit einer Platinlamelle verschlossen, in welcher sich zahlreiche kleine Löcher befinden. Die Glocke taucht sammt der Platinlamelle nahe am Boden des Gefässes in eine mit Schwefelsäure leicht versetzte, einige Centimeter hohe Flüssigkeitsschicht. Wird die Luft an der oberen Oeffnung der Glocke aspirirt, so presst sie einestheils die Flüssigkeit durch die Löcher der Platinlamelle in die Glocke, andererseits quillt und schäumt sie selbst hindurch. Die einige Centimeter betragende Flüssigkeitsschicht soll während des Hindurchschäumens der Luft das Ammoniak binden. Schlösing behauptet, auf eigene Versuche gestützt,

---

[1]) Dieser Apparat war auf der Pariser Weltausstellung 1878 im französischen Tabakpavillon zu sehen. Er ist beschrieben in: Comptes Rendus, 1875, I, p. 265.

dass durch den Apparat $^8/_{10}$ bis $^9/_{10}$ des Ammoniaks thatsächlich gebunden werden. Jedenfalls ist eine vollständige Bindung vom Schlösing'schen Apparate nicht zu erwarten.

Ziemlich übereinstimmend mit der eben beschriebenen ist die Untersuchungsmethode, welche Lévy[1]) am Montsouris befolgt. Hier wird die Luft mit einem Wasseraspirator angesaugt, und zwar 24stündlich $3^1/_2$ cbm, und durch zwei Flaschen geleitet, in denen sich Normalsäure befindet. In diesen Flaschen lässt man, wie beim Schlösing'schen Apparate, die Luft durch die Löcher einer Platinlamelle durchtreten, auf dass sie in der Gestalt von kleinen Luftbläschen mit der sauren Flüssigkeit inniger gemengt werde. Nach der Absorption lässt Lévy ebenso wie Schlösing das Ammoniak durch Magnesia im Destillator austreiben und titrirt mit Normalsäure.

Zu Gunsten der Richtigkeit seiner Methode führt Lévy folgende Daten an: Titer der originalen Normalsäure = 4,72; der Säure, welche in der ersten Flasche war, = 4,09, welche in der zweiten Flasche war, = 4,62. Die erste Flasche hat also eine 0,53 ccm, die zweite bloss eine 0,1 ccm Normalsäure entsprechende Ammoniakmenge gebunden. Daraus folgert er, dass die Bindung des Ammoniaks vollständig erfolgte. Ich bezweifle es.

Dass mein Zweifel Berechtigung hat, dafür berufe ich mich auf die eigenen Beobachtungen, bei denen es sich als keine gar so leichte Aufgabe erwies, das Ammoniak vollständig zu binden.

Die Resultate Lévy's fielen niedriger, als alle bisherigen aus. Er fand vom September 1876 bis Ende August 1877 im Durchschnitt 0,0370 Milligramme pro Kubikmeter Luft; in 1877/78 hingegen: 0,0276 und in 1878/79: 0,0190; also während der drei Jahre im Mittel: 0,0278.

Das Gesundheitsamt zu Glasgow liess auch das atmosphärische Ammoniak wie die Kohlensäure sechs Monate hindurch monatlich dreimal an fünf verschiedenen Punkten der Stadt untersuchen[2]); man erhielt im Mittel 0,015 bis 0,053 mg Ammoniak pro Kubikmeter Luft. Ich weiss von der Methode gar nichts, kann deshalb auch den Werth der Daten nicht beurtheilen. Es wird behauptet, dass die Ammoniakmenge mit der Dichte der Bewohntheit und der Industrieanlagen wuchs.

---

[1]) C. R. 1877, I, 273. Vgl. ferner: Annuaire de l'Observatoire de Montsouris pour l'an 1879 und 1880.

[2]) Annuaire etc. 1879, S. 347.

Methode zur Ammoniakbestimmung.

Seit langem befasse ich mich schon mit Ammoniakbestimmungen. Doch musste ich die traurige Erfahrung machen, dass meine älteren Untersuchungen fast alle unverlässlich und die auf sie gestützten Folgerungen unhaltbar sind. Ob über meine neuesten Untersuchungen nicht ich selbst oder Andere bald zu Gericht sitzen werden, weiss ich noch nicht.

Und doch habe ich sämmtliche Analysen, auch die älteren, mit besonderer Sorgfalt und Vorsicht ausgeführt!

Vordem habe ich die zu untersuchende Luft durch mit Salzsäure versetztes destillirtes Wasser geleitet und das gewonnene Ammoniak nach dem Nessler'schen Verfahren titrirt. Diese Versuche habe ich verworfen, weil ich mich überzeugen konnte, dass ich in der Salzsäure und dem zu ihrer Neutralisation bestimmten Kali beinahe eben so viel Ammoniak in die Titrirlösung eingeführt hatte, als in der insgesammt in ungenügender Menge aspirirten Luft enthalten war.

Sodann habe ich die aspirirte Luftmenge erhöht (durch Anwendung eines Bunsen'schen Gebläses) und sie durch eine ammoniakfreie Oxalsäurelösung geleitet, welche auf Glasperlen geträufelt war. Die Oxalsäure habe ich dann mit Kali neutralisirt und nach Nessler titrirt. Ich wurde aber theilweise dadurch gestört, dass die Titrirlösung sich gewöhnlich etwas trübte (Kalk?), theils dadurch, dass zur vollständigen Bindung des Ammoniaks selbst zwei U-förmige Röhren noch nicht genügend waren.

Ich will meine misslungenen Versuche nicht alle beschreiben, sondern gehe zur Methode über, welche ich für ganz genau halte, und auch heute noch, und zwar schon seit $1^1/_2$ Jahren, anwende.

Zu den Bestimmungen verwende ich die Luft in grossen Mengen; durch das Absorptionsgefäss passiren wenigstens 4 bis 6, eventuell 10 bis 12 cbm. Die Aspiration ist dabei langsam genug; sie beträgt circa 1 cbm in 24 Stunden. Eine Bestimmung fällt daher auf je fünf Tage und ergiebt das Mittel während dieser Zeit. Die zu untersuchende Luft lasse ich von der Gasse durch ein enges Bleirohr aspiriren, welches durch den oberen Flügel eines Fensters im Laboratorium ins Freie führt und hier etwa 5 m über dem Gassenniveau mündet. Die Umgebung dieser Untersuchungsstation habe ich oben bei der Kohlensäure bereits beschrieben. Die Luft tritt von aussen zuerst in ein weiteres Glasrohr, welches mit feiner Glaswolle ausgefüllt ist; hier wird der atmosphärische Staub zurückgehalten. Auch die Menge dieses Staubes bildete ein Object der Untersuchung, wie ich das später noch besprechen werde.

Ich halte die vorhergehende Bindung des atmosphärischen Staubes bei Ammoniakuntersuchungen für eine unerlässliche Vorsicht, weil der atmosphärische Staub gewöhnlich organischen Stickstoff enthält, welcher beim Abdestilliren ebenfalls Ammoniak liefert, unter Umständen sogar in Mengen, welche dem gesammten thatsächlichen Ammoniak der Atmosphäre nahe kommen können. Ja, dem Gewichte nach übertrifft dieser Staub das Ammoniak bis um das 10- bis 20fache. (S. unten.)

Durch die Glaswolle und das Bleirohr gelangt die Luft in den Absorptionsapparat und von hier zu einer Gasuhr, welche das aspirirte Luftquantum abmisst; der Absorptionsapparat besteht aus zwei U-förmigen Röhren, in deren Schenkeln sich eine etwa 30 cm hohe Schichte von Glaswolle befindet.

Nach vollständigem Auswaschen der U-förmigen Röhren und der Glaswolle geschieht das Einstellen zur Ammoniakbestimmung folgendermaassen: In einer Flasche halte ich destillirtes Wasser in Bereitschaft; im Korke steckt ein nach abwärts gekrümmtes weites Glasrohr, welches mit in Schwefelsäure getränkter Glaswolle ausgefüllt ist. Ebenso ist Schwefelsäure, im Verhältniss von 1 : 3 diluirt, in einer doppelt verschlossenen Flasche fortwährend vorräthig. Im Kasten, welcher das destillirte Wasser, die Schwefelsäure und die ausschliesslich zur Ammoniakbestimmung dienenden Geräthschaften beherbergt, steht fortwährend offene Schwefelsäure zur Absorption des Ammoniaks der Zimmerluft. Bei dieser Vorsicht erleidet der Ammoniakgehalt des destillirten Wassers und der Schwefelsäure, laut dem Zeugnisse der in Zwischenräumen von mehreren Monaten ausgeführten Controlbestimmungen, eine kaum erkennbare Veränderung [1]).

Vor Beginn der Untersuchungen nehme ich vom verschlossenen destillirten Wasser 100, von der Schwefelsäure aber 4 ccm, und bestimme darin das Ammoniak nach der sogleich zu beschreibenden Methode. Dadurch erhalte ich das eigene Ammoniak der

---

[1]) Es betrug z. B. der Ammoniakgehalt von 100 ccm Probewasser und 4 ccm Probesäure am 15. September 1879 0,047 mg, am 30. December desselben Jahres 0,049 mg.

Probelösungen. Darauf werden neuere 4 ccm der Schwefelsäure abgemessen und damit die Glaswolle in den U-förmigen Röhren befeuchtet. Nun lasse ich die Aspiration der Luft beginnen. Nachdem sie beendigt ist, wasche ich beide U-förmigen Röhren mit 100 ccm des destillirten Wassers aus; dazu giesse ich auf einmal etwa 20 ccm Wasser in einen Schenkel der U-förmigen Röhre, lasse sie in den anderen Schenkel hinüberfliessen, giesse sie dann in die andere U-förmige Röhre über und nachdem es auch durch diese geflossen, in ein bereit gehaltenes reines Fläschchen von etwas über 100 ccm Inhalt mit einem gut schliessenden Kautschukstöpsel. Die 4. bis 5. durchfliessende Wasserparthie enthält keine Säure mehr, so dass das Auswaschen vollkommen gelungen ist.

Dieses angesäuerte Wasser enthält also das atmosphärische Ammoniak; es wird auf folgende Art analysirt:

Wenn sich mehrere Fläschchen mit Ammoniakwasser angesammelt haben, wird die Bestimmung sammt den zur Ansäuerung und Auswaschen benutzten Probeflüssigkeiten (Schwefelsäure, destillirtes Wasser) auf einmal ausgeführt.

In den zu diesem Zwecke dienenden Glaskolben giesse ich etwas Kalkmilch und unterwerfe sie der Destillation; das Destillat wird durch einen gläsernen Dephlegmator geleitet und in einem Fläschchen mit engem Halse aufgefangen. Im Destillat prüfe ich auf anwesendes Ammoniak mit Nessler'scher Lösung, und so lange davon auch nur Spuren gefunden werden, wird die Destillation fortgesetzt. Ist das Destillat einmal ganz rein, so giesse ich das zu untersuchende Ammoniakwasser in den Kolben, wasche das Fläschchen mit etlichen Tropfen destillirten Wassers nach und destillire in dasselbe Fläschchen 100 ccm zurück. Auf dieselbe Weise wird die Destillation auch mit dem Inhalt der übrigen Fläschchen nach einander ausgeführt, mit der Vorsicht jedoch, dass die Alkalinität der Kalkmilch stets mit Curcumapapier controlirt wird. Sind 4 bis 5 Fläschchen nach einander überdestillirt worden, so ist die Neutralitätsgrenze in der Kalkmilch nahezu erreicht. Nun muss diese im Kolben erneuert und auf die beschriebene Weise ammoniakfrei gemacht werden, bevor die Destillation der übrigen Fläschchen fortgesetzt werden dürfte.

Die Ammoniakmenge bestimme ich in sämmtlichen Destillaten mit Nessler'scher Lösung und $^1/_{100}$ normaler Ammonchloridlösung. Von der erhaltenen Menge wird das eigene Ammoniak der Probelösungen, d. i. der 100 ccm Wasser und 4 ccm Schwefelsäure, subtrahirt; das restirende Ammoniak aber wird auf Milligramme im Kubikmeter Luft umgerechnet. An der Luftmenge, welche die Gasuhr anzeigt, werden der durchschnittlichen Zimmertemperatur, der Tension des Wasserdampfes (in der Gasuhr) und dem Luftdruck (unter dem die Luft in der Gasuhr gestanden ist) entsprechende Correctionen vorgenommen.

Die Titrirung führe ich folgendermaassen aus:

Ich benutze grosse Probirrohre von möglichst gleichem Kaliber. In diese werden von der $^1/_{100}$ normalen Ammonchloridlösung 0,25 bis 0,50 bis 0,75 bis 1,0 bis 1,5 bis 2 bis 4 bis 6 bis 8 etc. bis 30 ccm abgemessen, und alle mit ammonfreiem destillirtem Wasser aufgefüllt. Diesen gegenüber messe ich von den Destillaten je 50 ccm in ähnliche Gefässe ab, und auch diese werden mit einigen Tropfen destillirten Wassers auf das Niveau der Flüssigkeit in den Ammoniakeprouvetten gebracht. Alle werden nun mit je $^1/_2$ ccm Nessler'scher Lösung versetzt und nach $^1/_4$ bis $^1/_2$ Stunde die zu prüfenden Wässer mit der Farbe der Ammoniaklösungen confrontirt, indem die Eprouvetten mit der Oeffnung gegen das Licht gehalten und die am Boden der Rohre erscheinenden Farbennuancen verglichen werden. Diese Methode ist empfindlich genug, um mit ihr noch 0,0025 mg Ammoniak in 50 ccm Flüssigkeit zu erkennen, ebenso um zwei ammoniakhaltige Flüssigkeiten, welche nur um 0,0025 mg von einander verschieden sind, noch deutlich absondern und bestimmen zu können.

Menge des atmosphärischen Ammoniaks zu Budapest.

Nach dieser detaillirten Beschreibung der Methode lasse ich die in der Atmosphäre gefundene Ammoniakmenge folgen.

Sie betrug vom 15. September 1878 bis Ende December 1879 nach 80 Bestimmungen im Mittel 0,03888 Milligramm pro Kubikmeter Luft; im Jahre 1879 allein (ohne Herbst 1878) war das Mittel 0,03318 mg.

Die Ergebnisse der einzelnen Bestimmungen können in der Curve 6 auf Tafel I. abgelesen werden [1]).

Dieser Zeichnung ist zu entnehmen, dass die Ammoniakmenge während der ganzen Zeit schwankte und zwar nicht bloss in den

[1]) Auf dieser Zeichnung entspricht jeder Millimeter: 0,002 mg Ammoniak; der 20. mm, oder 2. cm also 0,04 mg.

einzelnen Jahreszeiten, sondern auch von einem 5tägigen Zeitraume zum anderen.

Zur leichteren Uebersicht der Schwankungen nach Jahreszeiten habe ich für die einzelnen Monate und Jahreszeiten Mittelwerthe berechnet, und Folgendes erhalten:

1878	September[1]	0,0623	Herbst	= 0,0558
„	October	0,0614		
„	November	0,0438		
„	December	0,0254	Winter	= 0,0251
1879	Januar	0,0238		
„	Februar	0,0262		
„	März	0,0261	Frühling	= 0,0303
„	April	0,0274		
„	Mai	0,0368		
„	Juni	0,0564	Sommer	= 0,0488
„	Juli	0,0379		
„	August	0,0522		
„	September	0,0466	Herbst	= 0,0344
„	October	0,0356		
„	November	0,0211		
„	December	0,0081		

Aus diesen Durchschnittszahlen ist ersichtlich, dass das Ammoniak den niedrigsten Stand im Winter erreicht, im Frühjahr ansteigt, im Sommer am höchsten, und selbst im Herbste noch sehr hoch steht.

Auch Lévy fand in 1876/77, dann in 1878/79, dass das Ammoniak im Sommer am höchsten und im Winter am niedrigsten steht; in 1877/78 verhielt sich aber die Sache entgegengesetzt.

Aus obigen Mittelwerthen, noch mehr aber aus den massenhafteren Daten von Lévy ist auch das ersichtlich, dass dieselben Jahreszeiten in verschiedenen Jahren sehr namhafte Differenzen im Ammoniakgehalt aufweisen können. So hat z. B. der 1878er Herbst zu Budapest bedeutend mehr Ammoniak aufgewiesen als der 1879er. Auch zu Paris wurden im Herbste 1877: 0,040 mg Ammoniak beobachtet, im Herbste 1878 aber bloss 0,0150 mg.

---

[1]) Ich bestimmte auch noch im Jahre 1877, vom 17. September bis 5. October, täglich den Ammoniakgehalt der Atmosphäre. Derselbe war im Durchschnitt (aus 18 Bestimmungen) 0,0425.

Aus den Angaben von Lévy geht sogar hervor, dass auch die einzelnen Jahre hinsichtlich des Ammoniakgehaltes bedeutend von einander abweichen können. Das Mittel war nämlich in 1876/77: 0,0370 mg, in 1878/79 aber bloss 0,0190 mg.

Das Ammoniak weist auch in anderer Beziehung Schwankungen auf. So hat, wie zu sehen war, schon Fresenius[1]) beobachtet, dass in der Nacht mehr Ammoniak in der Luft enthalten ist als am Tage. Von anderen Autoren sind mir hierher passende Daten nicht bekannt. Ich selbst habe 1877 und 1878 mehrere Bestimmungen ausgeführt und erhielt folgendes Resultat:

	Am Tage	Nachts
Am 20. September 1877 . .	0,063	0,033
„ 23. „ „ . .	0,0375	0,045
„ 25. „ „ . .	0,045	0,031
„ 26. „ „ . .	0,045	0,044
„ 27. „ „ . .	0,059	0,074
„ 28. „ „ . .	0,046	0,041
„ 29. „ „ . .	0,047	0,070
„ 30. „ „ . .	0,044	0,045
„ 1. October „ . .	0,029	0,046
„ 2. „ „ . .	0,049	0,025
„ 3. „ „ . .	0,036	0,045
„ 4. „ „ . .	0,049	0,034
„ 5. „ „ . .	0,038	0,040
„ 31. Mai 1878	0,0466	0,0553
„ 1. Juni „	0,0572	0,0835
Durchschnittlich	0,04609	0,04745

Diese Ergebnisse sprechen also dafür, dass — wenigstens zur Zeit der Untersuchung — der Ammoniakgehalt der Atmosphäre in der Nacht im Durchschnitt ein höherer war, als am Tage.

Quelle des atmosphärischen Ammoniaks und Ursachen seiner Schwankungen.

Es ist nun zu untersuchen, aus welchen natürlichen Quellen das atmosphärische Ammoniak herstammt, und welche Naturkräfte

---

[1]) Bei Fresenius und anderen oben citirten Forschern können die einzelnen Angaben — wenn ihnen auch kein absoluter Werth zukommt — mit Paralleldaten, welche derselbe Forscher nach derselben Methode erhalten hat, unter einiger Reserve verglichen werden.

es bedingen, dass seine Menge in kurzen, fünftägigen Zwischenräumen, ja sogar — wie man sah — von der Nacht zum Tage, ferner von Monat zu Monat, von Jahr zu Jahr schwankt.

Bezüglich der Quelle des atmosphärischen Ammoniaks hat neuestens Schlösing eine sehr interessante Theorie aufgestellt. Seiner Meinung nach würden die stickstoffhaltigen organischen Substanzen in der Natur folgenden Kreislauf beschreiben [1]: die vom Menschen, den Thieren und Pflanzen herstammende stickstoffhaltige organische Substanz wird im Boden oxydirt, gelangt von hier mit dem Grundwasser in die Flüsse, dann ins Meer. Das Flusswasser, besonders aber das Grundwasser enthalten gewöhnlich die Salpetersäure in viel grösserer Menge als das Ammoniak. Im Meere wird die Salpetersäure reducirt, was schon daraus erhellt, dass das Meerwasser sehr viel Ammoniak und verhältnissmässig sehr wenig Salpetersäure enthält. In einem Kubikmeter Seewasser beträgt nämlich das Ammoniak 400 bis 500 mg [2]), die Salpetersäure bloss 200 bis 300 mg. Aus dem Seewasser wird das Ammoniak fortwährend in die darüber lagernde Luft empordiffundiren, um von hier über die Continente dahingetragen zu werden, wo es wieder in den Boden gelangt, und zum Nahrungsmittel der Pflanzenwelt wird. Der Boden selbst — ob feucht oder trocken — bindet das atmosphärische Ammoniak sehr hastig, und lässt es nicht mehr los [3].

Diese Theorie ist sehr geistreich; doch besitzen wir heute noch keineswegs genügendes Material, um zu beurtheilen, ob sie auch der Wahrheit entspricht. Auch muss ich noch hervorheben, dass man hier bei uns, in der Mitte des Festlandes, zur definitiven Aufklärung der Frage genug überzeugende Daten zu sammeln kaum im Stande ist; zu diesem Zwecke sind die Beobachtungen in der Nähe der See in Angriff zu nehmen.

Nichtsdestoweniger kann ich nicht verhehlen, dass meine eigenen Untersuchungen für die Schlössing'sche Theorie sehr ungünstig sind. Ich finde das Schwanken der atmosphärischen Ammoniakmenge durch andere Ursachen und Factoren erklärbar.

---

[1]) Vgl. Compt. Rend. 1875, I, p. 175.

[2]) Boussingault hat im Wasser des la Manche-Canals 200, Dieulafait im Wasser des Mittelmeeres nahe an der französischen Küste 220 mg Ammoniak gefunden. C. R. 1878, I, p. 1470.

[3]) C. R. 1876, I, p. 1105.

Ich habe nämlich die Ammoniakcurve (Tafel II. Nr. 6) mit den graphischen Darstellungen der meteorologischen Verhältnisse (Tafel II.) verglichen und dabei Folgendes gefunden:

Die Abnahme des Ammoniaks fällt beinahe mit mathematischer Genauigkeit einerseits mit den Regen, andererseits mit der Abnahme der Lufttemperatur, gewissermaassen auch noch mit heftigen Winden zusammen. Dem gegenüber ist während der nach Regen folgenden Trockenheit, und bei steigender Temperatur eine Zunahme an Ammoniak zu bemerken. So ist mit dem am 20. September 1878 auftretenden Regenfall auch das Ammoniak gesunken; und in den darauf folgenden wärmeren und trockenen Tagen (vom 5. bis 10. October) ist auch das Ammonik sehr hoch gestiegen; durch mässigen Regen und kühles Wetter wurde es wieder sehr bald herabgedrückt. Die starken Regenfälle vom 1. bis 5. und 20. bis 25. November veranlassen eine fernere Verminderung, noch mehr aber die grosse Kälte nach der Mitte December. An den etlichen warmen Tagen am Anfang Januar steigt das Ammoniak plötzlich in die Höhe und sinkt mit der eintretenden Kälte wieder zurück. Mitte Februar vermindert das Ammoniak ein starker Schneefall, Mitte März die kältere Witterung, gegen Ende April aber die Regenfälle. In den warmen trockenen Tagen, 5. bis 10. Mai, steigt der Ammoniakgehalt, noch mehr aber in der zweiten Hälfte des Monates mit der stetig zunehmenden Lufttemperatur. Die Abnahme zur Mitte Juni fällt mit starkem Regen zusammen, die Erhöhung aber am Ende des Monates fällt auf warme, trockene Tage. Im Juli ist eine geringe Schwankung zu beobachten, der Regen vermindert, die folgenden trocken warmen Tage vermehren das Ammoniak. Die Ursachen der grossen Schwankungen im August und September kann ich nicht auffinden [1]); am Ende September stimmt aber die bedeutende Abnahme mit starken Regenfällen überein. Auch Mitte October ist sie mit einem Regen und mit kalter Witterung im Zusammenhange. Endlich im November und December hält sich das Ammoniak an die eingetretene und stets zunehmende Kälte, indem es stetig und zwar auf den bisher beobachteten niedrigsten Stand herabsinkt.

Die Abhängigkeit des atmosphärischen Ammoniaks von Verhältnissen so rein localer Natur, als es die Regenfälle und Temperaturschwankungen sind, macht es sehr unwahrscheinlich, dass das Ammoniak auch, oder sogar noch mehr durch andere Factoren

---

[1]) Vielleicht hat die andauernde Dürre die starke Abnahme verursacht.

als die erwähnten regulirt werde. Ich finde auch während der ganzen Beobachtungszeit keine einzige Erscheinung, welche bezeugen würde, dass ein mächtigerer Factor als die besprochenen Einflüsse, z. B. ein vom Meere kommender ammoniakreicherer Luftstrom, zeitweisen Antheil an der Regulation des Ammoniaks nähme. Besonders bemerke ich nichts Auffälliges zur Zeit der südwestlichen (von der See kommenden) Winde.

So lange also, bis mich nicht massenhaftere Beobachtungen etwa vom Gegentheil überzeugen, ist es meine Meinung, dass auch der Ammoniakgehalt der Atmosphäre in erster Linie von rein localen Ursachen, Factoren abhängt.

Diese localen Ursachen und Factoren sind bei der Modification des Ammoniaks sehr leicht zu erkennen.

Der Regen vermindert das Ammoniak auf kurzem, chemischem Wege: er löst es in der Atmosphäre und wäscht es mit sich nieder. Der Agriculturchemie ist diese Erscheinung längst bekannt; sie weiss zu sagen, dass jeder Regen sehr viel Ammoniak auf die Erdoberfläche herabbringt. Und damit der Thatbestand ein noch klarerer sei, kann ich erwähnen, dass, nach Boussingault, Bineau u. A., das Regenwasser zu Beginn des Regens um Vieles ammoniakreicher ist als im weiteren Verlauf des Regens. So fand z. B. Boussingault in je einem Liter Regenwasser, welches am Anfang und in einem späteren Stadium eines Platzregens aufgefangen wurde, 4,0, resp. 0,5 mg Ammoniak.

Dass die Wärme erhöhend auf das Ammoniak einwirkt, wird ebenfalls leicht verständlich sein, wenn man bedenkt, dass die Wärme in der colossalen Masse der auf und in dem Boden zerstreuten organischen Substanz eben jenen Process befördert, welcher in erster Reihe mit Ammoniakproduction verläuft, nämlich die Fäulniss. Was ist natürlicher, als anzunehmen, dass bei steigender Wärme auch die Fäulniss überall zunimmt, wo fäulnissfähige Substanzen angehäuft und genügend befeuchtet angetroffen werden. Es ist klar, dass diese Fäulniss ihren reichlichsten Schauplatz in Städten, in der Umgebung von Wohnungen haben wird, wo Abtritte, Kanäle, Ausgussrohre für Waschwässer, und selbst die Oberfläche der Strassen den Sammelplatz der faulenden Substanzen bilden.

Somit ist meiner Ansicht nach die ausgiebigste Quelle des atmosphärischen Ammoniaks der Boden, als Schauplatz der fortwährenden Fäulniss.

Frägt man nun, in welcher Bodenparthie der Ammoniak erzeugende Process thätig ist, ob an der Oberfläche, oder wie bei der atmosphärischen Kohlensäure vielleicht auch im Inneren des Bodens: so war ich vordem der Ansicht, dass auch die in der Tiefe verlaufende organische Zersetzung an der Erhöhung des atmosphärischen Ammoniaks participirt, und nicht blos (nicht einmal vorwiegend) die an der Bodenoberfläche angesammelten organischen Abfälle. Zu dieser Ansicht war ich dadurch gelangt, dass ich bei meinen Analysen in der Grundluft einen bedeutend höheren Ammoniakgehalt gefunden hatte als in der freien Atmosphäre. Wenn nun der Boden — dachte ich — der aus ihm gepumpten Luft Ammoniak, und das in bedeutender Menge, übergiebt: so hat man keine Ursache anzunehmen, dass derselbe Boden sein Ammoniak nicht auch in die freie Luft entweichen lasse, wenn die Grundluft bei ihren selbstständigen Schwankungen, z. B. im Herbst, an die Oberfläche strömt, oder wenn sie überhaupt aus dem Boden heraus diffundirt.

Zur bestimmten Klärung der Frage habe ich neuestens den Ammoniakgehalt der Grundluft ein ganzes Jahr hindurch (1879) beobachtet. Zu diesem Zwecke habe ich auf meiner Beobachtungsstation die Grundluft aus verschiedenen Tiefen ununterbrochen durch einen entsprechenden Apparat [1]) aspirirt und ihren Ammoniakgehalt bestimmt. Er betrug im Kubikmeter Grundluft:

	1 Meter Tiefe	4 Meter Tiefe
in der März bis Mai aspirirten Bodenluft	0,0198 mg	0,0471 mg
in der Juni bis Septbr. „ „	0,0277 „	0,0444 „
in der Octbr. bis Decbr. „ „	0,0089 „	0,0167 „

Zur selben Zeit betrug das Ammoniak der freien Luft 0,0303, resp. 0,0483 und 0,0216 mg, also mehr als in der Grundluft, besonders jener in 1 Meter Tiefe, enthalten war [2]). Der Boden selbst war an dieser Stelle, wie ich es später noch beschreiben werde, sehr stark verunreinigt.

Die Atmosphäre erhält also ihr Ammoniak keinesfalls aus dem Inneren des Bodens, aus der Grundluft, sondern blos von der Bodenoberfläche.

Ausser der Fäulniss an der Bodenoberfläche giebt es wenige Processe, welche in die Luft grössere Ammoniakmengen gelangen lassen könnten. Die Ammoniakproduction der Industrieanlagen und Feuerherde ist ganz unbedeutend.

---

[1]) Die Beschreibung dieses Apparates werde ich bei der Grundluft nachholen.

[2]) Weitere Betrachtungen über das Ammoniak der Grundluft behalte ich mir für später vor.

Das in Betracht gezogen, erscheint die Folgerung als berechtigt, dass das atmosphärische Ammoniak der Ausdruck der Fäulniss an der Bodenoberfläche, sowie der Index für die Verunreinigung der Luft durch flüchtige Fäulnisssubstanzen und durch Fäulnissproducte ist. Im Wesentlichen ist also der englische Ausdruck ganz richtig, welcher das Ammoniak zur „sewage matter“ der Luft stempelt. Dass das atmosphärische Ammoniak eben dadurch nicht nur zu einer chemischen, sondern bereits zu einer hygienischen Bedeutung gelangt, dürfte wohl einleuchten.

Der Kreislauf des atmosphärischen Ammoniaks wäre nach all dem Gesagten — wenigstens bei unserer geographischen Lage — der folgende: es entwickelt sich mit der zunehmenden Wärme in verschiedenen Fäulnissherden an der Bodenoberfläche, diffundirt von hier in die Atmosphäre empor, woher es durch Regenwässer wieder zurückbefördert wird, sowie es die daran ärmeren Bodenflächen wieder zur Erde zurückziehen.

Hygienische Bedeutung des atmospärischen Ammoniaks.

Insofern es mir gelungen ist, im Obigen zu beweisen, dass die Menge und die Schwankungen des atmosphärischen Ammoniaks von jener Fäulniss abhängig sind, welche an der Bodenoberfläche in der Nähe unserer Wohnungen vor sich geht: so muss ich auch hervorheben, welche grosse Bedeutung für die hygienische Wissenschaft der Benutzung dieser Erfahrung zu Forschungen beikommt. Das atmosphärische Ammoniak ist nämlich so zu betrachten, dass es die Intensität des in der Natur auftrenden Fäulnissprocesses und die Infection der Luft durch Fäulnissproducte anzeigt. So kann mit Hülfe dieses Indicators untersucht werden, ob etwa, und welche Infectionskrankheiten dieselben Schwankungen aufweisen wie jenes Ammoniak; es kann studirt werden, ob gewisse Krankheiten mit der im Grossen erfolgenden Zu- oder Abnahme der Fäulniss in der Natur in causalem Zusammenhange stehen, und welche Krankheiten das sind?

Solche Untersuchungen wurden bisher nicht angestellt und konnten es in Ermangelung einschlägiger Analysen nicht einmal werden. Es ist zu hoffen, dass in der Zukunft auch diese interessante wissenschaftliche Frage ihre gründliche Bearbeitung finden wird.

Die Gelegenheit, meine eigenen Ammoniakdaten mit den Morbiditäts- und Mortalitätsverhältnissen zu vergleichen, ist sehr verlockend. Doch halte ich die bisherige Beobachtungszeit für so kurz, so unzureichend, dass ein jedes ähnliche Herumtasten verfrüht wäre. Wer jedoch auf der beiliegenden Tafel die Curven des Ammoniaks und z. B. der Euteritis mit einander vergleicht, wird ein wenn auch nur lückenhaftes Zusammengehen beider beobachten können.

Die Angaben über den Ammoniakgehalt der atmosphärischen Luft — insoferne sie nur unter gleichen Verhältnissen und nach übereinstimmenden Methoden gesammelt wurden — können mit der Zeit auch darüber Aufschluss ertheilen, wie hoch die Verunreinigung durch Fäulnissproducte in der Atmosphäre einer Stadt, mit anderen Worten: wie es um die öffentliche Reinlichkeit in verschiedenen Städten bestellt ist? Gegenwärtig kann ich die Budapester Daten blos mit denen von Lévy und von Ville vergleichen. Dieser Vergleich gereicht Budapest nicht zur Ehre; hier ist nämlich der Ammoniakgehalt bedeutend höher als im Parke des Observatoriums am Montsouris. — Die Entgegnung, dass dieser Park am Rande von Paris, in der Nähe der freien Felder gelegen ist, und deshalb eine so ammoniakarme Atmosphäre besitzt, kann ich damit beantworten, dass Ville seine Untersuchungen im Inneren von Paris, in Vaugirard angestellt [1]) und ebenfalls weniger Ammoniak gefunden hat, als ich zu Budapest.

Dieser Auffassung entspricht auch die zu Glasgow gemachte Erfahrung. Je nachdem die einzelnen Stadttheile eine dichtere Bevölkerung, mehr Fabriken, eine grössere Luftverunreinigung hatten, stieg hier auch das Ammoniak in der Luft [2]). Diese Zunahme wird aus folgenden Zahlen ersichtlich; es waren im Kubikmeter Luft Ammoniak enthalten:

Western Infirmary	0,015 mg
Hospital Kennedy Street	0,019 „
Sailor's Home	0,024 „
Calton	0,044 „
Stirling Square	0,053 „

[1]) Vergl. oben. S. 68.
[2]) Vergl. oben. S. 71.

Drittes Capitel.

Das atmosphärische Ozon.

Auf das atmosphärische Ozon bezügliche Beobachtungen habe ich selbst bisher nicht angestellt; die königl. meteorologische Centralanstalt führt jedoch seit Jahren Ozonbeobachtungen aus. Auf Grund der Publicationen dieser Anstalt habe ich die Durchschnittswerthe für die Tages- und Nachtsozonmenge in die Tafel II. (Fig. 6) aufgenommen.

In der Centralanstalt, wie auch anderwärts, werden die Beobachtungen mittelst Ozonpapiers ausgeführt. Ich besitze darüber keine eigene Erfahrung, ob die von Lévy[1]) vorgeschlagene chemische Bestimmung des Ozons mit arseniksaurem Kali verlässlicher ist, als diese Methode.

Ich muss gestehen, dass die Ozonbeobachtungen, so wie sie allgemein ausgeführt werden, ihren hygienischen Werth in meinen Augen schon seit Jahren eingebüsst haben. Ich sehe nämlich die an verschiedenen Orten und zu verschiedenen Zeiten erhaltenen Ozonmengen nicht so sehr davon abhängen, wie hoch überhaupt die Ozonmenge in der freien, weiten Atmosphäre sich beläuft, sondern — abgesehen von anderen nebensächlichen, in den Mängeln der Beobachtungsmethode begründeten Abweichungen — vielmehr davon, in welchem Stadttheile die Beobachtungsstation errichtet wurde, und aus welcher Richtung die Luft zum Beobachtungsorte gelangt; ob von der Stadt, oder von der Umgebung her? Die aus der Stadt anlangende Luft weist beinahe immer eine beträchtliche Ozonverminderung auf, der conträre Wind aber eine starke Zunahme.

---

[1]) Vgl. Ann. de l'Observ. d. Montsouris. 1879, S. 416.

Einige nahegelegene Beispiele werden uns vom Sachverhalt sogleich überzeugen. Zu Budapest liegt die Ozonbeobachtungsstation westwärts vom Gros der Stadt; an dieser Stelle wird also der Nordwest- und Westwind die Ozonmenge erhöhen, der Ost- und Südostwind hingegen herabmindern. Betrachten wir einmal z. B. einige Tage, ob sich die Sache wirklich so verhält?

Tag			Windrichtung und Stärke Früh 7 U.	NM. 2 U.	A. 9 U.	Ozongrad Tag	Nacht
4.	Februar	1877	W¹	SW¹	SW¹	5	0
5.	„	„	S¹	W²	W³	0	6
18.	„	„	N²	W²	W¹	6	7
19.	„	„	W²	SW²	—	7	0
21.	„	„	E²	E³	—	0	0
22.	„	„	NW¹	NW²	W²	0	8
6.	März	„	E¹	E⁴	E²	0	0
7.	„	„	NE¹	E³	W³	0	0
8.	„	„	N²	W¹	W²	8	6
6.	April	„	N²	—	E¹	8	0
24.	„	„	E¹	E²	E¹	2	0
25.	„	„	NW⁴	W⁶	W³	10	6
1.	Juni	„	—	E¹	SW¹	0	0
2.	„	„	W⁶	NW⁶	NW²	5	5
14.	Juli	„	W³	W⁴	W¹	8	7
15.	„	„	E¹	SW²	E¹	1	0

Es mögen diese wenigen Beispiele genügen. Wer sich der Mühe unterwirft und in den Ausweisen des meteorologischen Instituts die Schwankungen der Winde und des Ozons vergleicht (siehe Tafel II. Fig. 5 und 6), wird wahrnehmen, dass das Ozon in dem Maasse zu- und abnimmt, als der Wind vorwiegend westliche oder östliche Richtungen einhält, also über die Strassen und Industrieetablissements der Stadt mehr oder weniger hinweggestrichen ist [1]).

Ein noch entschiedeneres Urtheil wird uns die Berücksichtigung der Daten anderer Beobachtungsstationen erlauben. Als Beispiel führe ich die Ausweise des Observatoriums am Montsouris an.

---

[1]) Auch der Einfluss der Windstärke darf nicht ausser Acht gelassen werden. Stärkere Winde erhöhen — wie dies auf der Tafel besonders gut zu ersehen ist — schon an sich das Ozon.

Diese Beobachtungsstelle liegt in der entgegengesetzten Richtung, als die zu Budapest, d. h. südwärts von Paris. Auf diese Station treffen also die Nord-, Nordost- und Nordwestwinde über die Stadt, die Süd-, Südwest- und Südostwinde aber von den Feldern und Waldungen her ein. Und siehe da, im Gegensatz zu Budapest sind hier gerade die Süd-, Südwest- und Südostwinde die ozonreicheren, die nördlichen hingegen die ozonärmeren. Nach Lévy[1]) betrug das Mittel der zwischen Süd und West gelegenen Windrichtungen in 1877/78: 2,4 (mg in 100 cbm Luft); das Mittel der zwischen Nord und Nordost gelegenen Windrichtungen aber 1,0.

Das Gesagte in Betracht gezogen, weiss man nun, was von jenem Naturgesetze zu halten ist, welches Lévy folgendermaassen ausdrückt[2]): „Nous avons montré .... l'influence, que la direction des vents exerce sur les quantités d'ozone dosé. Toutes les fois ..., que le vent tourne vers les regions ouest par le sud, l'ozone se manifeste d'une manière abondante; lorsque le vent tourne vers le Nord, immédiatement l'ozone disparait plus ou moins complètement."

Aus den dargelegten Gründen werden die Ozonbeobachtungen in hygienischer Beziehung so lange von geringem Werthe sein, als die Irrthumsquelle, auf die ich hingewiesen habe, nicht umgangen oder beseitigt sein wird.

Zu diesem Zwecke rathe ich schon seit Jahren die Ozonbeobachtungen so zu organisiren, dass in der Umgebung der Städte mehrere Stationen etablirt werden, in denen bei jeder beliebigen Windrichtung jene Luft — und zwar nach möglichst vervollkommneten Methoden[3]) — untersucht werden kann, welche über die Städte und Fabriketablissements noch nicht hingezogen ist, um so im reinen Luftkreise die factische Ozonmenge bestimmen zu können. Diesem gegenüber müssen auch im Inneren der Städte Parallelbeobachtungen ausgeführt werden, um zu sehen, wie viel Ozon an einem bestimmten Orte zu bestimmter Zeit aus der Atmosphäre verschwunden, verbraucht worden ist.

---

[1]) Ann. de l'Observ. d. Montsouris. 1879, S. 422.

[2]) Ibidem. [3]) Vgl. den Aufsatz von Wolffhügel in d. Zeitschr. f. Biol. 1875, S. 408.

Viertes Capitel.

Der atmosphärische Staub.

Literatur.

Schon in den ältesten Zeiten ist dem Gehirne denkender Männer die Idee entsprossen, dass die Krankheiten durch staubförmige Stoffe verursacht werden, welche in der Atmosphäre schweben und durch die Respiration in den Organismus gelangen.

Jedenfalls ist Ehrenberg der erste wissenschaftliche Erforscher des atmosphärischen Staubes; er war es, der schon vor einem halben Säculum den Staub allerorts zu sammeln begann und ihn auf seine mikroskopischen Bestandtheile untersuchte. Es müsste mich zu weit führen, wollte ich von ihm bis zu unseren Tagen die gesammte einschlägige Literatur zu Ende betrachten. Sie ist durch die Einbeziehung einerseits der Lehre über die Urzeugung, andererseits der Studien über Gährung und Fäulniss zu einem Umfange angewachsen, welcher sie einer speciellen literaturhistorischen Bearbeitung würdig macht [1]).

Bei den aus hygienischen Rücksichten vollzogenen Untersuchungen des atmosphärischen Staubes war man hauptsächlich bestrebt, darauf zu kommen, ob denn zur Zeit gewisser Epidemien, oder an Orten, welche von gewissen Krankheiten besonders heimgesucht werden, in der Luft, dem Wasser oder im Innern des Körpers ein Organismus, ein Parasit etc. von bestimmter Form gefunden

---

[1]) Einigermaassen können diesbezügliche Mängel die folgenden Werke ersetzen: Magnin, Les Bacteries, Paris 1878; Hiller, die Lehre von der Fäulniss, Berlin 1879. Ferner die Abhandlungen von Miquel in Annuaire de l'Observ. de Montsouris, 1879, 1880.

werden kann? Die fleissigsten Untersuchungen des atmosphärischen Staubes wurden also gewöhnlich während der Herrschaft von Epidemien oder am Schauplatze von infectiösen Endemien angestellt; — so von Swayne[1]), Brittan und Budd[2]), Baly und Gull[3]) in England während der Choleraepidemie 1848/49, — von Rigaud de l'Isle[4]), Moscatti (1818), Gigot[5]), Becchi[6]), Salisbury[7]), Balestra[8]), Klebs[9]) aber in verschiedenen Wechselfieberdistricten von Europa und Amerika.

Alle diese an sich mühevollen und lehrreichen Arbeiten waren jedoch keine systematischen Forschungen in der Richtung, um die Qualität und Quantität des atmosphärischen Staubes überhaupt, und seine hygienischen Eigenschaften und seine Rolle insbesondere klar zu stellen. Näher schon kamen dieser Richtung die Untersuchungen von Pouchet[10]), Pasteur[11]), Burdon-Sanderson[12]), Lemaire[13]), Tyndall, ferner Dancer[14]), Robin[15]), Maddox[16]), Lichtenstein[17]), Douglas Cunningham[18]); hauptsächlich aber neuestens Tissandier[19]), Miquel[20]) und Miflet[21]).

Diese Forscher äusseren sich alle ziemlich einstimmig dahin, dass die Atmosphäre mit ungemein kleinen Staubkörnchen erfüllt ist.

Die Menge dieses Staubes haben Mehrere und auf verschiedene Weise zu bestimmen versucht. Tissandier[22]) leitete die zu untersuchende Luft durch eine U-förmige Röhre, in welcher sich destillirtes Wasser befand;- in langsamem Strome leitete er grosse Luftmengen durch das Wasser, trocknete dieses ein und brachte das gefundene Gewicht als atmosphärischen Staub in Rechnung. Bei seinen zu Paris in den Jahren 1870 bis 1872 nach dieser Methode ausgeführten Analysen fand er in einem Kubik-

---

[1]) The Lancet, 1849. — [2]) London. med. Gazette, 1849. — [3]) Lancet, 1849. — [4]) Bibl. univ. de Genève, 1816, 1817. — [5]) Recherches expér. sur la nature des émanations marécageuses. Paris, 1858. — [6]) C. R. T. LII, (1861), S. 852. — [7]) Americ. journ. of. med. Science, 1866. — [8]) C. R. T. LXXI, (1870), S. 235. — [9]) Arch. f. exp. Path. 1879. — [10]) Etudes des corpuscles en suspension dans l'atmosphère. — [11]) Annales de Chim. et de Phys. (3), T. XIV, (1862), S. 27. — [12]) Appendix to the 13-th Report of the medical officer to the Privy Council; for 1871. — [13]) C. R. 1864, I, 317; 1867, II, S. 492. — [14]) Vgl. Smith, Air and Rain, London, 1872, S. 484. — [15]) Traité de microscope. Paris, Baillière et fils. — [16]) Monthly journ. of the micr. Society. 1870, 1871. — [17]) Berl. klin. Wochenschr. 1874, Nr. 45 u. ff. — [18]) Microsc. examin. of airs. Calcutta. Vgl. Ann. de l'Observ. d. Montsouris 1879, S. 445. — [19]) Les poussières de l'air. Paris, 1877. — [20]) Vgl. Ann. de l'Observ. de Montsouris 1879, 1880. — [21]) Beitr. z. Biol. d. Pflanzen. Herausgegeben von Ferd. Cohn. Bd. III, Heft 3, 1879. — [22]) A. a. O. S. 2.

meter Luft 6 bis 23 mg Staub; die erstere Menge bei regnerischem Wetter, die letztere an trockenen Tagen. Bei den im Jahre 1875 auf dem Lande ausgeführten Untersuchungen fand er bei feuchter Witterung blos 0,25 mg Staub, bei trockenem Wetter 3 bis 4,5 mg.

Derselbe Forscher untersuchte den atmosphärischen Staub zu Paris auch auf jene Weise, dass er eine grosse Tafel mit 1 qm Oberfläche, welche mit Zinnpapier überzogen war, im Freien aufstellte, den Staub, welcher sich darauf gelagert hatte, täglich mit einem feinen Besen sammelte, und ihn dann untersuchte. Mit diesem Verfahren fand er bei einer mehrere Tage hindurch fortgesetzten Beobachtung, dass sich in 24 Stunden 2,1 bis 12,1 mg Staub auf die Tafeloberfläche gelagert hatten.

Tissandier hat den mit diesen Methoden erhaltenen Staub auch chemisch geprüft und gefunden, dass er 25 bis 34 Proc. verbrennbarer — organischer — und 75 bis 66 Proc. unverbrennbarer — anorganischer — Bestandtheile enthält. — Auch Tichborne[1]) hat zu Dublin Staub gesammelt und untersucht: wie viel darin die organische und wie viel die anorganische Substanz ist. Er fand, dass der in einer Höhe von 134′ gesammelte Staub 29,7 Proc., der in den Strassen gesammelte aber 45,2 Proc. verbrennbarer Bestandtheile enthält.

Als mikroskopische Bestandtheile des atmosphärischen Staubes werden die verschiedensten Körper, animale und pflanzliche Organismen, deren Fragmente etc. beschrieben; darunter die Eier von Entozoen, Keime von Schimmelpilzen, Hefepilze, Bacterien; dann angebliche Schleimzellen, Eiterkörperchen in der Atmosphäre von Krankenzimmern etc.[2]).

Eine Zeit lang schien es zweifelhaft, ob in der Atmosphäre Bacterien vorkommen; Burdon-Sanderson hat ihre Anwesenheit daselbst geleugnet. Nach ihm haben auch Andere (Rindfleisch, Cohn) die Beobachtung gemacht, dass Pasteur- oder Cohn'sche Nährflüssigkeit oder eine nicht neutralisirte Fleischextractlösung sich nicht trübten, obschon sie längere Zeit an der Luft offen gestanden waren. Diese Beobachtung fand jedoch ihre Erklärung sehr bald in der Erfahrung, dass eingetrocknete Bacterien keinen grossen Hang haben, in gewissen Nährflüssigkeiten

---

[1]) Chem. News 1870. Vgl. Parkes' Practical Hygiene.

[2]) Den atmosphärischen Staub cosmischen Ursprunges behandelt eingehend Tissandier im oben angeführten Werke.

(speciell in den soeben angeführten) zu neuem Leben zu erwachen, sich zu vermehren, während sie sich in anderen Nährsubstanzen, besonders in den eiweissartigen, rasch beleben und vermehren [1]).

Zur Sammlung des atmosphärischen Staubes behufs mikroskopischer Untersuchung wurden verschiedene Methoden in Anwendung gebracht. Pouchet hat zu diesem Zwecke sein sogenanntes „Aëroskop" construirt, welches allgemein bekannt ist. Aehnlich war das „Aëroconiskop" von Maddox, mit dem Unterschiede, dass letzteres die Luft, welche den Staub auf die mit Glycerin befeuchtete Glasplatte ablagerte, nicht mit einem Aspirator ansog, sondern durch einen dem Winde zugekehrten Trichter direct auf die Glasplatte leitete. Pasteur hat die Luft durch Schiessbaumwolle aspirirt, dann diese in Aether aufgelöst und den Bodensatz untersucht. Dancer hat in ein reines Gefäss etwas frisches destillirtes Wasser gegossen, und liess dann durch wiederholtes Auspumpen der Flasche immer neue und neue Luftparthien eindringen, welchen er den Staub beim Durchschütteln mit dem Wasser entzog. Cohn leitete die zu untersuchende Luft mittelst eines Aspirators durch ausgekochte Nährflüssigkeit (Cohn'sche Lösung), welche letztere er dann bei entsprechender Wärme der Züchtung unterwarf [2]). Dasselbe Verfahren hat neuestens auch Miflet im Cohn'schen Laboratorium angewandt [3]). Miquel hat die Luft mit einem Wasseraspirator angesaugt, und durch eine feine Oeffnung auf eine Glycerinoberfläche geleitet; derselbe hat ausserdem — wie Maddox — den Staub durch einen Trichter von dem Winde auf das Glycerin ablagern lassen.

Mehrere Forscher haben sich bei solchen Untersuchungen nicht begnügt, zu wissen, dass in der Atmosphäre Sporen und andere organisirte Körperchen in grösserer oder geringerer Menge zu finden sind, sondern getrachtet, sie auch abzuzählen und mit der Luftmenge, in der sie gefunden wurden, zu vergleichen. — Zu diesem Zwecke wurden z. B. die an der Glycerinoberfläche vorgefundenen Körperchen abgezählt und mit der aspirirten Luftmenge oder mit den bei verschiedenen Windschnelligkeiten durch den Trichter strömenden Luftmassen verglichen. Dancer hat in einem Tropfen des zum Auswaschen benutzten Wassers die erkennbaren Sporen abgezählt, und aus

---

[1]) Gunning, Versammlung d. Aerzte und Naturforscher in Cassel, 1878.
[2]) Beitr. z. Biol. d. Pflanzen. Bd. I, Heft 3, S. 148.
[3]) Beitr. z. Biol. d. Pflanzen. Bd. III, Heft 3, (1879), S. 119.

ihrer Anzahl auf die Gesammtmenge der Sporen in dem ausgewaschenen Luftquantum gefolgert [1]).

Ich muss mit Bedauern constatiren, dass diese Forschungen, sowie die dazu angewandten Methoden dem Ziele, welches uns die Hygiene in dieser Richtung steckt, kaum entsprechen. Mit ihrer Hilfe kann weder die Anzahl, noch weniger aber die Natur, oder, um mich so auszudrücken, die Individualität der Staubkörperchen bestimmt und erforscht werden. — An der Oberfläche des Glycerins sowie im Waschwasser bleibt bloss ein Theil der Körperchen haften; ein anderer, vielleicht eben der wichtigste Theil flieht weiter [2]). Ferner ist die mikroskopische Untersuchung der an der Glycerinoberfläche haftenden oder im Wasser schwimmenden Körperchen ein sehr unvollkommenes Verfahren, um dadurch die Natur jener Körperchen näher zu bestimmen; es ist dort unmöglich, die wirklichen Sporen, die wahrhaftigen Bacterien alle zu erkennen; noch weniger ist es möglich, aus dem einfachen, sporenartigen Körperchen auf den Mutterpilz oder die Hefe, oder aus dem formlosen, unendlich kleinen Fragmente auf die Bacteriengattung zu folgern [3]). — Wenn wir aber auf die Weiterentwickelung der Sporen und Bacterien warten, um uns über die Natur der unbekannten Körperchen und Fragmente zu orientiren, so tritt inzwischen Fäulniss ein, welche jedweden Abzählungsversuch einfach unmöglich macht. Kaum wird es endlich möglich sein, mit auf diese Weise gesammeltem Staube pathologische Versuche, Infectionen auszuführen.

Bei den eigenen Versuchen und Untersuchungen habe ich mir die Aufgabe gestellt: 1) die Menge des atmosphärischen Staubes zu bestimmen; 2) die im atmosphärischen Staube vorkommenden Organismen durch eine zweckmässige Züchtungsmethode von Tag zu Tag zu beobachten; 3) die Natur der gezüchteten Organismen durch

[1]) Auf Grund solcher Untersuchungen hat Dancer in einem Wasser, welches Smith mit 2495 Liter Luft geschüttelt und behufs mikroskopischer Untersuchung ihm eingesendet hatte, 37½ Millionen Sporen gezählt. (Smith, Air and Rain, S. 487.) Andere fanden bei ähnlichen Untersuchungen kaum ebenso vielmal Hunderte. Miquel (a. a. O.) fand in den Monaten Juni bis November 1878 in einem Liter Luft folgende Sporenmengen: 41,8, 19,5, 25,3, 11,6, 18,6, 10,9. Die meisten Sporen waren nach einem Regen zu finden, die wenigsten bei trockener Witterung. Cunningham (Douglas) machte zu Calcutta nicht die Erfahrung, dass nach dem Regen mehr Sporen in der Luft wären.

[2]) Bekanntermaassen kleben Bacterien nur schwer an Flüssigkeiten.

[3]) Derselben Ansicht huldigen Cunningham u. A.

Impfungen und Injectionen vom pathologischen Gesichtspunkte zu erforschen. Es sei mir gestattet, meine diesbezüglichen Studien in diese Punkte zusammengefasst vorzutragen.

Menge des atmosphärischen Staubes.

Der Menge des atmosphärischen Staubes kommt in zwei Richtungen eine hygienische Bedeutung zu; einerseits kann aus der grösseren oder geringeren Menge auf die Grösse des Schadens gefolgert werden, welchen der Staub in verschiedenen Zeiten auf die Respirationorgane ausübt; anderseits kann aus ihr auch darauf ein Schluss gezogen werden, wann die Verunreinigung der Luft durch die von der Bodenoberfläche emporgefegten winzigen Körperchen zu- oder abnimmt.

Bei meinen Untersuchungen richtete ich besonders auf letzteren Gesichtspunkt meine Aufmerksamkeit und war bemüht, ihn ins Reine zu bringen; deshalb habe ich auch nicht so sehr darnach geforscht, wie viel Staub über dem Bodenniveau in jener Höhe, wo sich die Passanten in den Strassen am Meisten bewegen, zu verschiedenen Zeiten enthalten ist; ich wollte auch nicht erfahren, wann durch die Winde der meiste grobkörnige, die Luftwege vorwiegend angreifende Pflasterdetritus aufgewirbelt wird; mit einem Worte: ich habe nicht nach jenem Staub und seiner Menge geforscht, welcher wegen der Verletzung der Respirationsorgane eine besondere Wichtigkeit geniesst, sondern jenen Staub untersucht, welcher aus den feinsten Partikeln besteht, welcher sich höher erhebt als bis wohin der gewöhnliche Strassenverkehr den Staub aufwirbelt, dessen Menge also auch nicht so sehr vom Verkehr, sondern von jenen atmosphärischen Verhältnissen abhängig ist, welche die allgemeinere Austrocknung der Bodenoberfläche, ferner die Entwickelung und das in die Höhe steigen feiner Körperchen befördern.

Nägeli hat, wie bekannt, die Theorie aufgestellt [1]), dass die Infectionsstoffe nicht durch das Trinkwasser, auch nicht durch die Grundluft verbreitet werden, sondern dadurch, dass sie zerstäuben, und auf diese Weise zu Zeiten mehr oder weniger in der Luft zerstreut werden. Der Schauplatz dieser Zerstäubung wäre in erster Reihe die Bodenoberfläche. Es ist klar, dass diese Zerstäubung

[1]) Die niederen Pilze. München, 1877.

der Infectionsstoffe und ihre Verbreitung in der Atmosphäre auf jenen Zeitraum fallen wird, wenn in der Natur überhaupt die meisten kleinen Körperchen sich von der Bodenoberfläche abheben und in die Höhe gelangen können. — Deshalb können jene Daten, welche uns darüber Aufschluss ertheilen, wann die Atmosphäre an feinen, staubförmigen Körperchen am reichsten ist, auch zur Erprobung der Nägeli'schen Theorie angewendet werden. — Jener Tag, jener Zeitraum, an welchem der Staubgehalt der Atmosphäre zunimmt, wird — nach der Nägeli'schen Theorie — dem Auftreten und der Verbreitung von Infectionskrankheiten günstiger sein, als jener Zeitraum, wenn der atmosphärische Staub bis zum Minimum abnimmt.

Ich habe die Menge des atmosphärischen Staubes vom September 1878 bis Ende October 1879 ununterbrochen beobachtet, und zwar in 5- bis 10tägigen Zwischenräumen. In diesen Zeiträumen habe ich die zu untersuchende Luft, gewöhnlich etwa 5 bis 15 Kubikmeter, durch einen Apparat aspirirt, welcher den Staub zurückhält, und dann die Gewichtszunahme des Apparates bestimmt.

Zur Bindung des Staubes habe ich eine sehr leichte Glasröhre verwendet, in welcher eine 8 bis 10 cm betragende Schichte sehr feiner etwas zusammengedrückter Glaswolle enthalten war. Hinter der Wolle wurde ein Pfropf aus zusammengeknittertem feinen Drahtnetz angebracht, um zu verhindern, dass durch die Aspiration der Luft feine Partikel der Wolle fortgerissen werden. An diesem Ende war die Glasröhre dünner ausgezogen und konnte hier mit einem Kautschukrohre verbunden werden, durch welches ein Bunsen'sches Wassertrommelgebläse die zu untersuchende Luft aspirirte. Die Menge der letzteren wurde durch eine Gasuhr gemessen, welche die Luft passirte.

Der Durchmesser des Glaswollerohres betrug 16 bis 18 mm; nachdem 24-stündlich ein Kubikmeter Luft durch den Apparat aspirirt wurde, folgt, dass die Luft mit einer Geschwindigkeit von 4 bis 5 Centimeter pro Secunde durch den Apparat strich, langsam genug also, um hoffen zu können, dass der grösste Theil des Staubes darin abgelagert wurde. Eine durch längere Zeit fortgesetzte Beobachtung hat mich auch davon überzeugt, dass nur die Anfangstheile der Wolle durch den Staub eine Bräunung erlitten; die hinteren Parthien blieben ganz rein und weiss.

Bevor ich die Röhre zur Aspiration eingeschaltet hatte, wurde sie vorerst 5 bis 10 Tage hindurch in einem Exsiccator über Chlorcalcium ausgetrocknet und in einer trockenen Wage rasch abgewogen. Ebenso wurde die Röhre nach der Aspiration neuerdings in denselben Exsiccator gebracht und die Gewichtszunahme erst nach einer 5 bis 10 Tage lang fortgesetzten Austrocknung abgewogen.

Der Apparat wurde im Fenster des hygienischen Laboratoriums 5 m über dem Strassenniveau angebracht und die zur Aspiration dienenden Röhren durch Löcher in dem doppelten Fensterkreuze zum Aspirator hereingeführt. Ferner gab ich der Wolleröhre eine schwach nach abwärts gehende Richtung, damit grössere Staubkörner, Kehricht etc. nicht leicht hineinfallen können; endlich erwähne ich noch, dass die Glasröhre in eine etwas weitere und um $^1/_2$ cm längere Blechröhre gefasst war, damit kein Regenwasser hineinträufeln könne.

Die Resultate der unter diesen Cautelen ausgeführten Beobachtung sind auf Tafel I. Fig. 7 ersichtlich [1]).

Im Durchschnitte betrug die Menge des Staubes während der $13^1/_2$ Monate 0,4 mg im Kubikmeter Luft.

Eine Durchsicht der erwähnten Figur wird beweisen, dass die Menge des atmosphärischen Staubes fortwährenden Schwankungen unterworfen ist, welche von einem 5- bis 10tägigen Zeitraum zum anderen sehr beträchtlich sein können. Im Ganzen genommen herrscht trotzdem eine gewisse Gesetzmässigkeit in diesen Schwankungen. Besonders wird das hervortreten, wenn man die obigen Angaben nach Monaten und Jahreszeiten zu Mittelwerthen zusammenfasst. Es werden dann die mittleren Gewichte die folgenden sein:

1878	September . . .	0,77	Herbst: 0,43
„	October	0,28	
„	November . . .	0,25	
„	December . . .	0,24	Winter: 0,24
1879	Januar	0,28	
„	Februar	0,19	
„	März	0,50	Frühling: 0,35
„	April	0,19	
„	Mai	0,36	

---

[1]) In dieser Figur entspricht jeder Millimeter Höhe 0,02 mg Staub im Kubikmeter Luft; 50 mm = 5 cm Höhe bedeuten also 1·0 mg Staub.

1879	Juni	0,75	Sommer: 0,55
„	Juli	0,41	
„	August	0,49	
„	September . . .	0,43	Herbst: 0,43
„	October	0,43	

das heisst: die Staubmenge ist im Winter und Frühling am geringsten, im Sommer und Herbst am grössten.

Die Staubmenge in der Atmosphäre wird durch verschiedene Einflüsse regulirt; über diese liefert uns eine Vergleichung der respectiven Figuren auf den beiliegenden Tafeln den erwünschten Aufschluss. Es wird dort ersichtlich, dass die Feuchtigkeit, also die Regenfälle, und die darauf folgende Trockenheit die Staubmenge am entschiedensten steuern; erstere vermindern, die letztere vermehrt den Staub. Es ist das eine so regelmässig wiederkehrende und dazu eine so natürliche Erscheinung, welche jede weitere Beweisführung und Erklärung erlässlich macht.

Für den ersten Blick könnte auffallen, dass die Winde keine Parallelität mit dem atmosphärischen Staub aufweisen, zumindest keine regelmässige, nicht einmal eine häufige. Doch kann die Erklärung dieser Beobachtung leicht gefunden werden, wenn man sieht, dass mit den Winden gewöhnlich regnerische Witterung einherzugehen pflegt, welche dann das Aufwirbeln des Staubes hintanhält. Wenn mit den Winden trockne Witterung einherging, wie z. B. Anfangs März, oder im ersten Drittel des Juli, so stieg parallel mit den Winden auch die Staubmenge.

Ich halte es für verfrüht, die Staubmenge mit dem Verhalten der Krankheiten schon heute zu vergleichen; der aufmerksame Beobachter wird aber in den respectiven Figuren wiederholt auf eine gewisse Uebereinstimmung zwischen der Staubmenge und z. B. dem Wechselfieber oder der Enteritis stossen.

Die organisirten Körperchen des atmosphärischen Staubes.

Untersuchungsmethoden.

Um die Organismen des atmosphärischen Staubes und darunter auch die winzigsten und seltensten erkennbar zu machen, habe ich zu Züchtungen gegriffen.

Es erleidet keinen Zweifel, dass das der einzige Weg zur Erkenntniss dieser Organismen, zum Studium der Bacterien ist, welche beim heutigen Stande unserer Kenntnisse in hygienischer Hinsicht das grösste Interesse besitzen. Während nämlich zum Erkennen der Infusorien, Monaden, Diatomeen, sogar der Algen und Anderer in den meisten Fällen ein Blick auf das mikroskopische Bild des frisch aufgefangenen Staubes hinreichen dürfte: sind weder die Bacterien noch die Hefepilze, ja nicht einmal die Schimmelpilze auf diesem Wege mit Bestimmtheit zu erkennen. Von diesen flattern bloss formlose Fragmente oder von einander nicht zu trennende kugelige Partikel — vielleicht die Sporen oder das eingetrocknete Protoplasma — in der Luft umher und sind in dem aufgefangenen Staube zu finden; aus diesen Fragmenten oder sphäroiden Körperchen weiss aber Niemand anzugeben, welchen Ursprunges sie sind und welche Zukunft sie haben.

Trotzdem sich schon so Viele und so gründlich mit den letzteren Organismen, namentlich mit den Bacterien befasst haben, und deren häufigste, auffälligste Formen schon so oft beschrieben wurden, denke ich doch, dass unsere Kenntnisse über ihre verschiedenen Formen, sowie über die verschiedene Natur der verwandten Formen, ferner über einige selten vorkommende, aber eben deshalb vielleicht wichtigere Formen, noch sehr lückenhaft sind. Und ist das Alpha der auf diese Organismen gerichteten Untersuchungen noch immer das, möglichst alle Formen, alle Erscheinungsarten der im atmosphärischen Staube vorkommenden Organismen zu erforschen, aufzusuchen, um auf diese Weise eventuell deren selbstständige Individualität zu erkennen. Die **Grundbedingung jedes weiteren Fortschrittes und jeder weiteren Folgerung bleibt die Erkenntniss der mikroskopischen Fauna, besonders aber der Flora der Atmosphäre.** Hat man das einmal mehr oder weniger erreicht, so wird auch weiteren Anforderungen entsprochen werden können; man wird untersuchen können, welche die häufigeren Formen sind? in welchen Zeiträumen sie vorkommen? mit welchen Naturverhältnissen, mit welchen hygienischen Erscheinungen ihr Vorkommen einhergeht? ob zur Zeit von Epidemien specifische Formen zu finden sind? etc.

Die Untersuchungen müssen also fortlaufende und langdauernde sein; sie müssen es ferner ermöglichen, dass die Resultate von einem Tag zum anderen eben so vergleichbar seien, wie von einem Jahre zum anderen.

Habe ich nachzuweisen, wie durch diese Anforderungen die Bestimmung der Untersuchungsmethode schwierig und ihre Leitung lästig wird? Eine solche Arbeit ist um so drückender, weil sie eine ungemein grosse Mühe erheischt, und die Entscheidung des Resultates trotzdem beinahe gänzlich in der Hand des Zufalles gelegen ist. Der Forscher hat sich zu Hunderten, ja Tausenden von Züchtungen und ihrer mikroskopischen Untersuchung zu entschliessen, und trotzdem weiss er nicht, ob die Möglichkeit des Erfolges nicht gänzlich und schon von vorne herein ausgeschlossen ist, z. B. dadurch — was er zu Beginn der Untersuchungen nicht einmal ahnen konnte —, dass alle die Gesundheit beeinflussenden Organismen, oder eine und die andere ihrer wichtigsten Formen eben in der gewählten Nährsubstanz oder bei dem eingeschlagenen Züchtungsverfahren zu keiner lebenskräftigen Entwickelung fähig sind.

Ich habe also die Sache reiflich erwogen, bevor ich mich zur Züchtungsmethode entschloss.

Als Nährsubstanz musste ich jene wählen, von der schon a priori am meisten vorauszusetzen war, dass sie ein entsprechendes Nahrungsmittel für alle Organismen abgeben wird, von denen wir vermuthen, dass sie von dem Verbrauch der Grundsubstanzen des menschlichen Körpers leben und durch dieses Leben Krankheitsprocesse zu Stande bringen. Andererseits ist es ein wesentliches Erforderniss der Nährsubstanz, dass sie bei den Züchtversuchen sehr leicht und bequem zu handhaben sei.

Dass die Befürchtung, wonach etliche Bacterienarten sich in gewissen Nährsubstanzen nicht so leicht entwickeln können, berechtigt ist, darauf verweisen mehrere Anzeichen; in der Cohn'schen und Pasteur'schen Flüssigkeit können sich z. B. — wie bereits erwähnt — die im ausgetrockneten Zustande hineingerathenen Bacterien kaum entwickeln; die saure Fleischextractlösung ist ebenfalls eine sehr ungünstige Nährsubstanz. Hingegen ist bei anderen Substanzen wieder zu befürchten, dass in ihnen hauptsächlich nur gewisse Bacterienarten heimisch sind, während eine andere Gattung sich darin nur dann entwickelt, wenn sie massenhaft hineingerathen ist. So ist z. B. im Harn der Micrococcus ureae heimisch; selten kommt es vor, dass sich darin eine andere Form entwickelt. In den mineralischen Nährlösungen (Cohn'sche, Pasteur'sche Flüssigkeit) vermehrt sich besonders das Bacterium termo [1]). In dem Milchserum sind wieder specifische Spaltpilze, die angeblichen (Pasteur) Erreger der Milch- und Buttersäuregährung, zu Hause, andere Bacterienformen aber gar nicht.

[1]) Vgl. Cohn, Beitr. z. Biol. d. Pflanzen. Bd. III. Heft 3, S. 124.

Am entsprechendsten zur Züchtung scheint jene Flüssigkeit zu sein, welche die Substanzen des menschlichen Körpers enthält, speciell Blut, verschiedene Sera, Eiweiss (vom Ei), Leim etc., und wirklich beweist die Beobachtung, dass in diesen jede Bacterienform sehr üppig wuchert. Zwischen ihnen wünschte ich also zu wählen.

Das Blut erschien mir besonders empfehlenswerth, doch ist mit ihm nichts anzufangen, weil es nicht zu sterilisiren, nicht bacterienfrei zu bringen ist. Beim Kochen zerzetzt es sich und wird unbrauchbar; ohne gekocht zu werden, ist es aber selten und schwierig in bacterienfreiem Zustande zu erhalten. Auch das Hühnereiweiss taugt zu keinen Züchtungen, weil es beim Kochen gerinnt. Die zweckmässigste Nährsubstanz ist die von Klebs empfohlene und gebrauchte Ichthyocolla, die Hausenblaselösung, weil sich in ihr die Bacterien sehr gut entwickeln, und weil sie ausserdem sehr leicht darzustellen, sehr leicht zu sterilisiren, mit einem Worte sehr leicht zu manipuliren ist.

Circa $1^1/_2$ bis 2 g Hausenblase in 3 bis 400 ccm Wasser digerirt, dann gekocht, geben eine Lösung, welche durch Decantation oder Filtration im wasserklaren Zustande zu erhalten ist; sie liefert bei der geringsten Infection die reichlichste Ernte. Wie man sich wird überzeugen können, waren in diesem Nahrungsmittel beinahe sämmtliche Bacterienformen darzustellen, welche bisher durch Züchtung überhaupt zur Entwickelung gebracht werden konnten; es haben sich in ihr sogar die Schimmelpilzformen sehr üppig entwickelt, mitunter sogar eine oder die andere Gährungspilzform. Hingegen war die Nährsubstanz sehr ungünstig für höhere Organismen, als Infusorien, chlorophyllhaltige Algen, Diatomeen, Entomostraca etc.

Dieses Differenzirungsvermögen der Nährsubstanz erscheint mir als ein nicht gering anzuschlagender Vortheil. Es gewinnt dadurch das Experiment an Klarheit.

Wohl kann hier die Befürchtung auftauchen, ob nicht gerade die eliminirten Organismen dem lebenden Thiere gegenüber specifische Eigenschaften besitzen? Eine bestimmte Antwort hierauf ist heute kaum noch statthaft. Es spricht wohl Alles dafür, dass die höher organisirten Wesen, wie Monaden, und überhaupt Infusorien, ferner auch die farbigen Algen etc., nicht im Stande sind, im Inneren des Thieres zu leben. Wer kann aber dafür bürgen, dass nicht wenigstens die Vegetationsproducte jener — z. B. die unbekannten

Secretionen der Monaden oder Oscillarien — Krankheiten, Infectionen (z. B. Wechselfieber) bedingen, geradeso, wie es vorauszusetzen ist, dass die Secretionen anderer niederen Organismen, einiger Bacterienarten, die putride Infection verursachen, — oder wie es von den Absonderungen anderer noch höherer Pflanzen oder gar von Thieren (z. B. von den Alkaloiden, oder dem Infectionsstoffe der Wasserscheu und anderen animalischen Giften) bekannt ist, dass sie von einander verschiedene Infectionen erzeugen können.

Trotz dieser als berechtigt erscheinenden Bedenken habe ich doch die Hausenblaselösung gewählt, weil die Infectionsversuche von Klebs dafür sprachen, dass die Ichthyocolla thatsächlich eine sehr gute Nährsubstanz für gewisse wirksame Organismen ist; ich hielt mich auch deshalb an sie, und das 2½ Jahre lang, weil es meine Arbeitskraft vollständig überschritten hätte, wollte ich die Züchtungsversuche mit mehreren Nährflüssigkeiten zu gleicher Zeit, ununterbrochen und Jahre hindurch anstellen.

Um den atmosphärischen Staub behufs der Züchtung aufzufangen, habe ich folgendes Verfahren gewählt: ich liess einige Kubikcentimeter der reinen Ichthyocollalösung auf den Boden von Probirröhrchen fliessen, ohne dass die obere Mündung der Eprouvette benetzt worden wäre. Die Probirröhrchen wurden mit 2 bis 3 cm hohen, leicht hineingedrückten Wattepfröpfen verstopft und dann in einem kupfernen Kessel in Wasser ausgekocht. Den Kessel öffnete ich erst nach dem Erkalten. Die auf diese Weise sterilisirte Ichthyocolla blieb Monate lang unverändert, wasserklar; im warmen Zustande eine ölige Flüssigkeit: hatte sie beim Erkalten eine gallertige Consistenz angenommen. Täglich wurde eine solche Eprouvette im Freien exponirt. In die gegen die Strasse gelegene Umfassungsmauer des chemischen Hofes liess ich etwa 2½ m über dem Bodenniveau einen Keil einschlagen, auf welchem (in einer Vertiefung) die Eprouvette aufgestellt werden konnte. Beim Exponiren wurde die ausgekochte Probirröhre in langsamer Bewegung mit zwei Händen erhoben; hier mit einer Hand der verschliessende Pfropf herausgezogen und sofort in die Mündung der am vorigen Tage exponirten Eprouvette geschoben, welche nun aus ihrer Lage gehoben und durch die neue Eprouvette ersetzt wurde; diese verblieb bis zum nächsten Tage unberührt offen stehen, um dann auf dieselbe Weise abgelöst zu werden.

In die exponirte Eprouvette konnte den ganzen Tag hindurch Alles fallen, was dort in der Atmosphäre schwebte: anorganischer und organischer Staub.

Man kann sich eine annähernde Vorstellung darüber machen, wie viel Luft beiläufig die Mündung des Züchtröhrchens umkreist hatte und ihren Staub hineinfallen lassen konnte. Nimmt man nämlich an, dass die Luft mit einer durchschnittlichen Geschwindigkeit von bloss 1 m pro Secunde über die circa 15 mm weite Oeffnung der Eprouvette hinwegstrich, und dass von dieser Luft eine wenigstens einen Millimeter betragende Schichte im oberen Theile der Eprouvette in den Wirbel gelangte: so hatten binnen 24 Stunden circa 1300 l Luft in der Mündung verkehrt und sind — durch den Strudel — in die Lage gekommen, dass sie den Staub in die ruhigere Luftschichte, auf die Oberfläche der Nährflüssigkeit, niederfallen lassen konnten.

Die vom Hofe hereingebrachte Ichthyocolla wurde bei Zimmertemperatur 14 bis 21 Tage lang ruhig stehen gelassen; während dieser Zeit hatte sie sich gewöhnlich getrübt und kamen darin die verschiedensten Organismen zur Entwickelung. Bei der Wahl der erwähnten Temperatur war einerseits maassgebend, dass sie ohne Kosten zu erreichen ist, während die künstliche Erwärmung, wird sie Jahre lang Tag und Nacht fortgesetzt, nicht unerhebliche Summen beansprucht. Doch verfügen auch die in Untersuchung gezogenen Substanzen in der freien Natur — wenn sie nämlich im Freien oder im Boden überhaupt eine Vermehrung erfahren können — höchstens über diese Temperatur, und über keine höhere, so dass die Beibehaltung dieser Temperatur auch zur künstlichen Züchtung vollkommen gerechtfertigt ist. Uebrigens pflegt die Wärme meiner Institutslocalitäten zu solchen Züchtungen sehr vortheilhaft zu sein, wenn sie es auch für die Gesundheit nicht ist. Es sind dort nämlich 22 und mehr Grade im Sommer und Winter sehr häufig; in der Regel beträgt die Temperatur mindestens 18 bis 20° C.

Nach Ablauf des erwähnten Zeitraumes wurden die Probirröhrchen durch Entfernen der Watte eröffnet und der Inhalt mikroskopisch untersucht.

Zu diesen Untersuchungen benutzte ich ein Seibert- und Kraft'sches Mikroskop, gewöhnlich die Objective 3 und 6 mit den Ocularen II. und III.

Mit der schwächeren Vergrösserung trachtete ich vorerst eine Orientirung über das unter dem Deckgläschen befindliche Präparat zu erhalten; darauf stellte ich mittelst der Revolvervorrichtung das stärkere Objectiv ein. Letzteres entspricht einer 600 resp.

900fachen Vergrösserung. Bei wichtigeren Untersuchungen griff ich zum Objectiv Nr. 9, welches eine 2880fache Vergrösserung gestattet.

Die gesehenen Bilder zeichnete ich sofort in ein Tagebuch. In den entsprechenden Fällen wurden die Weiterimpfungen oder die Injectionen in Thiere gleichfalls sofort ausgeführt.

Im November und December 1879 habe ich die atmosphärischen Organismen auf eine andere Art gesammelt und gezüchtet. Es wurde nämlich je 10 Tage hindurch mittelst eines Bunsen'schen Aspirators die Luft durch ausgehitzte Watte aspirirt; diese Watte ergriff ich nun mit einer vorher geglühten eisernen Pincette, theilte sie in zwei Parthien und warf sie in zwei Eprouvetten mit soeben ausgekochter und ausgekühlter Hausenblaselösung, welche dann in einem Luftkasten constant auf 30 bis 35° C. erhalten wurden. Eine der Ichthyocollaröhrchen wurde einfach mit Watte verschlossen in den Kasten gebracht; in dieser Eprouvette verblieb also die Luft in freier Communication mit der Nährflüssigkeit, wie das auch bei allen vorherigen Züchtgläschen der Fall gewesen. Die andere Eprouvette gab ich ebenfalls mit Watte verschlossen in eine weitere Röhre, auf deren Boden ich zur vollkommenen Absorption des Sauerstoffes Pyrogallussäure und Kali gebracht hatte, worauf die Mündung mit einem Kautschukstöpsel verwahrt und ausserdem noch mit Unschlitt übergossen wurde. In dieser Röhre geschah also die Züchtung bei Sauerstoffausschluss.

Die in der Atmosphäre vorkommenden Organismen, welche sich in Hausenblaselösung vermehrt hatten.

Ich werde jene Organismen, welche ich während der Untersuchungsdauer in den exponirten und untersuchten 646 Ichthyocollaproben lebend, gedeihend vorfand, kurz beschreiben.

Die häufigsten Gäste in der Ichthyocolla waren die Bacterien, Spaltpilze (Schizophytae, Cohn). Ich fand sie unter den Züchtröhrchen in 522, blos in 124 fehlten sie gänzlich. Sehr häufig begegnete ich auch verschiedenen Schimmelpilzen, nämlich in 171 Fällen, seltener schon solchen Zellenformen, welche ich zu den Spross (Gährungs-) pilzen zählen musste, sowie auch chlorophyllhaltigen Algen, Gregarinen, Palmellaformen, Infusorien etc.

a. Bacterien.

Den Bacterien sagt die Ichthyocollalösung gewiss sehr zu, weil sie in ihr so reichlich und in jeder erdenklichen Form gedeihen. Die verschiedenen Hauptformen der Bacterien waren jedoch nicht gleich häufig in der Nährflüssigkeit entwickelt; so waren z. B. in den 522 Züchtröhrchen 227 Mal Sphärobacterien, 440 Mal Microbacterien, 94 Mal Desmobacterien, und nur 26 Mal Spirobacterien zu beobachten. Von allen beobachteten Bacterienarten waren also 29 Proc. Sphäro-, 55 Proc. Micro-, 12 Proc. Desmo- und endlich 4 Proc. Spirobacterien [1]).

Bei der Aufzählung der Bacterienformen habe ich jene Gruppen und jene Nomenclatur zur Richtschnur genommen, welche Cohn, der competenteste Forscher auf diesem Gebiete, aufgestellt hat [2]). Ich kann indess nicht verschweigen, dass mir zur Charakteristik einiger Bacterienformen die von Billroth in Vorschlag gebrachten Benennungen: micro-, mezo-, megacoccus, micro-, mezo-, megabacterium etc. als viel zutreffender, verständlicher und auch praktisch vortheilhafter erscheinen; ausnahmsweise werde ich mich also im Ferneren auch dieser Ausdrücke und Benennungen bedienen.

Nägeli lehrt, dass alle Spaltpilze (Bacterien) derselbe Organismus sind, welcher blos dadurch zu den verschiedenen Formen gelangt, dass die einzelnen, den Grund des Pilzes bildenden kugeligen Zellen kleiner sind oder zu grösseren anwachsen, nach der Theilung getrennt verbleiben oder sich zu einer Kette an einander reihen etc. [3]). Derselben Ansicht haben auch andere Naturforscher gehuldigt, und die morphologischen oder Bewegungsunterschiede der Bacterien auf die Verschiedenheit der Ernährung zurückgeführt (Billroth).

Cohn wünscht die verschiedenen Bacterienformen als eben so viele Arten zu betrachten [4]), und hält es nicht für nachgewiesen, dass sich die verschiedenen Formen aus einer ursprünglichen ent-

---

[1]) Miquel sah, wenn er etwas Luft durch neutrale Fleischextractlösung leitete, unter 100 Fällen 6 Mal Micrococcen (Sphärobacterien), 6 Mal Bacterien (Microb.); 25 Mal Bacillen (Desmob.) und 1 bis 2 Mal Vibrionen (Spiro- und Desmobacterien) sich entwickeln. Vergl. Ann. de l'Obs. d. Montsouris, 1880, S. 475.

[2]) Vgl. Beiträge zur Biologie der Pflanzen. Herausgegeb. v. Dr. Ferdinand Cohn. Bd. I. und II., 1870 bis 1877. Besonders: Bd. I., Heft 2, S. 146.

[3]) A. a. O. S. 5.

[4]) A. a. O. Bd. I., Heft 3, S. 145.

wickeln würden. Meine eigenen Beobachtungen verfechten dieselbe Auffassung.

Ich habe bei meinen Untersuchungen constant dieselbe Nährsubstanz und in derselben Concentration angewendet; die Form des Züchtgefässes, sein Verschluss, die Temperatur waren gleichfalls beinahe vollkommen dieselben. — Trotzdem entwickelten sich zuweilen die verschiedensten Formen und in sehr abweichender Menge im Inneren ein und derselben Eprouvette, während ein anderes Mal ausschliesslich eine oder die andere Bacterienform zur Entwickelung kam, und die anderen Formen, selbst die allergewöhnlichsten, gänzlich fehlten.

Diese Erfahrung beweist, dass die Entwickelung oder das Ausbleiben der einzelnen Bacterienformen nicht von der Nährsubstanz abhängig war, auch nicht von dem Mehr oder Weniger der den Bacterien zur Verfügung stehenden Luft, und nicht von der Temperatur, sondern offenbar davon, welche Bacterienarten oder welche ihrer (bisher unbekannten) Keime in die Ichthyocolla gefallen waren.

Damit will bei weitem nicht gesagt sein, dass alle überhaupt bekannten Bacterienformen, wenn sie auch noch so wenig von ihren Gefährten differiren, deshalb auch schon eigene Bacterienarten wären. Es ist wahrscheinlich, dass manche Formen blos einen Uebergang zu anderen bilden, sowie dass manche Formen blos eine Entwickelungsstufe für eine andere repräsentiren. — Die hauptsächlichen Formen, besonders jene, welche Cohn in eigene Arten classificirt hat, sind aber aller Wahrscheinlichkeit nach in der That unabhängige Organismen, mit selbstständigem Ursprung, Vermehrung und Functionen, weil ich diese Formen wiederholt sich in derselben Züchtlösung, unter identischen Umständen, gesondert und für sich entwickeln sah.

Hierauf beruht die Nothwendigkeit dessen, die in der Ichthyocolla gezüchteten Bacterien mit besonderer Berücksichtigung der Formen von Tag zu Tag zu untersuchen. Wären alle Bacterienformen ein und derselbe Organismus, und wäre die Verschiedenheit der Form blos durch den Zufall bedingt: so würde es genügen, einfach zu constatiren, ob in der Züchtlösung Bacterien enthalten sind oder nicht.

Auch jene Erfahrung ist beachtenswerth, dass in ein und demselben Züchtröhrchen häufig die verschiedensten Bacterienformen neben einander vorkommen. Daraus folgt, dass sich bei genügendem Nahrungsstoff und bei hinreichender Luft die verschiedenen Formen sehr gut mit einander vertragen, einander nicht ausschliessen. Hieraus folgt weiter, dass an jenen Tagen, wo gewisse Formen nicht vorkamen, diese aller Wahrscheinlichkeit nach in der Atmosphäre nicht enthalten, oder zu mindest von da nicht in die Ichthyocolla gefallen waren, und vice versa: dass an jenen Tagen, wo gewisse Formen in der Nährlösung gefunden wurden, diese Bacterien auch in der Luft enthalten gewesen sind, — endlich, dass die Formen, welche und wann sie als vorwiegend beobachtet wurden, dann auch in der Luft vorherrschten.

Alle diese Ideen müssen gut vor Augen gehalten werden, wenn man über die Aufgabe und den Werth der fraglichen Züchtungsversuche zu einem Urtheile gelangen will.

α. Sphärobacterien (Kugelbacterien).

Kugelige Bacterien von verschiedener Grösse, im Ruhezustande, vereinzelt oder Ketten und Gruppen bildend (Coccos, diplo-, strepto-, petalo-, gliacoccos; micro-, mezo-, megacoccos, Billroth), habe ich, wie schon erwähnt, in 227 Gläschen beobachtet.

Am häufigsten waren die Formen, welche Billroth Micrococcos benannt hat, also die kleinzelligen Formen; häufig fand ich jedoch auch mezo- und megacoccos, d. h. grösserzellige und genauer begrenzte Formen als die vorigen [1]). Zuweilen waren alle drei Formen zu gleicher Zeit in derselben Probe zu sehen.

Ich gedenke nicht weitläufig zu erörtern, unter welchen Cautelen es möglich ist, die Sphärobacterien zu erkennen und von anderen Bacterien oder anderen Organismen und Körpern zu unterscheiden. Bei meinen Untersuchungen erleichterte mir nicht nur die lange Uebung diese Unterscheidung, sondern auch die Züchtmethode; in der reinen Ichthyocolla gelangten nämlich keine solchen Objecte zu Gesichte, welche von den Micrococcen nur schwer zu unterscheiden sind, als z. B. Fettkörnchen, oder Eiweissflöckchen oder anderweitiger Detritus.

Trotzdem bin ich weit entfernt, alle beobachteten kugeligen Bacterien für echte Sphärobacterien zu erklären. Trotz aller Vor-

---

[1]) Vgl. Billroth, l. c. S. 4 ff.; ferner Tafel I., Fig. 2, 3 und 4.

sicht konnte es in mehreren Fällen geschehen, dass ich fremde Organismen für Sphärobacterien hielt.

Es ist z. B. nicht unmöglich, dass ich in manchen Fällen' die Keimkörnchen von Fadenbacterien (Cohn's „Dauersporen", Pasteur's „corpuscules brillants") als Micrococcen hinnahm; dieser Irrthum konnte jedoch blos in einzelnen zweifelhaften Fällen unterlaufen. Gewöhnlich ist nämlich die „Dauerspore" vom Micrococcus durch die stärkere Lichtbrechung, die ovale Form, die Gruppirung sehr gut zu unterscheiden. In Ausnahmsfällen blieb jedoch die Sache zweifelhaft; ich nahm dann als Richtschnur, ob in der Nährflüssigkeit Fadenbacterien oder deren bestimmte Spuren vorhanden sind, und ob sich an diesen glänzende Körnchen zeigen, und wie sie beschaffen sind.

Sehr schwierig ist die Lage auch dann, wenn gleichzeitig mit Mycelfäden auch zoogloeaartige Massen zwischen dem Geflechte vorkommen und dieses mit einander gewissermaassen verkitten. — Diese Gloeamassen sehen der Zoogloea der Sphärobacterien sehr ähnlich und sind es auch in den meisten Fällen; in anderen Fällen scheinen sie nichts weiter zu sein, als entweder der frei gewordene Inhalt des absterbenden Mycels, oder Hallier'sche Micrococcen, welche sich aus den Sporen von Schimmelpilzen entwickeln.

Dass die Zoogloea zwischen den Mycelfäden wirklich ein den Sphärobacterien angehöriges Gebilde ist, dafür spricht am entschiedensten, dass sie in vielen von mir beobachteten Fällen aus farbigen Coccen bestand, aus gelben, violetten und röthlich gefärbten; es war also am wahrscheinlichsten die Zoogloea von Micrococcus aurantiacus — chlorinus und — violaceus (Cohn). Es ist auffallend, mit welcher Vorliebe die Sphärobacterien, besonders die farbigen, ihre Gloea zwischen Mycelfäden bilden; ich sah nämlich die Zoogloea sehr häufig — die farbige sogar beinahe immer — sich im Gefolge von Mycelfäden entwickeln. — Erhalten sie vom Mycel reichlichere, günstigere Nahrung? oder. sind sie vielleicht dessen Parasiten?

Karsten, Hallier, Lüders u. A. haben früher — durch das soeben erwähnte Phänomen sichtlich beeinflusst — der Ansicht gehuldigt, dass sich aus den Sporen der Schimmelpilze oder aus dem Mycelinhalte (Karsten) Bacterien entwickeln. Meines Wissens war Burdon-Sanderson der erste, der diese Reciprocität der Bacterien und Pilze leugnete; seitdem haben competente Mycologen, wie De Bary, Hoffmann, wie auch Billroth diese Ansicht zurückgewiesen.

Die Micrococcenkörner können übrigens auch dadurch von dem Inhalt der zerstörten Sporen und Mycelien unterschieden werden, dass sie glänzender und der Grösse nach gleichförmiger sind.

Trotz dieser Unterscheidungsmerkmale blieb die Natur der sichtbaren Körnchen in einigen Fällen ganz und gar zweifelhaft.

Die Zoogloea der Sphärobacterien war in verschiedenen Formen zu beobachten. In zahlreichen Fällen zeigte sie die Gestalt einer traubenförmigen Gruppe, wobei die einzelnen Knäuelchen von zerstreuten Körnchen umgeben waren. Diese Entwickelungsform steht dem „Ascococcus“ von Billroth nahe, unterscheidet sich jedoch von ihm dadurch, dass der einzelne Knäuel nicht jenen freien Hof besass, welchen besonders Cohn um die einzelnen Knäuelchen abbildete [1]). In anderen Fällen waren die Coccuskörner in den einzelnen Knäuelchen von ungleicher Grösse, wobei sich zeigte, dass, je kleinkörniger die Coccen, um so grösser die Knäuelchen waren. Ich folgere hieraus, dass sich die grösseren Coccen durch Theilung verkleinerten und vermehrten, und hierdurch das Knäuelchen selbst erweiterten.

Farbige Sphärobacterien kamen häufig genug vor und das immer in der Zoogloeaform. Gewöhnlich waren sie, wie schon erwähnt, um die Fäden von Mycelien und in die Zwischenräume dieser eingebettet zu sehen.

Ausser den Micro-, Mezo- und Megacoccusformen und den Chromobacterien kam in meinen Züchtlösungen wiederholt noch eine Micrococcusform vor, welche ich einer besonderen Erwähnung würdige. In mehreren Fällen sah ich neben den verschieden grossen Micrococcusknäueln auch noch solche, deren Körner überhaupt die denkbar kleinsten waren. Sie waren so winzig, dass selbst eine 900 fache Vergrösserung das Knäuel sammt seinem Inhalt blos als fein punktirten Nebel erscheinen liess. Selbst das 9. Immersionssystem war nicht im Stande, das Object aufzulösen; es zeigte gleichfalls nur verschwommen contourirte sehr kleine kugelige Körperchen.

Es gelang mir, diesen „Micrococcus atoma“ — wie ich ihn benennen will [2]). — in einigen Fällen in der Nährflüssigkeit allein zu erhalten, so an den zwei letzten Octobertagen 1879, wo nach

---

[1]) l. c. Bd. I., Heft 3, Tafel 5, Fig. 2 bis 5.

[2]) Unter den vielerlei Diminutiven ist blos dieser eine, noch weiter verkleinernde Ausdruck in die Nomenclatur der Microorganismen bisher noch nicht aufgenommen. Ich muss natürlicher Weise das Schicksal dieser Benennung den Mycologen überantworten.

vorhergegangenem längeren Regen und nach einem starken Regenfall die Nährflüssigkeit mehrere Tage hindurch entweder ganz rein erschien, oder nur Schimmelpilze aufwies. Dieselbe Form beobachtete ich alleinstehend auch am 6. October 1879, ebenfalls nach vorhergegangenen Regenfällen und bacterienfreien Tagen; ferner am 2. April 1878 gleichfalls nach Regenfällen und zu einer fast bacterienfreien Zeit. Die Nährflüssigkeit blieb neben diesem Bacterium wasserklar und schwammen darin äusserst feine, weissliche Flocken umher. Die weisse Flocke zeigte unter dem Mikroskope eine aus kleineren Knäueln bestehende Zoogloea, die jedoch so fein war, dass ich sie erst nach forcirtem Suchen auffinden konnte. Die Masse der Zoogloea war lichter (stärker lichtbrechend), als die Ichthyocolla, und in dieser Masse ruhte der Micrococcus als dichtgestreuter feiner Staub eingebettet.

Ich muss den „Micrococcus atoma“ für eine eigene Species unter den Sphärobacterien halten, nachdem ich ihn wiederholt alleinstehend, von jeder anderen Gattung unabhängig und stets auf derselben Entwickelungsstufe, beobachten konnte. Auffallend ist es, dass sich dieses Gebilde stets dann zeigte, als die Atmosphäre im Uebrigen am reinsten, ganz ausgewaschen war. Der „Micrococcus atoma“ kann also ein so feines Gebilde sein, dass der Regen weniger im Stande ist, ihn aus der Atmosphäre vollständig auszuwaschen. Doch ist dieser Organismus möglicher Weise auch so leicht, dass er, auch wenn befeuchtet, von der feuchten Bodenoberfläche eher im Stande ist sich zu erheben, als andere Bacterienarten, so dass eventuell auch das verdunstende Wasser ihn mit sich in die Atmosphäre emporheben kann.

Ob diese Form auch häufiger vorkommt, kann ich nicht sagen; in Gesellschaft von grosskörnigeren Gloeen oder von höheren Bacterien fällt sie einem nicht auf; deshalb ist es möglich, dass sie in den meisten Fällen unserer Aufmerksamkeit entgeht; ob ihrer Feinheit aber wird sie vielleicht selbst dann nicht wahrgenommen, wenn sie sich in der Nährsubstanz allein entwickelt hat, denn die Ichthyocolla erscheint dabei ganz rein und bacterienfrei.

Eingehendere Studien konnte ich über diese Micrococcenart nicht anstellen [1]) und weiss daher über ihre Eigenschaften nicht mehr. Ich bin jedoch überzeugt, dass die Fachmycologen, wenn

---

[1]) Von den Resultaten der mit ihr ausgeführten Injectionsversuche wird weiter unten die Rede sein.

sie diesen Organismus mit Aufmerksamkeit verfolgen, ihm in Bälde begegnen werden; sie werden über seine Existenzberechtigung zu entscheiden haben und über seine Natur Aufklärungen liefern können.

β. Microbacterien.

Cohn unterscheidet zwei Formen von Microbacterien: eine kürzere (B. termo) und eine längere (B. lineola). Letztere soll sich von den Desmobacterien dadurch unterscheiden, dass sie keine langen Fäden (leptothrices) bildet; von den Sphärobacterien aber sind Beide dadurch zu trennen, dass ihre Form — ob sie nun einzeln oder zu zweien, oder zu Zoogloeen vereinigt auftritt — stets einem kurzen Stabe, einem Cylinder ähnlich ist und dass sie eine Bewegung zeigen.

Ich muss gestehen, dass ich diese im Ganzen genommen richtigen Unterscheidungsmerkmale nicht für scharf genug erachte, dass sie die Microbacterien in jedem Falle von anderen Bacterien trennen liessen. Manchmal sind nämlich die regungslosen, an einander geklebten Microbacterien den vereinzelten, doppelten oder kleinere Gruppen bildenden Sphärobacterien (den Mezobacterien) sehr ähnlich; noch leichter kann man sich bei der Zoogloeaform irren, in welcher die Stäbchen- mit der Kugelform vereinigt vorkommt, und jene dieser gegenüber in der Minorität sein kann, wodurch die Microbacterien leicht für Sphärobacterien gehalten werden können. — Bei Massenuntersuchungen sind die Microbacterien eben so leicht mit den Desmobacterien zu verwechseln, wenn sie zusammen auftreten und letztere nicht vorwiegend Leptothrixformen bilden.

Wenn ich daher sage, dass ich in meinen Probirröhrchen in circa 440 Fällen Microbacterien beobachtet habe, so darf diese Zahl nicht sehr strenge genommen werden.

Es kann trotzdem als Thatsache gelten, dass in der Atmosphäre jene Bacterienform die häufigste ist, von welcher die Fäulniss abhängig zu sein scheint, welche sich inmitten dieses Processes entwickelt und vermehrt, — nämlich das Microbacterium. Bedenkt man, dass in der Natur wirklich dieser Lebensprocess der häufigste und der am meisten verbreitete ist, so wird jener mikroskopische Befund als sehr natürlich erscheinen, um so mehr, wenn man ferner in Betracht zieht, dass Bacterium termo und lineola zu den kleinsten Bacterien zählen und deshalb verhältnissmässig leicht in die

Luft emporgerissen worden und in die Nährflüssigkeit hineinfallen können [1]).

Es könnte auch jene Ansicht auftauchen, dass diese beobachtete Häufigkeit der pythogenen Bacterien darin ihren Erklärungsgrund findet, dass sie sich in der Ichthyocolla besonders heimisch fühlen und andere Bacterienarten daraus verdrängen. Gegen diese Annahme — welche übrigens eine gewisse Berechtigung hat — spricht der Umstand, dass sich in zahlreichen Fällen Bacterium termo, lineola sowie alle übrigen Bacterienarten in friedlicher Nachbarschaft neben einander entwickelt haben und eine vollkommene Fruchtbarkeit aufwiesen.

Vor Sachverständigen habe ich kaum zu erwähnen, dass ich während meiner zahlreichen Züchtungen vielfache Varianten von Bacterium termo und lineola sah, und nicht bloss die von Cohn beschriebenen zwei Hauptformen. In den Abbildungen von Billroth treffe ich schon eher die meisten jener Formen an, welche ich selbst erkannt habe.

Ich führe die Hauptformen in Kürze an:

1. Ein ungemein kleines, kaum bemerkbar längliches Bacterium, welches gewöhnlich zu zweien oder zu dreien an einander hängt, eine mehr oscillirende, um einander kreisende Bewegung besitzt, bald sich langsam vorwärts bewegt, bald, wie es scheint, ganz unbeweglich wird. Dieses ist das wahre B. termo. Es kam mir in sehr verschiedenen Grössen vor.

2. Eine etwas längere Form, stets doppelt, richtiger in der Mitte mit einem Querstreifen versehen. Sie schwimmt ungemein schnell in gerader Richtung vorwärts, wobei der Körper so zu sagen gestreckt wird und sich um die eigene Längsaxe dreht. Sie kommt in der Gesellschaft anderer Microbacterien vor.

3. Dem letzteren sehr ähnlich ist ein etwas grösserer Organismus, welchen ich am 13. und 14. December 1877 sich ganz allein entwickeln sah. Seitdem bin ich dieser Form wiederholt begegnet, aber immer in der Gesellschaft anderer Bacterien. Die Form ist beinahe kugelig, etwas in die Länge gestreckt. Bei sehr starker Vergrösserung sieht sie in etwas einem kurzen Biscuit ähnlich. Die Substanz ist ganz klar und homogen, ohne Körnchen und glänzende Pünktchen. Sie hat eine schwache Lichtbrechung und

[1]) Wo sich bei den Züchtungen an freier Luft kein Bacterium termo entwickelte (B. Sanderson, Rindfleisch, und neuerdings Cohn, Miflet), dort mag das Züchtungsmaterial daran Schuld getragen haben. (Vgl. weiter oben.)

kann deshalb nur schwer wahrgenommen werden. Die auffälligste Eigenschaft ist das rasche und gleichmässige Schwimmen, wobei Alle, wie das Völkchen eines wimmelnden Ameisenhaufens, neben und durch einander schwirren. Eine 10 proc. Natronlösung hebt die Bewegung sofort auf, und werden diese Bacterien dann (und auch bei ruhigem Verhalten) mehr kugelförmig. Durch starke Natronlauge werden sie ganz zum Verschwinden gebracht. Noch auffallender ist es, dass unter ihnen kein einziges gefunden werden kann, welches aus doppelten oder mehrfachen Gliedern bestehen würde; alle schwimmen sie einzeln auf und ab und bleiben auch dann isolirt, wenn sie — auf das Deckgläschen gelagert — ruhig stehen bleiben. — Die Flüssigkeit, in der sie sich entwickelt hatten, und in welcher ausserdem kein anders gearteter Organismus vorkam, war übelriechend. Dieselbe erzeugte an Kaninchen, denen sie injicirt wurde (wie es sich später herausstellen wird), eine septische Infection [1]).

Würden letztere beiden Beobachtungen nicht mit einiger Bestimmtheit dafür sprechen, dass ich es mit einem Microbacterium zu thun hatte: so wäre ich geneigt, diesen Organismus für ein Thier, für einen Monas zu halten. Für diese Eintheilung spricht die Bewegung des Organismus, welche eine von allen anderen Bacterien abweichende ist und der Bewegung der sich mittelst Flagellen fortbewegenden Monaden sehr ähnlich sieht; dafür spricht auch, dass diese Organismen alle vereinzelt bleiben, keine Gruppirung, keine Zoogloeabildung aufweisen, — endlich, und hauptsächlich, dass sie schon durch diluirte Natronlauge angegriffen und durch concentrirte sogar gelöst werden.

Wenn es bewiesen werden könnte, dass auch der Lebensprocess der thierischen Organismen (Monaden) solche Zersetzungen der organischen Substanz zu erzeugen im Stande ist, welche der durch Microbacterien verursachten Fäulniss dem Geruche nach ähnlich kommen, und deren Producte bei Thieren, denen sie injicirt wurden, septische Infection hervorzurufen vermögen: würde ich diesen Organismus entschieden zu den Monaden reihen, und ihn wegen seines fortwährenden Hin- und Herschwimmens „Micromonas

---

[1]) Neuestens begegnete ich einem ganz ähnlichen Organismus in Bodenculturen; hier waren jedoch auch einige paarige Exemplare zu sehen. Die Uebertragung auf Kaninchen verursachte auch keine septische Infection. Ob diese Form mit dem oben beschriebenen Organismus identisch ist: möchte ich vorläufig unentschieden lassen.

agilis" nennen. Bis dahin möge er ein Microbacterium bleiben[1]) und, dass man ihn vom Bacterium termo und lineola auch dem Namen nach unterscheiden könne, soll er einstweilen „Microbacterium agile" heissen.

4. Es kamen ferner stäbchenförmige Bacterien von sehr verschiedener Dicke, Länge und Bewegung vor, viele darunter durch einen oder mehrere Kerne mit einem Kopfe oder doppelten Knötchen characterisirt. Andere nehmen durch Abschnürung, oder durch Verdichtung des Protoplasmas gegen das eine Ende des Stäbchens sehr wechselreiche Formen an. Auch ihre Bewegung ist eine sehr mannigfaltige.

5. Am 4. November 1879 fand ich feine Stäbchenbacterien in grosser Anzahl, welche sich unter langsamem Hin- und Herschweben vorwärts bewegten, und alle an der Mitte des Körpers einen glänzenden, kugeligen Kern besassen, wodurch die Zelle an dieser Stelle gewissermaassen aufgetrieben erschien. Ausserdem bildete diese Bacterienform auch Zoogloeahaufen, in deren Mitte sich die Bacterien sehr dicht gruppirten, während sie an den Rändern minder dicht gelagert waren [2]).

γ. Desmobacterien. Fadenbacterien.

Desmobacterien verzeichnete ich in jenen Fällen, wo entweder aus der Form oder aus dem entwickelten Leptothrixfaden auf sie zu schliessen war. Es erleidet keinen Zweifel, dass ich in häufigen Fällen Desmobacterien unter die Microbacterien reihete, nachdem sie keinen ausgesprochenen Desmobacteriencharakter besassen. Andererseits betrachtete ich die Bacterien mit ausgesprochener schraubenartiger Bewegung als Spirobacterien, wo dann so manche Vibrionen mit lebhafter Bewegung unter die Spirobacterien gelangen konnten.

Auf diese Weise verblieben mir Fadenbacterien in 94 Fällen [3]). Leptothrixbildungen und die Entwickelung von Sporen (Dauer-

---

[1]) Fromentel beschreibt in seinem grossen Werke: „Etudes sur les microzoaires", Paris 1874, zahlreiche ungemein winzige Monadenformen; eine von ihnen, das „Monas termo", stimmt mit dem soeben beschriebenen Organismus vollkommen überein. Ich kann mich aber über die Classification von Fromentel nicht beruhigen, weil er auch alle Bacterien als thierische Organismen betrachtet und als Vibrionen etc. beschreibt.

[2]) Bei Impfungen mit Trinkwässern begegnete ich auch gelben und violetten Stäbchenbacterien, von denen am betreffenden Orte die Rede sein wird.

[3]) Die im November und December 1879 aus mit Watte gesammeltem Staube gezüchteten Desmobacterien rechnete ich nicht dazu; ich werde sie bei den Infectionsversuchen noch besonders besprechen.

sporen, Cohn, Koch; corps. brillants Pasteur) waren ebenfalls sehr häufig.

δ. Spirobacterien. Schraubenbacterien.

Cohn theilt diese Bacterien in 4 Gattungen ein. Ich begegnete darunter bei der Züchtung des atmosphärischen Staubes blos einer, nämlich dem Spirillum tenue, welches jedoch in bald längerer, bald kürzerer Form, mit mehr oder weniger Windungen vorkam. Weshalb die anderen Spirobacterienformen in meinen Züchtungen fehlten, kann ich kaum mit Gewissheit erklären. Es ist möglich, dass sie in der Atmosphäre nicht enthalten waren; doch ist auch das möglich, dass die Ichthyocolla für sie kein besonders günstiges Nahrungsmittel ist, oder dass die niedrigeren Bacterien ihre Entwickelung hier nicht zulassen. Für letzteres spricht der Umstand, dass ich auch in solcher Ichthyocolla, welche ich mit Trinkwasser oder mit Bodenproben inficirt hatte, unter mehreren Hundert Züchtungen nur zweimal auf eine andere Spirobacterienform — das Spirillum plicatile — stiess.

Spirobacterien beobachtete ich blos in 26 Fällen[1]); darunter waren in 20 Gläschen die Bacterien kurz, mit 1 bis 2 Windungen versehen, in 6 wurden auch längere, mit 4 bis 5 Windungen, gefunden.

Den ganz kurzen und kleinen Spirobacterien sind die Stäbchenbacterien mit lebhafter Bewegung zuweilen sehr ähnlich. In häufigen Fällen kann ferner ein Organismus angetroffen werden, welcher klein ist, einen walzenförmigen Körper besitzt, an einem Ende dick, am anderen dünner ist und mit ungemein lebhaften, schrauben- oder schlangenförmigen Bewegungen hin und her eilt. Er ist etwas grösser als das Microbacterium, welches Billroth mit einem Kopf und einem peitschenförmigen Ende abgebildet hat[2]). Meines Erachtens gehört dieser Organismus überhaupt nicht unter die Bacterien, weil er auf Zusatz von 10 proc. Kalilösung vollkommen aus dem Gesichtsfelde verschwindet.

b. Schimmelpilze.

Nach den Bacterien waren diese Pilze die am häufigsten vorkommenden Körper. In den untersuchten Röhrchen haben sich in 171 Fällen bald Schimmellagen an der Oberfläche, bald Mycelgeflechte im Inneren der Flüssigkeit entwickelt.

---

[1]) Miflet hat aus der Luft, welche er nach der Cohn'schen Methode durch verschiedene Züchtlösungen aspirirte, die Entwickelung von Spirillen und Spirochaeten nicht beobachtet. A. a. O. S. 137. [2]) l. c. Tafel IV. Fig. 27, d.

Unter den Schimmelpilzen waren Penicillium, Aspergillus und dann die Mucorformen am häufigsten. Einer grösseren Sorgfalt habe ich die Bestimmung der Pilzform nur ausnahmsweise gewürdigt, und kann daher die Häufigkeit des Vorkommens dieser einzelnen Formen mit Zahlen auch nicht ausdrücken. Andere Pilzformen entwickelten sich selten; ich habe die Folgenden notirt: Botrytis, Fusaria herbarum, Verticillium crassum, und Verticillium ruberrimum, Stemphylium pyriforme, Monilia etc.

Im Inneren der Flüssigkeit hatte sich ein verschieden geformtes Mycel entwickelt. Am häufigsten war es das gewöhnliche Oidium; häufig fand ich auch ein braunes spindelförmiges Mycel, selten ein rothgefärbtes (Mycel von Verticillium ruberrimum?).

In vielen Fällen kam ein so feines Mycel zur Entwickelung, dass es von einem Knäuel Fadenbacterien kaum zu unterscheiden war. Gewöhnlich wiesen mir die Verzweigungen und Triebe des Mycels den richtigen Weg.

Der häufigen Association von Pilzen und Sphärobacterien habe ich weiter oben bereits Erwähnung gethan.

c. Niedere Pflanzenorganismen.

Auch andere, gefärbte oder farblose niedere Pflanzenorganismen kamen in der Ichthyocolla vor; doch geschah dies blos ausnahmsweise. Am meisten noch waren in der Theilung begriffene, zuweilen auch Zellengruppen bildende einzellige grüne Algen (Protococcus viridis) zu finden. Die eintretende Fäulniss scheint ihre Weiterentwickelung zu verhindern. In einigen Fällen kamen Zellenhaufen zur Beobachtung, bestehend aus kugelförmigen, so zu sagen aufgeblasenen, glanzlosen Zellen, in deren Innerem sich einige glänzende Körnchen befinden. Was für Organismen das sind, ob im Absterben begriffene Algen, oder Sporen, konnte ich nicht bestimmen. Aehnliche aber wandlose Zellengruppen hat auch Billroth abgebildet[1]), und hält sie für Bacterien, welche in eine Gloea eingeschlossen sind.

Ein auffallender und interessanter Gast in der Ichthyocolla war die Sarcina (Goodsir). Anfangs zeigte sie sich die längste Zeit hindurch auch nicht in einem einzigen Röhrchen, dann wurf-

---

[1]) l. c. Tafel III., Fig. 22.

weise in einem oder dem anderen. Da trat sie plötzlich im Mai 1879 massenhaft, Tage hindurch in jeder Züchtlösung auf; von da an war sie überhaupt häufig.

Die Sarcine trat unter verschiedenen Formen auf. Bald bestand sie aus kleinen Kügelchen, in welchen 4 Paare kugeliger, farbloser, winziger Zellen Platz genommen hatten; bald wieder bildete sie etwas grössere, einem Hexaëder ähnliche Schollen, in welchen je 8, je 16 sehr kleine, farblose Zellen in Gruppen untergebracht waren.

Ein anderes Mal bildete die Sarcine mit freiem Auge sichtbare, braunrothe Flocken in der Nährflüssigkeit; dann war zu beobachten, dass der ganze Knäuel aus lauter gleichförmigen, zur Hexaëderform comprimirten Parthien bestand, welche in kleinere, ebenfalls hexaëderförmige Partikel zerfielen. Letztere waren endlich aus grossen, etwas viereckig gedrückten, bräunlichrothen Zellen, in der bekannten Sarcinegruppirung, gebildet. Bei stärkerer Vergrösserung konnte man wahrnehmen, dass jede einzelne Zelle eigentlich schon eine kreuzförmige Einschnürung besitzt; es waren sogar noch innerhalb dieser Einschnürung die Spuren noch weiterer Quertheilungen zu sehen, so dass die bräunlichrothe Zelle für feinkörnig gehalten werden konnte.

In noch anderen Fällen bestand die Sarcine ebenfalls aus einer Masse solcher grosser Zellen; diese waren aber farblos.

In der Sarcinemasse scheinen die vollkommen entwickelten grossen Zellen, mit gewissermaassen feinkörnigem Inhalte, zu zerfallen, — die Zellengrenze wird verschwommen und es wird eine kleine, micrococcenähnliche Masse frei, welche sich dann in der Nährflüssigkeit vertheilt. Neben diesem Micrococcus treten grössere und immer grössere kugelige, ölglänzende Zellen auf, an welchen zu Beginn eine Längs-, dann auch eine Quereinschnürung wahrzunehmen ist; in dem Maasse, als sich diese Zellen vergrössern, nimmt auch die Zahl der ausnehmbaren Quereinschnürungen zu und nähert sich die Zelle immer mehr der Hexaëderform. Auf diese Weise entwickelt sich aus der grossen, in zahlreiche Theilchen zerfallenden Sarcinezelle der Micrococcus der Sarcine, und aus diesem wieder die sich abschnürende Sarcinezelle. Dieser Entwickelungsprocess war in den beobachteten Fällen ein so sehr gesetzmässiger, dass ich aus der ersten ölglänzenden, kugeligen Zelle schon voraus auf die Anwesenheit der Sarcine folgern konnte.

G ä h r u n g s p i l z e, resp. diesen ähnliche Organismen entwickelten sich in der Züchtlösung nur selten und spärlich, was wohl natürlich erscheint, da die Ichthyocolla kein günstiges Medium für Gährungsprocesse ist.

d. Thierische Organismen.

Thierische Organismen kamen ebenfalls äusserst selten vor. Nur zuweilen tummelten sich einige Enchelys- oder Monasformen auf und ab.

Ich fühle mich gedrungen, meinen Verdacht, dass der unter den Microbacterien sub Nr. 3 beschriebene Organismus eigentlich vielleicht auch ein Thier ist und unter die Monaden gehört, an dieser Stelle zu wiederholen. Desgleichen halte ich den bei den Spirobacterien beschriebenen kleinen, sich lebhaft schlängelnden, hüpfenden Organismus an dieser Stelle der Erwähnung werth, von dem gleichfalls gefragt werden kann, ob er nicht eher unter die Thiere zu rechnen sei?

Vorkommen verschiedener Organismen nach Zeitabschnitten.

Nachdem ich die Organismen beschrieben habe, denen ich bei meinen Züchtungen begegnet bin, kann ich nun auf die Reihenfolge übergehen, in der sie an einzelnen Beobachtungstagen während der abgelaufenen Beobachtungszeit vorkamen.

Es wäre langwierig und zudem nicht einmal lehrreich, wollte ich hier einzeln anführen, welche Organismen sich in der Züchtlösung beinahe $2^1/_2$ Jahre hindurch von Tag zu Tag entwickelt haben. Viel bequemer und lehrreicher entsprechen diesem Zwecke die auf Tafel II, Fig. 7 enthaltenen Zeichnungen [1]), in welchen die Hauptformen der an den einzelnen Tagen beobachteten Organismen abgebildet sind.

Neben jenen Zeichnungen bietet auch eine Gruppirung der Beobachtungen nach Monaten sehr viel Interessantes. Eine solche weist die folgende Tabelle auf, wo ich verzeichnet habe, an wie viel Tagen der einzelnen Monate gewisse Formen der

---

[1]) Auf dieser Figur bedeutet: *a.* die Tage, an welchen gar keine Bacterien beobachtet wurden; *b.* die Tage, an denen in der Züchtlösung Sphärobacterien gefunden wurden; *c.* die Tage mit Microbacterien; *d.* die Desmobacterien; *e.* die Spirobacterien; *f.* die Schimmelpilze und *g.* die Sarcine.

verschiedenen Organismen in dem Züchtgläschen zu beobachten waren [1]).

Monat	Zahl der Beobachtungstage	Keine Bacterien	Sphäro-bacterien	Micro-bacterien	Desmo-bacterien	Spiro-bacterien	Schimmel-pilze	Sarcine
1877 October	16	3	4	10	1	1	10	0
„ November	30	6	8	21	5	1	19	0
„ December	31	9	14	11	1	0	18	0
1878 Januar	30	8	12	15	2	0	8	1
„ Februar	28	4	12	17	4	1	3	0
„ März	29	8	12	16	3	4	6	0
„ April	30	3	15	21	5	3	12	0
„ Mai	28	0	14	27	5	9	1	0
„ August	12	0	9	11	3	0	0	0
„ September	27	1	13	24	11	0	3	0
„ October	31	1	—	30	—	—	1	0
„ November	30	1	5	29	3	—	2	1
„ December	17	13	4	2	0	0	9	2
1879 Januar	28	11	15	12	2	0	6	2
„ Februar	27	2	15	21	2	0	4	0
„ März	28	4	16	21	5	2	2	0
„ April	30	0	12	27	8	1	1	1
„ Mai	30	4	4	23	10	5	5	12
„ Juni	30	5	6	23	4	1	4	10
„ Juli	31	7	14	17	6	0	14	1
„ August	31	9	12	21	7	1	11	6
„ September	27	4	4	23	6	0	6	7
„ October	30	13	6	11	1	0	14	2
„ November	15	8	1	7	0	0	12	3
Zusammen	646	124	227	440	94	29	171	48

Sowohl aus der Zeichnung als auch aus der obigen Tabelle geht hervor, dass die beobachteten Organismen in der Atmosphäre mit einer gewissen Regelmässigkeit vertheilt vorkommen.

[1]) Ich erwähne abermals, dass in den Gläschen sehr oft mehrere Formen der Bacterien sich gleichzeitig entwickelten. So versteht es sich, wieso die Zahl der beobachteten Bacterien grösser ist, als die der Beobachtungstage.

Besonders muss sofort in die Augen fallen, dass in den einzelnen Jahreszeiten das Vorkommen der Organismen ein abweichendes war. Eine leichtere Uebersicht bietet diesbezüglich die folgende Tabelle, welche zeigt: wie viele und was für Organismen an 100 Beobachtungstagen der verschiedenen Jahreszeiten vorkamen.

Jahreszeiten	Sphäro-bacterien	Micro-bacterien	Desmo-bacterien	Spiro-bacterien	Bacterien-frei	Schimmel-pilze	Keine Organismen
Winter (December bis Februar)	47	51	7	0,6	31	31	12
Frühling (März bis Mai)	41	77	21	13,7	11	15	5
Sommer (Juni bis August)	39	69	19	1,9	20	28	9
Herbst (Septbr. bis Novbr.)	19	61	11	1,7	29	52	7

Es blieb also im Winter die Nährflüssigkeit am häufigsten rein und waren Micro-, Desmo- und Spirobacterien am seltensten; im Frühjahre sind Bacterien überhaupt am häufigsten und Schimmelpilze am seltensten; der Sommer nimmt eine mittlere Stellung ein, besonders Microbacterien sind häufig; endlich zeichnet sich der Herbst durch die zahlreichen Schimmelpilze aus.

Ein auffallender Einfluss auf das Vorkommen dieser Organismen ist den Regen- und Schneefällen eigen[1]). Ein grösserer Regen- oder Schneefall, besonders wenn er auch andauernd ist, setzt überhaupt die Menge der Organismen herab, so sehr, dass während und nach einer solchen Witterung die Nährlösung 1 bis 2 Tage lang entweder ganz rein bleibt, oder sich in ihr nur wenige und einerlei Organismen entwickeln. In letzterer Richtung kann auch mit Bestimmtheit wahrgenommen werden, dass nach dem Regen zuerst Schimmelpilze auftreten, darauf Sphäro-, dann Microbacterien, während die anderen Organismen Tage hindurch fehlen.

Auf diese Weise steht die allgemeine Ansicht jedenfalls fest, dass der Regen die Atmosphäre reinigt. Er wäscht den Staub und die kleinen Organismen aus ihr zur Erde nieder, welche sich dann

[1]) Vgl. Fig. 1 und 7 auf Tafel II.

beim Eintritt der Trockenheit allmälig wieder in die Höhe erheben, um die Atmosphäre zu inficiren.

Auffallender noch ist die Erscheinung, dass gewisse Organismen so zu sagen an gewisse Zeiten gebunden vorkommen. Manchmal können sie Tage, ja Wochen lang nach einander in der Nährlösung gefunden werden; dann verschwinden sie wieder und bleiben Wochen und Monate lang aus. Es erhellt das sowohl aus den auf der Tafel mitgetheilten Zeichnungen, als auch aus den obigen tabellarischen Zusammenstellungen.

Um nur das Auffälligste zu erwähnen, fehlte die Sarcine beinahe gänzlich vom October 1877 bis 27. November 1878; jetzt wird sie ziemlich rasch hinter einander dreimal angetroffen, und dann noch zweimal im Januar 1879, worauf sie wieder drei Monate lang ausbleibt. Im April und Anfangs Mai 1879 zeigen sich ihre Vorposten, während sie von Mitte dieses Monates bis Mitte Juni massenhaft, beinahe täglich zu finden ist, nämlich während 32 Tagen 18 Mal. Nun bleibt die Sarcine wieder zwei Monate lang aus, und erscheint dann plötzlich Mitte August und Anfangs September in auf mehrere Tage sich erstreckenden Gruppen.

Aehnliches kann an den Spirobacterien beobachtet werden. Diese kamen vom October 1877 bis zum März 1878 nur verloren, zu zwei Gelegenheiten in der Nährflüssigkeit vor. Im März zeigten sie sich beinahe unmittelbar nach einander viermal, im April an drei Tagen, im Mai aber an neun Tagen massenhaft. Nun fehlen sie beinahe ein ganzes Jahr lang, erscheinen dann wieder, aber in geringer Zahl im März und Mai 1879.

Ebenso verhält sich die Sache mit vielen Anderen. Laut dem Zeugnisse meiner Notizen begegnete ich z. B. im October 1877 und Januar 1878 häufig gefärbten Sphärobacterien, besonders den gelb- und orangefarbigen, seitdem sind sie blos zufällig und vereinzelt vorgekommen.

Oder z. B. das Microbacterium, von dem ich sagte, dass es den Monaden so sehr ähnlich sieht (das Microbacterium agile), — auch es tauchte in einzelnen Zeitabschnitten auf, so z. B. zu Ende Februar und Anfangs März 1878, sowie am Ende August und Anfangs September desselben Jahres. Von diesem Monate angefangen habe ich es bis Ende 1879 blos in drei Züchtungen angetroffen.

Auch die verschiedenen grünfarbigen oder farblosen einzelligen Organismen kamen in auffallenden Gruppen vor. Besonders reichhaltig war daran der Monat November 1878, dann die Monate März, Mai, Juli, September und October 1879.

Sogar die einzelnen Jahre differiren von einander bezüglich der Qualität und Quantität der vorkommenden Organismen sehr bedeutend; denn während im Jahre 1878 den ganzen Herbst hindurch in der Züchtlösung die Bacterien die Oberhand hatten: waren im selben Abschnitte des Jahres 1879, sogar schon zur Sommermitte, statt der Bacterien die Schimmelpilze auffallend häufig, und ebenso häufig fiel die reine, bacterienfreie Witterung auf.

Ob ausser den Regenfällen, der trocknen Witterung, sowie der Jahreszeiten auch noch andere Naturkräfte auf die Qualität und Menge der sich entwickelnden Organismen einen Einfluss besitzen, und welche Naturkräfte es sind: das kann heute noch kaum entschieden werden. Es erschien theoretisch als möglich, dass auch die Windrichtung (der von kalten Gegenden kommende Passat und der vom Süden, eventuell aus Afrika oder Südamerika eintreffende Antipassat) gleichfalls einen Einfluss auf jene Organismen zur Geltung bringen. Meine Confrontationen konnten jedoch bisher keinen Zusammenhang zwischen den Winden und Bacterien eruiren. Es sind da noch längere Beobachtungen und massenhaftere Daten nothwendig.

Wirkung der aus der Atmosphäre aufgefangenen und gezüchteten Organismen auf Thiere.

Sollte noch Jemand Zweifel darüber hegen, dass die Bacterien ein Infectionsvermögen für den animalischen Organismus besitzen: so müsste er davon abstehen angesichts eines Versuches, welcher mit atmosphärischem Staube ausgeführt werden kann und welcher, gleich dem besten physikalischen Experimente, einfach und entscheidend ist.

Stellt man in einem kleinen Fläschchen etliche Kubikcentimeter Ichthyocollalösung ins Freie, und injicirt man sie dann, nachdem sie einige Tage lang gestanden hat, einem Thiere (Kaninchen) unter die Haut, so wird man in gewissen Fällen beobachten, dass das Thier alsobald fieberhaft wird, dass sich das einigemal wiederholt, das Thier Diarrhoe bekömmt, abmagert, und verendet. Die Ichthyocolla, welche vor dem Exponiren an freier Luft selbst in der zehnfachen Menge, Kaninchen subcutan injicirt, vollkommen unschädlich war, ist nach dem Exponiren zu einem gefährlichen Infectionsstoffe geworden.

Woran ist diese Infection geknüpft? An das Leben winziger Organismen, welche aus der Luft in die Ichthyocolla fallen und sich hier vermehren. Fehlen sie darin, so wird die Ichthyocolla, trotzdem sie an der freien Luft exponirt gewesen, doch keine Infectionsfähigkeit annehmen. Die Fähigkeit der atmosphärischen Luft, resp. der Bacterien, zu inficiren oder einen Infectionsstoff zu produciren, wird durch diesen Versuch mit grosser Bestimmtheit bewiesen [1]), mit einer grösseren, als wenn man gefaultes Fleisch oder ähnliche Dinge und deren furchtbar übel riechende Jauche den Thieren massenhaft unter die Haut oder in das Blut spritzt.

Doch vermag die Ichthyocolla, in welcher sich die verschiedenen Bacterienformen entwickelt haben, nur in gewissen und nicht einmal sehr häufigen Fällen zu inficiren. Hieraus erwächst die Frage, wovon wohl der Unterschied der Wirkung in den einzelnen Fällen abhängig sein könne?

Aller Wahrscheinlichkeit nach sind wir darauf angewiesen, die Erklärung für die verschiedene Infectionsfähigkeit in der Verschiedenheit der Bacterienformen zu suchen.

Es dünkt mir schon a priori wahrscheinlich, dass den verschiedenen Bacterienformen andere Kräfte innewohnen. Es ist nämlich bekannt, dass die Bacterien von verschiedenen Formen auch verschiedener chemischer und physiologischer Functionen fähig sind; das eine verursacht die Gährung des Harnes, das andere producirt Milch- oder Buttersäure, das dritte bringt die organischen Substanzen des Fleischextractes zur Fäulniss. — Wir sehen sogar, dass bei den verschiedenen Infectionskrankheiten thatsächlich anders geformte Bacterien im Körper erscheinen, an deren specifische Form auch die Specificität des Leidens gebunden zu sein scheint. So spielt bei der septischen Infection ein anderes Bacterium eine Rolle (Microsporon septicum, Klebs; Coccobacteria septica Billroth), ein anderes beim Anthrax (Bacteridium anthracis, Davaine; Bacillus anthracis, Cohn, Koch) und wieder ein anderes beim Rückfallsfieber (Spirillium Obermayeri).

Beabsichtigt man also die Wirkungsfähigkeit der in der Atmosphäre vorkommenden Bacterien zu untersuchen: so müssen vorerst alle diese Formen einzeln, und von anderen Formen gereinigt dar-

---

[1]) Ich vermeide mit Absicht die Erörterung der Frage, ob es die Bacterien selbst sind, welche die Infection hervorrufen, oder aber eine Substanz, welche die Bacterien während der Entwickelung producirt haben? (Vgl. A. Hiller, die Lehre v. d. Fäulniss, Berlin, 1879. S. 103 bis 178, besonders aber die 178. Seite.) Vom hygienischen Standpunkte genügt es, zu wissen, dass die Infection durch die Entwickelung von Bacterien hervorgerufen wurde, und dass die Entstehung des Infectionsstoffes an ihre Existenz, an ihr Leben gebunden ist.

gestellt, und auf diese Weise isolirt zu Infectionsversuchen angewendet werden. Solche Untersuchungen sind überaus wichtig und um so nothwendiger, als sie bisher beinahe gänzlich mangeln.

Zu dieser Trennung der Bacterienformen wurden schon bisher mehrere Züchtmethoden in Vorschlag gebracht. Klebs z. B. impft von der Nährlösung, in welcher verschieden geformte Organismen vorhanden sind, in frische Lösungen weiter; auf diese Weise kann es zuweilen gelingen, eine Bacterienform rein und isolirt herauszubekommen. Demselben Zwecke entsprechend scheint auch jenes Verfahren zu sein, wonach man die Züchtlösung verschiedenen Temperaturgraden aussetzt. Dabei kann z. B. das Bacterium termo oder lineola leicht abgetödtet werden, während z. B. die Desmobacterien, besonders deren eventuell schon entwickelte Keimzellen (Dauersporen), erhalten bleiben und sich vermehren.

Ich trachtete die Bacterien nicht nach den soeben erwähnten Methoden zu isoliren, sondern wartete ab, ob sich nicht in einem oder dem anderen Falle meiner, viele Hunderte betragenden Züchtungen [1]) irgend eine Bacterienform in der Nährlösung rein und allein entwickelt.

Inmitten meiner Beobachtungen erschienen die meisten der verschiedenen Bacterienformen wirklich rein, oder wenigstens den anderen Formen gegenüber im Uebergewichte. Trotzdem ereignete sich das im Ganzen genommen nur selten, so dass ich insgesammt kaum 35 bis 40 Mal in die Lage kam, mit solchen Reinkulturen Injectionen bei Thieren vornehmen zu können. Ich beabsichtige jedoch mit Hülfe einer der beschriebenen Methoden Reinkulturen zu bereiten und die Wirkung der einzelnen Bacterienformen mit ihnen weiter zu studiren.

Injectionen habe ich ausgeführt: 1) mit Bacterium termo, insbesondere aber mit der Form, welche ich ihrem eiförmigen Aeusseren und ihrer raschen Bewegung zu Liebe besonders beschrieben habe, und zwar in 9 Fällen; 2) mit gewöhnlichem Bacterium termo, neben dem aber auch mehrere von der obigen Form umherschwammen: in einem Falle; 3) mit Bacterium termo und lineola: in drei Fällen; 4) mit ungemein winzigen Micrococcen (Micrococcus atoma): in einem Falle; 5) mit Mezo- und Megacoccen: in vier Fällen; 6) mit Desmobacterien und den sogenannten „Dauersporen“: in sieben Fällen; 7) mit Spirobacterien: in 2 Fällen; 8) mit Sarcinen: zwei-

[1]) Ich habe die Bacterien nicht blos aus der atmosphärischen Luft gezüchtet, sondern auch aus mehreren Hundert Brunnenwässern und Bodenproben. Letztere Kulturversuche werden weiter unten am betreffenden Orte zur Sprache kommen.

mal und endlich 9) mit einer Ichthyocolla, welche aus farblosen, grossen Zellen mit körnigem Inhalt bestehende Flocken aufwies: in einem Falle, etc.

Von diesen Impfungen haben sehr viele gar keine wahrnehmbare Wirkung auf die Gesundheit der Thiere ausgeübt; Temperatur, Körpergewicht, Appetit zeigten keine Veränderungen. Diese Resultatlosigkeit erfolgte bei allen vier mit Micro-, Mezo-, und Megacoccen ausgeführten Injectionen; ebenso die Einimpfung des Micrococcus atoma. Die Sphärobacterien erwiesen sich demnach als unschädlich.

Die beiden Impfungen mit Spirobacterien blieben ganz erfolglos. Ausserdem habe ich noch zwei Injectionen mit Spirobacterien gemacht, welche aus Trinkwasser in die Ichthyocolla geimpft worden waren, gleichfalls ohne die geringste Wirkung. Die Spirobacterien, und speciell das in meinen Züchtuhgen vorgekommene Spirillium tenue erwies sich als ganz unschädlich. Auch die Sarcine blieb in beiden Fällen für das Versuchsthier ohne jede Wirkung.

Die farblosen, grossen Zellen mit körnigem Inhalte blieben desgleichen unschädlich.

Bacterium termo und lineola erwiesen sich von verschiedenen nebensächlichen Organismen begleitet in zwei Fällen, wo neben ihnen Mycelien von Schimmelpilzen vorhanden waren, als ganz unschädlich; in zwei anderen Fällen traten schwere Symptome, in einem sogar der Tod auf; doch waren in diesen beiden Fällen in der Zucht ausser dem Bacterium termo und lineola auch noch die im Folgenden zu beschreibenden, entschieden gefährlichen Bacterien anwesend und ist daher die Infection entschieden auf die Rechnung der letzteren zu stellen. Dieser zwei Fälle werde ich weiter unten noch gedenken [1]); für Bacterium termo und lineola aber kann ich auch bis dahin als sehr wahrscheinlich annehmen, dass sie, in der Menge und in jener Substanz gezüchtet und injicirt, als ich es versucht habe, dem thierischen Organismus einen wahrnehmbaren Schaden kaum zufügen dürften.

Unter den aus der Luft aufzufangenden und in der Ichthyocolla züchtbaren Bacterienformen können also die meisten, wenn sie einem Thiere subcutan injicirt werden, kaum eine schädliche Wirkung ausüben.

---

[1]) Vgl. S. 126 und 129.

Um so gefährlicher erwiesen sich zwei andere Bacterienarten: die bei den Microbacterien sub. Nr. 3 beschriebene Form (Microbacterium agile), sowie das Desmobacterium, auf die ich nun eingehe. Die mit diesen Organismen vorgenommenen Injectionen führten zu folgendem Resultate:

1) Am 14. December 1877 wimmelte die ganze Ichthyocolla von ungemein winzigen, ovalen, vereinzelten Zellen, welche im Sehfelde unermüdlich durch einander schwammen. Es hatte sich das „Microbacterium agile“ ganz rein entwickelt, und waren ausser ihm gar keine andere Organismen auszunehmen.

Nachdem ich daraus Impfungen in frische Ichthyocolla und Harn gemacht hatte, injicirte ich am 5. Januar gegen Mittag den Inhalt des Züchtgläschens (4 ccm) mit einer Pravaz'schen Spritze einem Kaninchen an der Interscapulargegend unter die Haut. Die Temperatur und Gewichtsverhältnisse sowie das Verhalten des Thieres waren vor und während der Infection die folgenden:

Tag	Temperatur	Körpergewicht	Symptome
5. Januar	38,9° C.	829 Gramm.	„
6. „	39,7 „	— „	„
7. „	37,9 „	— „	„
8. „	38,2 „	809 „	Diarrhoe
9. „	37,9 „	795 „	„
10. „	38,2 „	772 „	„
11. „	38,4 „	757 „	„
12. „	36,7 „	740 „	„
13. „	35,4 „	710 „	„
14. „	35,2 „	665 „	„
15. „	35,5 „	630 „	„
16. „	35,2 „	607 „	„
17. „	32,4 „	560 „	„
18. „	? [1])	515 „	Am Morgen verendet gefunden.

Die Autopsie ergab blos in den Gedärmen ausgesprochene pathologische Veränderungen. Der Dünndarm war nämlich mit flüssigem, gelbem Koth gefüllt; die Peyer'schen Follikelhaufen stark hervortretend, geschwellt, injicirt; die Schleimhaut stellenweise von Epithel entblösst; an diesen Stellen mit chocoladeähnlichen Substanzen versetzter Schleim. Die Mesenterialdrüsen geschwellt und injicirt. Dasselbe kann auch an den Nieren und an

---

[1]) Die Körpertemperatur erreicht nicht einmal den untersten Grad der Thermometerscala: 30° C.

der Leber wahrgenommen werden. Die mikroskopische Untersuchung konnte im Blut und in den Organen keine anwesenden Bacterien nachweisen. Doch war an diesen Organen eine beträchtliche fettige Degeneration wahrzunehmen. Die Harnblase wurde unterbunden und der Inhalt am dritten Tage untersucht; der Harn war ganz klar und bacterienfrei.

Auf Grund des Krankheitsverlaufes und des Obductionsbefundes ist es klar, dass das Kaninchen einer septischen Infection oder wenigstens einem jener in Allem ähnlichen Krankheitsprocesse zum Opfer gefallen war, welche das in der Ichthyocolla anwesende „Bacterium agile“ hervorgerufen hatte.

2) Mit der beim vorigen Versuche verwendeten Ichthyocolla habe ich am 2. Januar ein zweites Röhrchen inficirt. Es entwickelten sich darin alsobald ganz dieselben Bacterien, ausserdem aber auch das gewöhnliche Bacterium termo. Von dieser Ichthyocolla wurden am 8. Januar einem Kaninchen ca. 1,5 ccm in die linke Jugularvene injicirt. Der Krankheitsverlauf war dem vorigen ungemein ähnlich: vor der Injection schwankte die Körpertemperatur des Thieres zwischen 37,9 bis 38,8° C. und betrug das Körpergewicht 1520 g. Am Tage nach der Injection stieg die Temperatur auf 39,8, fällt dann ab, erhebt sich etwas, es tritt Diarrhoe auf, die Temperatur fällt wieder, das Körpergewicht nimmt stetig ab; am 19. Januar steht die Körpertemperatur auf 35,6° C., das Körpergewicht auf 1015 g; am anderen Tage wird das Thier verendet angetroffen.

Die Autopsie beförderte wieder die oben beschriebenen Darmerscheinungen zu Tage; ausserdem wurde aber an der Vorderfläche des Halses, in dem losen subcutanen Bindegewebe ein ausgebreiteter, mit dickem, gelbem, geruchlosem Eiter gefüllter Abscess gefunden. Der Tod war auch in diesem Falle als Folge einer septischen Infection eingetreten. Der am Halse entstandene Abscess dürfte auf den Tod des Thieres keinen Einfluss gehabt haben, da die Körpertemperatur keine, einer Eiterresorption entsprechende, fieberhafte Erhöhung gezeigt hat.

3) Aus der zum zweiten Versuche verwendeten Ichthyocolla impfte ich eine andere, aber diluirtere ein; es entwickelte sich auch hier „Microbacterium agile“ in grosser Zahl. Ich injicirte davon 3 ccm einem kleinen Kaninchen unter die Rückenhaut. Die Körpertemperatur des Thieres stieg am Tage nach der Injection von 38,0 auf 40,0° C., dann sank sie drei Tage hindurch, erhob sich neuerdings, sank wieder einige Tage hindurch continuirlich,

inzwischen kam Diarrhoe dazu, und das Körpergewicht des Thieres sank von 649 bis 594 g. Nun trat langsame Besserung auf. — Eine Blutinfection hatte also auch in diesem Falle bestanden, obschon sie, vielleicht wegen der geringeren Concentration der zur Züchtung benutzten Lösung, auch eine weniger heftige geblieben war.

4) Demselben Thiere injicirte ich — nachdem Temperatur und Körpergewicht wieder auf den ursprünglichen Werth gestiegen waren — eine Ichthyocollalösung unter die Rückenhaut, welche mit Harn inficirt war, den ich wieder aus der zum ersten Versuche verwendeten Hausenblaselösung eingeimpft hatte. Im Harn war zumeist das gewöhnliche Bacterium termo zu sehen, während in der zur Injection gebrauchten Ichthyocolla wieder das „Microbacterium agile" die Oberhand besass. Das Thier zeigte an den ersten Tagen Fieberbewegung, war dann appetitlos. An den folgenden 8 bis 10 Tagen schien es sich zu erholen, das Körpergewicht nahm zu, die Temperatur verhielt sich constant; am 14. Tage trat jedoch eine Paralyse der Hinterbeine auf, und das Thier verendete bis zum folgenden Morgen. Ausser den oben beschriebenen Dünndarmerscheinungen wurde nichts Auffallendes bemerkt. Auch das Mikroskop lieferte ein negatives Resultat.

5) bis 7) Die Harnblase des soeben beschriebenen Kaninchens unterband ich noch in der Bauchhöhle, schnitt sie dann heraus und hängte sie in einem reinen Gefässe auf. Nach 5 Tagen (am 2. März 1878) eröffnete ich die Blase und fand sie mit umherschwimmenden Bacterien (Microbacterium agile) erfüllt. Von diesem Harn habe ich dreien Kaninchen injicirt. Alle drei wiesen an den folgenden zwei Tagen nach der Injection eine Temperatursteigerung von 1,1° C. auf, worauf die Körpertemperatur und gleichzeitig auch das Körpergewicht abfielen. Von den drei Kaninchen bekam das eine auch heftigen Durchfall, und verendete vollkommen abgemagert am 30. März; die beiden anderen schwereren und älteren Kaninchen erholten sich allmälig.

8) Einem anderen Kaninchen injicirte ich Harn, welcher aus der „Bacterium agile" enthaltenden Kultur vom 14. December inficirt worden war. Im Harn hatten sich winzige Micrococcen, etliche Bacterium termo und oscillirende Bacterium lineola, und nur sehr wenig Microbacterium agile entwickelt.

Am Tage nach der Einimpfung war eine Temperatursteigerung von 0,6° C. und eine geringe Körpergewichtsabnahme zu beobachten; die Temperatur kehrte successive zur normalen zurück, und am 3. Tage erreicht auch das Körpergewicht wieder die ursprünglichen 750 g; von nun an nimmt es stetig zu. — Es ist das einer von jenen Fällen, wo durch einen Infectionsstoff, welcher vorwiegend aus Bacterium termo bestand, Fieber hervorgerufen wurde. Es ist jedoch ersichtlich, dass ausser dem Bacterium termo auch noch das Microbacterium agile vorhanden war, und so kann, wie ich bereits bemerkt habe, auch die geringe Temperaturerhöhung vielmehr dem letzteren als dem Bacterium termo zugeschrieben werden. (Vgl. S. 122.)

Die mitgetheilten Infectionsgeschichten sprechen mit grosser Wahrscheinlichkeit dafür, dass: 1) das oben beschriebene Microbacterium (Microbacterium agile) ein bedeutendes Infectionsvermögen besitzt; 2) dass es dieses Vermögens in dem Maasse verlustig wird, als sich in den Züchtlösungen neben ihm andere, gewöhnliche Bacterien (z. B. das gewöhnliche Bacterium termo) vermehren. 3) Das fragliche Bacterium erzeugt Symptome, jenen ähnlich, welche der durch faulende Stoffe erzeugten Infection eigen sind; im verdünnten Zustande bewirkt es jedoch nur mehr ein kurz dauerndes Fieber. 4) Durch wiederholte Weiterzüchtung gewinnt dieses Bacterium nicht an Infectionsfähigkeit.

Noch auffallendere und interessantere Befunde lieferten mir die Injectionsversuche mit Desmobacterien und ihren glänzenden Sporen (Dauersporen Cohn, Koch), welche ich in den Monaten November und December, 1879, aus der Atmosphäre gezüchtet habe.

Während dieser Zeit habe ich nämlich, wie bereits erwähnt, den atmosphärischen Staub mittelst ausgehitzter Watte aufgefangen, welche ich dann in Hausenblaselösung tauchte und bei 30 bis 35° C. der Züchtung unterwarf, und zwar einerseits mit Luft- (Sauerstoff-) zutritt zur Ichthyocolla, andererseits bei Ausschluss des Sauerstoffs.

Während dieser Züchtungen entwickelten sich häufiger Desmobacterien und ihre Sporen, hauptsächlich in jenen Fläschchen, zu welchen die Luft freien Zutritt hatte; in den verschlossenen Gefässen entwickelten sich Desmobacterien entweder gar nicht, oder nur kümmerlich; in noch anderen Fällen konnten weder in den offenen noch in den verschlossenen Gefässen Desmobacterien ausgenommen werden, sondern blos Megacoccus, oder Bacterium termo und lineola. Diesen Unterschieden entsprechend fielen auch die Infectionsversuche sehr verschieden aus.

1. Aus dem am 20. bis 30. December gesammelten Staube entwickelten sich Bacterium termo und lineola und daneben noch Schimmelmycelien. Temperatur und Körpergewicht der mit ihnen injicirten Kaninchen zeigten während 12 Tagen keine pathologischen Veränderungen; die Temperatur blieb constant eine mittlere und das Körpergewicht nahm zu.

2. Aus dem am 25. bis 30. November gesammelten Staube entwickelten sich im offenen Gefässe Schimmelpilze, und daneben noch zweifelhafte Desmobacterien, sowie glänzende Sporen (Schimmelsporen?); die Hausenblaselösung blieb vollkommen geruchlos. Davon wurden einem starken Kaninchen 2 ccm unter die Haut injicirt. An dem Tage der Injection und den folgenden betrug die Morgen- und Abendtemperatur: 37,6, 37,8, 37,9, 37,8, 37,9, 38,0° C. etc., das Körpergewicht 2124, 2070, 2170 g u. s. w. Das Kaninchen blieb also bei vollkommener Gesundheit.

3. Auch im verschlossenen Gefässe war die Ichthyocolla geruchlos geblieben; ausser einigen oscillirenden Micrococcen, mehreren sehr grossen kugeligen Coccen und Schimmelmycelien war in der Züchtlösung nichts zu bemerken. Der Injection folgte nicht einmal eine Spur von pathologischen Wirkungen. Die Körpertemperatur des Kaninchens blieb — eine geringe Erhöhung am selben Abende ausgenommen — constant, und das Körpergewicht nahm stetig zu.

Diesen Ergebnissen gegenüber müssen die folgenden auffallen:

4. Aus dem am 15. bis 22. November gesammelten Staube hatten sich in dem offenen Gläschen unzweifelhafte Desmobacterien entwickelt. Diese wuchsen alsbald zu langen Leptothrixfäden aus, in deren Innerem glänzende Sporen auftraten. Zuletzt (am 9. Januar) waren in der ganzen Nährflüssigkeit lauter glänzende Sporen und einige bewegliche Bacillen zu sehen. Nun wurden von dieser Ichthyocolla etwa 2 ccm einem kleinen Kaninchen unter die Haut injicirt. Der Verlauf der Injection war folgender:

Nach der Injection	Temperatur	Gewicht
9. Januar Vormittags 11 Uhr	37,3° C.	350 Gramm
„ „ Nachmittags 4 Uhr	35,7 „	— „
„ „ Abends	35,2 „	— „

in der Nacht verendete das Thier.

5. Eine beinahe ebenso fulminante Infection verursachte jene Nährlösung, in welche der am 10. bis 15. November gesammelte Staub getaucht worden war. Im (wohl?) verschlossenen Fläschchen entwickelten sich aus diesem Staube beinahe lauter Desmobacterien (Bacillen), welche unter langsamen Oscillationen auf und abschwammen; sodann trat eine Leptothrix- und weiter eine Glanzsporenentwickelung auf und am 10. December hatte sich in der Flüssigkeit ein Bodensatz aus lauter Glanzsporen gebildet. Von der aufgeschüttelten Flüssigkeit wurden einem kleinen Kaninchen 2 ccm mit folgendem Resultate subcutan injicirt:

			Temperatur	Gewicht
10.	December	(vor der Injection)	38,4° C.	310 Gramm
11.	„	Morgens	38,3 „	315 „
12.	„	Morgens	38,4 „	298 „
12.	„	Abends	36,7 „	— „
13.	„	Morgens	36,7 „	278 „
13.	„	Abends	35,5 „	283 „

in der Nacht ist das Thier verendet.

6. Diesem soeben gefallenen Kaninchen wurden noch am selben Mittag etwa 0,5 ccm Blut aus dem Herzen entnommen und einem frischen Thiere unter die Haut gespritzt. Der Verlauf war folgender:

Nach der Injection			Temperatur	Gewicht
14.	December	Mittags	38,6° C.	— Gramm
14.	„	Abends	38,6 „	361 „
15.	„	Morgens	36,7 „	345 „
15.	„	Abends	37,1 „	342 „
16.	„	Morgens	36,6 „	330 „
16.	„	Abends	37,1 „	343 „

Nachts ist das Thier verendet.

Die Obduction lieferte bei allen drei soeben beschriebenen Kaninchen sehr wenig positive Daten. An der Injectionsstelle ein geringes Blutextravasat. Von den inneren Organen sind besonders Leber, Milz und Nieren, sowie der Dünndarm blutreich. Die mikroskopische Untersuchung erwies im frischen Blute keine Bacterien; doch musste die Vermehrung, Vergrösserung und der körnige Inhalt der farblosen Blutkörperchen so wie ihre Vereinigung zu Gruppen aus mehreren Zellen, ihre Verklebung unter einander auffallen. Die Körnchen des Zelleninhaltes wurden durch Kalilauge aufgelöst. Leber und Nieren zeigten Symptome starker Verfettung; die verschiedenen Primitivzellen waren stark granulirt. An den Wänden der in diesen Organen verlaufenden Blutgefässe waren an mehreren Stellen Gruppen von glänzenden, gleichmässig kleinen Micrococcen zu sehen, welche den Verzweigungen der Gefässe entsprechend überallhin verfolgt werden konnten, und nach der Einwirkung einer starken Kalilösung besonders gut zu sehen waren. Gleichzeitig konnten auch cylinderförmige Micrococcengruppen wahrgenommen werden, welche gewiss die Fülle von Capillaren bildeten.

7. Der beim 5. Versuche erwähnte atmosphärische Staub (vom 10. bis 15. November) zeigte, im offenen Gefässe cultivirt, keine Glanzsporen, keine Desmobacterien, sondern blos Bacterium termo und kurze, oscillirende Stäbchen, sowie den Glanzsporen an Lichtbrechung nachstehende, sonst aber ihnen ähnliche Zellen. Die mit dieser Flüssigkeit vorgenommene Impfung erzeugte jedoch eine ebenso tödtliche Infection, als derselbe Staub, im geschlossenen Gefässe gezüchtet, hervorgerufen hatte; nur hatten die Symptome der Infection einen milderen und langsameren Verlauf.

			Temperatur	Gewicht
10.	December	(vor der Injection)	38,0° C.	285 Gramm
11.	„	Morgens	38,4 „	280 „
12.	„	Morgens	37,7 „	278 „
12.	„	Abends	37,1 „	— „
13.	„	Morgens	37,5 „	278 „
13.	„	Abends	37,1 „	— „
14.	„	Morgens	37,4 „	280 „
15.	„	Morgens	37,4 „	281 „

das Thier verendete am Nachmittage. In diesem Falle hatte also scheinbar das Bacterium termo die Infection verursacht. In Anbetracht jedoch der oben nachgewiesenen Unschädlichkeit des Bacterium termo; in Anbetracht ferner der Form des Krankheitsverlaufes: bin ich geneigt anzunehmen, dass die Infection auch in diesem Falle durch Desmobacterien hervorgerufen wurde, welche ich entweder bei der mikroskopischen Durchsicht nicht wahrnahm, oder eher noch vergass in mein Tagebuch zu verzeichnen. Im Ganzen bleibt also die Ursache dieser Infection zweifelhaft [1]).

[1]) Es ist das jener Fall, in welchem nach Injection von Bacterium termo schwere Symptome und der Tod eintraten, und von welchem ich oben auf Seite 122 Erwähnung that.

Ein auffallendes Resultat ergaben noch die folgenden vier Versuche mit Kaninchen, welchen aus dem am 1. bis 10. und 10. bis 20. December gesammelten Staube gezüchtete Bacterien injicirt worden waren. Zwei Kaninchen erhielten die Zuchten aus den offenen Gefässen unter die Haut, zwei andere jene aus den verschlossenen Gefässen. Die beiden letzteren wiesen das folgende übereinstimmende Resultat auf:

8. bis 9. In der Ichthyocolla beider Gläschen entwickelten sich hauptsächlich Bacterium termo und lineola, ausserdem aber auch Bacillen und Glanzsporen. Am Abend nach der Injection starke Temperaturerhöhung (1,2 bis 0,7° C.), darauf mässige Abnahme; von nun an ist die Temperatur überhaupt um vieles höher als die normale (bis 39,5° C.) und sinkt nur allmälig auf 38,6 bis 38,2° C. zurück. Das Körpergewicht der Thiere lässt kaum eine Veränderung erkennen.

10. bis 11. In den beiden anderen, offenen Gläschen entwickelten sich überwiegend Bacillen und Glanzsporen, sowie in der zu Versuch 4. und 5. verwendeten Ichthyocolla; ausserdem konnte ich aber in einem Gläschen noch Sarcinen, im anderen Mycelfäden wahrnehmen. Nachdem von diesen Ichthyocollaproben je 2 ccm injicirt worden waren, machte sich erst eine Temperatursteigerung (von 38,3 und 38,0 auf 39,2 und 39,0° C.) bemerkbar, bald darauf aber — wie bei den Versuchen 3. und 4. — ein bedeutender Temperaturabfall (bis zu 36,6, resp. 36,9° C.). Die Temperaturverminderung hielt einige Tage lang an, während dem das Körpergewicht der Kaninchen sehr bedeutend gesunken war (727 auf 565, und 637 auf 526 g), dann stieg die Temperatur allmälig an und kehrte zur normalen zurück.

Diese Versuche beweisen, dass gewisse aus der Atmosphäre gezüchtete Desmobacterien, sowie auch deren Glanzsporen, wenn sie rein cultivirt waren und subcutan injicirt wurden, unter rapidem Temperaturabfall eine Blutvergiftung und dadurch raschen Tod bedingen. In den Organen werden Micrococcen gefunden. (Versuch 4. und 5.)

Das Blut des verendeten Thieres kann, wenn es im frischen Zustande einem anderen Thiere injicirt wird, schon in einer Menge von 0,5 ccm den Tod unter denselben Symptomen hervorrufen. (Versuch 6.)

Entwickeln sich diese Bacterien in der Gesellschaft anderer Organismen, oder überhaupt mangelhaft: so verursachen sie blos eine bedeutende Abnahme der Temperatur und des Körpergewichtes. (Versuch 10. und 11.)

Im Gefolge anderer Bacterien können sie sogar ihre temperaturvermindernde Eigenschaft gänzlich einbüssen, und kann die pyrogene Kraft der letzteren zur Geltung gelangen. (Versuch 8. und 9.)

Der Umstand, dass die Bacterien im Stande sind, ihre Wirkungen gegenseitig so sehr zu modificiren, zu paralysiren, besitzt vom pathologischen Standpunkte ein hohes Interesse.

Als Schlussfolgerung meiner Züchtungs- und Infectionsversuche mit dem atmosphärischen Staube kann ich es aussprechen, dass: in der Atmosphäre zu verschiedenen Zeiten verschiedene Bacterienformen vertreten sind. Die meisten dieser Bacterien besitzen gar kein oder nur ein schwaches Infectionsvermögen für den thierischen Organismus. Es kommen jedoch zu gewissen Zeiten auch solche Formen vor, welche bereits in sehr geringer Menge im Organismus verschiedene Formen der schwersten Infection hervorzurufen im Stande sind.

Dadurch ist die pathologische Bedeutung des atmosphärischen Staubes, sowie die hygienische Tragweite der bisher dargelegten Versuche zur Genüge festgestellt. Das aufmerksame Studium dieser Organismen wird also eine der wichtigsten und interessantesten Aufgaben für die hygienischen Beobachtungen und Versuche bilden. Die Aufgabe dieser fortgesetzten Beobachtungen und Versuche wird nun sein, klarzustellen, ob die verschiedenen Arten der aus der Atmosphäre züchtbaren Bacterien, wenn sie Thieren eingeimpft werden, immer dieselben Symptome hervorrufen, oder ob nicht identischen Formen eine verschiedene Infectionsfähigkeit zukommt? Nur in dieser Richtung fortgesetzte Versuche werden entscheiden können, ob die Bacterien zu epidemischen und zu seuchenfreien Zeiten dasselbe Infectionsvermögen besitzen? Sie werden endlich nachweisen, ob die Infectionskrankheiten nicht mit atmosphärischen Organismen von bestimmter Gestalt und gewissen Eigenschaften einhergehen? u. s. w.

Die Gelegenheit ist sehr verlockend, in dieser Richtung Vergleiche anzustellen, indem man auf den beiliegenden Tafeln die Figuren der Bacterien und der Infectionskrankheiten betrachtet. Ich bin jedoch gezwungen, einem solchen Versuche zu entsagen;

die Dauer der Beobachtungen war eine so geringe und zeigten sich auch die Infectionskrankheiten im Ganzen in so geringer Anzahl, dass es allzu verfrüht wäre, auf dieser Basis Folgerungen zu suchen oder aufzustellen. Höchstens dass ich mich berechtigt fühle, auf die Erfahrung zu verweisen, dass das seltene Vorkommen mehrerer Infectionskrankheiten (so der Enteritis, des Wechselfiebers) in 1879 im Vergleiche zu 1877 und 1878 mit der Beobachtung zusammentrifft, dass in demselben Jahre (1879) besonders aber im Sommer, auch die Bacterien in der Atmosphäre viel seltener vorkamen, als in 1878.

Zusammenstellung der wichtigsten Ergebnisse dieses Werkes.

Bezüglich der atmosphärischen Kohlensäure.

1. Keine der in Betracht kommenden Methoden zur Bestimmung der Kohlensäure ist vollkommen genau.

2. Die Aspiration durch eine Röhre mit Barytwasser ergiebt etwas weniger Kohlensäure, als der Wirklichkeit entspricht.

3. Je grösser die aspirirte Luftmenge ist, desto weniger Kohlensäure wird verhältnissmässig erhalten.

4. Wird die Kohlensäure in Flaschen bestimmt, so darf die Flasche zu keinen weiteren Analysen benutzt werden, sobald sich die Wand zu trüben beginnt.

5. Zur Bindung des Wasserdampfes bei Bestimmungen der atmosphärischen Kohlensäure darf Chlorcalcium überhaupt nicht, Schwefel- und Phosphorsäure aber nur mit der grössten Vorsicht verwendet werden.

6. Die atmosphärische Kohlensäure betrug zu Budapest während der Beobachtungen in 1877, 1878 und 1879: 0,3886 ccm in 1000 ccm Luft.

7. Die Menge der Kohlensäure ist von einem Jahr zum anderen sehr constant.

8. Die Kohlensäuremenge ist eine geringere in nördlichen, nahe am Meere gelegenen Gegenden; in südlicheren, in der Mitte des Continentes gelegenen Gegenden ist sie eine grössere.

9. Die Kohlensäure steht am tiefsten im Winter, im Frühjahre nimmt sie zu, im Sommer wieder ab und erreicht im Herbst den höchsten Stand.

10. Als Grenzen der täglichen Schwankungen der Kohlensäure können 0,200 bis 0,600 Vol. pro Mille angenommen werden. Diese Grenzen überschreitende Schwankungen sind entweder höchst selten oder beruhen auf irrthümlicher Beobachtung.

11. Die täglichen Schwankungen sind im Herbst, zu Ende des Frühjahres und am Anfang des Sommers am beträchtlichsten.

12. Im Herbste wird bei Nacht in der Luft mehr Kohlensäure gefunden als am Tage; im Frührjahre ist hingegen die nächtliche Kohlensäure weniger.

13. Während des Tages ist die Kohlensäure sehr beständig; am Abend jedoch nimmt sie beträchtlich zu.

14. Der Regen vermindert die atmosphärische Kohlensäure. Im Winter ist diese Abnahme andauernd, im Sommer jedoch weicht sie sehr bald einer stärkeren Zunahme.

15. An Tagen mit Schneefall ist die Kohlensäure etwas vermehrt. Auch an nebeligen Tagen kann eine — wenn auch sehr geringe — Zunahme beobachtet werden.

16. Bei Frost nimmt die Kohlensäure zu, bei Thauwetter nimmt sie ab.

17. Mit der Erhöhung des Luftdrucks wird die Kohlensäure in der kalten Jahreszeit gleichfalls erhöht, in der warmen vermindert; bei sinkendem Luftdruck sinkt die Kohlensäure in der kalten und steigt in der warmen Jahreszeit.

18. An windigen Tagen ist die Kohlensäure durchschnittlich vermindert.

19. Die von nördlichen Gegenden kommende Passat-Windrichtung ist kohlensäureärmer als der aus südlichen Gegenden kommende Antipassat.

20. Nahe am Bodenniveau enthält die Luft mehr Kohlensäure, als um einige Meter höher.

21. Die Kohlensäure schwankt am Bodenniveau ebenso fortwährend wie in der Höhe; nur dass die am Bodenniveau auftretende Zu- oder Abnahme jener Vermehrung oder Verminderung in der Höhe vorausgeht. Der Kohlensäuregehalt der am Bodenniveau ruhenden Luftschichte regulirt also den Kohlensäuregehalt der höheren Luftschichten.

22. Der mit Regen- oder Schneewasser durchtränkte Boden absorbirt einen Theil der atmosphärischen Kohlensäure; daher stammt auch die Kohlensäureabnahme an Regentagen und bei Thauwetter. (S. 14. und 16. Punkt.)

23. Die Atmosphäre erhält den Zuwachs an Kohlensäure aus dem Boden. In erster Reihe erfolgt dies dadurch, dass die kohlensäurereiche Grundluft in die freie Atmosphäre emporströmt.

24. Die Schwankungen der Kohlensäure in der Atmosphäre werden dadurch hervorgerufen, dass die Grundluft in ungleichen Strömen, in ungleicher Menge, in die freie Luft gelangt.

25. Die Schwankungen der atmosphärischen Kohlensäure — besonders die am Bodenniveau beobachteten — zeigen die Verunreinigung der Atmosphäre durch Grundluft an.

26. Am wenigsten wird die Atmosphäre durch Grundluft im Frühjahre und im Winter verunreinigt; am meisten wird sie es im Herbst und im Sommer. (S. 11. Punkt.)

27. Die abendliche und nächtliche Erhöhung der Kohlensäure (im Sommer, Herbst, s. 12. Punkt) wird durch das Ausströmen der Grundluft verursacht.

28. Die im Sommer nach einem Regen zu beobachtende Kohlensäurevermehrung (s. 14. Punkt) ist durch die im Boden zunehmende Kohlensäureproduction bedingt.

29. Die Ursache dessen, dass der aus südlichen Gegenden anlangende Wind kohlensäurereicher ist als der von Norden kommende (s. 19. Punkt), liegt darin, dass jener aus Gegenden herstammt, wo wegen der grösseren Wärme, Feuchtigkeit und dem reicheren Pflanzenleben die Verwesung, die Kohlensäureproduction im Boden eine grossartigere ist als in den nördlichen Klimaten.

30. Der Einfluss der Grundluft auf die allgemeinen Gesundheitsverhältnisse kann so beobachtet werden, wenn man das Schwanken der Kohlensäure in der Bodenniveauluft oder in der Atmosphäre überhaupt längere Zeit hindurch mit dem Verhalten der epidemischen Krankheiten vergleicht.

31. Eine Beobachtung von drei Jahren beweist es, dass der Typhus und das Wechselfieber mit den Schwankungen der Kohlensäure in der Bodenniveauluft häufig genug übereinstimmend verlaufen.

32. Die Grundluft dringt in die Wohnungen ein, am reichlichsten im Sommer und Herbst.

33. Dieses Einströmen wird durch dieselben Naturkräfte geleitet, welche das Emporströmen der Grundluft auf die Bodenoberfläche reguliren. — Wenn sich die Grundluft auf das Bodenniveau erhebt und hier die Kohlensäure der Atmosphäre steigert, so dringt sie gewöhnlich gleichzeitig auch in die Wohnungen ein.

Bezüglich des atmosphärischen Ammoniaks.

34. Vom September 1878 bis Ende December 1879 betrug das atmosphärische Ammoniak im Mittel (aus 80 Bestimmungen): 0,03888 mg im Kubikmeter Luft.

35. Das Ammoniak erreicht den niedrigsten Stand im Winter, den Frühling hindurch wächst es an, steht im Sommer am höchsten und fällt im Herbst wieder ab.

36. Die Abnahme des Ammoniaks fällt einerseits mit dem Regen, andererseits mit dem Sinken der Lufttemperatur zusammen, — wogegen die Zunahme während der Trockenheit nach Regenfällen und bei steigender Temperatur am bedeutendsten ist.

37. Aller Wahrscheinlichkeit nach erhält die Atmosphäre ihr Ammoniak von der Bodenoberfläche, aus der hier verlaufenden Fäulniss. Das atmosphärische Ammoniak ist also der Index für die Menge und die Fäulniss der den Boden oberflächlich verunreinigenden organischen Substanzen.

Bezüglich des Ozons.

38. Die Ozonbeobachtungen sind im Allgemeinen unverlässlich, weil — vom übrigen abgesehen — die Ozonmenge am entschiedensten dadurch beeinflusst wird, auf welcher Seite einer Stadt die Beobachtungsstation gelegen ist. — Zu Zeiten, wo die Luftströmung von der Stadt her kommt, nimmt das Ozon bedeutend ab.

39. Zum Zwecke der Ozonbeobachtungen müssen an der Peripherie der Städte mehrere Stationen so eingerichtet sein, dass sie bei jeder Windrichtung jene Luftmassen untersuchen können, welche über die Stadt oder über ausgebreitete Industrieanlagen noch nicht hinweggestrichen sind. Ausserdem sollen zur Bestimmung der Ozonabnahme auch im Inneren der Stadt Parallelbeobachtungen ausgeführt werden.

Bezüglich des atmosphärischen Staubes.

40. Die Menge des atmosphärischen Staubes betrug vom September 1878 bis Ende October 1879 durchschnittlich 0,4 mg im Kubikmeter Luft, — in der Höhe von 5 m über dem Strassenniveau.

41. Am geringsten ist die Staubmenge im Winter, dann im Frühjahre; am grössten im Sommer, dann im Herbst.

42. Unter 646 Beobachtungstagen wurden an 522 in dem Züchteapparate Bacterien angetroffen.

43. In der Nährflüssigkeit (Ichthyocollalösung) entwickelten sich die verschiedensten Bacterienformen, und zwar sehr häufig nur eine Form, sonst aber gleichzeitig mehrere Formen.

44. Die verschiedenen Hauptformen der Bacterien sind wahrscheinlich eigene, selbstständige Organismen mit selbstständigem Ursprung, Entwickelung und Functionen.

45. Kugelbacterien entwickelten sich an 227 Tagen, darunter eine seltene Form, welche ich „Micrococcus atoma" benenne.

46. Am häufigsten entwickelten sich in der Nährflüssigkeit Microbacterien, — beiläufig an 440 Tagen.

47. Unter den verschiedenen Formen der Microbacterien hebe ich eine hervor, und nenne sie „Microbacterium agile", welche wegen ihrer Form, Bewegung und Infectionsfähigkeit besondere Aufmerksamkeit verdient.

48. Desmobacterien waren an 94 Tagen zu beobachten.

49. Spirobacterien waren noch seltener.

50. Schimmelpilze kamen in der Nährflüssigkeit 171 Mal vor, die Sarcina 48 Mal. Viel seltener waren andere niedere Pflanzen und thierische Organismen (Monaden etc.).

51. Die Sarcina zerfällt bei vollkommener Entwickelung in freie Micrococcen; die Micrococcenkörnchen wachsen zu ölglänzenden, grösseren Zellen an, — durch fortwährende kreuzweise Abschnürung zertheilt sich die Zelle in immer mehr, regelmässig angeordnete Parthien, in welchen die einzelne vollkommen entwickelte Zelle neuerdings zu Micrococcen zerfällt.

52. Im Winter sind die Bacterien am seltensten und bleibt die Nährflüssigkeit am häufigsten klar. — Im Frühling sind die Bacterien am häufigsten und die Schimmelpilze am seltensten; der Sommer nimmt eine mittlere Stellung ein, während im Herbste die Schimmelpilze vorwiegen.

53. Schnee und Regenfälle setzen die Zahl der atmosphärischen Organismen, hauptsächlich der Bacterien herab.

54. Organismen von gewisser Form scheinen an gewisse Zeiten gebunden zu sein; dann entwickeln sie sich in der Nährflüssigkeit sehr häufig, beinahe täglich, während sie zu anderen Zeiten monatelang ferne bleiben.

55. Bezüglich der vorherrschenden Gattung der atmosphärischen Organismen weisen die einzelnen Jahre (1878 und 1879) Unterschiede auf; während nämlich im Jahre 1878 die Schimmelpilze verhältnissmässig selten, die Bacterien aber sehr häufig waren:

zeigten sich entgegengesetzt im Jahre 1879 die Schimmelpilze mit auffallender Häufigkeit, und waren die Bacterien seltener.

56. Bei der Einführung unter die Haut und in Venen von Kaninchen erwiesen sich Sphärobacterien, Spirobacterien, Bacterium termo und lineola und Sarcina als vollkommen unschädlich.

57. Dem „Microbacterium agile“ ist eine bedeutende Infectionsfähigkeit eigen; dieser Fähigkeit wird es in dem Maasse verlustig, als in der Nährflüssigkeit gleichzeitig neben ihm andere gewöhnliche Bacterien überhandnehmen. Die auftretenden Symptome sind einer milderen septischen Infection ähnlich.

58. Aus atmosphärischem Staub gezüchtete Desmobacterien und ihre Sporen („Dauersporen“ Cohn, Koch, — corp. brill. Pasteur) erzeugten bei den angestellten Einimpfungen sehr heftige Infection, welche nach einigen Tagen, in einem Falle sogar schon vor 24 Stunden, mit dem Tode endigte. Das Hauptsymptom war ein rapider Temperaturabfall. 0,5 ccm vom frischen Blute des gefallenen Thieres tödtete binnen 3 Tagen unter ähnlichen Symptomen. In den parenchymatösen Organen der gefallenen Thiere (in der Leber) waren an der Wand der Blutgefässe Micrococcen zu finden, welche stellenweise auch die Capillaren ausfüllten.

59. Dieselben Bacterien sind viel weniger infectiös, wenn sie sich in der Gesellschaft von anderen Bacterien entwickeln.

60. In der Atmosphäre sind also zu verschiedenen Zeiten verschiedene Bacterienformen enthalten; die meisten von ihnen entwickeln sich in der Ichthyocollalösung und ist ihre Infectionsfähigkeit, wenn sie dem thierischen Organismus eingeimpft werden, eine sehr geringe oder fehlt überhaupt ganz. Es kommen jedoch unter ihnen zu gewissen Zeiten gewisse Formen vor, welche unter denselben Verhältnissen, als die Früheren, die schwersten Grade und verschiedene Formen der Infection hervorrufen können.

Erklärung der Abbildungen.

Tafel I.

Fig. 1. Die atmosphärische Kohlensäure zu Budapest in den Jahren 1877, 1878 und 1879. Jeder Millimeter an Höhe entspricht 0,01 Vol. pro Mille Kohlensäure.

Fig. 2. Die atmosphärische Kohlensäure nahe an der Bodenoberfläche. Die Dimensionen sind dieselben, wie bei Fig. 1.

Fig. 3. Die Kohlensäure der Grundluft in der Tiefe von einem Meter im Inneren des Bodens. Jeder Millimeter an Höhe entspricht 0,5 Vol. pro Mille Kohlensäure; 10 mm sind also = 5,0 pro Mille CO_2.

Fig. 4. Die atmosphärische Kohlensäure nahe an der Bodenoberfläche auf einer anderen Beobachtungsstation, im August bis October 1877. Die Dimensionen sind dieselben wie bei Fig. 1 und 2.

Fig. 5. Die atmosphärische Kohlensäure in einem unbewohnten unterirdischen (Keller-) Zimmer vom December 1877 bis October 1878. Dimensionen wie bei Fig. 1, 2, und 4.

Fig. 6. Das atmosphärische Ammoniak zu Budapest vom September 1878 bis Ende 1879. Jeder Millimeter an Höhe entspricht 0,002 mg Ammoniak im Kubikmeter Luft.

Fig. 7. Menge des atmosphärischen Staubes zu Budapest vom September 1878 bis October 1879. Ein Millimeter Höhe entspricht 0,02 mg über Chlorcalcium ausgetrockneten Staubes im Kubikmeter Luft.

Tafel II.

Fig. 1 bis 6. Meteorologische Verhältnisse zu Budapest in den Jahren 1877, 1878 und 1879, auf Grund der Mittheilungen der königl. ungar. meteorologischen Centralanstalt.

Fig. 1. Regenmenge; ein Millimeter Höhe entspricht einem Millimeter 24 stündlicher Regenmenge.

Fig. 2. Feuchtigkeit der Atmosphäre; je ein Millimeter Höhe zeigt je 2 Proc. Feuchtigkeit an.

Fig. 3. Lufttemperatur; jeder Millimeter Höhe bedeutet 1° C. des Tagesmittels aus 3 Beobachtungen.

Fig. 4. Luftdruck; ein Millimeter Höhe stellt 1 mm Luftdruckschwankung vor. Die Abscisse entspricht 720 mm.

Fig. 5. Windstärke und Windrichtung; die Höhe der Säulen an Millimetern drückt die Summe der an jedem Tage Früh, Nachmittags und Abends beobachteten Windstärken aus. Die Windrichtung habe ich mit den üblichen (englischen) Bezeichnungen des meteorologischen Institutes ausgedrückt.

Fig. 6. Atmosphärisches Ozon. Die Höhe der Säulen in Millimetern giebt das Mittel des Tages- und Nachtozons in Ozongraden.

Fig. 7. Die aus dem atmosphärischen Staube von Tag zu Tag gezüchteten Organismen; und zwar: *a*) weist jene Tage auf, an welchen sich in der Nährflüssigkeit keine Bacterien entwickelt haben, *b*) bezeichnet die Tage, an welchen Sphärobacterien, *c*) an welchen Microbacterien, *d*) jene, an welchen Desmobacterien, *e*) wo Spirobacterien, *f*) wo Schimmelpilze, *g*) wo Sarcinen in der Nährflüssigkeit zu finden waren. An den Tagen mit ganz leeren Rubriken musste die mikroskopische Untersuchung der Nährflüssigkeit aus irgend einem Grunde unterbleiben.

Tafel III.

Tägliche Morbidität (auf Grund der Daten mehrerer hauptstädtischer Spitäler [1]), und Mortalität in den Bezirken von Budapest links der Donau (vormals Pest) in den Jahren 1877, 1878 und 1879. An den einzelnen Figuren bedeutet jeder Millimeter je einen an jenem Tage verzeichneten Erkrankungs-, resp. Todesfall an der betreffenden Krankheit.

---

[1]) Vom Juli bis December 1878 wurden die in den Militärspitälern gepflegten Kranken nicht mit einbezogen, weil der Stand der vom Kriegsschauplatze nach Hause beförderten Kranken von den im Orte Erkrankten trotz aller Bemühungen nicht abzusondern war.

HYGIENISCHE UNTERSUCHUNGEN

ÜBER

LUFT, BODEN UND WASSER,

INSBESONDERE

AUF IHRE BEZIEHUNGEN

ZU DEN

EPIDEMISCHEN KRANKHEITEN.

IM AUFTRAGE

DER

UNGARISCHEN AKADEMIE DER WISSENSCHAFTEN

AUSGEFÜHRT UND VERFASST

VON

DR. JOSEF FODOR,

Professor der Hygiene an der Universität Budapest.

AUS DEM UNGARISCHEN ÜBERSETZT.

MIT TAFELN UND ABBILDUNGEN.

ZWEITE ABTHEILUNG:

BODEN UND WASSER.

BRAUNSCHWEIG,

DRUCK UND VERLAG VON FRIEDRICH VIEWEG UND SOHN.

1882.

BODEN UND WASSER

UND

IHRE BEZIEHUNGEN

ZU DEN

EPIDEMISCHEN KRANKHEITEN.

HYGIENISCHE UNTERSUCHUNGEN

VON

DR. JOSEF FODOR,
Professor der Hygiene an der Universität Budapest.

AUS DEM UNGARISCHEN ÜBERSETZT.

MIT ZEHN TAFELN UND EINEM HOLZSCHNITT.

BRAUNSCHWEIG,
DRUCK UND VERLAG VON FRIEDRICH VIEWEG UND SOHN.
1882.

INHALTSVERZEICHNISS.

Zweiter Theil.

Der Boden.

Erstes Capitel.

Verhalten der organischen Substanzen im Boden.

Zweites Capitel.

Die zeitlichen Veränderungen der Bodenverhältnisse und der Infectionskrankheiten zu Budapest.

Drittes Capitel.

Oertliche Verhältnisse des Bodens zu Budapest und die Infectionskrankheiten.

Dritter Theil.

Das Wasser.

Erstes Capitel.

Das Trinkwasser von Budapest.

Zweites Capitel.

Zeitliche Veränderungen im Trinkwasser und die Infectionskrankheiten.

Drittes Capitel.

Die Qualität des Trinkwassers und die örtliche Verbreitung der Infectionskrankheiten in Budapest.

Resumé.

Beiliegende Abbildungen.

ZWEITER THEIL.

Der Boden.

In vorliegender Arbeit übergehe ich auf den zweiten Theil der Hippokrates'schen Trilogie[1]): auf den Boden.

Der grosse Weise und denkende Arzt befasst sich in diesem, unter Allen vielleicht am besten bekannten und am meisten gelesenen Werke eingehend mit dem Einflusse des Ortes auf die Gesundheit von Völkern und Städten. Er ertheilt den Aerzten den Rath, auch auf den Boden Rücksicht zu nehmen, wenn sie die gesunde oder ungesunde Beschaffenheit eines Ortes beurtheilen wollen. Mit der grössten Bestimmtheit erkennt er die Bedeutung der Elevation und der warmen Lage für das Zustandekommen endemischer Krankheiten, er warnt vor tief gelegenem und kalten Boden, hingegen empfiehlt er Orte mit erhöhter warmer Lage[2]).

Diese Bedeutung der Localität war übrigens den civilisirten Griechen auch vor Hippokrates schon bekannt; auch Herodot thut ihrer Erwähnung und sagt, dass einem kranken Orte kranke Menschen entstammen. Hippokrates selbst hat mehr als einen Gedanken ganz aus den Werken Herodot's übernommen[3]).

In der That gelangte zu jener Zeit, als die Niederlassungen suchenden Völker noch mit einer gewissen Freiheit zwischen Orten von verschiedener Lage wählen konnten, eine systematische Beobachtung dessen zur Geltung, welche hygienischen Eigenschaften

---

[1]) Περὶ ἀέρων, ὑδάτων, τόπων. S. lateinisch-griechische Ausgabe von van der Linden, Leyden 1655.

[2]) A. a. O. S. 328.

[3]) Vergl. Isensee, Geschichte der Medicin, Berlin 1842 bis 1845; VI, S. 1577.

einem zur Colonisirung ausersehenen Boden inne wohnen. Man trachtete dies aus verschiedenen Anzeichen zu erkennen. Auguren und Priester wurden über die Meinung der Götter befragt. Dann nahm man Leichenöffnungen an den dort gefundenen, oder dort gezüchteten Thieren vor und prüfte deren Leber u. s. w.[1]).

Vitruvius, der erste Gesundheitsarchitekt, lehrt, dass bei Bauten das erste Augenmerk auf die gesunde Beschaffenheit des auserwählten Ortes zu richten sei[2]). Die Alten verliessen ganze Städte, wenn diese zu ungesund, den Fiebern zu sehr ausgesetzt waren, und suchten sich zur Reconstruction einen der Gesundheit zuträglicheren Bauplatz aus so wurden Salpiae und Cervia verlassen und dann an einem besser gewählten Orte reconstruirt.

Der Käufer eines Grundes hatte das Recht, den Vertrag zu lösen, wenn sich der Boden nachträglich als ungesund (fundus pestilens) herausstellte; denn man huldigte der Ansicht, dass ein verunreinigter Boden, wegen des Geruches und der schlechten Ausdünstungen, unbewohnbar sei[3]).

Bei allen alten Autoren, insbesondere bei Galen, ist zu lesen, für wie schädlich man zu jener Zeit alle Bodenarten hielt, welche tiefgelegen und Inundationen ausgesetzt waren[4]).

Ich habe kaum zu erwähnen, dass es in erster Reihe die Fieber waren, deren Entstehung aus solchen Bodenarten abgeleitet wurde; doch hat man ausserdem auch das Auftreten aller „pestilenziellen" Krankheiten mit ungesundem Boden und Lage in Verbindung gebracht. So schreibt Diodor, dass Bachus, um sich und die Seinigen anlässlich einer Pestepidemie zu bewahren, auf einen Berg flüchtete. Auch Thukydides war es aufgefallen, dass die sogenannte Pest von Athen hauptsächlich in Athen selbst und in den umliegenden Dörfern wüthete, während andere Orte, insbesondere der ganze Peloponnes, von der Epidemie verschont blieben.

Evagrius, einer der Beschreiber der grossen Justinian'schen Pest, sagt, dass während dieser Pest einzelne Städte und Stadttheile sehr stark litten, andere dagegen auffallend wenig. Kam ein Kranker in einen der letzteren Orte, so

---

[1]) Vergl. Frank, J. P., System einer vollstndigen medicinischen Polizei. Mannheim 1804, Bd. III, S. 757.

[2]) De Architectura. Deutsch von Rode. Berlin 1800, Bd. I, Cap. 4.

[3]) Frank am angeführten Orte Bd. III, S. 757.

[4]) Vergl. Isensee o. c. Bd. VI, S. 1578.

starb er selbst, aber die Pest breitete sich deshalb noch nicht aus[1]).

Mit dem Niedergange der Civilisation des Alterthums verfiel auch die Pflege der Gesundheit; die später, im Mittelalter, gleichzeitig mit Handel und Nationalökonomie wiedererwachende Hygiene fand überfüllte Städte, difinitive — und meistens an schlechten, ungesunden Orten — colonisirte Gemeinden vor, in denen sich kaum mehr Gelegenheit bot, eine solche Sorgfalt in der Auswahl des zum Bewohnen und zum Bebauen bestimmten Ortes zu entfalten, wie bei den Urniederlassungen.

So wird es uns als natürlich erscheinen, dass man sich mit der hygienischen Bedeutung des Bodens erst dann aufs Neue zu befassen begann, als sich wieder civilisirten Menschenracen Gelegenheit bot, Reiche und Welttheile zu bevölkern: nämlich zur Zeit der Colonisation Indiens und Amerikas. Und wirklich wandten die hervorragendsten Aerzte und die ersten Reisenden dem hygienischen Einflusse der localen Verhältnisse in jenen Gegenden bereits ihre besondere Aufmerksamkeit zu. Ich müsste alle die alten Aerzte, welche über die intermittirenden und remittirenden Fieber des tropischen Klimas geschrieben, alle die Gelehrten und Reisenden, welche uns die Topographie jener Gegenden geliefert haben, herzählen, wollte ich eine vollständige Literatur darüber bieten, für wie wichtig sie den Boden zur Erzeugung endemischer Krankheiten beurtheilten. Lind, dessen Werk über die Krankheiten des tropischen Klimas zu grossem Ruf gelangte[2]), behauptet, dass an jedem Punkte der Erde neben gesunden Orten auch ungesunde liegen, und vice-versa, und dass es die Aufgabe der Aerzte ist, diese zu studiren und zu erkennen. Auch führt er in seinem Werke mehrere einschlägige Beispiele an. Die Ursache der Ungesundheit sucht er mit aller Bestimmtheit in der Verunreinigung und der zeitweisen Durchfeuchtung des Bodens, während er die trockne Hitze, welche den Boden trocken legt, mit Bezug auf Epidemien und Pestilenzen für vortheilhaft erachtet. Er sagt, der heisse (und trockne) Wind verscheucht die Pest[3]).

Lind beschreibt sogar eine ganze Reihe von Erscheinungen, an denen ungesunde Orte zu erkennen sind; so an den Nebeln etc.

---

[1]) Evagrius, Hist. eccl. IV, 29. Vergl. Haeser, Lehrb. d. Gesch. d. Med. Jena 1876, Bd. III, H. 1, S. 46 und 50.

[2]) Krankheiten der Europäer in warmen Ländern; aus dem Englischen. Riga 1792.

[3]) A. a. O. S. 153.

und daran, dass der Boden mit einem gewöhnlich sehr feinen, flüchtigen und weissen Sande bedeckt ist [1]).

Doch Lind sagt auch noch mehr. Er ist der Meinung, dass sich die Bevölkerung der tropischen Klimaten vor Epidemien bewahren kann, wenn sie zur gefährlichen Zeit den gefährlichen Ort verlässt, und sich anderswohin begiebt. Vor Allem aber räth er an, dass man auf Schiffen oder Barken wohnen gehen soll, da diese auch in der Nähe des heimgesuchten Ortes immun bleiben, und erwähnt zur Begründung seiner Ansicht das Beispiel eines Engländers (Doidge), welcher seinen ganzen Haushalt auf einer hübsch eingerichteten Barke aufschlug, und seitdem von den localen Infectionskrankheiten verschont blieb [2]).

Castaldi schreibt 1767, dass in Avignon während einer damals herrschenden Epidemie in den tief und nahe an den Sümpfen gelegenen Stadttheilen jeder zehnte Einwohner starb, in den erhöhten Stadttheilen aber bloss jeder vierzigste.

Auch in Wien sind, wie Frank [3]) sagt, die Krankheiten in der „tiefer Graben“ genannten Gasse am gefährlichsten.

Dass dieser schädliche Einfluss des Bodens hauptsächlich für die malarischen Krankheiten bemerkt und betont wurde, ist sehr natürlich, weil er eben bei diesen Krankheiten am meisten ins Auge fällt. Darum findet man kaum einen Autor, welcher bei der Erörterung der Ursachen der malarischen Krankheiten das Hauptgewicht nicht auf den Boden legen würde. Lancisi [4]) wusste sehr gut, dass das sicherste Prophylakticum gegen Malaria das Erbauen der Wohnungen auf Terrainerhöhungen ist. Sinclair behauptet, dass Sümpfe nur dann Malaria erzeugen, wenn der Boden lehmig ist; der Torfboden bliebe vom Wechselfieber verschont [5]); auf Kalkboden, meint er, verbreiten sich Epidemien überhaupt nicht, weil die Infectionsstoffe, welche in einer septischen Säure bestehen, durch den Kalk absorbirt werden [6]).

Auch Linné, der grosse Naturforscher, hat die Rolle der verschiedenen Bodenbeschaffenheiten beim Vorherrschen des Wechselfiebers erkannt, darum schreibt er: „In Smolandia et

---

[1]) A. a. O. S. 149.
[2]) Ibidem S. 174.
[3]) A. a. O. S. 774.
[4]) De nox. pallud. effluv. Romae 1717.
[5]) Eine auch in unseren Tagen sehr verbreitete Ansicht.
[6]) Sinclair. Handbuch der Gesundheit; aus dem Englischen von Sprengel. Amsterdam 1808, S. 49.

Scania sylvestri, ut argilla rarior, ita etiam febres intermittentes illis in locis Smolandiae; ubi febres-intermittentes grassantur, semper etiam argillam observavi" [1]).

Auch daran hat man schon längst gedacht: wo, in welchen Theilen der Erde das Gift der Malaria und anderer epidemischer Krankheiten entstehen, und wodurch es weiter getragen werden könne. Ich habe an einem anderen Orte (im ersten Theile) bereits erwähnt, dass sich Varro die Sache so vorstellte, dass im Schlamme der Sümpfe kleine Käfer gedeihen, welche auffliegen, eingeathmet werden und die Krankheit hervorrufen. Andere erwähnen meistens pestilentielle Ausdünstungen des Bodens [2]); und versichern zum Beweis, dass über Boden mit schädlichen Eigenschaften ein eigenartiger, übler Geruch wahrzunehmen wäre. Sydenham leitet die schädlichen Dünste aus unbekannten im Innern des Bodens verlaufenden Zersetzungsprocessen ab, woher sie in die freie Luft gelangen, und diese inficiren [3]).

Auch Alibert hält dafür, dass aus einem vorher ausgetrockneten Boden bei der Wiederdurchfeuchtung Dünste aufsteigen, welche die Luft verderben. Er bildet auch schon einen Apparat ab, mit Hülfe dessen jene Dünste zum Niederschlagen gebracht und in Untersuchung gezogen werden könnten [4]).

Ich habe noch zu bemerken, dass die meisten Autoren, wo sie die schädlichen Eigenschaften eines Bodens behandeln, unter letzteren gewöhnlich auch der Verunreinigung des Bodens Erwähnung thun, insbesondere jene Schriftsteller, welche die epidemischen Districte der südlichen Länder, Indiens, Afrikas etc., beschreiben. Hasper hebt ganz besonders hervor, dass auf einem dänischen Schiffe das Gelbfieber deshalb ausbrach, weil dieses Schiff als Ballast sehr unreine Erde eingenommen hatte. Derselbe citirt auch eine ganze Reihe von Städten, welche infolge ihrer tiefen Lage, ihres lehmigen Bodens und ihrer Unreinigkeit durch perniciöse Fieber heimgesucht werden [5]).

---

1) Vergl. Boudin, Traité de géographie et de statistique médicales. Paris 1857, I, p. 70.

2) Nach Quintilian entstehen die Pestilenzen aus: „... ira Deum, aut intemperiae coeli, aut corruptis aquis, aut noxio terrae halitu..."

3) Th. Sydenham, Opera medica. Genevae 1757, I, p. 22.

4) Alibert, Traité des fièvres pernicieuses intermittentes. Paris, An XII (1804).

5) Hasper, Krankheiten der Tropenländer. Leipzig 1831, Bd. II, S. 202.

Zieht man nun diese Revue über die Aeusserungen und Denkungsart der Schriftsteller vergangener Jahrhunderte in Erwägung, so ist ersichtlich, dass unsere Väter in der medicinischen Wissenschaft — ohne jede Voreingenommenheit — den Boden für einen der hauptsächlichsten Verursacher der meisten epidemischen Krankheiten, der Pestilenzen, hielten. Ueberall hoben sie als Merkmal der Schädlichkeit hervor: die äussere Configuration (tiefe Lage), die Substanz (Lehm, sehr feiner Sand), die Verunreinigung, und die zeitweisen Feuchtigkeitsschwankungen (Ueberschwemmungen) des Bodens.

Ich lege auf die Allgemeinheit dieser Ueberzeugung Gewicht. Jene alten Aerzte verfügten gewöhnlich über ungemein ausgebreitete Erfahrungen, welche sie in der That am meisten befähigten, die Hauptzüge der beim Auftreten und der Ausbreitung von Epidemien thätigen Naturerscheinungen zu erfassen. Die Art ihres Sehens ist die eines Feldherrn, welcher von einer Anhöhe den Verlauf der Schlacht verfolgt, von dort ihr Wogen überblickt, die Situation des Kampfes, das siegreiche Vordringen und den verzagten Rückzug erkennt, ohne dabei die heldenmüthige oder feige Haltung der einzelnen Truppen oder des einzelnen Soldaten auszunehmen. Jene Aerzte bemerkten im Verhalten gewisser Infectionskrankheiten das, was die auf breiter Grundlage ruhende praktische Beobachtung wahrzunehmen vermag, was die Natur jenen als charakteristischesten Zug aufprägte: deren Abhängigkeit von localen Umständen. Doch waren jene Aerzte nicht befähigt, dieselben Krankheiten eingehender zu studiren, die physiologischen und pathologischen Verhältnisse wissenschaftlich ins Detail zu erforschen.

Den Anbruch dieser wissenschaftlichen Forschung sah erst unser Jahrhundert; die neugeborene Chemie, die Physiologie, besonders aber die Pathologie lieferten die Mittel zu den Untersuchungen, und die Aerzte, natürlich die denkenden und handelnden unter ihnen, wandten sich dieser exacten detaillirten Forschungsrichtung mit Begeisterung zu. Ist es nach alledem zu verwundern, dass die meisten Aerzte von dieser Zeit an die Krankheiten überhaupt, insbesondere aber auch die fraglichen epidemischen Krankheiten, von ganz anderen Gesichtspunkten aus zu betrachten begannen? Erscheint es nicht vielmehr als ganz natürlich, dass mit dem Fortschritte und der Entwickelung dieser Forschungen die alte, massenhafte Beobachtung des äusseren Verhaltens der Krankheiten immer mehr und mehr verlassen und das

Bestreben dahin gerichtet wurde, die Natur der Krankheiten am Secirtische aus der Leiche, oder unter dem Mikroskope aus den Gewebetheilchen zu erkennen, und dass man meinte, sie darin auch aufzufinden?

So kam es, dass sich die heutige Aerztegeneration dem Gedanken ganz entfremdete, dass eine stattliche Anzahl von Krankkeiten unter dem Einflusse einer ausserhalb des menschlichen Organismus, ausserhalb seiner Gewebebestandtheile gelegenen Krankheitsursache, unter dem Einflusse des Bodens steht, welcher ihr Entstehen befördert oder behindert. Höchstens für die Malaria noch wurde diese Fähigkeit des Bodens angenommen. Und als man über Typhus, Cholera, Pest und Aehnliches schrieb, dachte man an alle möglichen Krankheitsursachen, an Contagium, individuelle Disposition, an Genius epidemicus etc., nur an den Boden nicht. Louis[1]) erörtert in seinen berühmten Werken die Frage, warum sich der Abdominaltyphus in Paris nicht durch Contagium verbreitet, während Beobachter in der Provinz ihn für contagiös halten; er lässt aber kein einziges Wort fallen, woraus gefolgert werden könnte, dass er an den Einfluss des Ortes auch nur gedacht hat.

Hieraus kann es erklärt werden, dass, als in unserem Jahrhunderte von einer oder der anderen Seite auf die wichtige Rolle hingewiesen wurde, welche dem Boden bei der Verbreitung von Epidemien zukommt, diese Worte bei den meisten Aerzten gar kein Gehör fanden.

Es darf nämlich nicht übersehen werden, dass sich in diesem Jahrhunderte, selbst in der jüngsten Zeit, immer einige Gelehrte fanden, welche, gegenüber der gewöhnlichen, beschränkteren, so zu sagen „anatomischen“ Auffassung, von einem allgemeineren Standpunkte ausgingen, und die Rolle des Bodens beim Erzeugen von Krankheiten hervorhoben, verfochten und betonten.

Bartels unterscheidet ein „miasma terrestre“, welches die perniciösen Fieber (Typhus, Malaria, Gelbfieber, Influenza etc.) bedingen sollte. Zur Entwickelung dieses Miasmas, sagt er, ist ein sumpfiger Boden nicht nothwendig, denn es entwickelt sich wo immer unter vulcanischen Einflüssen bei verunreinigtem Boden.

---

[1]) Louis, Recherches ... gastro-entérite. Paris 1829; derselbe unter dem Titel: Recherches sur la fièvre typhoïde. Paris 1841.

Ein solcher Boden ist überall anzutreffen, in Städten, selbst in einzelnen Strassen derselben [1]).

Wie ersichtlich hat schon Bartels wahrgenommen, dass die Infectionskrankheiten eine auffallende Abhängigheit von den localen Verhältnissen erkennen lassen, so sehr, dass zuweilen gewisse Gegenden oder Strassen einer Stadt von der Epidemie überfluthet sind, andere Stadttheile aber immun bleiben; dieser Unterschied nun wäre durch das miasma terrestre bedingt.

Hinsichtlich Abdominal- und exanthematischen Typhus hat bis zur jüngsten Zeit eine ganze Reihe von Aerzten, unter ihnen schon längst auch Virchow, hervorgehoben, dass die tiefe Lage, Porosität, Feuchtigkeit und Imprägnation des Bodens mit organischen Substanzen einen wesentlichen Einfluss auf die epidemische Verbreitung der Krankheit ausüben [2]), ohne dass diese Winke zum eingehenderen Studium der Sache geführt hätten.

Wie nun aber die Cholera erschien, welcher Kampf entspann sich da zwischen Contagionisten und Anticontagionisten! Wie da die exacte Forschung, welche sich damals eines so schönen Aufschwunges erfreute, ihr Auge der Wahrnehmung der Thatsachen verschloss! Ein Theil der Aerzte stellte das pure Contagium hin, um die Verbreitungsart der Krankheit zu erklären; andere beschuldigten ein Miasma, verstanden aber darunter allerlei abenteuerliche fantastische Veränderungen der Luft. Die Häupter der medicinischen Welt waren mit den fabelhaften Analysen der eudiometrisirend umherschweifenden Aerzte noch immer zu sehr erfüllt.

Und doch hätte es nur eines klaren Blickes bedurft. Die aus Indien stammenden Abhandlungen über die Cholera hoben den Einfluss des Bodens auf die Ausbreitung der Epidemie beinahe einstimmig und unverkennbar hervor [3]). Die ersten und durch Theorien am wenigsten befangen gemachten praktischen Beobachter gingen so weit, dass sie die Cholera als eine ebenso endemische Krankheit schilderten, wie es die Malariafieber sind, von denen man ebenfalls weiss, dass sie zu gewissen Zeiten so zu sagen flügge

---

[1]) E. A. D. Bartels, Die gesammten nervösen Fieber, Berlin 1837, S. 230 ff.

[2]) Die einschlägige reichhaltige Literatur siehe bei A. Hirsch, Handbuch der hist. geogr. Patholog. Bd. I, S. 182 ff.

[3]) Hierher gehören Jameson (Report on the Epidemic cholera-morbus; Calcutta 1820), Annesley (Treatise on the Epidemic cholera of India, London 1829) etc. Vergl. auch Hirsch o. c., Bd. I, S. 112, 135 ff.; siehe auch Pettenkofer, Untersuchungen und Beobachtungen über die Verbreitung der Cholera. München 1855, im Anhange.

werden, und den grössten Theil Europas oder gar des Erdballes überziehen [1]).

Begnügt man sich mit einer Durchsicht der Titel und der kurzen Auszüge der englischen Literatur, welche im Werke von Marx [2]) sowie bei Hirsch (o. c. Bd. I, S. 33) zusammengestellt sind, so kann die Einstimmigkeit, mit welcher die indischen Aerzte die Ortssässigkeit der Cholera hervorheben, unserer Aufmerksamkeit unmöglich entgehen; und trotzdem stimmt auch Marx für das Contagium.

Doch fanden sich auch in Europa Aerzte, welche ihre Stimme gegen das Contagium und das mystische Miasma mit aller Bestimmtheit erhoben, und die Hauptursache und den Regulator der Ausbreitung im Boden, in den Bodenverhältnissen suchten.

Als die Cholera noch jenseits unserer Grenzen in Russland wüthete, hoben die Redacteure des „Orvosi Tár" („Medic. Magazin") zu wiederholten Malen jene Beobachtungen hervor, welche dafür sprachen, dass die Epidemie unter dem Einflusse der Bodenverhältnisse der ergriffenen Orte steht [3]).

Während der Cholera entstand bei uns eine ganze Literatur, deren Schriftsteller in überwiegender Mehrzahl gegen die Theorie der Contagiosität ankämpften [4]). Schordann sagt, dass die

---

[1]) Vergl. Haeser, Jahrb. d. Gesch. d. Med. III. Bd., S. 392 ff. u. a. O.

[2]) Marx, Die Erkenntniss des Verh. und Heilv. der ansteckenden Cholera, Karlsruhe 1831, Bibliographie und Excerpte.

[3]) Vergl. den erläuternden Aufsatz von Schuster, „Orvosi Tár", Bd. I, S. 36 (ungarisch).

[4]) Es sei mir erlaubt, an dieser Stelle eine kurze historische Rectification einzuschalten. Sander sagt in seinen „Untersuchungen über die Cholera" (Cöln 1872, S. 41), dass die gegen die Cholera so sehr segensreiche prophylaktische „House-to-house-visitation" zur ersten Ausführung in 1848 bis 1849 in England gekommen wäre (in London wurde sie zuerst am 7. September 1849 ausgeführt, in Provinzialstädten aber bereits Ende 1848; vergl. Baly and Gull, Reports on Epidemic Cholera. London 1854, II, p. 166 seq.). Pettenkofer hat jedoch besagtes Verfahren für eine deutsche Erfindung erklärt (siehe: Ueber den gegenwärtigen Stand der Cholera-Frage, München 1873, S. 78), da es in München schon in 1836 bis 1837 versucht wurde. Und wirklich schreibt Kopp in seinem Berichte (Generalbericht über die Cholera-epidemie in München. München 1837, S. 55), dass dort die Aerzte täglich auch die Wohnungen der Gesunden besuchten, um eine etwaige Erkrankung bei Zeiten zu entdecken. Nach Kopp stammte diese Idee vom Minister Oettingen-Wallerstein her. Dem gegenüber kann ich constatiren, dass in Ungarn, speciell im Comitate Beregh schon in 1831 beim ersten Erscheinen der Cholera die Behörde die Verfügung traf, dass jedes Haus an jedem Tage durch einen Vertrauensmann (womöglich einen Arzt) besucht werde, um zu erfahren, ob sich dort nicht ein verdächtiger Kranker, oder gar eine Choleraleiche befindet. Der Kranke wurde durch den Arzt sofort in Behandlung

Grundlage der Cholera eine ihrer Natur nach unbekannte, im Innern des Bodens verlaufende, und von dort herauswirkende „Arbeit des Bodens“ (ein Bodenprocess) sei [1]). Das Beachtenswertheste hat aber Eckstein in seiner im „Orvosi Tár“ wie auch im Deutschen erschienenen Arbeit gelehrt [2]).

Nach Eckstein wäre das Wechselfieber die unterste Stufe der durch Sumpfmiasma verursachten Krankheiten, die Cholera aber die oberste [3]). Bei diesen Krankheiten erzeugt das Miasma der anwachsende Chemismus in den oberen Bodenschichten, welcher hauptsächlichst durch die Feuchtigkeit hervorgerufen wird. Er sagt sodann, dass die Cholera in der Umgebung von Pest mehrere Dörfer verschonte, obschon ihre Einwohner die inficirte Stadt zur Marktzeit regelmässig besuchten, und hebt hervor, dass die tief neben Flüssen gelegenen Gemeinden der Cholera unterworfen sind, hochliegende und reinliche Gemeinden aber verschont bleiben. Doch auch in der Stadt selbst verrieth die Cholera ihre Abhängigkeit von Bodenverhältnissen; so erschien sie, wie Eckstein sagt, in Ofen in der tief liegenden Wasser- und Raitzenstadt früher, und war heftiger, als in der höher gelegenen Christinenstadt und Festung. Endlich sollte man glauben, dass Eckstein bereits die ganze Pettenkofer'sche Theorie kannte, indem er zu dem Schlusse gelangt, dass die epidemische Ausbreitung der Cholera beeinflusst wird:

---

genommen (s. die Mittheilung von Dr. Cserszky in „Orvosi Tár“ Bd. V). Die „House-to-house-visitation“ ist also vielmehr eine ungarische als deutsche oder englische Erfindung. Uebrigens wurde die von Haus zu Haus geführte Controle auch in England nicht erst in 1848, sondern bereits in 1832 in der Gemeinde Hetton versucht, und bewährte sich vortrefflich. Insbesondere urgirte Kirk in Greenock ihre allgemeine Einführung. (Vergl. den Bericht von Farr über die Cholera der Jahre 1848/49. London 1852.)

[1]) Bemerkungen über die Choleraepidemie in Ungarn „Orvosi Tár“ III, p. 128 (ung.).

[2]) F. R. Eckstein, Die epidemische Cholera, beobachtet in Pest. Pest und Leipzig 1832.

[3]) Zu dieser Meinung bekannten sich auch viele andere Aerzte; so sind z. B. bei Canstatt (Handbuch der medic. Klinik, II. Aufl. Erlangen 1847, Bd. II, S. 295) die Malariakrankheiten folgendermaassen gruppirt:

Wechselfieber

klimatisches, recurrirendes, biliöses Fieber, Sumpffieber

Pest, Gelbfieber, Cholera

Dysenterie

1. Durch den Ort (Lage neben Flüssen, auf Moorboden, am Fusse niedriger Hügel; Strassen, deren Häuser auf solchem ungesundem Boden gebaut sind, etc.).

2. Sehr heisse Witterung mit kühlen Nächten (also eine zeitliche Disposition).

3. Durch gewisse Zustände der Personen (individuelle Disposition).

Unter gewissen Verhältnissen, sagt Eckstein, kann die Krankheit auch contagiös sein, aber nur insofern, als jede Krankheit zum Zeitpunkt ihrer höchsten Entwickelung einen contagiösen Charakter annimmt; damit aber die Cholera sich epidemisch ausbreiten könne, dazu gehört eine gewisse Vorbereitung des Bodens. Ohne diese, fügt er hinzu, könne z. B. ein Cholerakranker nach Paris gebracht werden und dort sterben, ohne dass er die Krankheit auch auf andere übertragen würde [1]).

Doch nicht bloss Eckstein, auch Andere, wie Steinheim, Heilbronn, Boubée u. A., haben sich anlässlich der Epidemie von 1831 bis 1832 dahin geäussert, dass die Cholera, gleich dem Wechselfieber, mit welchem sie in Verwandtschaft steht, von den Bodenverhältnissen abhängig ist; dass sie den felsigen Boden meidet, den Alluvialboden aber auffallend vorzieht. Auch anlässlich der Epidemie von 1848 bis 1849 wurde der Einfluss des Bodens auf die Cholera von mehreren Seiten hervorgehoben, darunter neuerdings von Boubée, welcher die Resultate seiner einschlägigen Untersuchungen in folgende Punkte zusammenfasste [2]):

1. Die Natur des Bodens hat einen unbestreitbaren Einfluss auf die hygienische Constitution des Ortes.

2. Die Cholera entwickelt sich mit grosser Constanz auf dem tertiären (alluvialen) Boden oder auch an solchen felsigen Orten, welche Feuchtigkeit absorbiren, und dadurch bei warmtrockner Witterung eine profuse Ausströmung (exhalaison) aus dem Boden zu Stande bringen.

3. Alles was die Durchtränkung des Bodens, die Verdunstung des Wassers am meisten verhindert, wird auch die Intensität der Cholera am besten beschränken.

---

[1]) l. c. S. 75.

[2]) Comptes rendus; séance du 25. Juin 1849.

Anlässlich derselben Epidemie richtete Fourcault mehrere Mittheilungen an die französische Akademie, in welchen er das Verhältniss des Bodens zur Verbreitung der Cholera verfocht. Indem er das Verhalten der Cholera in verschiedenen Gegenden verglich, gelangte er zur Ueberzeugung, dass der tief liegende Ort mit alluvialem Boden, besonders wenn dieser auch noch feucht ist, befördernd auf die Cholera wirkt. Dasselbe thun auch gewisse Gesteine, z. B. Kalk, kohlehaltiger Boden; andere hingegen, wie z. B. Sandstein, Quarzconglomerat, setzen ihr ein auffallendes Hinderniss entgegen u. s. w.

In London beobachtete Farr eine so strenge Abhängigkeit der Cholera von der erhöhten oder tiefen Lage des Bodens, dass er darauf ein ganzes Gesetz begründete, welches für die Zukunft die Mächtigkeit der Cholera an Orten von verschiedener Höhenlage in vorhinein ausdrückt, und die wissenschaftlichen Comités, welche über die englische Epidemie Berichte erstatteten, betrachteten den Einfluss der Bodenverhältnisse, insbesondere der tiefen und feuchten Lage auf die Cholera als ausser allem Zweifel stehend. Sehr lehrreich in dieser Richtung ist der von Baly und Gull verfasste Ausweis. In England starben in 1849 auf je 10 000 Einwohner [1]):

in 280	Districten	mit Uferlage	500,
„ 415	„	im Innern des Landes .	170.

Noch bestimmter sprach sich die Erfahrung dahin aus, dass die Entwickelung und Ausbreitung einer anderen Krankheit, des Gelbfiebers, mit den Processen der Erdrinde in causalem Nexus steht; von den allerersten Autoren bis zu den allerjüngsten hört man kaum von etwas Anderem sprechen, so wie sie die Entstehungsursache des Gelbfiebers erörtern, als von tiefliegendem, alluvialem Boden, welcher durch das Meer, durch Flüsse oder durch saisonnäre Regen durchfeuchtet wird, — vom Schmutz, welcher jenem Boden inhaerirt, und von der Wärme, welche diesen Schmutz in Gährung versetzt; vom hochgelegenen luftigen, trocknen und reinen Boden, welcher die Epidemie, trotz der stattgehabten Einschleppung, ausschliesst etc. [2]).

---

[1]) Reports on Epidemic Cholera, drawn up at the desire of the Cholera committee of the Royal College of Physicians. London 1854, p. 10.

[2]) Jameson äusserte sich auf der Versammlung deutscher Naturforscher in 1830 dahin, dass die Ursache des Gelbfiebers im alluvialen Boden gelegen ist; hier wird das Miasma aus pflanzlichen und animalen Substanzen, aus

Ich würde eine überflüssige Arbeit verrichten, und auch dem Leser mit einer solchen zur Last fallen, wollte ich dies mit Citaten bekräftigen. Hirsch hat in seinem unschätzbaren Werke [1]) die Autoren zusammengestellt, das Wichtigste ist darin aufzufinden.

Habe ich von den auf die Malaria bezüglichen neueren Untersuchungen diejenigen, welche den tellurischen Ursprung dieser Krankheit beweisen, noch eigens ins Gedächtniss zu rufen, und der Beachtung zu empfehlen? Ich müsste da wahrlich beinahe die gesammte Malaria-Literatur citiren [2]). Bezüglich dieser Krankheit entfallen selbst noch jene wenigen Ausflüchte, welche beim Gelbfieber aufgesucht und vorgewiesen werden, um die Unabhängigkeit der Krankheit vom Boden zu erhärten. Für das Wechselfieber wird die leitende Rolle des Bodens beim Entstehen und der Verbreitung acceptirt und als natürlich angesehen; es wird für diese Krankheit eingestanden, dass der Boden einen krankheiterregenden Stoff producirt, welcher sich an gewissen Orten und zu gewissen Zeiten mehr entwickelt, als anderswo und ein andermal.

Lässt man die Reihe der Gelehrten und den in ihren Werken entwickelten Ideengang Revue passiren, so kann unmöglich geleugnet werden, dass unter den Aerzten hinsichtlich vieler epidemischer Krankheiten zu jeder Zeit und bis zu unseren Tagen die Ueberzeugung fortlebte, dass es der Boden ist, unter dessen Einflusse diese Krankheiten sich zu Epidemien entwickeln. Die Bodentheorie stützt sich daher auf die ärztliche Erfahrung; sie ist eine alte und keine so aufs Geradewohl

---

Erden und Salzen durch die Einwirkung des Wassers erzeugt. S. Magazin für ausländische Literatur. Hamburg Bd. XXI (1831), S. 382. Die Untersuchungscommission des Staates New-Orleans giebt ihre Meinung nach dem Studium des Gelbfiebers dahin ab, dass das Gelbfieber an gewissen Orten durch gewisse Witterungen erzeugt wird, s. Horton, Diseases of the Tropical Climates. London 1879, p. 145.

[1]) Hirsch, Handb. der histor. geogr. Pathlg., Bd. I, S. 61 ff. Vergl. auch Hirsch's Abhandlung über die neuesten Anschauungen in „Deutsche Vierteljahrsschrift für öffentliche Gesundheitspflege", Bd. IV, Heft 3, S. 353.

[2]) Sehr lehrreich ist diesbezüglich wieder die Zusammenstellung von Hirsch in seinem oben citirten Werke; desgleichen auch Griesinger in Virchow's Handbuch der speciellen Pathologie und Therapie; Abthlg. Infectionskrankheiten. Erlangen, 1864, S. 8 ff. Herz giebt in dem Ziemssen'schen Sammelwerke die Aetiologie der Malaria ganz nach Hirsch, wobei er den einem gründlichen Gelehrten unverzeihlichen geographischen Irrthum begeht, zu behaupten, in Deutschland sei das ungarische Tiefland die berüchtigtste Malariagegend. S. Ziemssen's Handbuch der speciell. Pathologie und Therapie. Leipzig 1874, Bd. II, Abthlg. 2, S. 532.

hervorgezerrte, neugebackene Theorie. Ich denke, dass der hier gebotene kurze historische Abriss hierüber keinen Zweifel aufkommen lässt.

Je mehr wir aber in die Vergangenheit zurückblicken, je mehr wir die Denkungsart vergangener Decennien, um nicht zu sagen vergangener Jahrhunderte erkennen: um so berechtigter ist unser Vorwurf gegen die Männer der Wissenschaft, dass sie sich so wenig Musse nahmen, über eine so wichtige Frage durch Forschung und Untersuchung Licht zu verbreiten. Jener Chemiker, welcher die Beobachtung machte, dass irgend ein Theil aus der Luft verschwindet, wenn man sie mit Nitroxydgas vermengte, fand nicht Rast noch Ruhe, bis es ihm gelang, durch langwierige Experimente und Untersuchungen zu eruiren, was aus der Luft verbraucht worden war und weshalb es geschah. Dasselbe gilt für die übrigen Zweige der Naturwissenschaften, — auch für die meisten Disciplinen der Medicin, für die Physiologie, für die Pathologie. Nur der sich mit den Krankheitsursachen befassende Arzt begnügte sich damit, die bei der Ausbreitung von Epidemien ins Auge fallenden Erscheinungen wahrzunehmen; höchstens liess er sich noch in ihre theoretische Erörterung und Missdeutung ein, in exacte Untersuchungen aber nicht. Es ist demnach nicht zu verwundern, dass der Glaube an den Einfluss des Bodens wohl zu jeder Zeit bestand, dass er aber Glaube blieb, und nicht zum Wissen, nicht zur Wissenschaft gedieh; es ist nicht zu verwundern, dass selbst dieser Glaube, so wie sich die medicinische Wissenschaft in einer anderen Richtung mächtig weiter entwickelte, allmälig beinahe in Vergessenheit gerieth, und keiner weiteren Aufmerksamkeit gewürdigt wurde.

Pettenkofer löste den Staar von unseren Augen, als er in seinen zwei beinahe zur selben Zeit erschienenen grossen Werken [1]) die Bodentheorie auf den ihr gebührenden Rang erhob, und zu ihrer wissenschaftlichen Erforschung die Richtung und den Weg erschloss.

Es bleibt ein unverjährbares Verdienst Pettenkofer's um die Epidemiologie, dass es ihm gelang, die Aufmerksamkeit der Forscher auf den Boden zu lenken, und sie in dieser Richtung zu ernsterer Nachforschung anzuregen; denn unzweifelhaft ist es der

[1]) Pettenkofer, Untersuchungen und Beobachtungen über die Verbreitungsart der Cholera. München 1855, und Hauptbericht über die Choleraepidemie im Jahre 1855. München 1857, S. 1 bis 378.

grösste Fortschritt auf epidemiologischen Gebieten in unserem Jahrhundert, dass unter den Aerzten das klare und deutliche Bewusstsein festen Fuss gewonnen: der Boden selbst — wenn auch nicht für sich allein — ist die regulirende Macht bei der epidemischen Entwickelung der Malaria, Gelbfieber, Pest, Cholera und vielen anderen Krankheiten, welches Bewusstsein unter den ausgezeichnetsten und denkendsten Aerzten immer mehr Terrain gewinnt und der Forschung immer mehr strebsame Mitarbeiter zuführt [1]).

In den Naturwissenschaften geht es uns mit den meisten Fragen, wie dem Reisenden in Gebirgsgegenden. Von Weitem sehen wir Hügel, und meinen: gelingt es uns nur einmal sie zu erklimmen, so werden wir alles rings umher sehen; ist man aber auf der Höhe angelangt: so erfährt man, dass sich dahinter eine noch höhere Hügelreihe gen Himmel erhebt. Auch diese haben wir erklommen; immer höhere Gipfel erheben sich bis ins Unendliche, wohin wir nie, vielleicht gar nie gelangen. So geht es uns mit der Bodentheorie. Nachdem wir ihren heutigen Stand erreicht haben, sehen wir erst, welche Fülle von Fragen durch Nachforschung zu lösen ist, bis wir jene Naturkräfte — welche es bewirken, dass sich die Epidemie, diese alte Ausgeburt des Götterzornes, vor dem Erdenstaub beugen muss — auch nur in ihren Hauptzügen werden erkannt haben.

Auf welche Weise übt der Boden seinen Einfluss auf gewisse epidemische Krankheiten? So steht heute die Frage; in dieser Richtung haben sich die auf den Boden abzielenden ätiologischen Forschungen zu bewegen. Solche Forschungen bilden das Substrat meiner vorliegenden Arbeit.

Ich werde im Folgenden untersuchen: das Verhalten der Bodenarten zu den verunreinigenden Substanzen, die Bedingungen

---

[1]) Die Arbeiten von Pettenkofer über den Boden sind so zahlreich und grösstentheils so bekannt, dass ich es unterlassen kann, sie hier anzuführen. Den Geist seiner Arbeiten geben gedrängt und mehr weniger getreu wieder: Wille, Ueber den Einfluss des Bodens auf die Verbreitung der indischen Cholera. München 1875; dann Eulenburg's Real-Encyclopädie der gesammten Heilkunde. Art. Boden, aus der sorgsamen Feder von Soyka. Vergl. ferner Typhus abdominalis von Liebermeister und Rückfallfieber, Flecktyphus und Cholera von Lebert in Ziemssen's Handbuch, Bd. II. Sie kennzeichnen alle den Standpunkt, zu welchem die Aetiologie bezüglich mehrerer epidemischer Krankheiten gelangt ist, und stellen als über jede Controverse erhaben die Theorie hin: dass der Boden auf die Ausbreitung gewisser Infectionskrankheiten einen Einfluss besitzt.

und Erscheinungen der Zersetzungsvorgänge im Boden[1]); ich werde im Boden von Budapest jene Processe untersuchen, welche hier auf die Fäulniss und die Verwesung einfliessen, sowie auch den Ausdruck dieser chemischen Processe: die Kohlensäure der Grundluft und ihre Schwankungen. Ich werde untersuchen, wie in den verschiedenen Theilen der Stadt der Boden in verschiedenen Tiefen qualitativ und quantitativ verunreinigt ist; zum Schlusse werde ich die Veränderungen in den Bodenverhältnissen nach Zeit und Ort mit dem zeitlichen und örtlichen Verhalten vergleichen, welche an den epidemischen Krankheiten in Budapest zu beobachten waren. Und wenn diese Arbeit auch arm an positiven Ergebnissen ist, so mag das Jenen zur Lehre gereichen, die mit mehr Kraft und Einsicht im Stande und Willens sind, an die Klärung dieser höchst wichtigen wissenschaftlichen Fragen zu schreiten.

---

[1]) Die hierher gehörigen Versuche habe ich theilweise schon in 1874 bis 1875 ausgeführt, wie ich das an den betreffenden Stellen noch hervorheben werde.

Erstes Capitel.

Verhalten der organischen Substanzen im Boden.

Das Absorptionsvermögen des Bodens.

Beim heutigen Stande unserer Kenntnisse können wir die Quelle der Fähigkeit des Bodens Krankheiten zu erzeugen in nichts Anderem suchen, als in den organischen Substanzen, welche im Boden enthalten sind, und in ihren verschiedenen Zersetzungsverhältnissen. Folgerichtig muss auch der erste Schritt bei Bodenuntersuchungen dem Verhalten der organischen Substanzen gelten.

Vor etwa einem halben Jahrhunderte füllte der Apotheker Bronner eine Weinflasche mit gesiebter Gartenerde, schlug den Boden der Flasche heraus und goss hier in kleinen Parthien eine dicke stinkende Düngerjauche auf. Er fand, dass die abtropfende Flüssigkeit rein und beinahe geruchlos war[1]). Seitdem begann die Chemie diesem Absorptionsvermögen des Bodens mit Aufmerksamkeit nachzuforschen. Besonders interessirten sich dafür Agriculturchemiker, wie Thompson, Huxtable, Völcker, Liebig, Way[2]), dann Frankland u. A. Der Letzterwähnte stellte Untersuchungen an, welche darauf abzielten, ob und in welcher Menge es möglich sei, Spüljauche über Felder zu leiten, ohne dass der Boden bis zur Fäulniss inficirt werde.

---

[1]) S. Ad. Meyer, Lehrbuch der Agriculturchemie. Heidelberg 1871, II. Theil, S. 77. Andere behaupten von Gazzeri, einem italienischen Chemiker, dass er in seinem Buche über die Düngung dieses Reinigungsvermögen des Bodens zuerst beschrieben hätte. S. Orth, Versuchsstationen 1873, S. 56.

[2]) Vergl. Dettmer, Die naturwissenschaftlichen Grundlagen der allgemeinen Bodenkunde 1876, S. 313 ff.

Frankland hat gefunden, dass auf einen Sandboden von einem Quadratmeter Oberfläche und Mächtigkeit täglich 25 bis 33 Liter (auf einen Cubikyard 7,6 Gallonen) Londoner Canalwasser gegossen werden können, mit dem Ergebnisse, dass das abfliessende Wasser ganz rein bleibt und dass in diesem die aufgegossenen organischen Substanzen in der Gestalt von Oxydsalzen (Nitrate, Carbonate) erscheinen [1]). Dieses Reinigungsvermögen des Bodens ist wahrhaft staunenswerth; der ganze Process verläuft sofort unter unseren Augen; die chemische Verbrennung der organischen Substanzen ist fast so rasch und mit den Augen zu verfolgen, wie die gewöhnliche Verbrennung. Der ganze Process kann als Vorlesungsversuch demonstrirt werden. Nimmt man eine $1\frac{1}{2}$ bis 2 m lange, 2 bis 3 cm im Durchmesser fassende Röhre, füllt sie mit irgend einer Bodenart (besonders mit humushaltigem Sand) und giesst kleinweise, in kurzen Intervallen einen zehnfach verdünnten faulenden Harn auf: so erscheinen die ersten Tropfen an der unteren mit Watte leicht verschlossenen Oeffnung der senkrecht gestellten Röhre nach 24 bis 48 Stunden. Giesst man nun einige weitere Cubikcentimeter Flüssigkeit auf den Boden, so werden alsobald auch unten einige Cubikcentimeter Wasser abtropfen. Dieses abgetropfte krystallklare, farblose (eventuell gelbliche) und geruchlose Wasser wird (durch Chamäleonlösung oxydirbare) organische Substanzen und Ammoniak in geringer Menge oder gar nicht aufweisen, während die aufgegossene Flüssigkeit an beiden sehr reich ist; andererseits wird in der letzteren nicht einmal eine Spur von Salpetersäure nachzuweisen sein, während das abgetropfte Wasser daran sehr reich ist.

Es möge hier das Resultat einer solchen Probefiltration Raum finden; je 100 cbcm der aufgegossenen und abgetropften Flüssigkeit enthielten:

	aufgegossen	abgeflossen
Ammoniak	140,0 mg	1,75 mg
Org. Substanzen (Chamäleonprobe) .	750,0 „	19,2
Nitrate und Nitrite	2,5 „	92,0 „

Ebenso eclatant ist auch der Versuch von Lissauer [2]). Giesst man auf den Boden in der Glasröhre in Wasser vertheilte Stärke,

[1]) S. Reinigung und Entwässerung Berlins, Anhang I, S. 120. Desgleichen Schlösing's Abhandlung in Annales d'hygiène publique 1877, Heft 2; dann die Untersuchungen von Helm und Lissauer über die Danziger Rieselfelder in der Vierteljahrsschrift für öffentliche Gesundheitspflege 1875, Heft 4.

[2]) Vierteljahrsschrift für öffentliche Gesundheitspflege 1875, S. 732, und 1876, S. 582.

so wird man im abtropfenden, krystallklaren Wasser nicht einmal Spuren von Stärke antreffen.

Derselbe Versuch kann mit irgend einer farbigen Flüssigkeit, z. B. mit einer wässerigen Anilinlösung, wiederholt werden; das abtropfende Wasser wird farblos sein.

Um vieles interessanter und wichtiger sind noch die Versuche von Falk, welcher verschiedene und eben in hygienischer Beziehung wichtige Substanzen durch Bodenproben filtrirte. Er fand, dass z. B. Emulsin, Myrosin, das Speichelferment, das Virus des septicaemischen Blutes, das wirksame Princip von Anthraxblut etc. alle durch den Boden zurückgehalten werden, wenn sie aufgegossen wurden; dass in dem abtropfenden Wasser von den aufgegossenen Alkaloiden und Fermenten nicht einmal Spuren mehr aufzufinden sind [1]).

Diese und ähnliche Versuche haben bei den Chemikern die Ueberzeugung wachgerufen, dass im Boden die hineingerathenen organischen Substanzen verbrennen, oxydirt werden. Doch mussten sie sich sehr bald davon überzeugen, dass die abgeflossenen Oxydationsproducte weniger betragen, als die auf den Boden gegossenen Substanzen. Zuweilen verlor sogar das durch den Boden sickernde Wasser seine organischen Substanzen und seinen Stickstoff ganz, ohne dass an ihre Stelle auch nur Spuren von anderen stickstoffhaltigen Verbindungen getreten wären. Es war das der Fall z. B. bei Torfboden, mit welchem Frankland experimentirte [2]).

Da nun, wie ersichtlich, nicht die ganze organische Substanz, welche in den Boden gerieth, darin oxydirt wird, taucht die Frage auf, was mit jenem Theil der organischen Stoffe geschieht, welcher nicht verbrennt? Wir werden es im Vorhinein errathen: er wird gewiss im Innern des Bodens angeschlemmt zurückbleiben, an der Oberfläche der Sand- und Lehmkörnchen kleben, und hier seinem ferneren Loose entgegensehen.

Bezüglich des in der Flüssigkeit bloss suspendirt herumschwimmenden organischen Detritus ist es ganz natürlich und gewiss, dass er aus dem weiter filtrirenden Wasser auf diese Weise zurückgehalten wird [3]).

---

[1]) Vierteljahrsschrift für gerichtliche Medicin und öff. Sanit. Wesen 1877, Juliheft, S. 95 ff.

[2]) A. a. O. S. 12[illegible] ff.

[3]) Lissauer, Hyg. Studien über Bodenabsorption. Vierteljahrsschrift für öffentl. Gesundheitspflege, 1876, S. 582 ff.

Doch was geschieht mit der gelösten organischen Substanz? Wie wird diese durch den Boden gebunden?

Der Agriculturchemie ist es längst bekannt, dass der Boden die Fähigkeit besitzt, aus Lösungen gewisse Substanzen abzuscheiden und zu binden, ohne dass er sie chemisch verändern, zersetzen würde. So bindet der Boden z. B. Ammoniak, Kali, Magnesia, Phosphor- und Kieselsäure etc.[1]), hingegen z. B. Natron, Chlor, Kalk, Salpeter- und salpetrige Säure in viel geringerem Grade. Dass bei diesen Abscheidungen ausser der chemischen Wirkung auch noch andere Kräfte mitspielen, ist vorauszusetzen, obschon wir über die Natur der letzteren Kraft keinen irgendwie sicheren Begriff, keine Kenntniss besitzen. Im Allgemeinen wird dieses Abscheidungs- und Bindevermögen der Attraction der Oberfläche, der absorbirenden Eigenschaft des Bodens zugeschrieben[2]).

Ueber diese Naturkraft wird ein einfacher Versuch ein merkwürdiges Zeugniss ablegen, so dass wir sie sogleich Jedermann demonstriren können.

Bringt man auf ein aus gutem Filterpapier bereitetes Curcumapapier einen Tropfen Kalk oder Barytwasser, oder gar Kalilauge, oder aber diluirte Schwefelsäure auf blaues Lackmuspapier: so wird man sehen, dass sich an einer kleinen kreisförmigen Stelle, wohin die Kalilauge oder die Schwefelsäure getropft war, das Curcumapapier bräunt, resp. das Lackmuspapier röthet, über diese Grenze hinaus aber nicht, trotzdem dass das Papier in einem weiten Umkreise angefeuchtet wird. Es ist zweifellos, dass die feinen Papierfasern in dem Momente, als die Kalilauge auftropfte, das Kali auch schon ausscheiden und an ihrer Oberfläche festhalten und nur dem zur Lösung dienenden Wasser gestatten, dass es zwischen den Fasern weiter sickere. Eine chemische Kraft, eine chemische Bindung kann bei dieser Ausscheidung nicht mitspielen, sondern nur eine physikalische Kraft: die Attraction der porösen, grossen Oberfläche.

Ein ebenso lehrreicher Versuch kann auch auf andere Art ausgeführt werden. Man löse Strychnin in viel Wasser auf, und tropfe es auf die Oberfläche einer Bodenprobe; sehr bald wird

---

[1]) Vergl. Liebig (Zöller): Die Chemie in ihrer Anwendung auf Agriculturchemie und Physiologie, 1875, S. 117 ff.

[2]) Nähere Aufklärungen siehe in den agricultur-chemischen Lehrbüchern; desgleichen: Pillitz in den Mittheilungen der ungarischen Akademie der Wissenschaften und Centralblatt für Agriculturchemie, Bd. 8 und 9. Knop, Armsby, Bemmelen und Andere (Centralblatt f. Agric.-Chemie 1878) etc.

unten krystallklares Wasser abfliessen, welches keine Spur von Strychnin enthält, während die oberflächliche Schichte des Bodens eine starke Strychninreaction ergiebt. Bringt man Proben der einzelnen Schichten unter das Mikroskop, so wird man finden, dass in dieser oberflächlichen Bodenschichte sehr feine, nadelförmige, in einander verfilzte Strychninkrystalle enthalten sind, während die tieferen Schichten von Strychnin frei blieben.

Ganz derselbe Versuch kann noch mit vielen anderen Substanzen, mit Stärke, mit farbigen Lösungen etc. bei ganz ähnlichem Ergebnisse ausgeführt werden: man wird die aufgegossene gelöste Substanz an der Oberfläche des Bodens, zwischen den Bodenpartikeln und zum Theil ihnen anhaftend wieder finden.

Aus diesen Erfahrungen kann schon a priori gefolgert werden, dass, als Falk bei seinen Filtrationsversuchen beobachtete, dass die abtropfende Flüssigkeit alle jene Bestandtheile verloren hatte, welche die aufgegossene Flüssigkeit besass (das Emulsin, das Myrosin, das Speichelferment, das wirksame Agens des Milzbrandes etc.) [1]), dies nicht nur darum erfolgte, weil jene Substanzen im Innern des Bodens vernichtet wurden, sondern vielmehr darum, weil sie an der Oberfläche des Bodens haftend, dort zurückgehalten wurden, während die reine Flüssigkeit abfloss, gerade so, wie das mit der auf Löschpapier getropften Kalilösung geschieht.

Diese Ausscheidung verschiedener organischer Substanzen im Boden erkennt in einer späteren Arbeit [2]) auch Falk selbst an; am besten werden uns aber etliche zweckdienliche Versuche darüber aufklären.

Giesst man auf Bodenproben (z. B. Pester Sandboden) eine Amygdalinlösung kleinweise auf, so wird man im abfliessenden Wasser keine Spur von Amygdalin auffinden; mit frisch bereiteter Emulsion aus süssen Mandeln giebt es den charakteristischen und schon bei ungemein geringer Menge wahrnehmbaren Hydrocyangeruch nicht. Man wäre versucht anzunehmen, dass sich das Amygdalin im Innern des Bodens einfach zersetzt hat; doch verhält sich die Sache anders.

Schneidet man die Glasröhre sammt der darin enthaltenen Bodenprobe in 3 bis 4 Theile und stellt man die Probe z. B. mit jenem Boden an, welcher im obersten Theile der Röhre enthalten

---

1) A. a. O. 1877, Juliheft, S. 95 ff.
2) Vierteljahrsschrift f. gerichtl. Medicin 1878, Octoberheft, S. 282.

war, so wird man finden, dass dieser Boden, also die oberflächliche Schichte, eine sehr starke Amygdalinreaction liefert. Die folgende tiefere Bodenschichte wird eventuell auch noch eine Amygdalinreaction aufweisen, doch eine um vieles schwächere; die noch tiefere Schichte enthält aber gar kein Amygdalin mehr. Das aufgegossene Amygdalin langte also in dem Sammelgefäss deshalb nicht an, weil es durch die obere Bodenschichte hastig angezogen und gebunden wurde.

Zum selben Ergebnisse wie das Amygdalin führt z. B. auch der folgende Versuch: Giesst man auf eine in einer Glasröhre enthaltene Bodenprobe eine mit Wasser verdünnte Ptyalinlösung (frischen Speichel) partienweise auf, so wird das abfliessende Wasser frei von Ptyalin sein. Untersucht man nun auch hier die oberen, mittleren und unteren Bodenschichten getrennt, so wird man dort reichhaltiges Ptyalin antreffen, und zwar um so mehr, eine je obere die untersuchte Bodenschichte ist. Filtrirt man frischen Magensaft (Pepsin) durch den Boden, so gelangt man ganz zu demselben Resultate.

Ich habe auch putride Substanzen einer Filtration durch den Boden unterworfen. Ich liess einen Kälbermagen mit Wasser übergossen faulen, und als er schon sehr übel roch, goss ich etwa 100 ccm einer trüben, sehr übelriechenden Flüssigkeit ab, welche ich zu 5 ccm auf eine 400 ccm betragende Bodenprobe aufgoss, bis nicht der ganze Boden durchfeuchtet war, und unten einige Cubikcentimeter sehr reiner geruchloser Flüssigkeit abtropften. Von der oberen und unteren Schichte des Bodens, welcher zur Filtration gedient hatte, entnahm ich geringe Mengen, verrieb sie mit wässerigem Glycerin, liess sie absetzen, und injicirte je zwei Cubikcentimeter dieser Flüssigkeiten Kaninchen unter die Rückenhaut. Das Resultat der Injection ist aus der folgenden Tabelle ersichtlich (Kaninchen A erhielt die Substanz aus der unteren Bodenschichte, Kaninchen B von der Oberfläche)[1]):

[1]) Die Unmasse des hier zu bewältigenden Materials erlaubt mir nicht, dass ich diese und viele andere meiner Versuche detaillirt beschreibe und umständlich erörtere. Ich denke den Hauptzielen meiner Aufgabe hinlänglich zu entsprechen, wenn ich den charakteristischen Zug des Versuches: den Thatbestand, wiedergebe.

	Kaninchen A.		Kaninchen B.	
	Temperatur	Körpergewicht	Temperatur	Körpergewicht
1879. 16. April Morgens	38,8° C.	488 g	38,7° C.	529 g
„ 17. „ „	38,8 „	480 „	38,7 „	517 „
Injection Mittags				
1879. 18. April Morgens	38,7° C.	487 g	37,6° C.	497 g
„ 19. „ „	38,7 „	498 „	38,5 „	494 „
„ 20. „ „	39,6 „	510 „	39,0 „	508 „
„ 21. „ „	39,4 „	502 „	37,0 „	512 „

Kaninchen B verendete am 21. Abends unter clonischen Krämpfen und heftigen opisthotonischen Anfällen. Einen detaillirten Sectionsbericht kann ich füglich weglassen, um so mehr als ich ausser den allgemeinen Symptomen der septischen Infection nichts Auffallendes vorfand. Beim anderen Kaninchen verhielten sich Temperatur und Körpergewicht an den nächsten Tagen wie folgt: 39,5° — 500 g, 38,5° — 492 g, 39,1° — 492 g, 39,2° — 510 g, 39,2° — 535 g, etc.

Die verschiedenen organischen Substanzen werden also an der Oberfläche des Bodens gesammelt und condensirt; der Boden lässt sie nicht so leicht durch sich passiren.

Auffällig ist es, dass der Boden nicht eine jede organische Substanz auf seiner Oberfläche in gleichem Grade bindet, sowie er auch die anorganischen Salze ungleichmässig in sich anhäuft. Es wäre sehr interessant zu erfahren, welche Substanzen durch den Boden am besten, und welche weniger zurückgehalten werden [1]); um das zu entscheiden, reichen aber die vorliegenden Untersuchungen nicht aus.

Bei länger fortgesetztem Filtriren werden übrigens schliesslich auch die erwähnten Substanzen den Boden durchdringen. So besonders das Ptyalin, während dass Amygdalin selbst nach längerer Filtration nur sehr langsam in die tieferen Bodenschichten vorzudringen schien. Der Boden verhält sich diesen Substanzen gegenüber scheinbar wieder ganz ähnlich, wie z. B. gegen das Ammoniak, die Phosphorsäure etc., von welchen Substanzen er

---

[1]) Fett, Glycerin werden vom Boden nicht gebunden, hingegen das Eiweiss um so mehr. Vergl. Falck, Vierteljahrsschr. für gerichtl. Med. 1877, S. 99, 104.

gleichfalls nur bestimmte Mengen an der Oberfläche bindet, während der Ueberschuss allmälig abfliesst.

Es ist also evident, dass das Erscheinen nicht oxydirter organischer Substanzen in dem Wasser, welches durch den Boden gesickert war, oder in den tieferen Bodenschichten darauf hinzeigt, dass der Boden mit jenen Substanzen übersättigt ist, dass er sie weder in ihre mineralischen Bestandtheile zerlegen, noch an seiner Oberfläche mehr binden kann.

Diese Uebersättigung des Bodens, die Anschlemmung der organischen Substanzen erfolgt hauptsächlich an jenen Theilen des Bodens, wo der Schmutz in den Boden eindringt; in der Regel also an der Bodenoberfläche, doch auch — z. B. neben schadhaften Canälen und durchlässigen Senkgruben — in den tieferen Schichten. Diese allmälige Anhäufung der organischen Substanzen in den oberen Bodenschichten wird durch eine Untersuchung von Schlösing über die Bodenschichten der mit Sielwasser berieselten Felder von Gennevilliers illustrirt. Besagter Boden enthielt in je 1000 g der verschiedenen Tiefen entnommenen Proben die folgenden Mengen von organischem Kohlenstoff (C) und Stickstoff (N)[1]:

	Lehmboden		Kiesboden	
	C	N	C	N
An der Oberfläche	22 g	2,3 g	16,3 g	1,5 g
0,5 m tief	8,3 „	1,1 „	3,2 „	0,35 „
1,0 m tief	6,1 „	1,0 „	—	—
1,5 m tief	—	—	0,4 „	0,06 „

Auch meine später des Näheren zu beschreibenden Bodenanalysen zeigen, dass sich der Schmutz grösstentheils in den oberflächlichen Schichten anhäuft. Ich erhielt nämlich bei diesen Analysen in den Tiefen von 1, 2 und 4 m im Durchschnitte die folgenden Mengen von organischem Stickstoff und Kohlenstoff pro 1000 g Boden:

	I m	II m	IV m
Organischer Stickstoff (N)	403 mg	321 mg	210 mg
„ Kohlenstoff (C)	4670 „	4810 „	2900 „

[1]) Annales d'hygiène publique et de médecine légale 1877, II. 2.

Daraus folgt, dass der Schmutz, welcher aus den Aborten und Sielen aussickert, die Abfallstoffe, welche dem Boden zugeführt werden, vor allem die zunächst gelegene Erdschichte durchtränken, und dass nur jene Menge von hier weitersickert, welche durch diese Bodenschichte nicht mehr gebunden werden kann. Auch diese Folgerung wird durch die Erfahrung bestätigt. Meine Untersuchungen beweisen, dass der Boden in der Nähe der Aborte im Durchschnitte verunreinigter ist, als entfernter von ihnen.

Es muss demnach gleichfalls der Bindekraft des Bodens zu Gute geschrieben werden, dass die Verunreinigung, welche unsere Aborte und Siele verursachen, in der Regel eine auf einen engeren Raum beschränkte Schädlichkeit ist, und sich selten auf grössere Gebiete erstreckt. So kann der Boden zweier Nachbarhäuser in Bezug auf Verunreinigung ungemein verschieden sein, in dem einen kann er verschlammt, zu einem faulenden Düngerhaufen verwandelt, in dem anderen aber eine Lehm- oder Sandschichte sein, welche ihre ursprüngliche Reinheit im Grossen und Ganzen bewahrt hat. Beim Grundwasser dürfte eine Verunreinigung oder ein Reinbleiben in so engem Kreise, so circumscript an das Haus gebunden, kaum vorkommen.

Bei der ätiologischen Erforschung des localen Vorherrschens der Infectionskrankheiten ist also auf das Vermögen des Bodens, den Schmutz zu binden, und auf die Möglichkeit einer sehr verschieden gradigen Verunreinigung des Bodens aneinander stossender Grundstücke ein besonderes Augenmerk zu richten.

Das Niederschwemmen der organischen Substanz in tiefere Bodenschichten.

Die nächste Frage, welche ob ihrer hygienischen Bedeutung unsere Aufmerksamkeit fesselt, ist die: was wohl mit jenen organischen Substanzen geschehe, welche in Folge der oben dargelegten Verhältnisse im Boden angeschwemmt werden.

Diese Abfallsstoffe werden durch das Regen- und Bodenwasser von Zeit zu Zeit in die Tiefe gesenkt. So oft Regen in solcher Menge auf die Bodenoberfläche fällt, dass er einen Theil seiner Feuchtigkeit in die Tiefe gelangen lassen kann, wird das nach abwärts sickernde Wasser einen Theil der oben angehäuften organischen Substanz mit sich reissen, und nach abwärts den tieferen Bodenschichten zuführen.

Doch soll man nicht denken, dass dieses Niederschwemmen etwa rasch vor sich gehe und dass es auch den Schmutz bis in jene Tiefe hinunter reisst, bis wohin das Regenwasser selbst gelangt. Mit Nichten. Die organischen Substanzen werden durch den Wasserstrom in Bewegung gesetzt und sinken etwas tiefer, doch setzen sie sich hier alsobald wieder fest. Dieses Verhalten wird durch den bereits citirten Lissauer'schen Versuch mit Amylumkörperchen sehr deutlich illustrirt [1]).

Auf diese Weise wird der Regen die organischen Substanzen auf eine grössere Bodenfläche vertheilen, die Möglichkeit ihrer Zersetzung befördern, und dadurch wohl auch den Zersetzungsprocess im Boden selbst erhöhen.

Das Niederschwemmen im Boden enthaltener Stoffe kann sehr lehrreich durch Versuche illustrirt werden, in welchen man Bacterien in die tieferen Schichten niederschwemmen lässt.

Füllt man z. B. eine etwa $1^1/_2$ m lange Glasröhre mit feinkörnigem Sande, lässt diesen gut absetzen (durch Aufstossen) und erhitzt ihn allmälig in einem chemischen Verbrennungsofen, so wird man eine Bodenschichte erhalten, mit welcher ein Versuch auf das Niederschwemmen der Bacterien angestellt werden kann. Das untere verjüngte Ende der Röhre reicht in ein Glaskölbchen, dessen Mündung mit Watte sorgfältig verschlossen ist, und in welchem sich Hausenblaselösung befindet. Diese wird ausgekocht, damit das untere Röhrenende und die Watte desinficirt werde. Nun giesst man auf die Oberfläche der Bodenprobe 4 bis 5 ccm faulenden Harn. Allmälig wird der Boden durchtränkt werden, und die faulige Flüssigkeit beginnt in die ausgekochte Ichthyocollalösung abzutropfen. Wurde das Aufgiessen genug langsam vorgenommen, so wird man sehen, das die Ichthyocolla nicht in Fäulniss geräth, zum Zeichen dessen, dass die Bacterien, beim langsamen Filtriren, durch den Boden vollständig zurückgehalten wurden.

Vom obigen wesentlich verschieden ist das Versuchsergebniss, wenn die Filtration schnell erfolgte; das Wasser wird dann suspendirte Substanzen, z. B. Bacterien, viel leichter fortreissen. Giesst man nicht 4 bis 5 ccm, sondern auf einmal 20 bis 50 ccm destillirtes Wasser auf den Boden so wird der niedergehende starke

[1]) Vierteljahrsschrift für öffentl. Gesundheitspflege 1876, S. 583.

Strom die Bacterien jetzt mitreissen und die Ichthyocolla wird faulen.

Ganz besonders rasch werden die Bacterien durch das schwankende Grundwasser in die Tiefe gerissen. Diesbezüglich kann der Versuch auf folgende Weise vorgenommen werden: Das untere verjüngte Ende der ausgehitzten Glasröhre leite man durch einen Kautschukstöpsel in das Gefäss mit Ichthyocolla; in der zweiten Bohrung des Stöpsels sei eine gebogene Glasröhre untergebracht, deren Lumen mit Watte ausgefüllt ist. Man koche nun den ganzen Apparat aus, und giesse auf den Boden faulenden Harn; die Ichthyocolla wird im Fläschchen rein bleiben und nicht faulen. Bläst man nun in die gebogene Glasröhre und treibt auf diese Weise die Ichthyocolla in der mit Boden gefüllten Röhre beinahe bis an die Oberfläche, und lässt sie dann rasch wieder auf ihren Platz zurückfliessen, so wird man sehen, dass sie alsobald zu faulen beginnt, zum Beweise dessen, dass dieses schwankende Grundwasser Bacterien mit sich niedergeschwemmt hat, welche im Uebrigen durch das aufgegossene, resp. das langsam niedersickernde Regenwasser kaum in die Tiefe geschwemmt worden wären.

Dieser Versuche werden wir uns bei den Betrachtungen über die Verunreinigung des Grundwassers zu erinnern haben.

Es lohnte sich sehr der Mühe zu erfahren, wie sich verschiedene Bodenarten bei dieser Filtration der organischen Substanzen, bei dem Zurückhalten der Bacterien verhalten.

Es hat a priori sehr viel Wahrscheinlichkeit für sich, dass ein Boden mit sehr feinen Poren (z. B. Thon, Mergel) die organischen Substanzen und Bacterien kräftiger zurückhält, als Sand oder Kies; doch stehen in dieser Richtung derzeit keine speciellen Untersuchungen und positiven Resultate zu unserer Verfügung.

Die Zersetzung der Abfallsstoffe im Innern des Bodens.

Die organische Substanz, welche durch den Regen oder durch das Grundwasser nach abwärts geschwemmt wurde, verblieb im Ganzen noch immer in ihrem chemischen Zustande. Welcher Veränderung wird sie nun später unterliegen?

Es erleidet keinen Zweifel, dass jede organische Substanz im Innern des Bodens schliesslich doch zersetzt wird; doch kann die zur Zersetzung beanspruchte Zeit eine sehr verschiedene sein.

Die vollkommene Zersetzung einiger organischer Substanzen erfolgt nicht so rasch, als dies in den oben angeführten Filtrirversuchen geschah (s. S. 18), sondern sie widerstehen sehr hartnäckig. Andere hingegen werden wieder sehr leicht zersetzt. Ein interessanter Gegensatz ist gerade in dieser Beziehung zwischen dem bereits erwähnten Emulsin (Emulsion aus süssen Mandeln) und dem Amygdalin zu beobachten. Wird ersteres auf den Boden gegossen, so verschwindet es von der Aufgussstelle sehr bald, während das Amygdalin im Innern des Bodens auch viele Wochen später noch nachweisbar ist, also nicht gänzlich zersetzt wurde. Ebenso kann ich das Ptyalin anführen. Auch dieses widersteht im Innern des Bodens, im feuchten oder trocknen Zustande der gänzlichen Zersetzung wochenlang; ein mit Ptyalin benetzter Boden lässt auch noch nach Monaten sein Saccharificationsvermögen erkennen. Auch Lissauer hat diese Widerstandskraft an anderen Stoffen beobachtet, z. B. an der Oxal- und Bernsteinsäure etc.[1]); Falk erwähnt dasselbe von den Fetten und dem verwandten Glycerin; Lissauer giebt noch an, dass das Eiweiss der Zersetzung besonders dann widersteht, wenn der Boden damit gesättigt ist[2]).

Gewisse Stoffe können demnach dem Zersetztwerden im Boden auffallend lange widerstehen, und das, wie es scheint, um so mehr, je mehr der Boden durch sie verunreinigt ist. Welche Stoffe es sind, die auf diese Weise im Boden gewissermaassen conservirt werden, ob nicht etwa eben die mit specifischer Infectionskraft bekleideten Stoffe hierher zu zählen sind, kann vor der Hand nicht entschieden werden.

Die chemischen Endprocesse, welchen die organischen Substanzen im Boden unterliegen, sind die Oxydation und die Fäulniss.

a. Oxydation der organischen Substanz im Boden.

Die Oxydation der organischen Substanzen wurde bis zur jüngsten Zeit für einen einfachen chemischen Process gehalten,

---

[1]) O. c. 1876, S. 595, 596.
[2]) Ibidem S. 595, Versuch 47.

durch welchen der Stickstoff zu Salpeter-, eventuell salpetriger Säure, der Wasserstoff zu Wasser, der Kohlenstoff zu Kohlensäure verbrannt werden. Seitdem sich aber über die Zersetzungsart der organischen Substanzen neuere, um zu sagen physiologische Theorien zu verbreiten beginnen, fällt auch die im Boden stattfindende Zersetzung unter andere Gesichtspunkte.

Ich habe in 1875 Versuche mitgetheilt [1]), nach welchen — von der Voraussetzung ausgehend, dass die Zersetzung der organischen Substanzen im Boden durch niedere Organismen bedingt ist — ich den Vorschlag machte, dass man zur Vernichtung der letzteren Chlorgas in den Boden blasen möge, durch welches die organische Zersetzung eingestellt werden kann. Meine Versuche, welche so eingerichtet waren, dass ich durch mit organischen Substanzen verunreinigte und Kohlensäure massenhaft producirende Bodenproben Chlorgas hindurch trieb, bewiesen, dass dieses Gas die Kohlensäureproduction aufhebt.

Seitdem habe ich diesen Versuch mehrfach wiederholt, und gelangte zur Ueberzeugung, dass das Chlorgas wahrhaftig im Stande ist, die Kohlensäureproduction eines Bodens, also die Zersetzung der organischen Substanzen in ihm, hintanzuhalten. Schon diese eine Erfahrung spricht mit aller Entschiedenheit dafür, dass die im Boden verlaufende Zersetzung durch den Lebensprocess lebender Organismen bedingt ist; noch bestimmter zeugen aber für diese Auffassung andere Versuche, bei denen ich Bodenproben ansteigenden Temperaturen aussetzte und die Menge der entwickelten Kohlensäure bestimmte. Eine dieser Versuchsreihen lasse ich hier folgen [2]).

Ich schloss etwa drittehalb Kilo humose, feuchte Gartenerde in ein Glasgefäss und aspirirte durch dieses mehrere Tage lang Luft; die Kohlensäure der aspirirten Luft wurde vorhergehend sorgfältig gebunden. Die Aspiration wurde langsam (ca. 0,5 l pro Stunde) und gleichmässig ausgeführt. Hierauf liess ich auf den Boden in einem Wasser- resp. Paraffinbade je 3 Stunden lang ansteigende Temperaturen einwirken; nach dem Erkalten wurde zuerst die in der Flasche enthaltene Luft entfernt, dann mit der Aspiration begonnen, und 2 Tage lang fortgesetzt.

In der jetzt gewonnenen Luft wurde die Menge der entwickelten Kohlensäure bestimmt; das Ergebniss eines aus mehreren mit

---

[1]) Allgemeine med. Centralzeitung, 1875, Nr. 66.

[2]) Das Ergebniss der anderen einschlägigen Versuche wird weiter unten noch zur Sprache kommen.

demselben Resultate ausgeführten Versuchen herausgegriffen ist auf der folgenden Tabelle ersichtlich:

	Kohlensäure pro Mille Vol. Luft
Vor dem Anwärmen drei Tage hindurch bei 18° Zimmertemperatur	1,05
nach Erwärmung auf 60 bis 65°	2,30
„ „ „ 65 „ 75°	2,40
„ „ „ 75 „ 85°	2,40
„ „ „ 85 „ 95°	2,40
„ „ „ 95 „ 105°	1,00
„ „ „ 105 „ 115°	0,58
„ „ „ 115 „ 125°	0,15

Noch lehrreicher gestaltete sich folgende Versuchsreihe mit einer anderen Bodenprobe:

	Kohlensäure pro Mille Vol. Luft
Nach Erwärmen auf 100° C.	11,3
„ „ „ 110° „	0,66
Nach 3 Tage langem Stehen neuerdings (ohne Erwärmung) aspirirt	1,09
Nach Erwärmen auf 120°	0,60
Nach 3 Tage langem Stehen neuerdings aspirirt	1,66
Nach 36 Tage langem Stehen ohne vorhergehende Auslüftung neuerdings aspirirt	24,00
Nach Erwärmen bis auf 137°	1,45
Nach 14 Tage langem Stehen ohne Auslüftung neuerdings aspirirt	2,33

Somit hatte unter der Einwirkung der Wärme die Kohlensäureproduction anfangs zugenommen; sie blieb dann constant und erhöht von 65° bis zur Erwärmung auf 95°; bei 95 bis 105° nahm die Kohlensäureproduction plötzlich ab, hörte aber selbst bei 137 und mehr Graden Wärme nicht ganz auf. Das Merkwürdigste ist, dass die Kohlensäureproduction durch Erwärmen bloss für einen bis zwei Tage bedeutend herabgedrückt wurde, nach längerem Stehen nahm der Kohlensäure erzeugende Process abermals zu. Diese Abhängigkeit der Kohlensäureproduction von der Wärme beweist uns, dass die Zersetzung der organischen Substanzen im Boden, die Bildung der Kohlensäure, durch den Lebensprocess niederer Organismen, Bacterien, bedingt ist. (Vergl. unten S. 34, 35.)

Den Einfluss der Organismen bei der im Boden stattfindenden Umwandlung von Stickstoff zu Salpetersäure haben zuerst Schlösing und Müntz untersucht[1]; doch hatten vor ihnen schon andere (Pasteur, A. Müller) den Verdacht ausgesprochen, dass die Nitrification durch den Lebensprocess von Organismen vermittelt wird. Schlösing und Müntz haben durch eine Bodenprobe, welche aus organischen Substanzen Nitrate in grosser Menge producirte, Chloroformdämpfe geblasen und dann neuerdings Spüljauche aufgegossen. Wurde die Nitrification durch lebende Organismen bewirkt, so musste sie durch das Chloroform unterdrückt werden, weil dieses die Lebensthätigkeit niederer Organismen aufhebt; und wirklich kam es so. Das abfliessende Wasser enthielt Ammoniak in grosser Menge, aber Nitrate und Nitrite waren vermindert. Das nächste Mal hat Schlösing[2] die dem Versuche unterzogene Bodenprobe in einem Glasgefässe untergebracht und in einem siedenden Wasserbade ausgekocht. Auch diese Erde producirte keine Salpetersäure mehr. Wenn er nun zu einem auf beide Arten sterilisirten Boden das mit einem gut nitrificirenden Boden verriebene Wasser goss, so wurde der organische Stickstoff durch beide Boden aufs Neue oxydirt.

Die Versuche von Schlösing und Müntz wurden von Mehreren wiederholt, so von Hehner[3], Warington[4], Wollny[5] und von mir selbst; das Ergebniss stimmte mit dem obigen überein.

Die eigenen Versuche nahm ich auf folgende Weise vor: Die auf S. 18 erwähnte Bodenprobe, welche sehr reichliche Salpetersäure producirte, wurde über den Flammen eines Verbrennungsofens für organische Analysen sorgfältig ausgehitzt, dann täglich mit 6 bis 8 ccm ausgekochtem, verdünnten ($^1/_{10}$) Harn übergossen; Harn und Boden blieben dabei vom atmosphärischen Staube und den darin enthaltenen Bacterien verwahrt. Die abträufelnde klare Flüssigkeit war jetzt von dem vor der Aushitzung durch denselben Boden filtrirten Harn sehr verschieden, wie das die folgende Tabelle beweist; in je 100 ccm waren enthalten:

---

[1]) C. R. 1877, Bd. I (Bd. 89), S. 301.
[2]) C. R. 1877, Bd. II, S. 1018.
[3]) Chem. Centralbl. 1879, S. 217.
[4]) Ibidem S. 232 und 439.
[5]) Landwirthschaftl. Vers.-Stat. XXV (1880), S. 390.

	Durch unerhitzten Boden filtrirte Flüssigkeit	Durch erhitzten Boden filtrirte Flüssigkeit
Ammoniak	1,75 mg	1,5 mg
Organische Substanz (mit Chamäleon titrirt)	19,2 „	84,04 „
Nitrate und Nitrite	92 „	0 „

Falk [1]) hat auch gefunden, dass Thymol, Naphthylamin, Nicotin und Ptyalin, wenn sie durch einen ausgehitzten Boden filtrirt wurden, im abtropfenden Wasser stets unzersetzt aufzufinden sind, während sie hier gänzlich fehlen, wenn der zur Filtration verwendete Boden vorhergehend nicht erhitzt worden war.

So viel erscheint demnach als gewiss, dass die Oxydation der organischen Substanzen, also die Verbrennung der organischen Kohlenstoffe zu Kohlensäure und des Stickstoffs zu Salpetersäure, im Boden unter der Mitwirkung lebender Organismen vor sich geht. Es kann das um so mehr angenommen werden, da — wie sich das aus meinen weiter unten folgenden Versuchen ergeben wird — im Innern des Bodens beinahe zu jeder Zeit niedere Organismen, namentlich die verschiedenen Bacterienformen, und unter ihnen in erster Reihe Stäbchenbacterien anzutreffen sind [2]).

Die französischen Forscher haben auch nach dem speciellen Organismus gesucht, welcher die Nitrification unterhält. Aus einer Versuchsgruppe [3]) zogen sie die Folgerung, dass es keine Schimmelpilze sein können, weil diese eher die im Boden befindliche Salpetersäure aufbrauchen, nicht, dass sie noch welche produciren würden. Dann machten sie Impfungen mit nitrificirendem Boden in Nährflüssigkeiten [4]). In diesen kamen die von Pasteur und früher schon von Koch und Cohn beschriebenen Glanzsporen oder „corpuscles brillants“ zur Entwickelung, welche, in einen sterilizirten Boden übertragen, diesem eine nitrificirende Kraft

[1]) Vjhrschr. f. ger. Med. u. öff. Sanitätswesen 1877, Juliheft, S. 114 ff.

[2]) Nach den obigen Versuchen, insbesondere nach den Ergebnissen von Falk, erscheint auch das für wahrscheinlich, dass die Erhitzung, das Auskochen überhaupt, selbst das Bindevermögen, die Retentionskraft des Bodens vermindert; es wäre sonst nicht begreiflich, wie es kommt, dass durch einen solchen Boden verschiedene Substanzen durchlaufen, welche von einem nicht ausgekochten Boden — ohne zugleich auch zersetzt zu werden — zurückgehalten wurden.

[3]) C. R. T. 86, S. 892.

[4]) C. R. T. 89, S. 891 und 1074.

verliehen. Sie folgern also, das salpeterbildende Agens sei die Glanzspore.

Der Behauptung der französischen Autoren widerspricht aber eine Versuchsreihe, welche ich im Herbste 1880 ausführte.

Ich hatte aus einer vom Wechselfieber heimgesuchten Gemeinde in Südungarn (Tornya) eine Bodenprobe erhalten, mit welcher in meinem Institute auf das Wechselfieberbacterium abzielende Versuche angestellt wurden. Dieser Boden producirte, wenn in Hausenblase cultivirt, prachtvolle Fadenbacterien und sehr schöne Glanzsporen.

Diesen Lehmboden mischte ich mit kieshaltigem Sande, und füllte ihn in eine weite Glasröhre, so dass die Luft möglichst leicht durchdringen konnte, und goss dann kleinweise faulenden Harn auf. Die abtropfende reine Flüssigkeit war überreich an Nitraten, enthielt aber kaum etwas Ammoniak. Nach etwa 14 tägigem Aufgiessen schnitt ich die Glasröhre mit dem Diamant an fünf Stellen durch, nahm von der Oberfläche des frisch aufgedeckten Bodens mit einer vorher geglühten Pincette kleine Krümchen und warf sie in fünf bereitgehaltene Proberöhrchen, in welchen sich sterilisirte Hausenblaselösung befand, und deren Oeffnung ich mit ihrem ausgehitzten Wattepfropfen sofort wieder verwahrte.

Die Ichthyocolla stand 14 Tage lang an einem warmen Orte und wurde dann auf ihren Inhalt untersucht. In allen fünf Culturen wimmelte es, sowohl an der Oberfläche als am Boden, von einer undenkbaren Anzahl des Bacterium lineola; nur hier und da waren etliche elende Fadenbacterien, ausnahmsweise auch einige Glanzsporen und Spirillen zu sehen. Schon dieser Versuch lässt es als sehr unwahrscheinlich annehmen, dass es die Fadenbacterien resp. die Glanzsporen sind, welche die Nitratproduction vermitteln; lieferte ja doch der reichlich nitrificirende Boden in den Culturen Bacterium lineola, und kein Fadenbacterium, obwohl das letztere in dem zum Versuche benutzten Boden ursprünglich in überwiegender Menge anwesend sein mochte, weil die mit ihm erzeugten Culturen, wie erwähnt, beinahe ausschliesslich Fadenbacterien aufwiesen. Durch einen ferneren Versuch gewinnt meine widersprechende Erfahrung noch mehr an Gewissheit.

Ich brachte den Fadenbacterien enthaltenden Boden aus Tornya in eine andere Glasröhre und begoss ihn wieder mit faulendem Harn, diesmal aber so, dass der Boden von der freien Luft gänzlich abgeschlossen war, oben durch den fauligen Harn, unten durch die abtropfende Flüssigkeit. Auf diese Weise filtrirte ich den Harn drei Wochen lang ununterbrochen durch den Boden; das abtropfende Filtrat war braun, trübe, roch nach Ammoniak, enthielt nicht einmal Spuren von Nitraten, aber um so mehr Ammoniak. Diese Glasröhre zerschnitt ich ebenfalls, und zwar an drei Stellen, und übertrug von hier kleine Mengen in Hausenblase. An den Durchschnittsstellen hatte der Boden einen unausstehlich übeln Geruch. Als ich nun auch diese Culturen untersuchte, fand ich in allen dreien ausschliesslich Fadenbacterien und Glanzsporen in den schönsten und in einander übergehenden Exemplaren.

Und so ist nun zu sehen, dass während im nitrificirenden Boden Bacterium lineola das Uebergewicht inne hat, im faulenden, nicht nitrificirenden Boden das Desmobacterium vorherrscht. Das Bacterium der Nitrification dürfte demnach eher das erwähnte Microbacterium, das Fäulnissbacterium des Bodens hingegen das Desmobacterium mit den Glanzsporen sein.

Diese Erfahrung trifft auch mehr mit jenen Daten zusammen, welche wir über die Lebensverhältnisse der Bacterien besitzen. Die allgemeine Erfahrung lehrt nämlich, dass das wahrhaftige Aërobium oder an der Luft gedeihende Bacterium, das Bacterium lineola ist, während das Desmobacterium ein Anaërobium, d. h. eine ohne freie Luft gedeihende Bacterienart ist (Pasteur). Und so ist es auch natürlicher, dass die Nitrate durch das im porösen, durchlüfteten Boden lebende Bacterium lineola erzeugt werden, und nicht durch die im luftarmen, faulenden und nitratfreien Boden gedeihende Glanzspore, richtiger: ihr fadenförmiges Bacterium [1]).

Endlich möchte ich noch hervorheben, dass nach Angabe Schösing's [2]) das nitrificirende Bacterium bei 90 bis 100° C. getödtet wird, also bei einer Temperatur, welche Microbacterien wohl zu tödten vermag, Desmobacterien jedoch sowie ihre Dauersporen keineswegs. In der That habe ich oben (S. 30) nachge-

---

[1]) Nach Ewart Cossar (s. Proceedings of the Royal Society, Vol. 27, im Separatabdruck) würden auch Microbacterien (Bacterium termo) Sporen bilden, wenn ihnen die Nährsubstanz mangelt. Wenn man annimmt, dass sich in den Culturen von Schlösing und Müntz diese Sporen entwickelt hätten, und nicht die Sporen der Desmobacterien, wäre der Widerspruch zwischen ihren Versuchen und den meinigen ausgeglichen. Ich muss jedoch bemerken, dass jene Voraussetzung für mich gar nichts Wahrscheinliches hat.

[2]) C. R. T. 89, S. 891.

wiesen, dass die Kohlensäureproduction im Boden bei 100° zwar beträchtlich vermindert wird, jedoch selbst bei 137° noch immer nicht vollständig erloschen ist. Ich bin geneigt anzunehmen, dass bei meinen obigen Versuchen durch die 100° Wärme zuerst bloss die Microbacterien getödtet wurden, welche — wie es scheint — die hauptsächlichsten Kohlensäureproducenten in der Versuchsprobe waren; die Desmobacterien und insbesondere die Dauersporen widerstanden jedoch jenem Wärmegrade, sie wurden selbst bei 137 Grad bloss „betäubt", und begannen sich nach einigen Tagen neu zu beleben [1]).

Einfluss verschiedener Bodenverhältnisse auf die Oxydation und die Zersetzung der organischen Substanzen.

Die Bedingungen, unter welchen die gänzliche Zersetzung der organischen Substanzen im Boden verläuft, durch welche diese Zersetzung beschleunigt oder aufgehalten, eventuell sogar dem Wesen nach ganz umgestaltet wird, sind sehr verschieden. Im Allgemeinen kann gesagt werden, dass die Wärme, die Bodenart, dann Durchfeuchtung und die Permeabilität des Bodens für Luft von wesentlichstem Einfluss auf jene Processe sind.

Diese Factoren der Zersetzung im Boden bildeten den Gegenstand wiederholter Untersuchungen, welche schon bis jetzt einiges Licht über diese Naturerscheinungen verbreiteten.

Ich selbst habe in 1876 bis 1877 wiederholte Versuche angestellt, um die diesbezüglichen Naturverhältnisse zu beleuchten. Wissend, dass bei der Zersetzung der organischen Substanzen im Boden aus dem organischen Kohlenstoff Kohlensäure gebildet wird, untersuchte ich den Einfluss der verschiedenen Bodenverhältnisse auf diese Kohlensäureproduction. Ueber das Resultat dieser Untersuchungen und über die Forschungen, welche andere in der ähnlichen Richtung anstellten, wünsche ich im Folgenden kurz zu berichten.

---

[1]) Vergl. auch K. v. Than, Wirkung der hohen Temperaturen und der Carbolsäuredämpfe auf organische Körper. Aus d. naturw. Abh. d. Ungar. Akad. d. Wiss. Bd. IX, Nr. XX, 1879 (ungarisch). Rozsahegyi fand, dass Bodenbacillen und ihre Dauersporen selbst noch nach 2 Stunden langer Einwirkung einer trocknen Wärme von 180 bis 185° C. ihre Keimungsfähigkeit behielten und erst bei 190 bis 195° vollständig zerstört werden konnten.

a. Einfluss der Bodenart auf die Zersetzung der organischen Substanzen.

Es ist längst bekannt, dass organische Stoffe, z. B. Leichen, in verschiedenen Bodenarten mit ungleicher Schnelligkeit in ihre mineralischen Componenten zerfallen. — Schon Orfila sagt, dass die Leiche im Humus rascher verwest, als z. B. im Sande [1]). Im lehmigen Boden wird die Leiche noch langsamer zersetzt; es wurde das von Prof. Fleck in Dresden auf experimentellem Wege bewiesen [2]).

Diese Beispiele genügen aber nicht, um klarzustellen, welche Rolle dem Boden selbst bei dieser Verschiedenheit in der Zersetzung organischer Substanzen zukommt und welche anderen Naturkräften; es ist nämlich einleuchtend, dass die langsamere Verwesung der Leiche z. B. im Lehmboden nicht allein von der Qualität des Bodens, sondern auch von seiner Cohäsion, von seiner Durchlüftung und Durchfeuchtung etc. abhängt.

Ein klareres Zeugniss legt folgender Versuch ab.

Im Januar 1876 schloss ich je 3 kg trocknen, gesiebten Mergel- und Sandboden in 8 Liter haltige Flaschen ein. Diese Boden wurden dann durch 25 cbcm Harn und 25 cbcm Zuckerlösung (25 Proc.) verunreinigt. — Die Gefässe wurden an einem warmen Orte bei durchschnittlichen 26° (Maximum 33°, Minimum 21°) stehen gelassen. Von Zeit zu Zeit entnahm ich den Gefässen eine Luftprobe so, dass ich die im Kautschukstöpsel der Flasche steckende und mit einem Hahn versehene Glasröhre mit einem Absorptiometer voll Quecksilber in Verbindung brachte; an die Stelle des aus letzterem entleerten Quecksilbers drangen einige Cubikcentimeter Luft aus der Flasche. Die auf diese Weise gewonnene Luft zeigte in den beiden Flaschen den folgenden Kohlensäuregehalt:

---

[1]) Vergl. Proust, Hygiene, S. 613.

[2]) III. Jahr.-Ber., sodann IV. und V. Jahr.-Ber. d. chem. Centralstelle in Dresden. — Reinhard giebt an, dass auf Kirchhöfen in durchlässigem Sand- und Kiesboden die Kinder nach 4, die Erwachsenen nach 7 Jahren, in undurchlässigem Lehmboden die Kinder nach 5, die Erwachsenen nach 9 Jahren vollständig zersetzt werden. S. elfter Jahresbericht d. Landes-Med.-Coll. über das Medicinalwesen im Königreiche Sachsen; Leipzig 1881, S. 163.

	über Mergelboden	über Sandboden
Nach 48 Stunden . . .	Spuren	3,8 Proc. Vol.
„ 7 Tagen	0,97 Proc. Vol.	20,4 „ „
„ 14 „	6,07 „ „	21,8 „ „
Bei einer anderen Versuchsreihe:		
nach 15 Tagen	28,1 „ „	32,2 „ „
„ 18 „	28,5 „ „	31,9 „ „

Am letzteren Tage war der Oxygengehalt = 0.

Sehr lehrreich ist auch der folgende Versuch: Ich unterbrachte je 100 g mit Wasser geschlemmten und ausgetrockneten Boden in Glasröhren, nachdem sie mit etwas Zucker und Harnstoff (5 und 1 g in je 5 g gelöst) verunreinigt worden waren. Ich liess die Röhren bei 23° drei Tage lang stehen und aspirirte dann (nach vorheriger Auslüftung) durch beide Luft im gleichmässigen Strome, je 3 Liter während 24 Stunden. Die in 24 Stunden producirte Kohlensäuremenge betrug:

	Lehmboden	Sandboden
am 24. März 1877	8,8 ccm	6,5 cbm [1])
„ 25. „ „	3,0 „	2,2 „
„ 26. „ „	0,3 „	1,1 „
„ 27. „ „	0,6 „	1,8 „
„ 28. „ „	3,0 „	4,5 „
„ 29. „ „	4,3 „	6,4 „

Diese Versuche beweisen, dass der **Sandboden zur Zersetzung der organischen Substanzen um vieles mehr beiträgt, als der Lehmboden.**

Der folgende Versuch soll es beleuchten, ob dem Boden für sich ein Einfluss auf die Beschleunigung der Zersetzung zukommt, oder ob die organische Substanz etwa mit der gleichen Schnelligkeit zerfällt, wenn sie mit dem Boden nicht einmal in Berührung steht. Ich goss in 2 je 8 Liter fassende Flaschen eine Lösung aus 5 g Zucker, 25 g Harn und 265 ccm Wasser; die eine Flasche enthielt diese Flüssigkeit für sich, in der anderen wurde sie aber durch 3 kg gut ausgewaschenen Sandboden aufgesogen; in beiden Flaschen untersuchte ich dann von Zeit zu Zeit die Zusammen-

[1]) Es ist zu sehen, dass die Kohlensäureproduction an den ersten Tagen eine höhere war, als an den folgenden. Diese Erscheinung habe ich bei mehreren ähnlichen Versuchen beobachtet, ohne dass ich sie vorläufig erklären könnte. (Vergl. übrigens S. 45, unten.)

setzung der Luft mit Hülfe des oben beschriebenen Verfahrens. Der Kohlensäuregehalt war in beiden Flaschen der folgende:

	über dem Sandboden	über der Flüssigkeit
Nach 48 Stunden	13,1 Proc. Vol.	0,47 Proc. Vol.
„ 96 „	22,8 „ „	8,5 „ „
„ 7 Tagen	25,0 „ „	23,9 „ „
„ 10 „	25,8 „ „	24,2 „ „
„ 28 „	25,0 „ „	25,0 „ „

Der Oxygengehalt war am letzten Tage in beiden Flaschen = 0.

So ist denn erwiesen, dass der Sand einen wesentlichen Einfluss auf die Beschleunigung der Zersetzung ausübte. Dadurch, dass der Schmutz im Boden gewissermaassen in einer fein zertheilten, der Luft an einer grösseren Oberfläche zugänglichen Gestalt enthalten ist, wird seine Zersetzung dort auch eine raschere sein, als unter anderen Verhältnissen, z. B. im Innern einer Flüssigkeit.

Die Agriculturchemie hat sich auch mit der Frage, ob der chemischen Constitution des Bodens ein Einfluss auf die Zersetzung der organischen Substanzen zugeschrieben werden muss, befasst. Insbesondere hat Petersen untersucht, welcher Unterschied hinsichtlich der Kohlensäureproduction zwischen Bodenarten besteht, welche kohlensauren Kalk enthalten, und solchen, welchen dieser abgeht [1]). Er fand, dass der Boden, welchem der kohlensaure Kalk (durch Behandlung mit Chlorwasserstoffsäure) entzogen worden war, weniger Kohlensäure producirt, als der kalkhaltige Boden.

Meine eigenen Versuche stimmen mit dieser Angabe nicht überein. Ich habe 200 g kalkhaltigem Boden den kohlensauren Kalk durch Salzsäure entzogen, den Boden getrocknet, dann mit 5 g Zucker, 1 g Harnstoff und 10 g Wasser verunreinigt, und in eine Glasröhre gefüllt. Andere 200 g Boden wurden einfach mit Wasser wiederholt ausgewaschen, und ganz, wie die vorigen, in eine andere Glasröhre gebracht. Beide Proben standen vier Tage lang im Zimmer bei 15 bis 20° Temperatur, worauf (nach vorhergegangenem Auslüften) im langsamen Strome Luft durchaspirirt wurde, um die entwickelte Kohlensäure zu bestimmen. Sie erreichte unter 24 Stunden die folgenden Mengen:

---

[1]) Landwirthschaftliche Versuchsstationen Bd. XIII, S. 155.

	ursprünglicher Boden	entkalkter Boden
26. September 1877	8,4 ccm	1,1 ccm
27. „ „	7,3 „	0,25 „
28. „ „	4,8 „	0,8 „
29. „ „	6,2 „	3,2 „
30. „ „	4,7 „	7,1 „
2. October „	gebrochen	26,1 „

Der mit Salzsäure extrahirte Boden hatte also zu Anfang des Versuchs weniger Kohlensäure geliefert, als der kalkhaltige Boden, doch hatte er den letzteren sehr bald erreicht, und ihn am neunten Tage bereits überholt. Der kohlensaure Kalk dürfte mithin kaum so wesentlich auf die Zersetzung der organischen Substanzen einfliessen, wie das von Petersen behauptet wird. Wenn der entkalkte Boden an den ersten Tagen trotzdem weniger oxydirte, als der mit Salzsäure nicht ausgewaschene, so liegt, wie es scheint, die Ursache darin, dass durch die Salzsäure die Oxydationsfermente des Bodens — also die Bacterien — abgetödtet wurden. Auch Petersen hat bemerkt, dass selbst der mit Wasser einfach ausgewaschene Boden schon weniger Kohlensäure producirt, als der ursprüngliche, und auch er erklärt diese Beobachtung dahin, dass durch das Ausschlemmen dem Boden irgend ein oxydirendes Ferment entzogen wird.

So wie von kohlensaurem Kalk wird auch von Eisenoxydhydrat behauptet, dass es die Zersetzung der organischen Substanzen befördern soll. Doch sind mir über diese Frage keine verlässlichen Untersuchungen bekannt.

Man weiss also über die Ursache, weshalb verschiedene Bodenarten, z. B. Lehm und Sand etc., ein verschiedenes Oxydationsvermögen besitzen, noch sehr wenig, richtiger: gar nichts. Wir sind nicht im Stande zu erklären, warum in den Versuchen von Frankland der Boden aus Beddington $^{6}/_{7}$, jener aus Dursley sogar einen noch grösseren Theil des aufgegossenen organischen Stickstoffs während seines Durchganges oxydirte, und warum die oxydirte Menge aus Barking kaum $^{1}/_{5}$ bis $^{1}/_{10}$ des Ganzen betrug, ja bei Torfboden gar nichts [1]).

Der Klärung dieser Frage auf experimenteller Basis kommt nicht nur eine chemische, sondern auch eine hygienische Bedeutung zu. Es ist klar, dass in einem Boden, welcher lebhaft oxydirt, schädliche, inficirende Stoffe sich nicht lange erhalten können; in

[1]) S. Reinigung und Entwässerung Berlins, a. a. O., S. 125 ff.

einem zur Oxydation unfähigen Boden hingegen können sie sich lange Zeit hindurch erhalten, und bei gegebener Gelegenheit die Luft oder das Wasser inficiren.

β. Einfluss der Temperatur auf die Zersetzung der organischen Substanzen.

Wie bekannt, wird die Zersetzung der organischen Substanzen durch die Temperatur wesentlich modificirt; doch wurden die durch Wärmeeinwirkung erzeugten Modificationen bisher von Wenigen eingehender geprüft.

Petersen exponirte mit organischen Substanzen verunreinigten Boden der Einwirkung verschiedener Temperaturen [1]) und fand, dass mit dem Wärmegrade auch die Menge der producirten Kohlensäure zunahm. Bei den Versuchen von Petersen muss auffallen, dass in einem seit Langem verunreinigten Boden die Kohlensäureproduction bei abnehmender Temperatur nicht so leicht sinkt; im frisch verunreinigten Boden wird jedoch die Kohlensäure durch den Temperaturabfall vermindert.

Möller hat Composterde bis auf 60° erwärmt und bis — 11° abgekühlt und fand dabei, dass die Kohlensäureentwickelung mit den Schwankungen der Temperatur beinahe parallel verlief; als die einzige Abweichung konnte er wahrnehmen, dass die Entwickelung durch die Abkühlung (bei — 9°, — 11°) bei weitem nicht so tief herabgedrückt wurde, als er erwartet hatte [2]).

Der in dieser Richtung angestellte eigene Versuch lieferte mir das folgende Ergebniss:

Im April 1877 brachte ich in ein 4 cm weites Glasrohr einen Kilo sandigen Lehmboden, welcher vorher mit 20 g Zucker, 20 g Harnstoff und 150 g Wasser verunreinigt worden war. Die Bodenprobe wurde 6 Tage lang bei 18° Zimmertemperatur ruhig stehen gelassen, worauf ich zuerst die angesammelte Kohlensäure durch Aspiration entfernte und dann mit der Aspiration für die Kohlensäurebestimmung begann. Nachdem diese einige Tage lang fortgesetzt worden, stellte ich die Bodenprobe in gewärmtes und dann

---

[1]) A. a. O. S. 160.

[2]) Ueber die freie Kohlensäure im Boden. Mittheil. d. k. k. forstlichen Versuchsleitung für Oesterreich. Heft II; im Separatabdruck S. 21.

für einige Tage in durch Eis abgekühltes Wasser, zum Schluss wieder in ein sehr warmes Wasserbad. Inzwischen wurden die stündlich entwickelten Kohlensäuremengen, und auch die Menge der stündlich durch den Apparat aspirirten Luft bestimmt. Die Kohlensäureproduction hatte auf die folgende Weise geschwankt:

Tag	Temperatur	Kohlensäure pro Stunde (ccm)	Aspirirte Luft pro Stunde (Liter)	Anmerkung
2. bis 8. April	16 bis 18⁰	—	—	Ohne Aspiration ruhig gestanden.
8. „	„ „	0,10	—	Aspiration bei Zimmertemperatur.
9. „	„ „	0,11	—	
10. bis 11. „	„ „	0,18	—	
12. „ 15. „	„ „	0,22	—	
im Mittel	16 bis 18⁰	0,15	—	
15. bis 18. April	35 bis 40⁰	—	—	Im warmen Wasserbade, ohne Aspiration.
18. „ 19. „	„ „	1,3	0,45	Unausgesetzte Luftaspiration.
20. „ 22. „	„ „	1,3	0,40	
22. „ 24. „	„ „	—	—	Im Wasserbade ohne Aspiration gestanden.
25. „	„ „	1,58	0,33	Aufs Neue aspirirt.
26. „	„ „	2,2	0,74	
27. „ 28. „	„ „	1,6	0,30	
29. „	„ „	1,3	0,13	
im Mittel	35 bis 40⁰	1,5	0,40	
30. April bis 5. Mai	16 bis 18⁰	—	—	Ohne Aspiration bei Zimmertemperatur gestanden.
6. Mai	„ „	2,9	0,80	Aspiration von Luft.
7. „	„ „	1,15	0,24	
8. „	„ „	1,8	0,43	
im Mittel	16 bis 18⁰	1,95	0,49	

Tag	Temperatur	Kohlensäure pro Stunde (ccm)	Aspirirte Luftmenge pro Stunde (Liter)	Anmerkung
9. bis 10. Mai	2 bis 10°	—	—	In Eis gekühlt gestanden.
10. „	„ „	3,5	0,77	Luftaspiration.
11. bis 12. „	„ „	1,23	0,23	
13. „	„ „	1,75	0,38	
im Mittel	2 bis 10°	2,16	0,46	
16. Mai (Tags)	60 bis 70°	—	—	Im warmen Wasserbade.
16. „ (Nachts)	„ „	1,7	0,17	Aspiration.
17. „	„ „	8,7	0,33	
18. „	„ „	31,0	0,47	
im Mittel	60 bis 70°	14,5	0,32	

Wie ersichtlich, nimmt die Kohlensäuremenge mit steigender Temperatur zu; doch konnte der einmal in Gang gebrachte Zersetzungsprocess selbst durch eine sehr bedeutende Temperaturerniedrigung während mehrerer Tage nicht mehr herabgesetzt werden. Auch das kann wahrgenommen werden, dass bei 35 bis 40° die Kohlensäureproduction noch immer mässig zu nennen war; bei 60 bis 70° stieg sie plötzlich und stürmisch von Tag zu Tag.

Schlösing und Müntz [1]) haben in neuerer Zeit untersucht, welchen Einfluss die Temperatur auf die Nitrification des Bodens ausübt. Sie fanden, dass die Nitrification unter 5° sehr gering ist, dass sie bei 36° ihr Maximum erreicht, und ober 55° gänzlich aufhört. Aehnliches behauptet auch Warington [2]). Wie zu sehen war, wurde die Kohlensäureproduction durch die Temperatur weniger beirrt, noch weniger aber durch 55° sistirt. Um diesbezüglich Bestimmtes sagen zu können, habe ich mehrere neuere Versuche nach einer von der obigen verschiedenen, einfacheren

[1]) C. R. Bd. 89, S. 1074.
[2]) Chem. Centralbl. 1879, S. 439.

Methode angestellt, weil dort die Zersetzung des Harnstoffs bei höheren Temperaturen leicht beanstandet werden konnte. Ich brachte ca. 2 kg humöse, feuchte Gartenerde in ein Glasgefäss und aspirirte nach längerem Stehen und nach dem Auslüften einen langsamen und gleichmässigen Luftstrom (6 Liter in 24 Stunden) hindurch. Die erhaltene Kohlensäure betrug in 1000 ccm Luft an den aufeinander folgenden Tagen die nachstehenden Mengen:

1)	Bei 18 bis 20° Zimmertemperatur	2,04
2)	„ „ „ „ „	2,19
3)	„ „ „ „ „	2,00
4)	„ 42 „ 60° im Wasserbade	15,00
5)	„ 50 „ 60° „ „	13,20
6)	„ 60 „ 65° „ „	5,30
7)	„ 60 „ 65° „ „	4,40
8)	„ 61° im Wasserbade	6,00
9)	„ 61° „ „	6,80
10)	anderthalb Stunden lang auf 100° erwärmt, dann bei 61° aspirirt	2,60

Ein neuerer Versuch mit einer anderen Bodenprobe:

1)	Bei Zimmertemperatur	2,8
2)	„ 55 bis 65° . . .	30,0
3)	„ 65 „ 75° . . .	26,0
4)	„ 75 „ 82° . . .	28,0
5)	„ 82 „ 93° . . .	20,0
6)	„ 93 „ 97° . . .	16,0

Die Kohlensäureproduction hört also bei 55° keinesfalls auf, obwohl es scheint, dass sie oberhalb 60° in ihrer Intensität abgeschwächt wird. Zur gänzlichen Sistirung der Kohlensäureentwickelung ist laut Zeugniss des oben (S. 30) mitgetheilten Versuches nicht einmal eine anhaltendere Erwärmung auf 137° hinreichend.

γ. Einfluss der Feuchtigkeit auf die Zersetzung der organischen Substanzen.

Zur Zersetzung der organischen Substanzen ist ein gewisser Feuchtigkeitsgrad unbedingt erforderlich. In der gänzlich ausgetrockneten Substanz steht auch die Zersetzung gänzlich still. Deshalb werden auch bei heisstrockner Witterung, insbesondere unter einem solchen Himmelsstriche, die organischen Substanzen an der Bodenoberfläche, ja selbst bis auf mehrere Meter Tiefe gänzlich ausgetrocknet und conservirt. Mit Eintritt der ersten Regen geräth aber die Zersetzung sofort in Gang, und dann mit erhöhter Intensität.

Ich hielt es für wünschenswerth, die Zersetzung auf diese Art bei verschiedenen Feuchtigkeitsgraden experimentell zu verfolgen. Zu diesem Zwecke brachte ich in vier Glasröhren je 300 g Sand, verunreinigte sie gleichmässig mit 5 g Zucker und 1 g Harnstoff, und benetzte sie überdies noch mit Wasser. Die Wassermenge betrug 6 resp. 12,5, 25 und 50 g, entsprach also einer relativen Feuchtigkeit von annähernd 2, 4, 8 und 17 Gew.-Proc. Der erste Boden erschien bei 2 Proc. Feuchtigkeit beinahe trocken, während der 17 Proc. enthaltende Boden sehr feucht aussah.

Die vier Röhren wurden 10 Tage lang in Ruhe belassen, dann begann ich Luft durchzuaspiriren. Die Temperatur hielt sich fortwährend zwischen 20 bis 25°. In 24 Stunden wurde folgende Kohlensäuremenge erhalten:

	2 Proc. feucht	4 Proc. feucht	8 Proc. feucht	17 Proc. feucht
Am 30. Mai 1877	2,0 ccm	24,0 ccm	41,0 ccm	66,0 ccm
„ 31. „ „	3,0 „	18,6 „	44,7 „	74,1 „
„ 9. Juni „	5,0 ccm	121,4 ccm	138,0 ccm	211,4 ccm

Es ist ersichtlich, dass die Zersetzung der organischen Substanzen mit der Feuchtigkeit zunimmt. Die Erhöhung erfolgt aber nicht an beiden gleichmässig; während die Feuchtigkeit in geometrischer Progression ansteigt, nimmt die Kohlensäure bloss in einem arithmetischen Verhältnisse zu.

Auffallend ist der enorme Unterschied im Zersetzungsprocess, welcher durch den Uebergang an Feuchtigkeit von 2 Proc. auf 4 Proc. hervorgerufen wird. Bei 2 Proc. Feuchtigkeit entwickelt sich selbst nach längerer Zeit kaum eine Spur von Kohlensäure; bei 4 Proc. ist die Kohlensäureentwickelung schon heftig, sie beträgt das 10- und 20fache der Production bei 2 Proc. Es scheint zu genügen, dass die Feuchtigkeit eines Bodens 4 Gew.-Proc. erreiche, auf dass die Zersetzung in ihm beinahe mit der vollen Intensität beginne, während andererseits der Boden von dieser Feuchtigkeit nur 1 bis 2 Procente zu verlieren braucht, damit die Zersetzung mit allen ihren Nebenproducten stillstehe.

Nicht minder wird das Ergebniss des folgenden Versuches interessiren. Den Boden, welcher 17 Proc. Wasser enthielt, brachte ich sammt der Röhre in die horizontale Lage, und liess ihn nun mit so viel Wasser überfluthen, dass er in seiner ganzen Länge von einer 1 bis 2 mm hohen Wasserschicht bedeckt war. Ich erwartete, dass nun die Kohlensäureentwickelung aufhören, oder wenigstens auf ein Minimum sinken würde; denn man pflegt von mit Wasser vollkommen bedecktem Boden gewöhnlich anzunehmen, dass die Zersetzung in ihm durch das Wasser sistirt wurde. Was geschah nun? Die Kohlensäureentwickelung bestand auch weiterhin, und zwar in folgendem Verhältnisse: die in 24 Stunden producirte Kohlensäuremenge betrug am 21. Juni und den folgenden Tagen: 70,5, 64,5, 68,8, 82,8, 73,7 ccm etc.

Die Ueberfluthung des Bodens durch Wasser sistirt also die Zersetzung der organischen Substanzen nicht; im Gegentheile erhält sich dieser Process auch weiterhin auf einer sehr bedeutenden Höhe. Diese Beobachtung stimmt überein mit einer älteren Angabe von Schlösing, welcher sagt, dass die Salpeterproduction im Boden nicht aufhört, wenn er auch durch Wasser überfluthet wird. Möller hat sogar in einem Boden, welcher über die Grenze seiner Wassercapacität hinaus mit Wasser durchfeuchtet war, eine höhere Kohlensäureproduction beobachtet, als in trocknerem Boden.

Auch eine andere Bemerkung von Möller verdient Beachtung. Sowie er eine Bodenprobe, welche vorher trocken war, gut befeuchtete, erhob sich die Kohlensäureproduction in ihr plötzlich ungemein hoch; doch verblieb sie nur drei Tage lang auf dieser Höhe, und sank dann neuerdings auf einen sehr tiefen Stand herab [1]). Die stürmische aber kurze Zeit andauernde Kohlensäureproduction infolge der auf eine längere Dürre folgenden Durchfeuchtung war im Grossen auch bei meinen Grundluftuntersuchungen zu beobachten. (S. weiter unten.)

Daraus erhellt nun, dass die nach Trockenheiten folgende wiederholte Durchfeuchtung immer neue und neue Stürme in der Zersetzung der organischen Substanzen bedingen wird. Es scheint, als ob die neue

---

[1]) S. a. a. O. S. 18.

Durchfeuchtung die organisirten Körperchen im Boden zu einer überhasteten Lebensthätigkeit reizte, an welcher diese aber alsobald ermüden, und in die normale ruhigere Function zurückfallen. Bei der hygienischen Würdigung der Schwankungen des Grundwassers und der Regenfälle ist auf diese wiederholte Durchfeuchtung ein ganz besonderes Augenmerk zu richten.

δ. Einfluss der Lüftung auf die Zersetzung der organischen Substanzen im Boden.

Aus der Verwesung der in Bodenarten von verschiedener Dichtigkeit begrabenen Leichen wurde schon vor Langem abgeleitet, dass die organischen Substanzen in einem permeabeln, leicht zu durchlüftenden Boden rascher verbrannt werden, als in einem dichten, welcher für die Luft nur schwer durchlässig ist.

Fleck hat den Sachverhalt experimentell studirt[1]). Er begrub eingegangene Kaninchen in Kies-, Sand- und Lehmboden, und untersuchte nach Verlauf eines Jahres, bis zu welchem Grade die Körperreste zersetzt worden waren. Als Resultat ergab sich, dass die organischen Substanzen in jenem Boden, welcher für die Luft durchlässiger war, also im Kies und Sand, rascher verwesen, als im Lehm.

Die Wirkung der Luft wird durch den folgenden Versuch noch näher und unmittelbar beleuchtet.

Ich liess durch 1 kg Boden, welcher mit organischen Stoffen inficirt und in einer Glasröhre in einem constanten Wasserbade bei gleichmässiger Temperatur (35 bis 40°) gehalten wurde, Luft aspiriren, und bestimmte die producirte Kohlensäuremenge von Tag zu Tag. Die Aspiration der Luft wurde jedoch alternirend bald beschleunigt, bald verlangsamt. Dabei war die stündliche Kohlensäureproduction, verglichen mit der stündlich aspirirten Luftmenge, die folgende:

---

[1]) III. Jahresber., dann IV. und V. Jahresber. der chemischen Centralstelle in Dresden 1874 resp. 1876.

	Kohlensäure (Cubikcentimeter pro Stunde)	Aspirirte Luftmenge (Liter pro Stunde)
24. April 1876	1,18	0,25
25. „ „	1,48	0,30
26. „ „ (Tag) . .	2,20	0,64
26. „ „ (Nacht) . .	0,95	0,18
27. „ „ (Tag) . .	4,20	1,30
27. „ „ (Nacht) . .	1,62	0,30
28. „ „	1,30	0,17
29. „ „	0,65	0,08
30. „ „	5,07	1,10

Der entscheidende Einfluss der rascheren oder langsameren Aspiration, d. h. des reichlicheren oder kärglicheren Zutritts der Luft zu den im Boden enthaltenen organischen Substanzen auf die Kohlensäureproduction, also auf die Zersetzung jener, ist unverkennbar. In welchem Boden sich die Luft mit doppelter Leichtigkeit bewegt, verbrennt auch die organische Substanz (caeteris paribus) mit der doppelten Geschwindigkeit[1]).

Des Weiteren drängt sich uns die Frage auf: welchem Umstande wohl dieser auffallende Unterschied in der Zersetzung der organischen Substanzen, je nach der stärkeren oder geringeren Ventilation des Bodens, zuzuschreiben sei? Wir werden versucht sein, die Meinung aufzustellen, dass die reichlichere Kohlensäureproduction durch das Mehr des hinzutretenden Sauerstoffs bedingt ist. Doch wird diese Folgerung unhaltbar, sobald wir uns mit dem folgenden Versuch von Schlösing bekannt gemacht haben[2]).

Dieser Forscher hat durch verunreinigte Bodenproben Luft von verschiedenem Sauerstoffgehalte geleitet, um zu erfahren, welcher Einfluss der Sauerstoffmenge auf die Kohlensäureproduction eigen ist. Er fand, dass bei 6 resp. 11 und 16 Proc. Oxygengehalt der aspirirten Luft die entwickelte Kohlensäure im selben Zeitraum 16,6 resp. 16,1 und 15,1 mg betrug; oder mit der Zunahme des Sauerstoffs nahm die Kohlensäure eher ab, als zu. Auch in dem Falle, als der Sauerstoffgehalt der Luft bloss 1 Proc. betrug, produ-

[1]) Auch Soyka hat gefunden, dass die nitrificirende Kraft des Bodens zunahm, wenn Luft durchaspirirt wurde. Zeitschrift für Biologie Bd. XIV, S. 462.

[2]) Comptes Rendus, T. 77.

cirte der Boden noch immer 10,4 mg Kohlensäure. Die der beschleunigten Aspiration entsprechende Kohlensäurezunahme darf also auf keinen Fall der grösseren oder geringeren Sauerstoffmenge zugeschrieben werden, um so weniger, da die Sauerstoffmenge bei meinem soeben beschriebenen Versuche in der aspirirten Luft fortwährend beinahe ganz dieselbe blieb, indem der wenige Sauerstoff, welcher zur Kohlensäurebildung verbraucht wurde, im Verhältniss zur gesammten Sauerstoffmenge ein verschwindend geringer war.

Welche Kraft steigert also die Zersetzung im Boden bei der schnelleren Aspiration?

Unwillkürlich muss man an das Ozon denken, welches sich vielleicht bei der rascheren Luftbewegung und der zunehmenden Verdunstung im Boden bildet. Ich kann das aber mit keinem anderen Beweise bekräftigen, als mit dem, dass Schönbein die Vermoderung und die Ozonwirkung schon vor Langem mit einander verglich und sie in vielen Punkten für übereinstimmend fand, ferner, dass auch Soyka der Ansicht ist, dass zur oxydirenden Function des Bodens auch das Ozon beiträgt [1]. Ich darf jedoch nicht verschweigen, dass Wolffhügel in der Grundluft kein Ozon finden konnte, und dass Falk durch Versuche, in welchen er Ozon durch den Boden leitete [2], zu der Ueberzeugung gelangte, dass dem Ozon bei der Zersetzung der organischen Substanzen kaum eine Betheiligung zukommen dürfte.

Es darf somit die befördernde Wirkung des Luftzuges auf die Kohlensäureproduction nur analog den durch Bacterien und andere Organismen unterhaltenen Lebensfunctionen aufgefasst werden, im Verlaufe deren die entwickelten Producte gewissermaassen zu Giften der producirenden Organismen selbst werden, gerade so, wie der Alkohol für die Hefepilze und die verschiedenen Fäulnissproducte (wie Phenol, Indol, Skatol etc.) für die Fäulnissbacterien [3]. Es kann beim Zersetzungsprocess im Boden in der Nähe der lebenden Organismen ein Etwas entwickelt werden, welches ihre Function lähmt, welches mit der durchaspirirten Luft aus der Nähe des Organismus entfernt und dieser dadurch be-

---

[1]) Zeitschrift für Biologie Bd. XIV, S. 473.

[2]) Vierteljahrsschr. f. gerichtl. Medic. u. öff. San.-Wesen 1878, Octoberheft, S. 286 bis 287.

[3]) Vergl. Nencki, Chem. Centralbl. 1879, S. 442. Wernich, Virchow's Archiv, Bd. 78, S. 51.

fähigt wird, seine Function ohne Störung fortzusetzen [1]). Angesichts dieses Erklärungsversuches bleibt die Regelmässigkeit, mit welcher die Kohlensäuremenge und die aspirirte Luftmenge parallel zu einander verlaufen, wie etwa bei einem einfachen chemischen oder physikalischen Processe, immerhin auffallend.

b. Die Fäulniss der organischen Substanz im Boden.

Nachdem es sich herausstellte, dass der Zutritt genügender Luft zu den organischen Substanzen des Bodens ein wichtiger Factor ist, taucht die Frage auf, was wohl geschehen wird, wenn die Luft in ungenügender Menge hinzugelangt; wenn die Lüftung der organischen Substanzen, ob der Impermeabilität des Bodens oder ob ihres Missverhältnisses zum hinzutretenden Sauerstoff, eine unzulängliche ist.

Viele Forscher machten schon die Beobachtung, dass, wenn der Zutritt der Luft zu faulenden Substanzen behindert ist, eine ganz andere Modalität der Zersetzung eintritt, als die bisher erörterte Oxydation; die organischen Substanzen faulen. Es ist eine in der Wissenschaft allgemein acceptirte Unterscheidung, dass man die unter reichlichem Luftzutritt verlaufende Oxydation der organischen Substanzen Verwesung oder Vermoderung (animalische Verwesung oder vegetabilische Vermoderung) benennt, während die Zersetzung animalischer Substanzen bei ungenügendem Luftzutritt Fäulniss genannt wird. Bei den vegetabilischen Substanzen ist die Gährung (Fermentation) jener Process, welcher seiner inneren Natur nach die meiste Verwandtschaft mit der Fäulniss besitzt [2]).

---

1) Schon Davy machte diese Beobachtung, wenn er aus einer faulen Substanz die gebildeten CO_2, H_2S, H_3N rasch entfernte. S. übrigens: Paschutin, Virchow's Archiv Bd. LIX, S. 509.

2) Hiller benennt die Zersetzung der organischen Substanzen im Allgemeinen Fäulniss, und unterscheidet die animalische, als Fäulniss im engeren Sinne, von der Fäulniss der Pflanzenstoffe oder Vermoderung. Ich denke, dass obige Classification der Formenmehrheit der Zersetzungsprocesse besser entspricht (vergl. A. Hiller, „Die Lehre von der Fäulniss". Berlin 1879, S. 10).

Diese Classification beruht im Uebrigen mehr auf Bequemlichkeits- und conventionellen Gesichtspunkten, als auf gut unterscheidbaren, wissenschaftlichen Eigenthümlichkeiten.

Den Unterschied zwischen der Oxydation und Fäulniss der im Boden enthaltenen organischen Substanzen kann uns ein sehr einfacher „Vorlesungsversuch“ illustriren. Man fülle in zwei Glasröhren gleichartige Bodenproben, und giesse sie mit einer fäulnissfähigen Substanz, z. B. diluirtem Harn ($^1/_{10}$) oder Hausenblaselösung, so lange auf, bis der Boden vollständig durchtränkt ist, und die überschüssige Flüssigkeit unten abtropft. Nun schliesse man die eine Röhre (A) luftdicht ab, durch die andere (B) lasse man hingegen ununterbrochen Luft aspiriren. Nach 8 bis 10 Tagen giesse man auf beide Proben 50 bis 100 ccm destillirtes Wasser; es wird alsobald beinahe dieselbe Menge von den Bodenproben abfliessen. Bestimmt man nun in diesen die wichtigsten chemischen Bestandtheile, so wird man finden, dass in dem Wasser, welches vom Boden A abgeflossen war, kaum etwas oder gar keine Salpeter- und salpetrige Säure enthalten ist, aber sehr reichliches Ammoniak; hingegen fehlt das letztere in dem vom Boden B abgeflossenen Wasser, und geben dafür die Nitrate eine sehr reichliche Reaction. Geht man weiter und leert den Boden aus den beiden Röhren und beriecht ihn, so wird sich der abgeschlossen gewesene Boden für sehr übel, nach Ammoniak, eventuell nach Schwefelwasserstoff riechend, der ventilirte Boden aber für ganz geruchlos herausstellen. In diesem hatte Oxydation, Verwesung, in jenem Fäulniss stattgefunden.

Diese beiden Processe können auch an ein und derselben Bodenprobe nach einander hervorgerufen werden. Ich habe in einer weiten Zinkröhre 3 Kilo Boden mit Zucker und Harn verunreinigt, dann entsprechend seiner Wassercapacität mit Wasser befeuchtet und mit einem Kautschukstöpsel gut verschlossen. Den so hergerichteten Apparat liess ich etwa 3 Wochen lang bei Zimmertemperatur stehen und wusch ihn dann mit je 100 ccm Wasser zweimal aus. Ich liess nun 16 Tage lang Luft durch den Boden aspiriren, und wiederholte dann neuerdings das zweimalige Auswaschen mit 100 ccm Wasser. Nun wurde die Röhre wieder verschlossen und nach Ablauf von 23 Tagen mit destillirtem Wasser ausgewaschen. Die zum Auswaschen des Bodens verwendeten, unten abgetropften je ca. 100 ccm Wasser wurden zum Schlusse chemisch analysirt und ergab sich dabei, dass in 100 ccm abgeflossenem Wasser enthalten waren:

		Salpetersäure	Salpetrige Säure	Ammoniak
1. Bei verschlossener Röhre . .	a)	0,0 mg	0,12 mg	18,0 mg
	b)	0,0 „	0,12 „	16,0 „
. Bei offener Röhre	a)	4,1 „	0,13 „	10,0 „
	b)	3,8 „	0,13 „	8,4 „
3. Bei neuerdings verschlossener Röhre	a)	0,065 „	0,00 „	verun-
	b)	0,090 „	0,00 „	glückt

Die Zersetzung verläuft also bei Luftzutritt unter Bildung von Salpeter- und salpetriger Säure; bei Luftabschluss wird hingegen anstatt der Salpetersäure Ammoniak gebildet, Salpetersäure aber keine; vielmehr wird inmitten des Zersetzungsprocesses auch die bereits gebildete salpetrige Säure, und bis zu einem gewissen Grade auch die Salpetersäure neuerdings reducirt.

Dasselbe erhellt mit voller Bestimmtheit auch aus den folgenden zwei Versuchen: ich brachte je 50 ccm Cohn'sche Bacteriennährlösung in kleine Fläschchen und fügte je 5 mg Salpetersäure (als Natronsalz) hinzu. Das eine Fläschchen blieb offen, das andere wurde zugeschmolzen. Nach etwa 2 Monaten (im September 1877) prüfte ich beide Fläschchen auf Salpetersäure, fand aber in keinem auch nur eine Spur davon wieder, hingegen ein wenig salpetrige Säure (0,14 und 0,17 mg).

Es ist übrigens nichts Neues, dass die Salpetersäure inmitten des Fäulnissprocesses reducirt wird. Es wurde bereits von Schönbein und Pélouze behauptet, neuestens aber von Meusel [1]). Inmitten der Fäulniss können die Organismen, welche den Fäulnissprocess unterhalten, den zu ihren Lebensvorgängen gebrauchten Stickstoff aus den organischen Substanzen, aber auch aus der hoch oxydirten Salpetersäure an sich reissen; derselben Reduction unterliegen auch andere Oxydsalze, wodurch bei der Fäulniss Schwefelwasserstoff, Schwefelammonium etc. zu Stande kommen, welche insgesammt die auffälligsten Merkmale der Fäulniss abgeben und als charakteristische Symptome des genannten Processes längst bekannt sind [2]).

Ich habe nicht die Absicht, es eingehender zu erörtern, dass auch die Fäulniss, gleich der oben beschriebenen Oxydation, d. h.

---

[1]) Chem. Centralblatt 1875, S. 678.

[2]) Ueber den Chemismus der Fäulniss verschiedener stickstoffhaltiger Körper vergl. Hiller, Die Lehre von der Fäulniss, S. 16. ff.

Nitrification, durch niedere Organismen, Bacterien, verursacht wird. Es stimmt mit dem über die Fäulniss bisher Gesagten sehr wohl überein, dass das Bacterium der Fäulniss — nach Pasteur — ohne Luftzutritt gedeiht, dass es ein „Anaërobium" ist. Es war weiter oben (S. 34) zu sehen, dass aus der in Fäulniss übergegangenen Bodenprobe durch das Culturverfahren ausschliesslich Fadenbacterien erhalten wurden, welche nach Pasteur Anaërobia sind.

Der im Boden verlaufende Zersetzungsprocess kann, wie ersichtlich, verschieden sein, je nachdem die Luft zu den organischen Substanzen in hinlänglicher oder ungenügender Menge gelangt. Eine jede Naturerscheinung, welche nun die Menge der Luft im Verhältnisse zu den organischen Substanzen alterirt, wird auch den Zersetzungsprocess im Boden modificiren, indem sie bald die Oxydation befördert, bald aber die Fäulniss einleitet. Ueber die Natur dieser im Boden verlaufenden Processe werden aber die Producte Aufschluss geben, welche inmitten der Zersetzung auftreten. Die Bildung von Nitraten weist, wenn sie von wenig Ammoniak und weniger unzersetzter organischer Substanz begleitet ist, auf eine reichliche Oxydation hin; hingegen wird ein hoher Ammoniakgehalt des Bodens für die Fäulniss zeugen.

Dass Luftabschluss, also ungenügende Luft, die eine Bedingung der Fäulniss ist, war schon ersichtlich gemacht worden; doch giebt es noch einen Umstand, welcher im Boden zu Fäulniss führen kann, und das ist die Uebersättigung mit organischer Substanz.

Aus den — oben citirten — Versuchen von Frankland ging hervor, dass beim successive gesteigerten Aufgiessen von Canalwasser auf den Boden, die chemische Beschaffenheit des abfliessenden Wassers einen plötzlichen Umschwung erlitt; einestheils waren es die unzersetzten organischen Stoffe, welche den Boden in grösserer Menge durchdrangen, andererseits verschwanden die Nitrate und Nitrite und präsentirte sich an ihrer Statt Ammoniak, wobei das abfliessende Wasser gleichzeitig einen unangenehmen Geruch verrieth [1]).

Auch Soyka fand bei seinen Versuchen, dass die Nitrification um vieles früher eintritt, wenn diluirter, als wenn reiner Harn auf eine Bodenprobe gegossen wird [2]).

---

[1]) Vergl. Reinig. u. Entwäss. v. Berlin, a. a. O. S. 126.

[2]) Ztschr. f. Biol. Bd. XIV, S. 455 und 467.

Unter meinen auf die Klärung der Frage abzielenden Versuchen hat eine parallele Harnfiltration zu folgendem Ergebnisse geführt: vom 22. Febr. 1878 angefangen goss ich auf eine Bodenprobe, welche beiläufig einen Kilo betrug und in einer 135 cm langen Glasröhre enthalten war, täglich 1 ccm Harn und 10 ccm Wasser, auf eine ganz gleiche andere Probe täglich 10 ccm reinen Harn so lange auf, bis unten 100 ccm abgeflossen waren.

In diesen abgeflossenen, je 100 ccm betragenden Flüssigkeiten bestimmte ich die nachfolgenden Bestandtheile und fand:

	Mit reinem Harn begossener Boden	Mit verdünntem Harn begossener Boden
Salpetersäure	0	92 mg
Salpetrige Säure	0	0,14 „
Ammoniak	über 1000 mg	1,75 „
Organische Substanz (mit Chamäleon bestimmt) . . .	1740 „	17,2 „

Ferner war das vom mit verdünntem Harn begossenen Boden abfliessende Wasser ganz rein und geruchlos, das andere hingegen braungelb, trübe und hatte starken Ammoniakgeruch.

Auch aus diesem Versuche wird erhellen, dass, wenn die organische Substanz, welche den Boden verunreinigt, ein gewisses Maass überschreitet, so dass die vorhandene Ventilation zur Zersetzung der organischen Substanzen nicht mehr hinreicht, im Boden Fäulniss auftritt. Es wird also ein höherer Ammoniakgehalt im Boden an und für sich schon darauf hinweisen, dass der Boden unrein, dass er mehr verunreinigt ist, als dass die vorhandenen organischen Substanzen durch sein natürliches Oxydationsvermögen und durch die Bodenventilation oxydirt werden könnten.

Aus diesen Darlegungen lässt sich auch noch folgern, dass die Art der Zersetzung der organischen Substanzen in einem gegebenen Boden fortwährend wechseln und schwanken kann. So kann z. B. durch eine weitere Verunreinigung des bereits unreinen Bodens die bis dahin bestandene Oxydation in Fäulniss überführt werden, welche — wird nur eine neuere Verunreinigung vermieden — wieder zur Oxydation zurückkehren kann. Andererseits vermag auch eine Beeinträchtigung der Permeabilität des Bodens — von einem geringen Grade bis zur gänzlichen Aufhebung — im Boden Fäulniss zu erzeugen, welche mit der hergestellten Permeabilität verschwinden kann. Und so wird die Inundation des Bodens durch das ansteigende Grundwasser oder durch übermässigen

Regen, welche die Poren des Bodens verstopfen, möglicherweise zur Fäulniss führen. Ebendiese kann auch durch frühzeitige Winterfröste hervorgerufen werden, weil sie die Permeabilität der oberflächlichen Bodenschicht beeinträchtigen, während die noch immer bedeutende Wärme im Inneren des Bodens Fäulniss einleiten kann. Ebenso ist der Städteboden überhaupt zur Fäulniss disponirt, weil er — von einer grösseren Verunreinigung ganz abgesehen — durch das Pflaster und durch die in den Boden ragenden Gebäudemauern in seiner Ventilation verkürzt, also weniger durchlüftet wird, als es z. B. der Dorfboden ist.

Diese Schwankungen im Zersetzungsprocesse des Bodens und die Ursachen, durch welche sie erzeugt werden, verdienen in hygienischer Beziehung eine ganz besondere Aufmerksamkeit, um so mehr, als uns die Erfahrung lehrt, und weil meine vorliegende Arbeit es auch mit exacten Beweisen erhärten wird, dass der Fäulnisszustand des Bodens, oder entgegengesetzt die rasche Oxydation der organischen Substanzen auf die Entwickelung der Infectionskrankheiten, auf die Bildung von Seuchenherden einen wesentlich verschiedenen Einfluss üben.

Aus dem bisher Gesagten ist zu ersehen, dass die Verunreinigung des Bodens und die Zersetzung des Schmutzes nach Ort und Zeit fortwährend wechselnde Veränderungen, Ungleichmässigkeiten aufweisen wird.

Die Ermittelung und die Kenntniss dieser Verunreinigung und der sie begleitenden Zersetzungsvorgänge mit Berücksichtigung von Ort und Zeit ist aber die Hauptaufgabe jener hygienischen Forschungen, welche sich die wissenschaftliche Ergründung der Abhängigkeit gewisser epidemischer Krankheiten von örtlicher und zeitlicher Disposition zum Ziele gesteckt haben.

Es folgt nun die Frage, auf welche Art und nach welchen Methoden die Bodenzustände zur Veranschaulichung gebracht werden können.

Ob der Schmutz in der oberflächlichen Schicht haften bleiben oder in die tiefere hinuntersinken wird, ist ebensowohl von der Gattung und von gewissen Eigenschaften des Bodens abhängig, als von der Qualität der den Boden verunreinigenden organischen Stoffe, welche bald einen grösseren, bald — wenigstens theilweise — einen geringeren Hang besitzen, an den Bodenpartikeln haften zu bleiben. Dieselben Umstände bewirken es auch, dass der Schmutz im Boden in einem Falle rasch und vollständig zersetzt werden kann, während er im anderen Falle unverändert weitersickern oder sich anhäufen und in Fäulniss übergehen wird. Dieselbe Zersetzung, Oxydation oder Fäulniss wird wieder durch mannigfaltige Kräfte bald befördert oder eingeleitet, bald sistirt oder in einander übergeführt.

Man müsste alle diese Bewegungen und Veränderungen in den den Boden verunreinigenden Substanzen einzeln kennen und aufmerksam verfolgen, wollte man den Zusammenhang zwischen der Bodenverunreinigung und ihren Zersetzungsverhältnissen einerseits und den Epidemien andererseits ganz gründlich und erschöpfend studiren. Es muss aber eingestanden werden, dass uns keine Untersuchungsmethoden bekannt sind, vermittelst welchen wir im Stande wären, alle jene Verhältnisse und Veränderungen direct und genau zu beobachten und zu erkennen. Wir müssen uns also damit begnügen, wenn es gelingt, die Verunreinigungsverhältnisse des Bodens und den Zersetzungsprocess des Schmutzes in ihren Hauptzügen zu erforschen und zu erkennen.

Die Verunreinigung des Bodens werden uns die Qualität und Quantität der im Boden enthaltenen organischen Substanzen verrathen. Durch die chemische Analyse des Bodens, namentlich durch die Bestimmung seines Gehaltes an organischem Stickstoff und Kohlenstoff, sowie an Salpetersäure und Ammoniak, kann nämlich das und auch jenes noch ins Reine gebracht werden, welchen Ursprunges, ob animalischen, vegetabilischen oder gemischten Ursprunges der Schmutz ist. Eine so geleitete Untersuchung, wenn sie die verschiedenen Bodentiefen gesondert berücksichtigt, kann auch das noch zu erkennen gestatten, ob die Verunreinigung in die Tiefe gedrungen, ob also die oberflächliche Schichte mit Schmutz übersättigt ist oder nicht.

Doch liefert uns die chemische Untersuchung des Bodens selbst auch darüber Aufschluss, in welchem Zustande der Schmutz im Boden vorhanden ist. Der Gehalt an unzersetzten stickstoffhaltigen organischen Substanzen, sowie an Ammoniak und Salpetersäure kann uns andeuten, ob er den Bodenkörnchen in nicht oxydirtem Zustande anhaftet oder ob er einer lebhaften Zersetzung und Oxydation unterworfen ist, oder gar fault.

Um vieles schwieriger ist es, über die zeitlichen Schwankungen und Veränderungen des Zersetzungsprocesses im Boden einen klaren Aufschluss zu erhalten. Wir sind darauf angewiesen, in erster Reihe jene Naturkräfte zu beobachten, welche einen Einfluss auf die Zersetzung ausüben — die Temperatur und Feuchtigkeit des Bodens — und aus ihnen auf die Schwankung der Zersetzung zu folgern. Einen unschätzbaren Indicator besitzen wir diesbezüglich noch in der chemischen Veränderung, im Kohlensäuregehalte der Grundluft, welche uns die heftigere oder nachlassende Verbrennung der organischen Substanzen direct anzeigt.

Endlich wird auch das in der Tiefe des Bodens abfliessende Grundwasser, einem Spiegel gleich, zur Erkennung der Verunreinigung und des Zersetzungszustandes des Bodens dienen können. Es wird den in die Tiefe gelangten Schmutz fortschwemmen und auf diese Weise erschliessen, es wird die Fäulniss oder Oxydationsthätigkeit des Bodens verrathen, es wird uns sogar noch Eines sagen, worüber wir auf anderem Wege keinen Aufschluss erhalten können, den Zeitpunkt nämlich, wann der Schmutz im Boden abwärts strömte, wann diese Jauche durch Regen- oder Grundwasser nach den tieferen Schichten geschwemmt wurde.

Diese Untersuchungsmittel und Methoden sind es, mit deren Hilfe wir die zeitlichen und localen Verhältnisse der Verunreinigung des Bodens und der Zersetzung des Schmutzes in den Hauptzügen zu erkennen hoffen, und sie mit dem zeitlichen und örtlichen Verhalten der Infectionskrankheiten zu vergleichen im Stande sind.

Es sei mir nun erlaubt, mich mit den obengedachten Untersuchungen und ihren Methoden des Näheren zu befassen und zuerst die zeitlichen Verhältnisse der Zersetzung des Schmutzes — so wie ich sie in Budapest bisher dem Studium unterziehen konnte — zu behandeln, und sie dann mit den zeitlichen Verhältnissen der Infectionskrankheiten zu vergleichen.

Zweites Capitel.

Die zeitlichen Veränderungen der Bodenverhältnisse und der Infectionskrankheiten zu Budapest.

Schauplatz der Untersuchungen.

Meine Bodenuntersuchungen erstreckten sich: auf Beobachtungen der Bodentemperatur und Bodenfeuchtigkeit, auf Grundwassermessungen, fortlaufende chemische Analysen gewisser Brunnenwässer [1]), endlich auf die Bestimmung des Kohlensäuregehaltes der Grundluft. Mit Hilfe dieser Untersuchungen hoffte ich die Schwankung der Zersetzungsvorgänge im Boden erkenntlich zu machen und die Schwankung selbst mit den wichtigsten Krankheiten confrontiren zu können.

Mit den Untersuchungen begann ich im Herbste 1876 und setzte sie seitdem bis zum heutigen Tage ununterbrochen fort.

Temperatur und Feuchtigkeit des Bodens und die Grundluft wurden auf vier Stationen fortlaufend beobachtet, nämlich im Hofe des chemischen Institutes der Universität, ferner in je einem Hofe der Karls-, Üllöer- und Neugebäudecaserne.

Als ich diese geräumigen Casernen zum Schauplatze meiner Beobachtungen auserkor, schwebte mir der Plan vor Augen, die zeitlichen Veränderungen im Boden einer jeden Caserne mit den Gesundheitsverhältnissen in derselben zu vergleichen. In der Folge musste ich jedoch von diesem Plane, wegen seiner Unausführbarkeit, ablassen.

Die vier Stationen sind so gelegen, dass sie zusammen eine krumme Linie bilden, welche die Stadttheile links der Donau [2]) in

---

[1]) Die auf das Brunnenwasser bezüglichen Untersuchungen werde ich weiter unten selbständig behandeln.

[2]) Am rechten Ufer habe ich bisher keine Bodenuntersuchungen ausgeführt, doch beabsichtige ich, die wichtigsten Forschungen mit der Zeit auch auf die rechte Seite zu erstrecken.

der Mitte durchschneidet und von Südosten nach Nordwesten verläuft. Diese Lage gestattet es, dass die auf den vier Stationen erzielten Resultate gewissermassen als der Ausdruck der Boden-

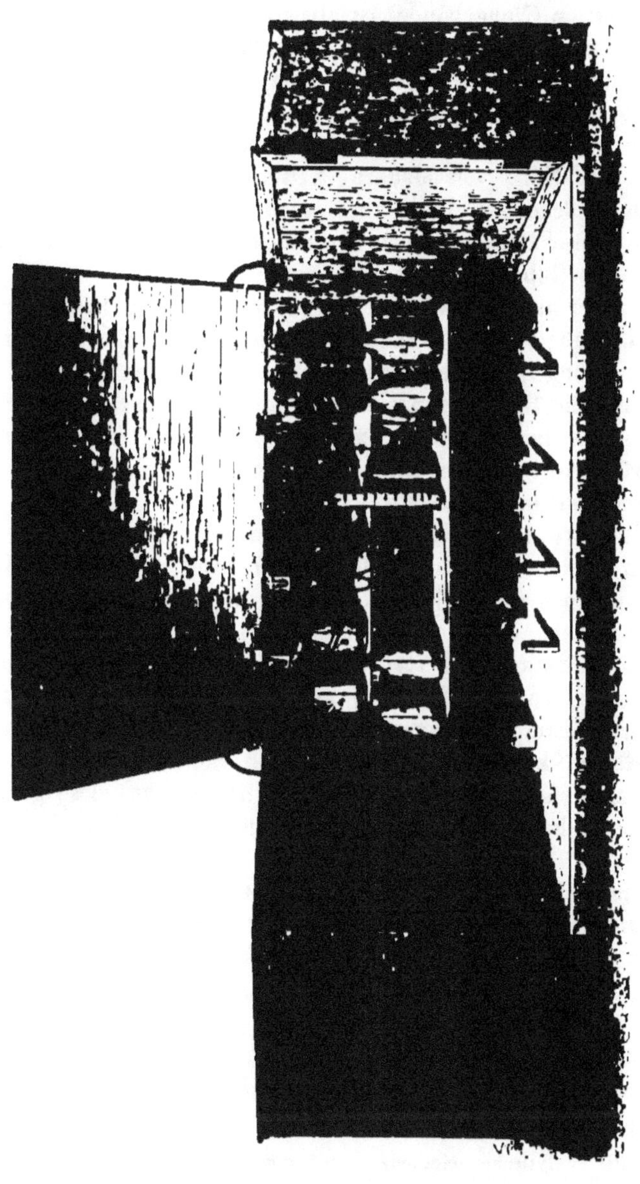

verhältnisse der ganzen Stadt angesehen werden können. Ausserdem besassen die Stationen auch noch die Eigenschaft, dass der Boden auf der einen (Üllöer Caserne) der Mittagssonne exponirt, auf der anderen (Karlscaserne) nach Westen gelegen war; die dritte Station (Neugebäude) ist allseits von hohen Mauern umgeben, die vierte, im chemischen Hofe, lag nach allen Seiten der Sonne und den Winden frei ausgesetzt.

Vor Allem trachtete ich im Hofe eine solche Stelle auszuwählen, welche abseits von der Communication und nicht in unmittelbarer Nähe von Mauern, Kellern, Aborten, Canälen oder Brunnen gelegen ist, dabei aber einen natürlichen Boden besitzt, und in dieser Beziehung von der allgemeinen Bodenbeschaffenheit des ganzen Gebäudes nicht abweicht.

An der auserwählten Stelle liess ich mit dem Erdbohrer ein Loch bohren; von der herausgehobenen Erde wurden Proben zur Untersuchung ins Laboratorium gebracht. In das Bohrloch wurden dann die Beobachtungsinstrumente (Thermometer, Bleiröhren zum Luftansaugen) bis zur entsprechenden Tiefe eingelassen und der erübrigte Raum mit der herausgehobenen Erde unter leichtem Stampfen wieder ausgefüllt.

Zur Verwahrung der Instrumente liess ich auf jeder Station einen Kasten aufstellen. Er ist 2 m lang, je 1 m breit und hoch; die Decke zum Aufheben und Aufspreizen eingerichtet und im geschlossenen Zustande nach hinten etwas abschüssig, um das Regenwasser abfliessen zu lassen. Die vordere Kastenwand öffnet sich nach beiden Seiten, so dass man bei erhobenem Deckel und geöffneter Vorderwand im Kasten ganz bequem hantiren kann. Boden hat der Kasten keinen; zur Fixirung sind vier Pflöcke in die Erde geschlagen und die Bretterwand des Kastens an diese genagelt. Im Inneren befindet sich eine höhere und eine niedrigere Etage, auf welche die Aspiratoren und andere Instrumente gestellt sind, während sich an der Rückwand die Luft zuleitenden Röhren erheben und an diese befestigt sind. Unter der Etage blicken die oberen Enden der Bodenthermometer aus der Erde hervor, und hier befindet sich an ihnen die Temperaturscala.

Die chemische Zusammensetzung des Bodens auf den vier Stationen war im September 1876 in den verschiedenen Tiefen die folgende[1]). Es enthielten 1000 g bei 110° C. getrockneter Boden:

[1]) Die analytischen Methoden werden weiter unten noch ausführlich zur Sprache kommen.

	Milligramme			
	Organ. Kohlenstoff	Organ. Stickstoff	Salpetersäure	Ammoniak
1. Boden des chemischen Hofes				
in 1 m Tiefe	9,439	576,8	4,8	4,14
„ 2 „ „	12,136	535,6	510,5	7,62
„ 4 „ „	1,593	42,8	549,0	0,80
2. Boden der Karlscaserne				
in 1 m Tiefe	1,240	543,8	444,8	6,42
„ 2 „ „	3,496	494,4	399,8	8,56
„ 4 „ „	5,152	659,2	—	—
3. Boden der Üllöer Caserne				
in 1 m Tiefe	1,258	69,3	82,5	0,47
„ 2 „ „	4,510	453,2	—	8,30
„ 4 „ „	1,249	24,7	169,9	1,00
4. Boden der Neugebäude-Caserne				
in 1 m Tiefe	2,450	351,1	2,09	2,52
„ 2 „ „	2,635	329,6	67,9	0,76
„ 3 „ „	5,253	535,6	184,1	2,88

Aus diesen Zahlen geht hervor, dass der Boden auf den Stationen mit thierischen und pflanzlichen Abfallstoffen in genug bedeutendem Maasse verunreinigt war; besonders war er es im chemischen Hofe, dann in der Karlscaserne, dem Neugebäude und der Üllöer Caserne. Im grossen Ganzen kann gesagt werden, dass diese Verunreinigung der für die ganze Stadt im Durchschnitte gefundenen (s. unten) annähernd entspricht.

Bezüglich der physikalischen Eigenschaften der Stationsboden erwähne ich zum Schlusse noch, dass ihr specif. Gewicht im Mittel 2,50 (Wasser = 1), ihre Porosität 35,5 Proc. betrug. Die Permeabilität habe ich, in Ermangelung einer ganz verlässlichen Methode [1]), nicht bestimmt; nach der Korngrösse des Sandes zu urtheilen musste sie auf allen vier Stationen so ziemlich dieselbe sein, die Neugebäudecaserne ausgenommen, wo die Bodenpermea-

---

[1]) Neuestens empfahl Fleck eine Methode zur Bestimmung der Permeabilität, welche in der That darnach angelegt zu sein scheint, um die Permeabilität einer Bodenart wenigstens annähernd zu veranschaulichen. Ztschr. f. Biol. Bd. XVI, Heft 1. Die Methode von Renk ebendaselbst, Bd. XV, S. 241.

bilität in der Tiefe von 260 bis 280 cm durch eine schwache Lehmschichte vermindert wurde.

Die Bodentemperatur.

Wir haben uns von der Bedeutung der Temperatur für die Zersetzung der organischen Substanzen im Boden bereits überzeugt. Nach dem oben Gesagten unterliegt es keinem Zweifel mehr, dass Temperatursteigerungen eine Erhöhung dieser Zersetzung im Gefolge führen, während durch Temperaturabfälle die Zersetzung zwar nicht aufgehoben, aber jedenfalls eingeschränkt wird. Die Schwankungen der Bodentemperatur zeigen also bis zu einem gewissen Maasse auch die Heftigkeit des Zersetzungsprocesses der organischen Substanzen an und können daher mit mehr weniger Verlässlichkeit auch zur Erforschung des causalen Zusammenhanges zwischen dieser Zersetzung und den Infectionskrankheiten angewendet werden.

Wie allbekannt, war Delbrück der Erste, welcher seine Aufmerksamkeit der epidemischen Bedeutung der Bodentemperatur zuwandte, als er die Choleraepidemie zu Halle in 1867 beschrieb. Delbrück ging von der Erfahrung aus, dass die meisten Choleraepidemien auf jene Jahreszeit fallen, in welcher der Boden (in den oberflächlichen Schichten) am wärmsten ist, und dass entgegengesetzt mit dem Minimum der Bodentemperatur nur seltene und unbedeutende Epidemien zusammenfallen [1]). Nach sorgfältiger Erwägung spricht er die Ansicht aus, dass für die Choleraepidemie jene Zeit die günstigste ist, in welcher die höchste Bodenwärme mit einer gewissen Feuchtigkeit vereint vorkommt. Sodann hat Pfeiffer in Weimar diesen interessanten Gegenstand aufgenommen und eine umfangreiche Studie über das Verhältniss der Cholera zur Bodentemperatur veröffentlicht [2]). Ferner haben Küchenmeister und Fleck Temperaturmessungen im Boden zu hygie-

---

[1]) Mittheilungen über die Cholera in Halle 1867, Zeitschr. f. Biol. 1868 (Bd. IV), S. 239.

[2]) Zeitschrift f. Biol. VII (1871), 3. Heft, S. 263 ff. Desgleichen: Cholera in Sachsen und Thüringen, 1870.

nischen Zwecken ausgeführt und ausführen lassen; die sich auf mehrere Jahre erstreckenden Beobachtungen des Letzteren sind die umfangreichsten der hierher gehörigen Arbeiten [1]). Einige fragmentarische Beobachtungen habe auch ich in Klausenburg angestellt.

Uebrigens hat sich die Meteorologie seit viel Längerem her und an zahlreichen Orten mit Beobachtungen über die Bodentemperatur befasst [2]), so dass diese auch für die hygienische Forschung zu verwerthen wären. Es ist zu bedauern, dass die Hygieniker nicht an die Aufarbeitung dieser zahlreichen Daten denken.

Zur Messung der Temperatur des Bodens bedient man sich verschiedener Instrumente. Ich wünsche hier nur die eigenen Einrichtungen zu beschreiben; die übrigen Verfahren sind in der angeführten Literatur und in meteorologischen Lehrbüchern anzutreffen [3]).

Ich habe zweierlei Thermometer angewendet. Die einen waren Quecksilberthermometer mit sehr langem Schafte von Kapeller (in Wien). Mit solchen mass ich die Temperatur in 0,5, 1 und 2 m Tiefe. Vor dem Aufstellen wurden die Thermometer mit einem Normalinstrumente verglichen und erst dann in den Boden versenkt. Letzteres geschah auf die Weise, dass das Thermometer in eine dünnwandige Röhre aus Zinkblech eingestellt wurde, welche unten verschlossen und oben mit einem Schlitze versehen war, durch welchen die Scala gesehen und abgelesen werden konnte. Der Raum zwischen dem Thermometer und der Röhre wurde mit feinem, gereinigten und getrockneten Sand ausgefüllt. Die das Thermometer enthaltende Röhre wurde in jenes Loch hinabgelassen, welches ich, wie erwähnt, mit dem Erdbohrer bereiten liess, bis zu jener Tiefe, deren Temperatur ich zu messen gedachte.

Diese Thermometer blieben an der Stelle, wo sie eingelassen waren, unberührt stehen; die Temperaturschwankungen, welche sie anzeigten, werden also zweifelsohne die allerverlässlichsten, und

---

[1]) S. Jahresberichte der chemischen Centralstelle für öffentliche Gesundheitspflege in Dresden, Jahrgang III, IV, V.

[2]) In Budapest hat G. Schenzl die Bodentemperatur am östlichen Abhange des Festungsberges von 1863 bis 1871 beobachtet. Vergl. Jahrbücher der königl. ungar. Centralanstalt für Meteorologie und Erdmagnetismus, 1874, S. 60 ff.

[3]) S. auch noch Schürmann: Ueber die Vorrichtungen für Bodentemperaturbeobachtungen; zweiter Jahresbericht der chem. Centralstelle in Dresden, S. 54.

die Daten unter einander mit vollkommener Beruhigung vergleichbar sein.

An diesen langen Thermometern könnte ausgestellt werden, dass die von der Kugel abweichende Temperatur des Quecksilbers im Schafte die Angaben des Instrumentes zu irrthümlichen macht. Wiederholte Versuche, welche ich mit der Anordnung ausführte, dass die Temperatur des im Schafte enthaltenen Quecksilbers um 10 bis 20 Grade höher oder niedriger war, als die Temperatur der Kugel, bewiesen mir aber, dass der Fehler ein sehr geringer ist, kaum 1 bis 2 Zehntelgrade beträgt, mithin bei Temperaturmessungen, wie die, welche uns jetzt beschäftigen, füglich ausser Acht gelassen werden kann.

In grösseren Tiefen, bis 4 m, arbeitete ich mit grosskugeligen kurzen Thermometern, welche ich durch Einschliessen in Glas- und Holzröhren und durch Ueberziehen mit Paraffin unempfindlich zu machen bestrebt war; zur Temperaturbestimmung wurden sie an einer mit Watteknäueln versehenen Schnur in die Tiefe versenkt. Zu diesem Zwecke führte ich in das Bohrloch eine 4 m lange enge Zinkröhre ein, in welcher das Thermometer bis auf den Grund hinabgelassen werden konnte. Diese Röhren wurden während der Messung und auch sonst mit einem Kautschukstöpsel verschlossen gehalten. Das Thermometer wurde erst nach mehrstündigem Verweilen aus der Zinkröhre gezogen, das Heraufziehen und Ablesen aber so rasch ausgeführt, dass sich der Stand des Thermometers während dieser kurzen Zeit nicht verändern konnte.

Die Bodentemperatur liess ich auf allen vier Stationen seit December 1876 am 10., 20. und 30. eines jeden Monates aufzeichnen. Die Monats- und Jahresmittel dieser Beobachtungen sind aus den Tabellen auf den folgenden Seiten ersichtlich; die daselbst angeführte Lufttemperatur habe ich aus den Mittheilungen der meteorologischen Anstalt entnommen.

	Lufttemperatur im Freien	Chemischer Hof				Üllöer Caserne				Karlscaserne				Neugebäude		
		0,5 m	1 m	2 m	4 m	0,5 m	1 m	2 m	4 m	0,5 m	1 m	2 m	4 m	0,5 m	1 m	2 m
1877																
Januar	1,3	3,17	4,52	7,20	11,80	3,93	4,77	7,20	11,83	2,13	3,16	6,27	11,07	3,23	4,33	6,17
Februar	1,7	2,30	3,29	5,67	10,00	3,17	3,73	6,07	11,40	1,23	1,93	4,87	10,27	2,57	3,43	5,17
März	4,1	3,33	3,32	4,80	10,10	4,57	4,47	6,74	11,07	3,20	2,76	4,37	9,60	3,87	4,20	4,80
April	9,1	6,83	6,52	5,93	9,50	8,73	8,30	7,74	11,07	8,13	7,60	6,04	9,27	9,53	8,63	7,13
Mai	13,7	11,37	9,56	7,73	9,73	11,90	11,03	9,47	11,20	12,07	10,36	8,37	9,53	12,77	11,17	9,03
Juni	21,4	17,73	14,92	11,20	10,30	17,20	15,87	12,57	11,93	18,57	16,70	12,24	10,40	19,50	17,17	13,10
Juli	21,1	18,93	17,52	14,00	11,60	17,97	17,23	13,47	12,80	18,50	18,00	14,74	11,93	20,57	19,43	15,63
August	22,8	19,70	18,49	15,83	12,80	19,63	18,60	15,97	13,60	20,50	19,13	16,27	13,00	22,10	20,33	17,23
September	13,4	14,17	15,62	15,63	13,87	14,10	15,13	15,34	14,20	13,00	15,00	15,57	13,80	14,00	15,33	15,60
October	8,1	9,30	11,46	13,40	14,13	9,97	11,07	13,14	14,27	7,90	10,00	12,50	13,73	8,50	10,20	11,94
November	5,0	6,03	8,26	10,97	13,60	7,30	8,37	11,00	13,80	4,57	6,53	9,87	12,87	5,30	7,03	9,23
December	—0,1	5,10	7,04	9,74	13,00	5,55	6,75	9,52	13,40	3,55	5,48	8,37	11,80	4,40	5,85	7,85
im Mittel	10,13	9,83	10,04	10,26	11,70	10,33	10,44	10,68	12,54	9,44	9,72	9,96	11,44	10,52	10,59	10,24

1878	Lufttemperatur im Freien	Chemischer Hof				Üllöer Kaserne				Karlskaserne				Neugebäude		
		0,5 m	1 m	2 m	4 m	0,5 m	1 m	2 m	4 m	0,5 m	1 m	2 m	4 m	0,5 m	1 m	2 m
Januar	— 3,0	0,90	3,16	6,60	11,83	1,47	2,97	6,64	12,80	—0,30	1,33	5,50	11,07	0,60	2,33	5,07
Februar	1,7	1,63	2,56	5,03	10,87	2,77	3,20	5,50	12,00	0,83	1,53	4,34	10,13	1,73	2,50	4,10
März	4,2	3,00	3,59	4,87	10,00	4,20	4,63	6,03	11,47	2,40	2,90	4,27	0,47	3,30	4,07	4,60
April	11,4	8,20	6,72	5,73	9,60	9,83	8,90	7,90	11,47	9,00	7,76	6,30	9,27	10,43	9,03	6,94
Mai	16,7	12,67	11,09	8,47	9,80	14,73	13,37	10,97	11,87	14,90	12,70	9,64	9,87	16,53	14,27	10,50
Juni	19,5	16,50	14,39	11,23	10,60	16,47	15,83	13,77	12,67	16,53	15,30	12,24	10,87	18,17	16,70	14,30
Juli	19,9	17,83	16,42	14,13	11,80	17,70	16,97	15,14	13,33	17,83	16,70	14,23	12,00	19,17	17,77	15,30
August	20,8	18,87	17,86	15,47	12,73	18,90	18,10	16,20	14,13	19,03	17,86	15,30	12,67	20,37	18,63	16,30
September	18,1	16,67	17,09	16,00	13,80	17,27	16,90	16,47	14,60	16,77	17,03	16,80	13,60	18,13	17,90	17,57
October	12,4	13,20	14,26	15,03	14,20	13,37	14,10	15,00	15,07	12,33	13,33	13,90	13,87	12,97	13,47	14,43
November	5,8	8,27	9,92	12,37	14,07	8,37	9,20	12,30	14,47	6,23	8,50	11,30	13,70	7,50	8,63	11,90
December	— 1,5	3,60	6,32	8,57	13,33	3,90	5,53	9,40	14,00	1,60	4,03	8,50	12,87	2,57	4,87	9,30
im Mittel	11,3	10,11	10,28	10,29	11,89	10,75	10,81	11,26	13,16	9,77	9,91	10,11	11,61	10,96	10,85	10,78

1879	Lufttemperatur im Freien	Chemischer Hof				Üllöer Kaserne				Karlskaserne				Neugebäude		
		0,5 m	1 m	2 m	4 m	0,5 m	1 m	2 m	4 m	0,5 m	1 m	2 m	4 m	0,5 m	1 m	2 m
Januar	— 2,5	1,53	3,52	6,80	12,13	1,97	3,20	6,77	13,33	—0,10	1,46	5,67	11,60	0,90	2,70	7,83
Februar	2,4	2,00	2,76	5,13	11,00	3,33	3,70	5,87	12,53	0,80	1,36	4,34	10,47	2,07	3,10	8,97
März	4.1	3,63	3,46	4,73	10,07	4,80	4,67	6,27	12,13	3,70	2,83	4,20	9,80	4,20	4,10	6,30
April	10,5	7,77	6,36	5,54	9,55	8,87	8,20	7,67	12,25	8,70	7,18	6,02	9,60	9,30	8,15	7,80
Mai	14,5	12,10	9,92	7,93	9,87	12,00	11,53	10,17	12,47	13,13	11,13	8,87	10,00	13,70	11,83	10,17
Juni	20,7	17,63	15,22	11,40	10,40	17,73	16,53	13,67	13,33	17,93	15,96	12,40	10,87	19,93	17,70	14,83
Juli	19,0	17,63	16,59	13,93	11,60	17,23	16,73	15,27	14,27	17,47	16,40	14,17	11,93	19,47	18,17	16,23
August	20,9	18,47	17,72	15,23	12,73	18,57	18,00	16,30	15,20	18,53	18,00	15,34	12,93	20,83	20,00	17,90
September	17,8	16,83	16,76	15,87	13,93	17.70	17,40	16,70	15,53	17,30	16,93	15,77	13,73	18,73	18,60	17,67
October	9,3	10,83	12,92	14,27	14,73	11,27	12,73	14,80	15,80	9,30	11,43	13,57	13,93	10,17	11,87	14,20
November	1,5	4,73	7,86	11,17	14,10	4,90	6,87	11,27	14,83	1,97	5,43	9,90	12,90	3,23	6,17	11,40
December	—10,3	0,20	3,52	7,97	13,00	1,40	2,30	8,14	14,03	—2,03	1,30	6,10	11,90	1,63	1,60	8,30
im Mittel	8,98	9,44	9,72	9,99	11,91	9,98	10,15	11,07	13,80	8,89	9,11	9,69	11,64	10,07	10,33	11,63

	Lufttemperatur im Freien	Chemischer Hof				Üllöer Kaserne				Karlskaserne				Neugebäude		
		0,5 m	1 m	2 m	4 m	0,5 m	1 m	2 m	4 m	0,5 m	1 m	2 m	4 m	0,5 m	1 m	2 m
1880																
Januar	— 3,4	—0,43	1,72	5,26	11,73	0,80	2,11	6,04	13,30	—2,23	—0,27	4,20	11,00	—1,50	0,80	7,40
Februar	— 1,5	—0,77	0,72	3,73	10,60	0,70	1,16	4,70	12,47	—2,27	—1,60	2,57	10,20	—1,70	—0,33	5,10
März	3,3	1,43	0,72	2,87	9,80	2,13	2,44	4,67	12,13	—	—0,70	2,14	9,60	1,13	1,07	5,50
April	13,8	11,27	5,02	3,87	9,33	10,87	9,48	7,70	12,60	—	7,26	4,67	9,33	11,67	9,67	8,70
Mai	15,2	14,20	10,76	7,70	9,53	14,00	13,38	11,34	13,50	—	11,90	8,60	10,07	14,50	13,37	11,23
Juni	19,2	17,66	14,79	11,27	10,53	17,23	16,38	14,14	14,20	—	15,20	12,00	11,13	18,13	16,33	14,70
Juli	23,4	21,90	17,72	14,07	11,47	20,50	19,31	16,54	14,80	—	18,10	14,60	11,80	23,33	20,97	17,00
August	18,5	18,57	14,49	15,57	12,80	18,60	18,68	17,27	15,27	—	17,13	15,40	12,73	18,60	18,17	16,63
September	16,1	16,73	16,09	15,47	13,73	16,63	16,71	16,70	15,67	—	15,63	15,04	13,40	16,20	16,23	15,77
October	10,4	12,30	12,96	14,03	14,07	12,70	12,91	14,70	15,80	—	11,63	13,10	13,60	—	—	—
November	5,3	8,40	9,33	11,43	13,80	—	—	—	—	—	—	—	—	—	—	—
December	2,7	5,43	6,26	9,13	12,80	—	—	—	—	—	—	—	—	—	—	
im Mittel . . .	10,25	10,56	9,21	9,53	11,68	—	—	—	—	—	—	—	—	—	—	—

Aus der Gesammtheit dieser Beobachtungen geht hervor, dass die Bodentemperatur während der drei Jahre 1877 bis 1879 betrug:

	1877	1878	1879	Mittel aus 1877—79
in 0,5 m Tiefe	10,03° C.	10,40° C.	9,59° C.	10,01° C.
„ 1 „ „	10,20 „	10,48 „	9,83 „	10,16 „
„ 2 „ „	10,28 „	10,61 „	10,59 „	10,49 „
„ 4 „ „	11,89 „	12,23 „	12,45 „	12,19 „
Im Durchschnitt von 0,5 bis 4 m	10,60 „	10,93 „	10,61 „	10,71 „

Im Allgemeinen war die durchschnittliche Jahrestemperatur im Boden eine höhere, als im Freien (1877 bis 79: 10,14°), aber nur in den Tiefen unterhalb 0,5 m; oberflächlicher war die Bodentemperatur und die der Luft ziemlich dieselbe.

Die durchschnittlichen Bodentemperaturen der einzelnen Jahre kommen einander um vieles näher, als die Lufttemperatur, nichtsdestoweniger ist zu bemerken, dass unter den drei Beobachtungsjahren dem 1878. eine höhere Bodentemperatur zufällt, als dem 1877. und 1879. Dem Jahre mit der höheren Bodentemperatur entspricht auch eine höhere Temperatur in der freien Luft.

In der Tiefe nimmt die Temperatur mit einer gesetzmässigen Pünktlichkeit zu; in der Tiefe von 4 m hat der Boden im Jahresmittel schon eine um mehr als 2° höhere Temperatur als die freie Luft.

Die Erwärmung des Bodens in verschiedenen Tiefen und in den einzelnen Jahreszeiten erfolgte, wie das bereits aus anderwärts ausgeführten Bodentemperaturmessungen hervorging, auf jene Weise, dass die Erwärmung und Auskühlung der tieferen Schichten um vieles später eintrat, als die Erwärmung und Abkühlung der freien Luft oder der oberen Bodenschichten. Im Allgemeinen ist zu ersehen, dass die Tiefen von 0,5 und 1 m die höchste Wärme im August hatten, die Tiefe von 2 m im September (und August), die 4 m Tiefe im October (und September). Die niedrigste Temperatur hingegen war in 0,5 und 1,0 m Tiefe meistens im Februar und Januar, in 2 m Tiefe im März und Februar; bei 4 m im April und ausnahmsweise auch im März zu beobachten. Im April und October pflegen in der obersten, 4 m starken Bodenschicht ziemlich gleichmässige, dem Jahresmittel nahe kommende Temperaturen zu herrschen.

Ich will blos kurz darauf hinweisen, dass die Grösse der Temperaturschwankungen mit der Tiefe abnahm. Während in der Tiefe von 0,5 m selbst 20° umfassende Schwankungen in den

Monaten ein und desselben Jahres zu beobachten sind (Karlskaserne, 1879), beträgt in 4 m Tiefe die grösste Schwankung kaum 5,5° (chemischer Hof, 1879), manchmal sogar kaum 3,5° (Üllöer Kaserne, 1879).

Die Schwankung wird uns grösser erscheinen, wenn wir die Maxima und Minima der zehntäglichen Beobachtungen in Betracht ziehen. Unter diesen betrug die grösste Schwankung in einem Jahre in 0,5 m: 25,5° (Neugebäude, 1879), in 1 m: 20,1° (ebenda 1879), in 2 m: 12,9° (ibidem, 1878) und endlich in 4 m Tiefe: 5,6° (Karlskaserne, 1878).

In der Tiefe von 4 m ist die Temperatur überhaupt eine sehr gleichmässige, sie steigt an und fällt mit sehr langsamen Schritten; es ereignete sich selten, dass sie in 10 Tagen um mehr als 0,5° schwankte, am schnellsten noch ist ihre Bewegung im Frühjahre zur Zeit der rasch anwachsenden Wärme; sowie aber die Wärme in jener Tiefe ihr Maximum oder Minimum erreicht hat, scheint sie gewöhnlich für 10 bis 20 und noch mehr Tage stille zu stehen und steigt oder sinkt dann neuerdings von 10 zu 10 Tagen um 1 bis 2 Zehntelgrade.

Nähert man sich nun der Oberfläche, so wird auch die Temperatur in kürzeren Zeiträumen schwanken: in 2 m Tiefe kann von 10 zu 10 Tagen schon eine Veränderung von 2,5° angetroffen werden; noch weiter sind die Schwankungen in 1 und in 0,5 m Tiefe.

Doch schreiten im Vergleiche mit der freien Luft selbst die Temperaturschwankungen in 0,5 m Tiefe immer noch im Schneckengange vorwärts. Auf Tafel I, Fig. 1, habe ich die Temperaturschwankungen der freien Luft vom Morgen bis zum Abend und vom Abend bis zum Morgen den Schwankungen der Bodentemperatur während derselben Zeit gegenübergestellt [1]). Es ist ersichtlich, dass eine 12 bis 14 und mehr Grade betragende Temperaturschwankung im Freien von einem Tage zum anderen, in 0,5 m Tiefe nicht die geringste, nicht eine 0,1° erreichende Schwankung erzeugen kann. Die Bodentemperatur folgt den wilden Sprüngen der Luftwärme nur mit einer mässigen Krümmung, und nach warmen oder kalten Tagen bedarf es 2 bis 3 Tage, bis die Bodenwärme in jener Tiefe die äussere Veränderung empfindet und sich ihr anzupassen beginnt. Die Tiefe von 1 m weist noch geringere Schwankungen auf, und in 2 und 4 m Tiefe bewegt sich die Zu- oder Abnahme der Boden-

[1]) Bezüglich der näheren Erklärung dieser und der noch folgenden Tafeln siehe die „Erklärungen" am Schluss des Werkes.

wärme beinahe in einer geraden Linie, trotz der zickzackförmigen Bewegungen der Lufttemperatur im Freien.

In den tieferen Bodenschichten ist also für die Zersetzungsprocesse fortwährend, im Winter und im Sommer, eine genügende Wärme vorhanden; diese Wärme ist aber constant und mässig hoch; in dieser Bodenschichte wird also jener, unter dem Einfluss der Wärme stehende Process ein gleichförmiger und mässiger sein. In den oberen Schichten kann die Zersetzung der organischen Substanzen, vorzüglich durch langen und strengen Winter, zuweilen bedeutend herabgedrückt werden; dafür erwärmt sich aber der Boden zur wärmeren Jahreszeit so sehr, dass er jetzt eine heftige Fäulniss oder Oxydation beherbergen kann.

Durchläuft man die Zahlenreihen der obigen Tabellen (S. 64 bis 67), so werden einem noch mehrere interessante Umstände ins Auge fallen.

Ich wünsche zuerst hervorzuheben, dass die Bodentemperatur auf den vier Stationen nicht die gleiche ist. Am wärmsten ist der Boden der Üllöer Kaserne, dann folgt das Neugebäude, der chemische Hof; in der Karlskaserne ist der Boden am kältesten. Die Erklärung dafür werden wir sofort finden; das hängt von der Situation des Bodens ab. In der Üllöer Kaserne ragen die Thermometer nahe an der Feuermauer eines dreistöckigen Gebäudes in den Boden hinein, und jene Mauer liegt gegen S.-S.-W.; es ist evident, dass die Insolation hier beinahe vom Morgen bis zum Abend anhält, was unbedingt zur Erhöhung der Bodentemperatur führen muss. In der Karlskaserne hingegen sind die Thermometer am Fusse einer nach N.-W. gerichteten hohen Wand untergebracht; dieser Boden erhält auch kaum am Morgen einige erwärmende Sonnenstrahlen. Im Neugebäude befindet sich der Beobachtungsapparat in einem hohen, von allen vier Seiten eingeschlossenen, kaum einige Quadratmeter umfassenden Hofe; die Mauern und die Beheizung der von ihnen umschlossenen Räume verursachen es auch, dass der Boden hier wärmer ist, als z. B. im chemischen Hofe, wo die Thermometerstation beinahe ganz frei steht und Gebäude und Mauern weder erhöhend noch bindend auf die Bodenwärme einwirken.

Die Temperaturdifferenz zwischen den vier Stationen ist eine beträchtliche; so erhebt sich z. B. die Wärme der 4 m tiefen Bodenschicht im sonnigen Hofe der Üllöer Kaserne bis auf 15,8° (1879 und 1880), während im Boden der Karlskaserne die höchste Temperatur blos 14° (1879) beträgt; in 2 m Tiefe war die Maximaltemperatur in der Üllöer Kaserne 17,8°, im Neugebäude sogar 18,8°, in der Karlskaserne nur 17,0°; in 1 m Tiefe ist der höchste Thermometerstand im Neugebäude 22,7° (1880), in der Üllöer Kaserne 20,4°, hingegen in der Karlskaserne blos 19,13 (1877).

Die Maxima der Bodentemperatur waren in den einzelnen Jahren nicht gleich und fielen nicht einmal auf dieselbe Zeit. Es wird das durch die Temperaturcurven, insbesondere durch die der Tiefe von 0,5 m entsprechende auf der Tafel V, Curvengruppe 1 ersichtlich gemacht. Die 0,5 m betragende Bodenschicht erreichte z. B. in 1880 eine um mehr als 3° höhere Temperatur, als in den übrigen Jahren. Es ist auch zu sehen, dass die Bodenwärme ihren Maximalstand im genannten Jahre im Monate Juli erreichte und dass sie mit derselben Schnelligkeit abnahm, mit welcher sie angestiegen war. In anderen Jahren, besonders in 1877 und auch in 1879, war hingegen die Bodentemperatur der Tiefe von 0,5 m während der Monate Juni, Juli und August gleichmässiger und constant sehr hoch. Endlich ist es von Interesse zu sehen, wie tief die Bodentemperatur im Winter 1879/80 sank.

Die Feuchtigkeitsverhältnisse des Bodens von Budapest.

Ich habe bereits Eingangs erörtert, dass denkende Aerzte der Durchfeuchtung des Bodens auf die Entstehung von Epidemien seit Langem einen weitgehenden Einfluss zusprachen. Sie wussten recht wohl, dass das Wechselfieber hauptsächlich dann entsteht, wenn der sumpfige Boden feucht geworden und aufs Neue auszutrocknen beginnt. Die älteren Naturforscher räumten der Befeuchtung und Austrocknung überhaupt eine so gewaltige Macht ein, dass sie auch das Neuentstehen der niederen Thiere von ihnen ableiten (Van Helmont).

Doch war Pettenkofer der Erste, welcher die Rolle der Durchfeuchtung gegenüber den Krankheiten, insbesondere der Cholera, auf wissenschaftlicher Grundlage prüfte. Als Ausgangspunkt diente ihm die Erfahrung, dass die Cholera manche Orte zu einer Zeit gewissermaassen zu meiden scheint, wiewohl sie in der Nachbarschaft gestreift hatte und vielleicht auf kurze Zeit auch innerhalb der Mauern erschienen war. Nach Kurzem kehrt aber die Cholera dahin zurück, und ist jetzt um so verheerender.

An solchen Orten müssen jene Bedingungen, welche auf die Verbreitung der Cholera von Einfluss sind, vorhanden sein; doch ist eine dieser Bedingungen eine veränderliche, eine schwankende: zu einer Zeit ist sie für die Cholera günstig, zu einer anderen nicht. Pettenkofer forschte nun darnach, was wohl zwischen den disponirenden Momenten einer Localität schwankend und an verschiedenen Orten zu anderen Zeiten vorhanden sein könne? Alles wies auf eines hin: auf die Durchfeuchtung des Bodens, welche an verschiedenen Orten und zu verschiedenen Zeiten in der That sehr beträchtlich schwanken kann, indem das im Innern der Erde enthaltene Boden- oder Grundwasser, welches diesen Boden durchtränkt, im Boden verschiedener Localitäten einem bedeutenden Wogen unterworfen ist [1]).

Das war der erste Keim der Grundwassertheorie von Pettenkofer. Wie bekannt, führte Pettenkofer darauf zu München fortlaufende Grundwassermessungen aus, deren Ergebnisse im Jahre 1865 durch Buhl mit den Schwankungen des Abdominaltyphus in derselben Stadt verglichen wurden, woraus sich jene staunenswerthe Uebereinstimmung zwischen beiden Naturerscheinungen ergab, welche es für alle Zeiten feststellte, dass für München ein causaler Zusammenhang zwischen den Grundwasserschwankungen und der Typhusmortalität besteht [2]).

Seitdem wurde der wirkliche oder vermuthete (aus dem Wasserstande von Flüssen oder den Regenfällen gefolgerte) Grundwasserstand an vielen Orten mit den Schwankungen von Typhus, Cholera und anderen epidemischen Krankheiten verglichen, um zu erfahren, ob jener Einfluss des Grundwassers auf Typhus und Cholera auch an anderen Orten besteht? das Ergebniss war theils bestätigend, theils verneinend.

Niemand wird es bezweifeln, dass diese Untersuchungen bis zum heutigen Tage unzulänglich und sehr lückenhaft sind; es ist das auch ganz natürlich, da den Forschern die erforderlichen Grundwassermessungen kaum zu Gebote standen. Es bedarf folglich noch langwieriger und umfangreicher Beobachtungen, um die Gesetze und Modalitäten für den Einfluss des Grundwassers zu erkennen.

---

[1]) Vergl. Hauptbericht etc., S. 339 ff.

[2]) S. Zeitschrift f. Biologie, Bd. I (1865), S. 1; dann Bd. IV (1868), S. 1. Desgleichen Eulenburg's Realencyclopädie, Artikel „Boden“.

In Berlin fand Virchow[1]) einen Zusammenhang zwischen Typhus und Grundwasser. Die Ursache dafür sieht Virchow darin, dass das schwankende Grundwasser den Boden und die in ihm enthaltenen organischen Substanzen durchfeuchtet, ihre Zersetzung modificirt, anregt und die Infectionsstoffe — gleich wie das Regenwasser — in die Brunnen niederschwemmt[2]). Nach ihm ist unter gewissen Verhältnissen eine Schwankung des Grundwassers nicht einmal erforderlich, auf dass der Typhus zu einer Epidemie gedeihe, denn die Veränderungen in der Durchfeuchtung des Bodens können auch durch andere Agentien (z. B. Regenfälle) hervorgerufen werden; andererseits scheint es ihm klar, dass es Orte geben kann, wo nicht — wie in München und Berlin etc. — beim Sinken, sondern eventuell beim Steigen des Grundwassers jene Durchfeuchtung hervorgerufen wird, welche den Typhus unterhält.

Virchow wünscht also den Einfluss der Grundwasserschwankung auf die Durchfeuchtung des Bodens zurückgeführt zu sehen; Pettenkofer hingegen meint, dass die Erklärung für die Ursachen und Modalitäten des Zusammenhanges zwischen den Grundwasserschwankungen und den wiederholten Typhusausbrüchen auf eine spätere Zeit zu verschieben wären, wo man über ausreichende Angaben verfügen wird, um die Rolle der Schwankung von allen Seiten beleuchten zu können. Und Pettenkofer ist mit dieser Vorsicht ganz im Rechte. Wohl mag es beim heutigen Stande unserer Kenntnisse für sehr wahrscheinlich gelten, dass den Grundwasserschwankungen in erster Reihe jener Einfluss auf den Boden und dadurch auf den Typhus zukommt, welcher überhaupt der Durchfeuchtung des Bodens eigen ist. Andererseits erleidet aber auch das keinen Zweifel, dass die Grundwasserschwankungen noch einen ganz anderen Wirkungskreis haben können, als die einfache Durchfeuchtung. Wie ich im Obigen (S. 26) erörtert habe, wird der Boden durch das auf- und abwogende Grundwasser ganz anders ausgeschwemmt, als durch das langsam niedersickernde Regenwasser; jenes kann hinsichtlich der Zersetzung der organischen Substanzen im Boden, insbesondere hinsichtlich ihres Ueberganges in Fäulniss, ganz andere Verhältnisse hervorrufen, als der Regen; erfolgt die Durchfeuchtung vom Grundwasser aus, so wird neben einer heftigeren Fäulniss der tieferen Schichten die ober-

---

[1]) Reinigung und Entwässerung Berlins. Generalbericht, S. 63.

[2]) Deutsche med. Wochenschrift, 1876, Nr. 1 bis 2.

flächliche Schicht permeabel bleiben, wodurch die Zersetzungsproducte leicht an die Bodenoberfläche gelangen können, während es bei der Durchfeuchtung durch Regen mit diesen Verhältnissen ganz anders bestellt ist; und endlich mag die Schwankung des Grundwassers auch durch die veränderte Strömung des Wassers, durch veränderte Imprägnirung desselben mit Bodenlaugenstoffen von den Folgen einer durch Regen bewirkten Bodendurchfeuchtung differiren.

Aus all dem folgt mit aller Bestimmtheit, dass zur vollen Erkenntniss der auf die Epidemien wirkenden Bodenkräfte nicht nur fortlaufende Grundwassermessungen erforderlich sind, sondern auch anderweitige Untersuchungen benöthigt werden, welche die auf andere Art bewirkte Durchfeuchtung des Bodens und ihre Schwankungen nachweisen.

Zur Messung resp. Schätzung der letzteren Art von Bodenfeuchtigkeit hat bereits Pettenkofer die Beobachtung der Regenfälle und der Verdunstung empfohlen, um die Grundwassermessungen zu ersetzen, wo diese unausführbar sind oder nicht ausgeführt werden.

Die Messung der Regenmenge gestattet naturgemäss blos eine aproximative Folgerung auf die Feuchtigkeit des Bodens, weil diese ausser der Regenmenge noch von vielen Nebenumständen abhängig ist. Deshalb hat man es zu wiederholten Malen versucht, ob nicht die Bodenfeuchtigkeit direct zu beobachten oder zu messen wäre. Pfeiffer empfiehlt zu diesem Behufe die Bestimmung des Wassergehaltes der Grundluft [1]). Mit Hülfe dieser Methode hat Fleck den Gehalt der Grundluft an Wasserdampf längere Zeit hindurch untersucht; dasselbe that ich selbst zu Klausenburg. Die Methode erwies sich aber für ganz unverlässlich und gerieth in Vergessenheit.

In 1876 habe ich eine andere Methode zur directen Feuchtigkeitsbestimmung empfohlen [2]), welcher ich mich seitdem zu meinen unten folgenden Untersuchungen bediente. Das Verfahren besteht darin, dass mit dem Erdbohrer aus verschiedenen Tiefen des zu untersuchenden Bodens von Zeit zu Zeit Proben ausgehoben, in einer Schale abgewogen, dann bei 110° C. ausgetrocknet und neuerdings gewogen werden; der Gewichtsverlust zeigt den Feuchtigkeits-

---

[1]) Zeitschr. f. Biologie 1873, S. 243.

[2]) „Ueber die Zwecke und Methoden der Bodenuntersuchungen". Jahrbücher des Budapester königl. Aerztevereines. Jahrgang 1876 (ungarisch).

gehalt der Bodenprobe an. Diese Methode kann den wahrhaftigen Feuchtigkeitsgrad des Bodens zu verschiedenen Zeiten und in verschiedenen Schichten ohne Zweifel am pünktlichsten anzeigen.

Mit Hülfe dieser Methode habe ich seit 1877 die Bodenfeuchtigkeit unausgesetzt untersucht. In 1877 liess ich die Versuchsbohrungen auf allen vier Stationen ausführen, und zwar am 10., 20. und Letzten eines jeden Monats: in 1878 gestatteten mir anderweitige Beschäftigungen die Bodenfeuchtigkeit nicht häufiger als einmal im Monate, am Ersten, zu untersuchen; seit 1879 lasse ich neuerdings monatlich drei Bohrungen ausführen [1]), aber jetzt nicht mehr auf allen vier Stationen, sondern blos im chemischen Hofe.

Die Hauptresultate dieser Untersuchungen bestehen im Folgenden:

Die Bodenfeuchtigkeit der vier Stationen war zum selben Zeitpunkte nicht dieselbe. Es wird das aus den folgenden Zahlen hervorgehen; je 1000 g Boden enthielten im Durchschnitt aus 1877/78 Wasser in Grammen:

	1 m tief	2 m tief	3 m tief	4 m tief	Mittel
Chemischer Hof	133	123	113	85	113
Karlskaserne	106	120	107	89	105
Üllöer Kaserne	95	93	105	82	94
Neugebäude	86	86	86	—	86

Der feuchteste Boden ist demnach etwa um 35 Proc. feuchter als der trockenste.

Von der Gattung des Bodens ist diese ungleiche Feuchtigkeit unabhängig, da die Untersuchten gleichmässig aus kalkhaltigem Quarzsand von ziemlich gleichem Korn bestanden. Von einer ungleichen Befeuchtung durch den Regen kann diese Verschiedenheit ebenfalls nicht herrühren. Sie hängt in den untersuchten Bodenarten — wie es scheint — von der Menge der sie verunreinigenden organischen Substanzen ab, welche den Boden humös machen und dadurch seine Wassercapacität erhöhen. Zieht man nämlich die chemische Beschaffenheit (s. S. 60) dieser Bodenarten in Betracht, so ist es leicht, sich zu überzeugen, dass sie sich in dem Maasse feuchter oder trockner herausstellten, als sie mit organischen Substanzen mehr oder weniger verunreinigt waren.

---

[1]) Während der Wintermonate wurde mit diesen Bohrungen wegen der schwierigen Arbeit im gefrorenen Boden ausgesetzt.

In den einzelnen Jahren war die Feuchtigkeit der Bodenarten ebenfalls variabel. Als Beispiel möge die Feuchtigkeit des Bodens im chemischen Hofe dienen; sie betrug in 1000 g:

	1 m	2 m	3 m	4 m	Mittel
1877 (März bis December)	119	132	115	94	115
1878 (März „ November)	147	114	110	77	112
1879 („ „ „)	150	163	105	85	126
1880 (März „ October)	168	157	121	83	132

Man mag hieraus ersehen, dass die durchschnittliche Feuchtigkeit eines und desselben Bodens in den verschiedenen Jahren eine sehr verschiedene sein kann.

Ueberhaupt war der Boden von Budapest in 1880 am feuchtesten, in 1878 aber am trockensten.

Die Feuchtigkeit des Bodens ist auch je nach der Tiefe verschieden. Es ergiebt sich das schon aus den obigen Daten, noch bestimmter aber aus den folgenden Durchschnittszahlen; die mittlere Feuchtigkeit im Boden des chemischen Hofes betrug von 1877 bis 1880:

in 1 m Tiefe . . .	146
„ 2 „ „ . . .	141
„ 3 „ „ . . .	113
„ 4 „ „ . . .	86

Der Mittelwerth für die Feuchtigkeit nimmt mit der Tiefe rapide ab. Dieses Schwinden der Feuchtigkeit gegen die Tiefe zu scheint in erster Reihe wieder von den organischen Substanzen und der durch sie bedingten Wassercapacität abhängig zu sein, da in den untersuchten Boden mit der Tiefe beide thatsächlich abnahmen. Die Wassercapacität beträgt z. B. im Boden des chemischen Hofes in 1 und 2 m Tiefe auf 100 Vol. Boden 47 Vol. Wasser, in 3 und 4 m Tiefe aber blos 38.

Auch in den einzelnen Monaten und Jahreszeiten war die Feuchtigkeit eine andere; sie betrug im Mittel aus den Jahren 1877 bis 1880 und aus sämmtlichen Boden von 1 bis 4 m Tiefe in Gramm pro Kilo:

März	102
April	123
Mai	125
Juni	117
Juli	119
August	118
September	109
October	101
November	95

Im Allgemeinen nimmt demnach die Bodenfeuchtigkeit im Frühjahre zu und erreicht ihr Maximum im Mai; darauf sinkt sie während des Sommers bis zum Spätherbst.

Es wird uns eines Weiteren interessiren zu erfahren, wie sich die Durchfeuchtung des Bodens im Allgemeinen in den verschiedenen Tiefen das ganze Jahr hindurch verhält. Zieht man das Mittel aus sämmtlichen Beobachtungen, welche während der vier Jahre auf allen Stationen gesammelt wurden, so erhält man die folgende Aufklärung:

	Frühjahr	Sommer	Herbst
1 m Tiefe	147	131	117
2 " "	144	135	117
3 " "	106	111	102
4 " "	81	94	74

Oder: in 1 und 2 m Tiefe ist der Boden im Frühjahre am feuchtesten, und nimmt hier die Feuchtigkeit gegen den Herbst zu gleichmässig ab; in 3 und 4 m Tiefe ist die Feuchtigkeit hingegen im Sommer am grössten; am kleinsten wird sie auch hier im Herbste sein.

In kürzeren, 10tägigen Intervallen sind die Schwankungen der Bodenfeuchtigkeit sehr bedeutend; die einzelnen Curven in der Curvengruppe 3 auf Tafel VI, welche diese Schwankungen versinnlichen [1]), stehen an einem Tage sehr hoch, sie fallen aber bis zum folgenden 10. Tage tief herunter. Während dieser Schwankungen verlaufen die Feuchtigkeiten der verschiedenen Tiefen nicht parallel;

---

[1]) Auf dieser Tafel habe ich blos die Feuchtigkeitsschwankungen des Bodens im chemischen Hofe verzeichnet; die Curven aller Stationen hätten zu viel Raum beansprucht. Jeder Millimeter an Höhe bedeutet auf dieser Zeichnung 2 g Wasser in 1000 g bei 110° getrockneter Erde. Näheres siehe unter den „Erklärungen" am Schluss des Werkes.

es ist das auch ganz natürlich; in der grösseren Tiefe wird sich eine Feuchtigkeitswelle später einfinden, als in der höheren Schichte. Im grossen Ganzen verlaufen die Tiefen von 1 und 2 m noch am meisten übereinstimmend; überhaupt ist eine bedeutendere Schwankung in diesen Schichten seltener, was wohl seine Erklärung darin finden wird, dass sie in Folge ihrer bedeutenderen Wassercapacität das einmal aufgenommene Wasser nicht so leicht wieder loslassen, und daher constant durchfeuchtet sind. In der 3 und 4 m tiefen Schichte wird das niedersickernde Regenwasser den Boden zeitweise ganz überfluthen, wo dann dessen Feuchtigkeit sehr hoch ist; doch wird dieses Wasser alsobald wieder verlaufen und der Boden aufs Neue auffallend trocken geworden sein.

Ich werde kaum hervorzuheben haben, dass uns vom hygienischen Standpunkte die Feuchtigkeit und deren Schwankungen in den oberflächlichen Schichten, also auf 1 und 2 m Tiefe zunächst interessiren, weil diese Schichten am höchsten verunreinigt sind, und weil jene Processe, welche auf die Gesundheit einzuwirken scheinen, aller Wahrscheinlichkeit nach hauptsächlich in ihnen zu Stande kommen.

Eine Durchsicht des Maasstabes der Bodenfeuchtigkeit auf Tafel VI wird uns belehren, dass *jene Feuchtigkeitsmenge, bei welcher* — wie oben nachgewiesen wurde — *die Zersetzung der Abfallstoffe verlaufen kann, zu jeder Zeit und in allen Tiefen vorhanden war.* Das beobachtete Feuchtigkeitsminimum betrug 32 g Wasser im Kilo trocknen Boden (im März 1878, 4 m tief). Wie oben (S. 44) zu ersehen war, ist die Zersetzung bei 4 Proc. Feuchtigkeit (d. h. 40 g Wasser pro Kilo Erde) schon sehr lebhaft, bei 2 Proc. aber ungemein geringe, woraus gefolgert werden kann, dass das in Erfahrung gebrachte Feuchtigkeitsminimum zur Unterhaltung der Zersetzung hinreichend war. In 1 m Tiefe enthielt selbst der trockenste Boden noch 59 g Wasser in 1000 g, *in dieser Tiefe besass mithin der Boden selbst im trockensten Zustande noch immer Feuchtigkeit genug, um auch den heftigsten Zersetzungsprocess zu unterhalten.* Dieses und die oben dargelegten Feuchtigkeitsverhältnisse in den verschiedenen Boden in Betracht gezogen, kann gesagt werden, dass *der Feuchtigkeitsgrad zur Unterhaltung der Oxydation und Fäulniss im Pester Boden in 1 und 2 m Tiefe am günstigsten war und nach der Tiefe ungünstiger wurde.*

Wir werden noch zu untersuchen haben, *welche Umstände*

auf die Schwankungen der Bodenfeuchtigkeit einfliessen? Es kann schon a priori gesagt werden, dass man es hier vorwiegend mit zwei Factoren zu thun haben wird: mit dem Regen und dem Grundwasser. Der Einfluss dieser Factoren auf den Boden kann auf Tafel VI studirt werden, wo die Feuchtigkeit des Bodens, sowie die Schwankungen der Regenmenge (Fig. 1) und des Grundwassers (Curvengruppe 2) abgebildet sind.

Wie ersichtlich bewegen sich die Curven der Bodenfeuchtigkeit in einem sehr complicirten Zickzack. Diese Curven werden uns davon überzeugen, dass auch die befeuchtenden Naturkräfte auf jene Feuchtigkeit in einem sehr complicirten Verhältnisse einfliessen. Die Feuchtigkeitscurve verläuft weder mit der Regenmenge, noch weniger aber mit den Grundwasserschwankungen ausgesprochen parallel.

Der meiste Parallelismus kann noch zwischen der Regenmenge und der Feuchtigkeit der oberflächlichen Schichten wahrgenommen werden. Jenachdem sich die Regenfälle auf ausgiebigere oder spärlichere Gruppen vertheilten, nahm auch die Bodenfeuchtigkeit in 1 und 2 m Tiefe zu oder ab. Durch stärkere Frühjahrsregen wurde die Bodenfeuchtigkeit in den erwähnten Tiefen eben auch in dieser Jahreszeit aufs Höchste erhoben; der trocknere Sommer und Herbst ging hingegen mit einer niederen Bodenfeuchtigkeit in denselben Schichten einher. In 1878 aber, in welchem Jahre der Frühherbst regenreicher war, als der vorhergehende Frühling, stieg auch die durchschnittliche Bodenfeuchtigkeit gegen den Herbst an.

Es ist leicht erklärlich, weshalb zwischen dem Wassergehalte des Bodens und den Regenmengen keine genauere Uebereinstimmung angenommen werden kann. Der störende Einfluss wird da von der Verdunstung herrühren, welche im Sommer und Frühherbste selbst nach reichlichem Regen noch die Durchfeuchtung der Bodenschichten verhindern kann.

Dies erkannte Pettenkofer schon vor langer Zeit und rieth daher an, parallel mit den Regenmengen auch die Verdunstungsgrössen zu messen und die letzteren von der Regenmenge in Abzug zu bringen. Ich habe kaum zu beweisen, dass diese Methode zur Beurtheilung der Bodenfeuchtigkeit nur im äussersten Falle taugt; mit ihr lässt sich die Bodenfeuchtigkeit auf eine genauere Weise nicht ermitteln, weil die Durchfeuchtung und Wiederaustrocknung der Erde bis zu einer gewissen Tiefe unter viel complicirteren Verhältnissen erfolgt, als dass diese aus den Zahlen des

Ombrometers und des Evaporometers einfach herausgelesen werden könnten.

Und so kann behauptet werden, dass nur die von mir angeregte und ausgeführte directe Bestimmung uns befähigt, die Durchfeuchtung der oberflächlichen Bodenschichten zu erkennen, und vom epidemiologischen Gesichtspunkte auf eine exacte Weise zu verfolgen.

Die Feuchtigkeit der tieferen Bodenschichten wird schon neben dem Regen auch durch das Grundwasser beeinflusst.

Auf der Tafel VI verlaufen die Curven dieser Feuchtigkeit und der Grundwässer in erkennbarer Weise übereinstimmend, insofern, als beide im Sommer und Anfangs Herbst den höchsten Stand aufweisen, und vorher sowie nachher nach abwärts sinken. In 1880 wird selbst das unregelmässige Zickzack der Grundwässer durch die Feuchtigkeit der 3 und 4 m tiefen Bodenschichten befolgt. Es darf uns nicht Wunder nehmen, dass der Zusammenhang zwischen dem Verhalten der beiden Erscheinungen auf der Beobachtungsstation kein schärfer hervortretender war. Auf dieser Station, wie auch in den übrigen Kasernenhöfen, wo ich Grundwassermessungen und Bodenfeuchtigkeitsbestimmungen anstellte, war nämlich der Grundwasserspiegel immer noch auf 2 bis 3 m unterhalb der unter Beobachtung stehenden Bodentiefe gelegen; ausserdem besitzen diese Bodenarten (Sand) eine sehr geringe Capillarität, in Folge dessen auch die Feuchtigkeit des Grundwassers in keinem beträchtlichen Maasse bis an den Grund der Bohrlöcher aufsteigen konnte.

Auf den Beobachtungsstationen und überhaupt in jenen Theilen von Budapest, welche dasselbe tiefliegende Grundwasser haben, wie jene Stationen, übte also das letztere auf die erste 4 m dicke, also auf die oberflächliche, die am meisten verunreinigte Bodenschicht einen nur geringen Einfluss aus. Doch nicht die ganze Stadt hat ein so tiefliegendes Grundwasser. Im Gegentheil erhebt sich der Wasserspiegel in ausgedehnten Stadttheilen bis auf fünf und weniger Meter unter dem Bodenniveau. Hier war auch das Grundwasser auf die Durchfeuchtung dieser Bodenschichten schon viel bedeutender eingeflossen. So haben meine Grundwassermessungen bewiesen, dass in den äussersten Strassen der Josefstadt (Tafel IX, Stadttheil IV) das Brunenwasser sich bis auf 2,8 bis 3,0 m dem Bodenniveau näherte [1]); ein anonymer Autor sagt in seinem in 1864 erschie-

---

[1]) Rózsahegyi stiess im nahegelegenen Kirchhofe bereits in ca. 1 m Tiefe auf Grundwasser. S. Természettudományi Közlöny, 1880 (ungarisch).

nenen Werke sogar, dass das Grundwasser in den äussersten Zonen dieses Stadttheiles zuweilen sogar an die Oberfläche tritt. Desgleichen fand ich auch in der Franzstadt (Stadtth. V) Brunnen (Brunnen Nr. 38), in welchen das Wasser zur Zeit der Messung, nur auf 300 cm von der Oberfläche ruhte. In der Theresienstadt (St. III) fand ich im Brunnen Nr. XV auf weniger als 4 m Tiefe schon Grundwasser, im Brunnen Nr. VIII sogar in 308 cm Tiefe etc.

Es bedarf unzweifelhaft noch viel mehr Grundwassermessungen, um jene Grenzen, zwischen welchen das Grundwasser dem Bodenniveau bis auf 5 m und noch weniger nahe kommt, genau ausstecken zu können; so viel lässt sich aber auch aus den bisherigen Messungen schon constatiren, dass auf dem ganzen Gebiete, welches die Innere und Leopoldstadt (St. I und II) halbkreisförmig umgiebt und an den meisten Stellen bis an die äussere Grenze der Stadt reicht, das Grundwasser sehr seicht liegt, sich der Bodenoberfläche gewöhnlich auf 4 bis 5 m und häufig genug selbst auf 3 m nähert [1]).

In diesen ausgebreiteten und dicht bevölkerten Stadttheilen wird also das Grundwasser auf die Durchfeuchtung der oberflächlichen und verunreinigten Bodenschichten ohne Zweifel einfliessen; seine Schwankungen werden gewiss auch hier Veränderungen in der Feuchtigkeit hervorrufen.

Grundwassermessungen sind hier seit 1875 im Zuge. Seit dieser Zeit lässt nämlich die Militärbehörde den Grundwasserstand in zwei Kasernen [2]) täglich messen, ich aber in fünf anderen Brunnen von 10 zu 10 Tagen [3]). Diese Stationen durchschneiden die ganze Stadt nach zwei Richtungen: einerseits von Ost nach West, andererseits von Nord nach Süd mitten durch die Stadt. Im letzten Jahre (1880) liess ich zum Zwecke einer — unten des Näheren ausgeführten — Untersuchung den Wasserspiegel in noch 28 anderen Brunnen monatlich zweimal bestimmen [4]).

An der Schwankung des Grundwassers unterscheidet man gewöhnlich zwei Richtungen: die verticale Schwankung oder Wo-

---

[1]) Siehe auf Taf. IX, wo die Zähler der eingeschriebenen Bruchzahlen den Abstand des Grundwasserspiegels von der Bodenoberfläche in Centimeter ausdrücken.

[2]) Siehe auf Taf. IX die Brunnen XVII und XXXI.

[3]) Daselbst die Brunnen III, XVI, XVIII, XIX und XX.

[4]) Ebendaselbst die Brunnen I bis XXXIV, mit Ausnahme der soeben erwähnten sieben.

gung, und die horizontale Bewegung, also die Strömung des Grundwassers.

Um die Wogungen zu messen, habe ich mich eines einfachen Instrumentes bedient, nämlich eines nach Centimetern eingetheilten, ölgetränkten Messbandes, an dessen Ende ein Stück Draht und an diesem auf je einen Centimeter Entfernung kleine Schälchen (30 Stück) befestigt waren. Zur Messung wurde das Band mit den Schüsselchen unter fortwährenden sanften Rissen in den Brunnen gelassen; es ist so sehr gut zu fühlen, sobald die Schälchen Wasser schöpfen. Ist das geschehen, so wird das Band noch etwas tiefer gelassen, und nun die ganze Tiefe zu einem fixen Zeichen an der Brunnenwand [1]) gemessen; nachdem das Band wieder heraufgezogen worden, wird die Anzahl der mit Wasser gefüllten Schälchen von den Centimetern der Gesammttiefe subtrahirt.

An den Wogungen des Grundwassers sind besonders zwei Momente festzuhalten: die Grösse und die Zeit der Schwankung. Die Grösse der Schwankung während der einzelnen Jahre war in den verschiedenen beobachteten Brunnen eine sehr verschiedene. Die grösste Schwankung war den der Donau zunächst gelegenen Brunnen eigen. Von der Donau einwärts wird die Grundwasserwelle immer kleiner und kleiner, und an der äusseren Grenze der Stadt verschwindet sie beinahe gänzlich. Wir werden uns von der Grösse der Schwankung in den verschiedenen Theilen der Stadt ein sehr klares Bild schaffen können, wenn wir auf Grundlage der in 1880 in grösserer Anzahl ausgeführten Messungen die nach solchen einzelnen Directionslinien stattgehabte Schwankung heraussuchen, welche mit der Donau parallel verlaufen und die Stadt im ersten, zweiten, dritten, vierten Viertheil durchschneiden. Diese Messungen ergaben die folgende Schwankungsgrösse:

a. Schwankung in der Nähe der Donau: Brunnen Nr. III 220 cm, Br. Nr. I 172 cm, Br. Nr. XVI 116 cm, Br. Nr. XXIII 70 cm, Br. Nr. XXIX 74, Br. Nr. XXX 118 cm, Br. Nr. XXXII 99 cm.

b. Schwankung in einer Linie, welche mit der Donau ungefähr parallel verläuft, und etwa das erste (gegen die Donau

---

[1]) Diese Zeichen wurden durch städtische Ingenieure zum Nullpunkte des Donaupegels eingestellt. Ich kann nicht umhin, Herrn Vicebürgermeister Karl Gerlóczy und den Herren Ingenieuren für ihre freundliche Unterstützung meinen wärmsten Dank auszusprechen.

gelegene) Drittel des städtischen Territoriums durchschneidet: Brunnen Nr. II 71 cm, Br. Nr. XI 72 cm, Br. Nr. IV 110 cm, Brunnen Nr. XVII 70 cm, Br. Nr. XVIII 51 cm, Br. Nr. XXIV 46 cm, Br. Nr. XXXI 57 cm, Br. XXXIII 31 cm.

c. In einer Linie, durch welche die Stadt in der Mitte getheilt wird: Brunnen Nr. VII 46 cm, Br. Nr. XII 33 cm, Br. Nr. XIX 41 cm, Br. Nr. XX 28 cm, Br. Nr. XXV 34 cm, Br. Nr. XXVI 28 cm.

d. In einer Linie, welche an der äusseren Grenze der Stadt verläuft: Brunnen Nr. VIII 66 cm, Br. Nr. IX, 40 cm, Br. Nr. XV 32 cm, Br. Nr. XIV 51 cm, Br. Nr. XXI 53 cm, Br. Nr. XXVII 26 cm, Br. Nr. XXVIII 27 cm, Brunnen Nr. XXXIV 32 cm.

Aus diesen Daten geht hervor, dass das Wogen des Grundwassers in der Nähe der Donau, insbesondere an der oberen Donauzeile am stärksten, während es in den thalwärts am Donauufer gelegenen Brunnen schon geringer ist. Dieses Wogen nimmt in dem Maasse stetig ab, als man nach dem Inneren der Stadt gegen Osten vordringt; auch hier ist es beträchtlicher im oberen, nördlichen Theile der Stadt, als im unteren, gegen Südwesten gelegenen. Am kleinsten ist die Schwankung, sie beträgt kaum $^1/_3$ und $^1/_2$ m während des ganzen Jahres, im ganzen mittleren und äusseren Theile der Stadt, unter der Hauptmasse der Theresien- und Josefstadt. Was bedeuten diese Grundwasserschwankungen im Vergleiche zu München, wo sie 2 m übersteigen oder gar mit den in Indien beobachteten verglichen, deren etliche nach Pettenkofer im Jahre auch 13 m betragen!

Es ergiebt sich übrigens auch aus den Grundwasserbeobachtungen der österreichisch-ungarischen Militärbehörde, dass z. B. in Lemberg das Grundwasser im Brunnen des Militärgefängnisses 1880 (im Zeitraume vom Januar bis September allein) nahezu 4 m schwankte, im Brunnen der Militärschule zu Ottocac sogar $5^1/_4$ m [1]).

Unter dem grössten Theile von Budapest pflegt also das Grundwasser sehr ruhig zu stehen. Es ist erwähnenswerth — und ich werde es später auch vom hygienischen Standpunkte würdigen — dass sich das Grundwasser dort am ruhigsten verhält, wo es der Oberfläche am nächsten ist,

---

[1]) Monatliche Uebersichten der Ergebnisse von hydrometrischen Beobachtungen in 50 Stationen der österreichisch-ungarischen Monarchie. Herausgegeben von d. III. Sect. d. techn. u. admin. Militär-Comités 1880.

und dass es andererseits dort am meisten wogt, wo es am tiefsten unter dem Bodenniveau liegt.

Hinsichtlich des zeitlichen Verhaltens der Grundwasserschwankungen erhält man die klarste Vorstellung, wenn man auf Taf. VI, Gruppe 2, die Curven 1 bis 7 durchgeht; diese Curven stellen nämlich die Grundwasserschwankungen auf sechs Stationen und die Schwankungen der Donau dar. Vergleicht man diese Curven, so wird man vor Allem bemerken, dass sie im grossen Ganzen sehr regelmässig übereinstimmen; sie steigen und fallen, erreichen ihren höchsten und tiefsten Stand zusammen.

Da nun die erwähnten sechs Stationen den grössten Theil des städtischen Territoriums der Quere nach durchschneiden: kann schon der von ihnen gelieferte Beweis für genügend betrachtet werden, um zu behaupten, dass das sich unter der Stadt ausbreitende Grundwasser beinahe in seiner Gesammtheit durch dieselbe Naturkraft beeinflusst wird. Mit voller Gewissheit geht das aber aus den Grundwasserschwankungen jener 28 Stationen hervor, welche ich im Jahre 1880 in Untersuchung zog. Die Wasserstände von einigen dieser Brunnen für April bis December sind auf Taf. III verzeichnet[1]). Eine übereinstimmende Erhöhung kann Anfang Juli, und hauptsächlich Ende August, andererseits ein Sinken Anfangs August und im September in allen Brunnen wahrgenommen werden, welche in der Leopoldstadt, dann im nördlichen und nordöstlichen Theile der Theresienstadt (s. Curven Nr. 2, 6, 9) — mit Ausnahme der äussersten Stadttheile (Curve 10) — gelegen sind; ferner auch in jenen Brunnen, welche in der Inneren Stadt und im nördlichen und nordöstlichen Theile der Josefstadt (Curven 8, 7) liegen, wobei die äusserst gelegenen (Curve 11) auch hier auszunehmen sind; endlich sind dieselben Schwankungen des Grundwassers auch unter der Franzstadt zu sehen, auch hier bis hinaus zu den am östlichen Rande der Stadt gelegenen Brunnen (Curven 1, 3, 5 und Curve 12). Unter dem grössten Theile des städtischen Territoriums schwankt also das Grundwasser nach einem einheitlichen Rhythmus, aber mit dem Unterschiede, dass die Schwankungen in der Nähe der Donau am stärksten sind und gegen Osten stetig abnehmen.

Die zweite Erscheinung, welche unsere Aufmerksamkeit bei der Betrachtung der Grundwasserschwankungen beansprucht, ist

---

[1]) Die Erklärung der Curven siehe am Schlusse des Werkes.

die, dass diese so ziemlich regelmässig an gewisse Jahreszeiten gebunden sind. Es wird uns nicht entgehen, dass in 1877, 1878, 1879 das Grundwasser jährlich einmal hoch ansteigt und dann allmälig wieder zurücksinkt. Der höchste Grundwasserstand fiel in diesen Jahren auf die Mitte des Sommers [1]), der niedrigste Stand aber auf das Ende des Winters und auf den Beginn des Frühjahres.

Somit wird der Boden in Budapest durch das Grundwasser dann am meisten befeuchtet, wenn ihn der Regen am wenigsten benetzt. Ich habe kaum zu beweisen, dass dieser Umstand einen wesentlichen Einfluss auf die Schwankung des im Boden verlaufenden Fäulnissprocesses besitzt.

Angesichts jener regelmässigen und übereinstimmenden Schwankungen taucht die Frage auf: aus welcher Quelle wohl die Wogungen des Grundwassers unter dem untersuchten Territorium herstammen?

Betrachtet man die Curven 1 bis 7 der Tafel VI, so wird es nicht schwer fallen, die Quelle der Schwankungen aufzufinden. Durch die Regenfälle wird die Wogung nicht modificirt. Man wird das wahrnehmen können, wenn man die Regenmengen (Taf. VI, Zeichnung 1) mit den Grundwasserschwankungen vergleicht. Die grossen Regenfälle in den Monaten März, April und Mai 1877 übten auf die Grundwasserschwankung in keinem einzigen der Brunnen einen merkbaren Einfluss, sowie sie es auch im December desselben Jahres und im Januar 1878 nicht thaten, desgleichen auch die im Juni, Juli, September, October, November 1878 etc. gefallenen Regen nicht. Im Gebiete von Budapest kann somit das Grundwasser nur in sehr beschränktem Maasse von den zeitlichen und quantitativen Verhältnissen des Regens abhängig sein; um so abhängiger ist es vom Wasserstande der Donau. Auf dem ganzen Territorium, welches gegen Westen und Norden drei Viertheile der Stadt ausmacht, und welches im Süden und Osten von einem mit viel höher gelegenen Grundwasserspiegel versehenen Stadttheile saumartig umgeben ist (siehe unten S. 88), hielten sich die Schwankungen der Grundwässer alle vier Beobachtungsjahre hindurch an die Veränderungen im Wasserstande der Donau. Es ist sehr leicht zu erkennen, dass das Grundwasser in den am vorhin erwähnten Gebiete liegenden

[1]) Das Maximum erstreckt sich 1877 auf die Monate Juni, Juli, August; 1878 auf den Mai und Juni; 1879 auf den Juni, Juli und August, endlich 1880 auf den August und September.

Brunnen vom Monate Februar 1877 angefangen rapide steigt, dann ist in der zweiten Hälfte des März ein geringer Rückgang, Anfangs April ein hoher Stand, im Mai ein neueres Sinken, in den zwei folgenden Monaten eine neuere Erhöhung bis zum höchsten Stande in diesem Jahre zu sehen, worauf der Wasserspiegel rasch herabsinkt. Ganz dieselben Bewegungen zeigt auch der Wasserstand der Donau (Curve 3) während dieses Jahres. Im folgenden Jahre ist diese Parallelität zwischen den Wasserspiegeln in der Donau und in den Brunnen gleichfalls zu erkennen. Das Hochwasser in der Donau zeigt drei starke Wellen; ganz ähnliche drei Wellen sind auch an den Grundwässern zu bemerken u. s. w.[1]).

Am genauesten folgen den Schwankungen des Flusses die am Donauufer gelegenen Brunnen (C. 1, 6), was auch ganz natürlich ist; je weiter von der Donau entfernt man das Grundwasser misst, um so mehr nimmt die Grösse der Schwankung ab; und um so grösser ist die zeitliche Verspätung der Welle, je mehr man gegen die östlichen Stadttheile vorschreitet (C. 4, 5). Endlich erreicht man an den östlichen Stadtsäumen die schon erwähnte, mit hohem Grundwasser versehene Grenze, über welche hinaus der Einfluss der Donau gänzlich verschwimmt (C. 7).

Auf Grundlage dieser Erfahrungen kann heute schon gesagt werden, dass in den Schwankungen des Donauwasserspiegels auch für die Schwankung des Grundwassers ein Ausdruck geboten ist, welcher für den grössten Theil des städtischen Territoriums Gültigkeit besitzt, dass also aus den Ersteren auch auf die Letztere ein hinlänglich annähernder Schluss gezogen werden kann. Diese übereinstimmenden und einen Zeitraum von mehreren Jahren umfassenden Beobachtungen berechtigen auch zu der Behauptung, dass die Grundwasserschwankungen unter dem oben umgrenzten Theile der Stadt auch in den verflossenen Jahren mit den Erhöhungen und Abnahmen des Donauniveaus übereinstimmten; da nun aber Wasserstandmessungen über die Donau seit einer langen Reihe von Jahren vorliegen, ergiebt sich uns hierin ein Mittel, die Grundwasserschwankungen auch für vergangene Jahre annähernd zu bestimmen und mit dem Verhalten der Infectionskrankheiten, insbesondere von Typhus und Cholera, zu confrontiren.

---

[1]) Vgl. auch Taf. IV, Curve 2 (Donauwasserstand) und 3 (Grundwasserniveau im Brunnen Nr. XVIII).

Jenseits des jetzt erwähnten Territoriums, also unter dem äussersten Theile der Theresien-, Josef- und Franzstadt, ist das Grundwasser von einem anderen Einflusse abhängig, welchen ich bisher nicht genügend studirt habe; so viel ist übrigens aus Taf. III, Curven 10, 11, 12 zu ersehen, dass diese Grundwasserschichten unter einander gar keine Uebereinstimmung bezüglich der Schwankungen besitzen, woraus mit Wahrscheinlichkeit gefolgert werden kann, dass sie nicht so sehr unter dem Einflusse einer einheitlichen Kraft, z. B. des Regens, stehen, als vielmehr von zufälligen Umständen, von localen Verhältnissen abhängig sind.

Bei der Besprechung der Grundwasserschwankungen habe ich noch auf einen Umstand hinzuweisen, nämlich darauf, dass sich der Wasserspiegel in allen beobachteten Brunnen von Jahr zu Jahr erhöht. Es genügt, auf die Taf. VI einen Blick zu werfen, um sich davon zu überzeugen. Man sieht, wie die Höhe und Schwankungen des Grundwassers darstellenden Curven während ihres Wogens von Jahr zu Jahr immer höher steigen. Am Wasser des Brunnens Nr. XX tritt diese Erhöhung ganz besonders hervor (Taf. VI, Gruppe 2, Curve 7); der jährliche tiefste, höchste und mittlere Stand dieses Brunnens über dem Nullpunkt der Donau betrug von 1877 bis 1880:

	tiefster Stand	höchster Stand	mittlerer Stand
1877	255 cm	275 cm	264 cm
1878	248 „	277 „	260 „
1879	277 „	318 „	301 „
1880	300 „	328 „	317 „

Das heisst: am östlichen Rande der Stadt ist das Wasser im städtischen Boden von 1877 bis 1880 um mehr als einen halben Meter gestiegen.

Welcher Ursache soll dieses Ansteigen des Grundwassers zugeschrieben werden? Man befindet sich da angesichts zweier Factoren: der Regenfälle und des Donaustandes. Die Regenmenge hat von 1877 bis 1880 zugenommen, dasselbe that auch der Donauspiegel. Die folgende Zusammenstellung soll es beweisen:

	1877	1878	1879	1880
Regen . . .	627 mm	824 mm	769 mm	855 mm
Donaustand .	271 cm	332 cm	296 cm	320 cm

Während in den letzten Jahren das Grundwasser durch übernormale Regenfälle überhaupt vermehrt wurde, war es gleichzeitig wegen des höheren Donaustandes im Abfliessen behindert.

Dieses allmälige Ansteigen des Grundwassers in unserem Boden verdient ernste Beachtung, denn es werden mit ihm voraussichtlich sehr bald schwere sanitäre Schäden einhergehen.

Das Grundwasser lässt nicht nur ein Auf- und Niederwogen erkennen, sondern auch eine Strömung, ein Weiterfliessen.

Ich habe keine directen Untersuchungen darüber angestellt, in welcher Richtung und mit welcher Geschwindigkeit das Grundwasser unter den Häusern und Strassen der Stadt dahinströmt; in Ermangelung entsprechender Methoden konnte ich es auch gar nicht thun. Ich fand indessen solche Daten, aus welchen ich auch auf diese Strömungsverhältnisse des Grundwassers mit einer beruhigenden Bestimmtheit folgern konnte.

Vergleicht man die Wasserstände der verschiedenen Brunnen mit einander, so wird man wahrnehmen, dass der Wasserspiegel nach einer oder der anderen Richtung hin geneigt ist; nachdem man aber weiss, dass die Wässer alle mit einander im Zusammenhange stehen, weil sie in Uebereinstimmung schwanken, so kann auch gefolgert werden, dass das Wasser nach jener Richtung hin strömt, gegen welche es geneigt ist.

Was zeigt nun das Wasserstandsverhältniss unserer Brunnen in dieser Hinsicht? Ein sehr interessantes Bild. Vor Allem zeigt es, dass die Stadt im Osten und Süden halbkreisförmig durch eine solche Grundwasserschichte umfasst wird, deren Spiegel um Vieles höher steht, als der Wasserspiegel im grösseren inneren Theile der Stadt. Es wird das ersichtlich, wenn man die Höhe des Wassers über dem Nullpunkte der Donau (die Nenner der Bruchzahlen) in den Brunnen Nr. 72, 69, 66, 65, XXI, XXVIII, 51, 50, 46, 47, 38 und 39 auf Tafel IX betrachtet.

Es steht somit fest, dass von Nordosten, der Gegend des Stadtwäldchens, von Osten, der neben der Kerepesi-út (K-strasse) gelegenen erhöhten Ebene und unter dem Friedhof her, desgleichen von Südosten, den wellenförmigen Sandhügeln der Üllöer Landstrasse her ein starker und reicher Wasserstrom nach einwärts unter die Stadt strebt, welcher hier angelangt, sofort beinahe so tief sinkt, als der mittlere Wasserstand der Donau zu sein pflegt. Im grossen Ganzen kann es auch bestimmt werden, wohin die Haupteinbruchsstelle dieser Wassermasse zu liegen kommt. Die interessanten und lehrreichen Arbeiten der hauptstädtischen Bodenuntersuchungs-Commission haben nachgewiesen, in welcher Nieveauhöhe die undurchlässige Bodenschichte um die Stadt herum gelagert ist. Aus den dem Berichte der Commission beigegebenen Tafeln ist es ersichtlich, dass jene Schichte im Südosten der Stadt, gegen Steinbruch zu und östlich von hier am höchsten lagert; auch das ist ersichtlich, dass diese Bodenschichte sowohl gegen die Stadt, wie auch gegen die Donau zu stark geneigt ist. Endlich ist auch das noch ersichtlich, dass diese gegen unsere Stadt zu geneigte undurchlässige Bodenschichte in der zwischen der Kerepescher- und der Üllöer-Strasse gelegenen Gegend (zwischen den Bohrlöchern 47 und 55 auf der Tafel der Commission) ein Becken mit concavem Grunde bildet, durch welches das von erhöhteren Orten eintreffende Grundwasser unter die Stadt geleitet wird und welches hier auf meiner Tafel IX hauptsächlich in den Brunnen Nr. 51, sowie Nr. 38, 47, XXVIII und XXI zu bemerken ist.

Sowie diese undurchlässige Schichte unter die Stadt gelangt, scheint sie plötzlich in die Tiefe zu sinken, gerade so, wie auch die Oberfläche des Bodens, deren plötzliches Sinken in der äusseren Josefstadt, am Anfange der in die Jllés-gasse mündenden Gassen und auch anderwärts sehr gut wahrgenommen werden kann, wie das auch auf meiner Tafel IX durch die Zähler und Nenner der Cotenzahlen zusammen ausgedrückt ist. Mit der undurchlässigen Schichte sinkt in jener Gegend auch der Wasserspiegel sehr tief herab, wie das gleichfalls auf derselben Tafel durch die Wasserspiegelcoten (die Nenner der Bruchzahlen) ausgedrückt wird.

Es scheint jedoch, dass in diesem Theile der Stadt die oberflächliche Bodenschichte rascher sinkt als die undurchlässige Schichte und mit ihr das Grundwasser; aus diesem Grunde gelangt das Grundwasser in jener Gegend an manchen Stellen der Oberfläche so nahe, dass es — wie das auch der über das Trinkwasser schreibende anonyme Autor erwähnt — zuweilen sogar zu

Tage tritt, oder in der Gestalt einer Quelle in die tief gelegenen Gründe einbricht.

Nachdem wir uns mit dem im Osten um die Stadt gezogenen Ringe mit höchstem Grundwasserstande bekannt gemacht haben, können wir nun die Bewegung des Grundwassers unter der Stadt selbst untersuchen.

Eine genaue Prüfung der Nenner der Bruchzahlen auf Taf. IX wird die Orte mit niedrigerem und höherem Grundwasserstande erkennbar machen. Man wird zu dem auffallenden Ergebnisse gelangen, dass nicht der am Donauufer gelegene Stadttheil den niedersten Grundwasserstand besitzt, speciell nicht das westlichste Ufer der Stadt, nicht der Boden der Inneren Stadt, sondern dieser Stadttheil selbst wird durch ein Gebiet mit niedrigstem Grundwasserstande im Halbkreise umgeben, welches sich, vom oberen Donauufer angefangen, durch die äussere Leopoldstadt, nachher mitten durch die Theresien-, Josef- und Franzstadt wieder bis an die Donau erstreckt.

Jener Halbkreis, welcher der Richtung der projectirten zweiten Ringstrasse der Lage nach vollkommen entspricht, repräsentirt also jenen unterirdischen Canal, welchem von beiden Seiten her das verunreinigte Grundwasser zustrebt, und wo es am meisten stagnirt. Dieser Halbkreis bildet die natürliche Sohle für die Drainirung der Hauptstadt.

Doch versuchen wir einen tieferen Einblick in die Strömungsverhältnisse des Grundwassers zu erhalten. Beim Vergleichen der Niveauverhältnisse der Brunnenwässer auf der erwähnten Karte wird man gewahr, dass die Brunnen Nr. XVI bis XXI, welche in einer die Stadt von Westen gegen Osten so zu sagen halbirenden Linie gelegen sind, auch jenen Graben entzwei theilen, welchen ich soeben beschrieben habe. An diesem Orte, oder in einer von hier nördlich, aber unmöglich weit von den gedachten Brunnen gelegenen Linie, liegt das Grundwasser am höchsten; rechts und links davon übergeht es in jenen Graben, welchen ich die Drainsohle der Stadt genannt habe.

Die von Osten her in der Stadt eintreffenden Grundwässer werden sich also in der Gegend, wo die Linie der Brunnen Nr. XVI bis XXI gelegen ist (oder nördlich davon), trennen; ein Theil — und zwar alles, was von der äusseren Josef- und Franzstadt her eintrifft, sogar auch vielleicht ein Theil dessen, was unter der Theresienstadt abfliesst, eilt in der Richtung der Brunnen Nr. XIX, 53, XXV, XXIX und XXX südwärts der Donau zu; der andere Theil, welcher im Norden der Kerepesi-út (K-strasse) unter die Theresienstadt gelangt, bewegt sich in der Richtung der Brunnen Nr. 58, 57, XIII, 59, VII, VI, V, II, III, I, den in der Nähe der Donau gelegenen tiefsten Gründen zu.

Das längs der Kerepescherstrasse von der Höhe her eintreffende Grundwasser fliesst nicht vollständig nach rechts und nach links in das Thal ab; ein Theil davon gelangt auch unter die innere Stadt und fliesst hier sowohl gegen die Donau, als auch auf der gegebenen Neigung gegen die Franzstädter, vielleicht auch gegen die Leopoldstädter Vertiefung ab.

Aus dieser Vergleichung des Standes des Grundwassers muss gefolgert werden, dass der verunreinigtes Grundwasser führende Strom entsprechend der tiefsten Gegend des Thales, d. i. zwischen dem Brunnen in der Soroksári-út (S-strasse) (Brunnen XXLX) und der Fuchscaserne (Brunnen XXXII) in die Donau mündet.

Dasselbe, was hier durch die Niveauverhältnisse der Brunnenwässer bewiesen wird, erhält seine Bestätigung durch die Brunnenwasseranalysen, welche die Verhältnisse sogar noch klarer erkennen lassen. Da ich mich jedoch über die chemische Untersuchung des Brunnenwassers erst später in eingehende Erörterungen einlassen will, führe ich darüber hier nur so viel an, als ich zur Beleuchtung des Sachverhaltes für nothwendig erachte:

Das Andrängen der Hauptmasse des Grundwassers gegen die Drainsohle wird nun auch durch die Wasseranalysen erhärtet, da eben in dieser Gegend auffallend hohe Verunreinigungen der Brunnenwässer angetroffen wurden. Es ist aber höchst natürlich, dass das Wasser in derjenigen Gegend am meisten verunreinigt ist, bis wohin es die längste Strecke im unreinen Boden durchlaufen musste, — da, wohin sich die verunreinigten Wässer senken. Würde sich das Grundwasser von Osten in gerader Richtung gegen Westen unter der Inneren Stadt gegen die Donau zu bewegen, so müsste das Brunnenwasser hier am meisten, und zwar je näher der Donau, um so mehr verunreinigt sein.

Auch das ist evident, dass das Grundwasser in jener Gegend unter der Stadt her in die Donau mündet, wo entlang des Ufers die am meisten verunreinigten Brunnen angetroffen werden. Diesbezüglich habe ich eigene Untersuchungen ausgeführt. Ich habe längs des Ufers der ganzen im Weichbilde der Stadt gelegenen Stromstrecke das Wasser in zahlreichen Brunnen analysirt und diese Analysen Monate lang an jedem 15. des Monats wiederholt. Das Ergebniss war, dass das unreinste Grundwasser thatsächlich längs des unteren Donauufers in der Nähe der Brunnen Nr. XXIX und XXX anzutreffen ist. Es ist demnach sehr wahrscheinlich, dass das inficirte Grundwasser beinahe aus der ganzen Stadt, zum grössten Theile im Drainirthale abläuft, und sich für gewöhnlich an der angegebenen Stelle, nämlich zwischen den Brunnen XXIX und XXXII in die Donau ergiesst.

In der Gegend des oberen Donauufers weist das Grundwasser mit der Nähe der Donau keine höhere Verunreinigung auf; es wird hier im Gegentheil mit der Annäherung an den Strom immer reiner. Daraus kann gefolgert werden, dass jener Theil des Grundwassers, welcher unter der Inneren und auch unter der Theresienstadt gelegen ist, in dieser Richtung und in namhafter Menge kaum abfliessen dürfte. Diese Brunnenwasseranalysen beweisen im Gegentheil — wozu die wenigen Niveaubestimmungen für sich unzureichend waren — dass das verunreinigte Brunnenwasser selbst noch unter dem grössten Theil der Theresienstadt her gegen Süden in das wiederholt erwähnte Drainirthal abläuft.

Dieses Drainirthal, in welchem — wie zu sehen ist — gegenwärtig die unterirdischen Wässer von beinahe ganz Pest unten im Dunkeln, unbemerkt und mit zunehmender Verunreinigung abfliessen, ist mit jenem Becken identisch, in welchem, wie allbekannt, in früheren Zeiten ein offener, im Laufe der Zeit allmälig versandeter Flussarm strömte, welcher die höher gelegene Innere Stadt wie eine Insel von den äusseren Stadttheilen trennte.

Das Ergiessen der Grundwässer in den Strom am unteren Donauufer wird durch die Wogungen des Donauspiegels jedenfalls auch Schwankungen ausgesetzt sein. Bei tiefem Wasserstande wird das Grundwasser frei und rascher in die Donau abfliessen; bei höherem Stande wird das Einströmen erschwert sein, und ist der Wasserstand der Donau genügend hoch, so wird das Grundwasser eine kürzere oder längere Zeit hindurch vom Strome her in den Boden, also im selben Thale aufwärts strömen.

Es ist sehr natürlich, dass die soeben beschriebenen Brunnen am Donauufer zu einer Zeit, wo das Donauwasser gegen die Stadt zu vordringt, rein sein können, insofern, als das durch die mit Abfällen angeschütteten Ufer filtrirte Donauwasser noch immer reiner ist, als das Drainwasser, welches den Boden der ganzen Stadt auslaugt; bei niederem Wasserstande sind sie hingegen verunreinigt, weil jetzt das Grundwasser gegen die Donau filtrirt wird.

Auch diese Frage suchte ich durch directe Beobachtungen aufzuklären. Indem ich das Wasser der Uferbrunnen längere Zeit hindurch untersuchte, zog ich ihren Gehalt an festem Rückstande und an Chlor bei niederem Wasserstande in den Brunnen und der Donau, und dann auch bei steigendem Donaustande in Betracht.

Die das ganze Jahr hindurch an allen Brunnen fortgeführte Beobachtung ergab, dass bei niederem Donaustande die Uferbrunnen, besonders aber die in der erwähnten Einbruchsgegend gelegenen in der That unreiner sind, — bei ansteigender Donau weisen hingegen die Brunnenwässer eine Besserung auf.

Zu alledem wünsche ich noch hinzuzufügen, dass ich durch das Gesagte nicht ausschliessen will, dass vielleicht auch anderswo, z. B. etwa in der Gegend zwischen den Brunnen XVI und XXII — ein unterirdischer Bach in die Donau mündet. So viel scheint jedoch gewiss, dass jene Cloake, welche das unglaublich und ich kann sagen beispiellos verunreinigte Grundwasser der Stadt in die Donau ableitet, ihre auf Milliarden von Poren vertheilte Ausmündung am unteren Donauufer besitzt.

Wenn an dieser Stelle die der Donau am nächsten gelegenen Brunnen ein etwas reineres Wasser führen, als die um Weniges entfernter gelegenen, so darf das in uns keine Bedenken wachrufen. In jene Brunnen sickert das Donauwasser nicht nur bei hohem Donaustande, sondern auch zu anderen Zeiten über, und zwar auf die Art, dass das verunreinigte Grundwasser, welches im Liter 3000 bis 4000 mg feste Bestandtheile gelöst enthält, wegen seines hohen specifischen Gewichtes in dieser Gegend in die Tiefe sinkt, während von der Donau her das leichtere Flusswasser herüber filtrirt und das Grundwasser bedeckt. Wollte sich Jemand der Mühe unterziehen und in der genannten Gegend die chemische Beschaffenheit des Donauwassers in den oberflächlichen Schichten und nahe am Grunde untersuchen, so würde er gewiss finden, dass das Donauwasser in der Tiefe an Nitraten, Chloriden etc. reicher ist als nahe zur Oberfläche, als Beweis dessen, dass das verunreinigte, schwere Grundwasser der Stadt an dieser Stelle in der Tiefe hervorbricht.

Jenes Bild, welches ich über die Bewegungen der Grundwässer unter den Strassen und Häusern der Stadt geliefert habe, erleidet also bei hohem Wasserstande der Donau einige Veränderungen; es kann sogar gesagt werden, dass jene Bewegungsweise für das Grundwasser nur bei niederem Wasserstande Giltigkeit hat, und dass sich jene Strömung schon bei mittlerem Donaustande verändert. Es ist das aus der Tafel VI, Curven 1 bis 7 ganz deutlich zu ersehen. Man wird da bemerken, dass das Niveau der Brunnenwässer nur bei niederem Stande ein solches ist, dass das Grundwasser vom östlichen Stadttheile in den westlichen hinüber und in die Donau abfliessen kann. Bei steigendem Donaustande wird, wie die Tafel zeigt, das Grundwasser in den Brunnen am Donauufer (Curve Nr. 6) alsobald höher stehen, als weiter einwärts in der Stadt (Curve 4 und 5); zu dieser Zeit wird also das Grundwasser von den Ufern gegen die Stadt zu stürzen.

Bei hohem Donaustande ist somit das Grundwasser in den mittleren, tief gelegenen Stadttheilen am niedrigsten; gegen diese wird das Grundwasser sowohl von Osten, von dem ausserhalb der Stadt gelegenen erhöhten Terrain, als auch von der Donau her zuströmen.

Gleichzeitig ist auch die Stagnation des Grundwassers eben hier am ärgsten, denn hat es auch bei niederem Wasserstande im Thale abwärts gegen die Donau abzufliessen begonnen, so wird es doch beim nächsten Steigen der Donau an seinen früheren Ort zurückgedrängt werden; ein und dasselbe Wasser wird also vielleicht wiederholt hin- und herströmen, den verunreinigten Boden auf seinem langen Wege auslaugen, und während des langen Verweilens unter der Stadt all den vielen Schmutz aufnehmen, welcher ihm während dieser Zeit durch den Regen und durch aussickerndes Sielwasser zugeführt worden war. Ist es nach alledem zu verwundern, wenn das Brunnenwasser im Drainirthale so sehr verunreinigt ist? Gewiss nicht.

Viel günstiger ist jener Theil des Bodens unserer Hauptstadt gestellt, welcher diesseits oder jenseits des Drainirthales liegt. Die von Osten von den Feldern her abfliessenden Wässer sind rein und werden erst in der Stadt verunreinigt, in dem Maasse mehr und mehr, als sie immer weiter hereingelangen[1]); dieser Theil der Stadt wird fortwährend durch (relativ) reines Wasser bespült. Diesseits des Drainirthales, im Westen, wird bei niede-

---

[1]) Vgl. die Untersuchungen von Rózsahegyi über das Grundwasser im Friedhofe und seiner Umgebung. In der Zeitschrift der naturwissenschaftlichen Gesellschaft 1880 (ungarisch).

rem Wasserstande in der Donau zwar verunreinigtes Wasser durch den Boden strömen; die ansteigende Donau lässt aber alsobald einen frischen und reinen Strom in diese Bodenschichten gelangen, sie spült und wäscht sie gewissermaassen aus; nur die mittlere Gegend, das Drainirthal, badet sich also constant im eigenen Schmutze.

In den Niveauverhältnissen des Grundwassers macht sich aber noch ein eigenthümliches, ich könnte sagen räthselhaftes Phänomen bemerkbar. Es besteht darin, dass der Grundwasserspiegel an zwei Punkten der Stadt Jahre lang beinahe beständig niederer gelegen ist, als das Niveau der Donau.

Durchgeht man die Curven auf Tafel VI, so ergiebt sich, dass der Wasserstand im Brunnen des Neugebäudes (Curve 1) und der Üllöer Caserne (Curve 2) constant niedriger war, als in der Donau (Curve 3). Bestimmter noch und auffallender ist das Bild, welches die in 1880 ausgeführten Brunnen- und Grundwassermessungen lieferten. Verfolgt man auf Tafel IX den Höhenstand der Brunnenspiegel über dem Nullpunkt der Donau (die Nenner der Bruchzahlen), so wie er für die Stationen I bis XXXIV aus den Mittelwerthen der von April bis November fortgesetzten Messungen, für die übrigen Brunnen aber aus einer einzigen Messung im November verzeichnet ist, mit einiger Aufmerksamkeit, so wird man wahrnehmen, wo das Brunnenwasser am tiefsten gestanden hatte. Ich biete dem aufmerksamen Leser meine Führung an.

Wir wollen am oberen Donauufer beginnen, weil wir die hier gefundenen Verhältnisse alsobald auch erklärt haben werden. In den Brunnen 73, II, III und I, also beinahe unter der ganzen äusseren Leopoldstadt bis zur Váczi-út (V-strasse), und sogar noch weiter, war der Brunnenspiegel sehr tief, und dieser Spiegel senkte sich von allen Seiten her mit einer vollkommenen Gesetzmässigkeit gegen den Brunnen Nr. I. Wir können die wahrscheinliche Hauptursache dieser Neigung und tiefen Lage sogleich erklären: In der Nähe jenes Brunnens befindet sich die Pumpstation der Wasserleitung. Dort am Donauufer werden durch Dampfmaschinen täglich viele Tausend Cubikmeter Wasser aus dem

Boden entnommen; diese Wasserentnahme kann uns den niederen Stand des Grundwasserspiegels in jener Gegend erklären.

Nun wollen wir uns dem unteren Stadttheile zuwenden. Hier in der Franzstadt wird man bemerken, dass sich die Brunnen in einem geschlossenen Kreise gegen einen am tiefsten gelegenen Punkt immer mehr und mehr senken; dieser Punkt fällt bei meinen Messungen auf das Haus Nr. 10 (alt) in der Mester-Gasse (Brunnen Nr. 37). Der Wasserstand der nahegelegenen Donau ist um mehrere Meter höher, als der Wasserspiegel in den Brunnen, welche diesen Mittelpunkt umgeben, — gegen Süden aber liegt das Grundwasser um 7 bis 9 m höher und fällt von dort an rapide, aber successive gegen die erwähnten Brunnen ab; nach allen Seiten steht das Grundwasser höher und erhebt sich successive immer höher, als in dieser ausgebreiteten Vertiefung der Franzstadt. Von allen Seiten her ist der Wasserspiegel gegen sie geneigt; dieses Becken müsste sich in der kürzesten Zeit anfüllen. Und es füllt sich doch nicht an; der seit Jahren beobachtete Brunnen in der Üllöer Caserne (Brunnen Nr. XXXI) hatte seit Jahren einen tieferen Wasserstand, als die Donau und als die erwähnten, nach Osten und Süden gelegenen hohen Grundwässer. Weshalb füllt sich also jene Vertiefung nicht an?

Ich wage es kaum, in dieser durch meine Messungen aufgedeckten überaus interessanten Frage eine Meinung zu äussern, zu deren exacter und definitiver Lösung ganz gewiss noch die eingehendsten geologischen Untersuchungen erforderlich sind. Und doch muss ich mich aussprechen, weil die beobachteten Erscheinungen so sehr bestimmt sind, dass sie eine Meinung gewissermaassen provociren.

Diese Erscheinungen weisen darauf hin, dass jenes Wasser, welches dem beschriebenen Becken von allen Seiten her zuströmt, an einer Stelle des Beckens, jedenfalls in der Nähe des beobachteten tiefsten Wasserstandes, in die Tiefe versinkt. Ich habe nicht erst zu beweisen, dass ein solches Versinken des Wassers nicht nur möglich ist, sondern an vielen Orten thatsächlich besteht. Es geschieht nicht einmal, dass Wässer mit sichtbarem Lauf, Flüsse oder Bäche ganz auf dieselbe Weise aus ihrem Bett verschwinden und nach unbekannten Gegenden hinabsinken und abfliessen.

Die localen Verhältnisse versprechen gewissermaassen dieses Versinken des Wassers unter dem Areal der Franzstadt zu erklären. Es ist bekannt, dass der Boden von Pest bloss eine Fortsetzung der Ofener Schichtungen und Formationen ist. Unter dem oberflächlichen Alluvium erstreckt sich von Ofen nach Pest eine starke Tegelschichte herüber, welche sich beim Bau der Kettenbrücke, sowie bei den Bohrungen der artesischen Brunnen im Orczy'schen Hause und im Stadtwäldchen von einer überaus mächtigen Dicke erwies. Unter diesem wasserdichten Tegel breiten sich aber verschiedene Kalksteinschichten aus, welche den Tegel stellenweise durchbrechen und sich der Oberfläche nähern (wie z. B. weiter unten in der Nähe der Verbindungsbahnbrücke) oder ganz auf sie herausragen. Unter der Franzstadt ist eine solche Durchbrechung des Tegels, die Bildung eines Querspaltes durch die Bodenverhältnisse der Hauptstadt sehr wohl ermöglicht, und durch diese durchlässige Spalte oder Kalksteinschichte würde das an jenem Punkte beobachtete Versinken des Grundwassers ganz gut erklärt werden.

Sehr interessant ist es auch, jene Frage noch zu beleuchten, mit welcher Geschwindigkeit das Grundwasser im Inneren des Bodens strömt.

Meine Untersuchungen lieferten mir das Mittel zu Händen, diese Geschwindigkeit annähernd zu bestimmen. Das Steigen der Donau war mir bekannt, und ich verglich es mit dem Wasserstande in einigen Brunnen des Donauufers. Ich suchte zu erfahren, binnen wie viel Tagen sich ein Steigen des Donaustandes in jenen Brunnen bemerkbar machte, wobei ich — wohlgemerkt — nur jene Zeit berücksichtigte, wenn der Wasserstrom von der Donau gegen die Brunnen hin gerichtet war.

Ganz genaue Daten konnte ich natürlich nicht erlangen, weil meine Grundwassermessungen bloss auf jeden fünften, resp. jeden zehnten Tag fielen, weil ich also den Grundwasserstand nicht täglich beobachten konnte. Trotzdem suchte ich diese Fehlerquelle dadurch zu eliminiren, dass ich die mittlere Zeit zwischen zwei Messungen als den Anfangstag für die Steigung annahm; dabei konnte die Erhöhung eben so oft um einen bis zwei Tage früher, als um einen bis zwei Tage später eingetreten sein, wodurch einem grösseren Irrthum vorgebeugt wurde.

Auf diese Weise rechnend, gelangte ich bei den an verschiedenen Stellen der Stadt gelegenen Brunnen zu folgendem Resultate:

1. Brunnen im Neugebäude (Brunnen III). 1877 bis 1880 trat die Erhöhung des Grundwassers im Mittel aus 13 Vergleichungen um 9,2 Tage später ein, als das Steigen der Donau. Die Entfernung dieses Brunnens von der Donau beträgt 192 Klafter. In dieser Gegend schritt also der Wasserstrom im Boden in 24 Stunden um 20,8 Klafter vor.

2. Hausbrunnen Duna-utcza (D. gasse) Nr. 11 (Brunnen XVI). 1877 bis 1880 beträgt die Verspätung im Mittel aus 14 Vergleichungen 8·5 Tage. Entfernung = 135 Klafter; Grundwasserströmung in 24 Stunden 15,9 Klafter.

3. Brunnen in der Karlscaserne (Brunnen XVII). 1876 bis 1880 wurde im Mittel aus 16 Vergleichungen eine Verspätung von 10,05 Tagen gefunden; Entfernung = 331 Klafter; Wasserströmung in 24 Stunden = 33,1 Klafter.

4. Brunnen in der Üllöer Caserne (Brunnen XXXI). 1877 bis 1880 war die in fünf Fällen verglichene Verspätung im Mittel 12,6 Tage; Entfernung = 438 Klafter; Strömung pro 24 Stunden = 34,8 Klafter.

5. Brunnen in der Fuchscaserne (Brunnen XXXII). 1880 betrug die Verspätung im Mittel aus vier Vergleichungen 5,5 Tage; Entfernung des Brunnens von der Donau 195 Klafter; die Wasserströmung in 24 Stunden 35 Klafter.

Als Hauptmittel ergiebt sich also eine Strömungsgeschwindigkeit von 28 Klafter = 53 m in 24 Stunden.

Es muss nun noch einigermaassen erklärt werden, weshalb die Strömung beim Brunnen Nr. XVI langsamer war als bei den übrigen. Meiner Ansicht nach liegt die Erklärung darin, dass sich unter der Bodenoberfläche zwischen jenem Brunnen und der Donau, entlang der unteren Donauzeile, ein Wall aus sehr dichtem Mergel erhebt (ich werde ihn weiter unten noch eingehender besprechen), welcher im Stande ist, das Vordringen des Donauwassers zu verlangsamen. Ausserdem kann bei diesem Brunnen, sowie auch beim III. und XVII. die raschere Wasserströmung durch die betonirte Mauer der Donauquais verhindert werden. Zu den Brunnen XXXI und XXXII gelangt das Donauwasser durch das noch unausgebaute, im natürlichen Zustande befindliche Ufer; deshalb ist auch die Strömung hier am schnellsten und — was den Werth der Beobachtung um Vieles erhöht — gleichmässig schnell.

Pettenkofer war es, der am Anfang der siebenziger Jahre den Lehrsatz zuerst aufstellte, dass die Luft an der Bodenoberfläche ihr Ende noch nicht erreicht, sondern in die Tiefe des Bodens eindringt und sich dort an der Zersetzung der organischen Substanzen betheiligt, wodurch sie zu einer hygienischen Bedeutung gelangt. Diese im Inneren des Bodens enthaltene Luft ist die Grundluft.

Das scharfe Auge Pettenkofer's hat die Grundluft und deren hygienische Bedeutung schon vor längerer Zeit wahrgenommen; so schreibt er in einem Werke schon in 1857 [1]), dass er die Absicht hat, „mit einer Vorrichtung, welche erlaubt, Gase aus gewissen Tiefen des Bodens zu ziehen, den Process der Verwesung so weit experimentell zu verfolgen, als er sich etwa in der Bildung gasförmiger Producte qualitativ und quantitativ kund giebt".

Man darf jedoch nicht meinen, es wäre vor Pettenkofer ganz unbekannt gewesen, dass im Boden auch Luft enthalten ist. Im Gegentheil, Boussingault und Lévy haben bereits 1852 aus dem Ackerboden Luft aspirirt [2]), aus der Tiefe von 0,30 und 0,40 m, und dabei die auffallende Erfahrung gemacht, dass die von dort aspirirte Luft sehr reich an Kohlensäure, an Sauerstoff aber im Gegentheil sehr arm war.

So fanden sie bei einer ihrer Bestimmungen in 100 Volumen Grundluft:

Sauerstoff . .	10,35	Vol.
Kohlensäure .	9,74	„
Stickstoff. . .	79,91	„

---

[1]) Hauptbericht über die Cholera-Epidemie des Jahres 1854 in Bayern. München 1857, S. 377.

[2]) Mémoire sur la composition de l'air confiné dans la terre végétale. Ann. de Chim. et de Phys. III. Serie, t. 37 (1853), p. 1 bis 50.

Trotzdem diese ersten Versuche sich in einer neuen Richtung bewegten und ein überraschendes Resultat aufwiesen, wurden sie nicht weiter gewürdigt, so dass die Sache beinahe ganz neu war, als Pettenkofer 1870 in der bayerischen Akademie die Eröffnung machte, dass er seit einer Zeit die Grundluft zu dem Zwecke untersuche, um das Ergebniss bei der Erforschung der Aetiologie gewisser epidemischer Krankheiten zu verwerthen [1]. Das erste Ergebniss wurde 1871 publicirt [2].

Es wurde zu Untersuchungszwecken im Hofe des physiologischen Institutes zu München eine 4 m tiefe Grube gegraben und in dem aufgedeckten, anscheinlich ganz reinen Kiesboden fünf enge Bleiröhren untergebracht, welche bis zu den Tiefen von 4, 3, 2,5, 1,5 und $^2/_3$ m hinabreichten, worauf die Grube wieder zugeschüttet ward. Die Bleiröhren wurden ins hygienische Laboratorium geleitet, und hier der Kohlensäuregehalt der aspirirten Grundluft bestimmt. Schon die ersten Untersuchungen ergaben, dass die Grundluft reicher an Kohlensäure ist, als die Luft im Freien, — dass dieser Kohlensäuregehalt mit der Tiefe zunimmt, sowie dass er im Herbste am meisten, im Frühjahr am wenigsten beträgt. In dieser Mittheilung spricht Pettenkofer noch die Ansicht aus, dass die Kohlensäure der Grundluft aus der Zersetzung der im Boden enthaltenen organischen Substanzen abstammt, und nicht aus dem Brunnenwasser, dass im Gegentheil auch das letztere seine reichliche Kohlensäure aus der Grundluft erhält. Endlich wirft Pettenkofer noch die Frage auf, ob denn an den Schwankungen im Kohlensäuregehalte der freien Luft nicht auch die Grundluft betheiligt ist [3]?

Diese Forschungen erregten unter den Aerzten und anderen Naturforschern grosses Aufsehen, weil sich jene Ansicht zu verbreiten begann, dass aus der chemischen Beschaffenheit der Grundluft sowohl auf die Verunreinigung, als auch auf den Verlauf der Zersetzung ein Schluss gezogen werden kann. Bald darauf begann Prof. Fleck in der chemischen Centralstelle zu Dresden mit ausgebreiteten Untersuchungen über die Grundluft.

---

[1]) Sitzungsberichte der königl. bayer. Akademie zu München, 1870, II, S. 394.

[2]) Zeitschr. f. Biologie, Bd. VII (1871), S. 395.

[3]) Vergleiche den I. Theil dieses Werkes, S. 40.

Seine Erfahrungen publicirte er zuerst in 1873[1]). Fleck stellte die Versuche über die Grundluft in zwei, durch den Elbstrom getrennten Stadttheilen von Dresden an, und zwar in 6, 4 und 2 m Tiefe. Auch er gelangte zur Ueberzeugung, dass in der Grundluft mehr Kohlensäure enthalten sei, als in der freien Luft, und dass die Bodenkohlensäure im Sommer und Herbst die grösste Menge aufweist. Fleck machte auch die Bemerkung, dass der Dresdener Boden überhaupt mehr Kohlensäure enthält als der Münchener, und dass von den zwei Dresdener Stationen diejenige mehr Kohlensäure im Boden enthielt, welche sich bei der chemischen Analyse für verunreinigter herausstellte (der Boden am linken Ufer); er fand sogar auch das noch, dass am rechten Ufer die Kohlensäure mit der Tiefe abnahm, gerade so, wie auch der Humusgehalt des Bodens. Am linken Ufer war hingegen die Kohlensäure und auch die Verunreinigung in der Tiefe eine höhere. Aus alledem zog Fleck die Folgerung, dass die Menge der Kohlensäure im Boden in der That von der Menge der organischen Substanzen und von ihrer Zersetzung abhängig ist, und dass aus ihr auf die Verunreinigung des Bodens ein annähernder Schluss gezogen werden kann[2]).

Pettenkofer veröffentlichte dann eine neuere Beobachtungsreihe[3]), worin seine früheren Erfahrungen über die Grundluft neuerdings bestätigt werden; dann führte Vogt aus[4]), dass die Grundluft nach den physikalischen Gesetzen bei den Schwankungen des Luftdrucks, insbesondere beim fallenden Barometerstande, aus dem Boden in die freie Atmosphäre austritt, und dass sie bei dieser Gelegenheit den eigentlichen Giftträger der Infectionskrankheiten (Typhus) abgiebt.

In der chronologischen Reihenfolge erschienen nun die vom Schreiber dieser Zeilen zu Klausenburg in den Jahren 1873 und 1874 ausgeführten Untersuchungen[5]). Ich selbst habe dort die chemischen Verhältnisse und Veränderungen der Grundluft an drei Stellen untersucht, in zwei sehr stark verunreinigten

---

[1]) Zweiter Jahresbericht der chemischen Centralstelle in Dresden, 1873, S. 18.

[2]) Dritter Jahresbericht ebend. 1874, S. 7.

[3]) Zeitschr. f. Biol. Bd. IX (1873), S. 250.

[4]) Ad. Vogt, Trinkwasser und Bodengase. Eine Streitschrift. Basel 1874.

[5]) Siehe Orvosi Hetilap (Med. Wochenschr.) 1875 (ungarisch); sodann: Vierteljahrsschr. f. öff. Gesundheitspflege Bd. VII (1875), S. 205 ff.

Boden im Innern, und in einem erhöht gelegenen Obstgarten ausserhalb der Stadt. Auf Grundlage dieser in verschiedenen Bodenarten ausgeführten Untersuchungen hob ich hervor, dass die Kohlensäure aus der Zersetzung der organischen Substanzen entsteht, — dass ihre Menge, nach Maassgabe der Schwankungen dieser Processe, im Sommer und Winter eine ungleiche ist, dass aus der Kohlensäuremenge von zwei oder drei Bodenarten auf die Verunreinigung jener Boden noch nicht gefolgert werden kann, weil der Kohlensäuregehalt der Grundluft in erster Reihe von der physikalischen Durchlässigkeit (Permeabilität) des Bodens abhängig ist, so sehr, dass bei gleicher Verunreinigung jener Boden mehr Kohlensäure aufweist, dessen Permeabilität eine geringere ist, — dass sogar der unreinere Boden, wenn er in sehr hohem Maasse permeabel ist, eventuell weniger Kohlensäure enthält, als der reinere, aber dichtere Boden. Die Kohlensäure kann also nicht für die Verunreinigung, sondern viel mehr noch für die Permeabilität des Bodens einen Index abgeben. Ich machte auch darauf aufmerksam, dass der Kohlensäuregehalt der Grundluft von einem Tage zum anderen sehr beträchtlich schwankt, und suchte das aus den auf- und abwärts, sowie nach den Seiten gerichteten Bewegungen der Grundluft zu erklären, worauf bezüglich ich auch entsprechende Versuche anstellte.

Ausserdem untersuchte ich auch die übrigen chemischen Bestandtheile der Grundluft, das Ammoniak, den Schwefelwasserstoff, den Wasserdampf, sowie auch die Bodentemperatur etc.

Interessant sind die Forschungen, welche Ripley Nichols zu Boston in derselben Richtung ausgeführt hat. Bezüglich der freien Kohlensäure im Boden beobachtete er dieselben Verhältnisse, wie seine Vorgänger. Ausserdem stellte Nichols auf künstlichem Wege einen faulenden Schlammboden dar und untersuchte dann dessen Gase. Er fand in diesem Boden eine Entwickelung von Sumpfgas in grosser Menge[1]).

Darauf habe auch ich im selben Jahre noch eine Versuchsreihe veröffentlicht, durch welche die Permeabilität des Bodens

---

[1]) On the composition of the Ground atmosphere, Boston 1875. Publicirt in: Sixth Report of the Massach. State-Board of Health. Ferner: Observations on the composition of the Ground-Atm. Publicirt in: Report of the Sewerage-Commission, Boston 1876. Referat auch in der Vierteljahrsschrift f. öff. Gesundheitspflege Bd. VIII (1876), S. 695.

für Gase illustrirt wird, und worin ich den Vorschlag machte, den verunreinigten Boden, welcher sich als gesundheitsschädlich herausstellte, und mit ihm auch die darin enthaltene Grundluft durch Einblasen von Chlorgas zu desinficiren [1]).

Im selben Jahre untersuchte Pettenkofer aus dem Boden der Wüste Sahara aspirirte Luft [2]), und wies nach, dass in diesem vollständig ausgetrockneten Boden nicht mehr freie Kohlensäure vorhanden ist, als in der darüber gelagerten Luft. Zur Ergänzung dieses Befundes dienen gewissermaassen die von Lewis und Cunningham in Indien ausgeführten Beobachtungen, welche ergaben, dass in der Grundluft eines Feldes neben Calkutta die Kohlensäure mit der Regenzeit zunahm, mit der Trockenheit aber wieder zurückging [3]).

Beachtenswerth sind auch die experimentellen Studien von Möller über die im Boden enthaltene Kohlensäure [4]). Möller untersuchte die Condensation der Kohlensäure in Proben von Sand- und Humusboden, dann den Kohlensäuregehalt der Grundluft in Bodenarten von verschiedener Dichte, wobei er sich überzeugte, dass die Menge der Kohlensäure in der That vor Allem von der Permeabilität abhängig ist, wie ich das auf Grundlage meiner zu Klausenburg ausgeführten Untersuchungen zuerst behauptet hatte. Ausserdem untersuchte er noch den Einfluss der Wärme und Feuchtigkeit auf die Kohlensäureproduction.

Fleck publicirte seine weiteren Forschungen über die Grundluft im Jahre 1876 [5]) und gelangt darin bei der Erörterung der Ursachen der Kohlensäureschwankungen in Uebereinstimmung mit mir zu dem Resultate, dass die Bedingungen, welche den Kohlensäuregehalt der Grundluft modificiren, sehr complicirter Natur sind. Aus diesem Grunde erklärte Fleck die Grundluftanalysen in hygienischer Beziehung für werthlos und sistirte sogar seine eigenen, seit Jahren zu Dresden fortgesetzten Beobachtun-

---

[1]) Siehe Med. Wochenschrift, 1875 (ungarisch); sowie Allgemeine med. Centralzeitung, 1875, Nr. 66.

[2]) Zeitschr. f. Biol. 1875.

[3]) The soil in its relation to disease. Ref. in der Vierteljahrschr. f. öff. Gesundheitspflege, Bd. VIII (1876), S. 691.

[4]) Ueber die freie Kohlensäure im Boden; publicirt in den Mittheilungen der kaiserl. königl. forstlichen Versuchsleitung für Oesterreich, Bd. II, und im Separatabdruck.

[5]) Vierter und fünfter Jahresbericht der chemischen Centralstelle. Dresden 1876.

gen. Ich werde mich weiter unten darüber äussern, ob in hygienischer Beziehung den Grundluftuntersuchungen vielleicht doch einige Bedeutung zuzusprechen ist und in welcher Richtung und in welchem Sinne diese Bedeutung besteht; hier will ich bloss constatiren, dass Fleck's Abtreten von diesem Forschungsgebiete ein grosser Verlust war, weil eben seine Beobachtungen mehr als eine leitende Idee aufstellten und mehrere der in dieser Richtung thätigen physikalischen Verhältnisse zu beleuchten vermochten.

Seit dem Rücktritte Fleck's ist die Forschung auf diesem Gebiete wahrlich sehr erlahmt. Jahrelang gingen nur aus München vereinzelte Mittheilungen hervor, zum Beweise dessen, dass am Geburtsorte der Idee die Grundluftuntersuchungen noch nicht fallen gelassen wurden.

So führte dort in 1877 Smolensky Versuche aus [1]), bei welchen er in verschiedenen — seiner Vermuthung nach mehr oder weniger verunreinigten — Bodenarten den Kohlensäuregehalt bestimmte, und nach welchen er Fleck und mir gegenüber die Ansicht zu unterstützen sucht, dass die Menge der Kohlensäure von der Verunreinigung des Bodens abhängig ist, und dass die Permeabilität des Bodens auf sie keinen so grossen Einfluss besitzt, wie ich das behauptet hatte. Auch zieht er noch in Zweifel, dass die Luft im Boden „heftigen" Strömungen unterworfen wäre, wie ich es behauptete, weil er an von einander auf 15 bis 20 m entfernten Stellen sehr verschiedene Kohlensäuremengen erhielt. Wolffhügel aber publicirte 1879 das Ergebniss der Münchener Grundluftuntersuchungen von Ende 1873 bis Mitte 1876 [2]), woraus entnommen werden kann, dass die chemische Beschaffenheit der Grundluft zu München, im Hofe des physiologischen Institutes, und zwar in 4 und $1\frac{1}{2}$ m Tiefe noch immer untersucht wird. Wolffhügel macht in dieser Abhandlung Fleck und mir den Vorwurf, dass wir wegen der Schwierigkeiten, welche sich der Forschung entgegenstellen, und weil der Erfolg nicht allsogleich eintrat, die Grundluftuntersuchungen vor der Zeit aufgaben, und lässt sich zu folgenden Worten hinreissen:

„Es scheint mir durchaus verfehlt, dass man schon nach kurzer Beobachtungszeit entmuthigt ein Versuchsfeld verlässt, weil es kein sofortiges Resultat von praktischer Bedeutung in Aussicht stellt. Die Hygiene darf als wissenschaftliche Disciplin sich nicht

---

[1]) Zeitschr. f. Biol. Bd. XIII, Heft 3 (1877)

[2]) Ebendas. Bd. XV (1879), S. 98.

verleiten lassen, in der Wahl des Weges ihrer Forschung lediglich den Nutzen für die präventive Medicin als Richtschnur zu nehmen. Wissenschaftliche Thatsachen erlangen von selbst mit der Zeit praktische Bedeutung, wenn sie auch bei ihrem Entstehen noch keineswegs verwerthbar erscheinen."

Ich unterschreibe diese Zeilen ohne Widerrede, denn dieser erhöhtere Gesichtspunkt eiferte mich an, als ich meine überaus beschwerlichen und von Tag zu Tag weniger praktischen Erfolg verheissenden Grundluftuntersuchungen nicht nur nicht aufgab, wie das Wolffhügel glaubte, sondern sie auf einer immer breiteren Grundlage fortentwickelte. Das Ergebniss dieser Untersuchungen wünsche ich in den folgenden Zeilen darzuthun.

a. Die Veränderungen der Luft im Boden.

Bevor ich an die Darlegung der Beschaffenheit der Grundluft und ihrer Veränderungen auf den Beobachtungsstationen in Budapest schreiten würde: wünschte ich über jene Untersuchungen in Kürze zu berichten, welche ich mit Bezug auf die chemischen Eigenschaften dieser Luft, auf ihre Rolle im Boden und ihre Veränderungen ausgeführt habe.

Die Untersuchungen von Boussingault und Lévy, von Fleck und mir, sowie von Nichols beweisen einstimmig, dass die Grundluft nichts anderes ist, als die Luft, welche aus der freien Atmosphäre in die Poren des Bodens eindrang und diese ausfüllt, — welche hier an den verschiedenen chemischen Zersetzungsvorgängen theilnimmt, und welche diesen entsprechend aufgebraucht, modificirt und inficirt wird.

Vor Allem wird im Boden der Sauerstoff verbraucht, während an seine Stelle Kohlensäure in das Gasgemenge tritt. Wird die verbrauchte Sauerstoffmenge vollständig in Kohlensäure überführt und verbleibt diese Kohlensäure im gasförmigen Zustande in der Grundluft: so wird in der procentischen Zusammensetzung der letzteren die Gesammtmenge von Sauerstoff und Kohlensäure dieselbe sein, als in der freien Luft.

Bei den Analysen von Boussingault und Lévy betrugen, wie zu sehen war, Sauerstoff und Kohlensäure in der Luft der Ackererde zusammen nur 20,09 Vol.-Proc. Deshalb nehmen die genannten Experimentatoren an, dass ein Theil des Sauerstoffs mit dem

Wasserstoff der organischen Substanzen im untersuchten Boden zu Wasser verbrannt sei.

Fleck hat zahlreiche eudiometrische Analysen ausgeführt, um das Verhältniss von Sauerstoff und Kohlensäure in der Grundluft zu ermitteln. Ich führe die wichtigsten unter seinen Zahlen hier an, weil ich sie im Laufe der Erörterungen benöthigen werde. Fleck fand in 100 Vol. Grundluft:

in 6 m Tiefe:

	Minimum	Maximum
Sauerstoff .	14,94	14,85
Kohlensäure	4,22	7,96
zusammen	19,16 (im Juni)	22,81 (im November)

in 4 m Tiefe:

Sauerstoff .	15,67	16,79
Kohlensäure	4,11	5,56
zusammen	19,78 (im Juni)	22,35 (im August)

in 2 m Tiefe:

Sauerstoff .	16,33	19,39
Kohlensäure	2,99	2,91
zusammen	19,32 (im Juni)	22,30 (im October)

In einem Theile der Grundluftproben war also die Gesammtmenge von Oxygen und Stickstoff wieder eine geringere, als in der freien Luft; im anderen Theile war sie aber, wie ersichtlich, eine höhere.

Bei meinen Klausenburger Untersuchungen fand ich die Gesammtmenge der erwähnten Gase im Boden gleichfalls für höher, als in der freien Luft. In grösserer Anzahl und sehr genau führte ich diesbezügliche Analysen in 1877 zu Budapest an der Grundluft der vier Beobachtungsstationen aus [1]). Ich beschränke mich hier auf die Hauptwerthe des Ergebnisses:

---

[1]) Die Grundluft aspirirte ich aus dem Boden durch Entleeren eines mit Quecksilber gefüllten Gefässes. Aus dieser Luft liess ich die Kohlensäure im Absorptiometer verschlingen; der Sauerstoff wurde nach der Bunsen'schen Methode durch Verbrennen mit Wasserstoff bestimmt. In Fällen, wo die Grundluft wenig Kohlensäure enthielt, verband ich sofort nach Entnahme der Luftprobe mittelst Quecksilbers die Bodenröhre mit einer Pettenkofer'schen Röhre, um den Kohlensäuregehalt mittelst Barytwassers ganz genau zu bestimmen.

Ich fand in 1 m Tiefe (aus 13 Bestimmungen):

	Minimum	Maximum	Mittel
Sauerstoff . . .	18,797	21,335	20,031
Kohlensäure . .	1,039	0,899	1,019
zusammen	19,836	22,234	21,050

in 4 m Tiefe (aus 11 Bestimmungen):

	Minimum	Maximum	Mittel
Sauerstoff . . .	17,290	18,532	17,906
Kohlensäure . .	2,631	5,445	3,761
zusammen	19,921	23,977	21,667

Um diese Zahlen gebührend würdigen zu können, habe ich noch zu erwähnen, dass ich mit demselben Eudiometer, welches ich zur Analyse der Grundluft benutzte, auch die freie Luft untersucht habe, und als Mittel aus drei sehr wenig differirenden Bestimmungen 21,029 Sauerstoff erhielt, was mit der durchschnittlichen Menge der atmosphärischen Kohlensäure zusammen 21,068 Vol.-Proc. betragen würde.

Aus diesen sehr übereinstimmenden Daten geht hervor, dass im Boden einer der Luftconstituenten, der Sauerstoff, in der That verbraucht wird und dass an seiner Statt gewöhnlich beinahe ganz dieselbe Menge Kohlensäure gebildet wird; im Boden verläuft also eine Oxydation von kohlehaltigen Substanzen, deren Product die Kohlensäure der Grundluft ist.

Ich habe aber darauf hingewiesen, dass die Gesammtmenge von Sauerstoff und Kohlensäure bald eine höhere, bald eine geringere ist, als in der freien Atmosphäre. Das spricht dafür, dass im Boden neben der einfachen Oxydation zeitweise auch andere Einflüsse zur Veränderung der Zusammensetzung der Grundluft mitwirken.

Wodurch kann die Abnahme des Verhältnisses von Sauerstoff und Kohlensäure bedingt sein?

Beim heutigen Stande unserer Kenntnisse ist nicht recht daran zu denken, dass im Boden das Stickstoffgas zunehmen, und dass die relative Abnahme von Sauerstoff und Kohlensäure im Inneren des Bodens auf diesem indirecten Wege hervorgerufen würde. Nur die letzteren zwei Gase selbst können es sein, welche im Boden der Modification, der Abnahme unterliegen. Und diese Abnahme ist auf sehr natürliche Art zu erklären. Ein Theil des im Boden enthaltenen Sauerstoffs kann, wie bereits erwähnt, zur Verbrennung des organischen Wasserstoffs verbraucht werden, ein anderer Theil tritt mit den stickstoffhaltigen organischen Substanzen in Verbindung und erzeugt Nitrate, — ein dritter Theil wird das Eisenoxydul des Bodens mit neuem Sauerstoff versehen, damit jenes diesen um so leichter zur Verbrennung der organischen Substanzen wieder abgeben könne etc.

Andererseits kann die Kohlensäure der Grundluft durch alkalische Stoffe, z. B. durch das Ammoniak des Bodens gebunden und auch bei der langsamen Verwitterung der basischen Erdsalze, bei ihrer Ueberführung in Bicarbonate verbraucht werden. Auch das Regen- und Schneewasser, welches im Boden niedergeht, wird Kohlensäure absorbiren u. s. f. Zur Erklärung der Abnahme von Sauerstoff und Kohlensäure stehen uns also genügende Daten zur Verfügung. Wir wollen nun sehen, wie das zu erklären ist, wenn Sauerstoff und Kohlensäure zusammen in der Grundluft mehr ausmachen, als in der freien Luft.

Auch hier könnte daran gedacht werden, dass nicht so sehr die erwähnten Gase im Inneren der Erde zunehmen, als vielmehr der Stickstoff auf irgend eine Art verbraucht wird, was hernach dem Sauerstoff und der Kohlensäure zu gute käme.

Es ist eine, besonders in Frankreich sehr streitige Frage, ob der Boden die Fähigkeit besitzt, Stickstoff zu absorbiren, oder nicht? Auf der einen Seite wird diese Möglichkeit durch Boussingault, Schlösing u. a. geleugnet [1]), während für Deherain diese Absorption keinen Zweifel erleidet. Berthelot fand, dass die organischen Substanzen den Stickstoff der Luft in geringem Maasse thatsächlich binden können, jedoch bloss unter dem Einflusse gewisser elektrischer Strömungen [2]). So viel steht fest, dass von einer beträchtlichen Absorption des Nitrogengases durch den Boden nicht die Rede sein kann, obschon eine minimale, durch unsere Reagentien nicht mehr nachweisbare Bindung und Modification des Stickstoffgases als wohl möglich, ja sogar als wahrscheinlich angenommen werden kann.

Die Zunahme der Gesammtmenge von Kohlensäure und Sauerstoff muss demnach einem der beiden Gase zugeschrieben werden, und es erleidet keinen Zweifel, dass dieses Gas die Kohlensäure

---

[1]) Vgl. Comptes rendus, Bd. 82, S. 1202. Jahresber. über d. Fortschr. d. Agric.-Chemie 1873 bis 1874, Bd. I, S. 118.

[2]) C. r. Bd. 82, S. 1283.

ist, denn eine Quelle, aus der die Grundluft mit einem Ueberschuss an Sauerstoff versehen werden könnte, ist uns nicht bekannt.

Woher gelangt nun die überschüssige Kohlensäure in das Gemenge der Bodengase? Es könnte an die unterirdischen Kohlensäurequellen gedacht werden, welche an gewissen Orten den Boden und seine Atmosphäre in der That mit Kohlensäure zu übersättigen vermögen. In unserem gewöhnlichen Boden ist gewiss nicht das die Ursache für die Kohlensäurezunahme.

Vielleicht könnte das Absorptions- und Condensationsvermögen des Bodens für Gase beschuldigt werden? Wir wissen, dass Platinschwamm, Kohle etc. im Stande sind, an ihrer Oberfläche Gase, Sauerstoff, Nitrogen, Kohlensäure u. a. zu condensiren [1]. Auch andere Substanzen, darunter auch der Boden, wurden schon auf ihr Condensationsvermögen für Gase untersucht. Vor längerer Zeit haben Reichardt und Blumenritt [2], später Döbrich [3], Scheermesser [4] u. a. Sand, Humus, Kreide, Eisenoxydhydrat etc. auf ihre Condensationskraft für Gase untersucht. Zu diesem Zwecke haben sie die genannten Substanzen im Paraffinbade bei 140° ausgekocht und das dabei erhaltene Gasgemisch analysirt. Ich kann mich nicht auf eine ausführliche Beschreibung ihres Untersuchungsergebnisses einlassen; es wird genügen, wenn ich hervorhebe, dass sie aus reinen Bodenproben ganz dieselben Gase in demselben procentuellen Verhältniss erhielten, wie sie in der freien Luft enthalten sind. Ein anderes ergab sich mit feuchtem Humus und mit Eisenoxydhydrat; bei diesen wurde der Sauerstoff vermindert, die Kohlensäure vermehrt gefunden. Hieraus wurde die Folgerung gezogen, dass auch der feuchte Humus gleich dem Eisenoxydhydrat Kohlensäure condensirt. Nach meinem Dafürhalten dürfte jene Modification im Humus eben durch die Fäulniss der in der Bodenprobe enthaltenen organischen Substanzen bewirkt worden sein; es wird das hauptsächlich durch die parallele Abnahme des Sauerstoffs bewiesen.

Möller [5] hat Luft durch trockenen Sand und Compost aspirirt, um zu erfahren, ob ihr Kohlensäuregehalt dadurch Veränderungen erleidet. Er fand, dass die Luft den Sand unverän-

---

[1] Vgl. Mulder, Chemie der Ackerkrume, Leipzig 1862, Bd. I, S. 466.

[2] Jahresber. f. Agric.-Chemie 1866, S. 24.

[3] Ibidem 1868 bis 1869, S. 39.

[4] Ibidem 1870 bis 1872, S. 82.

[5] Mittheilungen der kaiserl. königl. forstlichen Versuchsleitung für Oesterreich, Heft II. Im Separatabdruck.

dert passirte, während im Compost ein sehr geringer Theil ihrer Kohlensäure gebunden wurde. Daraus folgert Möller, dass der Compost atmosphärische Kohlensäure in geringem Maasse condensirt.

Meine eigenen Versuche widersprechen dem Condensationsvermögen des Bodens. Es wurden circa 40 Kilo trockener Sandboden in einem Glasgefässe Wochen und Monate lang stehen gelassen und dann (im Januar 1876) durch den Boden Luft aspirirt, um zu erfahren, ob im Inneren des Bodens Kohlensäure condensirt wurde. Wiederholte Versuche ergaben, dass der Kohlensäuregehalt in der aus dem Boden aspirirten Luft ganz derselbe war, wie in der Zimmerluft. Ausserdem liess ich 10 Kilo trockenen, mergelhaltigen Lehm ganz auf dieselbe Weise über ein Jahr lang stehen; die nun aus diesem Boden aspirirte Luft wies ganz denselben Kohlensäuregehalt auf, wie die Zimmerluft. Der trockene Boden condensirt also keine Kohlensäure.

Um noch sicherer zu fahren, unterbrachte ich in kleineren Gefässen Sand- und Lehmboden und liess sie längere Zeit hindurch stehen; darauf wurde von unten Wasser in die Gefässe geleitet, welches die Luft aus den Sand- und Lehmproben verdrängte. Die chemische Untersuchung wies in dieser Luft einen Gehalt an Kohlensäure und Sauerstoff auf, welcher der freien Luft vollkommen gleich war. Die Bodenproben hatten also ganz gewiss keine Gase condensirt.

Oder condensirt vielleicht der feuchte und der verunreinigte Boden eher? Um das zu untersuchen, habe ich 250 g verunreinigten und faulenden Boden befeuchtet, in einem Glasgefässe verschlossen und dann in siedendem Wasser ausgekocht. Nach dem Erkalten aspirirte ich durch den Boden Luft mit folgendem Ergebnisse: Der Kohlensäuregehalt der durch den Boden an den nächstfolgenden Tagen aspirirten Luft betrug in zwei Versuchen 0,242 und 0,222 Vol. pro Mill., während die Zimmerluft zur selben Zeit 0,74 und 0,62 Vol. pro Mill. Kohlensäure enthielt. Jener Boden hatte also thatsächlich Kohlensäure gebunden; es fragt sich nur, auf welche Weise? Nicht durch Condensation, sondern dadurch, dass die Bodenfeuchtigkeit, welche beim Auskochen ihrer Kohlensäure verlustig geworden war, diesen Abgang aus der darauf aspirirten Luft wieder ersetzte.

Dass sich die Sache wirklich so verhielt, wurde sofort klar, als ich nach längerer Aspiration die Gase aus dieser Bodenprobe mittelst Wassers austrieb; ihre chemische Constitution und ihr Verhältniss entsprach der Zusammensetzung der freien Luft.

Somit condensirt auch der feuchte und faulende Boden keinen Sauerstoff und keine Kohlensäure, er thut es wenigstens nicht in merklichem Maasse [1]).

Die wirkliche Ursache für die Kohlensäurevermehrung ist also gewiss ganz anderswo gelegen.

Boussingault und Lévy äussern sich in der oben citirten Arbeit [2]) dahin, dass, wenn die Gesammtmenge von Sauerstoff und Kohlensäure in der Grundluft eine höhere wäre, als in der freien Luft, dies auf eine Fäulniss („fermentation putride") im Boden verweisen würde. Und wirklich muss an die Fäulniss gedacht werden, deren kleine Organismen mehr Kohlensäure zu produciren vermögen, als die von ihnen aus der Grundluft entnommene Sauerstoffmenge beträgt, da sie befähigt sind, wenigstens eine gewisse Zeit lang, die Fäulniss auch in einer sauerstofflosen Luft zu unterhalten.

Es wird das bereits durch die Untersuchungen von Popoff bewiesen [3]); unzweifelhaft geht dasselbe aus den folgenden Versuchen hervor:

Im Januar 1876 habe ich in 8 Liter haltigen Flaschen je 3 Kilo Proben von lehmigem und Sandboden eingeschlossen, welche mit Harn und Zucker verunreinigt waren. Aus dem verschliessenden Kautschukstöpsel ragte eine Glasröhre heraus, welche aussen mit einem starken, verschlossenen Kautschukrohre versehen war. Nachdem diese verunreinigten Bodenproben längere Zeit hindurch im Zimmer gestanden hatten: entnahm ich täglich durch Entleerung von mit Quecksilber gefüllten Glasröhren aus den Flaschen Luftproben und untersuchte darin die Kohlensäure (mit Kali im Absorptiometer) und den Sauerstoff (mit Pyrogallussäure). Diese

---

[1]) Neuestens hat Amon untersucht, ob verschiedene Substanzen und Bodenarten Sauerstoff, Stickstoff und Kohlensäure binden, wenn diese Gase über sie hinweggeleitet werden. Er fand, dass Eisenoxydhydrat, Humus und Gyps in der That beträchtliche Kohlensäuremengen absorbiren, sie an der freien Luft aber wieder verlieren; andere Substanzen binden bei der Durchleitung um vieles weniger Kohlensäure. Eisenoxydhydrat und Gyps absorbiren auch Sauerstoff. Am beträchtlichsten ist das Absorptionsvermögen von Eisenoxydhydrat, Gyps und kohlensaurem Kalk für Stickstoffgas, und im ersteren werden bei dieser Gelegenheit auch Nitrate gebildet. Diese interessanten Versuche sind natürlich für die Vorgänge im freien Boden nicht maassgebend. (Chemisches Centralblatt 1879, S. 511.)

[2]) A. a. O., S. 13 ff.

[3]) S. Pflüger's Archiv 1875, S. 118 ff.

Luft hatte gegen das Ende der Untersuchung die folgende Zusammensetzung:

100 ccm Luft enthielten:

		Kohlensäure	Sauerstoff	Stickstoff[1])
am 15. Tage:	Lehmboden . . .	28,1	0	71,9
„ 15. „	Sandboden . . .	32,2	„	67,8
„ 18. „	Lehmboden . . .	28,5	„	71,5
„ 18. „	Sandboden . . .	31,9	„	68,1

Die Gaszunahme betrug also bei diesen Versuchen im Allgemeinen ca. 9 bis 15 Proc., und der in der Kohlensäure auftretende Sauerstoff machte in je 100 ccm Luft beinahe um 4 ccm mehr aus als wie viel in der Luft, welche die Flasche enthielt, verhältnissmässig zur Verfügung stand.

Noch bedeutender war die Gaszunahme beim folgenden Versuch: Im Juli 1877 brachte ich in eine 120 ccm fassende Flasche Cohn'sche Nährflüssigkeit und schmolz den Hals der Flasche zu. Die faulende Flüssigkeit stand bis 4. September, wo dann der Hals der Flasche in der Quecksilberwanne unter der Oeffnung des Absorptiometers abgebrochen wurde. Trotz meiner Vorsicht stürzte das Gas so rasch aus der Flasche, dass ein Theil davon verloren ging. Die im Absorptiometer aufgefangene Luft betrug mit der entwichenen zusammen wenigstens um 35 bis 40 Proc. mehr als die eingeschmolzene Luftmenge. Ausserdem enthielt jene Luft 49 Vol.-Proc. Kohlensäure, gar keinen Sauerstoff und — aus dem Rest berechnet — 51 Vol. Stickstoff. Nimmt man den letzteren als Richtschnur, so betrug die Gaszunahme pro 100 ccm wenigstens 55 ccm.

Durch die Fäulniss kann somit unzweifelhaft eine Gaszunahme bedingt sein; das Verhältniss der Kohlensäure in den Fäulnissgasen ist ein höheres, als früher das Sauerstoffverhältniss gewesen war.

Um diesen Vorgang gründlich zu verstehen, wird es gut sein, auch dem nachzusehen, woher diese Gaszunahme stammt, wo die Kohlensäure den überschüssigen Sauerstoff hernimmt?

---

[1]) Das restirende Gas wurde für Stickstoff angenommen, obwohl es möglich ist, dass es theilweise aus Sumpfgas oder Wasserstoff bestand. Uebrigens war die faulende Substanz nicht von der Beschaffenheit, welche die Entwickelung dieser Gase befördert hätte. S. Popoff, l. c. S. 119, 136, 143 etc.

In erster Reihe aus dem Sauerstoffgehalt der organischen Substanzen, wie das auf Grundlage der Untersuchungen von Pasteur und anderen Forschern (Hüfner) behauptet werden darf. Doch ist das nicht die einzige Quelle. Auch anorganische Substanzen werden durch die Fäulniss reducirt, welche bei der Anwesenheit unzulänglichen Sauerstoffs vor sich geht. Diese Reduction ist sammt ihren Producten sehr gut bekannt. So werden auch die Nitrate zu Nitriten, und sogar noch weiter zu Ammoniak reducirt. Schon Pasteur hat diese Reduction wahrgenommen, desgleichen Schönbein, Cohn, und in neuerer Zeit Meusel [1]). Meine Versuche beweisen dasselbe. In eine wohlverschlossene Flasche brachte ich mit Cohn'scher Lösung vermischt, auch Salpetersäure von gewogener Menge (5 mg). Als ich die Flasche nach zwei Monaten öffnete, fand sich darin von der Salpetersäure nicht einmal eine Spur mehr vor, hingegen trat aber salpetrige Säure auf (0,14 mg); der Rest konnte in Ammoniak verwandelt worden sein, welches aber in der überhaupt sehr ammoniakreichen Nährflüssigkeit nicht nachzuweisen war.

Unseren Kenntnissen und der gebotenen Erklärung entspricht auch der weitere Befund, wonach, als ich 5 mg Salpetersäure mit Cohn'scher Lösung vermengt in einem offenen Gefässe stehen liess, in dieser, welche gleichzeitig mit der vorigen untersucht wurde, schon mehr (0,17 mg) salpetrige Säure nachgewiesen werden konnte. Die Salpetersäure war jedoch auch hier verschwunden.

Ich wünsche nur noch der interessanten Versuche von Schlösing zu gedenken, der durch einen fauligen Boden Luft mit verschiedenem Sauerstoffgehalte aspirirte; in den austretenden Gasen fand er stets Kohlensäure, hingegen hatte aber der Salpetersäuregehalt des Bodens abgenommen.

Zieht man all das in Betracht, so wird es nicht schwer fallen, jene Erscheinung zu erklären, dass zu Zeiten in der Grundluft eine Gaszunahme, d. h. mehr Kohlensäure angetroffen wird, als dem verbrauchten Sauerstoff entspricht: es ist dann im Boden Fäulniss im Zuge und die Fäulnissorganismen produciren die überschüssige Kohlensäure, indem sie das Oxygen der im Boden enthaltenen organischen Substanzen und der Nitrate consumiren. Nun ist es auch verständlich, warum Fleck und auch ich die Gaszunahme hauptsächlich in den tiefen Bodenschichten beobachteten, und dazu noch im Herbste, wenn der Boden eben in der Tiefe am

[1]) Chemisches Centralblatt 1875, S. 678.

wärmsten, und folglich auch die Lebensthätigkeit der Zersetzungsorganismen hier am lebhaftesten ist. Auch das ist verständlich, warum Nichols in der Luft seines künstlich zusammengesetzten Schlammbodens im Sommer eine Gaszunahme, mit der eintretenden Kälte aber eine Abnahme fand[1]). In diesem Boden betrug nämlich die Summe des Sauerstoffs und der Kohlensäure in 14 Zoll Tiefe die folgenden Mengen: 21. Juni 26,27 Proc.; 26. Juni 26,77 Proc.; 16. October 21,67 Proc.; 10. November 19,77 Proc.

Ich kann also mit Fleck nicht eines Sinnes sein, der — gestützt auf den Befund, dass die Grundluft im Mittel ebensoviel Sauerstoff und Kohlensäure zusammen enthielt, als die freie Atmosphäre — behauptet, dass im Boden ausschliesslich „Verwesung (Oxydation)“ vorhanden sei und keine „Fäulniss, keine Vermoderung oder Gährungsprocesse“ [2]).

Im Gegentheil: im Boden kommt auch Fäulniss vor, und ein Anzeichen dieser Fäulniss liefert eben die zeitweise relative Zunahme von Sauerstoff und Kohlensäure. Die Intensität dieser Fäulniss wird unter verschiedenen Verhältnissen auch eine sehr verschiedene sein. In einem mehr verunreinigten Boden, in einem solchen, welcher den Durchgang der Luft mehr erschwert (Thon, Mergel, Gebäudeuntergrund), wird die Fäulniss in den tieferen Schichten, dann zu einer Zeit, wenn die Bodenschicht unter für die Fäulniss günstigere Umstände gestellt ist (Wärme, Feuchtigkeit), oder wenn die Bodenlüftung aus irgend einem Grunde (Feuchtigkeit) behindert ist, — auch intensiver sein als unter den entgegengesetzten Verhältnissen, wo dann an ihre Stelle die reine Oxydation tritt.

Ich brauche nicht zu beweisen, wie wünschenswerth es mit Rücksicht auf hygienische Forschungen ist, zu erfahren, wo und zu welcher Zeit im Boden Fäulniss vorhanden ist, und wann nicht? Die eudiometrische Analyse könnte uns in dieser Richtung — mehr oder weniger — aufklären, doch ist diese Methode in der Ausführung so beschwerlich, dass man ihrer von vornherein entsagen muss.

Doppelt interessant und wichtig wird es nun sein, zu erfahren, ob wir kein Mittel besitzen, der Fäulniss im Boden auf einer anderen Seite beizukommen?

---

[1]) Observations on the composition of the Ground atmosphere. Boston 1876, Separatabdruck, S. 4.

[2]) Dritter Jahresbericht der chemischen Centralstelle in Dresden 1874.

Unser Blick fällt zuerst auf das Ammoniak, als das gasförmige Product der Fäulniss. Von diesem Gesichtspunkt ausgehend, habe ich in Klausenburg mit der Beobachtung des Ammoniaks in der Grundluft auch begonnen [1]). Ich habe bereits oben erklärt, dass diese Ammoniakbestimmungen ganz werthlos sind, weil sie nach einer unvollkommenen Methode ausgeführt wurden [2]). Am selben Fehler leiden auch jene Ammoniakuntersuchungen, welche ich 1877 und 1878 angestellt habe. Auch diesmal war das aus dem Boden aspirirte Luftquantum verhältnissmässig sehr gering. Gewitzigt durch die älteren Fehler, habe ich 1879 eine voll'ommenere Methode ersonnen, mit welcher ich das Ammoniak der Grundluft genau bestimmen konnte. Das Verfahren bestand darin, dass ich den Absorptionsapparat für das Ammoniak, an einer hinreichend langen Kautschukröhre befestigt, bis an den Grund meiner im Boden untergebrachten Zinkröhren hinabliess und dann Monate hindurch in sehr langsamem Strome unausgesetzt Grundluft aspirirte, so dass zu einer Bestimmung das Ammoniak aus mehreren Hundert Litern Grundluft aufgefangen wurde.

Der Apparat hatte folgende Construction: In einer starkwandigen Glasröhre, welche im Zinkrohre Raum fand, brachte ich eine zweite, engere und kürzere Glasröhre unter; in dieser befand sich Glaswolle, welche mit einer hierzu dienenden [3]) Schwefelsäure befeuchtet war. Die weitere Röhre war unten zugeschmolzen und hatte oben einen Kautschukstöpsel mit zwei Oeffnungen, wovon die erste eine sehr dünne, mit Watte ausgefüllte Glasröhre enthielt, die andere aber das ausgezogene Ende der Glaswollenröhre aus der weiteren Röhre herausragen liess. Dieses Ende leitete ich durch einen Kautschukstöpsel in ein anderes kurzes Glasrohr von unten hinein, dessen oberes Ende dann mit dem zur Aspiration dienenden langen Kautschukrohre verbunden war. Letzteres reichte bis zu der Glasröhre, welche in dem die Zinkröhre verschliessenden Kautschukstöpsel steckte, von wo nun eine letzte Kautschukröhre bis zum Aspirator führte. Beim langsamen Aspiriren stieg die Grundluft vom Boden der Zinkröhre herauf, drang durch die enge Oeffnung in die weite Glasröhre,

---

[1]) Siehe Experimentelle Untersuchungen etc. Orvosi Hetilap, 1875, und Vierteljahrsschr. f. öff. Gesundheitspflege 1875, Heft II.

[2]) Vgl. den ersten Theil dieser Arbeit auf S. 72 ff.

[3]) Vgl. I. Thl. S. 73.

gelangte von hier zur Glaswolle in der engeren Röhre, und gab beim Durchgange ihr Ammoniak hier ab. Die in der langen Aspirationsröhre condensirten Wassertropfen sammelten sich in dem oberhalb der Absorptionsröhre angebrachten zweiten Sicherheitsröhrchen an. Nach zwei bis drei Monate lang fortgesetztem Aspiriren zog ich den Apparat vom Boden der Zinkröhre herauf und wusch das an der Glaswolle gebundene Ammoniak mit der im ersten Theile beschriebenen Vorsicht [1]) aus und bestimmte es.

Es ist gleich einzusehen, dass mit einer so langwierigen Methode nicht etwa viele Untersuchungen ausgeführt werden können; die Darlegung der Ergebnisse wird daher nicht viel Zeit beanspruchen. Ich fand a) dass in der tieferen Bodenschicht (4 m) durch Aspiration etwa die doppelte Ammoniakmenge gewonnen werden konnte, als aus der oberflächlicheren (1 m) Grundluft; b) dass diese Ammoniakmenge vom October bis zum December eine geringere war, als vom März bis Ende September [2]).

Wenn ich hieraus den Schluss ziehe, dass die Fäulniss in den tieferen Bodenschichten eher vorkommt, als in den oberflächlicheren, dass also dort auch jene Bacterienarten eher gedeihen werden, von welchen wir es — auf der oben erörterten Grundlage — für wahrscheinlich annehmen, dass sie auch bei weniger Luft oder gar ganz ohne Sauerstoff zu leben vermögen, und dass mithin zur Fäulniss im Boden allem Anscheine nach in der Nähe des Grundwassers eine grössere Neigung vorherrscht, als in den oberflächlicheren Schichten: so habe ich so ziemlich auch alles erschöpft, was sich aus meinen im Uebrigen beschwerlichen und langwierigen Ammoniakbestimmungen für die Grundluft ergiebt. Nur noch auf eines wünschte ich die Aufmerksamkeit des Lesers zu lenken.

Wie bekannt, werden die stickstoffhaltigen organischen Substanzen im Inneren des Bodens grösstentheils zu Salpetersäure oxydirt. Diese Salpetersäure wird durch den Regen sehr rasch in die Tiefe niedergeschwemmt, weil der Humus eine sehr geringe Bindekraft für Salpetersäure besitzt. Jeder Regen und jede Grundwasserschwankung wird also den Boden seines wichtigsten Dungstoffes berauben, bevor die Vegetation davon Nutzen hätte ziehen können. Die in die Tiefe sickernden und mit dem Grundwasser beinahe schon fortströmenden Nitrate werden jedoch durch

---

[1]) Siehe daselbst S. 74 f.

[2]) Siehe a. a. O. S. 76.

die Fäulniss aufgehalten, welche die Salpetersäure reducirt. Ein stäbchenförmiges Bacterium, welches auch ohne hinreichenden Sauerstoff zu vegetiren vermag, wird in der Tiefe die Nitrate zersetzen und Ammoniak frei machen. Das letztere haftet, wie bekannt, sehr hartnäckig am Boden und lässt sich jetzt nicht mehr in die Tiefe fortreissen. Bald verbindet sich das Ammoniak mit der Kohlensäure und mit der sich bewegenden, strömenden und diffundirenden Grundluft, und wird mit Hülfe dieser in die oberflächlicheren Bodenschichten zurückströmen, auf dass es hier den Pflanzen wiederholt nützlich werde. Diese Wanderung des Ammoniaks ist wohl zu schwach, um auf directem Wege nachgewiesen werden zu können; trotzdem kann sie in der Hand der Natur ein mächtiges Mittel zur Ernährung der Pflanzen abgeben, weil sie unausgesetzt und in grossem Maassstabe — im Inneren des ausgebreiteten gedüngten Bodens — vor sich geht. Darin erkennt man ein neueres und interessantes Beispiel für die wunderbare Sorgsamkeit und Kräfteausnutzung der Natur.

Dass aus dem Inneren des Bodens in die freie Luft kein Ammoniak ausströmt, sondern dass der humöse Boden dieses sogar aus der Luft selbst an sich reisst, habe ich oben im ersten Theile bereits dargelegt.

So viel wird sich hieraus wohl ergeben, dass man auch im Ammoniak der Grundluft keine Stütze findet, wenn die Fäulniss im Boden erkannt und verfolgt werden soll. Dürften vielleicht andere, bei Fäulnissprocessen erfahrungsgemäss auftretende Gase oder flüchtige Stoffe verwendbarer sein?

Diese Gase und Stoffe wurden bisher nur spärlich untersucht. Auf Schwefelwasserstoff wurde von Boussingault die Luft in oberflächlichen Schichten der Ackererde, von Fleck aber ein solcher Boden, in welchem eine Thierleiche verweste, endlich von mir selbst der Boden zu Klausenburg und Budapest untersucht, Alle mit negativem Resultate. Nichols fand auch in künstlichem Sumpfboden keinen Schwefelwasserstoff, ich konnte ihn aber, sowohl am Geruche, als durch die Reaction sehr gut erkennen, als ich in einem Glasgefässe 50 Kilo Boden mit Zucker, Harn und Eieremulsion verunreinigt, zwei Monate lang verschlossen stehen liess. So lange das mit dem Boden gefüllte Gefäss offen gestanden hatte, war auch kein Schwefelwasserstoff darin wahrzunehmen. Kohlenoxyd habe ich in der Grundluft wiederholt gesucht, es aber nicht einmal in der Luft des soeben erwähnten, künstlich verunreinigten und in Fäulniss versetzten

Bodens angetroffen. Man kann also auf keines der beiden Gase rechnen, wenn man die Fäulniss im Boden zu erkennen und zu verfolgen wünscht.

Im faulenden Schlamme pflegt sich, wie bekannt, Sumpfgas in grosser Menge zu entwickeln [1]). Auch Nichols fand in seinem faulenden Schlamme Sumpfgas, und zwar: am 24. Juni 0,526 Proc., am 1. Juli 1,028 Proc., am 26. August 0,092 Proc.; am 9. October hingegen enthielt die Grundluft keinen Kohlenwasserstoff. Obschon ich nicht die Hoffnung hegte, im Sumpfgas einen solchen Indicator aufzufinden, mit dessen Hülfe eventuell die Zersetzung im Boden gemessen werden könnte, ging ich der Sache dennoch nach und prüfte den Boden des chemischen Hofes, welcher übrigens verunreinigt genug ist, ob darin Sumpfgas nachgewiesen werden kann oder nicht.

Zu diesem Zwecke stellte ich am 30. Mai 1877 im chemischen Hofe einen entsprechenden Apparat im Freien auf und untersuchte damit die aus 4 m Tiefe aspirirte Grundluft. Diese wurde zuerst durch zwei nach einander folgende Kaliapparate, um hier die Kohlensäure zu binden, dann durch concentrirte Schwefelsäure geleitet; hierauf trat sie in eine mit Kupferoxyd gefüllte und auf Kohlen erhitzte Röhre [2]), dann in einen gewogenen Absorptionsapparat mit Schwefelsäure, endlich in eine titrirte Barytlösung. Selbstverständlich wurde die Röhre sammt ihrem Inhalte vor dem Gebrauche gut ausgeglüht. Durch wiederholtes und langwieriges Aspiriren, wobei jedesmal 2 bis 3 l Grundluft durch den Apparat gesaugt wurden, erhielt ich im Mittel 0,32 ccm Kohlensäure pro Liter Grundluft, während die Menge des in der Schwefelsäureröhre zurückgehaltenen Wasserdampfes unbestimmbar wenig blieb. Doch auch diese Kohlensäuremenge darf nicht auf einen Kohlenwasserstoff umgerechnet werden; denn als ich zuletzt wieder nur reine Luft durch das Kupfer gehen liess, erhielt ich ebenfalls Kohlensäure, und zwar auf 1000 Volumina 0,35. Es scheint somit, dass jene minimale Kohlensäuremenge nicht aus den Kohlenwasserstoffgasen der Grundluft, sondern aus der Gluth herstammte und durch die Metallröhre diffundirt war [3]).

---

[1]) Vgl. Mulder, Chemie der Ackerkrume, Leipzig 1862, Bd. I.

[2]) Zur bequemeren Handhabung gebrauchte ich eine Kupferröhre.

[3]) Wohl wird auch behauptet, dass auch in der freien Luft stets Sumpfgas anzutreffen ist. Wenn also bei meinen Versuchen die Kohlensäure denn doch z. B. durch Sumpfgas geliefert worden wäre, so kann wenigstens das für

Diese Versuche wiederholte ich im Herbste desselben Jahres (13. October), benutzte aber diesmal zur Verbrennung keine Kupfer-, sondern eine neue Porcellanröhre. Der Verbrennungsapparat wurde vorher im Laboratorium gut ausgeglüht, dann behufs ganz genauer Controle wiederholt freie Luft durchaspirirt und die etwa entwickelte Kohlensäure in Barytwasser aufgenommen. Nun untersuchte ich die Grundluft aus 1 und 4 m Tiefe. Das Ergebniss war, dass ich aus der freien Luft nur Spuren von Kohlensäure erhielt, aus der Grundluft in 1 m Tiefe aber 0,347 Vol. pro Mille, aus 4 m Tiefe sogar 0,436 Vol. pro Mille Kohlensäure. Der Boden enthielt also im Herbste thatsächlich Sumpfgas (oder andere Kohlenwasserstoffgase), wenn auch in verschwindend geringer Menge, und zwar in der Tiefe mehr, als in den oberflächlicheren Schichten.

Die Entwicklung von Kohlenwasserstoffgasen aus den organischen Substanzen, welche im Boden zersetzt werden, wird auch durch den folgenden Versuch bestätigt: Ich aspirirte aus den oben gedachten 50 Kilo Boden die Luft heraus und leitete sie über glühendes Kupferoxyd; diesmal erhielt ich 1,06 Vol. pro Mille Kohlensäure, also etwas mehr, als aus dem Boden; dieselbe Bodenluft enthielt in 100 Thln. 20,8105 Thle. Sauerstoff, 2,6042 Thle. Kohlensäure (zusammen also 23,4147 Thle.), und kam somit der Zusammensetzung der Grundluft in 4 m Tiefe auch in dieser Beziehung sehr nahe.

Es darf demnach für gewiss gelten, dass im verunreinigten Boden auch Kohlenwasserstoffgase auftreten und dadurch den Zersetzungszustand der organischen Substanzen anzeigen; nichtsdestoweniger ist auch diese Untersuchungsmethode zur Controle der Fäulniss im Boden unbrauchbar.

Ausser den bisher beschriebenen Stoffen können im Boden inmitten der Zersetzungsvorgänge unzweifelhaft auch andere gasartige, oder wenigstens flüchtige Körper entstehen; sie wurden einestheils bisher durch Niemanden eingehender untersucht, andererseits verspricht die auf sie gerichtete Untersuchung auch keinen praktischen Erfolg; demnach kann man füglich von ihnen absehen.

Das Endresultat meiner Erörterungen läuft darauf hinaus, dass es im Boden nur die Kohlensäure giebt, welche einer-

---

gewiss angenommen werden, dass die Grundluft in 4 m Tiefe nicht mehr Sumpfgas enthielt, als die freie Luft.

seits ein Product der Zersetzung der organischen Substanzen, also auch deren Indicator, andererseits auch mit hinlänglicher Genauigkeit und auf eine bequeme Weise zu bestimmen ist. Bei unseren Untersuchungen, durch welche wir über die Intensität und die Schwankungen der Zersetzungsvorgänge im Boden Aufschluss zu erhalten wünschen, werden wir also unser erstes Augenmerk auf die Kohlensäure zu richten haben, wobei wir auf Grundlage der obigen Darlegungen annehmen können, dass die Kohlensäureentwickelung mit der Intensität der Zersetzung zunimmt und mit ihrem Nachlassen herabsinkt; es darf angenommen werden, dass aus der zunehmenden Kohlensäureproduction mit einer gewissen Wahrscheinlichkeit auf die Steigerung der Fäulniss im Boden zu schliessen ist.

b. Die Kohlensäure der Grundluft in Budapest.

α. Die befolgte Untersuchungsmethode.

Den Kohlensäuregehalt der Grundluft habe ich auf allen vier erwähnten Stationen vom Herbst 1876 bis zum heutigen Tage in den Tiefen von 1, 2 und 4 (resp. im Neugebäude 3) Meter untersucht. 1877 bestimmte ich die Kohlensäure in 1 m Tiefe auf allen vier Stationen täglich, in 2 und 4 m Tiefe aber bloss alle 10 Tage. Von 1878 angefangen, wurden die Kohlensäurebestimmungen in allen Tiefen von fünf zu fünf, und 1880 von 10 zu 10 Tagen ausgeführt. Die starke Winterkälte hat viele Bestimmungen verhindert, besonders im Winter 1879/80. Hiervon abgesehen, wurden die Analysen an den gesetzten Terminen ununterbrochen ausgeführt.

Zur Aspiration der Grundluft gebrauchte ich enge Bleiröhren, welche in ein mit dem Erdbohrer gefertigtes Loch bis zur erwünschten Tiefe eingelassen wurden. Die Bleiröhren habe ich in dem oben beschriebenen Kasten so untergebracht, dass sie an seiner Rückwand mit Lederstückchen befestigt waren. Eine jede Bodenröhre stand durch Kautschuk mit einer Pettenkofer'schen Kohlensäure-Absorptionsröhre, diese wieder mit einem Flaschenaspirator in Verbindung.

Diese Apparate, sowie ein Thermometer und ein Maasscylinder gehörten zur ständigen Ausrüstung eines jeden Kastens.

An den Bestimmungstagen wurden im Laboratorium eigens dazu dienende, mit Kautschukstöpseln verschlossene Fläschchen mit je 100 ccm (und die für die aus 4 m Tiefe aspirirte Grundluft bestimmten mit 200 ccm) starken Barytwassers angefüllt, letzteres auf der Station in die entsprechende Absorptionsröhre gegossen und die Aspiration der Grundluft eingeleitet. War diese beendet, so wurde das Barytwasser aus der Pettenkofer'schen Röhre in sein bis dahin verschlossen gestandenes Fläschchen zurückgegossen, und nachdem es im Laboratorium längere Zeit hindurch gestanden und abgesetzt war, analysirt.

Bei dieser Arbeit war ich auf einige Umstände besonders bedacht. So trachtete ich darnach, dass die Aspiration möglichst langsam vor sich gehe, dass pro Stunde höchstens 1 l Luft aspirirt, damit die Grundluft aus der unmittelbaren Nähe der Mündung der Bleiröhre und nicht von weiter her entnommen werde. Ferner wurde stets und auf allen vier Stationen annähernd mit derselben Schnelligkeit aspirirt, sowie auch die aspirirte Luftmenge stets und überall annähernd dieselbe war, indem sie höchstens 5, und wenigstens 2 bis 3 l betrug.

Auf diese Umstände muss Gewicht gelegt werden, widrigenfalls die erlangten Resultate mit einander kaum verglichen werden könnten; man kann nämlich beobachten, dass, je grösser die aspirirte Luftmenge ist und je rascher sie aus dem Boden aspirirt wird, sie um so weniger Kohlensäure enthält. Die Ursachen dieser Beobachtung denke ich unerörtert lassen zu können[1]).

β. Menge der freien Kohlensäure im Boden.

Die Kohlensäuremenge war je nach den einzelnen Beobachtungsstationen, sowie nach den verschiedenen Tiefen und zu verschiedenen Zeiten eine sehr verschiedene.

Wir wollen diese Verhältnisse zuerst nach dem Orte untersuchen. Stellt man die Mittelwerthe der auf den verschiedenen

[1]) Alles über die Titrirung, Aufbewahrung des Barytwassers etc. Wissenswerthe habe ich im ersten Theile bereits dargelegt, und hier bloss das eine noch hinzuzufügen, dass ein Cubikcentimeter des angewendeten Barytwassers etwa 1 bis 1,5 ccm Kohlensäure zu binden vermochte.

Stationen für 1877, 1878, 1879 gefundenen Kohlensäure zusammen, so wird man finden, dass die in 1000 Raumtheilen Grundluft enthaltene Kohlensäure Folgendes betrug:

	1 m	2 m	4 m
Üllöer Caserne	4,8	6,6	28,7
Neugebäude	13,7	14,3	20,1 [1]
Karlscaserne	18,1 [2]	28,4	36,5

Sogleich wird die successive Zunahme des Kohlensäurereichthums auf den verschiedenen Stationen auffallen.

Fragt man nach der Ursache des ungleichen Kohlensäuregehaltes, so werden uns die bisherigen Untersuchungen zwei Möglichkeiten vorführen: erstens die Verunreinigung, dann die Permeabilität des Bodens.

Man wolle bis zur Stelle zurückblättern, wo ich die chemische Untersuchung dieser Bodenarten beschrieben habe (S. 60); es wird so ein Leichtes sein, die Verunreinigung und den Kohlensäuregehalt der Boden zu vergleichen. Zu diesem Zwecke kann die Menge des organischen Kohlenstoffs oder des organischen Stickstoffs oder beide zusammen benutzt werden. Am richtigsten wird man jedoch vorgehen, wenn man den organischen Stickstoff als Richtschnur anwendet, weil der im Boden enthaltene Kohlenstoff häufig nichts anderes als eine mit der Asche in den Boden gelangte und der Fäulniss nicht ausgesetzte Kohle ist, und weil die stickstoffhaltigen Körper bei der Fäulniss ohnehin auch Kohlensäure erzeugen.

Wie verhält sich also der organische Stickstoff zur Kohlensäure? Der am meisten verunreinigte Boden — in der Karlscaserne — lieferte die meiste Kohlensäure, der reinste Boden — in der Üllöer Caserne — wies die wenigste Kohlensäure auf, und der die Mitte einnehmende Boden — im Neugebäude — nahm auch hinsichtlich der Kohlensäure eine mittlere Stellung ein.

In diesen Bodenarten von gleicher Configuration und von ziemlich derselben Dichtigkeit stand somit die Kohlensäure der Grundluft zur Verunreinigung unverkennbar in geradem Verhältnisse. Auf diese Erfahrung fussend, zögere ich nicht auszusprechen, dass die Menge der im Boden vorhandenen

[1]) In 3 m Tiefe.

[2]) Bloss aus zwei Jahren berechnetes Mittel.

Kohlensäure mit der Verunreinigung des Bodens im Zusammenhange steht.

Ein sanguinischer Hygieniker würde nun folgern, dass es vollkommen genügt, in einem Boden den Kohlensäuregehalt der Grundluft zu bestimmen, um dadurch auch mit dem Verunreinigungsgrade des Bodens im Reinen zu sein und einen Boden mit dem anderen — den Münchener mit dem Dresdener, den Budapester mit dem Klausenburger — vergleichen zu können. Das wäre aber unstatthaft, denn noch ein Factor hat Anspruch auf Beachtung, nämlich die Permeabilität.

Auf letzteren Umstand habe ich anlässlich meiner Klausenburger Untersuchungen die Aufmerksamkeit gelenkt. Ich wies darauf hin, dass der Boden des Karolinen-Hospitals, welcher am meisten verunreinigt war, in der Grundluft weniger Kohlensäure enthielt, als ein von einer Berglehne ausserhalb der Stadt herstammender Boden, welcher sich aber bei der chemischen Untersuchung für den reinsten herausstellte. Als Erklärung hierfür habe ich nachgewiesen, dass der Boden am ersteren Orte sehr locker, für die Luft sehr leicht permeabel war, während er am letzteren aus dichtem Mergel bestand, welcher eine ungemein geringe Permeabilität besass.

Diese Erfahrung und die darauf basirte Behauptung, wonach der Kohlensäuregehalt der Grundluft vorwiegend von der Permeabilität des Bodens abhängig ist, erschien mir für so natürlich, dass ich nicht im Entferntesten daran dachte, sie könnte auch noch angegriffen werden. Trotzdem erhob Smolensky Zweifel gegen die Bedeutung der Permeabilität für den Kohlensäuregehalt der Grundluft, und nahm — um die Beweiskraft des obigen Beispieles zu discreditiren — an meinem Ausdruck Anstoss, dass die zur chemischen Analyse entnommene Bodenprobe „anstossend“ neben den Aspirationsröhren entnommen wurde, und nicht unmittelbar unter den Röhren hervor, und meinte, dass der Boden einige Centimeter weiter, unmittelbar unter den Röhren vielleicht doch eine andere Verunreinigung besitzen, vielleicht eben dort verunreinigter sein konnte, wo die Kohlensäure beträchtlicher war. Diese Ausstellung entbehrt der Begründung. Das Aufgraben wurde thatsächlich so nahe an den Aspirationsröhren vorgenommen, dass es kaum denkbar ist, dieser Boden von ganz demselben Aussehen, in der Mitte eines grossen Hofes oder Gartens etc., hätte gerade an dem Punkte, wo die Eisenröhre im Inneren des Bodens die Oeffnung hatte, irgend eine abnorme Verunreinigung, einen Kohlensäure producirenden Heerd besessen, oder dass entgegengesetzt die im verunreinigten Boden entwickelte Kohlensäure durch irgend eine unbekannte Kraft absorbirt worden wäre. Doch ist diese Ausstellung auch höchst überflüssig, denn ich sowie auch Andere haben den Einfluss der Permeabilität auf den Kohlensäuregehalt der Grundluft nicht aus jener einzigen Bestimmung gefolgert, sondern auch aus anderen Gründen, welche noch dazu so klar sind und den physikalischen Gesetzen so sehr entsprechen, dass der ganze Streit um die Wichtigkeit der Permeabilität fruchtlos sein muss. Um diesen Einfluss der Permeabilität auf den Kohlensäuregehalt der Grundluft trotzdem anschaulich zu machen, griff ich zum folgenden Versuche: Ich nahm kieshaltigen Sand, wusch, trocknete und siebte ihn. Den feinkörnigen Theil brachte ich in den einen, den auf dem Siebe verbliebenen grobkörnigen Theil in den anderen der zwei offenen Blechcylinder, welche unten mit einer Oeffnung versehen waren. Jede der beiden Bodenproben betrug annähernd 10 kg. Darauf wurden die Boden mit einem Wasser befeuchtet, in welchem 5 Proc. Zucker und 1 Proc. Harnstoff gelöst waren. Nun wurden die Bodenproben mehrere Tage lang stehen gelassen, worauf ich in einem langsamen und gleichmässigen Strome die in ihnen enthaltene Luft zu aspiriren begann und deren Kohlensäuregehalt bestimmte. Vorerst stellte ich aber eine approximative Probe über die Permeabilität an. Ich aspirirte bei gleichem Manometerstande mittelst aus einer Flasche abfliessenden Wassers Luft durch beide Boden; im selben Zeitraume (eine Minute) konnte ich durch den kieshaltigen Sand etwa 450 ccm Luft aspiriren, durch den feinkörnigen Sand hingegen kaum 80 ccm. Jener besass also eine $5^1/_2$ mal so grosse Permeabilität, wie dieser. Der Kohlensäuregehalt aber, welchen die hierauf in langsamem Strome aspirirte Bodenluft aufwies, betrug bei zwei Versuchsreihen im kieshaltigen Sande 2,5 und 3,2 pro Mille, im feinkörnigen Sande 9,6 und 12,5 pro Mille, also im letzteren beinahe das Vierfache von dem, was der permeablere Boden aufwies.

Es kann daher nicht bezweifelt werden, dass der Kohlensäuregehalt der Grundluft unter sonst gleichen Umständen mit der Zunahme der Permeabilität abnimmt, wenn auch nicht in gleich raschem Verhältnisse.

Es folgt nun aus dem bisher Besprochenen, dass bei Bodenarten von derselben oder einer sehr ähnlichen Dichtigkeit, welche also auch eine wenigstens im grossen

Ganzen übereinstimmende Permeabilität besitzen, die Kohlensäure der Grundluft den Grad und das Maass der Verunreinigung thatsächlich angeben kann; bei anderen Bodenarten aber, deren Permeabilität keine übereinstimmende, oder gar nicht einmal bekannt ist, wird auch die Kohlensäure der Grundluft kein Mittel zur Beurtheilung des Verunreinigungsgrades der Boden abgeben können.

Mit der Tiefe der Bodenschicht nahm der Kohlensäuregehalt überall zu. Es ist bereits bekannt, dass die Ursache dieses Verhaltens in erster Reihe von der erschwerten Bodenventilation abhängig ist. Dass diese den Einfluss der Verunreinigung selbst verdunkeln kann, wird durch den Umstand bewiesen, dass z. B. der Boden der Üllöer Kaserne in 4 m Tiefe um vieles mehr Kohlensäure enthielt, trotzdem dass hier sowohl der organische Kohlenstoff wie auch der Stickstoff ein geringerer war, als in 2 m Tiefe.

γ. Zeitliche Schwankungen der Kohlensäure; jährliche und jahreszeitliche Schwankungen.

Am Kohlensäuregehalte der Grundluft kommt aber die höchste Bedeutung seinen zeitlichen Schwankungen zu. Betrachtet man auf Tafel V, Curvengruppe 2 die Schwankungen der Bodenkohlensäure, wie sie sich aus den auf sämmtlichen Stationen erhaltenen Daten im Durchschnitte ergaben, so wird man sehen, wie diese Kohlensäure zur Sommerzeit in einer regelmässigen Welle ansteigt und mit dem Nachlassen der Hitze wieder herabsinkt.

Mit Interesse können auch jene Curven geprüft werden, welche die Schwankung der Kohlensäure der Grundluft für jede Station getrennt, von Monat zu Monat, von 1877 bis 1880 zeigen (Taf. II, C. 1 bis 4). Aus der Vergleichung dieser Curven geht hervor, dass die Schwankung der Kohlensäure in den verschiedenen Jahreszeiten — im Winter und im Sommer — auf den verschiedenen Stationen so ziemlich gleichförmig ist. Insbesondere war die in 1 m Tiefe gefundene Schwankung auf allen vier Stationen und in allen vier Jahren beinahe immer übereinstimmend.

Diese Aehnlichkeit in den Schwankungen der Kohlensäure auf den verschiedenen Stationen dient als Beweis dessen, dass die untersuchten Boden am ganzen Territorium, auf welches sich die Untersuchungen erstreckten, unter dem Einflusse identischer Naturkräfte standen. Hieraus möchte ich aber den Schluss ziehen, dass jenes Mittel, welches ich aus den Werthen aller vier Stationen berechnete, dem durchschnittlichen Ausdrucke der im Boden der ganzen Stadt verlaufenden Kohlensäureproduction entspricht, da, wie bereits erwähnt, jene vier Stationen an vier von einander weit ab gelegenen Punkten der Stadt situirt sind. und aus ihrer Uebereinstimmung mit Recht gefolgert werden kann, dass die Kohlensäureschwankungen der Grundluft auch anderwärts die ähnlichen waren.

Dasselbe interessante Bild wird sich ergeben, wenn man auf den einzelnen Stationen die Kohlensäureschwankungen der verschiedenen Tiefen mit einander vergleicht. Es ist da ersichtlich, dass die Schwankungen der Kohlensäure in 1, 2 und 4 m Tiefe in einem gewissen Zusammenhange standen, mit einer gewissen Parallelität verliefen. Diese wird sehr deutlich zu erkennen sein. wenn man auf Taf. II die Curven I bis IV mit einander vergleicht. Ich halte es für überflüssig, die übereinstimmenden Momente einzeln herzuzählen.

Von einer vollkommenen Uebereinstimmung in den Schwankungen des Kohlensäuregehaltes der verschiedenen Tiefen kann natürlich keine Rede sein.

Diese Parallelität der chemischen Beschaffenheit der Grundluft in den verschiedenen Tiefen wird uns nach alledem, was über die Permeabilität des Bodens bekannt ist, sehr natürlich erscheinen. Es ist klar, dass es in einem gut permeablen Boden, wie es der Pester Sandboden mehr oder weniger ist, sich kaum ereignen wird, dass die Kohlensäure in einer oder der anderen Bodenschicht übermässig zunimmt, ohne dass die letztere auch den Kohlensäuregehalt der übrigen Schichten erhöhen würde, da sie doch mit deren Luft in fortwährendem Zusammenhange steht.

Die ungleichmässige Zunahme kann noch am ehesten in den oberen Schichten vorkommen, welche im Frühjahre einer starken Wärme exponirt sind und dann rasch in Zersetzung gerathen, sehr viel Kohlensäure produciren, welche gegen die tieferen Schichten — nach der in Folge der Kälte so zu sagen regungslos verharrenden Grundluft zu — nicht vordringen kann. In der That haben Pettenkofer und Fleck und nach ihnen auch ich wiederholt beobachtet, dass die aus 1 m Tiefe aspirirte Grundluft im Frühjahr eine kürzere oder längere Zeit hindurch mehr Kohlensäure enthielt, als die aus 2 m aspirirte Luft. Im Herbst sinkt hingegen die Kohlensäure der oberflächlichen Schicht rascher; die Curven, welche den Kohlensäuregehalt der einzelnen Schichten repräsentiren, sind um diese Zeit am weitesten von einander entfernt.

Von der successiven Durchwärmung und Abkühlung, also auch der immer tiefer vordringenden Fäulniss, stammt auch jenes Verhalten ab, dass der Zeitpunkt der Kohlensäuremaxima und -minima für die verschiedenen Tiefen nicht zusammenfällt. Jene Kohlensäurestände, insbesondere das Minimum (doch auch das Maximum, s. Taf. V, Gruppe 2), sind in 2 m, um so mehr noch in 4 m Tiefe um vieles später zu beobachten, als in 1 m Tiefe.

Dieses Verhalten der Kohlensäure der Grundluft nach den Jahreszeiten und in verschiedenen Tiefen wird durch die folgenden, aus den Jahren 1877, 1878 und 1879 gewonnenen Mittelwerthe [1]) illustrirt:

	1 m	2 m	4 m
Januar	6,5	12,6	25,0
Februar	6,8	12,2	24,8
März	7,0	11,8	24,7
April	9,9	14,9	25,2
Mai	11,5	16,1	27,2
Juni	14,5	21,5	29,2
Juli	15,8	22,8	35,9
August	12,8	20,7	32,6
September	10,9	19,3	31,4
October	9,8	15,0	29,4
November	8,4	13,8	26,5
December	8,1	12,6	25,8

Obwohl die im Boden enthaltene freie Kohlensäure in jedem Jahre zur wärmeren Jahreszeit zunahm und zur kälteren wieder zurückging, differiren doch die einzelnen Jahre sowohl betreffs der Grösse der Schwankung, als des Zeitpunktes und der Dauer

---

[1]) Die Werthe für November und December 1879 wurden durch Berechnung interpolirt und so in die Durchschnittsberechnung aufgenommen. Die Mittelwerthe für 1 m wurden aus den Angaben der Üllöer Caserne, des Neugebäudes und des chemischen Hofes, die Mittel für 2 und 4 m auf Grundlage der im Neugebäude, der Üllöer und Karlscaserne gefundenen Kohlensäuremengen berechnet.

des höchsten Standes etc. sehr bedeutend von einander. Diese Unterschiede werden uns beim Vergleichen der Kohlensäurecurven der einzelnen Jahre auf der Taf. V sofort auffallen. 1877 war der Kohlensäuregehalt im Juni und Juli ein sehr höher, besonders in den ersten Juliwochen sprang er einer Explosion gleich ungewöhnlich hoch; nach Verlauf dieser zwei Monate blieb er — besonders in der oberflächlichen Schicht — ein niedriger. 1878 ist zu Anfang des Sommers dieses Emporspringen nicht zu beobachten, dafür hielt sich aber die Kohlensäure nahezu sechs Monate lang constant auf einer beträchtlichen Höhe. 1879 ist neuerdings eine starke, aber kurze Zeit dauernde Erhöhung zu sehen, während 1880 die Kohlensäurecurve alternirend auf- und niedertaucht etc.

δ. Die Ursachen der jährlichen und jahreszeitlichen Kohlensäureschwankungen.

Fragt man nun, wo diese ungleiche Kohlensäuremenge in den einzelnen Jahreszeiten und Jahren herrührt, so kann füglich behauptet werden: von dem Verlaufe des Zersetzungsprocesses. In einem Jahre oder zu einer Jahreszeit, welche einen auffallend hohen Kohlensäuregehalt aufweisen, ist auch die im Inneren des Bodens verlaufende Zersetzung aller Wahrscheinlichkeit nach eine beträchtlichere gewesen. Der Einwand, dass jene Ungleichheit vielleicht durch die in den einzelnen Jahren wechselnde Permeabilität des Bodens verursacht worden war, kann ausgeschlossen werden. Vom Gesichtspunkte der Permeabilitätsveränderungen kann nämlich bloss das Regenwasser in Betracht kommen, welches die Durchlüftung des Bodens in einer Jahreszeit oder in einem Jahre mehr beeinträchtigen könnte, als in den übrigen. Doch wird weiter unten zu sehen sein, dass wenn auch dem Regen ein Einfluss auf den Kohlensäuregehalt der Grundluft zukommt, dieser von so kurzer Dauer ist, dass er die gedachten bedeutenden und anhaltenden Verschiedenheiten keineswegs zu erklären vermöchte.

Ist man so bei der Ueberzeugung angelangt, dass die abweichenden Kohlensäureschwankungen der einzelnen Jahre durch die Ungleichheit und Veränderlichkeit der im Boden verlaufenden Zersetzungsprocesse bedingt sein müssen, so hat man in der Kohlensäure auch ein Mittel in Besitz genommen, mit welchem man diese Zersetzung fortwährend zu erkennen, zu verfolgen und mit dem Verhalten der Infectionskrankheiten zu vergleichen vermag. Doch darüber später.

In der Kohlensäure besitzt man auch dafür einen Indicator, ob die verschiedenen periodischen Veränderungen des Bodens, dessen Wärme und Feuchtigkeit auf die Zersetzung im Boden einwirken, und in welchem Maasse sie das thun. Dadurch wird das Studium dieses Einflusses bedeutend erleichtert, wenn wir im Stande sind, die Temperatur- und Feuchtigkeitsverhältnisse des Bodens in einem längeren Zeitraume mit der Kohlensäure der Grundluft zu vergleichen. Hierzu sind die auf Tafel V und VI verzeichneten Daten tauglich.

Der Einfluss der Bodentemperatur (Taf. V, Gruppe 1) offenbart sich in einer sehr augenfälligen Weise: die Curven der oberflächlichen Bodentemperatur und Bodenkohlensäure weisen ganz entschieden übereinstimmende Schwankungen auf. Mit dem Vordringen der Frühjahrswärme in den Boden steigen Beide mit einander an, sie erreichen zur Sommermitte ihr Maximum mit einander und sinken auch Beide mit Eintritt des Herbstes herab, um im Winter und zu Anfang des Frühlings ihren niedersten Stand zu erreichen.

Doch weisen auch Schwankungen von viel kürzerer Dauer ein auffallendes Zusammentreffen auf. Man wird das verfolgen können, wenn man die geringeren Bewegungen der Curven confrontirt. So war z. B. vom März zum April 1877 eine rasche und intensive Durchwärmung des Bodens von einer gleich steilen Kohlensäurezunahme gefolgt; die gleiche gemeinschaftliche Erhöhung kann noch Anfang Juni und zur Mitte December beobachtet werden. Auch im Jahre 1878 gehen Temperatur und Kohlensäure mit übereinstimmender Erhöhung vom März zum April über; ebenso identisch ist die Wogung Ende Juni, Mitte September, Ende October und November etc.

Es ist ganz natürlich, dass die gemeinschaftlichen Schwankungen in den oberflächlichen Schichten am meisten ins Auge fallen; hier ist das Schwanken überhaupt am bedeutendsten, auch der Boden ist hier am meisten verunreinigt, so dass die Wärme durch ihre Zunahme die heftigste Kohlensäureproduction eben hier verursachen kann. Doch wird es der Aufmerksamkeit nicht entgehen, dass Wärme und Kohlensäure, wenigstens in den Hauptzügen, auch in den tieferen Schichten im Zusammenhange stehen. Am entschiedensten wird das durch jene Beobachtung bewiesen, wonach die Kohlensäure, gerade so wie die Bodentemperatur, in der tieferen

Schicht ihr Maximum um Wochen später erreicht, als in den oberflächlichen Schichten.

Die Regenfälle, also die Feuchtigkeit hat einen nicht weniger bedeutenden Einfluss auf die Schwankungen des Gehaltes an freier Kohlensäure im Boden. Dieses Verhalten kann wieder aus der Vergleichung der Kohlensäurecurven mit der Regenmenge ersehen werden. So ist in den Monaten April und Mai 1877 bei reichlichen Regenfällen auch ein hoher Kohlensäuregehalt zu beobachten; die darauf folgende trockene Witterung ging mit der Abnahme der Kohlensäure einher. Mit Eintritt der wärmeren Tage nimmt der Kohlensäuregehalt der Grundluft wohl zu, in bedeutenderem Maasse aber erst dann, als sich gegen Ende Juni Regen einstellte. Noch bedeutender ist die Kohlensäurezunahme im ersten Drittel des Monats Juli, nachdem der Boden an den ersten Tagen dieses Monats durch ausgiebige Regenfälle befeuchtet worden war. Von dieser Höhe fiel die Kohlensäure rapide, bis zu einer ungewohnten Tiefe herab. Dieses rasche Sinken nach einer starken Erhöhung stimmt mit dem oben citirten Versuchsergebnisse von Möller überein, welcher fand, dass in einem Humusboden, welcher lange Zeit trocken gestanden hatte, nach der Befeuchtung eine stürmische Kohlensäureproduction eintritt, welche aber von einer ebenso raschen Abnahme gefolgt ist. Es scheint, dass die lange Zeit in Unthätigkeit gelegenen, Kohlensäure producirenden Organismen in der Feuchtigkeit zu einer lebhaften Lebensthätigkeit erwachen, an welcher sie sich aber ebenso rasch wieder erschöpfen. Vom oben gedachten, durch Trockenheit bedingten tiefen Stande stieg die Kohlensäure erst zur Mitte August, nach Regenfällen, wieder an. 1878 war der am Ende Juli reichlich gefallene Regen von einer merkbaren Kohlensäurezunahme gefolgt; dasselbe gilt von der Regenzeit, welche Ende September, Mitte und Ende Oktober eintrat. 1879 ist das Frühjahr auffallend feucht, zur selben Zeit enthält auch die Grundluft viel Kohlensäure; darauf folgt trockene Witterung und auch die Kohlensäure sinkt herab. Die Kohlensäurecurve ragt dann noch Ende August und Anfangs October, nach vorhergegangenen Regentagen, hervor. 1880 hatten April und Mai viel Regen, auch die Kohlensäure stand hoch; während der folgenden trockenen Tage sieht man die Kohlensäure wieder abnehmen. Ende Mai stellten sich starke Regenfälle ein, die eine Kohlensäurezunahme im Gefolge hatten. Nun wandte sich die Witterung wieder zur Trockenheit, welche länger als einen Monat anhielt;

zu dieser Zeit sinkt auch der Kohlensäuregehalt der Grundluft. Während der reichlichen Regenfälle im August verblieb die Kohlensäure auf ihrem niederen Stande, doch stieg sie bald darauf sehr hoch an und erreichte nach den Septemberregen in diesem Jahre ihren höchsten Stand u. s. f.

Durch die den Boden befeuchtenden Regenfälle, sowie auch durch die Zunahme der Bodentemperatur wird eine Vermehrung der Kohlensäure im Boden, in der die Poren des Bodens ausfüllenden Luft, hervorgerufen und befördert; sie werden also ohne allen Zweifel auch die im Boden verlaufende Fäulniss reguliren.

ε. Tägliche Schwankungen der Kohlensäure.

Ausser der bisher besprochenen allgemeinen Wogung, welche sich auf längere Zeiträume erstreckt, weist die Kohlensäure der Grundluft auch andere, kürzer bemessene, Schwankungen auf. Der Kohlensäuregehalt wechselt nämlich auch von einem Tage zum anderen unaufhörlich, zuweilen sogar in einem sehr ansehnlichen Maasse.

Auf diese Schwankung — welche die tägliche genannt werden kann, um sie von den in den einzelnen Jahren beobachteten jährlichen, und von den auf Winter und Sommer, Herbst und Frühling fallenden jahreszeitlichen Schwankungen zu unterscheiden — habe ich die Aufmerksamkeit schon anlässlich meiner Klausenburger Untersuchungen gelenkt. Seitdem konnte ich zu Budapest diesbezüglich Massen-Untersuchungen ausführen. Ich bestimmte den Kohlensäuregehalt in 1 m Tiefe vom April bis November 1877 auf allen vier Stationen, dann 1878 im chemischen Hofe täglich und an letzterem Ort auch die Kohlensäure in der das Bodenniveau berührenden Schichte der freien Luft, um jene täglichen Schwankungen und die sie bedingenden Naturkräfte zu erkennen.

Ich habe nicht die Absicht, alle diese Analysen einzeln und eingehend vorzunehmen, begnüge mich vielmehr damit, zur Beleuchtung der einzelnen Fragen Mittelwerthe aus ihnen zu berechnen, welchen eine um so überzeugendere Beweiskraft zukommen wird, weil sie das Ergebniss einer in grossen Massen angestellten Beobachtung vereinigen. Aus demselben Grunde habe ich auch die Daten auf den Tafeln nicht für eine jede Station einzeln verzeichnet. Um für diese Tagesschwankung ein Beispiel anzuführen, hielt ich es für genügend, auf jene Figur zu verweisen, welche im ersten Theile des vorliegenden Werkes auf Tafel I, Curve 3 ersichtlich ist, und welche die freie Kohlensäure in 1 m Bodentiefe im chemischen Hofe von Tag zu Tag darstellt.

Geht man diese Curve durch, so wird man sich überzeugen, dass die Kohlensäure wirklich von Tag zu Tag einer unausgesetzten Schwankung unterworfen ist. Dieses Schwanken ist nicht das ganze Jahr hindurch gleichmässig; es kann im Gegentheile wahrgenommen werden, dass die Kohlensäure z. B. im Mai, Juni, Juli und August 1877 sehr bedeutend schwankt, im September schon weniger, noch weniger in den letzten Monaten des Jahres. Im Anfang 1878 verhielt sich die Kohlensäure auffallend ruhig, insbesondere im Februar und Mai; im Uebrigen wogte sie aber unausgesetzt auf und ab. Doch kann ich constatiren, dass die Kohlensäureschwankung im Budapester Boden bei weitem nicht jene Heftigkeit zeigte, welche ich an ihr im Boden von Klausenburg beobachtet habe.

c. Ursachen der täglichen Kohlensäureschwankungen.

Es fragt sich nun, durch welche Naturkräfte diese unausgesetzte Veränderlichkeit der Kohlensäure bedingt ist. Daran ist einmal gar nicht zu denken, dass auch diese Schwankung von unaufhörlichen Modificationen des Zersetzungsprocesses herrührte. Wie zu sehen war, ist nämlich die Zersetzung ein Process, welcher sich langsam entwickelt, und verhältnissmässig noch langsamer zurückgeht, welcher von einem Tage zum anderen keine namhafte Veränderung erleiden kann. Um die täglichen Schwankungen erklären zu können, hat man daher an die Mitwirkung solcher Umstände zu denken, durch welche der Kohlensäuregehalt binnen kurzer Zeit wesentlich modificirt werden kann und deren Wirkung ebenso rasch wieder aufhört.

Anlässlich meiner Klausenburger Untersuchungen hob ich die Winde, den Regen, die Veränderungen im Luftdrucke, sowie die aus diesen oder aus anderen Ursachen folgenden Strömungen der Grundluft als solche Factoren hervor, welche tägliche Schwankungen im Kohlensäuregehalte hervorzurufen im Stande sind.

Wie ich gleichzeitig hervorhob, sind diese Factoren so complicirter Natur, bald ergänzen, bald wieder kreuzen sie sich so sehr, dass es überhaupt nicht zu verwundern ist, wenn auch die Schwankungen des Gehaltes des Bodens an freier Kohlensäure so ungleichförmig, so regellos sind.

Meine vorliegenden Untersuchungen liefern zur Klärung dieser Frage ein viel umfangreicheres Material; das Ergebniss, zu welchem sie führten, bleibt aber dasselbe, welches ich schon früher umschrieb.

Es soll die Wirkung der einzelnen Factoren gesondert vorgenommen werden.

Vor Allem wünsche ich die Aufmerksamkeit des Lesers auf den Einfluss zu lenken, welchen Regenfälle auf die täglichen Kohlensäureschwankungen ausüben.

Neben der obengedachten, Fäulniss erregenden Wirkung kommt den Regenfällen auch noch ein anderer Einfluss auf die Grundluft und ihre Kohlensäure zu. Sowie das Regenwasser auf die Erde niederfällt, wird es, bevor es noch den Zersetzungsprocess im Boden hätte befördern können, die Poren der oberflächlichen Schichte verstopfen und dadurch die Durchlüftung des Bodens behindern. Wie leicht einzusehen, wird dieses Hinderniss zur Folge haben, dass sich die Kohlensäure im Inneren des Bodens so lange anhäuft, bis nicht die Poren durch das Weitersickern des Wassers wieder frei werden. Diese Rolle des Regens wird durch die folgende Zusammenstellung sehr lehrreich illustrirt: ich habe die Kohlensäuregehalte der Grundluft in 1 m Tiefe, welche sich aus 165 an Regentagen angestellten Beobachtungen ergaben, mit ebenso vielen verglichen, welche an den vorhergehenden regenfreien Tagen gewonnen wurden, und gefunden, dass die Kohlensäure am Regentage in 97 Fällen zunahm und nur in 53 Fällen zurückging; in 15 Fällen blieb die Kohlensäure unverändert.

Mit dem herabfallenden Regen wird somit in den meisten Fällen noch am selben Tage eine Zunahme der Kohlensäure im Boden einhergehen; demnach besitzt der Regen einen Einfluss auf die rasche, die tägliche Schwankung der Kohlensäure.

Doch kommt dem Regen auch noch eine dritte Rolle gegenüber der Kohlensäure zu. Vergleicht man die Curve der letzteren mit der Regenfigur (s. I. Theil, I. Taf., Curve 3, und II. Taf., Curve 1), so wird man unter Anderem finden, dass die Kohlensäure an den auf Regen folgenden Tagen gewöhnlich abzunehmen pflegt, und dass sich die Kohlensäurezunahme erst später, in Folge des Fortschrittes des Zersetzungsprocesses einzustellen pflegt.

Diese Kohlensäureabnahme, welche unmittelbar nach Regentagen eintritt, hat auch Fleck beobachtet, und damit erklärt, dass der den Boden von Neuem durchfeuchtende Regen aus der Grundluft viel Kohlensäure absorbirt. Ich finde diese Erklärung sehr naturgemäss und nehme sie daher an, mit der einen Modification jedoch, dass ich die Bindung der Kohlensäure nicht so sehr dem Regenwasser, als vielmehr dem durchfeuchteten Boden zuschreibe.

Dass der durchfeuchtete Boden wirklich im Stande ist, die freie Kohlensäure in sehr beträchtlichem Maasse an sich zu reissen, habe ich im ersten Theile der vorliegenden Arbeit (S. 42) an der Hand von Versuchen nachgewiesen und erörtert.

Aus dem Gesagten ergiebt sich also, dass der Regen eigentlich eine dreifache Wirkung auf den Kohlensäuregehalt der Grundluft ausübt: am Tage des Regenfalles werden die feinsten Poren des Bodens durch das Wasser ausgefüllt, wodurch eine rapide Kohlensäurezunahme bewirkt werden kann; — in der nun folgenden Zeit sickert das Wasser abwärts, durchtränkt die mineralischen Bestandtheile des Bodens, welche nun die Kohlensäure hastig an sich reissen und auf diese Weise deren Abnahme in der Grundluft hervorrufen; gleichzeitig wird aber die Feuchtigkeit die im Boden gedeihenden Organismen zu neuem und regerem Leben anfachen, die Zersetzung der organischen Substanzen befördern, mit welcher auch die Kohlensäure wieder successive und so lange zunimmt, bis nicht die eintretende Austrocknung und die bereits erwähnte Erlahmung der niederen Organismen die Zersetzung und mit ihr auch die Menge der Kohlensäure im Boden neuerdings herabsetzen.

Im Regen haben wir schon einen solchen Factor erkannt, welcher die Kohlensäureschwankung binnen kurzer Zeit, von einem Tage zum anderen zu bewirken vermag. Es giebt aber deren noch andere. Wir wollen demnächst unsere Aufmerksamkeit der Wirkung des Windes zuwenden. Ich habe 111 Kohlensäurebeobachtungen, welche sich auf die Eintrittstage von starken Winden beziehen, mit den Kohlensäurewerthen der vorhergehenden, windstillen Tage verglichen; das Ergebniss war, dass der windige Tag in 44 Fällen eine Zunahme, in 67 Fällen eine Abnahme in der Kohlensäure aufwies. Es kann also nicht bezweifelt werden, dass der Wind, so wie er über die Bodenoberfläche hinstreicht, die Poren der Erde auslüftet, ihren Kohlensäuregehalt gewöhnlich herabsetzt. Pettenkofer hat dasselbe schon 1871 aus seinen eigenen Untersuchungen gefolgert.

Der Einfluss des Windes auf die Kohlensäure ist nur von kurzer Dauer; mit Eintritt der Windstille wird auch das vorige Verhältniss wieder hergestellt.

Ich meine es nicht eingehender erörtern zu müssen, dass nicht ein jeder Wind stets dieselbe Wirkung haben, insbesondere dass derselbe Wind an verschiedenen Orten auch nicht identische Schwankungen hervorrufen wird. Ein solcher Wind, welcher der Front oder der hohen Feuermauer eines Gebäudes ins Angesicht bläst, wird vor der Mauer auf die Bodenventilation anders wirken, als hinter derselben. Diesbezüglich halte ich jene Ausführungen aufrecht, welche ich anlässlich der Klausenburger Untersuchungen in meinem wiederholt citirten Aufsatze dargelegt habe.

Den Einfluss der Luftdruckschwankungen trachtete ich gleichfalls durch die Vergleichung der Durchschnittswerthe zu ermitteln. Zu diesem Behufe habe ich für 1877 jene Tage herausgelesen, an welchen der Luftdruck im Vergleich zum vorhergehenden Tage bedeutend gesunken, sowie auch diejenigen, an welchen die Barometersäule gestiegen war, und habe dann die an diesen Tagen in 1 m Tiefe gefundenen Kohlensäuremengen mit dem Kohlensäurewerthe der vorhergehenden Tage verglichen. Das aus einer Summe von 463 Bestimmungen gewonnene Mittel ergab, dass die Kohlensäure mit sinkendem Luftdruck auf drei Stationen gestiegen und nur auf einer Station gesunken war.

Durch diese Beobachtung wird theilweise bestätigt, was Vogt in seinem oben citirten Werke behauptet hat, nämlich, dass sich die Grundluft bei sinkendem Luftdrucke ausdehnt und auf diese Art aus der Tiefe heraufströmt; durch die Zunahme der Kohlensäure in der oberflächlicheren (1 m starken) Bodenschichte wird nämlich eben bewiesen, dass die tiefer gelegene, kohlensäurereichere Grundluft in die höhere Bodenschichte gelangt war. Ich muss jedoch hervorheben, dass die Kohlensäurezunahme bei sinkendem Barometerstande sehr geringfügig, und dass sie nur an den Massenbeobachtungen zu erkennen ist. Prüft man hingegen die Barometerschwankungen und das Verhalten der Kohlensäure in einzelnen Fällen, so wird man den Zusammenhang zwischen Beiden oft genug zu vermissen haben.

Bei der Zunahme des Luftdrucks war eine ausgesprochene Tendenz zur Vermehrung oder zur Abnahme des Kohlensäuregehaltes nicht zu erkennen; ich fand nämlich bei erhöhtem Luftdrucke dieselbe Zahl für die Zu- und für die Abnahme der Kohlensäure. Den Luftdruckschwankungen kommt überhaupt auf die Kohlensäure, somit auch auf die Strömungen der Grundluft nur ein untergeordneter Einfluss zu.

η. Strömungen der Grundluft.

Ausser den bisher besprochenen, giebt es noch andere Factoren, welche auf die Schwankungen der freien Kohlensäure im Boden modificirend eingreifen. Hierher gehört die unausgesetzte Veränderung der atmosphärischen Temperatur und ihre Rückwirkung auf die Strömungen der Grundluft.

Jedermann weiss, dass der Boden mit den Schwankungen der atmosphärischen Temperatur nicht Schritt hält, sondern zurückbleibt. Es gehört zu den seltensten Fällen, wenn die Temperaturen in Atmosphäre und Boden auch nur für eine kurze Dauer ganz übereinstimmen. Gewöhnlich ist bald die Atmosphäre kälter, bald ist es der Boden und mit ihm auch die in ihm eingeschlossene Luft.

Es bedarf keiner langen Beweisführung, wie sich als natürliche Consequenz dieser Temperaturdifferenz ergeben wird, dass die Grundluft gar nie ruhig, regungslos bleiben kann, sondern gezwungen ist, unausgesetzte Strömungen auszuführen. Diese Strömungen gehören aber zu den wichtigsten Factoren für die raschen Schwankungen der in der Grundluft enthaltenen Kohlensäure, indem dadurch bald die kohlensäurereichere Luft der tieferen Bodenschichte in die höheren emporsteigt und den Kohlensäure-Gehalt in diesen erhöht, bald wieder die oberflächlicheren, kohlensäureärmeren Luftschichten den Boden auf grössere Tiefen erfüllen; durch diese Strömungen kann sogar die an Kohlensäure reichere oder ärmere Grundluft im Boden selbst von einer Stelle zu einer anderen entführt werden.

Die physikalischen Gesetze befähigen uns, die Strömungen sogar in ein gewisses System zu fassen. Im Allgemeinen wird die Grundluft dorthin strömen, wo sie einem geringeren Drucke ausgesetzt ist. Je nach der Verschiedenheit der Umstände kann auf Grundlage dieses Gesetzes eine Anzahl von verschiedenen Luftströmungen zu Stande kommen. Wir werden von diesen Strömungen einige der wichtigsten des Näheren betrachten.

Die beträchtlichste und allgemeinste Grundluftströmung wird durch jene Jahreszeiten bewirkt werden, zu welchen die Temperaturdifferenz zwischen Boden und Atmosphäre am grössten ist, also durch den Herbst und das Frühjahr. Im Herbst und auch im Winter ist der Boden warm, ist die in ihm enthaltene warme und dunsterfüllte Luft sehr leicht, die abkühlende freie Luft aber schwer. Die letztere wird somit in den Boden eindringen, und die in diesem enthaltene Luft wird an einer anderen Stelle ins Freie austreten müssen. Dadurch kommen äusserst complicirte Strömungen zu Stande. An irgend einem freien, kühlen Orte dringt die freie Luft in den Boden ein; hingegen steigt die Grundluft von hier am nächstgelegenen geschützten und wärmeren Orte auf; sie erhebt sich z. B. in das Innere des wärmeren Gebäudes; sie strömt an der Südseite des Gebäudes, wo der Boden wärmer ist, aus, an der Nordseite aber sinkt die freie Luft in die Tiefe. Auf diese Weise kann es geschehen, dass die Häuser im Herbst und auch zu anderen Zeiten mit Grundluft erfüllt werden, sowie auch, dass sich ein nach Süden gelegener Hof im Herbst mit Grundluft füllt, ein nach Norden gelegener aber nicht.

Auf demselben Wege strömt die Grundluft im Herbst und Winter den erhöhteren Orten zu, während an den tiefliegenden zur selben Zeit die kalte atmosphärische Luft in die Tiefe dringt.

Anders wird die Bewegung im Frühjahre sowie am Anfange des Sommers und im Sommer selbst gefunden werden, weil jetzt die Grundluft kälter und schwerer als die freie Luft ist. Diese schwerere Luft wird sehr wenig Hang haben, nach aufwärts in die freie Luft zu strömen, sie wird in Folge ihres Gewichtes eher dahin strömen, wo sie eine tiefere Lage einnehmen kann. Sie wird die tiefer gelegenen Orte erfüllen, während die höher gelegenen von ihr verschont bleiben; sie wird in die tief gelegenen Keller eindringen, während ein hoch gelegener von ihr bewahrt bleibt.

Aehnliche Strömungen, aber im beschränkteren Maassstabe, werden auch durch jene Schwankungen bedingt, welche in der Temperatur verschiedener Tage zu beobachten sind. Bei einer, auf heisse Tage folgenden kühleren Witterung ist die Grundluft von Seiten der sich abkühlenden freien Luft einem grösseren Drucke ausgesetzt, und wird dadurch zum Strömen gezwungen; der Boden wird ausgelüftet. Während der warmen Tage verbleibt hingegen die Grundluft ruhig und stagnirt an einem Orte.

Auch die kühle Nachtluft wird im Kleinen dieselbe Luftbewegung befördern, welche durch die Herbstwitterung im Grossen hervorgerufen ist.

An freien Stellen, wo sich die Atmosphäre abkühlen kann, wird die kalte Luft in der Nacht in den Boden eindringen; die wärmere Grundluft aber wird sich an geschützten, wärmeren Orten erheben. Am Tage ist der Boden kühler und die in ihm enthaltene Luft weniger geneigt auszuströmen; die Grundluft sinkt dann an die tiefer gelegenen Stellen hinab und füllt diese aus.

Man darf sagen, dass partielle Luftströmungen im Boden beinahe zu jeder Zeit zu Stande kommen können. Hier wird der Boden durch einen Baum beschattet, knapp nebenan wird er durch eine gegen Süden gekehrte Mauer erwärmt; an der ersten Stelle sinkt die kühlere Luft in die Tiefe, an der letzteren steigt die Grundluft empor; doch erweckt auch die Mauer selbst entgegengesetzte Strömungen: auf der Nordseite sinkt die Luft herab, an der Südseite steigt sie auf etc.

Habe ich noch eines Weiteren zu beweisen, dass die Schwankungen der atmosphärischen Temperatur die Grundluft in fortwährender Unruhe erhalten und zu den complicirtesten Strömungen zwingen?

Dieses Strömen wird aber dadurch noch weiter complicirt, dass nicht allein die gedachten Temperaturdifferenzen auf sie einwirken, sondern auch noch vieles Andere. So habe ich kaum zu beweisen, dass dieser Einfluss auch den Winden zukommt, weil, wie schon ersichtlich war, unter dem Drucke des Windes an einer exponirten Stelle, die ganze Grundluftschichte abwärts sinken kann, wo dann statt dessen die Grundluft an einer anderen Stelle sich an die Oberfläche erhebt, dort nämlich, wo sie gegen den Wind und seinen activen Druck geschützt ist.

Auch durch einen starken Regen wird die Grundluft zum Auf- und Abströmen gezwungen werden. Der in grösserer Menge in die Tiefe sinkende Regen wird die Grundluft vor sich her und solchen Orten zutreiben, wo die Erde mit Wasser nicht durchtränkt ist; andererseits wird auch ein bedeutenderes Ansteigen oder Sinken des Grundwassers die Grundluft in Bewegung setzen. Diese Bewegung wird wohl an Orten mit geringen Grundwasserschwankungen gleichfalls sehr unbedeutend sein; wo jedoch das Grundwasser rasch und um mehrere Meter zu- und abnimmt, muss auch sein Einfluss auf die Strömungen der Grundluft ein augenfälliger sein. Wie ich bereits erwähnt habe, schwankte das Grundwasser z. B. in Lemberg in einem Monate um 3,31 m (im Mai 1880), und im fünftägigen Durchschnitte gar um 1,05 m; hier war also das Grundwasser binnen 24 Stunden um mehr als 20 cm gewachsen, es konnte somit die im Boden enthaltene Luft um ein Bedeutendes höher heben. Ein anderes Beispiel liefert Ottočac, wo die Schwankung gleichfalls in fünf- zu fünftägigen Zwischenräumen bis 1·10 m betrug; hier machte die Erhebung der Grundluft binnen 24 Stunden wenigstens 22 cm.

Diese Strömungen der Grundluft wirken unbedingt auch auf die Menge der Kohlensäure im Boden ein. Sowie sich die Grundluft erhebt, muss auch die Kohlensäure in den oberen Bodenschichten zunehmen; wenn sie hingegen abwärts sinkt, wird die freie Luft ihre Stelle ausfüllen, somit auch die Kohlensäure bedeutend abnehmen.

Dem directen Studium dieser Strömungen der Grundluft kommt vom hygienischen Standpunkte ein hohes Interesse zu. Durch diese Strömungen gelangt nämlich die Grundluft in die freie Atmosphäre und in die Luft der Wohnungen. Doch besitzen wir keine entsprechende Methode zu so unmittelbaren Beobachtungen. Ich habe zwar in einer früheren Arbeit eine solche directe Methode empfohlen, doch wären jene Prüfungen in der Ausführung so beschwerlich geworden, dass ich selbst mich hütete, sie praktisch zu erproben.

Fleck und später auch Wolffhügel haben die Spannung der Grundluft mit feinen Manometern gemessen, um daraus auf ihre Strömung folgern zu können, doch führten ihre Bestimmungen zu keinem Resultate.

Ich halte dafür, dass zu den in Rede stehenden Untersuchungen diejenige Methode am geeignetsten ist, welche ich zu Klausenburg gleichfalls versucht und anempfohlen habe: nämlich die Untersuchung der dem Bodenniveau zunächst gelegenen freien Luftschichte. Steigt nämlich die Grundluft im Verlauf ihrer Strömungen auf die Erdoberfläche, so wird sie hier den Kohlensäuregehalt der freien Luft beträchtlich erhöhen. Im ersten Theile der vorliegenden Arbeit habe ich mich mit dieser „Bodenniveauluft“ eingehend befasst. Ich habe dort nachgewiesen, dass die Kohlensäure in dieser Luftschichte zu Zeiten thatsächlich zunimmt, und das ungleichförmig, schwankend; ich habe nachgewiesen, dass diese Kohlensäure aus keiner anderen

Quelle, als von der auf die Bodenoberfläche geströmten Grundluft herrühren könne. Im Kohlensäuregehalte der Bodenniveauluft ist daher ein hinlänglich passender Indicator für die Ermittelung und Beurtheilung der Grundluftströmungen gefunden; es kann aus ihr unwiderleglich bewiesen werden, dass die Grundluft unausgesetzten Schwankungen unterworfen ist, was übrigens angesichts der obwaltenden Naturkräfte so natürlich erscheint, dass derjenige, welcher die besprochenen Strömungsverhältnisse der Grundluft leugnen wollte, vorerst beweisen müsste, dass die im porösen und permeablen Boden enthaltene ungeheure Luftmasse jenen Naturgesetzen, welche für sie oberhalb des Bodenniveaus maassgebend sind, nicht gehorcht.

Nachdem ich im Obigen das Strömen der Grundluft — wie ich meine — unzweifelhaft nachgewiesen habe, beeile ich mich hinzuzufügen, dass ich unter diesen Strömungen keinesfalls im Inneren des Bodens verlaufende Luftstürme verstehe. Einer rascheren Bewegung steht hier die Reibung an der Oberfläche der Bodenpartikelchen im Wege, dann auch noch die mehr-weniger inpermeablen Grundmauern von Gebäuden und noch andere ähnliche Hindernisse. Wenn die Grundluft aber auch noch so langsam, gewissermaassen unmerklich strömt, verlieren ihre Bewegungen nichts an Wichtigkeit; es gilt hier dasselbe, wie vom Grundwasser, welches, wie bekannt, seine Strömungen auch mit einer kaum merklichen Langsamkeit ausführt. Jene Luft, welche unseren Boden bis zur Tiefe von 5 bis 10 m erfüllt und beinahe ein Drittel seines Volumens ausmacht, kann, wenn sie sich noch so langsam bewegt, an einem kühlen Abend oder im Verlaufe einer Nacht die Atmosphäre unserer Wohnungen, der Höfe und Strassen mit ihren feuchten, fauligen Gasen erfüllen, — die continuirliche Aspiration, welche ein erwärmtes Gebäude auf die Luft des unter ihm liegenden Bodens im Herbst und Winter ausübt, giebt eine hinreichende Kraft ab, auf dass undenkliche Massen dieser Grundluft durch einzelne, dazu besonders geeignete Theile in das Innere des Gebäudes strömen. Dieses thatsächliche Einströmen der Grundluft in die Wohnungen habe ich im ersten Theile der vorliegenden Arbeit (S. 64 ff.) mit hinlänglich klaren Daten nachgewiesen.

Wir wollen nun die Schwankungen, welche die Kohlensäure der Grundluft aufweist, sowie die Ursachen, durch welche sie hervorgerufen werden, zusammenfassen. Erwähnen wir zuerst die Jahresschwankung, welche sich daran bemerklich macht, dass der Kohlensäuregehalt der Grundluft während der wärmeren Jahreszeit successive zunimmt und seinen höchsten Stand erreicht, worauf er wieder abnimmt und in der kalten Jahreszeit bis zum tiefsten Stand verkümmert. Diese Schwankung wird durch die Zersetzung der organischen Substanzen im Boden hervorgerufen und die Curve dieser Schwankung drückt das Maass dieser Zersetzung zu den verschiedenen Jahreszeiten und in verschiedenen Jahren aus.

Es war auch zu sehen, dass diese grosse Welle mit kleinen successiven Schwankungen von Monat zu Monat, von Woche zu Woche ansteigt und abfällt. Auch dieses successive Ansteigen und Abfallen der Kohlensäure wird in erster Reihe durch den Zersetzungsprocess im Boden unterhalten, in Folge dessen auch diese Krümmung der Kohlensäurecurve die zeitliche Schwankung des Zersetzungsprocesses, seine Verlangsamung und seinen erneuerten heftigen Ausbruch ausdrückt.

Endlich war zu sehen, dass die Kohlensäure auch eine kurz dauernde, von Tag zu Tag bemerkbare Unruhe verräth. Diese im Zickzack verlaufende Wogung der Kohlensäure wird schon durch viel complicirtere Einflüsse gesteuert; diese sind: der Regen, die Winde, Veränderung im Luftdrucke, welche bald die Poren des Bodens verschliessen, dadurch seine Durchlüftung aufhalten und eine rasche Zunahme der Kohlensäure bedingen, bald im Gegentheil stärker ventiliren und dadurch eine Kohlensäureabnahme hervorbringen etc.

Einen hervorragenden Einfluss auf die Kohlensäureschwankungen der Grundluft üben auch noch ihre Strömungen aus, welche durch die verschiedenen Temperaturen der Grund- und freien Luft eingeleitet und gesteuert werden.

Ueber die Modificationen dieser Strömungen liefert die Kohlensäure der Grundluft kein deutliches Bild. Nur die am Bodenniveau ausgeführten Kohlensäurebestimmungen oder die im Inneren der Wohnungen angestellten zweckentsprechenden Untersuchungen bieten uns einige Fingerzeige über deren Richtung und Intensität.

Sollen uns daher Grundluftuntersuchungen sowohl die Fäulniss im Boden und ihre Schwankungen, als auch die Strömungen der Grundluft erkenntlich machen: so werden die Bestimmungen des Kohlensäuregehaltes der Grundluft auch noch mit fortlaufenden Analysen der am Bodenniveau schwebenden, sowie eventuell jener Luft, welche in gewisse Wohnungen (Casernen u. s. w.) eindringt, zu erweitern sein. Die durch diese Forschungsweise gesammelten Daten sind dann einerseits dahin zu verwerthen, dass die im Boden verlaufende Fäulniss und ihre Zu- und Abnahme mit dem zeitlichen Verhalten der Infectionskrankheiten verglichen werden kann; andererseits sind sie zum Studium der Infectionsfähigkeit der in unsere Umgebung gelangenden Grundluft und ihrer krankheitserregenden Eigenschaften verwendbar. Nachdem ich die Grundluft in letzterer Richtung im ersten Theile dieses Werkes (S. 57 u. ff.) bereits gewürdigt habe, kann ich hier eine neuerliche Confrontirung der Schwankungen und Strömungen der Grundluft mit den epidemischen Krankheiten füglich weglassen. Da jedoch die Kohlensäure der Grundluft einen Ausdruck für die Bodenfäulniss abgiebt, werde ich mich unten, beim Vergleichen der Infectionskrankheiten mit diesem Process, mit ihr noch weiter beschäftigen.

Die zeitlichen Veränderungen der Bodenverhältnisse zu Budapest in den Jahren 1877 bis 1880.

Bisher haben wir uns mit den zeitlichen Verhältnissen der Bodentemperatur und Bodenfeuchtigkeit in Budapest bekannt gemacht; auch die chemischen Veränderungen der Grundluft sind uns bereits bekannt: wir wollen nun versuchen, an der Hand dieser Angaben den Gang der Zersetzung in demselben Boden in den Jahren 1877 bis 1880 festzustellen.

Vergleicht man die Curven der Bodentemperatur, der Bodenfeuchtigkeit und der Kohlensäure auf Taf. V, Fig. 1 und 2, und Taf. VI, Fig. 3, so wird man alsobald gewahr, dass diese Curven von Jahr zu Jahr in ungleichem Maasse schwankten. Es ist zu sehen, dass während der vier Beobachtungsjahre der Boden in seinen oberflächlichsten Schichten in 1877 und 1880 am wärmsten und feuchtesten, in 1879 am kältesten, in 1878 am trockensten war. Auch das ist zu sehen, dass auch die Kohlensäure in 1877 sowie in 1880 die höchsten Wellen warf. Im letzteren Jahre wurde zwar die Kohlensäuremenge in 1 m Tiefe zur wärmsten Jahreszeit durch eingetretene heftige Regenfälle und Luftabkühlung einigermaassen vermindert, doch stieg sie nachträglich um so höher an, bis zu einer Höhe, welche sie am Anfange des Herbstes in keinem der übrigen Jahre erreicht hatte. Auch die Kohlensäure der Tiefen von 2 und 4 m stand in 1880 sehr hoch, nach dem Stande in 1877 am höchsten. Dem gegenüber verblieb die Kohlensäure in 1878 und 1879 auf dem tiefsten Stande.

Diese übereinstimmenden Angaben berechtigen zu der interessanten Folgerung, dass die Zersetzung der organischen Substanzen im Boden von Budapest in 1877 und 1880 am heftigsten war; in 1878 und 1879 verlief sie um vieles langsamer und mässiger.

Bevor ich weiter ginge, wünsche ich hervorzuheben, dass dieses Zusammentreffen der Bodentemperatur, -feuchtigkeit und -kohlensäure einen sehr werthvollen Beleg zur Unterstützung des auf theoretischem und experimentellem Wege aufgestellten Satzes liefert, wonach die zeitlichen Schwankungen der Bodenfäulniss von der Temperatur und Feuchtigkeit abhängig sind, und diese Schwankungen durch die Kohlensäure der Grundluft mit hinreichender Klarheit ausgedrückt werden.

Untersuchen wir die Fäulniss unseres Bodens noch näher, so wird sich auch feststellen lassen, zu welcher Jahreszeit sie in jedem Jahre am lebhaftesten war. Jene Curven erreichen in der warmen Jahreszeit den höchsten Stand und sinken in der kalten Zeit, namentlich im Winter und Anfangs Frühjahr am tiefsten herab. Unzweifelhaft fällt das Minimum der Bodenzersetzung auf diese Zeit; das Maximum stimmt hingegen mit dem höchsten Stande der Temperatur in den Bodenschichten überein, und stellt sich einige Wochen, eventuell einige Monate nach dem Maximum der atmosphärischen Temperatur ein. In dieser Hinsicht obwaltet nun zwischen den einzelnen Jahren ein namhafter Unterschied; während z. B. die maximale Kohlensäure der 1 m tiefen Bodenschichte, und mit ihr aller Wahrscheinlichkeit nach auch der Zeitpunkt des intensivsten Zersetzungsprocesses im Boden, in 1877 auf die Monate Juli und August fiel, ist der Höhepunkt der Kohlensäurewelle in 1878 im August und September, 1880 sogar im September und October, hingegen in 1879 im Juni und Juli zu beobachten.

Für die tieferen Bodenschichten kann der Zeitpunkt der Fäulniss aus der Kohlensäure nicht bestimmt werden, weil ihre Kohlensäure durch den Kohlensäuregehalt der oberflächlicheren Bodenschichten wesentlich beeinflusst wird, wie ich das weiter oben dargelegt habe. Im Uebrigen verläuft in diesen Bodenschichten, welche um vieles weniger verunreinigt sind, und eine constantere, gleichmässigere Temperatur haben, auch die Zersetzung gleichmässiger und wogt so ziemlich parallel mit der Temperatur auf und ab; so fällt in unserem Boden in 4 m Tiefe die lebhafteste Oxydation oder Fäulniss jährlich beiläufig auf die Mitte des Monats September.

Nach dem oben Gesagten kann die Bodenzersetzung auch von Monat zu Monat, von Woche zu Woche verfolgt werden; die Kohlensäure der Grundluft kann uns bei dieser Revue als Wegweiser dienen. Ich werde kaum zu beweisen haben, dass die an der Kohlensäure wahrnehmbaren Zu- und Abnahmen nicht in allen Einzelheiten mit jenem Process für übereinstimmend anzusehen sind; jener wird durch die Kohlensäure nur annähernd, den Hauptzügen nach angedeutet, da seine Schwankungen neben der Zersetzung der organischen Substanzen — wie oben (S. 132) ausgeführt wurde — auch noch durch viele andere Factoren beeinflusst werden, wie durch Regenfälle, Winde etc.

Ich erachte es für überflüssig, diese in beschränkteren Zeiträumen auftretenden Schwankungen der Bodenzersetzung von 1877 bis Ende 1880 einzeln herzuzählen; auf Tafel V, Curvengruppe 2 sind dieselben mit Zuhülfenahme der Kohlensäurecurven leicht nachzusehen.

Die zeitlichen Veränderungen der Bodenverhältnisse und die Infectionskrankheiten.

Nachdem wir die zeitlichen Schwankungen der in unserem Boden verlaufenden Processe ermittelt haben, kann nun zur Beleuchtung der Frage übergegangen werden, ob sie auf die Gesundheit des Menschen, insbesondere aber auf die Entwickelung von Infectionskrankheiten einen Einfluss besitzen.

Es wird der Zusammenhang zwischen den im Boden herrschenden Verhältnissen und den Krankheiten gleich von vornherein für einen sehr verborgenen und complicirten zu erklären sein, so sehr, dass ein Zusammengehen beider und der sie darstellenden graphischen Abbildungen nur den Hauptzügen nach zu erwarten steht.

Haben nämlich Bodenfeuchtigkeit, Temperatur und Bodenfäulniss einen noch so bestimmten Einfluss z. B. auf die Entwickelung des Typhus, so ist dennoch nicht zu erwarten, dass die Curve dieser Krankheit mit den Curven der auf die Bodenfeuchtigkeit und Bodentemperatur bezüglichen Beobachtungen in vollkommener Uebereinstimmung schwanken wird, weil es bekannt ist, dass diese Curven bloss die auf einzelnen Beobachtungsstationen obwaltenden Verhältnisse ausdrücken, demnach nur im Allgemeinen als Ausdruck der Bodenverhältnisse in der ganzen Stadt gelten können. Andererseits werden die Veränderungen der Bodenfäulniss von Monat zu Monat, von Jahr zu Jahr durch die

Kohlensäure der Grundluft, durch die Bodentemperatur und Bodenfeuchtigkeit gleichfalls nur im Allgemeinen angegeben; darum wird man die letzteren gleichfalls nur in den Hauptzügen als Indicatoren der Bodenfäulniss annehmen können.

Die Vergleichung ist überdies durch die Unzulänglichkeit der Daten erschwert. Meine ausführlicheren und eingehenderen Bodenbeobachtungen erstrecken sich auf den Zeitraum von nur vier Jahren. Diese Dauer ist zur vollkommenen und erfolgreichen Ermittelung eines so verborgenen und verwickelten Naturgesetzes wie das gegenseitige Verhalten der Fäulniss im Boden und der Infectionskrankheiten zweifellos ungenügend. — Auch die Gesetze der Gewitter konnten nicht durch Barometerbeobachtungen von ein, zwei, vier, vierzig und mehr Jahren ins Reine gebracht werden, und doch war dieses Instrument für das Studium der Gewitter vollkommen geeignet und befähigt uns hinsichtlich der Gewitter selbst dort ganz klar zu sehen, wo unsere Vorfahren, trotzdem sie dasselbe Instrument anwendeten, noch ganz im Unklaren wandelten.

Endlich will ich noch hervorheben, dass die Zeit, während welcher ich meine bisherigen epidemiologischen Beobachtungen ausgeführt habe, in gesundheitlicher Beziehung für die Stadt wohl sehr günstig, desto ungünstiger aber mit Rücksicht auf meine Forschungen war; die Beobachtungsjahre hatten Epidemien kaum aufzuweisen.

Dass ich nach Erwägung dieser Verhältnisse das Studium des causalen Zusammenhanges zwischen den Schwankungen der Bodenverhältnisse einer- und der Infectionskrankheiten andererseits ohne Anmaassung und Ueberschätzung in Angriff nehme, dürfte sehr natürlich erscheinen. Wir dürfen uns zufrieden geben, wenn wir durch ein Vergleichen der Daten erforschen können, ob die augenfälligsten Veränderungen in der Bodentemperatur, die grossen Wellen der Feuchtigkeitsschwankungen, die freie Kohlensäure der Grundluft in ihrer Zu- und Abnahme, kurz die daraus mit Wahrscheinlichkeit erkennbare Bodenfäulniss in ihren von Jahr zu Jahr, von Jahreszeit zu Jahreszeit stattfindenden Veränderungen einen wahrnehmbaren Zusammenhang mit dem zeitlichen Verhalten der Infectionskrankheiten verräth oder nicht und mit welchen Krankheiten?

Um sie mit den Bodenverhältnissen zu vergleichen, habe ich T y p h u s, E n t e r i t i s und W e c h s e l f i e b e r — diejenigen Krankheiten, welche in letzterer Zeit einigermaassen epidemisch vorherrschten — auf Taf. V, Fig. 5 bis 7 graphisch dargestellt [1]). Diese Vergleichung wird durch den Umstand, dass die Bodenbeobachtungen sich auf 5 bis 10tägige Zeiträume beziehen, die Krankheiten aber von Woche zu Woche verzeichnet sind, nicht beirrt. Bei solchen Vergleichungen sucht man ja nicht, und darf es auch gar nicht erwarten, dass die Uebereinstimmung bis auf den Tag vollkommen sei. Man forscht bloss nach den hauptsächlichsten Momenten der Schwankungen.

Typhus und Darmkatarrh habe ich aus den Wochenausweisen des hauptstädtischen statistischen Bureaus übernommen; die Daten für das Wechselfieber entlehnte ich den Protocollen des Rochusspitales, des Kinderspitales und der zwei grossen Militärspitäler.

Ich war überdies bestrebt, zum Zwecke unserer vergleichenden Studien auch über die abgelaufenen Jahrzehnte Daten einzuholen. Diesbezüglich wurden die Monatssummen der Mortalität an Typhus und Enteritis, von 1863 angefangen, zusammengestellt, dann auch die Choleraepidemien der Jahre 1866 und 1872 bis 1873 gleichfalls in Monatssummen verzeichnet [2]).

Bis 1872 sind diese Daten sehr lückenhaft, weil die Physikatsberichte und Sterbematriken, aus denen ich die Zahlen auf die mühseligste Weise sammelte, nicht mit der erwünschten Genauigkeit geführt wurden. Von 1872 angefangen habe ich die gedachten Krankheiten auf Grundlage der Mittheilungen der hauptstädtischen statistischen Bureaus verzeichnet; von diesem Zeitpunkte an können die Angaben für genau hingenommen werden. Ich muss noch bemerken, dass die Enteritiscurve von 1863 bis 1870 nur diejenigen Todesfälle darstellt, welche in den Protocollen als Darmkatarrh und Diarrhoe figurirten, die mit Darmentzündung (Enteritis) bezeichneten Fälle aber nicht, während von 1874 angefangen alle mit Darmkatarrh, Diarrhoe und Enteritis bezeichneten Fälle in die graphische Tafel aufgenommen wurden. Die Bezeichnung Darmentzündung (Enteritis) wurde in den älteren

---

[1]) Der Leser wolle bemerken, dass die Mortalitäts- und Morbilitätscurven im I. Theile dieses Werkes sich bloss auf die links der Donau gelegenen Stadttheile (Pest) bezogen; die gegenwärtige Tafel umfasst dieselben Daten für die ganze Stadt (Budapest). Je ein Millimeter Höhe dieser Curven entspricht zwei Todesfällen resp. Erkrankungen an den angegebenen Krankheiten in einwöchentlichen Zeiträumen.

[2]) S. auf Taf. IV, Fig. 4, 5 und 7. Je ein Millimeter Höhe der Curven 4 und 5 entspricht zwei Todesfällen an den resp. Krankheiten. Die Choleracurve (Fig. 7) hingegen deutet 20 Todesfälle durch 1 mm Höhe an.

Ausweisen und Protocollen kaum angewendet, in 1872 bis 1873 beträgt sie aber beinahe $^1/_3$ der mit Darmkatarrh bezeichneten Todesfälle. In diesen zwei Jahren ist daher die Curve der Darmkatarrhmortalität im Vergleich zu den folgenden Jahren beinahe um $^1/_3$ niedriger, als die thatsächliche Mortalität. Es wird bei der Vergleichung der Mortalitätsverhältnisse der einzelnen Jahre hierauf Rücksicht zu nehmen sein. Noch eines ist's, worauf ich die Aufmerksamkeit des Lesers zu lenken wünschte: ist er gesonnen, das Vorherrschen von Typhus und Enteritis in dem von 1863 bis 1880 reichenden Zeitraume von Jahr zu Jahr zu vergleichen, so wird er auch noch zu berücksichtigen haben, dass sich die Bevölkerungszahl während dieser Zeit verändert hat. In 1863 betrug die Bevölkerung ca. 160 000, in 1870 ca. 210 000; für 1863 bis 1874 muss daher die Bevölkerung auf Grundlage dieser Zahlen festgestellt werden. Von 1874 angefangen, in welchem Jahre die auf den beiden Donauufern gelegenen zwei Städte vereinigt wurden, erlitt die Bevölkerungszahl eine neuerliche Veränderung; sie betrug anlässlich der Volkszählung in 1876 310 000, und die zu Ende 1880 vorgenommene Volkszählung ergab ca. 370 000 Einwohner; von 1874 bis 1880 wird also die Bevölkerungszahl auf Grundlage der angeführten Zahlen abzuschätzen sein [1]).

Die Tafel IV enthält ausser Typhus, Enteritis und Cholera auch noch die Regenmenge von 1863 bis 1880, sowie die Schwankungen des Wasserstandes in der Donau [2]). Die diesbezüglichen Daten holte ich von der meteorologischen Centralanstalt, dann aus den amtlichen Aufzeichnungen der Donau-Dampfschiffahrts-Gesellschaft ein.

a. Typhus.

Wir wollen unsere Vergleichungen mit dem Typhus beginnen, mit derjenigen Krankheit, von welcher zuerst nachgewiesen wurde, dass sie mit einer gewissen Veränderung im Boden, namentlich mit den Schwankungen des Grundwassers im Zusammenhange

---

[1]) Die Zunahme der Bevölkerung wird auf Tafel IV. Fig. 6 durch den Pfeil angedeutet. Jeder Millimeter Erhöhung des Pfeiles entspricht einer Zunahme von 10 000 Seelen.

[2]) Auf der Regencurve (Fig. 1) entspricht jeder Millimeter 5 mm Regenhöhe für den betreffenden Monat; auf der Curve des Donaustandes (Fig. 2) ist 1 mm = 0,1 m Höhe über dem Nullpunkte der Donau.

steht, wobei aber die Art und Weise des Zusammenhanges bis zum heutigen Tage gänzlich unbekannt blieb.

Bei der Vergleichung der Bodenverhältnisse und der Typhusmortalität auf den beigegebenen graphischen Tafeln ist in erster Reihe die Krankheitsdauer zu berücksichtigen; denn vom Zeitpunkte an, wo der Organismus durch irgend eine Schädlichkeit betroffen wurde, bis zu der in Folge dessen eingetretenen Erkrankung oder bis zum Tode pflegt eine geraume Zeit zu verstreichen. Die Dauer der Incubation sowie das Eintreffen des lethalen Ausganges kann im einzelnen Falle sehr verschieden sein. In den meisten Fällen beträgt jene ca. zwei Wochen, doch ist sie häufig auch kürzer. Nach Zehnder dauert, bei für die Krankheit empfänglichen Individuen, die Incubation zuweilen kaum länger als 24 bis 48 Stunden[1]). Einer viel längeren Zeit bedarf es bis zum tödtlichen Ausgang. Murchison fand, dass in 112 lethal geendeten Fällen die Krankheit im Mittel 27,64 Tage lang gedauert hatte; doch mag sie häufig schon in den ersten Tagen, noch häufiger aber in den ersten Wochen mit Tod enden. Es kann demnach ein bestimmter, bei den Vergleichungen verwerthbarer Termin im Ganzen nur annähernd festgestellt werden, und in dieser Hinsicht heisst es vielleicht am richtigsten vorgegangen, wenn man die ganze Dauer der tödtlich geendigten Fälle — von der Infection bis zum Tode — mit 4 bis 5 Wochen annimmt, und die Mortalitätscurve mit den 4 bis 5 Wochen früher beobachteten Bodenverhältnissen vergleicht[2]).

Auf diese Weise habe ich den Typhus für die Jahre 1877 bis 1880 mit den während derselben Zeit beobachteten Bodenverhält-

---

[1]) Vgl. Charles Murchison, A treatise on the continued fevers of Great Britain. London, 1873 (2. Aufl.) S. 468.

[2]) Ich kann es nicht versäumen, hier einen im I. Theile dieses Werkes begangenen Fehler richtig zu stellen. Ich habe dort (S. 61) die Kohlensäure der Bodenniveauluft mit der Typhusmorbidität verglichen und dabei die Curven unter anderen auch an sehr nahe gelegenen Tagen einander gegenübergestellt. Diese Vergleichungsdaten sind insofern irrthümlich, als die Incubationsdauer auf mindestens 8 bis 10 Tage hätte gesetzt und die Typhuscurve mit den Bodenverhältnissen des 8. bis 10. vorangegangenen Tages hätte verglichen werden müssen. Wenn ich mit Berücksichtigung der Incubationsdauer das Verhältniss zwischen Typhus und Kohlensäure am Bodenniveau nochmals eingehend durchforsche, so fühle ich mich bemüssigt zu erklären, dass ich jetzt in den respectiven Schwankungen nicht einmal jene, im Ganzen geringe Uebereinstimmung mehr erkenne, welche ich im ersten Theile dieses Werkes noch für annehmbar hielt.

nissen verglichen: mit der Bodentemperatur, der Bodenfeuchtigkeit, den Schwankungen der Bodenkohlensäure, kurz mit dem Gange der während derselben Zeit im Boden beobachteten Zersetzung, fand jedoch in ihnen keinen einzigen Anhaltspunkt, um zu erklären, warum sich der Typhus im Frühjahre 1877, sowie im Januar und Februar 1878, und einigermaassen auch in den ersten Monaten von 1879 häufig genug zeigte, und warum er zu anderen Zeiten auf einen niederen Stand zurücksank.

Dieses zeitliche Verhalten des Typhus zeigt, dass diese Krankheit mit der Temperatur und Kohlensäureproduction, also mit der Fäulniss der oberflächlichen Bodenschichten in keinem Zusammenhange steht. Wir werden davon um so mehr überzeugt sein, wenn wir auf Tafel IV. sehen, wie häufig der Typhus im Winter und Frühling eine ansteigende Bewegung aufweist (so erreicht z. B. unsere heftigste Epidemie in den Jahren 1864 bis 1865 ihren Höhepunkt im Januar; dasselbe ist der Fall im Winter und Frühjahre 1867, in 1868, 1871 bis 1872 etc.), also zu einer Zeit, wo der Boden am kühlsten ist, die wenigste freie Kohlensäure enthält, kurz, wo der Zersetzungsvorgang in den oberflächlichen Bodenschichten am gelindesten ist.

War es uns auf diese Weise nicht gelungen, zwischen dem Zersetzungsprocesse der oberflächlichen Bodenschichten und dem Typhus auch nur irgend einen Zusammenhang festzustellen, so scheint die Vergleichung zu einem positiveren Resultate zu führen, wenn wir den Typhus für die Zeiträume von 1863 bis 1880 mit dem Grundwasser confrontiren.

Mit dem Grundwasser selbst kann eigentlich die Schwankung der Typhusmortalität nicht verglichen werden, weil Grundwassermessungen zu Budapest erst seit 1875 von uns ausgeführt werden. Doch habe ich weiter oben nachgewiesen, dass das Grundwasser unter dem grössten Theile des Gebietes unserer Hauptstadt durch die Schwankungen der Donau sehr regelmässig gesteuert wird. Das berechtigt uns, die Schwankungen des Donauspiegels als Ausdruck des Grundwassers zu betrachten, und anzunehmen, dass der Typhus durch die Vergleichung mit dem Stand der Donau mittelbar auch mit dem Grundwasserstand verglichen sein wird.

Diese Vergleichung führt zu dem Ergebnisse, dass in Budapest der Typhus mit dem Donauspiegel auffallend einhergeht; wiederholt steigen beide zusammen an und fallen zusammen ab. Um nur des augenfälligsten und klarsten Beispieles zu erwähnen, nimmt der Typhus von 1866 bis

1868 in jährlichen Wellen stetig zu: während derselben Zeit steigt und fällt auch die Donau in ganz denselben Wellen (Taf. IV, Fig. 2 und 4). Ihre Acme fällt in 1866 auf den August und September, der Typhus hat sie im September und October. In 1867 steht die Donau im April und Mai am höchsten, und höher als zur Zeit der vorjährigen Acme: der Typhus erreicht ebenfalls im Mai seinen Höhepunkt und ist jetzt höher als er in 1866 gewesen. Endlich steigt der Typhus im Januar, Februar und März 1868 noch höher: dem vorangehend war der Wasserstand der Donau im Herbst und den Winter hindurch constant ein höherer, als im Herbst und Winter welches immer der vorangegangenen Jahre, und er stieg vom Januar bis März stetig an. Vom April angefangen fiel der Typhus rasch herunter, die Donau setzte aber ihr Steigen auch später noch fort.

Von 1867 bis 1871 schwankte der Typhus sehr unregelmässig und in mässigem Grade: während derselben Zeit hielt auch die Donau einen auffallend gleichmässigen Stand ein.

Mitte 1871 erhebt sich die Donau, mit ihr steigt auch die Typhusmortalität; in der zweiten Jahreshälfte nehmen beide stetig ab.

Anfangs 1872 zeigte der Typhus eine Zunahme, auch die Donau befindet sich im Wachsen; um die Mitte des Jahres treffen sich beide in der Erhöhung und fallen dann gemeinschaftlich wieder ab.

In der ersten Hälfte des Jahres 1873 steigt die Donau unter heftigen Schwankungen: mit ihr steigt auch der Typhus. Letzterer erhebt sich — mit der Cholera gemeinschaftlich — noch weiter, währenddem die Donau bereits im Fallen begriffen ist. Diese Divergenz wäre theilweise der Cholera zuzuschreiben; gar mancher Cholerafall konnte nach seinem Ausgang als Typhus verzeichnet worden sein. In 1874 kann wieder ein Zusammenhalten bemerkt werden. Die Donau erhebt sich von einem niederen Stande plötzlich sehr hoch und verbleibt von April bis August auf dieser Höhe; ihr folgt auch der Typhus im Steigen und bildet vom Mai bis Juli eine genug bedeutsame Epidemie.

In 1875 und 1876 zeigte sich der Typhus in sehr mässigem Grade und schwankte wenig; mit dem Donaustande — welcher doch in 1876 sehr hoch anwuchs — ist diesmal keine Uebereinstimmung auszunehmen. Um so auffälliger gestaltet sich wieder das Jahr 1877, in welchem vom März bis Juli eine sehr starke Typhusmortalität zu beobachten war (mit der Acme im Mai): gleichzeitig — vom Februar bis zum Juli, mit dem höchsten Stande im Juni — hatte auch die Donau Hochwasser. Gegen Herbst sank die Donau und sank mit ihr auch der Typhus; doch stiegen Wasserstand und Typhus mit Eintritt des Winters aufs Neue. Der Typhus besass aber wenig Disposition zur epidemischen Ausbreitung, denn vom März 1878 angefangen wurde er sehr bescheiden, währenddem die Donau — nach einer im Februar beobachteten starken Abnahme — im März neuerdings anstieg und noch eine Zeit lang auf dieser Höhe verblieb.

Seit dieser Zeit verblieb der Typhus überhaupt innerhalb mässiger Grenzen, und ist sein Zusammenhang mit den Schwankungen der Donau nicht recht zu erkennen. Im Winter 1878 bis 1879 nahm er zwar zur selben Zeit zu, als die Donau von ihrer vorangegangenen Höhe herabsank, doch war dieser Stand der Donau noch immer um Vieles höher, als der Wasserstand im selben Abschnitte der sieben vorhergehenden Jahre. Auch im Jahre 1880 zeigte sich der Typhus in sehr unbedeutendem Maasse und schwankte unregelmässig; desgleichen waren auch die Schwankungen der Donau sehr unregelmässig, so dass es sich kaum der Mühe lohnt, sie eingehender zu vergleichen.

So ist es denn ersichtlich, dass der Typhus dem Höhenstande der Donau in 1866, 1867, 1868, dann wieder 1872, 1873, 1874, desgleichen in 1877 und 1878 merklich folgte; eine einzige grössere Epidemie — wohl auch die verheerendste —, die der Jahre 1864 bis 1865 macht in dieser Hinsicht eine entschiedene Ausnahme.

Demnach kann für Budapest eine gewisse Gegenseitigkeit zwischen Donau und Typhus kaum bezweifelt werden; damit darf auf Grund der obigen Darlegungen auch das behauptet werden, dass in Budapest der Typhus in der Regel mit dem Steigen des Grundwassers zunimmt. Obschon diese Gegenseitigkeit bei weitem nicht so constant und genau ist, wie in München, kommt ihr trotzdem keine geringe hygienische Bedeutung zu. Sie dient zur Bekräftigung der Erfahrungsthatsache, welche zuerst durch die Münchener Forschungen aufgedeckt und seither an mehreren Orten[1]) durch Beobachtungen unter-

---

[1]) In Berlin (Virchow in Berl. Klin. Wochenschr. 1872, sowie in seinen Gesamm. Abh. Bd. II, S. 468 ff. Ferner Skrzeczka, Vierteljahrsschrift f. ger. med. und öff. Ges. 1879, I. Heft); in Prag (Přibram und Popper, Prager Vierteljahrsschr. Bd. 139; ferner Popper in Zeitschr. f. Epidem. II. Bd., S. 293); in Frankfurt a./M. (Zeitschr. f. Epidem. Bd. I, Heft 6, S. 475); in Paris (Virchow-Hirsch, Jahresberichte 1876, III, 1; ferner V. E. Renoir, Les eaux potables causes de maladies épidémiques, Paris, 1878. [Ein wissenschaftlich unqualificirbares Werk, jedoch mit einer interessanten Karte, die Schwankungen des Wasserstandes der Seine und

stützt wurde, wonach zwischen Typhus und Grundwasserschwankung ein causaler Zusammenhang besteht [1]).

An der in Budapest gemachten Erfahrung fällt am meisten das auf, dass hier das Verhältniss zwischen den Wasserschwankungen und dem Typhus gerade im umgekehrten Sinne auftritt, als in München oder an mehreren anderen Beobachtungsorten; in Budapest mehren sich die Typhusfälle mit dem Steigen des Grundwassers, und nicht mit seinem Sinken [2]).

Dieses Verhalten des Budapester Grundwassers liefert eine Erklärung für viele Beobachtungen, aus welchen nicht hervorging, dass der Typhus bei sinkendem Grundwasser an Ausbreitung zugenommen hätte, und welche, als mit der Münchener Bodentheorie im Widerspruche stehend, vorgewiesen wurden. Doch wurzelt diese Theorie nicht darin, dass der Typhus dem Abfallen des Grundwassers folgt, sondern darin, dass zwischen den Schwankungen des Grundwassers und dem Typhus eine Gegenseitigkeit, also ein causales Verhältniss besteht. Die Existenz dieses Verhältnisses wird aber durch Beobachtungen, aus welchen ein Anwachsen des Typhus bei sinkendem Grundwasser hervorging, ganz mit derselben Beweiskraft gestützt, wie durch diejenigen, welche auf einen Zusammenhang zwischen Typhus und steigendem Grundwasser hinwiesen.

Aus dieser, auch unter den zwei widersprechenden Verhältnissen zu beobachtenden Abhängigkeit des Typhus vom Grundwasser folgt sogar auch das noch auf die natürlichste Art, dass der Typhus in gewissen Fällen vom Grundwasser in keiner der beiden Sinne beeinflusst auftritt, indem dort bald das Steigen, bald wieder das Fallen in der Wirkung überwiegt. Solche — so zu sagen — negative Fälle können demnach die Beweiskraft der positiven Beobachtungen nicht im Geringsten schmälern; die negativen Beob-

---

verschiedener herrschenden Krankheiten darstellend]); in Wien (Drasche, Med. Chir. Rundschau, 1876, S. 918) u. s. w.

[1]) Obschon mir die Ansicht Pettenkofer's wohl bekannt ist, wonach ein Zusammenhang mit dem Typhus nur von solchen Grundwasserschwankungen zu erwarten steht, welche z. B. nicht von den Wogungen eines Flussspiegels abhängig sind: so konnte mich das nicht hindern, die Vergleichung in der oben befolgten Richtung fortzusetzen, da in Budapest das vom Donaustande beeinflusste Grundwasser mit der epidemischen Verbreitung des Typhus thatsächlich übereinstimmend schwankte.

[2]) Krügkula giebt an, dass in Wien die namhafte Typhusepidemie von 1877 ausbrach, als das Grundwasser nach vorhergegangenem tiefen Stand sich zu erheben begann. Wiener Med. Woch. 1878, S. 1116.

achtungen vermag man jetzt schon durch die soeben entwickelten Erfahrungsthatsachen zu erklären.

Um so complicirter gestaltet sich die andere Frage: auf welche Weise die Schwankungen des Grundwassers den Typhus beeinflussen? Worin liegt die Ursache dafür, dass der Typhus in München, Berlin etc. mit sinkendem Grundwasser zunimmt, in Budapest aber im Gegentheil eher mit steigendem Grundwasser häufiger wird.

Den meisten Hygienikern schien es sehr plausibel — obschon sich Pettenkofer ihnen nie bestimmt anschloss — dass bei sinkendem Grundwasser die verunreinigten Bodenschichten im durchfeuchteten Zustande entblösst bleiben, dadurch in eine heftigere Fäulniss gerathen und auf diese Weise dem Typhus Vorschub leisten.

Diese Theorie der Bodenfäulniss wird schon durch den Umstand zum Wanken gebracht, dass der Typhus in Budapest im Winter und Frühjahre häufiger wird, als im Herbst und Winter, nicht so wie z. B. in Berlin, wo er eine ausgesprochene Herbstkrankheit ist [1]. Dieser Auffassung wird jetzt durch die Budapester Beobachtungen noch mehr widersprochen, wo, wie zu sehen war, diese gefährliche Krankheit nicht durch das Entblössen des Bodens vom Wasser, sondern durch seine Ueberfluthung begünstigt wird.

Dass die in Folge der Durchfeuchtung in den oberflächlichen Bodenschichten zur Entwickelung gelangende Fäulniss den Typhus befördern sollte, dagegen spricht auch der Umstand noch, dass in Budapest von 1863 bis 1880 zwischen Regenfällen und jener Krankheit kaum ein irgend wie constanterer Zusammenhang zu beobachten ist, obschon die Durchfeuchtung der oberflächlichen Bodenschichten durch die Regenfälle in hervorragendstem Maasse regulirt wird. In 1864 bis 1865 und in 1866 fiel der Typhus auf trockene Witterung, in 1867 auf sehr nasses Wetter, in 1868 wieder mehr auf trockenes, in 1873 und 1874 auf regnerische Zeit, desgleichen in 1877 und 1878, während andererseits von 1878 bis 1880 die sehr regnerische Zeit seuchenfrei blieb. Die Regenfälle sowie die durch sie hervorgerufene Bodendurchfeuchtung sind also für sich Factoren, denen in der Regulirung des Typhus keine grosse Bedeutung zuzukommen scheint.

So viel ist nun aus den in Budapest angestellten Beobachtungen ersichtlich, dass der Typhus mit gewissen im Boden ob-

[1]) Auch in München ist der Typhus mehr eine Winterkrankheit, desgleichen in Prag etc. Vergl. Virchow, Deutsche med. Woch. 1876, Nr. 1, 2; und Gesammelte Abhandlungen, Bd. II, S. 442 ff.

waltenden Verhältnissen in Verbindung steht. Es wird das durch den Zusammenhang von Typhus und Grundwasserschwankungen bewiesen, doch auch dadurch, dass — wie dies später noch näher erläutert werden soll — das locale Vorherrschen des Typhus mit gewissen Bodenverhältnissen einen ganz bestimmten Zusammenhang besitzt. Andererseits steht aber auch soviel fest, dass der Typhus von Temperatur, Feuchtigkeit und Fäulniss der oberflächlichen Bodenschichten nicht abhängig ist, da die Typhuscurve mit den Curven von Bodenfeuchtigkeit, Regen, Wärme und Kohlensäureproduction keinerlei Uebereinstimmung aufweist. Auf diese Weise wird man unausweichbar zur Folgerung gedrängt, dass der Typhus unter dem Einfluss der tieferen Bodenschichten steht, denjenigen Schichten, in welchen das Grundwasser enthalten ist, wo dasselbe auf- und niederwogt und bald schneller, bald langsamer strömt.

Es taucht somit weiterhin die Frage auf, welche Verhältnisse in den tieferen Bodenschichten es sind, welche durch ihre Veränderungen die epidemische Ausbreitung des Typhus zu befördern oder hintanzuhalten vermögen?

Die Frage gehört zu den verborgensten in der Aetiologie des Typhus; es ist absolut unmöglich sie heute zu beantworten oder auch nur einen begründeten und stichhaltigen Verdacht zu formuliren. Heute, wo die zur Lösung des Einflusses der Grundwasserschwankungen bisher in den Vordergrund gestellte Erklärung, nämlich die Beförderung, welcher die Bodenfäulniss durch die Entblössung des feuchten Bodens theilhaftig wird, für unwahrscheinlicher gehalten werden muss, als je zuvor: heute ist jenes causale Verhältniss noch schwerer zu verstehen.

Es scheint jedoch, dass der störende Gegensatz, welcher zwischen München, Berlin etc. und Budapest hinsichtlich der Grundwasser- und Typhusverhältnisse besteht, gleichzeitig auch für die zukünftigen Forschungen als Richtschnur dienen kann. Es wird zu erforschen sein, worin der Unterschied zwischen den Boden- und Grundwasserverhältnissen von Budapest und jener anderen Städte liegt.

Die Lösung dieser Frage in Angriff zu nehmen ist heute noch schwierig, es bedarf noch eingehender Studien, um die Vergleichung ausführen zu können.

Mit Bezug auf Budapest liefert das vorliegende Werk einige Anhaltspunkte zur Klärung der Frage und zum Anstellen vergleichender Studien. Ob solche vergleichende Forschungen jetzt schon auch zum Ziele führen werden, dürfte kaum vorher zu sagen sein.

Soviel war aus Obigem zu ersehen, dass die Grundwasserverhältnisse von Budapest die folgenden namhafteren Erscheinungen aufweisen:

1. Das Grundwasser liegt unter einem grossen Theile der Stadt nahe an der Oberfläche; insbesondere unter denjenigen Stadttheilen, welche vom Typhus am meisten zu leiden haben.

2. Die Schwankungen des Grundwassers sind sehr gering und werden durch den Wasserstand der Donau regulirt.

3. Auch die horizontalen Strömungen des Grundwassers sind sehr langsam.

4. Mit dem Anwachsen der Donau vermindert sich diese Strömung, namentlich eben unter den von Typhus heimgesuchten Stadttheilen, während bei fallender Donau das Grundwasser schneller abfliesst. Im ersteren Falle wird es im verunreinigten Häuserboden stagniren und diesen gewissermaassen auslaugen.

Ob aber diese Hauptmerkmale der Pester Grundwasserverhältnisse mit der Aetiologie des Typhus auch wirklich im Zusammenhange stehen, und auf welche Weise, das kann ohne weitere ausführlichere vergleichende Studien nicht entschieden werden. Der sub 4 hervorgehobene Umstand verweist auf die Verunreinigung des Trinkwassers, als auf den Beförderer des Typhus. Bezüglich dieses Punktes werde ich weiter unten beim Wasser noch auf weitere Ausführungen eingehen.

b. Wechselfieber.

Interessant sind die Schwankungen des Wechselfiebers von 1877 bis 1880. Betrachtet man seine graphische Abbildung[1]), so

[1]) Die Daten über das Wechselfieber wurden — wie bereits wiederholt erwähnt — den Protocollen des hauptstädtischen allgemeinen Krankenhauses, des Kinderspitales und der zwei grossen Militärspitäler entlehnt. Zwischen primären und recidivirten Fällen konnte kein Unterschied gemacht werden. Die Gesammtzahl der Fälle beträgt 5264. Dabei wurden Erkrankungsfälle, welche sich auf aus der Provinz zugereiste Personen bezogen — wo dies nachgewiesen war — weggelassen. In der zweiten Hälfte des Jahres 1878 habe ich die Erkrankungsfälle der Militärspitäler in die graphische Abbildung nicht aufgenommen. Um die in ihrer Stärke fortwährend wechselnde Garnison von der stabileren Civilbevölkerung überhaupt, insbesondere während des epidemischen Zeitraumes unterscheiden zu können, habe ich die letztere mit einer punktirten Linie auch gesondert abgezeichnet. So ist nun zu sehen, dass Civilbevölkerung und Garnison bezüglich der zeitlichen Vertheilung der Morbidität sehr nahe übereinstimmen. In 1880 wurden überhaupt sehr

wird man sofort gewahr, dass diese Krankheit ihre höchsten und tiefsten Stände so ziemlich zu einer gebundenen Zeit erreichte. Die Minima fielen auf Ende Winter und Anfang Frühjahr (in 1877 und 1878 auf Februar und März, in 1879 auf Februar und April, in 1880 wieder auf Februar und März). Zur selben Zeit sind auch die Schwankungen der Krankheit am geringsten. Die Maxima stellten sich Ende Sommer und Anfang Herbst ein; so in 1877 im September und November, 1879 im August, 1880 im August und November. In 1878 ist auch Anfangs Mai eine kleinere Erhöhung zu beobachten.

Ich habe kaum zu beweisen, dass dieses zeitliche Verhalten des Wechselfiebers mit dem anderwärts in Mitteleuropa gewöhnlich beobachteten übereinstimmt [1]).

Dieses zeitliche Verhalten des Wechselfiebers können wir mit der Luft- und Bodentemperatur, der Feuchtigkeit und den Zersetzungsprocessen vergleichen.

Auch hier muss ich die Bemerkung voranschicken, dass man bei dieser Vergleichung die Incubation des Wechselfiebers zu berücksichtigen hat. Sie muss nach den einschlägigen klinischen Beobachtungen wenigstens mit 14 bis 20 Tagen angenommen werden; es wird daher eine am Anfang eines Monats auftretende Erhöhung des Wechselfiebers mit den zur Mitte und zu Ende des vorangegangenen Monats bestandenen Verhältnissen, eine gegen Ende des Monats bemerkbare graphische Schwankung aber wird mit den zu Anfang desselben Monats beobachteten Erscheinungen zu vergleichen sein.

Zuerst kann das Wechselfieber mit den Temperaturverhältnissen von Luft und Boden confrontirt werden, da im Obigen

---

wenig kranke Militärs verzeichnet: doch kann ich nicht sagen, ob das bloss daher rührt, dass das Militär in diesem Jahre wirklich eine sehr geringe Wechselfiebermorbidität hatte.

Auf der graphischen Abbildung (Taf. V, Fig. 5) entspricht jeder Millimeter Höhe zwei Erkrankungsfällen.

[1]) Vergl. Hirsch, Histor. geogr. Pathol. I, S. 43. Wenzel, Die Marschfieber, Prager Vierteljahrsschrift 1871, Bd. IV, S. 1. Siehe insbesondere Dose, Zur Kenntniss der Gesundheitsverhältnisse des Marschlandes, Leipzig 1878. Wenzel beobachtete die Acme von 11 Epidemien 6 mal im September, 4 mal im August, 1 mal im October; Dose bildet 5 Epidemien mit dem Höhepunkt im September, 2 im August ab. Vergl. ferner L. Colin, Traité des fièvres intermittentes, Paris 1870, S. 51 ff. De Bey, Die intermittirenden Fieber u. s. w. in Aachen. Aachen 1874, S. 59 u. s. w.

zu sehen war, dass die Schwankungen des Wechselfiebers den Hauptzügen nach eben durch die kältere und wärmere Jahreszeit regulirt werden.

Ohne Zweifel wird das Wechselfieber in erster Reihe durch die Wärme beeinflusst. Nicht das soeben erwähnte allgemeine Verhalten während der Jahreszeiten ist es allein, welches das beweist, sondern auch ein genaueres Vergleichen der Schwankungen von Wärme und Wechselfieber.

Aus der Temperaturcurve (Taf. V, Curve 1) geht hervor, dass im Verlaufe der vier Beobachtungsjahre der heisseste Sommer auf 1877, dann auf 1880 fiel; dem entsprechend fällt auch die höchste Wechselfiebercurve auf 1877 und 1880.

Die Lufttemperatur steigt ferner in 1877 Anfangs und Mitte Februar an: eine entsprechende Wechselfieberwelle kann am Ende Februar wahrgenommen werden. Eine um Vieles bedeutendere Temperaturerhöhung füllt den Zeitraum vom zweiten Drittel des März bis Anfang April aus, welche ausgesprochene Spitzen und Senkungen hat: eine kleinere und eine höhere Wechselfieberwelle kann man Mitte April und in den ersten Tagen des Mai sehen. Von da an nimmt zwar die Wärme stetig zu, doch das Wechselfieber sinkt eher zurück; die wahrscheinliche Ursache dieses Verhaltens werde ich weiter unten besprechen. Anfangs Juni war die sehr hohe Temperatur gleichfalls von einer Wechselfieberzunahme gefolgt, welche auf der Abbildung Mitte Juni auszunehmen ist. Das entscheidendste Moment begann sich aber Mitte August einzustellen. Zu dieser Zeit stieg die Temperatur sehr bedeutend an und erreichte den höchsten Stand im letzten Drittel des Monates: damit entwickelt sich auch in diesem Jahre die höchste Wechselfieberkrümmung, welche ihre Acme in den ersten Septemberwochen erreichte. Von da an fallen Temperatur und Wechselfieber im Zickzack abwärts; zwischen den vielen Erhöhungen und Vertiefungen ist es aber schwer, eine Zusammengehörigkeit festzustellen.

In 1878 steigt die Temperatur Anfangs März mit zwei starken Erhöhungen an: zwei correspondirende Erhöhungen weist auch die Wechselfiebercurve Mitte und Ende März auf. Noch stärker ist die Temperaturerhöhung bis zur Mitte April; die entsprechende Wechselfiebererhöhung ist Ende April und Anfangs Mai zu sehen. Nun folgen wieder Zickzacklinien, welche mit einander nicht verglichen werden können. Ende November und Anfangs December wurde eine stärkere Temperaturerhöhung beobachtet, welche

Anfangs December von einer ausgesprochenen Wechselfieberbewegung gefolgt war.

In 1879 fiel auf Ende Februar eine nach längerer Kälte folgende beträchtliche Zunahme der Temperatur: das Wechselfieber erhebt sich von dem Mitte Februar eingenommenen sehr niederen Stande bis Mitte März und sinkt dann ebenso, wie vorher bereits die Temperatur gefallen war. Eine Temperaturerhöhung kann Ende Mai und Anfangs Juni bemerkt werden: Mitte Juni steigt auch das Wechselfieber an. Der ganze Juli und August sind kühl, und das Wechselfieber zeigt nur unbedeutende Erhöhungen; vom Anfang September sinkt die Temperatur unausgesetzt und so ziemlich gleichmässig, das Wechselfieber hält mit ihr Schritt. Von dem ausserordentlich kalten December folgt auf die ersten Januartage eine auffallende Temperaturerhöhung mit einem raschen Zurücksinken; unverkennbar ist eine entsprechende Wechselfieberwelle Anfangs Januar.

In 1880 ist an der Temperaturcurve im letzten Drittel des April eine sehr bedeutende Erhöhung zu sehen; eine ähnliche Erhöhung erfolgt an der Wechselfiebercurve Anfangs Mai. Auf den kühlen und regnerischen Juni folgte der warme Juli, die Temperatur nahm vom Anfang bis zum letzten Drittel des Monates stetig zu und erreichte schon jetzt den höchsten Stand für dieses Jahr; dem gegenüber fing das Wechselfieber Anfangs Juli an sich zu erheben und gelangte bis Mitte August auf den Höhepunkt. Ende Juli und im August folgte eine rasche Abkühlung, damit war auch das im tapferen Anlauf emporgekommene Wechselfieber gebrochen und ging im Zickzack zurück.

Das Angeführte liefert einen bestimmten Beweis für den Einfluss der Temperatur auf das Wechselfieber. Zu jeder beliebigen Jahreszeit war eine wenige Tage andauernde ausgesprochene Temperaturerhöhung etwa 14 bis 20 Tage später von einer Vermehrung der Wechselfieberfälle ganz regelmässig gefolgt. Die stärksten Wechselfiebercurven folgen der wärmsten Witterung auf dem Fusse. Nichtsdestoweniger ergeben unsere Vergleichungen, dass die Temperatur für sich allein das Wechselfieber unmöglich steuern kann. Im Juni, dann im Juli war wiederholt zu sehen, dass das Wechselfieber beinahe tiefer stand [1]), als im Januar und

---

[1]) Diesbezüglich ist die von Dose im oben citirten Werke mitgetheilte graphische Abbildung sehr lehrreich.

December, obgleich die Hitze ganz bedeutend war. Neben der Temperatur wirkte unzweifelhaft auch ein anderer Einfluss auf die zeitlichen Schwankungen des Wechselfiebers ein, und das ist die Veränderung der Bodenfeuchtigkeit.

Im Sommer und Herbst 1877 wurde hier der trockenste Boden beobachtet; auf diesen Sommer, resp. auf Anfang Herbst fiel die höchste Wechselfiebercurve. Insbesondere sinkt die Feuchtigkeit in 1 m Tiefe [1]) von Anfang August und ist zur Mitte dieses Monates sehr niedrig; derselben Zeit entspricht die Zunahme und der hohe Stand des Wechselfiebers, wenn man auf die Incubation und auch darauf noch Rücksicht nimmt, dass sich diese Trockenheit in den oberflächlichen Schichten noch früher einstellte, als in der hier besprochenen Tiefe von 1 m. Die Feuchtigkeit nimmt dann bis Mitte September zu: dem entspricht ein Rückgang des Wechselfiebers von Mitte September bis Mitte October; hierauf sinkt die Feuchtigkeit neuerdings im Zickzack, was von einer neuerlichen Zunahme des Wechselfiebers gefolgt ist. In 1878 und 1879 sind die Schwankungen des Wechselfiebers so geringe, und auch die Bodenfeuchtigkeit ist so beständig, dass eine Vergleichung nichts Lehrreiches liefert.

Dagegen ist in 1880 zu sehen, dass die Feuchtigkeit von Mitte Juli bis Mitte August sehr niedrig war; auf dieselbe Zeit fällt — mit Berücksichtigung des entsprechenden Aufschubes — auch die Acme des Wechselfiebers in diesem Jahre.

Die hauptsächlichsten Krümmungen der Wechselfiebercurve weisen demnach mit den Schwankungen der Feuchtigkeit der oberflächlichen Bodenschichte eine sehr gut ausnehmbare Uebereinstimmung auf. Mit der Durchfeuchtung des Bodens sinkt die Zahl der Wechselfieberfälle und erhebt sich mit der Austrocknung des Bodens aufs Neue.

Noch bestimmter fällt der Zusammenhang aus, wenn man das Wechselfieber mit den Regenfällen vergleicht.

Verfolgt man auf den beiliegenden Tafeln die Curven des Regens und des Wechselfiebers, so wird man gewahr, dass die Wechselfiebercurve durch Regenfälle in der Regel niedergedrückt wird, um hinterher neuerdings und um so höher emporzuschnellen. Ich beschränke mich darauf, die auffallendsten Beispiele hervorzuheben.

Anfangs (10.) April 1877, sowie gegen Ende (20.) desselben

---

[1]) Vergl. Tafel VI, Curvengruppe 3, Fig. 1.

Monates fielen starke Regen: in Folge dessen zeigt das vorher ziemlich hoch gestandene Wechselfieber eine zweifache Abnahme, um den 25. April und 10. Mai; es folgen nun wieder Regentage, mit denen das Wechselfieber immer tiefer zurückgeht. Von Mitte Juni bis Mitte August hatten wir mässig trockene Witterung; diesen begünstigenden Verhältnissen entsprechend steigt die Zahl der Wechselfieber nach einigen kleinen Rückfällen auf den höchsten Stand. Die Schwankungen und Rückfälle wurden sichtbar durch die Regentage verursacht; so war z. B. Mitte August nach einer anhaltenden Dürre Regen eingetreten: demgemäss kehrte sich von Ende August zum Anfang September die bis dahin aufwärts gerichtete Bewegung der Wechselfiebercurve nach abwärts; auf den Regen folgten nun wieder trockene, warme Tage, worauf das Wechselfieber auf den Höhepunkt stieg. Die Anfangs September eingetretenen Regen drückten die Fiebercurve neuerdings herab.

In 1878 und 1879 war das Wechselfieber überhaupt sehr milde, es ist daher schwer möglich, in diesen Jahren lehrreiche Beispiele herauszufinden; um so interessanter gestaltet sich das folgende Jahr.

In 1880 waren Mai und Juni sehr regenreich; dem entsprechend sank das Wechselfieber von Ende Juni bis Mitte Juli auf einen sehr niederen Stand herab. Nachdem aber der Regen aufgehört hatte, sieht man die Wechselfiebercurve (mit Einrechnung der Incubation) sofort bis zum höchsten Punkt ansteigen. Hier wird die Curve durch eingetretene Platzregen alsobald wieder zu zickzackförmigen Schwankungen gezwungen, bis sie mit der Temperaturabnahme gänzlich herabsinkt.

Auf diese Weise erhält die alte Erfahrung, dass das Malariafieber durch auf feuchtes Wetter folgende trocken warme Tage begünstigt, durch regnerische kühle Tage hingegen vermindert wird, in den angeführten Daten eine Bestätigung.

Vergleicht man hingegen das Wechselfieber mit den in grösserer Bodentiefe verlaufenden Veränderungen, wie mit den Curven des Grundwassers oder der Feuchtigkeit der tieferen Bodenschichten, oder mit der im Boden verlaufenden Fäulniss, d. h. mit den Schwankungen der Kohlensäure, so wird der Zusammenhang gänzlich fehlen.

Nachdem man so gesehen, welchen raschen und entscheidenden Einfluss Wärme und Regenfälle auf die Schwankungen des Wechselfiebers ausüben, und nachdem sich andererseits herausgestellt hat, dass die Zersetzungsverhältnisse der tieferen Bodenschichten keine bemerkbare Parallelität mit demselben aufweisen: wird es leicht fallen zu entscheiden, in welcher Bodenschichte sich das Miasma des Wechselfiebers entwickelt: die Malaria ist unzweifelhaft das Product der oberflächlichsten Bodenschichte und steht auf diese Weise mit dem Typhus im directen Gegensatze, da dieser offenbar den tiefen Schichten entstammt.

Es muss als sehr auffallend erscheinen, dass sich die Erhöhung während der Sommerhitze nicht sofort einstellt, sondern dass es eine gewisse Zeit erfordert, bis die Krankheit zur vollständigen Entwickelung gelangt. Es scheint, als ob der Krankheitskeim durch die Wärme erst gewissermaassen gereift werden müsste und zur Reife die Einwirkung einer gewissen Wärme erforderlich wäre; andererseits als ob alle infectiösen Samen auf einmal, wie zur Erntezeit zur Entwickelung gelangten, die Luft erfüllten, wie die Flaumen von Taraxacum im Sommer, und jetzt die Menschen massenhaft inficirten, bis sie nicht entweder durch den Regen zu Boden geschwemmt werden, oder in Folge einer kühleren Witterung an Lebenskraft abnehmen.

Einigermaassen auffallend ist auch das, dass im Frühjahre schon eine verhältnissmässig geringe Wärmemenge hinreicht, um den Malariakeim zum Leben zu erwecken, indem im Frühjahre schon die viel mässigere Temperaturzunahme eine Epidemiewelle hervorzurufen pflegt. Diese Welle ist auf der Tafel von Dose besonders gut ersichtlich; De-Bey beobachtete in Aachen im Frühjahre sogar eine höhere Culmination als im Herbste [1]). Es scheint, als ob der Infectionsstoff der Malaria nach der Einwirkung der Winterkälte leichter „keimte“ — wenn der Ausdruck gestattet ist — als später bei der constant warmen Witterung. Zur Erklärung dieser Erscheinung steht uns eine experimentelle Thatsache zu Gebote. Rózsahegyi hat aus einem, in Malariagegenden entnommenen Boden gezüchtete Bodenbacillen, insbesondere aber ihre Glanzsporen der Einwirkung niederer Temperaturen, dem Gefrieren ausgesetzt und fand, dass die Sporen nach dieser Behandlung fähiger waren zu Bacillen auszuwachsen, zu „keimen“, als wenn sie der Wirkung des Frostes nicht ausgesetzt worden waren [2]). Es ist nicht unwahrscheinlich, dass auch der Infectionsstoff der Malaria durch den

---

1) A. a. O. S. 59.

2) Die ganze Pflanzenvegetation, welche von der Wärme so sehr abhängig ist, treibt nach der Einwirkung der geringen Frühjahrswärme, während sie sich später bei der andauernden Wärme um vieles langsamer entwickelt; auch ist der zweite Trieb, Anfangs Herbst, nie so üppig, als der Frühjahrstrieb.

Winterfrost oder durch die Winterruhe zur Entwickelung disponirt wird und daher im Frühjahre — bei hinreichender Wärme — alsobald zum Leben erwacht, während er später, vielleicht eben zur zweiten Reife, mehr Wärme und ihre dauerndere Einwirkung beansprucht.

Es darf mit Recht gefragt werden: wie der Infectionsstoff beschaffen ist, um den es sich handelt. Die im Obigen beschriebenen Eigenschaften weisen darauf hin, dass das Wechselfieber durch mit Leben und mit Entwickelungsstadien begabte Organismen erzeugt wird; durch Organismen, welche Leben und Wirksamkeit in der Kälte wohl nicht einbüssen, jedoch unter Einwirkung von Wärme und gewisser Feuchtigkeitsgrade sich zur höchsten Actionskraft entwickeln.

Es ist überaus wahrscheinlich, dass diese Organismen zu den Bacterien gehören; ob sie aber mit den von Klebs und Tommasi-Crudeli beschriebenen Malariabacillen [1]) identisch sind, ist schon weniger gewiss, obschon viele neuere Forscher, insbesondere in Italien, diese Voraussetzung mit vielem Nachdruck bezeugen.

Auch Rózsahegyi beschäftigt sich in meinem Laboratorium sehr anhaltend mit der Frage der Malariabacillen und hat aus dem Boden von Malariagegenden äusserst interessante Bacillengenerationen gezüchtet; doch sind seine zahlreichen, Culturen und Thierversuche umfassenden Studien derzeit noch nicht beendigt.

Dass ich bei meinen Culturen aus dem Pester Boden in der Regel Bacillen erhielt und zwar um so reichlicher, je mehr der untersuchte Boden verunreinigt war, werde ich weiter unten noch eingehender darlegen; vorläufig berechtigt mich aber nichts zum Ausspruche, ob ich es überhaupt mit Malariabacillen zu thun hatte, oder mit anderen, Fäulniss-Organismen.

In Anbetracht dessen, dass das Wechselfieber durch die Verhältnisse der oberflächlichen Bodenschichten regulirt wird, muss es für sehr wahrscheinlich gehalten werden, dass die das Wechselfieber bedingenden Bacterien eben in den oberflächlichen Bodenschichten gedeihen und von hier zu gewissen Zeiten massenhaft in den menschlichen Organismus gelangen.

Ich habe kaum zu beweisen, dass der Wechselfieberkeim hauptsächlich durch Inhalation in den Körper eingeführt wird; auch die Beobachtungen von Wenzel [2]) liefern hierzu Beweise. Daraus würde folgen, dass die Malariabacterien zeitweise an der Bodenoberfläche massenhaft angetroffen und von hier aufgewirbelt werden müssen.

---

[1]) Atti della r. Accademia dei Lincei; Memorie etc. 1878 bis 1879, Bd. IV, S. 172. Desgleichen Archiv f. exper. Pathol. 1879. [2]) A. a. O. 51.

Gedeihen also jene Bacterien vielleicht an der Bodenoberfläche und werden sie durch den Wind aufgewirbelt und unseren Respirationsorganen zugeführt? Oder leben sie unter der Oberfläche, im Schoosse des Bodens und werden sie durch die Grundluftströmungen an die Oberfläche erhoben und in der Luft vertheilt? Wir haben keine exacten Daten zur Entscheidung dieser wichtigen Frage; doch können sehr beachtenswerthe Gründe vorgewiesen werden, die dafür sprechen, dass die infectiösen Bacterien nicht so sehr auf dem ersteren, als vielmehr auf dem letzteren Wege zu den erkrankenden Menschen gelangen. Es darf dies schon aus dem Umstande vermuthet werden, dass die Malariainfection am häufigsten Abends und in der Nacht stattfindet, also zu einer Zeit, wo die Witterung in der Regel ruhig, windstill ist, wo sich aber auch die Grundluft in vorwiegendem Maasse aus dem Boden erhebt; am Tage aber, wo man sich viel mehr im Freien bewegt, wo auch die freie Luft mehr circulirt und den als staubförmig denkbaren Malariakeim auch eher aufzuwirbeln vermöchte — wenn dieser nämlich auf der Bodenoberfläche umherläge — scheint die Infection viel seltener zu erfolgen.

Auch ein anderer Umstand spricht noch dafür, dass der Infectionskeim nicht in dem die Bodenoberfläche bedeckenden Staube, sondern in der dunsterfüllten Grundluft, im Inneren des Bodens enthalten ist. Es zeigt sich nämlich, dass der Infectionsstoff der Malaria seine Infectionskraft sehr bald einbüsst, wenn der Keim durch Luft und Wind auf grössere Entfernungen getragen wird, wenn er dem freien Luftzutritt ausgesetzt ist. Lägen nun die Malariabacterien auf der Bodenoberfläche umher, so würden sie wahrscheinlicherweise ihrer Infectionskraft gerade so verlustig werden, als der vom Winde getragene Keim.

Am klarsten sprechen jedoch in dieser Beziehung die Erfahrungen, welche in Malariagegenden, bei Bodenaufgrabungen und Aufwühlungen gesammelt wurden, wo oft genug Leute, die solche Arbeiten verrichteten, vom Wechselfieber auffallend heftig ergriffen wurden [1]).

Auf welche Weise können Malariabacterien an die Oberfläche gelangen? Gleich auf den ersten Blick kommt man auf den Gedanken, dass die aus dem Boden aufsteigende Grundluft der Träger des Infectionsstoffes ist. Dafür spricht die bereits erwähnte Erfahrung, nämlich, dass die Infection zumeist durch die Abendluft

---

[1]) Vergl. L. Colin, Traité des fièvres intermittentes. A. a. O.

verursacht wird, welche, wie ich das im ersten Theile dieses Werkes nachgewiesen habe, im Sommer und Herbst in der Regel mit Grundluft verunreinigt ist, was von der Tagesluft viel weniger behauptet werden kann; ferner spricht auch die unmittelbare Beobachtung dafür. Vergleicht man nämlich die Erkrankungen an Wechselfieber mit dem Ausströmen von Grundluft an die Oberfläche, so wie ich das im I. Theile dieses Werkes gethan habe, so wird man die augenfällige Parallelität von Grundluftausströmung und Verbreitung des Wechselfiebers sofort gewahren. Ganz besonders instructiv ist in dieser Beziehung das Jahr 1877, dessen hohe Malariacurve am Anfang des Herbstes von dem hohen Kohlensäuregehalte der Bodenniveauluft begleitet war.

Der Infectionsstoff der Malaria wird somit aller Wahrscheinlichkeit nach unter der Bodenoberfläche, in den oberen Schichten gezeitigt und von hier, möglicherweise durch die wogende Grundluft, an die Oberfläche, in die freie Luftströmung heraufgewirbelt.

c. Enteritis.

Ich gehe nun auf die Enteritis über, auf diejenige Krankheit, welche mit Recht der Würgengel des Kindesalters genannt werden darf. Ueberall, besonders in grösseren Städten erhebt er sein Haupt zur Sommersmitte und gestaltet die Sterblichkeitsverhältnisse alsobald zu den ungünstigsten. Binnen wenigen kurzen Tagen oder Wochen ergreift und tödtet er Hunderte, ja Tausende, um sich dann ebenso schnell zu entfernen, als er gekommen war. Um das rasche Entstehen und das rasche Verschwinden der Enteritis zu illustriren, bedarf es keines besseren Beispieles als desjenigen, welches die graphischen Darstellungen der Enteritis auf Taf. IV und V liefern.

Diese Krankheit verursachte in unserer Stadt in einem einzigen Monate — im August — des Jahres 1877 333 Todesfälle, im September 1879: 317 etc. Im Allgemeinen fallen ihr jährlich ca. 1500 Menschenleben zum Opfer (in 1877: 1685), was $^1/_6$ bis $^1/_7$ aller Todesfälle ausmacht.

Sie verdient es daher, dass man sich mit ihrer Aetiologie eingehend befasse; gewiss! vom sanitären Standpunkte ist die Enteritis eine bedeutsamere, berücksichtigenswerthere Krankheit, als Typhus, Cholera und viele andere epidemischen und infectiösen Krankheiten.

Schenkt man den Curven 5 und 4 auf Taf. IV und V — welche die Enteritismortalität darstellen — einige Aufmerksamkeit, so wird man sofort erkennen, dass diese Krankheit in jedem Jahre, und zwar zur warmen Jahreszeit eine ganz bedeutende Erhöhung aufweist, von welcher sie ebenso schnell wieder auf den niederen Stand zurücksinkt, als sie sich erhoben hatte. Während der 16 Jahre, deren Daten aufgezeichnet sind, erreichte die Enteritis ihr Maximum 7 mal im Juli, 6 mal im August, 2 mal im September und einmal im Juni; das Minimum fiel in der Regel auf die Zeit vom Januar bis März, also auf das Ende des Winters und auf den Frühjahrsanfang.

Schon dieser Umstand weist darauf hin, dass die Enteritis mit der Wärme im Zusammenhange steht. Wir wollen nun suchen, wie sie sich zu diesem Hauptfactor der allgemeinen Bodenfäulniss verhält. Wir werden zu diesem Zwecke am besten thun, die Curven der Lufttemperatur und der Enteritis zu vergleichen (s. Taf. IV, Fig. 5 und 8, Taf. V, Fig. 1 und 4).

Vor Angriffnahme dieser Vergleichung mag man aber auch hier berücksichtigen, dass zwischen dem Beginn der Krankheit und dem tödtlichen Ausgange eine gewisse Zeit zu verstreichen pflegt. Dieser Zeitraum ist natürlich in den einzelnen Fällen sehr verschieden lang; doch beweist die Beobachtung, dass die meisten Sterbefälle, insbesondere im Sommer, nach sehr kurzer Krankheitsdauer erfolgen; im Mittel beträgt die Zeit, welche in lethalen Fällen vom Beginn der Krankheit bis zum Tode verstreicht, kaum mehr als 5 bis 10 Tage. Wir werden, wie ich meine, am richtigsten handeln, wenn wir die Mortalitätscurve mit der 8 bis 10 Tage früher geherrschten Temperatur vergleichen.

An den bezeichneten Abbildungen ist zu erkennen, dass die Enteritis mit der Wärme in der That sehr innig liirt ist; sie befolgt einen der Curve der letzteren im grossen Ganzen entsprechenden Verlauf. Gleich der Wärme steigt die Enteritis im Sommer und fällt im Winter und im Frühjahre ab. Auch bei stärkeren Schwankungen wogen Lufttemperatur und Enteritis vereint auf und ab.

Eine genauere Besichtigung wird uns aber gar bald überzeugen, dass der Zusammenhang mit der Temperatur kein regelmässiger ist, dass sogar solche Ausnahmen vorkommen, welche den herrschenden Einfluss der Temperatur geradezu ausschliessen und dafür sprechen, dass die Temperatur beim Zustandekommen der Krankheit nur den einen Factor abgiebt, und dass sie für sich allein kaum etwas auszurichten vermag. So fällt das Jahr 1863 (s. Taf. IV) durch einen sehr warmen Sommer auf, der 1864er Sommer ist um vieles kühler: dem gegenüber erhebt sich die Enteritis in 1864 sehr hoch, während sie in 1863 auf einem niedrigeren Stande verbleibt. Ferner fällt in 1863 das Temperaturmaximum auf den August, die Enteritis erreicht hingegen ihren Höhepunkt schon im Juli und sinkt im August, trotz der höheren Temperatur, herab. Andererseits hatte im Jahre 1864 die Temperatur ihr Maximum schon im Juni erreicht, und neigt sich ihre Curve von da an abwärts; die Enteritis aber steht im Juni, auch im Juli noch tief, und gelangt erst im August auf den Höhepunkt.

In 1867 stand die Enteritis im Juli am höchsten, die Temperatur erst im folgenden Monate, als der Darmkatarrh bereits beträchtlich abgenommen hatte. In 1868 sind Juni, Juli und August sehr warm, trotzdem sinkt die Enteritis im Juli und August stetig abwärts; dagegen war in 1869 bloss der Juli sehr heiss, Juni und August aber viel kühler als in anderen Jahren, und doch steht die Enteritis im Juni, Juli, August, sogar noch im September sehr hoch und erhebt sich — im Widerspruche mit der Temperatur — sogar noch vom August zum September.

In 1871 fällt das Maximum für die Temperatur auf den Juli; für die Enteritis auf den September; in 1872 wird die Acme von jener im Juli, von dieser im August erreicht. In 1875 ist der Juni sehr heiss, Juli und August sind es zwar weniger, aber sie sind gleichmässig warm; die Enteritis steigt im Juli auf den Höhepunkt und sinkt im August, trotz der Hitze, rasch abwärts. Dagegen ist ganz deutlich zu sehen, dass Temperatur und Darmkatarrh in 1876 im gleichen Sinne verlaufen. In diesem Jahre war der April ungewöhnlich warm, während der Mai sehr kalt blieb; hiermit in Uebereinstimmung schwang sich die Enteritis im April auf einen ungewöhnlich hohen Stand hinauf, sank aber im Mai von dieser verfrühten Höhe nieder.

Man wird den bisherigen ganz entsprechende Verhältnisse finden, wenn man die zwei in Rede stehenden Curven für die Jahre 1877 bis 1880 noch mehr in den Einzelnheiten vergleicht (s. Taf. V). In 1877 ist der Juni sehr heiss, die Enteritis steht dagegen tief, — im Juli hat die Hitze abgenommen, die Enteritis hingegen erreicht ihr Maximum, — nun springt die Temperatur im August wieder empor, die Enteritis aber sinkt unaufhaltsam abwärts. Im September ist eine geringe Temperaturerhöhung nach einigen

Tagen von einer Convexität der Enteritiscurve gefolgt. In 1878 herrschten gemässigte Temperaturen, doch war die Hitze anhaltender. Damit stimmt auch die Enteritis; sie ist zwar nicht so hoch, wie z. B. im vergangenen Jahre, aber andauernder. Doch fällt die Temperatur im September rasch herab und steht im October sehr tief; die Enteritis hingegen ist im September sehr hoch und erreicht eben im October den Höhepunkt.

In 1879 ist die Witterung noch kühler; auch die Enteritis verhält sich gemässigter als in den vorangegangenen Jahren. Dieses Jahr ist überhaupt durch ein enges Zusammengehen der Temperatur- und Enteritiscurve gekennzeichnet.

In 1880 weist der April wieder eine ungewöhnlich hohe Temperatur auf, die Enteritis verräth aber ihren Zusammenhang mit der Temperatur nicht durch die geringste Bewegung. Später, als die Wärme nach einem tiefen Rückfalle steil ansteigt und im Juli den Höhepunkt erreicht, bricht auch die Enteritis auf und erreicht mit einer ebenso raschen Zunahme ihre Acme im August. Hierauf sinken beide rasch abwärts, dann gelangen sie im September gemeinschaftlich in die Höhe und gehen vereint nieder.

Aus Alledem konnte man zur Ueberzeugung gelangen, dass zwischen der Temperatur und dem Darmkatarrh in der That ein sehr enger Zusammenhang besteht, doch ist er nicht darnach beschaffen, dass man den ausschliesslichen Einfluss der Wärme annehmen könnte. In der Regel erreicht zwar die Enteritis ihre höchste Entwickelung in der warmen Jahreszeit, doch gelangt sie zuweilen schon am Anfang der Hitze auf den Höhepunkt und sinkt dann trotz dem weiteren Steigen der Temperatur zurück; zu anderen Gelegenheiten und in der Regel fängt sie erst nach einer anhaltenderen Wärme und plötzlich an zu steigen[1]), als ob vorerst irgend ein Infectionsstoff hätte reifen müssen, welcher dann in die den Menschen umgebenden Medien ausgestreut wurde und jetzt reichlich krank macht.

---

[1]) Nach Turner muss die hohe (60° Fahr. übersteigende) Temperatur wenigens drei Wochen lang andauern, erst dann beginnt die Enteritis verheerend zu werden. (Medical Times and Gazette, 1879, I, S. 272.) Sämmtliche statistischen Daten sprechen dafür, dass der Darmkatarrh in der That auf diese Weise, erst Wochen lang nach Eintritt der vollen Sommerhitze den Höhepunkt seiner epidemischen Ausbreitung erreicht.

Mit derselben Bestimmtheit, welche meinen angeführten Beobachtungen innewohnt, wird die alleinige Rolle der Wärme auch durch diejenigen statistischen Daten zurückgewiesen, aus welchen hervorgeht, dass das Sterblichkeitsprocent der Enteritis in Städten viel höher zu sein pflegt, als auf Dörfern; namentlich ist diese Krankheit häufig in einigen Städten, auch in gewissen Stadttheilen um Vieles verheerender als anderwärts [1]), obschon die Temperatur über den Dörfern, Städten und Stadttheilen gewiss keine verschiedene war. Auf diese letztere Erfahrung hinweisend hatten die Medical Times Recht, den Dr. Crane, Physicus von Leicester, zu verspotten, welcher die Ursache der in seiner Stadt herrschenden überaus hohen Mortalität an Diarrhoe in der Wärme suchte, indem sie sagt, es würde sich dem Physicus besser geziemen, wenn er die Quelle der sanitären Schädlichkeit nicht in so entlegenen Ursachen suchen würde, wie die Sonne [2]).

Erwägt man, auf welche Weise die Wärme auf die Entwickelung der Enteritis einfliessen könne, so denkt man sofort an die Fäulniss, welche durch die Wärme angebahnt und zu einer höheren Intensität angefacht wird. Wie bekannt, offenbart sich die infectiöse Wirkung fauliger Stoffe auf den thierischen Organismus hauptsächlich durch Diarrhoe, durch Darmkatarrh. Die von Magendie, Stich, Barker und Anderen angefangenen bis zum heutigen Tage ausgeführten Versuche beweisen alle diese Darmkatarrh erzeugende Wirkung der fauligen Stoffe. Diese mögen mit Getränken, mit Speisen, ins Blut, unter die Haut, oder im zerstäubten Zustande in den thierischen Organismus gelangen: immer wird Darmkatarrh eines der ersten Krankheitssymptome sein. Dem gegenüber trifft die Pathologie ebenso wie die Hygiene bei den zerstreuten oder gruppenweisen Fällen von acutem Darmkatarrh in der Regel auf eine putride Infection der Speisen, Getränke oder der Luft, welche den Kranken umgab. Ich denke keine neue, noch weniger aber eine gewagte Meinung auszusprechen, wenn ich bekenne, dass die im Sommer auftretende, besonders das Säuglingsalter so sehr verheerende Enteritis in den meisten Fällen wirklich mit einer putriden Infection im Zusammenhange steht.

---

[1]) Meine diesbezüglich in Budapest ausgeführten Untersuchungen werden weiter unten folgen. Vgl. auch: Johnston, Med. Tim. and Gaz., 1879. I, S. 52. Lewis Smith, New-York med. Record. 1878, Mai (Med. Tim. 1878, II, S. 109) u. A. m.

[2]) Medical Times, 1876, I, S. 551.

Die folgende Frage wird die sein: woher und auf welchem Wege gelangt der Infectionsstoff bei der Enteritis in den Organismus?

Die Nahrungsmittel können in dieser Richtung eine sehr wichtige Rolle innehaben; insbesondere die Milch. Dieses Nahrungsmittel wird eben den Säuglingen allgemein verabreicht; sie erscheint auch für die Aufnahme und Entwickelung von putriden Infectionskeimen sehr geeignet. Vor kurzer Zeit veranlasste ich Herrn stud. med. Fuchs in dieser Richtung Versuche auszuführen. Das Ergebniss entsprach der theoretischen Voraussetzung [1]). In der Milch, welche mit verunreinigtem Wasser versetzt worden war, entwickelten sich sehr bald die Bacillen, in deren Gefolge gewöhnlich die Gerinnung eintritt und welche die Vorboten der beginnenden Fäulniss sind. Kaninchen, welchen diese an Bacillen reiche Milch in den Magen gebracht wurde, bekamen Diarrhoeen und gingen in der Regel daran zu Grunde, während eine bacillenfreie Milch den Thieren gar keinen Schaden brachte.

Es ist nicht zu bezweifeln, dass die Milch in zahlreichen Fällen der Träger des Infectionsstoffes der Enteritis ist, da dieses Nahrungsmittel in der warmen Jahreszeit eher und schneller verdirbt und die Bacterien eher zur Entwickelung gelangen lässt, als bei kalter oder kühler Witterung.

Gerade so sind auch andere Nahrungsmittel, ist auch das Trinkwasser bei grosser Hitze der Fäulniss mehr ausgesetzt, als bei kaltem Wetter; es kann daher angenommen werden, dass sie bei diesen Zuständen eine heftige Reizung des Verdauungstractes verursachen, ferner eine putride Infection und in ihrer Folge Darmkatarrh erzeugen können. In der That suchen zahlreiche Aerzte die Ursache des im Sommer epidemisch auftretenden Darmkatarrhs in den verdorbenen Nahrungsmitteln und Getränken [2]).

Nichtsdestoweniger kann in der Milch und überhaupt in den Nahrungsmitteln allein die Grundursache für die epidemische Verbreitung der Enteritis ebenso wenig aufgefunden werden, als in der Wärme allein. Wie sollte man da erklären, dass die Enteritisepidemie in einem Falle in den Monaten Juni und Juli am heftigsten wüthet, obgleich die Temperatur und mit ihr auch die gefahrbringende Verderbniss der Nahrungsmittel ihre Acme erst in

---

[1]) S. Orvosi Hetilap, 1880, N. 3 (ungarisch).

[2]) Vgl. Sloane, Med. Times, 1876, I, S. 546; Alfred Hill, ibidem, 1876, II, S. 496.

den nachfolgenden Monaten erreicht, — und dass wieder in anderen Fällen anstatt des heissen Juni oder Juli, der weniger warme August, September oder gar October die grösste Enteritissterblichkeit aufweist?

Viele, insbesondere die englischen Aerzte bringen den Darmkatarrh mit den Canal- und Abtrittsgasen in Verbindung, welche sich beim warmen Wetter aus den Fäcalien entwickeln und die Luft und an der Luft stehende Nahrungsmittel inficiren. Auch diese Ansicht wird hinfällig, wenn man z. B. bedenkt, dass die Enteritis einmal früher eintrete als die grösste Hitze, ein andermal herabsinke, wenn die Hitze und mit ihr gewiss auch die Fäulniss der Abtrittstoffe weiter dauern.

Andere beschuldigen wieder das Zahnen als Hauptursache der Enteritis; dadurch kann aber die im Sommer auftretende grosse epidemische Welle am wenigsten erklärt werden. Dann brachte man auch die Entwöhnung der Säuglinge von der Mutterbrust vor, welche am Ende des Frühjahres, Anfangs Sommer (mit Eintritt der gemässigten Witterung) sehr üblich ist. Die veränderliche, bald im Juni, bald im October erreichte Acme kann aber auch durch diesen Umstand nicht erklärt werden.

Neben der Wärme muss daher anstatt der soeben vorgeführten noch ein anderer Factor bestehen, welcher die Entwickelung und die Wogung der Enteritis regulirt. Dieser Factor wurde in den Winden, in den Luftdruckschwankungen, in der Feuchtigkeit, den Regenfällen etc. gesucht. Ich will nur die letzteren besprechen.

Der Einfluss von Feuchtigkeit und Regen wird durch Baginsky[1]), Johnston[2]), Longstaff[3]) u. A. behauptet. Alle drei Genannten erklären sich dahin, dass die Enteritis bei trockenwarmer Witterung heftiger wüthet, während der Regen die Stärke der Epidemie herabsetzt. Dem entsprechen auch die durch die Budapester Beobachtungen gelieferten Daten.

Auf Taf. IV kann bemerkt werden, dass sich die Enteritis z. B. in 1864 auffallend spät entwickelte; zur Erklärung dieses Verhaltens verweise ich auf die Regenfälle, welche in diesem Jahre zur Sommersmitte sehr reichlich waren, wogegen im August, zur Zeit der Epidemie trockene Tage folgten. In 1869 ging z. B. der

[1]) Berliner klin. Wochenschrift, 1876, Nr. 8 u. 9.
[2]) Medical Times, 1879, II, S. 52.
[3]) Ibidem, 1880, I, S. 330.

trockene August mit einer hohen Enteritismortalität einher; in 1870 aber wurde die Krankheitscurve durch die Augustregen niedergedrückt. In 1871 ist der Sommer wieder trocken, demgemäss erhebt sich auch die Enteritis im Juli, August und September auf eine beträchtliche Höhe.

Noch lehrreicher aber sind die Einzelheiten der Daten für 1877 bis 1880. Es fällt nicht schwer zu erkennen (s. Taf. V), wie die Enteritis im April und Mai 1877, der Trockenheit dieser Monate gemäss, an Ausbreitung zunimmt, während den eingestreuten Regentagen an der Enteritiscurve Rückfälle entsprechen. Ueber die Mitte Mai hinaus hören die Regenfälle auf; von dieser Zeit an greift die Krankheit ganz entschieden um sich. Unbedeutende Regen und kühle Tage halten die Zunahme der Enteritis in der ihnen entsprechenden Zeit ein wenig auf, hinterher steigt aber die Curve wieder frei aufwärts und erreicht nach Kurzem ihren Höhepunkt. Von Mitte August ab folgen wieder Regentage; wir sehen alsobald auch die Enteritis abnehmen, dann treten wieder trockene Tage ein und die Curve erhebt sich von Neuem; zum Schluss folgen nochmals Regen und der Niedergang der Enteritis.

Auch in 1878 kann beobachtet werden, wie die Enteritis durch Regenfälle wiederholt niedergedrückt wird. So Anfangs Juli Regen: die Enteritis nimmt Mitte Juli ab; Ende Juli ein heftiger Platzregen: die Enteritis wird Anfangs August in der begonnenen Ausbreitung aufgehalten. Auch in der folgenden Zeit traf es noch einigemal ein, dass Regenfälle nach kurzer Zeit von einer entsprechenden Einbiegung der Enteritiscurve gefolgt waren. Mitte Juli 1879 Regen: die Enteritis sinkt am Ende des Monats. Mitte Juli neuer Regen: Ende Juli sinkt die Enteritis wieder herab. Darauf folgt trockene Witterung, die Enteritis bleibt aber trotzdem sehr milde, was vielleicht eben darin seine Begründung findet, dass die Wärme unterhalb der normalen verblieb.

In 1880 herrschte der Regen bis Ende Juni vor; demgemäss sinkt auch die Enteritiscurve immer tiefer herab; dann folgten trocken-warme Tage und der Darmkatarrh griff rasch um sich. Platzregen im August drücken auch die Enteritis für diesen Monat nieder, nach den folgenden trockenen Tagen erhebt sie sich wieder, fällt nach Regentagen aufs Neue etc.

Nach Erwägung dieser Daten kann nicht länger bezweifelt werden, dass die Entwickelung der Enteritis neben der Wärme demnächst durch die Regenfälle beeinflusst wird. Inmitten der heftigsten Epidemie erfolgt nach einem ausgiebigen Regenfall in 8 bis 10 Tagen eine Verminderung der Opfer der Epidemie. Ein zeitweiliger reicher Platzregen bewahrt im Juli und August zahlreiche junge Menschenleben vor den Verheerungen der Enteritis. Es ist zu bedauern, dass diese vortheilhafte Wirkung des Regenfalles nicht dauerhaft ist. Wie zu sehen war, pflegt sich die Krankheit nach dem Regen alsobald von Neuem zu erheben.

In Anbetracht dieser Zusammenwirkung von Wärme und Regen gewinnt die Ueberzeugung noch mehr an Kraft, dass diese Naturkräfte durch die Vermittelung der Fäulnissprocesse und ihrer Producte auf die Verbreitung jener Krankheit einwirken. Wo haben wir aber den Schauplatz der Fäulniss zu suchen? Dieser Schauplatz muss sehr ausgebreitet, dazu auch der Wärme und dem Regen ausgesetzt sein. Ein solcher ist der Boden, der verunreinigte Untergrund der Städte.

Alles weist darauf hin, dass in der That dieser verunreinigte Boden, insbesondere seine oberflächliche Schichte die Stätte bildet, wo sich der Infectionsstoff der Enteritis niederlässt, keimt und von wo er sich überall hin verbreitet; dass der Fäulnissprocess der obersten Bodenschichte für diejenige Naturkraft zu betrachten ist, welche die epidemische Ausbreitung der Enteritis regulirt.

Diese Bodentheorie, wie ich sie nennen will, befähigt uns allein, jene vielerlei eigenthümlichen Erscheinungen zu erklären, welche sich am zeitlichen und örtlichen Vorherrschen der Enteritis bemerkbar machen. Mit ihrer Hülfe kann auch die allgemeine Erfahrung erklärt werden, dass die Enteritis vorwiegend eine Krankheit der Städte mit verunreinigtem Boden ist, und dass auch in den einzelnen Städten erkennbarerweise gewisse Stadttheile von der Krankheit am meisten zu leiden haben, so z. B. in Leicester diejenigen Stadttheile, deren Boden angeschüttet, nicht drainirt, mit Wasser durchtränkt war [1]); ebenso bilden auch in Budapest diejenigen Stadttheile den Schauplatz der Enteritis, wo der unreinste Boden zu finden ist [2]).

Auch der Einfluss des Regens auf die Enteritis kann durch die Bodentheorie begreiflich gemacht werden. Der Regen durch-

---

[1]) Siehe den Bericht von Buck und Franklin, Med. Times and Gazette, 1876, Bd. I, S. 94.

[2]) Siehe unten.

feuchtet auf einmal den Boden der ganzen Stadt und modificirt darin die Zersetzung auf dem ganzen Gebiete; doch pflegt diese nach dem Regen um so heftiger aufzulodern, gerade so, wie es nach einem Regen auch die Enteritis thut. Andererseits wird der Regen die Nahrungsmittel nur wenig modificiren, die übelriechenden Emanationen der Abtritte u. A. m. in beschränktem Maasse verändern können, so sehr, dass, wenn man diese als die Ursachen der im Sommer auftretenden Enteritisepidemien betrachten wollte, die Rolle der Regenfälle ganz unverständlich bliebe.

Zum Schluss stimmt auch die erwähnte, bis zu einem gewissen Grade gehende Unabhängigkeit der Enteritis von der Wärme mit dem Verhalten der im Boden verlaufenden Zersetzungsprocesse gegen die Wärme überein: auch die Bodenfäulniss wird, wie das bei der Enteritis augenscheinlich der Fall ist, durch die Wärme regulirt, doch kommt bei dieser Steuerung auch der Feuchtigkeit und noch anderen uns heute noch ungenügend bekannten Umständen eine wesentliche Rolle zu.

Ob nun aber der Boden bei der Entwickelung der Enteritis in der That eine Rolle spielt, dafür könnte der unmittelbarste Beweis durch eine Vergleichung der Enteritismortalität mit der Bodenfäulniss selbst eingebracht werden. Zu diesem Zwecke thut man am besten, die Bodenkohlensäure in Betracht zu ziehen, von der ich oben nachgewiesen habe, dass sie die Modificationen der im Boden verlaufenden Zersetzung im grossen Ganzen ausdrücken kann.

Unternimmt man es daher, die Schwankungen des Kohlensäuregehaltes der Grundluft in der oberflächlichen (1 m tiefen) Schichte (s. Taf. V, Fig. 2) mit der Enteritiscurve (Taf. V, Fig. 4) zu vergleichen, so wird sich Folgendes ergeben:

Die — aus der Menge der freien Kohlensäure beurtheilte — Bodenfäulniss mag, wie schon weiter oben ausgeführt wurde, von den Jahren 1877 bis 1880, in 1877 am beträchtlichsten gewesen sein; dann folgen in abnehmender Reihe 1880, 1879 und 1878. Mit dieser Erfahrung stimmt das allgemeine Verhalten der Enteritis überein: am heftigsten herrschte sie in 1877 und 1880, am gelindesten in 1879 und 1878.

Dieses Zusammentreffen von Enteritis und Bodenfäulniss kann uns auch ermuntern die Vergleichung auf die Einzelheiten auszudehnen.

Die Bodenkohlensäure erhebt sich in 1877 von einem tiefen Stande, mit Anfang Juni beginnend, sehr hoch und gelangt mit kurzen Unterbrechungen Anfangs Juli auf den Höhepunkt; die Enteritis beschreibt ganz den gleichen Weg und zwar so ziemlich gleichzeitig mit der Kohlensäure; auch hier ist die Erhöhung eine rapide, auch hier sieht man eine Unterbrechung auf halbem Wege und die Acme, stets durch einen 10 bis 14 Tagen entsprechenden Raum von ihr getrennt, der Kohlensäure folgend. Dann fällt die Kohlensäurecurve, erhebt sich neuerdings ein wenig und fällt abermals; ganz dasselbe Verhalten beobachtet auch hier die Enteritiscurve. Nach der Mitte des September folgt an beiden Curven auf einen tiefen Abfall eine mässige Erhöhung, darauf ist wieder ein rasches Sinken zu sehen.

1878 beginnt die Kohlensäure schon früher anzusteigen und verbleibt auch länger auf dem hohen Stande; doch war in diesem Jahre eine solche explosionsartige Erhöhung, wie wir sie in 1877 sahen, nicht zu beobachten; sehr nahe übereinstimmend finden wir die Enteritis: sie erhebt sich bereits Mitte Juni zu einer namhaften Höhe, vermag sich aber hier nicht zu behaupten, sondern sinkt zurück und wächst dann mit sehr mässiger Steigung continuirlich an. Den Höhepunkt erreicht sie sehr spät, erst Anfangs October und nicht — wie im vorigen Jahre — im Juli, doch hat auch diese Culmination nicht jenes explosionsartige Aeussere, wie an der vorigjährigen Enteritiscurve.

Eine noch mehr ins Einzelne gehende Vergleichung wird in diesem Jahre noch mehr Uebereinstimmungen nachweisen: im Juni und Juli zeigen Kohlensäure und Enteritis eine mässige Erhöhung; — im August ist die Kohlensäure von Anfang bis zu Ende sehr hoch, auch die Enteritis ist es; — Anfangs September eine neuere Kohlensäurezunahme, die Enteritis folgt ihr auf dem Fusse, — erstere sinkt wieder herab, der Darmkatarrh ihr nach; — Ende September schnellt die Kohlensäure für kurze Zeit in die Höhe und erreicht in dieser vorgeschrittenen Jahreszeit das diesjährige Maximum: nach Kurzem steigt auch die Enteritis aufwärts und steht Anfangs October auf dem Höhepunkt. Hierauf ist an beiden ein gleich steiler Rückfall auszunehmen, gefolgt von einer geringen Erhöhung, welche für die Kohlensäure auf Ende October, für die Enteritis — ganz entsprechend — auf Anfang November fällt.

In 1879 lassen sich an der Bodenfäulniss wieder ganz andere Eigenthümlichkeiten beobachten. Die Kohlensäure erreicht ihr Maximum sehr früh, schon Anfangs Juni, wird dann stationär und sinkt im Juli und August, als die Enteritis gerade am höchsten steht, rasch abwärts. Die Entwickelung der Enteritis entspricht dieser Unregelmässigkeit der Kohlensäure: sie tritt unter ungünstigen Verhältnissen sehr bescheiden auf und sinkt ohne heftige Schwankungen zurück. Eine mehr ins Einzelne gehende Uebereinstimmung zwischen Kohlensäure- und Darmkatarrhcurve kann in diesem Jahre, wegen der geringen Schwankungen, nicht gut ausgenommen werden; in dieser Hinsicht fallen noch am meisten auf: die Zu- und Abnahme im September und Anfangs October.

In 1880 nimmt die Kohlensäure zur Frühjahrsmitte gleichmässig zu, jedoch nicht so heftig, als z. B. in 1877, obschon gegen Ende Mai an der Curve eine kleinere Prominenz wahrzunehmen ist: auch die Enteritis greift im Mai und Juni um sich und steht höher als in anderen Jahren; Anfangs Juni lässt sie sogar eine kleine Welle erkennen, gerade so, wie das 10 bis 14 Tage früher an der Kohlensäure bemerkt wurde. Gegen Mitte Juli fängt die Kohlensäure an zu sinken und fällt bis gegen die Mitte des folgenden Monates unausgesetzt, wo sie dann eine neuere aber nicht sehr dauerhafte Erhöhung erleidet. Die Enteritis zeigt auch mit dieser Bewegung eine ganz augenfällige Parallelität: am 15. bis 20. Juli erreicht sie den Höhepunkt, worauf sie bis zum Ende des nächsten Monates schnell abfällt und jetzt ebenfalls eine Erhöhung von kurzer Dauer erfährt.

Aus Alledem ist nicht zu verkennen, dass die Enteritis während der vier Beobachtungsjahre sowohl in den Hauptzügen als auch in vielen Einzelheiten mit dem Zersetzungsprocesse der oberflächlichen Bodenschichte übereinstimmte, dass sie mit dem Kohlensäuregehalte der Grundluft parallele Schwankungen ausführte.

Diese Ergebnisse berechtigen uns, wie ich meine, wenn auch nicht als sichere Kenntniss, so doch jedenfalls als begründeten Verdacht, oder gar als Ueberzeugung auszusprechen, dass die epidemische Verbreitung der Enteritis unter dem Einflusse des in der oberflächlichen Bodenschichte verlaufenden Zersetzungsprocesses steht.

Das Mitspielen der tieferen Bodenschichten kann ausgeschlossen werden, weil die Enteritis mit keinem der in der Tiefe des Bodens auf- und abschwankenden Processe irgend einen Zusammenhang erkennen lässt. Die Schwankungen des Grundwassers, die Veränderungen des Donauspiegels, die Durchwärmung der tiefen Schichten, alles dieses wechselt und erneuert sich, ohne an der Enteritiscurve Spuren zurückzulassen.

Nach alledem sind die im Sommer auftretenden Enteritisepidemien als eine solche Infectionskrankheit zu betrachten, deren Quelle im Zersetzungsprocesse der oberflächlichen Bodenschicht gelegen ist. Der Boden producirt hier zu gewissen Zeiten massenhaft den Infectionsstoff, welcher unter der Einwirkung von Luft und Winden in der unsere Wohnungen umströmenden Atmosphäre zerstreut wird[1]). Er dringt in unsere Respirationsorgane, mit den Nahrungsmitteln gelangt er in Magen und Darm und erzeugt bei Individuen mit geschmälerter oder geringer Widerstandskraft (bei Säuglingen) oder nach massenhafter Aufnahme die Symptome der putriden Infection, den acuten Darmkatarrh.

d. Cholera.

Wir wollen uns nun noch mit dem zeitlichen Verhalten der Cholera kurz befassen.

Jedes der zuletzt verflossenen Jahrzehnte sah diese Seuche in Budapest erscheinen[2]), wo sie eine grosse Anzahl von Menschenleben dahinraffte. Zur Zeit der zwei Epidemien befasste sich noch Niemand mit Bodenuntersuchungen; wir werden daher auch nicht im Stande sein, die Cholera mit einschlägigen genauen Daten vergleichen zu können. Trotzdem führten die hier dargelegten Untersuchungen zu einem Schlüssel, mit dessen Hülfe die Cholera

---

[1]) Ob an dieser Ausstreuung des Infectionsstoffes die Strömungen der Bodenluft theilnehmen oder nicht, kann heute mit Bestimmtheit noch nicht entschieden werden; aus den im I. Theile dieses Werkes enthaltenen Ausführungen ging jedoch mit grosser Wahrscheinlichkeit hervor, dass die Enteritis mit der Bodenniveaukohlensäure, also mit den hauptsächlichsten Strömungen der Grundluft, keinerlei Zusammenhang aufwies.

[2]) Die Cholera des Jahres 1866 wurde von Karl Tormay, damaligem Oberphysicus, beschrieben (Beiträge zur Statistik der Vitalitäts- und Mortalitätsverhältnisse der Stadt Pest, Pest 1867; ungarisch); dieselbe und die Epidemie von 1872 bis 1873 hat Géza Halász bearbeitet in dem anlässlich der Wanderversammlung der ungarischen Naturforscher und Aerzte in 1879 erschienenen Sammelwerke: „Budapest und seine Umgebung“ (ungarisch). Endlich wurde die Epidemie von 1872 bis 1873 auch von Josef Körösi beschrieben in dem Werke „Die Sterblichkeit der Stadt Pest, in den Jahren 1872 und 1873 und ihre Ursachen. Budapest 1874“ (ungarisch).

mit den Grundwasserschwankungen verglichen werden kann. Auf dieser Grundlage ist es möglich auch das zeitliche Verhalten der Cholera in den Kreis unserer Ausführungen zu ziehen.

Vergleicht man auf Taf. IV die Epidemien der Jahre 1866, 1872 und 1873 mit einander, so wird sofort ein bedeutender Unterschied im zeitlichen Verhalten der Seuche auffallen. In 1866 zeigte sich die Epidemie bereits im Juli, aber bloss sporadisch; auch im August blieb die Krankheit gemässigt, erhob sich erst im September zu einer erschreckenden Höhe, und erhielt sich auch im October noch ziemlich hoch. In 1872 kam nur in den Monaten November und December ganz mässig eine kurze Epidemie zur Entwickelung. In 1873 zeigten sich den Winter und Frühling hindurch sporadische Fälle unausgesetzt, als Warnung, dass die Seuche noch immer in unserer Mitte weilt, aber aus irgend einem Grunde nicht zu Kräften kommen kann; im April und Mai kam es sogar schon zu einer kleinen Epidemie, die aber im Juni neuerdings nachliess. Endlich brach die Seuche im Juli mit voller Kraft los, erreichte im August den Höhepunkt, nahm aber im September sehr rasch ab. Die Epidemie des Jahres 1866 entwickelte sich also um mehr als einen Monat später, als die von 1873, doch sank die letztere auch um einen Monat früher herab, als die Epidemie von 1866.

Es erscheint zweckmässig diese charakteristischen Unterschiede ins Auge zu fassen und nachzuforschen, was es wohl verursacht haben mag, dass die Cholera in den Jahren 1866, 1872 und 1873 auf so verschiedene Weise an die Zeit gebunden war?

Man wird sofort einsehen, dass die Ursache nicht im Mangel an Infectionsstoff gelegen haben konnte; die Cholera befand sich nämlich in allen drei Fällen schon eine geraume Zeit in unserer Mitte bis sie sich zur oben angegebenen Zeit zur Epidemie entwickelte. Im Frühling 1873 begann sie sogar schon epidemisch um sich zu greifen, doch wurde sie durch den Junimonat — wie das Wechselfieber zu anderen Zeiten — für diesmal noch eingedämmt. Auch daran ist nicht zu denken, dass die Verschleppung des Keimes unter der Bevölkerung im Juni durch etwas hintangehalten worden, dagegen im Juli, zur Zeit der epidemischen Ausbrüche, die Möglichkeit hierfür zurückgekehrt wäre. Wir hatten also den Infectionsstoff unzweifelhaft auch schon vor dem Ausbruch der Epidemien in unseren Mauern, doch wurde er durch etwas am „Zeitigen“ verhindert, oder vermochte er aus irgend einem Grunde an den Menschen nicht zu haften, da diese zu jener Zeit für ihn nicht disponirt waren.

Es darf in der Folge kaum bezweifelt werden, dass dieses eigenthümliche Gebundensein an die Zeit bei der Cholera von ganz ähnlichen atmosphärischen und Bodenverhältnissen abhängig ist, wie sie das Wechselfieber oder die Enteritis steuern.

Zuerst denkt man an die atmosphärische und Bodenwärme. Dass diese auf die Krankheit Einfluss üben, wird Niemand bezweifeln; man sieht, wie die Epidemie zur ihrer Entwickelung die Sommer- und Herbstzeit aufsucht und wie sie den Winter und Frühling meidet.

Durch die Temperatur allein kann nichtsdestoweniger das zeitliche Verhalten der Epidemien von 1866 und 1873 in Budapest nicht erklärt werden. In 1866 erreichte die Cholera, wie aus Taf. IV ersichtlich, den Höhepunkt zwei Monate nach der grössten Hitze und war auch im October bei tief herabgesunkener Temperatur noch immer sehr stark. In 1873 hingegen folgte die Acme der grössten Hitze auf dem Fusse. Dann blieb auch der Juni (1873) mit der Choleracurve hinter den beiden vorangegangenen Monaten oder den Monaten November und December des vorigen Jahres zurück, trotzdem, dass er viel höhere Temperaturen hatte, als alle die zuletzt genannten Monate.

Wie bei allen im Obigen besprochenen Infectionskrankheiten macht sich auch für die Cholera der Einfluss der Feuchtigkeit auf die epidemische Verbreitung bemerkbar. Körösi erwähnt bei der Behandlung der Cholera von 1872 bis 1873, dass ein Vergleichen der feuchten und trockenen Tage für die letzteren ganz entschieden eine grössere Morbidität ergiebt, als sie die ersteren hatten. Noch bestimmter sprechen aber für den Einfluss der Feuchtigkeitsverhältnisse die graphischen Abbildungen, welche auf Taf. IV enthalten sind.

In 1866 hatte der August ziemlich hohe Regenmengen und Wasserstände in der Donau; zur selben Zeit vermochte sich die Cholera trotz der Hitze, wie zu sehen, nicht zu erheben; darauf sanken die Regencurve und der Donaustand rapide abwärts und die Cholera schwang sich zu bedeutender Höhe empor. In 1873 fielen hingegen Regenmenge und Donaustand schon im Juli ab, und verblieben auf dem niederen Stande: auch die Cholera erhob sich bereits im Juli und erreichte im August den Höhepunkt. Endlich in 1872, als die Cholera nicht vermochte sich auszubreiten, ragen Juli und August, einigermaassen auch noch September und October durch hohe Regenmengen und Donauwasserstand über die entsprechenden, durch die Seuche heimgesuchten Monate der Jahre 1866 und 1873 hervor.

Diese wenigen Daten sind, denke ich, für die Aetiologie der Cholera nicht ganz ohne Werth; sie beweisen, dass:

1. *die Cholera an die Zeit gebunden ist.* Zur epidemischen Verbreitung genügt es nicht, dass die Krankheit eingeschleppt werde, auch das reicht nicht hin, dass sie stellenweise in der Bevölkerung Fuss gefasst habe; zu epidemischer Verbreitung wird die Krankheit nur dann gelangen, wenn die zeitliche Disposition des Ortes bereits eingetreten ist. Ohne diese erreicht die Cholera nur eine mässige Ausbreitung, wie z. B. Ende 1872 und im Frühjahre 1873.

2. *Die zeitliche Disposition der Cholera wird durch die Wärme*[1] *und Feuchtigkeit der oberen Bodenschichten, durch den Regen sichtlich beeinflusst.* Im Ganzen genommen scheint die Cholera in dieser Beziehung mit dem Wechselfieber und ganz besonders mit der Enteritis auffallend übereinzustimmen. Mit dem Typhus scheint sie hingegen in directem Gegensatze zu stehen, insofern als an diesem kein Einfluss der Wärme und Feuchtigkeit der Bodenoberfläche zu erkennen ist.

3. In Budapest stehen die Schwankungen der Cholera wahrnehmbar unter der Einwirkung *des Donaustandes und der von diesem abhängigen Grundwasserschwankungen.* Sowohl 1866 als auch in 1872 bis 1873 konnte sich die Cholera bei hohem Donaustand nur sehr schwer weiter entwickeln, entflammte aber 1866 und 1873 sehr heftig, als der Wasserstand herabsank. Dieser Umstand beweist uns neuerdings, dass *die epidemische Verbreitung der Cholera unter dem Einflusse des Bodens steht,* doch beweist er ausserdem, dass die Cholera auch in dieser Hinsicht ein vom Typhus verschiedenes Verhalten beobachtet, somit wahrscheinlich einer anderen

---

[1]) Im Jahre 1866 war dem entsprechend, dass die Cholera ihre Verheerungen bis spät in die Jahreszeit hinein fortsetzte, auch die Temperatur der oberflächlichen Bodenschicht eine auffallend hohe. Nach Schenzl (a. a. O.) betrug die Bodentemperatur für den October in 1,17 m Tiefe in den Jahren 1863 bis 1871 im Mittel bloss 15,07° C., in 1866 hingegen 16,08°, d. i. mehr als in welchem immer der neun Jahre.

Ursprungsstätte entstammt. Während die zeitliche Disposition für den Typhus — wie es scheint — in den tieferen Bodenschichten, und zur Zeit der Grundwassererhebungen entwickelt wird, ist die Cholera eine Ausgeburt der in den oberflächlichen Bodenschichten verlaufenden Processe — gleich dem Wechselfieber und der Enteritis — und gewinnt an Ausbreitung bei sinkendem Grundwasser.

Drittes Capitel.

Oertliche Verhältnisse des Bodens zu Budapest, und die Infectionskrankheiten.

Vertheilung der Infectionskrankheiten auf die einzelnen Stadttheile.

Vor einigen Jahren liess ich aus den amtlichen Registern der Todtenbeschauärzte alle Todesfälle herausschreiben, welche von 1863 bis 1877, also im Verlaufe von 15 Jahren, durch infectiöse und contagiöse Krankheiten, also durch Cholera [1]), Typhus [2]), Blattern, Scharlach, Masern, croupöse und diphtheritische Angina etc. verursacht waren; auch die Wohnhäuser, in welchen die Todesfälle vorkamen, wurden verzeichnet [3]). Auf Grund dieser Daten bezeichnete ich dann auf Stadtplänen jeden Hausgrund

---

1) Nur die indische Cholera wurde in das Verzeichniss aufgenommen.

2) In den Todtenregistern wird auch heute noch bei der Unterscheidung von exanthematischem- und Abdominaltyphus nicht mit hinreichender Sorgfalt vorgegangen, so dass unter Typhus beide Krankheiten summirt dargestellt sind. Zur Beruhigung kann ich übrigens erwähnen, dass der exanthematische Typhus in Budapest sehr selten ist, so dass die überwiegende Anzahl der verzeichneten Typhusfälle füglich als Abdominaltyphus angesehen werden kann.

3) Für die im Spitale Verstorbenen suchte ich das Haus hervor, in welchem sie erkrankt waren. Leider gelang mir das sehr mangelhaft, weil in den älteren Spitalregistern die Angabe des Hauses, aus welchem der Kranke hineingebracht wurde, häufig fehlt. Deshalb und auch wegen anderer Mängel konnte ich viele Todesfälle auf meinen Karten nicht verzeichnen. Dadurch wird aber der statistische Werth der Notirungen in Nichts geschmälert. Obwohl viele Todesfälle weggelassen werden mussten, zeigt doch die verbliebene überwiegende Mehrzahl die Oertlichkeit der Epidemien mit hinlänglicher Verlässlichkeit.

mit so vielen Punkten, als in jenem Hause im Verlaufe der 15 Jahre Todesfälle an einer der genannten Krankheiten vorgekommen sind.

Diese Seuchenkarten wiesen ein überraschendes Bild auf. Es konnte mit einem Blick übersehen werden, wie auffällig und wie verschieden sich die erwähnten Krankheiten auf dem Gebiete von Budapest vertheilen. Gewisse Krankheiten — wie Diphtherie, Croup, Scharlach, sowie, obwohl weniger ausgesprochen, auch die Masern — waren über das ganze städtische Territorium gleichmässig vertheilt. Innere Stadt und Vorstädte waren eine so dicht mit Punkten besäet, wie die andere. Eine Gruppirung der Todesfälle nach Strassen oder Häusern war gar nicht, oder nur sehr wenig zu bemerken. Ganz anders nahmen sich die Karten für Cholera, Typhus, Enteritis und einigermaassen auch die Blatternkarte aus [1]). An diesen konnte die übereinstimmende Wahrnehmung gemacht werden, dass sich die Todesfälle in einzelnen Stadttheilen, innerhalb dieser in einzelnen Strassen und in gewissen Häusern in sehr auffallender Weise anhäuften, während sie anderwärts in geringer Anzahl und einzeln zerstreut vorkamen.

Diese Karten sprachen somit deutlicher als das beredteste Raisonnement; sie bewiesen, dass gewisse Krankheiten in Budapest an gewisse Orte gebunden sind, dass an diesen Orten etwas vorhanden ist, was zur Erhöhung der Erkrankungsdisposition wesentlich beiträgt [2]). Zu diesen Krankheiten sind — wie erwähnt — hauptsächlich Cholera, Enteritis, dann Typhus und gewissermaassen auch noch Blattern u. A. [3]) zu zählen. Sie bewiesen aber auch das noch, dass andere epidemische Krankheiten von denselben localen Verhältnissen entweder gar nicht, oder doch nur in sehr geringem Maasse abhängig sind; solche universale

[1]) Die Enteritis habe ich in der Karte auf Grundlage nur dreier Jahre (1875 bis 1877) verzeichnet. Die örtliche Vertheilung konnte schon aus diesem dreijährigen Material mit voller Bestimmtheit erkannt werden und entsprach vollkommen dem örtlichen Verhalten von Cholera und Typhus. Die in 1877 begonnene neue Häusernnumerirung hat diese localistischen Beobachtungen (insbesondere auch meine Studien über Wechselfieber und Pneumonie) behindert.

[2]) Reinhard veröffentlichte im Jahre 1874 eine sehr lehrreiche Karte, auf welcher das locale Vorherrschen von Cholera und Wechselfieber in Sachsen von 1832 bis 1872 verzeichnet ist. S. Vierter Jahresbericht d. Landes-Medicinal-Collegiums über das Medicinalwesen im Königreiche Sachsen. Dresden 1874.

[3]) So ganz gewiss auch Wechselfieber und vielleicht auch die Pneumonie.

Krankheiten — wie sie zum Unterschiede von der localen Krankheit benannt sein mögen — sind Masern, Croup, Scharlach und Diphtherie.

Von den Seuchenkarten habe ich zwei — die Typhus- und Cholerakarte — meiner Arbeit beigelegt (s. Tafel VII und VIII), weil wir sie zu den späteren Studien noch benöthigen werden. Die übrigen hielt ich aus Ersparungsrücksichten für entbehrlich.

Wir wollen uns nun mit diesen Karten etwas eingehender beschäftigen. Vergleicht man sie unter einander: so wird man gewahr, dass Typhus und Cholera übereinstimmend denselben Theil der Stadt besetzt halten, respective unbelästigt lassen. Dieser Theil kann leicht und bestimmt umschrieben werden: vor Allem kann man eine halbkreisförmige ausgebreitete Seuchenzone ausnehmen, welche die Innere Stadt und den inneren Theil der Leopoldstadt in der Form eines breiten Gürtels umgiebt. Sie geht am unteren Theile der Stadt von jener Gegend der unteren Donauzeile aus, wo sich, laut meiner obigen Beschreibung, der Strom der Grundwässer in die Donau ergiesst; von hier überzieht sie den ganzen mittleren Theil der Franzstadt, übergeht dann in die Josefstadt, wo sie gleichfalls den mittleren Theil einnimmt. Sie setzt nun in die Theresienstadt über, in welcher sie beinahe zwei Drittel einnimmt, und gelangt endlich über die äusseren, wenig bewohnten Gründe der Leopoldstadt wieder zur Donau. Diese Seuchenzone bildet nur deshalb kein gleichmässig dunkel punktirtes Gebiet, weil sich inzwischen ausgedehnte, noch unbebaute Gründe erstrecken. Wo diese unbewohnten Areale innerhalb der Seuchenzone durch bewohnte Complexe abgelöst werden, stellen sich auch die Tod bedeutenden Punkte dicht ein. Es ist das z. B. in der Theresienstadt, in der Szövetség- und Erdösorgasse, ferner in der Szondy-, insbesondere aber in der Aradigasse der Fall. Auch in der Leopoldstadt ist das Gebiet der Epidemien sofort zu erkennen, in der, die vielen unbewohnten Gründe abwechselnden äusseren Nádorgasse und in den hier gelegenen etlichen bewohnten Häusern der oberen Donauzeile.

Wie gross ist der Unterschied zwischen dieser ausgedehnten Seuchenzone und den übrigen Stadttheilen! Die Innere Stadt erscheint mit dem inneren Theile der Leopoldstadt gleich einer gutgeschützten Insel, welche auf der einen Seite von den Wellen des Donaustromes, auf der anderen durch die Wogen der Epidemie belagert wird. Von diesen Stadttheilen ist der Uebergang zur Seuchengegend ein allmäliger, so dass selbst die inneren Theile der Franz-, Joseph- und Theresienstadt, dem wirklichen Seuchengebiete gegenüber noch als mehr-weniger immun erscheinen. Ebenso verhalten sich auch die jenseits der Seuchenzone gelegenen äusseren Gründe.

Es wird unserer Aufmerksamkeit nicht entgehen, dass selbst einzelne, umschriebene Theile der vorhin als immun beschriebenen Gegenden stärker heimgesucht erscheinen, als ihre seuchenfreie Umgebung. Unter ihnen wünsche ich bloss jene Gegend hervorzuheben, welche im unteren Theile der Inneren Stadt, nahe an der Donau gelegen, lang hingestreckt aber schmal ist, und sich an der unteren Grenze der Inneren Stadt ausweitet; sie umfasst insbesondere die Molnár-, Lipót- und Szerbgasse.

Andererseits treten innerhalb der Seuchenzone viele Häuser durch besonders dichte Punktirung hervor; es sind dort sehr häufig Häuser anzutreffen, welche einen Seuchenherd bildeten, — ausserhalb der Seuchenzone hingegen begegnet man solchen Häusern äusserst selten. Desgleichen kann ersehen werden, dass selbst in der am stärksten verseuchten Gegend zahlreiche Häuser — und eben die unmittelbaren Nachbarn der siechhaften — von den Krankheiten immun geblieben sind. Auch innerhalb der Seuchengebiete giebt es immune Inseln, — so wie andererseits auf immunen Gebieten verseuchte Häuser anzutreffen sind.

Meine Seuchenkarten haben im Angeführten den weiterhin zu verfolgenden Weg ausgesteckt. Aus ihnen ist zu entnehmen: dass auf dem Gebiete der Hauptstadt einzelne Gegenden und Stellen, einzelne Häuser wahrhaftige Seuchennester bilden, während andere auffallend frei von Typhus und Cholera sind. In Folge dessen werde ich nunmehr zu suchen haben, in welchen örtlichen Verhältnissen die Ursache dessen gelegen ist, dass den soeben erkannten Stadttheilen, Strassen und Häusern eine grössere Disposition zu Erkrankungen an Typhus, Cholera und Enteritis innewohnt, als anderen auf den Karten gleichfalls leicht aufzufindenden nebenanliegenden Stadttheilen, Strassen und Häusern?

Um diese Frage beantworten zu können, habe ich Untersuchungen eingeleitet, mit Hülfe deren ich klarzustellen trachtete: welche Bodenverhältnisse an den siechhaften, und welche an den seuchenfreien Orten obwalten? welche Elevation, Configuration und Drainageverhältnisse der Boden besitzt, wie gross der Abstand des Grundwasserspiegels von der Bodenoberfläche ist, und zwischen welchen Grenzen das Grundwasser schwankt? in welchem

Maasse die oberflächlichen und tieferen Bodenschichten verunreinigt sind und wie der obwaltende Zersetzungsprocess im Boden geartet ist etc. Ich untersuchte des Weiteren, welche chemische Zusammensetzung das an jenen Orten im Boden eingeschlossene Wasser besass? wie das Trinkwasser dort beschaffen war? Endlich untersuchte ich jene Wohnhäuser und Strassen einzeln, welche eine auffallende Disposition oder eine auffallende Immunität hinsichtlich Cholera und Typhus aufwiesen; ich nahm die Reinlichkeit der Höfe, die Bauart der Wohnräume, das Aussehen der Inwohner, das Verhältniss von Abtritten und Brunnen zu einander etc. in Augenschein.

Von all diesen Untersuchungen werde ich mich gegenwärtig bloss mit den auf den Boden bezüglichen befassen; die auf das Wasser Bezug habenden Untersuchungen bleiben dann im III. Theile dieses Werkes zu erörtern. Die Wohnungen und Wohnungsverhältnisse will ich bei einer anderen Gelegenheit in einem Aufsatze behandeln.

Niveauverhältnisse des Bodens und die Infectionskrankheiten.

Wer die Strassen von Pest abgeht, würde denken, dass dieser Theil von Budapest flach ist gleich einer Tafel. Der aufmerksamere Spaziergänger wird jedoch wahrnehmen, dass diese Oberfläche überall wellig ist; hier erhebt sie sich, dort, in einer viel grösseren Ausdehnung, ist sie tiefer. Noch mehr werden die Unebenheiten der Bodenoberfläche demjenigen auffallen, welcher in die einzelnen Häuser einkehrt, und auch ihre Höfe und Gärten in Augenschein nimmt; er wird dann noch grössere Vertiefungen ausfindig machen können, welche auf der Strasse nicht bemerkbar waren, weil das Strassenniveau in der ganzen Stadt fortwährend auf ein gewisses Minimum angeschüttet wird und im grössten Theile der Stadt thatsächlich bereits erhöht wurde.

Hierin liegt die Ursache dessen, dass die Plankarten, welche ich mir verschaffte, um daran die Erhöhungen und Vertiefungen des städtischen Bodens zu studiren, über die Schwankungen der Oberfläche kein genaues Bild liefern, weil sie alle nur diejenigen Höhencoten der Strassen enthalten, bis wohin diese bereits angeschüttet sind, während die um Vieles tiefer gelegenen Höfe, Gärten, kurz das wirkliche Bodenniveau durch die Zahlenwerthe der technischen Höhenmessungen verdeckt wird. Hierauf wollte ich aufmerksam gemacht haben, bevor ich den Leser eingeladen hätte sich auf der beiliegenden Tafel IX über die Niveauverhältnisse eine Orientirung zu verschaffen.

Auf dieser Karte nimmt das Dunkel der Farben mit der tieferen Bodenlage zu. Der dunkelste Farbenton bedeckt jenes Areal, welches weniger als 7 m über dem Nulpunkt der Donau gelegen ist; die nächstfolgende Nuance drückt die Höhenlage zwischen 7 bis 8 m aus, dann die Höhe von 8 bis 9, von 9 bis 10 m. Das weisse Areal liegt höher als 10 m. Die Höhenlage der Bodenoberfläche findet man auch durch jene Zahlen ausgedrückt, welche ich auf derselben Karte zur Bezeichnung des Grundwasserstandes notirt habe. Bei den neben die einzelnen Brunnen geschriebenen Zahlen drücken Zähler und Nenner zusammen die Höhenlage jener Stelle über dem Nullpunkt der Donau aus.

Diesen Angaben kann entnommen werden, dass in dem am linken Donauufer gelegenen Theile von Budapest der Unterschied zwischen den am höchsten und den am tiefsten gelegenen Gegenden auf dem ganzen grossen Gebiete kaum 4 m beträgt; nur am südlichen und südöstlichen Ende der Stadt, und auch hier nur in beschränkter Ausdehnung, steigt der Boden plötzlich an und erhebt sich bis auf 15 und mehr Meter über den Nullpunkt der Donau.

Wir wollen nun die tiefer und die höher gelegenen Stadttheile aufsuchen. Vor Allem wird ein sehr ausgebreitetes Gebiet — eine Zone — in dunkler Farbe erscheinen, „welches die Innere Stadt und den inneren Theil der Leopoldstadt in der Form eines breiten Gürtels umgiebt. Sie geht am unteren Theile der Stadt von jener Gegend der unteren Donauzeile aus, wo sich, laut meiner obigen Beschreibung, der Strom der Grundwässer in die Donau ergiesst . .“. Ich kann von einer weiteren wörtlichen Wiedergabe der obigen Beschreibung der Seuchenzone füglich Umgang nehmen; wie ersichtlich, passt sie auf die Situirung der am tiefsten gelegenen Stadttheile ganz genau. Ich ersuche daher den Leser die Lage der tiefen und der von Epidemien heimgesuchten Stadttheile auch weiterhin selbst zu vergleichen. Er wird bemerken, dass die von Epidemien ziemlich schwer geplagten Theile der Franz-, Josef- und Theresienstadt auf der Höhenkarte als tiefliegend dargestellt sind, desgleichen auch jener äussere Theil der Leopoldstadt, welcher von Epidemien auffällig heimgesucht wurde. Ein dunkles Becken erstreckt sich auch über jenen Theil der Inneren

Stadt, welcher die Molnár-, Lipót- und Szerbgasse umfasst, und von welcher oben bemerkt wurde, dass er inmitten der immunen Areale einen Seuchenherd bildete.

Wir wollen es uns nicht verdriessen lassen und diejenigen Stadttheile noch weiter hervorheben, welche hinsichtlich der Höhenlage und der Disposition eine Uebereinstimmung aufweisen. Wir werden uns dabei überzeugen, dass die Uebereinstimmung nicht etwa bloss auf die Extreme beschränkt ist, sondern selbst in den kleinsten Details aufgefunden werden kann. Nicht allein die grosse Seuchenzone fällt mit dem grossen Becken der Bodenvertiefung zusammen, sondern auch die Krümmungen der Grenzen dieser Bodenvertiefung, ja sogar andere, kleinere Vertiefungen in entfernteren Stadttheilen sind unverkennbar von der Vermehrung der Typhus- und Cholerafälle begleitet. Es ist das aber nicht so sehr auf der Niveaukarte zu erkennen, als bei der Besichtigung der einzelnen Strassen, Häuser und Höfe, die uns auch über diejenigen Bodensenkungen aufklärt, welche auf der Karte, im Niveau der aufgeschütteten Strassen, keinen Ausdruck findet.

So kann z. B. eine bedeutende Typhus- und Choleramortalität in der Mitte der Dávid-, Bárány- und Lovaggasse wahrgenommen werden; diese Strassen liegen in der Theresienstadt neben einander und verlaufen parallel. Auf der Niveaukarte ist in dieser Gegend keine Bodensenkung zu erkennen, um so mehr aber, wenn man die Strassen, besonders aber die Höfe selbst besichtigt. Dasselbe kann von dem Areal gesagt werden, welches sich zwischen Királygasse, Sugárút-strasse in der Nähe der Országút-strasse ausbreitet. und welches eine überaus grosse Anzahl von Typhusfällen aufweist, während der Boden auf der Karte ziemlich hochgelegen erscheint. Thatsächlich liegt der ursprüngliche Boden auch hier tief. Wer die schöne Nádorgasse entlang blickt, kann gegen die Mitte der Gasse eine Bodensenkung wahrnehmen. Es ist das in dieser Gegend der tiefste Punkt des ganzen Stadttheiles: hier sieht man auch die Epidemien sich stärker anhäufen, als in den übrigen Gassen dieses Stadttheils.

An zwei anderen Punkten der Stadt kann jedoch eine andere auffallende Beobachtung gemacht werden. Die Erdösor- und Szövetséggasse einerseits, die Illésgasse andererseits sind Herde sehr heftiger Epidemien, und doch liegen diese Gassen ziemlich hoch. Es verhält sich in der That so; doch sind die genannten Strassen nicht allein hoch, sondern gleichzeitig an der Grenze der Bodenerhöhung gelegen; unter diesen Gassen sinkt die Oberfläche plötzlich tiefer herab. Wie bekannt, hat Pettenkofer schon anlässlich seiner ersten, über die Choleraepidemie von 1854 angestellten Untersuchungen hervorgehoben, dass diejenigen Häuser, welche auf einem solchen Uebergangsgebiete liegen, den Seuchen nicht minder unterworfen sind, als die tiefliegenden Stellen selbst. Für Pest wird dasselbe durch die zwei angeführten Beispiele bestätigt.

Demnach darf im Allgemeinen gesagt werden, dass in Pest zwischen den Niveauverhältnissen des Bodens und zwischen Cholera, sowie auch Typhus, Enteritis ein ganz bestimmter und unverkennbarer Zusammenhang obwaltet.

Die Verunreinigung des Bodens.

Es sei mir fern, aus dem soeben hervorgehobenen Zusammentreffen der Typhus- und Choleragebiete mit den Bodenvertiefungen die Folgerung abzuleiten, dass die gedachten Krankheiten von der erhöhteren oder tieferen Lage des Bodens abhängig sind. Seitdem Farr auf Grundlage von in London gesammelten Daten eine ähnliche Theorie aufstellte [1]) und seitdem sich dieselbe in mehreren Fällen als irrthümlich herausstellte, weiss man, dass die Erhöhung des Bodens für sich allein die Immunität oder Disposition nicht erklären kann. Wir wissen, dass die Bodensenkung bloss deshalb mit der localen Vertheilung der Epidemien einhergeht, weil eben der tiefgelegene Boden ganz besonders geeignet ist die Hauptbedingungen von Typhus und Cholera in sich zu vereinigen.

Diese aufklärende Deutung wurde der Epidemiologie durch Pettenkofer geliefert [2]); er machte darauf aufmerksam, dass die tiefliegenden Orte eben in Folge dieses Umstandes in der Regel einen porösen Boden haben, und zum Hinströmen der Verunreinigung, sowie — in Folge ihrer Drainageverhältnisse — zur Durchfeuchtung, zur Schwankung der Feuchtigkeit ganz hervorragend geeignet sind.

In der That sprechen von mehreren Seiten beigebrachte Erfahrungen dafür, dass es die Verunreinigung des Bodens ist, welche auf die Entstehung jener Krankheiten in erster Reihe einfliesst. An erster Stelle wünsche ich der Erfahrungen der englischen

---

[1]) Report on the mortality of cholera in England, 1848—1849, S. 62.

[2]) Untersuchungen und Beobachtungen üb. d. Verbreitungsart d. Cholera. München, 1855, S. 239.

Aerzte zu gedenken, welche Typhus, Diarrhoe, Dysenterie etc. in solchen Städten, Strassen und Häusern am häufigsten auftreten sahen, in welchen sich die Fäcalien in schlechten, unzweckmässigen Gruben anhäuften, wo Boden und Luft in der Nähe der Wohnhäuser durch Kehrichtgruben, Düngerhaufen und Schweineställe inficirt wurden [1]). Noch bestimmter sprechen die Untersuchungen, welche Cordes in Lübeck ausgeführt hat [2]). In dieser Stadt hatten von 1832 bis 1866 während 11 Choleraepidemien ein jedesmal dieselben Stadttheile, vier Vertiefungen des städtischen Bodens, unter der epidemischen Verbreitung der Krankheit zu leiden. Wurde die Cholera auch über diese Vertiefungen hinaus in andere Stadttheile verschleppt: so breitete sie sich hier nicht weiter aus. Ueber den Boden der verseuchten Vertiefungen aber schreibt Cordes, dass er sich durch Bohrungen und bei Grabungen, welche zu Canalisationszwecken etc. ausgeführt wurden, überzeugen konnte, dass die oberflächlichen Bodenschichten nichts weiter als Jahrhunderte alter Dünger waren [3]).

In Dresden war während der Epidemie von 1873 der heftigste Choleraherd in der „Gerbergasse". Hier erkrankten in 22 Häusern binnen kurzer Zeit 51 Individuen, und starben davon 36. Den Boden der Häusergruppe, welche die meisten Erkrankungsfälle aufwies, hält Günther zur Zeit der Epidemie für sehr verunreinigt, weil das Siel dieser Häusergruppe seit Langem verstopft war [4]).

Auch in Ingolstadt lassen die von der Cholera heimgesuchten Häuser eine bedeutende Bodenverunreinigung vermuthen; desgleichen in Ebersberg [5]). In Heilbronn war der tiefste, älteste, schmutzigste Stadttheil — dessen Boden also wahrscheinlich auch am meisten verunreinigt war — durch die Cholera am meisten überfluthet [6]).

In Thorn ist gleichfalls ein gewisser Stadttheil den Epidemien am meisten ausgesetzt. Ueber diesen Stadttheil schreibt Mar-

---

[1]) Second Report of the Med. Offic. of the Privy Council, 1859. Vgl. Sander, Hndb. d. öff. Gesundheitspflege, Leipzig, 1877, S. 51.

[2]) Die Cholera in Lübeck, Ztschr. f. Biol. 1868 (Bd. IV), S. 167.

[3]) O. c. S. 212.

[4]) Die Choleraepidemie des Jahres 1873 im Königreiche Sachsen. Berlin, 1876, S. 62.

[5]) C. F. Mayer, Generalbericht über die Choleraepidemie im Königreiche Bayern. 1873/1874. München, 1877.

[6]) R. Volz, Die Choleraepidemie der Jahre 1873 im Königreiche Württemberg. Berlin 1877, S. 105.

quardt, dass sein Boden in unerhörtem Maasse mit organischen Substanzen verunreinigt ist [1]). Auch anderwärts konnte auf die Verunreinigung des unter den, durch die Cholera heimgesuchten Stadttheilen oder Häusern gelegenen Bodens mit mehr weniger Bestimmtheit geschlossen werden; so in Magdeburg [2]), Unterstrass [3]) u. A.

Ein anderes sehr deutliches Beispiel für die nachtheilige Wirkung der Bodenverunreinigung liefert die Geschichte der Gemeinde Gennevilliers in der jüngsten Zeit. In Folge dessen, dass die Berieselung mit dem Pariser Sielwasser zu reichlich und mit ungenügender Vorsicht bewerkstelligt wurde, stieg das Grundwasser in der nahe zu den Rieselfeldern gelegenen genannten Gemeinde um 2 Meter und wurde dabei sehr unrein. Alsobald traten auch in der Gemeinde perniciöse Wechselfieber auf; in anderen Gemeinden, z. B. in Gréssillon, wo die Berieselung auf die Verunreinigung von Boden und Grundwasser nicht einfloss, zeigte sich kein Wechselfieber [4]).

Auch die Zeugenschaft gewisser allgemeiner Symptome ist in dieser Richtung unverkennbar. Der Typhus ist vorwiegend die Krankheit der Städte, deren Boden durch das gedrängte Zusammenwohnen und durch die Jahrhunderte alte Colonisation am meisten verunreinigt wurde. In den Städten haben hinwieder diejenigen Theile vom Typhus am meisten zu leiden, in welchen zur Bodenverunreinigung die meiste Gelegenheit geboten ist. Die zweckmässige Canalisation, welche der Bodenverunreinigung vorbeugt, wirkt vortheilhaft auf die Typhusmortalität der Stadt ein (Hamburg, Frankfurt, München, englische Städte). Aehnliche Erfahrungen sprechen auch bezüglich der Cholera (Danzig) etc. Nach alledem stimmt die grösste Wahrscheinlichkeit dafür, dass die locale Disposition von der Bodenverunreinigung, von dem Fäulnisszustande des Schmutzes abhängig ist. Wir wollen nun untersuchen, wie es mit der Verunreinigung des Pester Bodens in den

---

1) Deutsche Militärärztl. Ztschr. 1878, Heft 9. Vergl. Hiller, Die Lehre von der Fäulniss, S. 259.

2) Beziehungen der letzten Choleraepidemie zu den Bodenschichten Magdeburgs. Abhandl. d. naturwiss. Vereins zu Magd. 1874, Hft. 5, S. 25.

3) Zehnder, Bericht über die Choleraepidemie des Jahres 1867 im Canton Zürich, 1871, S. 21.

4) S. den Bericht von Finkelnburg; Vjschr. f. öff. Gesdhtspfl. 1877, Heft III.

von der Epidemie heimgesuchten und in den verschonten Stadttheilen, Strassen und Häusern bestellt war.

a) Die zur Untersuchung der Bodenverunreinigung ausgeführten Erdbohrungen.

Als ich mich entschloss den Boden von Budapest behufs Feststellung seiner Verunreinigung einer eingehenden Untersuchung zu unterwerfen: nahm ich eine überaus beschwerliche, doch auch eben so lehrreiche Arbeit in Angriff, welche erst nach Jahre langen Mühen zu einem befriedigenden Abschluss gebracht werden konnte. Bei der Ausführung der Bodenuntersuchungen war die Frage folgendermaassen aufgestellt: ist die Bodenverunreinigung in den für Epidemien disponirten Stadttheilen und Häusern eine grössere als in jenen Stadttheilen, insbesondere aber in jenen Häusern, welche sich für immun herausstellten?

Zur Untersuchung wählte ich am ganzen städtischen Gebiete mehrere hundert Häuser aus, welche von Cholera, Typhus oder von beiden auffallend zu leiden hatten, andererseits solche — und zwar möglichst in der unmittelbaren Nachbarschaft der vorigen —, welche von den Epidemien eben so auffallend verschont blieben. In diesen zwei Sorten von Häusern nahm ich die Untersuchung des Bodens in Angriff, von der Ueberzeugung geleitet, dass ich, wenn sich die Verunreinigung unter diesen Verhältnissen in den disponirten Häusern als eine grössere herausstellt, als in den immunen, die Disposition der Verunreinigung werde zur Last schreiben können, denn bei der grossen Anzahl der untersuchten Häuser ist nicht anzunehmen, dass die höhere oder geringere Verunreinigung bloss ein zufälliges Zusammentreffen sei. Bei so eingerichteter Untersuchungsmethode wird auch für die Missdeutung kein Weg offen bleiben, wie das der Fall gewesen wäre, hätte ich z. B. einige Bodenuntersuchungen in der Seuchenzone ausgeführt und sie mit einigen anderen von dem immunen Gebiete herstammenden Analysen confrontirt. Im letzteren Falle hätte mir entgegnet werden können: wohl war der Boden in der Seuchenzone mehr verunreinigt, doch ist ebendort auch das Bodenniveau ein tieferes, auch das Grundwasser hatte eine andere Strömungsrichtung, auch die Häuser waren mit Gärten umgeben etc., während all das auf dem immunen Gebiete sich anders verhielt; es kann demnach das Zustandebringen der Disposition mit demselben Rechte ganz anderen Umständen zugeschrieben werden, wie der Verunreinigung des Bodens. Jeder derartige Zweifel wird durch das Bewusstsein ausgeschlossen, dass die untersuchten Häuser einander nahegelegen waren und hinsichtlich Bevölkerung, allgemeine Reinlichkeitsverhältnisse, Pflasterung, Bodenvertiefung etc. übereinstimmten, während die Bodenverunreinigung eine specielle Eigenschaft des Hauses, des gesunden sowohl als des ungesunden, bildete.

Um die Bodenverunreinigung in Erfahrung zu bringen, beschloss ich in den bezeichneten Häusern mit dem Erdbohrer bis zu 4 m Tiefe Bodenproben auszuheben, und diese dann auf das Maass der Verunreinigung zu untersuchen.

Ich liess Ersuchsschreiben drucken und sandte sie den betreffenden Hauseigenthümern zu, um ihre Einwilligung zu den Bohrungen zu erhalten. Die Meisten — zu ihrem Lobe sei es gesagt — gestatteten die Bohrung ohne Anstand, obschon ihnen daraus einige Unannehmlichkeiten erwuchsen. Es musste an einer Stelle im Hofe das Pflaster für den Bohrer aufgerissen werden, während der Arbeit drängte sich aus der Nachbarschaft Alt und Jung in den Hof, um sich die staunenswerthe, mysteriöse Schatzgräberei anzusehen. Mehrere Eigenthümer zeigten sogar Interesse für das Ergebniss der Bohrungen. Andere hingegen verwahrten sich gegen das Aufwühlen ihres Hausgrundes; umsonst war jede Bitte, jede Aufklärung, sie begegneten tauben Ohren.

Zur Bohrung wurde am frei liegenden Theile des Hofes eine geeignete Stelle ausgesucht. Von der Annahme ausgehend, dass der Boden beim Bau hauptsächlich in der Nähe des Brunnens verschont bleibt, dass also eben hier ein ursprünglicher, und nicht ein durch Zufall an einer umschriebenen Stelle unverhältnissmässig veränderter Boden anzutreffen sein wird, wurde der Bohrer hier, gewöhnlich 2 m vom Brunnen entfernt und auf jener Seite des Brunnens angesetzt, welche gegen die Abtrittgrube oder gegen das Siel des Gebäudes gekehrt war.

Die Bohrungen waren ein hartes Stück Arbeit; man wird das einsehen, wenn man bedenkt, dass der Boden unserer Stadt grösstentheils aufgeschüttet ist, dass auch die Höfe im Laufe der Jahre zu wiederholten Malen angeschüttet, mit allerlei Pflaster, Bauschutt etc. bedeckt wurden.

Das grösste Hinderniss bot sich der Bohrung selbstverständlich in der obersten Bodenschicht; hier waren die vielen Backsteinfragmente, Pflasterreste etc., welche zuweilen ein weiteres

Vordringen überhaupt unmöglich machten. Unterhalb 1 bis 2 m drang der Bohrer im jungfräulichen Sand oder Lehm gewöhnlich schon leichter vor, und konnte die Erde bis zu derjenigen Tiefe aufschliessen, bis wohin die Anschüttung selten hinabreichte, wo also der Urboden gewonnen wurde.

In der Regel liess ich in jedem ausgewählten Hause nur eine Bohrung ausführen; ausnahmsweise wurde an zwei Stellen gebohrt um die Verunreinigung besser zu ermitteln. Von dem Erdreich, welches der Bohrer genau bei 1, 2 und 4 m Tiefe zu Tage förderte, wurden Proben in bereitgehaltene Glasgefässe gefüllt, in das Laboratorium gebracht und hier der in vorhinein festgestellten Untersuchung unterworfen.

Diese Untersuchung bestand darin, dass vor Allem aus der Mitte der eingebrachten Bodenprobe ein kleines Krümchen in bereit gehaltene sterilisirte Hausenblaselösung ausgesäet, dann die Gattung und Beschaffenheit des Bodens (Sand oder Lehm, ursprünglicher oder angeschütteter Boden etc.) bestimmt, endlich der Boden chemisch analysirt wurde.

b. Mikroskopische Bodenuntersuchung.

Mikroskopische Bodenuntersuchungen wurden bisher sehr spärlich ausgeführt. In der gesammten wissenschaftlichen Literatur finde ich nur von Birch-Hirschfeld einschlägige Beobachtungen [1]). Dieser ausgezeichnete Anatom wurde vom sächsischen Medicinal-Collegium betraut, anlässlich einer Legung von Wasserleitungsröhren 19 Proben des Dresdener Bodens in hygienischer Beziehung mikroskopisch zu untersuchen [2]). Hirschfeld mikroskopirte den zu Händen erhaltenen Boden selbst, dann mit dem Boden geschütteltes Wasser, endlich auch Cohn'sche Nährlösung, welche mit einigen Tropfen von diesem Wasser eingeimpft worden war. In den beiden ersteren fand er nichts Nennenswerthes. An der Nährflüssigkeit konnte er jedoch beobachten, dass einige Bodenproben eine sehr starke Bacterienentwickelung verursachten, andere hingegen nicht. Im grossen Ganzen — sagt Hirsch-

---

[1]) Prof. Ahles hat zu Tübingen den Boden einer Caserne untersucht, konnte jedoch — wie er sagt — aus Zeit- und Raummangel aus den Bodenproben keine Bacterien züchten (?). S. Hermann Schmidt, Die Typhusepidemie im Füsilierbataillon zu Tübingen. Tübingen 1880, S. 122.

[2]) Fünfter Jahresbericht des Landes-Medicinal-Collegiums etc. Dresden 1875, S. 183.

feld — wurden diese Organismen vom feuchten Boden eher producirt, als vom trockenen. Die in der Cohn'schen Flüssigkeit zur Entwickelung gelangten Organismen waren vorwiegend Mikrobacterien (*B. termo*); in ein bis zwei Fällen traten auch Faden- und Schraubenbacterien (*B. bacillus*, *Vibrio*) und einigemal auch Schimmel auf.

In der aus dem Boden gehobenen Erde, wenn sie mit einem Tropfen Wasser befeuchtet unter das Mikroskop gebracht wurde, fand auch ich nichts Beachtenswerthes. In dem vergrösserten Tropfen waren Milliarden von glänzenden und glanzlosen Kügelchen, Ei-, Bisquit- oder stäbchenförmigen Körperchen zu sehen, welche ruhig lagen oder in zitternder Bewegung begriffen waren. In vielen fand ich verschiedene, kugelige zellenartige Gebilde; es waren unzweifelhaft Eier von niederen Organismen; auch Bruchstücke von Diatomeen und noch vieles Andere traf ich an. Zuweilen schwammen überaus kleine, madenförmige Wesen in der Bodenprobe herum. Die Ansicht von Sachverständigen hielt sie für Larven niederer Thiere. Diese Methode der Untersuchung gab ich sehr bald auf.

Auch dann gelangte ich nicht um vieles weiter, wenn die Bodenprobe mit frischer Hausenblaselösung befeuchtet und auf dem Stricker'schen heizbaren Objecttische einige Stunden hindurch aufmerksam beobachtet wurde. Nach kürzerer oder längerer Zeit traten winzige, zitternde oder tanzende Zellen, oder Zellengruppen, bald ein bis zwei langsam schwimmende Stäbchenbacterien auf; erst um vieles später, frühestens nach 3 bis 4 Stunden vermehrten sich diese Organismen und waren von dem umgebenden Detritus deutlich zu unterscheiden. Auch diese Untersuchungsmethode musste ich aufgeben, weil sie zu viel Zeit beanspruchte, obwohl sie in gewisser Hinsicht Erfolg versprach.

Ich habe nun mehrere hundert Aussaaten in Hausenblaselösung ausgeführt. In der Regel nahm ich von den aus 1 und 4 m Tiefe stammenden Proben der zu untersuchenden Bodengattungen kleine Krümchen und brachte sie in je ein Züchtgläschen. Diese Bodenprobe trachtete ich ganz besonders vor der von der Luft drohenden Verunreinigung möglichst zu bewahren. Die aus dem Boden gehobene Erdprobe wurde sofort in ein eigens hierzu dienendes Gefäss gebracht; vor der Aussaat wurde zuerst ein Theil der im Glase enthaltenen Erde entleert, dann von der frisch aufgedeckten Oberfläche mit einer geglühten Pincette ein ganz kleines Krümchen ergriffen, in das für einen Augenblick geöffnete Ichthyocollaröhrchen geworfen und das letztere mit dem Wattepfropf sofort wieder verstopft. Gewöhnlich bildete sich um das zu Boden gesunkene Erdpartikelchen nach zwei bis drei Tagen eine graue Wolke; alsbald trübte sich die ganze Nährlösung, wurde dünnflüssiger und übelriechend. Nach etwa 14 Tagen prüfte ich die Culturen mit dem Mikroskop. Im Allgemeinen stimmt die hier gewonnene Erfahrung mit derjenigen überein, welche ich im ersten Theile dieses Werkes (S. 101 bis 115) beschrieben habe. Auch hier traten in den Culturen alle Formen von Bacterien auf, und zwar sowohl für sich als Reincultur, als mit anderen Formen vergesellschaftet. Ausser ihnen kamen noch die allereinfachsten winzigen, kugeligen Infusorien vor, die sich mit Hilfe feiner Härchen oder einer stärkeren Peitsche fortbewegten.

Es würde mich zu weit führen, wollte ich das Ergebniss einer jeden Cultur einzeln beschreiben; es dürfte hinreichen, wenn ich das Resultat summirt darlege.

Vor Allem wünsche ich hervorzuheben, dass Bacterien in der oberflächlichen Erdschicht des Pester Bodens, selbst in den kaum einige Milligramm betragenden Erdpartikelchen, zu jeder Zeit anwesend waren. Es gelangen nämlich alle mit der aus 1 m Tiefe entnommenen Erde angesetzten Culturen ohne Ausnahme.

Die aus 4 m Tiefe gewonnene Erde brachte hingegen in drei Fällen überhaupt gar keine Bacterien hervor. Davon stammten zwei Proben aus dem Boden desselben Hofes (Uellöer Caserne), die dritte von einem anderen Orte. In der Tiefe sind also Bacterien überhaupt in geringerer Zahl anwesend, als in den oberflächlichen Schichten. Es geht das auch daraus hervor, dass die mit den Erdproben aus 4 m Tiefe angesetzten Culturen in der Regel eine geringere und elendere Bacterienentwickelung aufwiesen als die Culturen der einmetrigen Bodenerde. So habe ich unter 50 mit der vorigen Bodenprobe ausgeführten Culturen bei 12 notirt, dass sie auffallend weniger Bacterien erzeugten, als der einmetrige Boden; die entgegengesetzte Beobachtung machte ich in keinem einzigen Falle.

Dieser Befund stimmt mit dem Ergebnisse des weiter oben (S. 26) angeführten Versuches überein und bestätigt neuerdings, dass der Boden auch beim Abwärtssickern des Wassers im Stande ist, die Bacterien zurückzuhalten.

Es scheint, dass im Pester Boden Mikro- und Desmobacterien in gleicher Menge vertreten sind; ich fand sie in einer gleichen Zahl der Culturen, nämlich im Verhältnisse von 67 resp. 68 pro

100 Gläschen. Viel seltener schon sind Spirobacterien (12 Proc.) und Sphärobacterien (12 Proc.). Infusorien tummelten sich in 26 Proc. der Ichthyocollaproben herum; Schimmelmycelien entwickelten sich in 3 Proc. der Culturen.

Die verschiedenen Bacterienformen sind auf die verschiedenen Tiefen sehr ungleichmässig vertheilt: in der oberflächlichen Schicht überwiegen Desmo- und Sphärobacterien und sind Mikrobacterien seltener. Daraus kann geschlossen werden, dass in der oberflächlicheren (und, wie es sich herausstellen wird, auch verunreinigteren) Bodenschicht eher Fäulniss als Oxydation und Nitrification vor sich geht.

Diese Annahme wird auch durch folgende Vergleichung bestätigt: ich stellte solche Bodenproben, welche im Kilo mehr als 300 mg organischen Stickstoff enthielten, denjenigen gegenüber, welche einen minderen Stickstoffgehalt aufwiesen und prüfte nun, welche Bacterienformen sich in den bereiteten Culturen am meisten vermehrten. Dabei kam heraus, dass von 48 Culturen verunreinigter Bodenproben in 40 Desmobacterien, und zwar in allen Fällen massenhaft auftraten; von 51 Culturen reineren Bodens producirten bloss 17 die Fadenbacterien reichlich, 11 andere sehr kärglich, es waren also hier insgesammt nur 28 Culturen mit Desmobacterien. Die Mikrobacterien waren hingegen im reineren Boden häufiger. Je unreiner also der Boden ist, um so mehr vermögen Desmobacterien in ihm zur Herrschaft zu gelangen [1]), diejenige Bacterienform, welche, wie es scheint, am meisten befähigt ist, im thierischen Organismus Krankheiten zu erzeugen [2]). Wenn daher der verunreinigte Boden überhaupt einen Schaden für unsere Gesundheit in sich birgt: so besteht auch die Möglichkeit, dass die Träger, die Erzeuger der Schädlichkeit die dort wachsenden und gedeihenden Fadenbacterien sind. Sind aber Bacterien — insbesondere die Desmobacterien — als krankmachende Agentien zu betrachten, so liegt andererseits die Möglichkeit sehr nahe, dass sie durch den verunreinigten Boden reichlich geliefert werden.

Um den causalen Zusammenhang zwischen der Verbreitung epidemischer Krankheiten (Typhus, Malaria, Cholera) und gewissen Bodenbacterien, ferner zwischen der ungesunden Beschaffenheit eines Wohnhauses und der Bacterienart, welche im Boden

---

[1]) Vergl. S. 34.

[2]) Vergl. I. Thl. dieses Werkes, S. 127 u. ff.

des Hauses gedeiht, zu ermitteln, dazu halte ich meine bisherigen Untersuchungen weder für zahlreich, noch für eingehend genug.

c. Physikalische Bodenuntersuchung.

Die geologischen Verhältnisse des Pester Bodens wurden durch Geologen vom Fach, wie Dr. Peters, Dr. Josef Szabó, Max Hantken, Dr. Karl Hoffmann und neuestens, bei der Bohrung der artesischen Brunnen, von Wilhelm Zsigmondy wiederholt durchforscht. Aus diesen Arbeiten ist uns bekannt, dass er aus Schichten besteht, welche mit denen des Ofner Gebirges identisch und mit einer sehr mächtigen, wasserdichten Tegelschicht bedeckt sind. Auf diese lagert sich endlich die 15 bis 20 m starke Schicht des oberflächlichen Alluviums aus Kies und Sand.

Ich habe kaum zu beweisen, dass diese rein geologische Aufklärung über die Beschaffenheit unseres Bodens das Interesse des Hygienikers nicht befriedigen kann. Die Hygiene interessirt sich eben für die speciellen Verhältnisse der oberflächlichsten Schicht. Ueber diese haben mir erst die eigenen Bohrungen die erwünschte Aufklärung verschafft.

Vom hygienischen Standpunkte kommt demjenigen Theil des Bodens die grösste Bedeutung zu, welcher sich von der Oberfläche bis zum Grundwasser erstreckt. Diesen Theil konnte ich durch die Bohrungen an sehr vielen Stellen in seiner ganzen Stärke erschliessen; in vielen Fällen erreichte aber der Bohrer, welcher nicht tiefer als auf 4 m eingesenkt werden konnte, nur den zweidrittel bis halben Weg zwischen Oberfläche und Grundwasser.

In dieser oberflächlichen Schicht begegnete ich am häufigsten Sand von etwas kleinem Korn. In diese Sandschicht reichte zuweilen auch Kies, viel häufiger aber sandiger Lehm sowie ein fett anzufühlender, plastischer, grauweisser Thon herauf.

Am oberflächlichsten und mächtigsten fand ich den Lehm in der inneren Stadt das Donauufer entlang. Hier, in der Molnárgasse, bestand der Boden von 1 bis 4 m Tiefe aus feinem, mit Sand oder Schlamm vermengtem Lehm; von hier auf- und abwärts längs des Donauufers sinkt die Oberfläche der Lehmschicht tiefer, stadteinwärts gehend konnte sie der Bohrer sehr bald nicht mehr erreichen. In einer schwachen Lagerung war sie auch noch gegen die Mitte der Kecskemétigasse in 2 m Tiefe zu finden. In der Leopoldstadt besteht die oberflächliche Schicht grösstentheils aus reinem oder schlammigem Sand; aus 3 bis 4 m Tiefe wurde gewöhnlich Kies heraufbefördert. Um die Tiefe von 2 bis 3 m dehnt sich unter diesem Stadttheile eine lehmhaltige Sandschicht von einigen Centimetern Mächtigkeit aus. Sehr ungleichmässig ist der Boden in der Theresienstadt beschaffen. In Häusern, welche kaum einige Meter von einander entfernt sind, bestand der Boden bald aus reinem Lehm in der ganzen bis auf 4 m erschlossenen Tiefe, bald aus reinem Sand; es war das z. B. an der Ecke der Hajós- und Szerecsengasse der Fall. Eine mit sehr feinkörnigem Sand untermischte Lehmschicht dehnt sich längs der Bodensenkung aus, in welcher die Akáczfa-, Diófa- und Keresztgasse gelegen sind; sie erstreckt sich von der Kerepesistrasse bis zu der durch die Szerecsengasse gebildeten Linie und scheint hier eine Mulde zu bilden, deren Sohle sich etwa längs der Kereszt- und Diófagasse befindet, und die sich in die Josefstadt hinüberzieht. Aehnliche schlamm- und sandhaltige Lehmschichten wurden auch längs der Aradigasse angebohrt. Die übrigen Theile der Theresienstadt ruhen auf feinkörnigem Sand.

In der Josefstadt bildet die mit Sand untermischte Lehmschicht unter der Oberfläche eine ausgebreitete Lage. Sie liegt grösstentheils etwa 4 m tief und senkt sich von Osten gegen Westen allmälig tiefer. In der Gegend zwischen Statio-, Üllöi- und Serfözögasse jedoch erhebt sich gegen Osten zu ein Lehmrücken, unter wellenförmigen Schwankungen bis ganz nahe unter die Bodenoberfläche. Diese Wellen scheinen mehrere kleinere beckenförmige Vertiefungen einzuschliessen.

In der Franzstadt besteht der Boden im Allgemeinen aus Sand und unter diesem aus Kies; lehmhaltige Schichten wurden hier sehr selten angetroffen und waren sehr schwach.

Die Lehmschichten bilden, wie erwähnt, stellenweise beckenförmige Vertiefungen von verschiedener Ausdehnung. Diese Becken können jedoch das Grundwasser nicht ansammeln; ich stiess wenigstens bei den Jahre hindurch und zu jeder Zeit fortgesetzten Bohrungen über dieser oberflächlichen Lehmschicht kein einziges Mal auf angesammeltes Wasser.

Ich bin nicht geneigt, die hygienische Bedeutung dieser Lehmschicht und Becken im Pester Boden hoch anzuschlagen. Es ist mir nämlich nicht gelungen, zwischen ihrer Verbreitung und dem Schauplatz der Seuchen irgend einen bestimmteren und constanteren Zusammenhang zu eruiren. Die Franzstadt hatte z. B. von den Epidemien sehr viel zu leiden und doch fand sich unter ihr kaum etwas Lehm; andererseits hielt sich der Lehm in der Josefstadt an das Seuchengebiet und überhaupt auch an die Bodenvertiefung.

Jedenfalls darf auch das nicht ausser Acht gelassen werden, dass der Lehm in unserem Boden nur stellenweise, und mit anderen Bodenarten — Sand und Humus — vermengt vorkommt und dass seine Schichten von unbedeutender Mächtigkeit sind.

d. Chemische Untersuchung der Bodenverunreinigung.

Wie viele Tausend Centner Schmutz, Fäcalien, Abwasser, Dünger, Kehricht hat dieser arme Boden, auf dem wir in Budapest wandeln, jährlich aufzunehmen, wer könnte das sagen? Wie zahlreich sind die Quellen der Bodenverunreinigung, welche wir in unseren Mauern beherbergen! Unsere Siele sind grösstentheils für das Schmutzwasser nur zu permeabel; Fäcalien und Schlamm häufen sich in den Sielen so sehr an, dass diese sehr oft aufgerissen werden müssen, um die obturirenden Abfallstoffe mit der Schaufel zu entfernen.

Von den städtischen Abfällen ist derjenige Theil, welcher durch die Siele in die Donau abgeführt wird, sehr gering; viel mehr verseicht in den Boden. Noch schlimmer ist es um die nicht canalisirten Stadttheile bestellt, wo die fauligen Abfälle in gut oder schlecht gemauerte Gruben gelangen. Diese Gruben werden unregelmässig gereinigt; es kam sogar, und gewiss nicht zu selten, vor, dass der Inhalt der Abtrittgrube, um die Kosten der Abfuhr zu ersparen, in ein im Hofe oder Garten improvisirtes Loch überführt wurde.

Und gar noch die Höfe, wo Kühe gehalten werden! Hier bedecken Dünger und Stalljauche den halben Hof. Letztere ergiesst sich unmittelbar in den Brunnen, und auf der in kaum 2 bis 3 m Tiefe befindlichen Wasseroberfläche sieht man beinahe die Jauche fettig schimmern. Andere halten ihre Kühe gar im Keller, wo sie bis zur Fessel in Düngerjauche stehen etc.

Ebenso wird der Boden auch durch die Anschüttungen verunreinigt, welche die tiefliegenden Gründe und Strassen erhöhen sollen. Zum Glücke geht, heute wenigstens, die städtische Behörde bei diesen Anschüttungen schon etwas sorgfältiger vor; doch sah ich auch in den allerjüngsten Tagen, wie der städtische Kehrichtwagen den von der Strasse aufgelesenen Pferdemist zum Anschütten anderer Strassen in der Vorstadt verwerthete. Natürlich war die Praxis in früheren Zeiten noch schlechter. Das Donauufer wurde grösstentheils mit Kehricht und gebrauchter Gerberlohe angeschüttet; die unbebauten Plätze und tiefliegenden Strassen der Vorstädte waren Ablagerungsstätten für den Kehricht etc. Auf diese Weise wurde die Aradigasse und überhaupt die ganze Bodensenkung aufgeschüttet, welche den inneren Theil der Stadt halbkreisförmig umgiebt und welche wir auf Grundlage der obigen Erörterungen kurz als Seuchenzone benannten.

Bis zu welchem Grade sich die Bodenverunreinigung an manchen Stellen steigert, wird man sich denken können, wenn ich mittheile, dass mehr als eine Bodenprobe so wie sie aus der Erde geholt wurde, von ekelerregendem, fauligem Geruche war; andere, und zwar die meisten Bodenproben, wiesen einen unangenehmen Verwesungsgeruch auf. Auch solchen Boden traf ich an, in welchem Hadern, Schuhsohlen, Haare, Federn, Knochen etc. einen grösseren Theil ausmachten, als die Erde, unter welche sie gemengt waren. Es kamen mir Bodenproben vor, in welchen — um die augenscheinlichsten Beispiele der chemischen Analyse zu erwähnen — mehr animalische organische Substanzen enthalten waren, als in einem gleichen Gewichte von frischen thierischen Auswurfsstoffen, von Harn und Fäces; Bodenproben, welche beim Rösten einen ekligen Gestank verbreiten etc.

Dass ein auf solchen Boden gebautes Haus nicht gesund sein kann, dass sich die Infectionskrankheiten im Weichbilde unserer Stadt mit Vorliebe aufhalten, ist nach dem Gesagten wohl zu erwarten. Meine Untersuchungen hatten aber den Zweck, für die hygienische Bedeutung der Bodenverunreinigung einen exacten Beweis zu beschaffen; für das Verhältniss, in welchem die Infectionskrankheiten (insbesondere Cholera, Typhus und Enteritis) zur Bodenverunreinigung stehen, verlässliche wissenschaftliche Daten zu besorgen. Zu diesem Zwecke benöthigte ich über die Menge und den Zustand der im Boden ruhenden organischen Substanzen genaue Angaben; ich hoffte sie durch die chemische Analyse zu erhalten.

Die Bodenverunreinigung wurde auf chemischem Wege, wie es scheint, zuerst von Prof. Feuchtinger in München ermittelt. Dieser Forscher erhielt im Jahre 1868 den Auftrag, unter verschiedenen Sielen entnommene Bodenproben auf ihre Verunreinigung zu untersuchen, woraus sich die Permeabilität oder der gute Verschluss der Siele ergeben sollte [1]). Feuchtinger wusch und rieb die Bodenproben mit Wasser ab und liess den Schlamm bei gewöhnlicher Temperatur stehen, damit das Wasser die löslichen organischen Substanzen aufnehmen könne. Darauf wurde filtrirt, eingetrocknet und die Menge der organischen Substanzen durch Glühen bestimmt. Auch im zurückgebliebenen Schlamm trachtete Feuchtinger das Gewichtsverhältniss der organischen Substanzen durch Glühen zu ermitteln. Richtiger war sein zweites Verfahren, bei welchem im Schlamme auch die Menge des organischen Stickstoffs bestimmt wurde. Sie betrug in drei Proben 81 resp. 111 und 218 mg pro Kilo bei 110° getrocknetem Schlamm [2]).

Nach derselben Methode hat in 1874 Wolffhügel den Boden unter den Münchener Sielen, gleichfalls im Auftrage der städtischen Behörden untersucht. Er entnahm die Bodenproben an derselben Stelle, wie Feuchtinger, und fand, dass der Boden im Laufe von sechs Jahren bedeutend reiner geworden war und nicht einmal mehr die Hälfte von der organischen Stickstoffmenge enthielt, welche er bei der ersten Untersuchung aufgewiesen hatte. Wolffhügel untersuchte auch andere; unter neugebauten Sielen entnommene Bodenproben und constatirte, dass der Boden durch die neuen Siele in geringerem Maasse verunreinigt wurde, als durch die alten, und dass Abtrittsgruben um vieles permeabler waren, als die Siele. Dieser Forscher hat auch noch den Gehalt des wässerigen Bodenauszuges an Chlor, Salpetersäure und an durch Chamäleon oxydirbaren organischen Substanzen untersucht.

Sehr sorgfältige Untersuchungen führte Fleck zu Dresden an 28 Bodenproben aus, welche bei den, durch die Canalisation

---

[1]) Vgl. Zeitschrift f. Biol. Bd. XI, S. 463.

[2]) Ich habe die ursprünglichen Angaben zur leichteren Vergleichung in diese Form umgerechnet. Dabei nahm ich das specifische Gewicht der Bodenproben mit 2,5 (Wasser — 1) an.

veranlassten Bodenaufgrabungen gesammelt und im Auftrage des sächsischen Medicinal-Collegiums analysirt wurden [1]).

Fleck bestimmte in diesen Bodenproben die Mengen der Feuchtigkeit, der verbrennbaren Substanzen, des Aether-, Alkohol- und wässerigen Extractes, den organischen Stickstoff, dann den Ammoniak- und Salpetersäuregehalt des wässerigen Auszuges, und seine Oxydirbarkeit durch Chamäleon etc.

Aus den Resultaten dieser eingehenden Untersuchungen wünsche ich das Folgende hervorzuheben: Der organische Stickstoff schwankte in den Bodenproben zwischen 20 und 2180 mg pro 1000 g bei 100° getrocknetem Boden.

Im wässerigen Auszug fand Fleck nur in zwei Fällen sehr geringe Salpetersäuremengen (je 10 mg); der Ammoniakgehalt belief sich aber im Mittel auf 30 bis 40 mg (Maximum 100, Minimum Spuren, in der Regel aber 30 bis 40 mg). Hieraus folgerte er, dass zu Dresden in der oberflächlichen Bodenschicht eine Oxydation kaum erfolgen dürfte.

Flügge hat Bodenproben, welche aus Anlass von Canalbauten aus der Erde gehoben wurden, sowohl in Berlin als auch in Leipzig untersucht. Er erhielt dort aus 27 Bestimmungen 1770, hier aus 8 Bestimmungen 2380 mg organischen Stickstoffs als Maximum [2]).

Ich selbst ging bei der Untersuchung des Pester Bodens nach einem von den obigen Methoden abweichenden systematischen Plane vor.

Bei der Untersuchung der Bodenverunreinigung hat man sich — nach meiner Ansicht — durch folgende Gesichtspunkte leiten zu lassen:

Wir wünschen vor Allem die Menge der organischen Substanzen zu ermitteln, welche in den Boden eingedrungen sind oder eingegraben wurden.

Aus der Menge der organischen Substanzen hoffen wir auf den Grad der Bodenverunreinigung überhaupt folgern zu können; je mehr organische Substanz man antrifft, um so mehr Abfallstoffe waren auch in den Boden gelangt. Doch reicht das nicht hin. Beim heutigen Stand unserer Kenntnisse haben wir

---

[1]) S. Fünfter Jahresbericht des Landes-Medicinal-Collegiums über das Medicinalwesen im Königr. Sachsen auf die Jahre 1872 bis 1873. Dresden 1875, S. 151. — S. auch: Vierter und Fünfter Jahresbericht der Chem. Centralstelle. Dresden 1876, S. 80.

[2]) Beiträge zur Hygiene. Leipzig 1879, S. 87 bis 88.

Grund anzunehmen, dass hinsichtlich der Schädlichkeit der Bodenverunreinigung, hinsichtlich der Qualität der Schädlichkeit, der durch sie hervorgerufenen Krankheitsformen zwischen der Verunreinigung thierischen und pflanzlichen Ursprunges ein grosser Unterschied besteht; wir haben Grund zu glauben, dass bezüglich der Infectionskrankheiten — Typhus, Cholera, Enteritis u. A. — eben die animalischen Verunreinigungen schädlicher sind, als die Pflanzenabfälle. Wir werden also bei der Bodenuntersuchung auf die animalischen, die stickstoffhaltigen Abfallstoffe unser Hauptaugenmerk zu richten haben.

Des Weiteren werden wir uns auch dafür in hervorragender Weise interessiren, in welchem Zustand die Verunreinigung im Boden enthalten ist, wie sich der Boden den verunreinigenden Stoffen gegenüber verhält? Denn finden sich diese Substanzen im Boden im oxydirten Zustande vor, so wird von ihnen ein schädlicher Einfluss auf die Gesundheitsverhältnisse, beim heutigen Stande unserer Kenntnisse, kaum zu befürchten sein; hingegen wird ein ganz anderer Einfluss auf die Gesundheit drohen, wenn sich die organische Substanz im Innern des Bodens in faulendem Zustand befindet, oder wenn der Boden, der — laut dem Eingangs Gesagten — die in ihn hineingerathenen stickstoffhaltigen (eiweissartigen, leimartigen etc.) Substanzen an seiner Oberfläche zu binden in so hervorragender Weise vermag, dies im gegebenen Falle versäumte und stickstoffhaltige Substanzen unverbrannt in die tieferen Bodenschichten gelangen liess; in diesem Falle kann die Siechhaftigkeit des Bodens mit mehr Wahrscheinlichkeit behauptet werden.

Um die Menge und Beschaffenheit der organischen Substanz zu ermitteln, habe ich den organischen Stickstoff und Kohlenstoff bestimmt; aus dem Gehalt an Salpetersäure, salpetriger Säure und Ammoniak trachtete ich zu beurtheilen, ob die organische Substanz im Boden oxydirt wird oder fault. Ausserdem wies der in grössere Tiefen, bis zu 4 m hinabgelangte organische Stickstoff darauf hin, dass der Boden nicht mehr im Stande war die organischen Substanzen in den oberen Schichten zu binden, sondern sie in die Tiefe, eventuell in das Brunnenwasser sickern liess.

Dieses Untersuchungsprogramm entspricht meiner Ueberzeugung nach den dringlichsten hygienischen Anforderungen. Die auf diese Weise ausgeführten Untersuchungen werden nicht nur die nothwendigsten und wichtigsten Angaben zur Beurtheilung der Verunreinigungsverhältnisse des Bodens liefern können, sondern ihre Ausführbarkeit macht sie auch zu einer breit angelegten Forschung tauglich.

Es kann nicht bezweifelt werden, dass die Bestimmung des organischen Stickstoffs das verlässlichste Verfahren zur Ermittelung des unzersetzten Theiles der thierischen Abfallstoffe abgiebt. Auch Fleck äussert sich in seiner angeführten Arbeit dahin, dass der Stickstoff die Bodenverunreinigung sehr annähernd repräsentirt. Der Kohlenstoff zeigt nach Abzug eines bestimmten Procentes die vegetabilische Verunreinigung an. Ich lege jedoch auf den Kohlenstoff bei weitem nicht das Gewicht, als auf den Stickstoff; zunächst weil den Pflanzenstoffen eine geringere hygienische Bedeutung zukommt, als den thierischen, dann auch deshalb nicht, weil der Kohlenstoffgehalt zuweilen auch dadurch sehr erhöht wird, dass zur Anschüttung verschiedene Kohlenabfälle, Asche etc. verwendet wurden, welche vom hygienischen Standpunkt einer anderen Beurtheilung unterliegen, als die zur Verwesung befähigten kohlenstoffhaltigen Substanzen.

Weiter oben wurde gezeigt, dass im Boden die Oxydation Salpetersäure, die Fäulniss aber Ammoniak im Gefolge führt. Diese zweierlei Zersetzungsvorgänge werden somit aus ihren gedachten Producten gleichfalls mit sehr viel Wahrscheinlichkeit zu erkennen sein, ganz besonders die Fäulniss, weil das Ammoniak an der Stelle verbleibt, wo es gebildet wurde, die Salpetersäure hingegen durch das Regenwasser von ihrer Bildungsstelle gar bald niedergeschwemmt wird.

Ich gebe nun die Beschreibung der befolgten Untersuchungsmethoden.

Nimmt man eine Arbeit in Angriff, in deren Verlaufe die Nothwendigkeit eintritt, aus einigen Hundert Häusern entnommene mehrere Hundert Bodenproben auf ihre chemische Beschaffenheit zu untersuchen: so wird es geboten sein, die in Anwendung zu bringenden analytischen Methoden reiflich zu erwägen. Wollte ich z. B. den organischen Stickstoff in den 600 bis 700 Bodenproben nach der gebräuchlichen Methode bestimmen, so erforderte das die Arbeit von einigen Jahren. Ich hatte genaue, dabei aber auch rasch ausführbare Methoden nöthig. Ich werde diejenigen, welche ich erprobt habe und zum Zweck ähnlicher Untersuchungen Jedermann anempfehlen kann, beschreiben.

Den organischen Stickstoff bestimmte ich durch Verbrennen mit Natronkalk in der Form von Ammoniak, welches mit $^1/_{10}$

normaler Oxalsäure titrirt wurde. Zur Verbrennung bediente ich mich einer schmiedeeisernen Röhre (Gasleitungsrohr), welche den Rand des mit Gas geheizten Verbrennungsofens auf jeder Seite um ca. 20 cm überragte. Hier wurden die beiden Röhrenenden fortwährend mit nassen Laken umgeben, um die Kautschukstöpsel vor dem Anbrennen zu bewahren. Die Füllung geschah in folgender Ordnung: der Anfang der Röhre (der herausragende Theil) war auf ca. 30 cm frei, dann folgte ein Asbestpfropf, eine ca. 30 cm starke Lage Natronkalk und wieder ein Asbestpfropf. Nun kam die zu verbrennende Bodenprobe. Von dem Boden wurde eine kleine Portion zur Untersuchung im Luftbade bei 110° C. ausgetrocknet und davon 10 g rasch abgewogen. Diese Probe wurde fein zerrieben, mit der 5- bis 6 fachen Menge Natronkalk innig vermengt und in ein ca. 25 cm langes schmales Schiffchen aus Eisenblech gebracht, welches dann mittelst eines daran befestigten Drahtes sehr leicht in die Verbrennungsröhre geschoben werden konnte. Von diesen Schiffchen standen 3 bis 4 bereit, um die Bodenproben ohne Aufenthalt nach einander verbrennen zu können. Vor, während und nach der Verbrennung wurde durch den ganzen Apparat Wasserstoffgas geleitet, welches neben dem Verbrennungsofen in einem Gasometer bereit stand [1]).

Die Vorbereitung und Ausführung der Analyse geschah in folgender Weise: Zuerst wurde die mit Natronkalk angefüllte Eisenröhre unter Durchleiten von Wasserstoff für sich ausgeglüht. Nachdem das Rohr gleichmässig erwärmt war, wurden die Flammen gemässigt, das Schiffchen mit dem Boden eingeschoben und die Erhitzung von vorn noch rückwärts verstärkt — nachdem auch das vordere Ende der Verbrennungsröhre mit einem Kugelapparat in Verbindung gebracht worden war, welcher die mit Lackmustinctur schwach geröthete Oxalsäure enthielt —, wobei in das erhitzte Rohr von rückwärts ein langsamer Wasserstoffstrom getrieben wurde. Das Gas trat durch die im Kugelapparat enthaltene Oxalsäure in regelmässigen kleinen Blasen hindurch und gab das mitgebrachte Ammoniak hier ab. 20 bis 25 Minuten genügten zur vollkommenen Verbrennung. War sie erreicht, so wurden die Flammen gemässigt und die Verbrennungsröhre mit einem etwas rascheren Wasserstoffstrom ausgewaschen, das Schiffchen mit dem bereits verbrannten Boden an der rückwärtigen Röhrenöffnung entfernt, sofort durch eine frische Bodenprobe ersetzt, und die

[1]) Vgl. Thibaut in Dingler's Polytechn. Journ. Bd. 217, S. 518.

titrirte Oxalsäure ausgewechselt. So wurde die Verbrennung mit immer neuen Bodenproben fortgesetzt, bis nicht alle für einen Tag bestimmten, 5 bis 6 und mehr Bodenproben verbrannt waren. Wiederholte Controleversuche bewiesen, dass das Verfahren nicht nur rasch, aber auch verlässlich ist; dass es für die fraglichen Bodenuntersuchungen vorzüglich taugt, kann nicht bezweifelt werden.

Der organische Kohlenstoff wurde nach der in der Agriculturchemie gebräuchlichen Methode, auf feuchtem Wege, in einer stark angesäuerten Lösung mit saurem chromsaurem Kali verbrannt[1]), und die entwickelte Kohlensäure gewichtsanalytisch oder mit Barytwasser maassanalytisch bestimmt. Kohlebestimmungen führte ich nur in einem Theile der Analysen aus, weil die Untersuchung auf Kohlenstoff — wie ich es schon erklärte — in meinen Augen ihre praktische Bedeutung sehr bald einbüsste.

Zur Bestimmung der Salpetersäure, salpetrigen Säure und des Ammoniaks ging ich folgendermaassen vor:

Von den frischen Bodenproben wurde sofort ein hinreichender Theil auf reinem Filtrirpapier ausgebreitet und in einem leeren Zimmer der freien Luft ausgesetzt, wo die Boden sehr bald austrockneten. Von diesen luftrockenen Boden wurden 50 g in ein flaches und geräumiges Glasgefäss gebracht, wo sie eine 1 bis 2 mm starke Lage bildeten, und dann so viel frische Kalkmilch aufgegossen, dass die Erde damit ganz durchtränkt war, endlich auf einem dreifüssigen Drahttischchen in einer Glasschale 10 ccm $^1/_{100}$ normale Schwefelsäure eingestellt und das Glasgefäss mit einer hermetisch schliessenden, aufgeschliffenen Glasplatte sofort bedeckt. Nach 24 Stunden wurde das Gefäss geöffnet und die Schwefelsäure mit einer entsprechenden Natronlauge titrirt. Als Indicator verwendete ich Cochenille. Da in sechs Glasgefässen auf einmal sechs Bodenproben einzustellen waren, konnten auch täglich sechs solche Ammoniakbestimmungen ausgeführt werden. Diese Methode stammt von Schlösing her, der sich ihrer bei seinen Untersuchungen über den Tabak bediente; sie ist einfach, schnell auszuführen, und hinreichend genau. Nach Schlösing genügen 24 Stunden vollkommen, um alles Ammoniak vom Boden auszutreiben, welches dann durch die Schwefelsäure absorbirt wird.

---

[1]) Vergl. Dr. E. Wolff, Anl. zur chem. Unters. landwirthschaftlich wichtiger Stoffe. Berlin 1875, S. 39.

Die 50 g Boden, in welchen auf diese Weise der Ammoniakgehalt bestimmt worden war, brachte ich nun in einem geräumigen Trichter auf ein Papierfilter und wusch das zur Ammoniakbestimmung gediente Glasgefäss mit destillirtem Wasser ebendahin nach. Die abtropfende klare Flüssigkeit wurde aufgefangen und der Rückstand wiederholt mit destillirtem Wasser nachgewaschen; auf diese Weise konnte aus dem Boden alle Salpetersäure und salpetrige Säure extrahirt werden. In dem mit dem Filtrate vereinigten Waschwasser wurden dann die Salpetersäure (mit Indigo) und die salpetrige Säure (mit verdünnter Schwefelsäure und Jodkalium) quantitativ bestimmt. Ueber die letzteren zwei Methoden werde ich mich weiter unten beim Wasser noch des Näheren aussprechen.

c. Maass der Bodenverunreinigung in Budapest.

Die Gesammtzahl der von mir ausgeführten Bodenbohrungen beläuft sich auf ca. drittehalb Hundert; davon verwerthete ich aber bloss 229 zu den unten folgenden Durchschnittsberechnungen. Aus den meisten Bohrlöchern analysirte ich drei Bodenproben, nämlich aus 1, 2 und 4 m Tiefe. Zuweilen wurde auch die aus 3 m Tiefe stammende Bodenprobe untersucht, wenn sie nämlich eine auffallende Abweichung von den beiden angrenzenden Tiefen bekundete; andererseits war ich bisweilen gezwungen, mich mit der Erschliessung des Bodens bis auf 2 oder 3 m Tiefe zu begnügen; demgemäss beläuft sich die Anzahl der analysirten Bodenproben auf nahezu 700. Ich will nun aus der Summe dieser Analysen ein Hauptmittel ziehen um zu zeigen, welchen Grad die Bodenverunreinigung zu Pest im grossen Ganzen erreicht. Im Mittel enthielten alle Bodenproben in 1000 g Trockenerde:

Organischen Stickstoff	311 mg,
Organischen Kohlenstoff (143 Bodenp.)	4130 „
Salpetersäure	157 „
Ammoniak	10,17 „
Salpetrige Säure	1,09 „

Die Bedeutung dieser Zahlen — insbesondere des organischen Stick- und Kohlenstoffes — wird verständlicher sein, wenn man aus den genannten Elementen die Menge der organischen

Substanz selbst berechnet. Nach Wolff[1]) kann die Menge der Kohlenstoffverbindungen aus dem organischen Kohlenstoff annähernd berechnet werden, wenn man das Gewicht des letzteren mit 1,724 multiplicirt. Auf ähnliche Weise suchte ich auch für die stickstoffhaltigen organischen Substanzen einen approximativen Werth zu erhalten, insbesondere für diejenigen, welche als Bedürfnisse und Producte des animalischen Stoffwechsels in die Abtrittgruben und Siele gelangen und von hier in den Boden austreten. Ich fand, dass die Multiplication der Menge des organischen Stickstoffs mit 3,8 das Gewicht solcher stickstoffhaltiger organischer Körper ergiebt, welche zur Hälfte aus Stoffen, welche der thierische Organismus bereits verbraucht und ausgeschieden hat (z. B. Harnstoff), zur anderen Hälfte aber aus noch nicht verbrauchten Substanzen (z. B. Eiweiss) bestehen. In der That sind die verschiedenen stickstoffhaltigen Körper in den Fäcalien, im Abwasser und in anderen den Boden verunreinigenden Substanzen beiläufig im angegebenen Verhältnisse vertreten.

Nach dieser Berechnung enthielt der Pester Boden pro Kilo Erde 311 × 3,8 = 1181 mg stickstoffhaltige organische Substanz und (nach Abzug des auf sie entfallenden Kohlenstoffs, also etwa 300 mg, aus der gesammten Kohlenmenge, das ist 4130) 3830 × 1,724 = 6603 mg organische Kohlenstoffverbindungen, zusammen 7784 mg trockener organischer Substanz.

Die trockene organische Substanz betrug somit nahezu ein (0,778) Procent des Bodengewichtes.

Ueber die riesige Menge der organischen Substanz erhalten wir erst dann einen klaren Begriff, wenn man das kolossale Volum des Bodens in Betracht zieht, welcher in diesem Maasse mit organischen Substanzen imprägnirt ist. Der durch meine Bohrungen untersuchte Theil des hauptstädtischen Gebietes umfasst ca. sechs Millionen Quadratmeter, welche bis zu 4 m Tiefe 24 Millionen Cubikmeter oder ca. 60 Millionen Tonnen Boden entsprechen. In dieser oberflächlichen Schicht allein sind somit ca. 467 Millionen Kilogramm organische Substanz überhaupt, und ca. 71 Millionen Kilogramm stickstoffhaltige organische Substanz enthalten.

Eine solche Stickstoffmenge, wie sie der Pester Boden — und zwar bloss in der untersuchten Tiefe von 1 bis 4 m — enthält, können 100 000 erwachsene Menschen

[1]) A. a. O. S. 40.

erst in 37 Jahren als Harn und Fäces aus ihrem Organismus ausscheiden.

Doch ist auch das noch nicht aller Schmutz. Wie viel animalische Abfälle enthält unser Boden in einer grösseren Tiefe, als die untersuchten 4 m, — wie viel ist noch im Boden und im Grundwasser bereits im oxydirten, zersetzten Zustande als Salpetersäure und Ammoniak enthalten! Es kann füglich behauptet werden, dass der Boden unserer noch jungen Stadt derzeit schon so viel thierische Abfallstoffe enthält, als die gesammte Einwohnerschaft im Verlaufe einer Generation insgesammt ausscheidet. Erst nach Berücksichtigung dieser Zahlen wird man einsehen, wie sehr Pettenkofer im Recht war, als er behauptete, dass bei mangelhaften Sielen und durchlässigen Abtrittsgruben kaum $^1/_{10}$ der städtischen Abfallstoffe aus dem Weichbilde der Stadt entfernt wird; die übrigen $^9/_{10}$ verbleiben innerhalb und versickern im Boden.

Nach den gebotenen Daten fällt es nicht schwer zu prophezeien wohin, zu welchem Düngerhaufen sich unser Boden entwickeln muss, wenn man nicht bestrebt sein wird bei der rapide anwachsenden Bevölkerung in der Zukunft grössere Reinlichkeit zu unterhalten, die Canalistion zu verbessern, die Fäcalien und Abfallstoffe sorgfältiger und geregelter zu entfernen. Doch wird es bei der sorgsamsten Reinlichkeit auch in der Zukunft Jahre, ja Decennien bedürfen, bis nur die im Boden angehäuften organischen Substanzen ihren Oxydations- und Fäulnissprocess beendigt haben.

Ich werde kaum zu beweisen haben, dass die Verunreinigung in den einzelnen Stadttheilen und im Boden der einzelnen Häuser eine verschiedene war: bald überschritt sie die oben angeführten Mittelwerthe, bald blieb sie hinter ihnen zurück. Mancher Boden bestand beinahe aus reinen Fäcalien; ich traf sogar eine Bodenprobe, welche im Kilogramm 12,36 g organischen Stickstoff enthielt, also mehr, als im selben Gewichte von aus Harn und Fäces bestehenden Excrementen vorhanden ist. Andere Boden fand ich auffallend rein; sie enthielten im Kilogramm kaum 40 bis 50 mg organischen Stickstoff; es fanden sich sogar Bodenproben, welche überhaupt gar keinen organischen Stickstoff verriethen und bloss etwas Salpetersäure und Ammoniak enthielten, als hinterbliebene Spuren der in den Boden gelangten, aber chemisch bereits vollkommen veränderten thierischen Abfallstoffe.

Doch fand ich die Bodenverunreinigung nicht nur nach Stadttheilen und Gassen verschieden; häufig war sie auch in aneinander stossenden Häusern, ja sogar an verschiedenen Stellen desselben Hofes verschiedengradig. Der verunreinigte Boden bildet am häufigsten ein ausschliessliches Eigenthum des Hauses, in welchem man ihn antrifft; die Einwohner haben ihn sich selbst verunreinigt, und er erhielt den Schmutz nicht aus der Nachbarschaft, aus der Umgebung oder aus entfernteren Quellen; nicht so wie beim Wasser, dessen Verunreinigung sich in der Regel auch weiterhin verbreitet, welches auch unter dem reinsten Hause verunreinigt sein kann, wenn sich in der Nähe des Hauses eine ausgiebige Schmutzquelle befindet. Die Bodenverunreinigung ist also mehr eine locale, die Verunreinigung des Grundwassers hingegen mehr eine allgemeine, in die Ferne wirkende Infection. Ein reiner und gesunder Boden kann somit zeitweise auch inmitten einer sehr unreinen Umgebung angetroffen werden, ein reines Wasser in einer verunreinigten Umgebung aber kaum, es müsste denn inmitten der verunreinigten Wässer eine reine Quelle aus der Tiefe auftauchen.

Hieraus ist ersichtlich, dass das gesunde Verhalten einzelner Häuser inmitten einer versuchten Häusergruppe und vice versa — was auf dem Gebiete der Hauptstadt in unzähligen Fällen beobachtet werden konnte und auf der Seuchenkarte mit Leichtigkeit erkennbar ist — in ätiologischer Beziehung den Boden mit seiner localen Begrenzung viel mehr verdächtigen lässt, als das Wasser, welches auf ausgedehnten Gebieten ziemlich gleichmässig verunreinigt zu sein pflegt.

f. Zersetzungsvorgänge im Boden von Budapest.

Aus den im ersten Capitel (S. 52) enthaltenen Erörterungen folgt mit grosser Wahrscheinlichkeit, dass die Qualität der im Boden verlaufenden Zersetzungsvorgänge durch das Maass der Bodenverunreinigung beeinflusst wird. Es darf demnach gefragt werden, ob in unserem Boden je nach dem Grade der Verunreinigung eine Verschiedenheit im Zersetzungsvorgange zu beobachten war.

Um den Einfluss des Verunreinigungsmaasses aufzuklären, habe ich 40 sehr unreine Bodenproben (organischer Stickstoff im Durchschnitt = 1132 mg pro Kilo) mit 67 reinen Bodenproben (organischer Stickstoff im Mittel 68,6 mg pro Kilo) verglichen und gesucht wie sich in diesen Boden Ammoniak und Salpetersäure zur Stickstoffmenge verhalten. Es ergab sich dabei, dass im Kilo Trockenerde Stickstoff, Ammoniak und Salpetersäure die folgenden Mengen erreichten:

	Stickstoff	Ammoniak	Salpetersäure
im verunreinigten Boden	1132	33,5 mg	217 mg
im reinen Boden . . .	68,6	6,9 „	121 „

das heisst, der mehr verunreinigte Boden enthält naturgemäss auch mehr Ammoniak und Salpetersäure, als der reine Boden; jedoch steht im verunreinigten Boden der massenhaften organischen Substanz eine äusserst spärliche Nitrification gegenüber, während im reinen Boden der organische Stickstoff durch die Salpetersäure beinahe bis zur doppelten Menge übertroffen wird. Im reinen Boden ist also vorwiegend eine Oxydation im Zuge und befindet sich auch die organische Substanz grösstentheils im oxydirten Zustande. Hingegen ist die Oxydation im verunreinigten Boden ausserordentlich erschwert; die organische Substanz häuft sich allmälig an, fault und durchläuft diejenigen Umgestaltungen, welche ihre vollkommene Zersetzung abschliessen, sehr langsam.

Das Gesagte wird durch einige, aus der Reihe meiner Analysen gegriffenen augenfällige Beispiele noch klarer bewiesen; deshalb lasse ich sie hier folgen:

Verunreinigte Boden:

Gasse, Haus, Tiefe	Organischer Stickstoff	H_3N	N_2O_5
	Milligramm in 1000 g Erde		
Kerepesistrasse 21, I m	2437	426,4	0
„ „ II „	1098	204,7	0
„ „ IV m	453	91,5	0
Aradigasse 5, I m	1112	202	0
Hochstrasse (Fö-út) 12, I m . .	1005	52	0
Révaygasse 9, II m	1163	35	9
Bodzafagasse 14, I m	1589	67,3	19,7
„ „ II „	492	76,5	83,4
Bérkocsisgasse 18, I m	523	155	0
Aradigasse 1, I m	666	66,3	0

Reine Boden:

Gasse, Haus, Tiefe	Organischer Stickstoff	H_3N	N_2O_5
	Milligramm pro 1000 g Erde		
Neugebäude, I m	17	2,1	32
„ II „	33	2,0	48
Rákóczyplatz 15, I m	72	4,1	216
„ „ II m	84	5,8	155
Szivgasse 49, I m	53	6,5	94
Bérkocsisgasse 22, I m	180	4,5	127
„ „ II „	72	3,2	62
Gyepgasse 30, I m	80	7,4	123
„ „ II „	80	6,8	153
„ 43, I „	124	4,7	172

Eine hochgradige Verunreinigung geht also in der Regel mit bedeutender Ammoniakproduction und mit Salpetersäuremangel, d. h. mit Fäulniss einher; im reinen Boden ist hingegen wenig Ammoniak, dafür aber sehr viel Salpetersäure enthalten, — ein solcher Boden oxydirt also.

Der Boden ist nicht nur an verschiedenen Orten, sondern auch an derselben Stelle in verschiedenen Tiefen in abweichendem Maasse verunreinigt.

Stellt man die chemische Beschaffenheit der aus verschiedenen Tiefen gewonnenen Bodenproben zusammen, so ergeben sich aus sämmtlichen Analysen die folgenden Durchschnittswerthe, in Milligramm pro 1000 g Boden:

	Organischer Stickstoff	Salpetersäure	Ammoniak	Salpetrige Säure
1 m Tiefe	403	140	12,8	0,98
2 „ „	321	155	10,2	1,14
4 „ „	210	177	7,2	1,14

Diese Zahlen sprechen unverkennbar dafür, dass in Budapest die obere Bodenschicht am meisten verunreinigt ist, und dass die Verunreinigung der Tiefe abnimmt.

Ganz besonders lehrreich ist das Verhalten derjenigen organischen Substanzen, welche der vollkommenen Zersetzung noch nicht verfallen sind. Es ist zu ersehen, dass der organische Stickstoff in der Tiefe successive abnimmt, als Beweis dessen, dass die organischen Substanzen, welche den Stickstoff liefern, nicht so leicht in die tieferen Schichten geschwemmt werden. Was im Obigen über das Verhalten des Eiweisses im Inneren des Bodens auf experimentellem Wege festgestellt werden konnte, dasselbe wird durch die ausgebreiteten Bodenuntersuchungen in der That bestätigt.

Auch das Verhalten des Ammoniaks entspricht der vorausgeschickten theoretischen Annahme; es wurde in grösster Menge dort angetroffen, wo die meiste stickstoffhaltige organische Substanz angehäuft, also auch der Sitz der Fäulniss war.

Auch das ist lehrreich, dass die Salpetersäure nicht an derjenigen Stelle am reichlichsten gefunden wird, wo der meiste organische Stickstoff angehäuft ist, sondern in den tieferen Bodenschichten.

Noch lehrreicher werden die Niedersickerungsverhältnisse des organischen Stickstoffs, des Ammoniaks, der Salpetersäure und salpetrigen Säure, sowie die bei verschiedengradiger Verunreinigung verlaufende Zersetzung durch die folgende Tabelle illustrirt, auf welcher ich die durchschnittliche chemische Beschaffenheit von 134 Stellen entnommener 400 Bodenproben[1]) mit 21 solchen Stellen, respective 60 Bodenproben, verglichen habe, wo der Boden in 1 m Tiefe in äusserst hohem Maasse verunreinigt war.

	Milligramm pro 1000 g Erde				
1 m Tiefe	N	C	H_3N	N_2O_5	N_2O_3
Im Mittel (aus 400 Bodenproben)	466,5	4670	16,3	188	0,80
In dem verunreinigten Boden .	1178,0	11340	39,3	262	0,34
2 m Tiefe	N	C	H_3N	N_2O_5	N_2O_3
Im Mittel (aus 400 Bodenproben)	323,6	4810	12,3	223	0,85
In dem verunreinigten Boden .	534,9	8240	25,1	246	0,64
4 m Tiefe	N	C	H_3N	N_2O_5	N_2O_3
Im Mittel (aus 400 Bodenproben)	191,0	2900	7,7	219	0,68
In dem verunreinigten Boden .	262,0	3670	14,8	172	0,80

Aus dieser Tabelle ist ebenfalls zu ersehen, dass der Boden die organischen Substanzen (N und C) am kräftigsten an seiner Oberfläche festhält und nur sehr schwer in die tieferen Schichten vordringen lässt; die Salpetersäure aber vermag er nicht zu binden; diese wird daher in die Tiefe geschwemmt, wodurch mög-

[1]) Zur Zeit der Zusammenstellung waren so viel Bodenanalysen beendigt.

licherweise die tieferen Bodenschichten reicher an Salpetersäure werden, als es die verunreinigtere obere Bodenschicht ist.

Die Menge der salpetrigen Säure ist in den oberflächlicheren und tieferen Bodenschichten so ziemlich dieselbe, dazu überhaupt sehr gering.

In vielen Fällen war die Verunreinigung auf die einzelnen Bodenschichten nicht in der hier dargestellten Weise vertheilt. Die zweimetrigen Schichten waren häufig mehr verunreinigt, als die oberflächliche Schicht; ausnahmsweise kam auch das vor, dass die viermetrige Schicht am unreinsten war.

Bei solchen Boden hatte die stärkere Verunreinigung der tieferen Schichten offenbar zumeist darin ihren Grund, dass auch die Quelle der Verunreinigung in der Tiefe verborgen war; es konnte z. B. der Boden in jener Tiefe mit Dünger und anderen Abfällen angeschüttet sein, oder es waren z. B. die durchlässigen Siele und Abortgruben tiefer unter der Bodenfläche gelegen.

g. Einfluss der Bodenart auf die Verunreinigung und auf die Zersetzungsvorgänge des Bodens.

Die Vertheilung der Bodenverunreinigung auf die einzelnen Tiefen wurde in hervorragender Weise durch die Lehmschicht beeinflusst, welche — wie bereits erwähnt — stellenweise im Sande eine schwächere oder stärkere Lage bildete. Um zu erkennen, welchen Einfluss diese Lehmschichten auf die Filtrirung und Zersetzung der Bodenverunreinigung ausüben, habe ich die Mittelwerthe von 134 Stellen entnommenen Bodenproben mit den Mittelwerthen von Anderen verglichen, welche von 36 solchen Stellen herstammen, wo in 1, 2, 3 oder 4 m Tiefe eine Lehmschicht eingelagert war [1]). Das Ergebniss ist auf der folgenden Tabelle enthalten:

[1]) Wie erwähnt, fand ich die Lehmschicht am häufigsten in 2 bis 3 m Tiefe; seltener nahm sie die Tiefe von 4 m ein, noch seltener wurde sie schon in 1 m Tiefe erreicht. Die Stärke dieser Lehmschicht überstieg 1 bis 2 m nur ausnahmsweise.

Mittel	Milligramm pro 1000 g Erde								
	1 m Tiefe			2 m Tiefe			4 m Tiefe		
	N	H_3N	N_2O_5	N	H_3N	N_2O_5	N	H_3N	N_2O_5
aus 134 Bodenproben	466,5	16,3	187,9	323,6	12,3	223,0	191,0	7,7	219,0
aus 36 Lehmbodenproben	460,0	17,0	198,0	322,0	16,3	284,0	117,0	8,8	206,0

Aus diesen Daten ist ersichtlich, dass die organischen Substanzen — wie das zu erwarten stand — durch den Lehm besonders energisch zurückgehalten werden: die Menge des organischen Stickstoffs ist nämlich in 4 m Tiefe bedeutend geringer als an der Oberfläche. Es scheint, dass der Lehm auch die Salpetersäure zurückhielt. Hingegen nahm die Ammoniakmenge bedeutend genug zu, und zwar eben in 2 m Tiefe, also inmitten der Lehmschichten, zum Zeichen dessen, dass die Ammoniakproduction hier, in diesen schlecht ventilirten Schichten stärker, dass im Lehm die Fäulniss überwiegender ist.

h. Hauptsächliche Quellen der Bodenverunreinigung.

Von welchen Verhältnissen ist das Mehr oder Weniger der Bodenverunreinigung abhängig?

In erster Reihe jedenfalls von der Permeabilität der Abtrittgruben und Siele. Gute Siele und Gruben verunreinigen den Boden nicht in einem Maasse, welches zu Befürchtungen Anlass bieten könnte. Der Austritt des Inhaltes ist aus einem solchen Siele so gering, dass selbst der indifferenteste Boden ohne Zweifel im Stande ist die ihm zukommenden organischen Substanzen zu oxydiren. Es wird das durch den folgenden (im März bis December 1876 ausgeführten) einfachen Versuch am besten illustrirt: Einen gewöhnlichen, gut ausgebrannten Backstein überzog ich an vier Flächen mit Paraffin und Pech, so dass nur die zwei schmalen Längsflächen frei blieben. Die eine dieser Flächen versah ich mit einem gläsernen Saum, welcher mit ihr eine kleine Wanne bildete, in welche täglich so viel Harn gegossen wurde, als unten abträufelte; in der Wanne bedeckte der Harn die Backsteinoberfläche constant mit einer 0,5 bis 1 cm starken Schicht. Die untere, freie Längsfläche wurde auf einen trichterförmigen Untersatz aus Blech gestellt; der durch den Backstein gesickerte Harn floss durch diesen Trichter ab.

Ich konnte mich überzeugen, dass der Harn die 15 cm starke Schicht des Backsteines (bei 210 qcm Oberfläche) durchdrang, und zwar 60 bis 65 ccm pro 24 Stunden. Das Abträufeln wurde immer langsamer; im Mai und Juni sank es bis auf 50 bis 47 ccm herab; im October auf 30 bis 35 ccm; im November erhob es sich neuerdings bis auf circa 40 bis 45 ccm. Diesen abträufelnden Harn liess ich durch einen Sandboden sickern, welcher in eine Blechröhre gefasst war und bei etwa 7 qcm Oberfläche 50 cm Mächtigkeit besass. Das hier abträufelnde Wasser war klar und geruchlos; von Ammoniak, sowie auch von unverbrannter organischer Substanz (mit Chamäleon geprüft) waren darin nur Spuren aufzufinden, während Nitrate in reichlicher Menge auftraten.

Das durch eine Mauerschicht von der Stärke einer Ziegelbreite gesickerte Sielwasser kann somit durch die unterher gelegene Bodenschicht mit voller Gewissheit gänzlich oxydirt werden, vorausgesetzt, dass nicht auf anderen Wegen allzuviel Sielinhalt in den Boden gelangt.

Dieser Befund konnte nicht überraschen, wenn man berücksichtigt, was Frankland in dieser Frage beobachtet hat. Es wurde weiter oben bereits erwähnt, dass nach seinen Versuchen eine Bodenprobe von einem Quadratmeter Oberfläche und einem Meter Mächtigkeit in 24 Stunden 25 bis 33 Liter Sielwasser zu oxydiren im Stande ist. Eine so grosse Bodenfläche, welche unter der Schmalseite eines Backsteines Platz findet, vermöchte demnach in 24 Stunden 500 und noch mehr Cubikcentimeter faulige Flüssigkeit zu bewältigen, also um das Acht- bis Zehnfache mehr als in meinem Versuche durch den Backstein thatsächlich passirt war.

Bei solchen Schwemmsielen, welche nicht aus einer einfachen, sondern aus zwei- und mehrfachen Backsteinschichten bestehen, mit Cement ausgekleidet sind, und deren Poren durch den feinen Schlamm mit der Zeit noch mehr verstopft wurden, als in meinem Versuche der Backstein durch den Harn, wird das Durchsickern ganz gewiss noch weit weniger ausmachen, so dass es uns nicht im Geringsten wundern kann, dass die obenerwähnten Untersuchungen von Wolffhügel unter dem zehn Jahre alten Münchener Siele eine Bodenprobe ergaben, welche auf einen Kilo Schlamm bloss 0,021 g organischen Stickstoff enthielt [1]).

---

[1]) S. a. a. O. S. 469.

Ganz anders verhält sich die Sache bei schlecht construirten, schlecht gemauerten Sielen. Hier kann das Durchsickern viel reichlicher erfolgen, und der unter dem Siele gelegene Boden dadurch ganz verschlammen und faulig werden. Sehr augenfällig wird diese Bodenverunreinigung durch einige Analysen illustrirt, welche ich an, unter Sielen und Abtrittgruben hervorgeholten Bodenproben ausführte. Die im Hofe und unter den Excrementenbehältern derselben Häuser entnommenen Bodenproben verriethen die folgende Verunreinigung: je 1000 g trockener Boden enthielten:

	organ. N.	organ. C.
Innere Stadt, Országút Nr. 35 (alt), im Boden des Hofes	0,047 g	1,344 g
Im selben Hause, unter dem Siele ausgegrabener Boden	5,043 „	6,882 „
Innere Stadt Lipótgasse Nr. 41 (alt), im Boden des Hofes	0,073 „	4,066 „
Dasselbe Haus, Boden unter der Abtrittgrube .	5,182 „	51,400 „
Innere Stadt Kecskemétigasse Nr. 2 (alt), neben dem Abtrittsiele und mit diesem in einer Tiefe ausgegrabene Bodenprobe . . .	4,079 „	17,096 „
Im selben Hause, um 70 cm tiefer unter dem Siele	12,360 „	47,018 „

Diese wenigen Beispiele legen ein genug erschreckendes Zeugniss dafür ab, in welchem Maasse der Boden durch schlechte Siele und Gruben verunreinigt werden kann.

Um zu erfahren, ob in der Mehrzahl der Fälle eben die Abtritte für die hauptsächlichen Verunreinigungen des Bodens angesehen, oder ob ausser ihnen auch noch andere Quellen zugelassen werden müssen, habe ich die Bodenproben nach der Entfernung verglichen, auf welche das Bohrloch vom Abtritte lag. Das Resultat ist aus der folgenden Tabelle ersichtlich. 1000 g Boden enthielten:

	organ. N. 1 2 4 m Tiefe (Milligramme)	Ammoniak 1 2 4 m Tiefe (Milligramme)	Salpetersäure 1 2 4 m Tiefe (Milligramme)
Die Entfernung zwischen Abtritt und Bohrloch beträgt **weniger** als 10 Schritte (43 Häuser)	500—346—220 1066	21,7—15,9—10,9 48,5	182—260—234 676
Die Entfernung beträgt **mehr** als 10 Schritte (47 Häuser)	435—350—138 923	11,6—9,7—6,6 27,9	194—166—139 499

Mit der Nähe der Abtritte nimmt die Bodenverunreinigung ganz bestimmt zu, so dass ohne Zögern gesagt werden kann: bei der Verunreinigung des Bodens von Budapest ist die wesentlichste Verunreinigungsquelle **das schlechte Abtrittsystem.**

Der Unterschied, den wir hier bezüglich der Bodenverunreinigung je nach der näheren oder entfernteren Lage der Abtritte erfahren haben, wäre noch um vieles grösser ausgefallen, würde nicht ein eigenthümliches locales Moment dazwischen treten. Die weitesten Höfe besitzen in Budapest eben die in den äusseren Stadttheilen gelegenen Häuser, speciell diejenigen, in welchen Milchmaier wohnen. In diesen Häusern liegen die Abtritte ziemlich abseits, und sind nicht einmal sie es, die den Boden da verunreinigen, als vielmehr der Kuhmist, den man in manchen Häusern mit unglaublicher Sorglosigkeit und Unreinlichkeit behandelt. Hier war also der Boden, trotzdem der Abtritt vom Bohrloche ziemlich entfernt lag, doch so sehr verunreinigt, dass die Mittelwerthe für die vom Abtritt entfernteren Bohrungen durch diese Häuser erhöht wurden.

Die Abtritte bilden aber, wie aus diesen Darlegungen zu ersehen ist, keinesfalls die einzige Quelle der Bodenverunreinigung; in dieser Hinsicht richten auch die soeben erwähnten, in der Stadt noch immer geduldeten und in Bezug auf Reinlichkeit schlecht controllirten Milchmaiereien und gewisse Gewerbe einen sehr wesentlichen Schaden an.

i. Bevölkerungsdichtigkeit und Bodenverunreinigungen.

Hat die Zahl der Einwohner in den einzelnen Häusern, also die Wohnungsdichtigkeit, einen Einfluss auf die Bodenverunreinigung? Die Hygiene lehrt auf theoretischer Grundlage, dass die Verunreinigung des Bodens mit der Zunahme der Bevölkerung anwächst. Die eigenen Untersuchungen beweisen mir diesbezüglich folgendes: ich verglich die Bodenverunreinigung solcher Häuser unter einander, welche 50, 100, 150 und mehr Einwohner hatten, und fand dabei die nachstehenden Werthe für den mittleren Gehalt des Bodens an organischem Stickstoff in 1, 2 und 4 m Tiefe:

	in je 1000 g Bodenproben
im Boden von Häusern mit 12 bis 50, im Mittel mit 25 Einwohnern (zusammen 31 Häuser)	249 mg
im Boden von Häusern mit 50 bis 100, durchschnittlich mit 74 Einwohnern (zusammen 47 Häuser) . .	329 „
im Boden von Häusern mit 100 bis 150 und durchschnittlich mit 117 Einwohnern (zusammen 21 Häuser) .	426 „

Die Bodenverunreinigung nahm somit unverkennbar mit der Dichtigkeit der Bevölkerung zu.

In einigen sehr grossen Häusern bildete der Boden eine Ausnahme von dieser Durchschnittserfahrung, indem der organische Stickstoff in ihnen im Mittel bloss 275 mg betrug. Diese Häuser sind jedoch in der Regel neueren Ursprungs, sie sind besser canalisirt, gepflastert, es sind mit einem Worte besser in Stand gehaltene Gebäude, welche aus diesem Grunde auch ihren Boden in reinerem Zustande zu erhalten vermögen, als andere, wenn auch minder bevölkerte Häuser der Stadt.

Bodenverunreinigung und Infectionskrankheiten.

Ich gehe nun zur wichtigsten Frage des vorliegenden Werkes über, die da lautet: übt die Bodenverunreinigung einen nachweisbaren Einfluss auf die locale Verbreitung von Typhus, Cholera, Enteritis u. s. w. aus?

Die einfachste, zugleich auch die klarste Antwort liefert eine Karte, auf der ich die Bodenverunreinigung graphisch dargestellt habe; ich meinte von der Veröffentlichung dieser Karte abstehen zu können. Confrontirt man sie mit den übrigen, weiter oben bereits besprochenen Karten, auf welchen die von Typhus, Cholera, Enteritis etc. ergriffenen Orte ersichtlich sind, so wird man erkennen, dass je dichter auf den letzteren die Todesfälle andeutenden Punkte stehen, um so grösser in jener Gegend der Karte auch der Punkt ist, welcher das Maass der Bodenverunreinigung ausdrückt.

So wie wir für Typhus, Cholera, Enteritis etc. einen breiten, halbkreisförmigen Ring, die Seuchenzone, unterschieden haben, welcher sich durch die Mitte der Stadt hinzieht, kann eine ganz übereinstimmende Zone auch für die Bodenverunreinigung wahrgenommen werden, welche sich in derselben Gegend ausbreitet, in welcher auch die Epidemien am heftigsten wüthen.

Doch wollen wir es vorziehen, den Zusammenhang zwischen der Bodenverunreinigung und den epidemischen Krankheiten auf Grundlage genauer Vergleichungen zu beweisen.

Es kann bei diesen Untersuchungen nicht erwartet werden, dass die Anzahl der Typhus- und Cholerafälle in einem Hause demgemäss zu- und abnehmen wird, als die Bodenanalyse daselbst eine um etliche Milligramm differirende Verunreinigung (mit organischem Stickstoff oder Ammoniak) nachwies. Eine so absolute Uebereinstimmung war schon deshalb nicht zu erwarten, weil ja durch die Analyse doch nur die Verunreinigung an einem einzigen Punkte des häuslichen Bodens ermittelt werden konnte und nicht im ganzen Boden, welcher sich unter dem Hause ausbreitet. Somit darf daraus, dass sich der Boden bei der Analyse für verunreinigt herausstellte, für unreiner als z. B. im Nachbarhause, naturgemäss noch immer nicht gefolgert werden, dass dort der ganze Boden verunreinigt, und dass er unreiner war als hier; denn es ist ganz entschieden möglich, dass der Boden in vereinzelten Fällen, im Widerspruch zur Probebohrung, im letzteren Hause mehr verunreinigt war und nicht im ersteren. Andererseits steht aber auch das fest, dass, wenn eine grössere Anzahl von Häusern durch nicht mehr, als je eine Bohrung untersucht wurde, diejenigen, aus welchen man verunreinigtere Proben erhielt, in der That durchschnittlich einen mehr verunreinigten Boden besitzen, als die anderen, deren Boden sich im Allgemeinen für reiner erwies.

Ich werde also den Versuch machen, den zwischen den Infectionskrankheiten (in erster Reihe Typhus und Cholera) und der Bodenverunreinigung bestehenden Zusammenhang in dieser Weise, auf Grundlage der Durchschnittsverhältnisse einer grösseren Häuserzahl, aufzuklären.

Wir wollen zuerst die einzelnen Stadttheile hinsichtlich der Bodenverunreinigung und der Epidemien mit einander vergleichen.

Aus den Typhus- und Cholerakarten (S. Taf. VII und VIII) wird man entnehmen, dass von allen Stadttheilen die Leopoldstadt durch Typhus und Cholera am wenigsten heimgesucht war; hingegen hatten die Theresien-, Josef- und Franzstadt und auch noch einzelne tiefliegende Gassen der Inneren Stadt ganz erheblich zu leiden. Man kann diesem Verhalten die Bodenverunreinigung wie sie sich im Allgemeinen für die ganzen Stadttheile ergab gegenüberstellen. Als Summe der Bodenverunreinigung in allen drei Tiefen ergab sich folgendes:

	Organischer Stickstoff	Ammoniak
	Milligramm pro 1000 g Boden:	
1) Leopoldstadt	248,8	8,39
2) Innere Stadt	351,2	6,96
3) Franzstadt	310,7	10,73
4) Josefstadt	295,0	10,78
5) Theresienstadt	350,4	13,50

Schon nach dieser allgemeinen Vergleichung ist es ersichtlich, dass dem Minimum von Typhus und Cholera auch das Minimum der Bodenverunreinigung entsprach, und dass mit dem Zunehmen der Verunreinigung (N) und Fäulniss (H_3N) im Boden auch die Ersteren zunahmen.

Obige Tabelle lässt jedoch den Sachverhalt nicht scharf genug hervortreten. Waren ja doch die Bohrungen auf eine Weise angestellt, dass in jedem Stadttheile gesunde und ungesunde Häuser gleichzeitig untersucht wurden.

Lehrreicher dürfte die folgende Zusammenstellung sein: Ich notirte diejenigen Häuser einzeln, in welchen zwei oder mehr Fälle von Typhus oder Cholera oder von beiden vorgekommen waren und stellte ihnen diejenigen Häuser gegenüber (und zwar solche, die mit den vorigen in einer Gasse und möglichst in deren Nachbarschaft liegen), in welchen zwei oder weniger durch die erwähnte Krankheitsgruppe verursachte Todesfälle verzeichnet waren, wobei ich suchte, welche Häuser den mehr verunreinigten, faulenden Boden hatten. Das Ergebniss enthalten die folgenden Tabellen:

A. Boden der seuchenfreien Häuser:

	Todesfälle an		1 m Tiefe			2 m Tiefe			4 m Tiefe		
	Cholera	Typhus	N	H_3N	N_2O_5	N	H_3N	N_2O_5	N	H_3N	N_2O_5
Innere Stadt (8 Häuser)	0	1	414	9,0	77	235	7,0	71	184	7,0	195
Leopoldstadt (9 Häuser)	1	7	388	8,6	88	299	6,4	68	178	5,5	83
Theresienstadt (33 Häuser)	15	9	320	15,5	124	295	10,3	179	128	7,6	254
Josefstadt (19 Häuser)	8	7	352	11,9	222	260	9,3	213	108	5,9	225
Franzstadt (11 Häuser)	1	1	365	11,0	200	231	8,4	141	202	11,0	368
im Durchschnitt (80 Häuser)	25	25	**367,8**	**11,2**	**142**	**264**	**8,3**	**134**	**159,6**	**7,4**	**225**

B. Verseuchte Häuser:

	Todesfälle an		1 m Tiefe			2 m Tiefe			4 m Tiefe		
	Cholera	Typhus	N	H_3N	N_2O_5	N	H_3N	N_2O_5	N	H_3N	N_2O_5
Innere Stadt (6 Häuser)	7	15	420	9,1	72	560	10,5	71	519	7,8	67
Leopoldstadt (11 Häuser)	39	48	270	5,3	35	199	4,0	75	189	4,9	45
Theresienstadt (49 Häuser)	221	242	528	21,3	143	349	14,8	131	229	9,2	157
Josefstadt (38 Häuser)	160	125	432	17,4	182	367	13,0	284	188	9,2	240
Franzstadt (15 Häuser)	84	45	449	14,7	195	389	15,1	223	106	8,1	262
im Durchschnitt (119 Häuser)	511	475	**420**	**13,6**	**125**	**373**	**11,5**	**157**	**242**	**7,8**	**154**

Zieht man aber die Werthe der verschiedenen Tiefen zusammen, so ergiebt sich folgendes Hauptmittel:

	N	H_3N	N_2O_5
A. für die seuchenfreien Häuser . . .	263	8,97	167
B. für die verseuchten Häuser . . .	345	10,97	145

Aus der Zusammenstellung dieser 199 Häuser geht deutlich hervor, dass der Boden in allen Tiefen, sowohl an organischem Stickstoff, wie an Ammoniak in den verseuchten Häusern reicher war, als in den gesunden Häusern; an Salpetersäure wiesen jedoch die gesunden Häuser mehr auf. Somit war der Boden der ungesunden Häuser verunreinigter und enthielt den Schmutz im faulenden Zustande; die gesunden Häuser hatten hingegen einen reineren Boden, in welchem ausserdem die organischen Substanzen in höherem Maasse oxydirt wurden, als in den ersteren.

Gegen den wissenschaftlichen Werth und die Beweiskraft dieser Daten dürfte kaum eine Einwendung zu erheben sein. Es kann nicht gesagt werden, dass eine derartige Gestaltung der Dinge vielleicht nur zufällig ist; weil hier massenhafte Daten vorliegen und nicht vereinzelte, ausnahmsweise Beobachtungen. Auch das kann Niemand einwenden, dass etwa die guten Häuser aus dem einen (dem reinen), die schlechten aber aus einem anderen Stadttheil (dem verunreinigten) ausgelesen wurden; im Gegentheil liegen — wie ich bereits betont habe — diese verglichenen guten und schlechten Häuser auf dem Gebiete der ganzen Stadt zerstreut, sie sind ausserdem zumeist Nachbarhäuser oder wenigstens in derselben Gasse gelegen, so dass die zwischen ihnen obwaltende gesundheitliche Verschiedenheit, ihre grössere oder geringere Disposition für die Epidemien in der That mit dem grösseren oder kleineren Maass der Bodenverunreinigung einhergeht, und mit keiner anderen uns denkbaren Naturkraft.

Auch das wollte ich noch aus der obigen Tabelle hervorheben, dass der organische Stickstoff in den ungesunden Häusern die Verunreinigung der gesunden in 4 m Tiefe am meisten überbot, woraus gefolgert werden kann, dass die in die Tiefe gelangenden organischen Substanzen auf die Seuchendisposition einen hervorragenden Einfluss üben.

Nicht minder lehrreich, als die vorige, ist auch die folgende Zusammenstellung: Ich verglich von Gasse zu Gasse ein jedes ungesunde Haus mit dem nächstgelegenen gesunden, um zu erfahren, welches von ihnen im Boden mehr organischen Stickstoff enthält. Dabei konnten nur solche Häuser berücksichtigt werden, welche mit Bezug auf Cholera und Typhus ein entgegengesetztes Verhalten aufwiesen, ausserdem aneinander grenzend oder wenigstens in derselben Gasse und einander zunächst gelegen waren. Zuweilen wurden auch zwei bis drei nebeneinander liegende ungesunde Häuser mit demselben gesunden verglichen, wenn das letztere zwischen ihnen lag.

Wie diese Zusammenstellung ergab, war der Boden der ungesunden Häuser unreiner oder reiner als der Boden des nachbarlichen gesunden Hauses:

Ungesunde Häuser:	Mit unreinerem Boden als die gesunden Häuser:	Mit reinerem Boden als die gesunden Häuser:
Innere Stadt (6 H.) . . .	4 Häuser	2 Häuser
Leopoldstadt (11 H.) . . .	4 „	7 „
Theresienstadt (33 H.) . . .	22 „	11 „
Josefstadt (27 H.).	18 „	9 „
Franzstadt (12 H.)	9 „	3 „
Zusammen 89 Häuser . . .	57 Häuser	32 Häuser

Hingegen:

Gesunde Häuser:	Mit unreinerem Boden als die ungesunden Häuser	Mit reinerem Boden als die ungesunden Häuser
Innere Stadt (5 H.)	1 Häuser	4 Häuser
Leopoldstadt (7 H.)	5 „	2 „
Theresienstadt (31 H.) . . .	10 „	21 „
Josefstadt (19 H.).	7 „	12 „
Franzstadt (11 H.)	3 „	8 „
Zusammen 73 Häuser . . .	26 Häuser	47 Häuser

Auf Grundlage dieser Daten fällt es unverkennbar ins Auge, dass die ungesunderen Häuser häufiger einen verunreinigten Boden besitzen, als die nahe gelegenen aber gesunden Häuser.

Die zu Gebote stehenden chemischen Daten befähigen uns aber, den Zusammenhang, welcher einerseits zwischen Cholera und Typhus, andererseits zwischen der Bodenverunreinigung und der

Zersetzungsgrad des Schmutzes in den Wohnhäusern besteht, noch näher zu beleuchten.

Ich habe die von Typhus und Cholera ergriffenen, sowie die seuchenfreien Häuser getrennt auch darauf untersucht, in welchem Maasse und bis zu welcher Tiefe der Boden des Hauses verunreinigt, und in welchem Zersetzungsprocess die Bodenverunreinigung begriffen war, ob in Fäulniss oder in Oxydation. Das Ergebniss werde ich für Typhus und für Cholera getrennt darlegen.

Wir wollen zuerst die typhösen mit den neben ihnen gelegenen gesunden Häusern vergleichen. Als gesunde habe ich diejenigen Häuser angesehen, in welchen von 1863 bis 1872 bloss zwei oder noch weniger Typhusfälle vorgekommen waren. Um die in ihnen gefundene Bodenverunreinigung vorzuführen, theile ich die Häuser in vier Gruppen: a) in solche, deren Boden im Kilo Trockenerde in Summe und als Mittel aller drei Tiefen weniger als 100 mg, dann in solche, deren Boden b) 100 bis 200 mg, c) 200 bis 400 mg, d) über 400 mg organischen Stickstoff enthielt. Dann weise ich nach wie viel Procent der typhösen und gesunden Häuser einen ganz reinen (unter 100 mg) wie viel einen weniger reinen (100 bis 200 mg), einen verunreinigten (200 bis 400 mg), endlich einen stark verunreinigten Boden (über 400 mg) besassen. All das steht auf der folgenden Tabelle:

Typhöse Häuser:	Menge des organischen Stickstoffs bis 100	bis 200	bis 400	400 u. mehr
	Milligramme			
Innere Stadt (4 H.) .	0 Proc.	0 Proc.	50 Proc.	50 Proc.
Leopoldstadt (10 H.) .	20 „	40 „	40 „	0 „
Theresienstadt (40 H.)	0 „	20,1 „	59,1 „	20,8 „
Josefstadt (33 H.) . .	0 „	36,2 „	30,3 „	33,5 „
Franzstadt (12 H.) .	0 „	25 „	50 „	25 „
Im Durchschnitt (99 H.)	4 Proc.	24,3 Proc.	45,8 Proc.	25,9 Proc.

Gesunde Häuser:	Menge des organischen Stickstoffs bis 100	bis 200	bis 400	400 u. mehr
	Milligramme			
Innere Stadt (10 H.) .	10 Proc.	0 Proc.	70 Proc.	20 Proc.
Leopoldstadt (8 H.) . .	25 „	25 „	12,5 „	47,5 „
Theresienstadt (39 H.)	7,7 „	23,2 „	48,7 „	20,4 „
Josefstadt (28 H.) . .	3,5 „	32,1 „	46,4 „	18,0 „
Franzstadt (12 H.) . .	16,7 „	8,3 „	66,6 „	8,4 „
Im Durchschnitt (97 H.)	12,3 Proc.	17,9 Proc.	47,9 Proc.	22,4 Proc.

d. h. unter den typhusfreien fanden sich dreimal so viel Häuser mit ganz reinem Boden als unter den typhösen; andererseits ist der stark verunreinigte Boden unter den typhösen häufiger vertreten als unter den gesunden[1]).

Als ich nun weiterforschte, ob mehr oder weniger Bodenschichten mit der Unreinigkeit durchtränkt waren, und bis zu welcher Tiefe sich letztere in gesunden und ungesunden Boden verbreitet hatte, kam ich zum folgenden Resultate: für verunreinigt betrachte ich jede Bodenschicht, welche mehr als 100 mg organischen Stickstoff aufwies; nach diesem Maassstabe beurtheilt erwiesen sich die 1-, 2- und 4metrigen Bodenschichten der verschiedenen Häuser im folgenden Procentsatz verunreinigt:

Typhöse Häuser:	Von den untersuchten Bodenproben waren verunreinigt:		
	I m	II m	IV m
Innere Stadt (4 H.) . . .	100 Proc.	100 Proc.	75 Proc.
Leopoldstadt (10 H.) . .	60 „	50 „	22 „
Theresienstadt (40 H.) . .	87 „	61 „	37 „
Josefstadt (33 H.) . . .	88 „	67 „	20 „
Franzstadt (12 H.) . . .	92 „	83 „	33 „
Im Mittel aus 99 Häusern	85,4 Proc.	72,2 Proc.	37,4 Proc.

Gesunde Häuser:	Von den untersuchten Bodenproben waren verunreinigt:		
	I m	II m	IV m
Innere Stadt (10 H.) . . .	90 Proc.	60 Proc.	50 Proc.
Leopoldstadt (8 H.) . . .	50 „	62 „	50 „
Theresienstadt (39 H.) . .	64 „	62 „	20,5 „
Josefstadt (28 H.)	78,6 „	60,7 „	14 „
Franzstadt (12 H.)	83 „	58 „	16,7 „
Im Mittel aus 97 Häusern	73 Proc.	60,5 Proc.	30,2 Proc.

[1]) In die Berechnungen nahm ich auch die Häuser der Innern und Leopoldstadt auf, obschon in diesen Stadttheilen sehr wenig ungesunde Häuser zu finden und auf ihren Boden zu untersuchen waren. Dadurch wird das deutliche Hervortreten der Ergebnisse überall abgeflacht; doch konnte ich keinen Stadttheil auslassen, damit sich aus den Vergleichungen ein vollständiges Bild dessen ergebe, was meine Untersuchungen für das Gebiet der ganzen Stadt zu Tage befördert haben.

d. i. von sämmtlichen, aus allen Tiefen herstammenden, waren die Bodenproben der ungesunden Häuser häufiger verunreinigt, als die der gesunden Häuser; von jenen mussten 65 Proc., von diesen konnten nur 54 Proc. zu den verunreinigten gezählt werden. Auch das wird auffallen, dass der grösste Unterschied in der Verunreinigung bei der 4 metrigen Bodenschicht besteht. Die ungesunden Häuser sind also dadurch ganz besonders charakterisirt, dass ihr Boden in der grösseren Tiefe relativ noch mehr verunreinigt ist, als der gesunde Häuserboden.

Im Laufe der vorliegenden Arbeit habe ich wiederholt hervorgehoben, dass die theoretische Erwägung und die experimentellen Daten übereinstimmend darauf hindeuten, dass die Fäulniss und Oxydation auf die Entwickelung der Infectionskrankheiten einen abweichenden Einfluss üben können. Im Bestreben, diese Frage praktisch zu beleuchten, untersuchte ich also, welchen Zustand die gesunden und verseuchten Häuser betreffs der Fäulniss oder Oxydation ihres Bodens aufweisen?

Die Oxydation der organischen Substanz konnte aus dem Salpetersäuregehalt der Bodenproben erkannt werden. Ich forschte daher, welcher Boden am ausgiebigsten nitrificirte.

Da die Salpetersäure selbstverständlich nicht nur mit der Oxydation, sondern auch mit dem Maasse der Bodenverunreinigung parallel anwächst, durften die Häuser nicht direct auf ihren Salpetersäuregehalt verglichen werden, weil sonst die unreineren Boden als reicher an Salpetersäure, also auch als die energischer oxydirenden erschienen wären, obschon die organische Substanz in diesen Boden neben der Nitrification vielleicht auch noch fault. Zum Nachweis der Oxydation bedurfte ich also eines verlässlicheren Indicators. Diesen vermeinte ich in der relativen Menge der Salpetersäure aufzufinden. Wo in einem Boden bei verschiedener Verunreinigung ein grösserer Procentsatz des Schmutzes im oxydirten Zustand enthalten war, da wird auch die organische Substanz überhaupt in höherem Maasse oxydirt worden sein; wo aber im Vergleich zur organischen Substanz nur wenig Salpetersäure gefunden wurde, musste auch die Oxydation auf einer niedrigen Stufe stehen.

In Anbetracht dessen, dass die Salpetersäuremenge in den Boden im grossen Ganzen die Hälfte der Menge des organischen Stickstoffs betrug, betrachtete ich einen Boden, der weniger Salpetersäure enthielt, als die Hälfte des organischen Stickstoffs verlangte, für schlecht oxydirend; hingegen kann ein Boden, welcher wenigstens so viel Salpetersäure enthält, wie organischen Stickstoff, für gut oxydirend hingenommen werden. Auf diese Weise vermochte ich die folgende Tabelle zusammenzustellen:

Typhöse Häuser:	Von allen Boden oxydiren: gut	schlecht
Innere Stadt (4 H.)	0 Proc.	75 Proc.
Leopoldstadt (10 H.)	0 „	100 „
Theresienstadt (40 H.)	18,6 „	54,8 „
Josefstadt (33 H.)	39,1 „	44,6 „
Franzstadt (12 H.).	41,6 „	33,4 „
Im Mittel aus 99 Häusern . .	19,8 Proc.	61,5 Proc.

Gesunde Häuser:	Von allen Boden oxydiren: gut	schlecht
Innere Stadt (10 H.)	0 Proc.	90 Proc.
Leopoldstadt (8 H.)	0 „	62,5 „
Theresienstadt (39 H.)	33,4 „	46,1 „
Josefstadt (28 H.)	53,6 „	28,4 „
Franzstadt (12 H.).	50,0 „	41,6 „
Im Mittel aus 97 Häusern . .	27,4 Proc.	52,1 Proc.

Auch diese Zahlen sprechen wieder sehr deutlich, indem sie beweisen, dass eine energische Oxydation im Boden der gesunden Häuser häufiger anzutreffen ist, als im Boden der typhösen Häuser, — und vice versa ist die unzulängliche Oxydation in den letzteren häufiger, als in jenen.

Und die Fäulniss?

Als Indicator für die Fäulniss nahm ich das im Boden gebildete Ammoniak an. Ich halte es für ein hinlänglich verlässliches Reagens auf Fäulniss; die obigen Ausführungen konnten uns über das Zusammengehen von Fäulniss und Ammoniakentwickelung überzeugen. Ich habe daher die Bodenproben auf ihren Ammoniakgehalt verglichen, wobei ich einen Boden, in welchem als Mittel der Menge in allen drei Tiefen zusammen mehr als 12 mg Ammoniak pro Kilo Trockensubstanz enthalten waren (also mehr als das Hauptmittel aus allen untersuchten Bodenproben), für faulend annahm; die weniger als 12 mg pro Kilo enthaltenden Bodenproben galten mir für nicht faulend. Die Zusammenstellung ergab folgende Tabelle:

Typhöse Häuser:	Boden: faulend	Boden: nicht faulend
Innere Stadt (4 H.)	25 Proc.	75 Proc.
Leopoldstadt (10 H.)	0 "	100 "
Theresienstadt (40 H.)	29,8 "	70,2 "
Josefstadt (33 H.)	27,4 "	72,6 "
Franzstadt (12 H.)	41,7 "	58,3 "
Im Mittel aus 99 Häusern . .	24,8 Proc.	75,2 Proc.

Gesunde Häuser:	Boden: faulend	Boden: nicht faulend
Innere Stadt (10 H.)	10 Proc.	90 Proc.
Leopoldstadt (8 H.)	12,5 "	87,5 "
Theresienstadt (39 H.)	18,4 "	81,6 "
Josefstadt (28 H.)	25,7 "	74,3 "
Franzstadt (12 H.)	25 "	75 "
Im Mittel aus 97 Häusern . .	18,3 Proc.	81,7 Proc.

Demnach war ein faulender Boden in den gesunden Häusern seltener als in den typhösen Häusern, welche im Gegentheil einen nicht faulenden Boden seltener besitzen, als die gesunden.

Die chemische Analyse der ca. 600 Bodenproben, welche aus diesen 196 auf dem ganzen Pester Gebiete zerstreuten Häusern herstammten, lieferte also die folgenden Ergebnisse:

1. Die aus Typhushäusern herstammenden Bodenproben sind mit thierischen Abfällen häufiger verunreinigt, als der Boden gesunder Häuser.

2. In den tieferen Schichten ist der Boden der typhösen Häuser noch mehr verunreinigt, als der gesunde Häuserboden.

3. Im Boden der typhusfreien Häuser ist die energische Oxydation der organischen Substanzen häufiger, als in den Typhushäusern.

4. Unter den typhusfreien Häusern fand sich ein faulender Boden seltener, als unter den von dieser Krankheit heimgesuchten Häusern.

Ich denke, dass die Rolle, welche der Verunreinigung und Fäulniss des Bodens in der Aetiologie des Typhus zukommt, durch die Ergebnisse dieser Massenuntersuchungen klar und bestimmt gekennzeichnet ist.

Wir können nun zur Cholera übergehen, und zuerst untersuchen: wie sich der Boden in denjenigen Häusern, welche während der Epidemien der Jahre 1866 und 1872 bis 1873 von der Choleramortalität verschont blieben oder im Gegentheil wenigstens zwei und mehr Todesfälle an Cholera aufwiesen, laut den Resultaten der chemischen Untersuchung verhielt [1]).

Der Boden dieser Häuser wird im Folgenden unter denselben Gesichtspunkten besprochen werden, welche uns bei der Untersuchung des typhösen Häuserbodens maassgebend waren. Ich kann mich also auf die Herzählung der betreffenden Tabellen beschränken.

Reine und verunreinigte Boden waren in den verseuchten und cholerafreien Häusern im folgenden Procentsatz vertreten:

Cholerahäuser:	Organischer Stickstoff: bis 100 Milligramme	bis 200	bis 400	400 u. mehr
Leopoldstadt (7 H.)	0 Proc.	42,9 Proc.	42,9 Proc.	14,2 Proc.
Theresienstadt (35 H.)	0 „	11,4 „	42,6 „	46 „
Josefstadt (30 H.)	6,6 „	30 „	36,6 „	26,8 „
Franzstadt (10 H.)	0 „	10 „	80 „	10 „
Im Mittel aus 82 H.	1,6 Proc.	23,6 Proc.	50,6 Proc.	24,2 Proc.

Cholerafreie Häuser:	Organischer Stickstoff: bis 100 Milligramm	bis 200	bis 400	400 u. mehr
Leopoldstadt (13 H.)	30,8 Proc.	30,8 Proc.	15,4 Proc.	23,0 Proc.
Theresienstadt (46 H.)	2,2 „	39,1 „	50 „	8,7 „
Josefstadt (27 H.)	7,4 „	33,6 „	40,2 „	18,8 „
Franzstadt (16 H.)	25 „	18,8 „	31,2 „	25,3 „
Im Mittel aus 102 H.	16,4 Proc.	30,5 Proc.	34,2 Proc.	18,9 Proc.

[1]) Ich kann hier bemerken, dass im grossen Ganzen dieselben Häuser, welche von der Cholera befallen und verschont wurden, auch typhös- und typhusfrei waren. In manchen Fällen blieben jedoch einzelne Häuser von der Cholera verschont, hatten aber einige Typhusfälle und vice versa. Diese Häuser mussten einerseits unter die cholerafreien, andererseits zu den typhusfreien gezählt werden, um bei der statistischen Zusammenstellung vollkommen unparteiisch vorzugehen. Durch diesen Umstand werden die vortheilhaften Verhältnisszahlen der gesunden Häuser um ein Weiteres herabgemindert. Die Innere Stadt musste ich bei dieser Vergleichung auslassen, da dort keine zu Vergleichung verwendbare Cholerahäuser existiren.

Das Ergebniss fällt sofort ins Auge. Gerade so wie beim Typhus, ist es hier auch für die Cholera erwiesen, dass unter den verseuchten Häusern der verunreinigte Boden mit einem höheren Procentsatz vertreten ist, als unter den von der Cholera verschont gebliebenen Häusern; hingegen hatten von den gesunden Häusern achtmal so viel einen reinen Boden, als die angrenzenden Cholerahäuser.

Von den aus verschiedenen Tiefen entnommenen Bodenproben erwiesen sich als verunreinigt:

Cholerahäuser:	I m	II m	IV m
Leopoldstadt (7 H.)	71 Proc.	57 Proc.	50 Proc.
Theresienstadt (35 H.) . . .	94 „	73 „	33 „
Josefstadt (30 H.)	86 „	63 „	11 „
Franzstadt (10 H.)	100 „	80 „	100 „
Im Mittel aus 82 Häusern . .	88 Proc.	68 Proc.	48 Proc.

Cholerafreie Häuser:	I m	II m	IV m
Leopoldstadt (13 H.)	38 Proc.	53 Proc.	23 Proc.
Theresienstadt (46 H.) . . .	67 „	59 „	26 „
Josefstadt (27 H.)	81 „	52 „	22 „
Franzstadt (16 H.)	62 „	50 „	25 „
Im Mittel aus 102 Häusern .	62 Proc.	53 Proc.	24 Proc.

Es ist ersichtlich, dass der Boden der cholerafreien Häuser seltener verunreinigt, und dass auch bei der Cholera der Unterschied in der Bodenverunreinigung zwischen gesunden und ungesunden Häusern in der grösseren Tiefe (4 m) am grössten war.

Betrachten wir nun die Oxydation der Unreinigkeit in den verschiedenen Bodenproben.

Cholerahäuser:	Vom Boden oxydiren: gut	schlecht
Leopoldstadt (7 H.)	0 Proc.	100 Proc.
Theresienstadt (35 H.) . . .	15,1 „	69,7 „
Josefstadt (30 H.)	43,3 „	36,6 „
Franzstadt (10 H.)	40,0 „	60,0 „
Im Mittel aus 82 Häusern . .	24,6 Proc.	66,6 Proc.

Cholerafreie Häuser:	Vom Boden oxydiren: gut	schlecht
Leopoldstadt (13 H.)	15,4 Proc.	84,6 Proc.
Theresienstadt (46 H.)	35 „	38 „
Josefstadt (27 H.)	55,5 „	33,3 „
Franzstadt (16 H.)	56 „	18,7 „
Im Mittel aus 102 Häusern . .	40,5 Proc.	43,6 Proc.

Der Unterschied zwischen cholerafreien und verseuchten Häusern ist nicht zu verkennen. Unter jenen wiesen beinahe doppelt so viel einen energisch oxydirenden Boden auf, als unter den letzteren.

Der Zustand der Bodenfäulniss ist auf der folgenden Tabelle ersichtlich:

Cholerahäuser:	Boden: faulend	nicht faulend
Leopoldstadt (7 H).	0 Proc.	100 Proc.
Theresienstadt (35 H.) . .	33,4 „	66,6 „
Josefstadt (30 H.)	30 „	70 „
Franzstadt (10 H.)	40 „	60 „
Im Mittel aus 82 Häusern . .	25,9 Proc.	74,1 Proc.

Cholerafreie Häuser:	Boden: faulend	nicht faulend
Leopoldstadt (13 H.)	0 Proc.	100 Proc.
Theresienstadt (46 H.)	20 „	80 „
Josefstadt (27 H.)	18,5 „	81,5 „
Franzstadt (16 H.)	31,2 „	68,8 „
Im Mittel aus 102 Häusern . .	17,4 Proc.	82,6 Proc.

Der Boden zeigte also einen hohen Ammoniakgehalt in den Cholerahäusern ganz bestimmt häufiger, als in den cholerafreien Häusern: auch die Fäulniss war somit in jenen Boden eher vorhanden, als in diesen.

Diese von Haus zu Haus fortgesetzten eingehenden Untersuchungen und Vergleichungen sprechen also mit aller Bestimmtheit dafür, dass Bodenverunreinigung und Bodenfäulniss beim Auftreten und der Verbreitung von Cholera sowohl als von Typhus einen Einfluss besitzen.

Es möge hier noch eine in anderer Richtung ausgeführte Vergleichung Raum finden, welche den Einfluss des Bodens auf das locale Vorherrschen von Typhus, Cholera u. A. gleichfalls sehr augenfällig beleuchtet.

Ich suchte die Bodenverunreinigung derjenigen Häuser auf, welche auf einem durch Typhus, Cholera, Enteritis etc. stark befallenen Gebiete lagen, und verglich sie mit dem Boden der ausserhalb des Seuchengebietes gelegenen Häuser.

In der Inneren Stadt findet man auf der Karte unter einer grösseren Anzahl von Typhus- und Cholerapunkten auch die folgenden Häuser, deren Boden analysirt wurde: Váczigasse 12, Lipótgasse 48, Molnárgasse 27, Egyetemtér (Univers.-platz) 2, Zöldfagasse 10. In diesen und in den gesunden Häusern desselben Stadttheiles ist die Bodenverunreinigung durch die folgenden Werthe repräsentirt:

	Tiefe I m		
	N	H_3N	N_2O_5.
Häuser im Seuchenherde im Mittel (5 H.)	496	10,4	48,8
Gesunde Häuser im Mittel (8 H.)	414	9,0	77,0

	Tiefe II m		
	N	H_3N	N_2O_5
Häuser im Seuchenherde im Mittel (5 H.).	564,6	11,0	72,6
Gesunde Häuser im Mittel (8 H.)	235,0	7,0	71

	Tiefe IV m		
	N	H_3N	N_2O_5
Häuser im Seuchenherde im Mittel (5 H.).	542	8,8	93,6
Gesunde Häuser im Mittel (8 H.)	184	7	195

Die in einem Seuchenherde gelegenen Häuser hatten also einen unreineren Boden, als die über den ganzen Stadttheil zerstreuten gesunden Häuser.

Wir wollen nun auch die übrigen Stadttheile betrachten. In der Leopoldstadt liegen die folgenden Häuser mit untersuchtem Boden inmitten einer grösseren Anzahl von Typhus- und Cholerafällen oder wenigstens in ihrer unmittelbaren Nähe: äussere Nádorgasse 47, 395/B, 385/B, Holdgasse 6, Nádorgasse 12, 13, 19, Dorottyagasse 5, 6 und Váczistrasse 26. Ihre durchschnittliche Bodenverunreinigung mit den gesunden Häusern desselben Stadttheiles verglichen war die folgende:

	Tiefe I m		
	N	H_3N	N_2O_5
Häuser im Seuchenherde (10 H.)	361	6,5	85
Gesunde Häuser (7 H.)	446	9,1	100

	Tiefe II m		
	N	H_3N	N_2O_5
Häuser im Seuchenherde (10 H.)	258	5	93
Gesunde Häuser (7 H.).	340	6,8	68

	Tiefe IV m		
	N	H_3N	N_2O_5
Häuser im Seuchenherde (10 H.)	218	5	87
Gesunde Häuser (7 H.)	201	5,4	102

In diesem Stadttheile verriethen die gesunden Häuser eine höhere Verunreinigung, als die ungesunden; es konnte das schon weiter oben bei allen Zusammenstellungen wahrgenommen werden. Die Ursache dieser einzigen Ausnahme ist darin zu suchen, dass in der Leopoldstadt die Mittelwerthe aus einer sehr geringen Anzahl von Häusern berechnet werden mussten, wobei es geschah, dass einige zufällig gerade sehr stark verunreinigte Bodenproben, welche eben aus gesunden Häusern herstammten, den Mittelwerth für diese ungerechter Weise erhöhten.

In der Theresienstadt liegen folgende Häuser auf Seuchengebieten: der grösste Theil der Aradigasse, die Szondygasse, der mittlere Theil der Bárány- und Dávidgasse, der Anfang der Révay- und Könyökgasse, die Mitte der Hajósgasse, die Szövetség- und Erdösor-gasse, ferner die Häuser: Nyárgasse 26, Diófagasse 19, Akáczgasse 6, 12, Kismezögasse 2, Kerepesistrasse 19, 21, 31, 34. Die Durchschnittsberechnung ergab:

	Tiefe I m		
	N	H_3N	N_2O_5
Häuser im Seuchenherde (28) . . .	687	36,5	121
Gesunde Häuser (32)	320	15,5	124

	Tiefe II m		
	N	H_3N	N_2O_5
Häuser im Seuchenherde (28) . . .	485	20,6	146
Gesunde Häuser (32)	295	10,3	179

	N	Tiefe IV m H_3N	N_2O_5
Häuser im Seuchenherde (28) . . .	296	12,9	184
Gesunde Häuser (32)	126	7,6	126

Auch hier ist der Boden der in Seuchenherden gelegenen Häuser am stärksten verunreinigt.

In der Josefstadt liegen auf Seuchengebieten: Öszgasse 2, Köfaragógasse 7, Bodzafagasse 17, Népszinházgasse 29, 32, Contigasse 5, 6, Vig-gasse 11, Rákócziplatz 15, Kis Stácziogasse 3, 10, Hunyadigasse 40, 41, Futógasse 28, Nagy-Templomgasse 3, 15, 17, Kisfaludigasse 1 etc. Als Mittelwerthe wurden erhalten:

	N	Tiefe I m H_3N	N_2O_5
In Seuchenherden (19 H.)	520	17,6	269
Gesunde Häuser (10 H.)	352	11,9	222

	N	Tiefe II m H_3N	N_2O_5
In Seuchenherden (19 H.)	423	18,7	362
Gesunde Häuser (19 H.)	260	9,3	213

	N	Tiefe IV m H_3N	N_2O_5
In Seuchenherden (19 H.)	219	15,1	297
Gesunde Häuser (19 H.)	108	5,9	225

Wie ersichtlich ist das Ergebniss mit den vorigen ganz identisch.

Endlich liegen in der Franzstadt folgende Häuser inmitten von Seuchenherden: Malomgasse 2, 5, 34, 37, Pipagasse 9, Tüzoltógasse 11, Liliomgasse 3, 16, Pávagasse 6 und Soroksári-strasse 37. Die berechnete mittlere Bodenverunreinigung war:

	N	Tiefe I m H_3N	N_2O_5
Im Seuchenherde (10 H.)	571	15,9	275
Gesunde Häuser (11 H.)	365	11,0	200

	N	Tiefe II m H_3N	N_2O_5
Im Seuchenherde (10 H.)	466	15,5	205
Gesunde Häuser (11 H.)	251	8,4	141

	Tiefe IV m		
	N	H_3N	N_2O_5
Im Seuchenherde (11 H.) . . .	145	8,5	362
Gesunde Häuser (11 H.) . . .	202	11,0	368

Auch dieses Ergebniss stimmt im Ganzen mit den früheren überein. Zieht man nun das Mittel aus den Werthen aller Stadttheile, so ergeben sich folgende Zahlen:

	Tiefe I m		
	N	H_3N	N_2O_5
Häuser in Seuchenherden (72 H.)	537	17,4	160
Gesunde Häuser (77 H.)	379	11,3	145

	Tiefe II m		
	N	H_3N	N_2O_5
Häuser in Seuchenherden (72 H.)	439	14,2	176
Gesunde Häuser (77 H.) . . .	272	8,4	138

	Tiefe IV m		
	N	H_3N	N_2O_5
Häuser in Seuchenherden (72 H.)	284	10,6	205
Gesunde Häuser (77 H.)	164	7,4	203

Wie ersichtlich, ist der Boden der in Seuchenherden gelegenen Häuser am meisten verunreinigt; er enthält nahezu doppelt so viel organischen Stickstoff und Ammoniak als der gesunde Häuserboden. Wieder ist es nur die Salpetersäure, welche im Mittel so ziemlich in allen Boden dieselbe Menge einhält; der an organischem Stickstoff arme Boden enthält von ihr ebensoviel, wie der reiche, zum Zeichen dessen, dass die organischen Substanzen im ersteren, also im gesunden Häuserboden überwiegend oxydirt werden, im Boden der auf Seuchengebieten gelegenen Häuser aber überwiegend faulen und Ammoniak produciren.

Die epidemische Verbreitung von Typhus und Cholera steht in gewissen Häusern, auf gewissen Seuchengebieten unter dem unbezweifelbaren und entscheidenden Einflusse der Bodenverunreinigung und Bodenfäulniss.

Greifen irgendwo Typhus, Cholera (oder auch Enteritis) stark um sich, so hat man allen Grund anzunehmen, dass dort die Localität, der Boden mit animalischen Abfallstoffen verunreinigt, inficirt ist.

Es wird nun auch jene auffallende Erfahrung leicht erklärlich sein, dass anstossende Häuser sich zu den gedachten Krankheiten häufig höchst verschieden verhalten.

Trinkwasser, Stand und Schwankungen des Grundwassers etc. können in jenen Häusern ganz ähnlich sein, und sind es zumeist in der That; das Verhalten der Häuser gegen die Epidemie wird demnach nicht durch solche Umstände bestimmt, sondern durch die Bodenverunreinigung, die, wie man sich überzeugen konnte, in zwei angrenzenden Häusern oder Strassen überaus verschieden sein kann und gewöhnlich in der That sehr verschieden ist.

Die Ursache für die Siechhaftigkeit oder Immunität einzelner Häuser oder Häusergruppen werden wir also vor Allem und mit der grössten Wahrscheinlichkeit darin zu suchen haben, ob der Boden verunreinigt ist, ob die Verunreinigung an der Oberfläche verblieben oder in die Tiefe gedrungen, ob sie oxydirt oder in Fäulniss begriffen ist.

Die Feuchtigkeitsverhältnisse des Bodens und die Infectionskrankheiten.

Die Bodenverhältnisse von Budapest sollen noch in einer — der letzten — Hinsicht mit dem örtlichen Vorherrschen der Infectionskrankheiten verglichen werden, nämlich auf die Frage hin: wie war es um die Feuchtigkeits-, die Grundwasserverhältnisse auf den von Epidemien mehr und auf den minder heimgesuchten Gebieten bestellt?

Weiter oben (S. 80 u. f.) wurden Stand und Schwankungen des Grundwassers auf dem Gebiete von Budapest unter den einzelnen Stadttheilen beschrieben. Um sie ins Gedächtniss zurückzurufen, wird man vor Allem zu bemerken haben, dass der Stand des Grundwassers eben an denjenigen Orten am oberflächlichsten war und dem Bodenniveau am nächsten rückte, wo auch die Infectionskrankheiten am heftigsten auftraten. Die Tiefe vom Bodenniveau bis zum Grundwasserspiegel war nämlich in der Inneren und Leopoldstadt — auf dem von Epidemien am wenigsten heimgesuchten Gebiete — grösser, als in den zwischenliegenden, verseuchten Stadttheilen [1]). Man darf sagen, dass das Seuchengebiet mit den am tiefsten gelegenen und das oberflächlichste Grundwasser besitzenden Gebieten zusammenfällt.

---

[1]) Vgl. die Karte IX, wo der Zähler der verzeichneten Zahlen die Entfernung von der Oberfläche des Hofes bis zum Grundwasserspiegel ausdrückt.

Trotzdem bin ich nicht geneigt, der Wasserentfernung allein irgend einen entscheidenden Einfluss auf das örtliche Vorherrschen von Typhus und Cholera zuzusprechen, schon deshalb nicht, weil in den äussersten östlichen und südöstlichen Stadttheilen das Grundwasser ebenfalls sehr nahe an der Bodenoberfläche steht, und die locale Disposition daselbst trotzdem um vieles weniger entwickelt zu sein schien, als auf der vorhin erwähnten, gleichfalls mit hochgelegenem Grundwasser versehenen Seuchenzone.

Aus dem im Obigen (S. 82 u. f.) bereits Gesagten wissen wir auch, dass die Grundwasserschwankungen unter der Inneren und Leopoldstadt am umfangreichsten waren, während sie unter der Seuchenzone im Jahre kaum $^1/_2$ m betrugen. Hieraus folgt mit der erwünschten Klarheit, dass die Weite (Amplitude) der Grundwasserschwankungen bei der Entwickelung der Seuchendisposition für Cholera, Typhus und andere Infectionskrankheiten ebenfalls keine entscheidende Rolle spielt. Auf diese Weise wird jene einfache Erklärung für den Einfluss der Grundwasserschwankungen, wonach bei sinkendem Grundwasser mächtigere oder mindere Bodenschichten entblösst und dadurch mehr weniger der Zersetzung zugeführt werden und die Vervielfältigung des Infectionsstoffes befördern, aufs Neue in Frage gestellt.

Dass aber die Schwankungen des Grundwassers trotz Allem von wesentlichem Einflusse auf die Entwickelung von Typhus und Cholera sind: habe ich im Obigen (S. 152 u. 180) nachgewiesen; man konnte sich dort überzeugen, auf wie verschiedene Weise sich die Wirkung der Schwankungen geltend macht. Für die Cholera wächst die Disposition auf dem Seuchengebiete dann, wenn hier das hochstehende Grundwasser sinkt, und die oberen Schichten durchwärmt werden und auszutrocknen beginnen. Jede neuere Befeuchtung der oberflächlichen Schichten, möge sie nun durch den Regen oder das steigende Grundwasser erfolgen, setzt die Disposition für Cholera — für diese Krankheit der oberflächlichen Bodenschicht — herab. Hiermit im Gegensatze nimmt die Disposition für Typhus dann zu, wenn die Donau und unter ihrem Einflusse auch das Grundwasser steigt, wenn das Abfliessen der letzteren beinahe gänzlich ins Stocken geräth, wenn der verunreinigte Häuserboden durch das stehende, stagnirende Grundwasser ausgelaugt wird. Diesen in der Tiefe des Bodens verlaufenden Veränderungen folgt der Typhus und kehrt sich weder an Regenfälle, noch an die tiefe Lage des Grundwassers, noch auch an die

Entblössung von Wasser und die Fäulniss der oberflächlichen Bodenschichten.

Endlich wird man sich aus dem Gesagten auch noch die Ueberzeugung schöpfen, dass der entscheidende Factor beim Zustandebringen der Seuchendisposition weder in der Lage noch in der Schwankungsweite oder in der Strömung des Grundwassers gelegen sein kann; sind ja doch unter derselben Stadt, derselben Strasse oder unter Nachbarhäusern Lage, Schwankungen und Strömungen des Grundwassers ganz übereinstimmend, und trotzdem liegen die gesunden und verseuchten Häuser in denselben Stadttheilen, Strassen oder gar unmittelbar an einander. Das Einzige, was ich auf Grundlage meiner bisherigen Untersuchungen als specifische Eigenschaft für die gesunden und ungesunden Häuser zur Erklärung der Seuchendisposition vorbringen kann, ist: das Maass der Bodenverunreinigung. Bei reinem Boden wirken tiefe oder hohe Lage, Schwankungen, Lagerung und Strömung des Grundwassers, Wärme und Feuchtigkeit des Bodens auf das zeitliche und örtliche Vorherrschen von Cholera, Typhus etc. nicht ein; bei verunreinigtem Boden hingegen wird durch Feuchtigkeitsschwankungen, Modificationen der Fäulniss, Schwankungen und Strömungen des Grundwassers auch die Seuchendisposition ganz bedeutend regulirt, je nach der Natur der Krankheit, — je nachdem diese vom Zersetzungsprocesse der oberflächlichen Bodenschicht (Cholera, Enteritis, Wechselfieber) oder von unbekannten Verhältnissen der tieferen Schichten (Typhus) abhängig ist.

In der Bodenverunreinigung ist also die Grundursache der Disposition für zahlreiche Infectionskrankheiten gelegen: in ihrer Erforschung liegt auch der Schlüssel für die möglichen Fortschritte der Seuchenlehre; ebenso wurzelt in ihrer Vorbeugung und Verminderung die Verbesserung des öffentlichen Gesundheitszustandes, und die Möglichkeit für die Beschränkung gewisser epidemischer Krankheiten.

Bodenverhältnisse und Canalisationssystem von Budapest.

Es sei mir gestattet, hier über unsere Canalisationsverhältnisse, welche in den obigen Ausführungen, durch die Bodenverunreinigung, einen so wesentlichen Einfluss auf die Seuchendisposition gewannen, noch einige Bemerkungen anzufügen.

Budapest ist nahezu in seiner ganzen Ausdehnung canalisirt. In den links der Donau gelegenen Stadttheilen beträgt die Länge des Sielnetzes — nach den für mich zugänglichen Daten (1876) — 82 558 laufende Meter. Von diesen Sielen wurden 24 654 m seit 1860 mit eiförmigem Querschnitt aus Backsteinen mit Cement gebaut, das übrige Netz in 58 000 m Ausdehnung wurde vor längerer Zeit mit verticalen Seitenwänden, gewölbter Decke und gepflasterter, doch auch mit ungepflasterter (!) Sohle ausgeführt [1].

Diese letzten Worte liefern für die erschreckende und verwerfliche Verunreinigung unseres Bodens eine hinlängliche Erklärung. Diese schlechten, alten Canäle vermögen von der hineingelangten Unreinigkeit kaum etwas zurückzuhalten und aus der Stadt zu entfernen. Sie wird in den sandigen Boden versickern und ihn in der ganzen Umgebung inficiren.

Die neueren Siele entsprechen den Anforderungen unzweifelhaft besser, als die alten. Doch bin ich weit davon, selbst für diese die Hand ins Feuer zu legen. Ich habe den Bau solcher Canäle häufig beobachtet, sah jedoch, dass die Durchfeuchtung der Backsteine, das Auftragen des Cementmörtels, die Zusammenfügung der Ziegel meistens unvollkommen, namentlich aber die Einmündung der Neben- und Haussiele nachlässig ausgeführt werden. Es kann nicht bezweifelt werden, dass die Siele den Boden der Stadt, wo immer sie ihn durchziehen mögen, mit jener Jaucheflüssigkeit durchtränken, welche dann Typhus, Cholera, Enteritis und anderen verheerenden Krankheiten zur Brutstätte dient. Und sind es etwa die Strassensiele allein, welche den Boden verunreinigen? Mit nichten. Meine Beobachtungen beweisen, dass in den Haussielen eine noch viel grössere Schädlichkeit verborgen liegt. Ueber Länge und Material dieser Haussiele kann ich keine authentischen Daten vorweisen; so viel habe ich aber mit eigenen Augen gesehen, dass sie an vielen Stellen noch schlechter sind, als die Strassensiele alter Construction. Die meisten alten Haussiele sind gleich den alten Strassensielen gebaut, haben verticale Seitenwände, eine Decke aus Backsteinwölbung oder bloss aus einer Steinplatte; die Sohle besteht aus einer Schicht auf die Fläche gelegter Backsteine oder gar aus der blossen Erde

Auch aus Stein oder Marmor gemeisselte, trogförmige Siele werden zuweilen angetroffen; obschon diese Steine mit keiner be-

---

[1] Vgl. Ludwig Lechner, Canalisationsproject für die Hauptstadt Budapest. Amtlicher Bericht. Im Manuscript gedruckt. 21 8. 1876 (ungarisch).

sonderen Sorgfalt verfugt wurden, leisten sie doch zweifellos bessere Dienste, als die Backsteinsiele.

In neuester Zeit werden Haussiele mit Cementmörtel hergestellt, auch die Anwendung von Thonröhren gewinnt immer mehr an Verbreitung. Ich kann jedoch nicht verschweigen, dass all' diese Siele mit einer unglaublichen Leichtfertigkeit gelegt werden, so sehr, dass ich in Versuchung bin zu behaupten, es gebe in Budapest kein einziges Haussiel, welches den hygienischen Anforderungen auch nur in Bezug auf Impermeabilität entsprechen würde.

Was soll nun erst von den Abtritt- und Düngergruben, Kehrichthaufen etc. gesagt werden, welche in den Vorstädten immer noch anzutreffen sind, und den Boden in unglaublichem Maasse verunreinigen? Wie soll ich mich über die Kuhställe aussprechen, über die Höfe von Schweineschlächtern, wo Blut, Koth und andere faulende Substanzen den Boden durchtränken, — über die vielen Einkehrwirthshäuser, in deren ungepflasterten Höfen Tausende von Pferden abgefüttert werden, ihre Excremente entleeren, ohne dass der Hof je gründlich gereinigt würde, — darüber endlich, dass die Stalljauche und der faulende Schlamm in den Strassen offene Pfützen bildet, wie z. B. in der äusseren Nádorgasse, gerade dort, wo das Wasser unserer Leitung den Filtrirbrunnen zuströmt, — oder darüber, dass im Ausbau begriffene Strassen mit Strassenkehricht angeschüttet werden, z. B. die zur Gyárgasse parallel verlaufende erste Strasse?

Man darf wirklich nicht darüber staunen, dass der Boden von Budapest in so erschrecklichem Maasse verunreinigt ist und auf die Einwohnerschaft jenen pestilenzialen Einfluss übt; wird er ja doch aus Tausenden Quellen unablässig inficirt, mit Unreinigkeit getränkt.

Ein Cardinalbedürfniss unseres öffentlichen Gesundheitswesens liegt in der Hebung der öffentlichen Reinlichkeit, insbesondere aber in der erfolgreicheren Verhütung der Bodenverunreinigung.

Den Angelpunkt jeder radicalen hygienischen Verbesserung in dieser Richtung bildet die richtige Canalisation, die Vervollkommnung unseres Abtrittsystems. Ein richtiges Sielsystem mit seinen Attributen ist allein im Stande, die Luft, das Wasser, insbesondere aber den Boden rein zu erhalten. In Ermangelung eines solchen müssen alle Bestrebungen zur Förderung der öffentlichen Reinlichkeit und des Gesundheitszustandes mangelhaft und erfolglos bleiben.

Umsonst werden die Strassen asphaltirt, gekehrt, früh und Abends bespritzt: die Strassenluft wird doch immer mephitisch und infect bleiben, weil sie unausgesetzten Zuzug von fauligen Canalgasen erhält. Umsonst werden die Strasseneinläufe der Siele verschlossen: die infectiöse Sielluft drängt um so massenhafter den engen, schlecht ventilirten Höfen zu und strömt in die Häuser aus. Umsonst werden kostspielige Closets gebaut; ist dabei das Siel schlecht, so wird das Haus doch immer in üble Düfte getaucht sein. Umsonst werden die nicht canalisirten Häuser durch neue Stränge mit dem Strassensiele verbunden; diese neueren Siele werden nun auch noch die fauligen Gase des schlechten Strassensieles in das Haus leiten, das Haus noch ungesunder machen, als es vor der Canalisation gewesen und der neuen Gefahr aussetzen, dass sie bei Platzregen oder bei hohem Wasserstand der Donau, in Folge des behinderten Abflusses, überfüllt werden, bersten und den Hof und tiefliegende Wohnungen mit Sieljauche überschwemmen. Auch die Abtrittgruben werden umsonst gereinigt: was darin verbleibt, reicht hin um den Boden unterher fortwährend zu inficiren. Es nützt nichts, wenn auch die äusseren Strassen canalisirt werden: man erreicht dadurch höchstens d a s, dass sich nun um so mehr Unreinigkeit unter die bevölkerteren Stadttheile drängt, hier in den schlechten Sielen gestaut wird und die Schädlichkeiten noch vermehrt u. s. f.

Diese Unsumme von Schädlichkeiten wird durch die W a s s e r l e i t u n g noch erhöht, weil das Leitungswasser zur Spülung der Siele nicht ausreicht und an vielen Orten einfach die Siele anfüllt, die Fäcalien verdünnt und auf diese Weise zum Aussickern noch mehr befähigt. Auch die Donau trägt bei zur Vergrösserung des Uebels; bei hohem Wasserstand erhebt sie sich in die Canäle der ganzen Stadt, füllt sie aus, verwandelt den Inhalt im ganzen ausgebreiteten Sielnetze in ein stagnirendes, faulendes Spülicht und presst die jauchige Flüssigkeit durch die mangelhaft schliessenden Wandungen in den Boden hinaus.

Doch ich will die Aufzählung der Schädlichkeiten, welche unser schlechtes Sielsystem im Gefolge führt, nicht fortsetzen; das Gesagte wird genügen, um zu beweisen, dass unser gegenwärtiges Sielsystem eine Verbesserung des öffentlichen Gesundheitszustandes schlechterdings unmöglich macht. Trotz aller Prachtbauten und Verschönerungen, trotz regen Handels und Verkehrs, trotz der schönsten Quais der Welt, trotz der entsprechenden sanitätspolizeilichen Organisation, trotz aller Bemühungen einsichtsvoller Bürger wird Budapest eine Brutstätte für Epidemien bleiben, wird es fortwährend am eigenen lebenden Capital der Bevölkerung zehren, so lange nicht die Luft, Wasser und Boden inficirenden Schädlichkeiten durch gut construirte Siele auf eine radicale Weise beseitigt sein werden.

Unsere Hauptstadt kreisst schon seit Jahrzehnten an einem neuen Canalisationssysteme. Wann es geboren wird, wer könnte das sagen? So viel Schaden uns diese lange Verzögerung brachte, so viel Nützliches hätte während derselben Zeit geleistet werden können. Denn wie immer auch das neue Sielsystem ausfallen möge, so viel steht fest, dass für die Haussiele auch jetzt schon ein besseres Bau- und Montirungssystem einzuführen gewesen wäre. Diese Siele werden in unseren Tagen immer noch mit einer unglaublichen Nachlässigkeit und Sorglosigkeit ausgeführt. Während der letzten anderthalb Decennien wurde riesig viel gebaut, wurden zahlreiche Millionenpaläste mit mangelhaften Haussielen eingerichtet. Sollte nun die neue Canalisation wirklich zur Ausführung kommen, und sich nicht bloss auf die Strassensiele beschränken, sondern (was ich, nebstbei gesagt, sogar für wichtiger erachte) auch die Hausstränge umfassen: so werden auch nahezu alle Neubauten ihre gegenwärtigen Haussiele zu entfernen, durch neue, besser angelegte, sorgfältiger gebaute und montirte Hausstränge zu ersetzen haben.

Die Verbesserung des Sielsystems wäre also vor Allem bei den Häusern, insbesondere aber bei Neubauten in Angriff zu nehmen. Hier ist eine Verbesserung nicht nur dringend geboten, sondern auch bis dahin schon zu effectuiren, bevor es noch zur Neucanalisirung kommt. Soweit aber mein Urtheil über unsere öffentlichen Zustände reicht, muss ich mit Bedauern die Meinung aussprechen, dass die Dinge noch lange den bisherigen Weg wandeln werden: man wird noch ein bis zwei Decennien über die allgemeine Canalisation berathen und inzwischen Millionen auf mangelhafte Strassen- und Haussiele — vergeuden, bis man durch eine Epidemie gedrängt sich zu ganzer That aufraffen wird; und kommt es dann wirklich zum Ausbau der neuen Strassensiele, so wird man eben die bis dahin mit den zwei- und dreifachen Kosten erbauten Haussiele in die allgemeine Reform nicht einbeziehen können; sie bleiben mangelhaft und vereiteln den Erfolg des verbesserten Sielsystems.

Diese Generation, welche heute Budapest bevölkert und das Wohl der Hauptstadt am Herzen trägt, wird die richtige und vollkommene Canalisation und Entfernung der Auswurfstoffe kaum mehr erleben.

Die Hauptstadt erliess im Jahre 1873 einen Aufruf an die Fachmänner zur Ausarbeitung von Canalisationsprojecten. Fünf Fachleute [1]) reichten vier Projecte ein, welche in 1876 einer Jury zur Begutachtung überwiesen wurden. Die Jury war von der Sorgfalt und Fachkenntniss, welche die Projecte kennzeichneten, überrascht. Als vortheilhaftestes wurde das Project von Ludwig Lechner, dem Wiedererbauer von Szegedin, anerkannt. Dieser Plan war mit so viel Fernblick ausgeführt, dass er zur Grundlage gewisser sofort in Angriff zu nehmenden dringendsten Bauten dienen konnte. Doch liess die Ausführung immer länger auf sich warten, und auch heute stehen wir noch dort, wo uns bereits das Jahr 1876 gesehen hat: am Anfange des Anfangs.

Ein grosses Hinderniss für die Regelung des Canalisationswesens scheint darin zu liegen, dass ein Ingenieur und Mitglied des hauptstädtischen Municipalausschusses, Herr Carl Beiwinkler, mit einem neuen Plane gegen die Vorschläge des von der Jury angenommenen Projectes auftrat, welcher viel besser, und dazu noch um Vieles wohlfeiler sein sollte, eine Eigenschaft, die ihre Wirkung auf den Municipalausschuss nicht verfehlen konnte. Herr Beiwinkler hat schon vor längerer Zeit zur Verbesserung der Haussiele eine Schubthür eigener Erfindung in Vorschlag gebracht, mit welcher das Abwasser in den Haussielen gestaut werden, so dass es beim plötzlichen Aufziehen die letzteren reinspülen konnte. Seinen patentirten Apparat vermochte er jedoch zu keiner Popularität zu bringen. Von den Fachleuten wurde er noch mehr verurtheilt.

Auch in seinem Canalisationsprojecte bekundet Herr Beiwinkler ein hohes Interesse für die Verbesserung unseres öffentlichen Gesundheitswesens; doch bin ich der Meinung, dass sein Vorschlag eben von der sanitären Seite neben dem Lechner'schen Projecte nicht aufkommt.

Nach dem Lechner'schen, sowie auch nach allen anderen Projecten, welche bisher durch Sachverständige (darunter auch von Reitter und Bazalgette) ausgearbeitet wurden, sollte der Inhalt aller Siele durch drei mit der Donau parallel verlaufende Sammelsiele abgeleitet werden.

---

[1]) Ludwig Bodoki (aus Budapest), Durand-Claye und Mille (Paris), Ludwig Lechner und Josef Vogler (Budapest).

Von diesen Recipienten würde einer längs des Donauufers verlaufen, der zweite längs der projectirten äusseren Ringstrasse die Stadt in der Mitte bis zur unteren Donauzeile hinab durchschneiden, der dritte sollte endlich, am äussersten, östlichen und südöstlichen Rande der Stadt verlaufen und die Donau erst unterhalb der Stadt erreichen.

Dem gegenüber besteht das Beiwinkler'sche Project im Wesentlichen darin, dass eine grössere Anzahl von Sammelsielen von Ost nach West vertical auf die Donau zueilen und sich einzeln schon innerhalb der Stadt in den Strom ergiessen soll.

Es liegt nicht in meiner Absicht, diese widersprechenden Canalisationsprojecte vom hygienischen Standpunkte eingehender zu kritisiren; es müsste mich das über den Rahmen des vorliegenden Werkes hinausführen. Nur das wünschte ich hier auszusprechen, was nach meinen obigen Bodenuntersuchungen für die hygienische Beurtheilung der Projecte von Wichtigkeit ist.

Die Besprechung der Niveau- und Wasserführungsverhältnisse des Pester Bodens hat uns darüber belehrt, dass der Grundwasserspiegel in der Nähe des Donauufers, unter der Inneren und Leopoldstadt am tiefsten von der Bodenoberfläche absteht; hingegen nähert er sich längs der Mitte der Theresien- und Josefstadt, in jener häufig erwähnten tiefen Zone, der Bodenoberfläche am meisten und überschwemmt hier die verunreinigten Bodenschichten. Auch das wurde nachgewiesen, dass das Grundwasser unter der Inneren und Leopoldstadt in einer den Wasserstandsverhältnissen der Donau folgenden Bewegung begriffen ist, unter dem erwähnten Gebiete aber gestaut wird und stagnirt, wodurch es jenen hohen Grad von Verunreinigung erreicht, welcher uns weiter unten noch beschäftigen wird.

Es dürfte nun klar sein, dass jene tiefgelegene Zone mit ihrem feuchten, verunreinigten Boden, mit ihren häufigen und intensiven Epidemien einer zweckmässigen Drainirung am dringendsten bedarf; dieses Gebiet beträgt ausserdem den grössten Theil des städtischen Territoriums und hat, da es noch nicht gänzlich bebaut ist, auch noch weiterhin die Bestimmung, dem grössten Theil der Bevölkerung als Wohnstätte zu dienen. Verbleibt aber dieses Areal in seinem gegenwärtigen Zustand, oder wird es bei der Zunahme der Einwohnerzahl noch dichter bevölkert, noch mehr verunreinigt, so muss es nachgerade zum Grabe seiner Bewohner werden.

Jedes beliebige Canalisationsproject verdient nur dann Unterstützung, wenn es diesem unaufschiebbaren hygienischen Bedürfnisse gerecht wird. Und das verspricht bloss das Lechner'sche und die verwandten Projecte, das Beiwinkler'sche aber gar nicht.

Im Lechner'schen Projecte würde das zweite Sammelsiel eben längs dieses Areals verlaufen, dessen hygienische Mängel uns soeben beschäftigten. Wird nun dieser Recipient tief genug gelegt und für eine erfolgreiche Drainage entsprechend eingerichtet: so wären die sanitären Verhältnisse ganzer Stadttheile mit einem Schlage zu verbessern.

Das Beiwinkler'sche Sielnetz beginnt hingegen in den äusseren, hochgelegenen Stadttheilen, müsste in der mittleren, tieferen Gegend der Stadt sehr oberflächlich zu liegen kommen und würde sich in den erhöhteren Ufergegenden neuerdings in den Boden vertiefen. Eine solche Canalisation vermag für die Verbesserung der sanitären Lage jener tiefliegenden Stadttheile sehr wenig zu leisten. Dieser Umstand reicht für sich hin, um das Beiwinkler'sche Project vom hygienischen Standpunkt zu verurtheilen und gänzlich zu verwerfen. Aber auch das äusserste Sammelsiel des Lechner'schen Entwurfes besitzt eine allgemeine hygienische Bedeutung. Ich habe dargethan, dass der Boden selbst und auch das Grundwasser am östlichen und südlichen Rande der Stadt um vieles höher liegen als in den übrigen Stadttheilen. Die letzteren werden — wie erwähnt — durch ein Grundwasser bespült, welches sie fortwährend aus jener erhöhten Gegend erhalten. Ausserdem war noch zu sehen, dass der Grundwasserspiegel auch in diesen äussersten, erhöhten Stadttheilen der Bodenoberfläche sehr nahe tritt, woraus ihnen ein bedeutender sanitärer Schaden erwächst. Auch in dieser Gegend gehört also die Ableitung des Grundwassers zu den hygienischen Anforderungen erster Ordnung. Jener äussere Recipient verspricht aber eben diese Ableitung zu bewirken, er wird bei entsprechender Einrichtung den Spiegel des Grundwassers tiefer legen und dadurch sowohl die angrenzende Gegend, als auch die inneren Stadttheile austrocknen.

Der hygienische Standpunkt gebietet uns also unter den obwaltenden Bodenverhältnissen das Lechner'sche Project am entschiedensten anzurathen; gestützt auf die obigen Beweggründe kann ich es nicht verabsäumen seine ehebaldigste Ausführung auch an dieser Stelle zu urgiren.

Noch einen Punkt wünsche ich der Beachtung zu empfehlen. Gelangt die projectirte Canalisation zur Ausführung, so werden auch die nach dem alten System (?) gebauten Siele von der Benutzung abgesperrt und durch neue ersetzt. Die im Laufe der letzten zwei Decennien gebauten Siele beabsichtigt man aber auch fernerhin zu belassen und sie dem neuen Netze einzuverleiben. Ich denke, dass bei der Entscheidung über diese Frage auch das sanitäre Wohl Beachtung verdient. In das neue System sollen nur diejenigen Siele aufgenommen werden, über deren Dichtigkeit man beruhigt sein kann. Meiner Meinung nach dürften sich aber zwischen unseren Sielen nur wenige finden, welche uns dafür Garantien bieten. Ich wünschte daher, dass man bei der Ausführung des neuen Netzes nicht nur das berücksichtigen möge, ob ein Siel vor oder nach 1860, ob es mit oder ohne Cement gebaut wurde, sondern auch und hauptsächlich das, ob seine Wandung permeabel ist oder nicht. Ein permeables Siel muss mit Umgehung aller schädlichen Knickerei entfernt werden. Ob aber ein Siel permeabel ist oder nicht, kann nur durch detaillirtere und eingehendere Untersuchungen festgestellt werden, wie sie in München ausgeführt wurden (s. oben): es wären an mehreren Stellen unter die Canalsohle Tunnels zu treiben und die von dort ausgehobenen Bodenproben einer fachmännischen Untersuchung zu überliefern.

DRITTER THEIL.

Das Wasser.

Ich gehe nun auf einen viel besprochenen, gelobten und verunglimpften, bald heissersehnten, bald gleichgültig, ja mit Verachtung behandelten Gegenstand über: auf das Wasser. Griechische Philosophen vertieften sich über dasselbe in Betrachtungen; Dichter besangen es; Aerzte stritten sich darüber viel herum, und das Volk, wenn es die Witterung erschöpft hatte, kam darauf zu sprechen.

Das Wasser gebar eine kolossale Literatur, und es ist förmlich entmuthigend, wenn ich daran denke, dass ich mit meinen Zeilen diese Berge von Schriften zu übersetzen habe.

In der Literatur des Alterthums finden wir die interessanteste Angabe bei Thukydides, in der Beschreibung der Pest von Athen; die belagernden Peloponnesier wurden durch die Athener beschuldigt, die Brunnen im Pyräus vergiftet zu haben, woher die letzteren ihr Wasser erhielten, weil sich die Epidemie von dorther nach Athen verbreitet hatte [1]). Die Idee von der Brunnenvergiftung ist also älter als 23 Jahrhunderte; sie hat sich auch seitdem ununterbrochen erhalten bis in die jüngste Zeit; auch in diesem Jahrhunderte tauchte der Glaube an die Brunnenvergiftung während der ersten Choleraepidemie unter gebildeten und ungebildeten Völkern zu wiederholten Malen auf [2]).

---

[1]) Anglada, Étude sur les maladies éteintes et les maladies nouvelles. Paris 1869, p. 55.

[2]) In 1866 wurden zu Neapel die Aerzte vom Volke angegriffen, weil sie angeblich die Brunnen vergiftet hätten. Vergl. L. Colin, Traité des maladies épidémiques. Paris 1879, p. 153.

Hippokrates beschäftigt sich viel mit dem Trinkwasser. In seinem wiederholt angeführten Werke (über die Luft, das Wasser und den Ort) ergeht er sich ausführlich in die Besprechung von Ursprung, Eigenschaften und Wirkung des Wassers. Er theilt die Trinkwässer ein. Das Regenwasser, sagt er, ist am weichsten, jedoch fault es schnell und bekommt einen üblen Geruch; ein solches Wasser ist zu kochen und zu filtriren [1]). Für die besten hält er solche Wässer, welche an erhöhten Stellen, aus Hügeln entspringen; diese, meint er, könnten auch mit etwas Wein vermengt genossen werden; im Winter sind sie lau, im Sommer kalt. Dieselben Eigenschaften besitzt auch das Wasser tiefer Brunnen [2]). Sehr ausgebreitet mussten die Erfahrungen von Hippokrates über die sumpfigen Wässer von Malariagegenden sein. Er sagt: Wer das stagnirende, im Sommer warme, dicke und stinkende Wasser der Sümpfe trinkt, bekommt eine grosse Milz, einen harten Bauch, dann sammelt sich in der Haut Wasser an u. s. w. [3]). Ueberhaupt sind Wässer von einander sehr verschieden; eines ist süss, das andere salzig, das dritte bittersalzig. Unter den verschiedenen Wässern ist das weiche Wasser daran zu erkennen, dass es schneller sich erwärmt und auch wieder auskühlt [4]).

Archimedes hat zur Erkennung der weichen und harten Wässer einen eigenen Messapparat ausgedacht [5]).

Griechische und römische Diätetiker haben sich mit dem Trinkwasser sehr viel beschäftigt, vermochten aber nicht mehr und nichts neueres zu entdecken, als was schon Hippokrates gesagt hatte. Man wird Galen, Celsus und andere Schriftsteller in dieser Richtung vergebens durchforschen. Dioscorides, der mit Plinius gleichzeitig lebte und ein berühmtes Werk über die Arzneimittel schrieb [6]), äussert sich über das Wasser dahin, dass es nicht möglich ist, seine Natur im Allgemeinen zu bestimmen, weil diese von verschiedenen und eigenthümlichen Verhältnissen der Oertlichkeiten abhängig sei.

---

[1]) Magni Hippokratis Opera omnia. Editio Kühn, Leipzig 1825, Bd. I, S. 537 bis 539.

[2]) Daselbst S. 535.

[3]) A. a. O. S. 533.

[4]) O. c. Bd. III, S. 438 und 743.

[5]) S. P. Frank. System einer vollständigen med. Polizei. Mannheim 1804, Bd. III, S. 333.

[6]) Pedanii Dioscoridis Anazarbei, De Materia Medica libri quinque. Edit. Kühn. Leipzig 1829.

Eines besonders guten Rufes hat sich das Wasser bei den alten Aerzten nicht erfreut; zu mindest wird aus den berühmten salernitanischen Gesundheitsversen Niemand eine Ermunterung zum Wassertrinken herauslesen:

Potus aquae sumptus fit edenti valde nocivus [1]).

Auch die Aerzte des Mittelalters und einer noch späteren Zeit mochten sich um das Trinkwasser sehr wenig bekümmert haben. Die meiste Aufmerksamkeit schenkten sie noch den durch Bleiröhren verursachten Vergiftungen, welche insbesondere in Frankreich und England ein und das andere Mal beobachtet wurden. Auch mit dem Kropfe beschäftigen sie sich und nehmen allgemein sein Auftreten als Folge der Wirkung gewisser Brunnenwässer an [2]). Isfordink beschreibt sogar einen Fall noch vom Anfange dieses Jahrhunderts, welcher die Fähigkeit des Wassers, einen Kropf rasch zur Entwickelung zu bringen, zweifellos beweisen sollte. Er behauptet, in Skalitz (Kärnthen) sei ein Brunnen gewesen, welcher in dem Rufe stand, dass sein Wasser den Kropf wachsen macht. Das Volk begab sich zur Nachtzeit dahin, um für militärpflichtige Burschen das befreiende Wasser zu beschaffen. Der Hauptmann stellte mit dem Wasser Versuche an und in der That sah er schon nach einigen Tagen seine Wirkung [3]).

Dass man bis zum Anfang dieses Jahrhunderts so wenig an das Trinkwasser dachte, mag seinen hauptsächlichen Beweggrund vielleicht darin finden, dass seit Lancisi [4]) jene Ansicht zur allgemeinen Geltung gelangte, wonach faulende, übelriechende Wässer und Abtrittgruben die Erkrankungen, an Wechselfieber sowohl als an Typhus [5]) durch Effluvien und nicht durch den Wassergenuss erzeugen.

In neuerer Zeit begann man seit 1848 sich mit dem Trinkwasser ernster zu beschäftigen, als Snow, Budd u. A. in England jene Ansicht ausführten, dass bei der Verbreitung der damals eben herrschenden Cholera das Trinkwasser eine wesentliche Rolle spielt, indem der Infectionsstoff der Cholera (Entleerungen etc.) in das Trinkwasser gelangt, mit diesem getrunken, im

---

[1]) L'école de Salerne, Edit. Ch. Meaux Saint-Marc, Paris 1880, p. 90.

[2]) S. Frank o. c. Bd. III, S. 362.

[3]) Militärische Gesundheitspolizei. Wien 1825, Bd. I, S. 425.

[4]) De noxiis palud. effluviis. Edit. Ochs. Leipzig 1830.

[5]) „. . . febres natura sua perniciosae ac pestilentes, contagione simul propagatae“. S. 398.

Darm resorbirt wird und den Menschen auf diese Weise inficirt[1]). Als Beweis wurde angeführt, dass in mehreren Fällen, wo sich Cholera zeigte, das Trinkwasser mit Siel- und Abtrittinhalt verunreinigt gefunden ward; bald wieder, dass in von der Cholera stark ergriffenen Ortschaften (Districten) einzelne öffentliche Anstalten, welche ihr Wasser aus tiefen Quellen erhielten, von der Cholera verschont blieben, wie z. B. die Irrenanstalt Bethlem inmitten des von der Cholera stark heimgesuchten Districtes Southwark (London), die Queens-Prison, die Horsemonger-Lane-Prison daselbst, während andere Irrenhäuser und Strafanstalten, wo das gewöhnliche Leitungswasser getrunken wurde, gerade so viel zu leiden hatten, als die Stadttheile selbst, in denen sie situirt sind, sogar noch mehr (z. B. Millbank-Penitentiary etc.). Endlich wurde noch als Beispiel die Stadt Hull hervorgehoben, welche in 1832 reines Trinkwasser besass und auch von der Cholera nicht zu leiden hatte; in 1848 hingegen entnahm sie ihr Wasser dem arg verunreinigten Flusse Humber, und nun entstand hier auch eine starke Choleraepidemie. Dem gegenüber war zu Exeter das Wasser in 1848 besser und dem entsprechend auch die Cholera geringer.

Trotzdem fand die Ansicht, dass die Cholera durch das Trinkwasser verbreitet wird, keinen Wiederhall, und die Berichterstatter der vom Londoner College of Physicians eingesetzten Choleracommission (Baly und Gull), die auch diese Frage einer sehr eingehenden Erwägung unterzogen, verwarfen die Trinkwassertheorie als unmotivirt[2]). Sie machten darauf aufmerksam, dass keine einzige Beobachtung aufgezeichnet ist, welche die Verbreitung des Infectionsstoffes der Cholera durch das Trinkwasser mit Bestimmtheit beweisen würde; im Gegentheil ist die Erfahrung, dass das Trinkwasser der Verbreiter der Cholera nicht war, sehr häufig anzutreffen. Sie wiesen nach, wie es auch anderwärts vorkam, dass innerhalb einzelner Bezirke gewisse öffentliche Anstalten von der Cholera verschont blieben, obschon sie dasselbe Wasser genossen, dessen sich die Bevölkerung des Districtes bediente, wie z. B. das London-House-Asylum im Bezirke Hackney und das Grove-Hall-Asylum im Bezirke Bow zu London. Auch zu Wakefield tranken z. B. Stadt und Gefängniss dasselbe Wasser; in 1848

[1]) Vgl. C. Macnamara. A treatise on Asiatic Cholera. London 1870, p. 128, 195 ff.

[2]) Reports on epidemic Cholera. London 1854.

hatte jene keine Epidemie, dieses aber sogar eine sehr schwere; in 1849 war die Sache umgekehrt, im Gefängniss zeigte sich keine Cholera, dafür aber in der Stadt etc.

Von dieser Zeit her datirt sich unter den Aerzten jener erbitterte Kampf über die Trinkwassertheorie, welche auch heute noch sehr weit von der Entscheidung steht. In 1854 trat nämlich Snow mit neuen Belegen zur Vertheidigung der Trinkwassertheorie auf[1]). Der bekannteste und bedeutsamste unter ihnen ist der Choleraausbruch in der Broad-Street[2]). In dieser kurzen aber breiten Strasse ereigneten sich vom 31. August bis zum 9. September 1854 — also binnen 10 Tagen — mehr als 500 tödtliche Cholerafälle. Snow hat diesem Ausbruch sehr eindringlich nachgeforscht und führt viele Beispiele an, wo das Trinkwasser die Infectionsursache sein sollte. In der genannten Strasse befand sich nämlich ein Brunnen, aus welchem die ganze Gegend ihr Trinkwasser schöpfte; dieses Wasser wurde sogar entfernteren Häusern zugeführt. Snow fand für die meisten Erkrankten, dass sie von jenem Wasser getrunken hatten. Es stellte sich sogar heraus, dass eine alte Dame, die sich täglich eine Flasche Wasser aus der Broad Street kommen liess, selbst aber seit Monaten nicht in jener Strasse verkehrt hatte, zudem noch in einer ganz seuchenfreien Gegend wohnte, zur selben Zeit erkrankte und starb; auch ihre Enkelin, die bei ihr zu Besuch war und von demselben Wasser getrunken hatte, bekam alsobald die Cholera und starb daran. Das Wasser des fraglichen Brunnens wurde immer mit Vorliebe genossen und für gut befunden; eben während jener Tage, als sich die meisten angeblichen Infectionen ereignet haben sollen, verrieth das Wasser einen ekelhaften Geruch[3]).

Snow hat ausserdem die Choleramortalität der mit verschiedenem Wasser versorgten Stadttheile verglichen und gefunden, dass die Choleramortalität in den mit dem sehr unreinen Wasser der Southwark-Vauxhall-Company versorgten Häusern um das 8- bis 9fache höher war, als in anderen Häusern derselben Stadttheile und derselben Strassen, welche aber durch die Lambeth-Company mit gutem Trinkwasser versorgt waren[4]).

---

[1]) Ueber die Verbreitungsweise der Cholera. Uebersetzt von Assmann. Quedlinburg 1857.

[2]) O. c. S. 37.

[3]) O. c. S. 51.

[4]) A. a. O. S. 80.

Wie Snow, hat auch Simon aus England Daten zum Beweise der Verbreitung der Cholera durch Trinkwasser angeführt [1]). Er betonte insbesondere, dass in 1848 bis 1849 noch beide oben genannten Gesellschaften ihr Wasser an derselben Stelle entnahmen, d. h. aus der Themse innerhalb der Mauern Londons, wo es bereits durch den Sielinhalt verunreinigt war; in 1854 hingegen hatte sich die Lambeth-Company aus der Themse oberhalb der Stadt bereits gutes Wasser verschafft, und nur die andere Gesellschaft hatte noch ihr altes, unreines Wasser behalten. Dem entsprechend war die Choleramortalität in 1848 bis 1849 in den durch die beiden Compagnien versorgten Häusern nahezu dieselbe, d. h. 12,5 (Lambeth) und 11,8 (Southwark) pro Mill. Einwohner, während sie in 1854 dort 3,7, hier 13,0 pro Mill. betrug.

Pettenkofer hat sich schon in seinen ersten über die Cholera veröffentlichten Schriften gegen die Infection durch das Trinkwasser erklärt. Auch München wird mit Trinkwasser aus verschiedenen Quellen versorgt, und hier konnte nicht nachgewiesen werden, dass die locale Verbreitung der Cholera mit den Grenzen irgend eines der Wasserbezirke übereingestimmt hätte. Auch jene Berichte, welche von Aerzten aus der Provinz an die mit Untersuchungen über die Cholera betraute Commission eingesendet wurden, beschrieben das Trinkwasser zumeist als gut, und nur einige behaupteten, dass das Wasser in ihrer Gemeinde unrein war [2]).

Parkin [3]) hat in England selbst jene englischen Beobachtungen angegriffen und deren Gründlichkeit in Zweifel gezogen. Insbesondere lieferte er den Nachweis, dass in London die Chelsea-Company ihr Wasser an derselben Stelle pumpte, woher es die Southwark-Vauxhall-Company entnahm; trotzdem betrug die Choleramortalität in den durch die erstere versorgten Bezirken bloss 5,4 pro Mill. Einwohner, am Gebiete der letzteren aber 13,0 pro Mill. Der Unterschied zwischen den zwei Districten bestand darin, dass der Versorgungsbezirk der Chelsea-Company am anderen (nördlichen) Ufer der Themse und an erhöhtem Orte gelegen ist, der District der Southwark-Vauxhall-Company aber eben den flachen Theil von London einnimmt.

---

[1]) Report on the two Chol. epid. of London 1856.

[2]) Untersuchungen und Beobachtungen über die Verbreitung der Cholera. München 1855, S. 55 ff. Ferner: Martin, Hauptbericht über die Choleraepidemie im Königreiche Bayern. München 1857, S. 222 ff.

[3]) Epidemiology. London 1873, p. 143.

Anlässlich des neueren Erscheinens der Cholera in 1866 suchte man in England nach neuen Beweisgründen zu Gunsten der Trinkwassertheorie. Radcliffe [1]) und Farr [2]) vermeinten in der That einen solchen in den östlichen Bezirken von London aufgefunden zu haben, wo wieder das Wasser einer Leitungsgesellschaft angeblich mit Choleraentleerungen verunreinigt worden war und der Stadttheil, welcher dieses Wasser erhielt, von der Cholera ausnehmend zu leiden hatte.

Dieser Fall wurde aber in London selbst von Letheby und Parkin [3]) sehr heftig angegriffen; andererseits hat auch Pettenkofer [4]) nachgewiesen, dass ganze grosse Bezirke, welche dasselbe Wasser tranken (Stamford-Hill), immun blieben, ferner dass eine grosse Schule, worin an 400 Kinder wohnten (Limehouse-School) und welche mitten im Seuchengebiete lag, von der Cholera gleichfalls verschont blieb. Diese Schule hatte von der Umgebung abweichend Lehmboden [5]).

Die übrigen Fälle, welche als Beweis für die Infectionsfähigkeit des Trinkwassers angeführt werden, besitzen viel weniger Gewicht. Ballot in Rotterdam bespricht die Cholera in Holland und behauptet, dass die Cholera nach dortigen Erfahrungen an solchen Orten auftritt, wo man Wasser aus Flüssen, Gräben oder durch Abtritte inficirtes Grundwasser trinkt, während sie selten ist, wo Regenwasser getrunken wird [6]). Die Untersuchungen, welche Förster in dieser Richtung, anstellte, sind genauer und beweisen, dass zahlreiche Gemeinden und Städte, welche gegenüber der Cholera immun geblieben waren, ein auffallend reines Trinkwasser hatten [7]). Auch Leopold Grósz führt in seinem über die Cholera von 1872 bis 1873 veröffentlichten Berichte mehrere Beispiele an, in welchen angeblich zwischen verunreinigtem Trinkwasser und Choleraausbruch ein ursächlicher Zusammenhang bestanden hätte, obschon er andererseits auch solche Beobachtungen anführt, wo die Cholera von den das Wasser desselben

---

1) Ninth Report of the med. off. of the Privy Council. London 1867.
2) Report on the Chol. epid. of 1866 in England. 1868.
3) Epidemiology, Bd. I, S. 201 ff.
4) Vgl. Zeitschr. f. Biol. Bd. V, 1878, S. 220.
5) Ninth Report of the med. off. S. 322.
6) Med. Times and Gazette, 1869, 1. Mai.
7) Die Verbreitung der Cholera durch die Brunnen. Breslau 1873. Ferner: Allgemeine Zeitschrift für Epidemiologie, Bd. 1, Heft 2, S. 81.

Flüsschens trinkenden Gemeinden diejenigen zuerst ergriff, welche am Flusslaufe abwärts situirt waren [1]).

Auch in Indien wurden Choleraausbrüche immer wieder auf die Infection durch Trinkwasser zurückgeführt, so insbesondere der berühmte Ausbruch von Hurdwar in 1867 [2]) u. s. w.

Alle diese und auch andere weniger prägnante Fälle trafen auf Widerspruch. In Indien wurde die Trinkwassertheorie von Bryden angegriffen [3]), der anstatt ihrer die Monsoontheorie aufstellte, welche im Wesentlichen die Pettenkofer'sche Bodentheorie unterstützt. Auch Cunningham und andere Aerzte in Indien [4]) verwerfen die Ansteckung durch Trinkwasser. So beschreibt Douglas Cunningham die Geschichte zweier Städte, welche an einem Nebenarme des Ganges gelegen waren. In der oberen Stadt (Kassim-Bazar) wüthete die Cholera sehr stark, in der unteren (Naya-Bazar) hingegen, welche von der anderen nur auf etwa eine engl. Meile entfernt liegt, und wo das weiter oben inficirte Wasser des Ganges getrunken wurde, zeigte sich keine Cholera [5]).

Hiermit stimmt die Erfahrung, welche Tormay von der Cholera zu Budapest in 1854 bis 1855 aufgezeichnet hat, sehr gut überein. Die Choleramorbidität betrug in Neupest — also oberhalb der Stadt, am Donauufer — 46,1 pro Mill. Einwohner, während sie z. B. in Promontor — also gleichfalls kaum einige englische Meilen unterhalb der Hauptstadt und unmittelbar am Donauufer — nur 0,3 pro Mill. erreichte [6]). Auch die Erfahrung von Colin ist gleichlautend, der angiebt, dass Versailles ein immuner Ort ist, trotzdem er sein Trinkwasser unmittelbar unterhalb Paris aus der Seine entnimmt [7]).

---

[1]) Die Cholera in 1872 bis 1873. Budapest 1874 (ungarisch).

[2]) Vgl. Macnamara A treatise on asiatic Cholera. London 1870. S. 196 und 245 etc.

[3]) Epidemic Cholera in Bengal Presidency. Calcutta 1869, S. 199 ff.

[4]) Vgl. Pettenkofer, Verbreitungsart der Cholera in Indien, Braunschweig 1871, und in der Zeitschr. f. Biologie, Bd. IX (1873), S. 424 ff.

[5]) Vgl. Pettenkofer, Neun ätiologische und prophylaktische Sätze. Vierteljahrsschrift f. öff. Gespfl. 1877, S. 211.

[6]) Beiträge zur Statistik der Vitalitäts- und Sterblichkeitsverhältnisse. Pest 1868, S. 52 (ungarisch). In der Tabelle befindet sich ein Druckfehler, welcher das Morbiditätsverhältniss von Promontor für 10,3 pro Mill. Einwohner angiebt.

[7]) Traité des maladies épidémiques. Paris 1879, S. 176.

Am entschiedensten hat aber Pettenkofer gegen die Trinkwassertheorie angekämpft. Er that es nicht nur dadurch, dass er die von der Theorie vorgewiesenen Belege einer Kritik unterzog, sondern auch indem er zahlreiche Beispiele sammelte, aus welchen er die Neutralität des Trinkwassers bei der Verbreitung von Cholera (und Typhus) ableitete [1]. Auch Drasche [2], Günther [3], Zehnder [4] und viele Andere erklären sich auf Grundlage ausgebreiteter Untersuchungen dagegen.

Auf der Choleraconferenz in Weimar wurde besonders hervorgehoben, dass die Uebereinstimmung von Cholera und Trinkwasser auch ein zufälliges Ereigniss sein könne. So wüthete z. B. in Weimar die Cholera unter der Bevölkerung, welche Pumpbrunnen benutzte, stärker, als wo Leitungswasser genossen wurde. Nun ist aber zu berücksichtigen, dass die Wasserleitung eben den auf steinigem Boden gebauten gesunderen Stadttheil versorgt, während im tieferen Stadttheile Pumpbrunnen im Gebrauche stehen [5]. Ganz ähnliches schreibt Cordes aus Lübeck [6].

Gleichfalls auf der Conferenz in Weimar brachte Griesinger vor, dass in einem grossen Gefängnisse zu Berlin bloss ausgekochtes Wasser genossen wurde, trotzdem verbreitete sich die Cholera; Pettenkofer aber gedenkt der Dominikaner auf Malta, die ihr Trinkwasser von einem gesunden Orte bringen liessen und trotzdem der furchtbarsten Cholerainvasion zum Opfer fielen [7], und es ist in der Literatur mehr als ein Fall zu finden, wo man die Cholera eben an solchen Orten, in solchen Häusern am stärksten auftreten sah, welche noch ein relativ gutes Trinkwasser hatten [8].

---

[1]) Unter den zahlreichen, diesbezüglichen Abhandlungen siehe ausser den oben angeführten: Boden und Grundwasser in ihren Beziehungen zu Cholera und Typhus. Zeitschr. f. Biol. Bd. V, Heft 2. Ueber den gegenwärtigen Stand der Cholerafrage, München 1873. Ist das Trinkwasser Quelle von Typhusepidemien? Zeitschr. f. Biol. Bd. X, Heft 4 u. s. w.

[2]) Die epidemische Cholera, Wien 1860, S. 173 ff.

[3]) Die indische Cholera in Sachsen 1865, S. 125; führt auch in seinen übrigen Werken Beweise gegen die Trinkwassertheorie an.

[4]) Bericht über die Choleraepidemie 1867 im Canton Zürich. Zürich 1871, S. 46.

[5]) Verhandlungen der Choleraconferenz in Weimar 1867.

[6]) S. Zeitschr. f. Biologie 1868.

[7]) Zeitschr. f. Biologie 1870, 1. Heft.

[8]) S. Abhandlungen d. naturwissensch. Vereins zu Magdeburg, Heft 5, 1874, S. 31.

Auch das wird vorgebracht, dass die Cholera in einzelnen Städten (Moskau, Breslau, Danzig, Halle, englische Städte) seltener und milder geworden ist, seitdem diese eine gute Wasserversorgung erhalten haben. Solchen Beispielen gegenüber bemerkt Pettenkofer, dass man in jenen Städten nicht nur gutes Trinkwasser beschaffte, sondern auch andere hygienische Einrichtungen ausführte (Canalisation etc.), was zur Erklärung der Abnahme der Cholera mit mehr Recht angesprochen werden kann, als das Trinkwasser [1]). Ueberhaupt, meint Pettenkofer, kann die Literatur keinen einzigen Fall aufweisen, wo die angebliche vortheilhafte oder nachtheilige Wirkung des Trinkwassers von anderen Einflüssen, namentlich vom Einfluss des Bodens getrennt werden könnte, so dass es stets viel mehr vorauszusetzen ist, dass die Menschen erkrankten, weil sie an einem gewissen Orte gewesen, sich dort aufgehalten, dort verkehrt haben, als weil sie von jenem Orte herstammendes Wasser getrunken haben.

So heftig die Debatte über die Verbreitung der Cholera durch das Trinkwasser geführt wurde: ebenso viel wurde auch jene Frage besprochen, ob der Typhus durch das Trinkwasser verbreitet wird.

Sieht man von einigen älteren, beiläufigen und unbeachtet gebliebenen Daten [2]) ab, so wurde das erste Aufsehen in dieser Frage durch die Aufsätze von Budd erregt [3]). Er schrieb hinter einander mehrere Abhandlungen, behauptend, dass der Typhus [4]) eine specifische Krankheit, durch ein specifisches Contagium verursacht sei, und dass dieser Infectionsstoff am häufigsten durch das Trinkwasser vermittelt werde, in welches die Darmentleerungen eines Typhuskranken gelangt waren. Budd hat seine Beobach-

---

1) Deutschbein führt an, dass in Danzig, Halle u. A. die auffallend günstige Wirkung sofort nach der Einführung der Wasserleitung und nach vollendeter Canalisation bemerkbar wurde. In diesen Fällen ist nicht daran zu denken, dass die Verunreinigung und Infectionsfähigkeit des Bodens binnen so kurzer Zeit so weit modificirt worden wäre, um die Immunität zu erklären. Vjschr. f. ger. Med. und öff. San. Wesen 1880. Januarheft. S. 159.

2) Vgl. Parkes, Practical Hygiene IV. edit. S. 44. Ferner: Griesinger, Infectionskrankheiten, II. Aufl. S. 156.

3) On intestinal fever. Lancet, 1856, Bd. II.

4) Unter Typhus verstehe ich die abdominale Form; den exanthematischen bezeichne ich eigens mit diesem Worte. Die englische Literatur nennt den Abdominaltyphus typhoid-fever.

tungen später in einem umfangreichen Werke veröffentlicht [1]), worin die Typhusausbrüche von Richmond Terrace 1847, von Cowbridge 1853 und von Kingswood 1866 ohne Zweifel den interessantesten Theil bilden. Seitdem producirte die englische Literatur zahllose Beobachtungen, Meinungen und Verdächtigungen, worin das Trinkwasser, die mit Trinkwasser inficirte Milch als Verbreiter des Typhuskeimes beschuldigt werden. Solche sind die durch Seaton untersuchte und im Report von Simon für 1866 beschriebene Epidemie von Tottenham, ferner der von Buchanan untersuchte und beschriebene Ausbruch von Guildford, die durch Thorne-Thorne studirte und berichtete Epidemie von Winterton, der gleichfalls vom letztgenannten Arzte beschriebene Ausbruch in Terling, alle drei in Simon's Report für 1867; die Epidemie von Wicken-Bonant, welche wieder von Buchanan untersucht und im Bericht für 1869 beschrieben wurde. Hierher gehören ferner: der von Blaxall berichtete Fall von Sherborne [2]), die Ausbrüche von Cambridge (Cajus College) [3]) und die Epidemie in Croydon (1875) [4]), welche Buchanan beschrieb, wie auch der von Blaxall berichtete Ausbruch in Gunnislake [5]) und viele andere [6]).

Unter den durch mit Wasser inficirte Milch verursachten Typhusausbrüchen sind die bekanntesten: der Fall Ballard's in Islington (London) [7]), der Fall von Power und Netten Radcliffe im Bezirke Marylebone (London) [8]), der Fall Armley (Leeds), die Fälle Moseley und Balsall-Heath, worüber Ballard Mittheilungen machte [9]), die Epidemie zu Ascot von 1873 bis 1877 [10]), der Fall zu Glasgow [11]), zu Manchester [12]) und sehr viele andere.

Ich gestehe, dass ich es vorzöge, wenn unsere Herren englischen Collegen den causalen Nexus zwischen Typhus und

---

1) Typhoid-fever; London 1873.

2) Report of the medical officer of the Local Governement Board, for 1873 (New Series II). Im Auszug in der Vjschr. f. öff. Ges. 1877, Heft 3.

3) Ibidem.

4) Ibidem. 1875 (N. S. VII).

5) The Lancet, 1876 September.

6) Vgl. in den englischen Sanitätsberichten (N. S. II).

7) On a localised outbreak of typhoid fever in Islington, London 1871.

8) Englische Sanitätsberichte, 1873 (New Series II).

9) Ibidem.

10) Ballard, The Lancet, 1878, Bd. II, S. 186, und Engl. Sanit. Ber. 1877 (N. S. VII).

11) Russel, Medical Times and Gazette 1878, Bd. I. S. 365.

12) Sutcliffe, ibidem, S. 517.

Trinkwasser seltener, dafür aber in überzeugenderer Form beobachten würden. Von den meisten der bisher aufgezählten Fälle lässt sich sagen, dass es wohl möglich ist das Trinkwasser zu verdächtigen, gerade so wie sich der Verdacht auch gegen die schmutzigen Höfe, die verdorbenen Speisen, die unreinen Aborte etc. hätte kehren können; bewiesen kann aber die Infection kaum in einem einzigen Falle mit hinlänglicher Sicherheit werden. Das eine Mal liess das „overflow-pipe", welches vom Wasserbehälter in das Haussiel hinabführte, die Canalgase bis in das Wasserreservoir aufsteigen und dieses inficiren, ein anderes Mal liess das zum Closet führende Wasserrohr die Gase oder gar die Entleerungen selbst ebendahin gelangen (Sherborne, Cajus College). In vielen Fällen bestand der Beweis für die Wasserinfection darin, dass die Häuser mit schlechtem Wasser versorgt wurden, oder darin, dass das Siel schadhaft war, also das Brunnenwasser oder durch seine Emanationen das Wasserreservoir unbedingt inficiren konnte u. s. f. Es ist kaum ein Fall unter allen, von dem man sagen könnte, dass der Verdacht nur das Trinkwasser oder am meisten das Wasser trifft; beinahe überall ist der Einwand Pettenkofer's berechtigt, wonach die Menschen nicht nur das schlechte Wasser tranken, sondern sich auch in der ungesunden Localität aufhielten, mit dieser in Berührung kamen.

Ich muss immerhin einiger von der allgemeinen Form abweichender lehrreicherer Fälle mit wenigen Worten gedenken.

Zu den für die Trinkwassertheorie am meisten sprechenden Fällen gehört der Ausbruch in Richmond-Terrace 1847, auf welchen Budd grosses Gewicht legt [1]). Dieser halbkreisförmige Platz bestand aus 34 Häusern mit wohlhabenden Einwohnern. Am Ende des Platzes stand ein Brunnen, welcher von den Bewohnern von 13 Häusern benutzt wurde, von den übrigen nicht. Dieser Brunnen wurde Ende September angeblich mit Abtrittjauche inficirt, weil sein Wasser um diese Zeit plötzlich einen stinkenden Geruch und Geschmack bekam. Anfangs October bricht der Typhus aus; beinahe alle 13 Häuser haben zwei und mehrere Kranke. Die Einwohner der Häuser hatten unter einander wenig verkehrt; die Häuser lagen auf einem grösseren Terrain zerstreut, mit solchen ohne einen einzigen Typhusfall untermengt. Der Unterschied zwischen diesen Häusern bestand darin, dass die Einwohner der letzteren aus dem verdächtigten Brunnen kein Wasser genossen

1) O. c. S. 68.

hatten. Auf der Terrace befanden sich auch zwei Internate, in dem einen erkrankten von 17 inwohnenden Zöglingen 11, im anderen kein einziger. Dort wurde das Wasser des fraglichen Brunnens getrunken, hier trank man anderes Wasser.

Dieser Fall — wenn nur die Beobachtung und Beschreibung vollkommen erschöpfend sind — liefert einen gewichtigen Beweis für die Möglichkeit der Verbreitung des Infectionsstoffes durch Trinkwasser; noch auffallender ist die folgende neuere Beobachtung[1]): Ende Januar 1879 zeigte sich der Typhus ganz unerwartet in den Nachbargemeinden Caterham und Red-Hill, welche von verhältnissmässig wohlhabenden Einwohnern bevölkert sind; binnen kaum fünf Wochen hatten sich vierthalb Hundert Erkrankungsfälle ereignet. Die Ursache des vehementen Ausbruchs der Krankheit konnte in den Sielen, im Zustande der Abtritte, in der Milch, in den Wohnungs- und Ernährungsverhältnissen nicht gesucht werden; Alles lenkte den Verdacht auf das Trinkwasser.

Die Häuser in den erkrankten Ortschaften wurden grösstentheils von derselben Wassergesellschaft versorgt. In Caterham gehörten nahezu alle Erkrankungsfälle solchen Häusern an, welche Leitungswasser tranken, und doch war 1/4 der Häuser mit anderem Wasser versorgt; die 2000 Insassen zählende Irrenanstalt und die grosse Caserne daselbst blieben inmitten der Epidemie verschont: diese besassen ihre eigenen Tiefbrunnen. In Red-Hill war beiläufig die Hälfte der Häuser mit derselben Wasserleitung verbunden; von den 96 Häusern, welche Erkrankungsfälle hatten, waren aber 91 mit Leitungswasser versorgt und bloss fünf nicht; es stellte sich sogar heraus, dass auch von diesen einige die Leitung benutzten. Eine ganze Häusergruppe, um welche ringsum der Typhus heftig wüthete, blieb von der Krankheit verschont, und eben diese Häusergruppe besass ihre eigene Quelle.

Die Leitung schöpfte ihr Wasser aus einem mehrere hundert Fuss tiefen Brunnen; man möchte kaum glauben, dass das Wasser in dieser Tiefe verunreinigt werden könnte, und doch war das der Fall. Im Tiefbrunnen waren vor dem Typhusausbruch Wochen lang Arbeiter beschäftigt; sie stellten zwischen zwei Brunnen einen Verbindungstunnel her. Ein Arbeiter, welcher den auf- und ab-

---

[1]) Thorne-Thorne, in Ninth annual Report of the Local Governement Board, 1879 bis 1880, Supplement: Report of the Medical Officer for 1879. London 1880, S. 78 ff.

steigenden Kübel unten mit Erde und Schlamm beschickte und dafür von oben Backsteine erhielt, litt an Diarrhoe und Fieber — also höchst wahrscheinlich an Typhus — und hatte eine unbesiegbare Diarrhoe. Während der Arbeit musste er sich wiederholt entleeren und that dies angeblich in den Kübel — wenn dieser eben unten war — aus welchem aber ein Theil der Entleerungen mit dem Schlamm wiederholt verschüttet werden und in das Brunnenwasser zurückgelangen musste. Dieser Arbeiter war, im kranken Zustand, von der Diarrhoe gepeinigt, vom 5. bis 20. Januar im Brunnen beschäftigt, bis er endlich die Arbeit nicht mehr zwang und aufs Krankenlager gestreckt wurde. Waren es seine Dejectionen, welche das Trinkwasser verunreinigten, so musste der Typhus — mit Berücksichtigung der Incubation — etwa nach 14 Tagen ausbrechen; und in der That trat der erste Fall am 19. Januar (nach 14 Tagen) auf; am 20. drei neue Fälle u. s. f. Die Krankheit erreichte ihren Höhepunkt Ende Januar und Anfang Februar und liess dann — etwa Mitte Februar — ganz nach und zeigte sich kaum über den 20. Februar hinaus. Auch das stimmt mit dem Umstande überein, dass der Arbeiter, nachdem er etwa 15 Tage hindurch das Wasser inficirt hatte, von dort ausblieb, und dass weiterhin zur Wasserverunreinigung keine Gelegenheit mehr geboten war. Dieser Fall ist — soweit die Beobachtung und Beschreibung für genau angenommen werden darf — in der That äusserst lehrreich.

Von den auf die Milch bezüglichen Beispielen wünsche ich nur die neueren Beobachtungen von Russel und Sutcliffe kurz zu skizziren.

Russel sah in 1878 zu Glasgow zahlreiche Typhusfälle auftreten. Er forschte darnach, woher die Kranken ihre Milch bezogen, und brachte heraus, dass diese weit von der Stadt aus einem am Avon gelegenen Meierhof herkam, wo eben zur selben Zeit zwei Personen am Typhus krank lagen. In der Universität befand sich ein „refreshment room“, wohin die Studenten speisen gingen und welcher seine Milch auch aus jenem Meierhofe bezog. Von den Studenten erkrankten 16 und starben 3.

Die andere Beobachtung lautet: zu Sutcliffe, in Manchester, kam Jemand anfangs März 1878 mit der Klage, dass seine Milch nach Chlorkalk rieche. Der Arzt begab sich zum Milchhändler und es wurde an die Meierei telegraphirt, woher die Milch stammte. Die Antwort lautete dahin, dass man den Besitzer des Meierhofes und seine Frau soeben begrabe, sie seien an Typhus gestorben.

Der Abtritt u. A. aber seien schon früher mit Chlorkalk desinficirt worden. Der denkende Arzt musste es für sehr wahrscheinlich erachten, dass die Milch im Meierhofe inficirt worden war; der Chlorkalk sprach dafür, dass aus dem desinficirten Abtritt in den Brunnen und von hier in die Milchkanne ein directer Weg führte. Er fragte sich nun, ob jene verunreinigte Milch Infectionen, Erkrankungen verursacht hatte? In Manchester war von einem vorherrschenden Typhus gar keine Rede, trotzdem verlangte Sutcliffe dem Milchhändler das Namensverzeichniss seiner Kunden ab und besuchte diese von Haus zu Haus. Er fand dabei, dass von den Käufern im Januar sieben, im Februar 14, in den ersten Märztagen 4, insgesammt also 25 an Typhus erkrankt waren, davon 20 Personen unter 12 Jahren. Als nun die Nachforschungen auch in solchen Häusern fortgesetzt wurden, welche ihre Milch von anderwärts her bezogen, da fanden sich noch in einem Hause zwei Typhusfälle; es stellte sich aber auch das heraus, dass die Insassen dieses Hauses bei einer anderen Familie, welch letztere ihre Milch aus jener verdächtigen Quelle erhielt, und auch einen Typhuskranken hatte, sehr häufig verkehrten und auch mit ihnen speisten.

Auch diese zwei Fälle — insbesondere der letztere — sprechen ohne alle Vergewaltigung für die Möglichkeit, dass der Infectionsstoff des Typhus durch Milch, also indirect durch Wasser verbreitet werden kann, und — was wesentlich — sie schliessen andere Verbreitungsarten des Typhus aus, machen sie überflüssig.

Während die Engländer — wie aus dem Angeführten hervorgeht — der Verbreitung des Typhus ihre hervorragende Aufmerksamkeit schenken und dem Trinkwasser in dieser Hinsicht eine wichtige Rolle beimessen: bekümmern sich die französischen Aerzte noch viel zu wenig um die exacte Erforschung der Seuchenursachen, so dass ich aus ihrer Literatur kaum einen Fall hervorzuheben vermag, welcher zur Beleuchtung der vorliegenden Frage beitragen könnte. Alix, Gueneau-de-Mussy, Masse, Pagès u. A., die in den letzten Jahren über den Typhus und seine Aetiologie Monographien herausgaben, können mit Bezug auf die Aetiologie des Typhus keine einzige gründliche Beobachtung aufweisen. Der einzige Colin liefert diesbezüglich einige interessantere Angaben.

Colin überprüfte etwa 70 militärische Berichte, welche anlässlich der Typhusepidemie 1874 bis 1876 aus zahlreichen Städten Frankreichs von den Militärärzten eingelaufen waren, und constatirt, dass sich darin kaum ein Fall vorfindet, welcher bezüglich der Verbreitung des Typhus durch Trinkwasser einen begründeten Verdacht zu erwecken vermöchte [1]).

Desto eifriger und gründlicher wird auf diesem Gebiete in Deutschland geforscht. Man muss jedoch gestehen, dass die Angaben auch hier so widersprechend sind, und von den einzelnen Forschern die Argumentation der Uebrigen so sehr ausgemustert wird, dass aus den vielen entgegengesetzten Ansichten und Angaben zuletzt nichts Positives übrig bleibt.

Gietl gehört zu den Ersten, die auf Grundlage eigener und fremder Erfahrungen die Ansicht verfochten, dass das Trinkwasser im Stande ist den Typhus zu verbreiten [2]). Sein gewichtigster Beweisgrund bezieht sich auf die Epidemie unter den grauen Schwestern in München, welche eben während jener Zeit ausbrach, als die Nonnen anstatt des gewöhnlichen Leitungswassers eine Zeit lang auf Brunnenwasser angewiesen waren.

Auch Liebermeister beschreibt drei interessante Fälle [3]), eine Epidemie in der Schorenfabrik zu Basel 1865, eine Casernenepidemie in Zürich 1865, und eine ähnliche aus demselben Jahre in Solothurn. Die zweite von diesen Epidemien verdient mit wenigen Worten ins Gedächtniss gerufen zu werden:

Am 25. April 1865 bezog zu den Waffenübungen einberufene Infanterie die Caserne zu Zürich, in welcher ausserdem noch Artillerie und Polizeimannschaft lag. Am 3. Mai erkrankt ein Mann von der Infanterie und an den folgenden Tagen zeigt sich die Morbidität wie folgt: 0—2—3—3—6—18, nun wurde aber die Caserne evacuirt; unter den weggezogenen ereigneten sich noch 22 Erkrankungsfälle. Die ganze Erkrankung betraf nur die Infanterie; unter der Artillerie und Polizeimannschaft zeigten sich nicht einmal Spuren. Und die Quelle der Infection? Die Truppe, welche die Erkrankungen aufwies, besass ein eigenes Terrain, wo sie ihre Uebungen verrichtete. Hier befand sich eine grosse Düngergrube, worin man den Inhalt der städtischen Abtritte sammelte. Die Grube befand sich in einem sehr verwahrlosten Zustande, so dass ihr Inhalt reichlich in einen benachbarten Brunnen hinübersickerte, welcher von hier 11 Fuss entfernt lag und aus welchem die Soldaten während des Exercirens tranken.

---

[1]) L. Colin, De la fièvre typohoide dans l'armée. Paris 1878. Vgl. auch L. Colin, Traité des maladies épidemiques. Paris 1879, S. 174.

[2]) Die Ursachen des Ent. Typhus in München 1865.

[3]) Arch. f. klin. Medic. Bd. VII, Heft 2, S. 155 ff.

Vogt hält in diesem Falle die durch das Trinkwasser verursachte Infection nicht für erwiesen und glaubt vielmehr, dass die Infection durch die Grundluft erfolgt war, da während der Exercitien starke Barometerschwankungen beobachtet wurden, so dass der Grundluft die Gelegenheit geboten war aus dem Boden heraufzuströmen. Ich habe kaum zu sagen, dass diese Behauptung noch um vieles weniger bewiesen werden kann, als die Erklärung von Liebermeister.

Die vielen ganz unbedeutenden Beobachtungen übergehend [1]) wünsche ich jene Epidemie ins Gedächtniss zu rufen, welche sich in 1871 im Franke'schen grossen Internat zu Halle entwickelte [2]).

In dieser grossen Anstalt brach 1871 ganz unerwartet eine sehr heftige Typhusepidemie aus, was um so auffallender sein musste, weil die Anstalt von sechs Cholera- und acht Typhusepidemien, welche die Stadt Halle während der letzten Jahrzehnte heimsuchten, verschont blieb, während jetzt im Gegentheil die Stadt dem Typhus entgangen war.

Zuckschwerdt suchte die Erklärung der Epidemie im Trinkwasser. Das Institut besass seine eigene Wasserleitung, welche es immer mit berühmtem, gutem und reinem Wasser versorgte. Vor Auftritt der Epidemie wurde das Wasser plötzlich sehr übel schmeckend und trübe; Jedermanns Verdacht fiel darauf. Am 11. August wurde auch der Genuss dieses Wassers eingestellt und schon nach sieben Tagen (am 18.) konnte man den letzten Erkrankungsfall verzeichnen; die Epidemie hatte (mit Berücksichtigung der Incubation) schon am Tage der Absperrung des Wassers aufgehört.

Von den Kindern, welche die Schule dieser Anstalt besuchten, bekamen mehrere den Typhus; doch wurde dieser in der Stadt sonst auf Niemand übertragen.

Zuckschwerdt ging der Wasserverunreinigung nach und fand, dass in das Leitungsrohr aus einem darüber hinwegziehenden Fluthgraben verunreinigter Schlamm eingesickert war.

---

[1]) Hierher gehören — um nur einige der neuesten zu erwähnen — der Fall zu Reinhardtsdorf (Küchenmeister, Zeitschr. für Epidemiologie, Bd. I, Hft. 1, S. 1, 1876), die Epidemie in Wien 1877 (Jahresber. d. Wiener Stadtphysikates, Wien 1878, S. 78 ff.). Der Fall von Lerchenberg und Ostrow (Mueller, neue Beiträge zur Aetiologie des Unterleibstyphus, Posen 1878, S. 49) u. s. w. Vgl. diesbezüglich auch die im Virchow-Hirsch'schen Jahresberichte enthaltene umfangreiche Literatur.

[2]) Die Typhusepidemie im Waisenhause zu Halle a. S. 1872.

Sehr ähnlich, aber bei weitem nicht so beweiskräftig ist der Ausbruch zu Lausen bei Basel [1]). Hier erkrankten am 7. August 1872 auf einmal 10 Menschen an Typhus, obgleich in der Gemeinde selbst seit Jahren keine Spur von Typhus vorkam. Nach Verlauf von drei Wochen zählte man auf 780 Einwohner 100 Kranke, späterhin ereigneten sich noch einige 30 Erkrankungsfälle, und im October (am 10.) erlosch die Epidemie. Es wurde sofort bemerkt, dass nur diejenigen Häuser Erkrankungsfälle hatten, welche mit Leitungswasser versorgt waren; diejenigen, welche Pumpbrunnen benutzten, blieben verschont. Es fragte sich nun, ob das Leitungswasser verunreinigt war oder nicht? Man brachte heraus, dass in einem ausserhalb der Gemeinde gelegenen Meierhofe (Furlen Hof) der Bauer am 10. Juni an Typhus erkrankt war, dass im selben Hofe am 10. Juli auch die elfjährige Tochter des Vorigen erkrankte, und dass ihnen Mitte August noch zwei Insassen folgten. Die Entleerungen dieser Kranken wurden in den vor dem Hause verlaufenden Bach gegossen. Aus dem Bach wird das Wasser seitwärts in ein Loch abgeleitet, um den Wasserreichthum der Leitung von Lausen zu erhöhen. Es besteht daher eine Communication zwischen dem genannten Bache und der Lausener Wasserleitung, so dass die Entleerungen der Typhuskranken auf directem Wege in das Trinkwasser derjenigen Einwohner von Lausen gelangen konnten, welche Leitungswasser tranken.

Vogt wünscht auch diese Epidemie auf die Infection durch Grundluft zurückzuführen, weil, nach ihm, gerade der 7. August (der Tag des Ausbruchs) im ganzen Monate den niedrigsten Barometerstand hatte. Die Erklärung von Vogt kann jedenfalls noch weniger angenommen werden, als die von Hägler, denn sie erfordert die Annahme, dass sich der Typhus in jenen Fällen ohne Incubation sofort entwickelte.

Auch Pettenkofer hat die zur Unterstützung der Trinkwassertheorie des Typhusursprunges angeführten Beobachtungen angegriffen. Es gelang ihm bezüglich der meisten nachzuweisen, dass die Beobachtungen lückenhaft, die Folgerungen unmotivirt, unerwiesen waren. Pettenkofer behauptet, dass alle Fälle, welche beweisen sollten, dass der Typhus durch Trinkwasser verbreitet wurde, nichts weiter als einfache Möglichkeiten und höchstens Wahrscheinlickeiten sind, denen jedesmal eine andere Möglichkeit, sogar die grössere Wahrscheinlichkeit gegenübersteht,

---

1) Hägler, Deutsches Archiv f. klin. Med. XI. Bd. (1873), S. 237.

dass der Infectionsstoff im Wohnhause, in der Localität gebildet und dort — aus der Grundluft oder vom zerstäubten Boden — durch die Respirationsorgane aufgenommen wurde.

Neben dieser Kritik verweist Pettenkofer auch auf andere Untersuchungen, wo die Verbreitung des Typhus beobachtet wurde, ohne dass auf das Trinkwasser auch nur der geringste Verdacht fiel. So zeigte sich z. B. der Typhus in den zwei Gebäuden der Caserne zu Freising in der Weise, dass er in 1865 das eine Gebäude ergriff, das andere nicht, in 1868 hingegen das letztere heimsuchte und das erstere nicht. Das Trinkwasser konnte die Ursache des Typhus nicht sein, denn es stammte während beider Epidemieen in beiden Casernen aus ein und demselben Brunnen [1]).

Eine andere lehrreiche Beobachtung ist die Würzburger Casernenepidemie. In der Festung zu Würzburg herrschte in 1874, 1875 unter dem Militär der Typhus; in der Stadt blieben Garnison und Civilbevölkerung verschont. Der Verdacht kehrte sich gegen das Trinkwasser; denn während in der Stadt Leitungswasser getrunken wurde, war in der Festung auch noch eine aus dem Festungsberge selbst entspringende Quelle in Benutzung, von welcher man behauptete, dass sie mit Typhusentleerungen verunreinigt worden war. Dieses Wasser wurde nun ganz ausgeschlossen und die ganze Besatzung der Festung genoss nur mehr Leitungswasser. Trotzdem brach in den Jahren 1875 und 1876 in der Festung eine neuere und noch heftigere Typhusepidemie aus, während die Stadt und die hier garnisonirenden Truppen auch jetzt verschont blieben. Das Trinkwasser war also — allem Anscheine entgegen — doch nicht die Ursache des Typhus.

Die Verfechter der Trinkwassertheorie stützen sich sehr häufig darauf, dass in denjenigen Städten, welche in neuerer Zeit ein reines und gutes Trinkwasser einleiteten, der Typhus auffallend abgenommen hat. In England machte zuerst Buchanan auf diesen Umstand aufmerksam, als er im Auftrage des englischen Gesundheitsamtes die Sterblichkeit mehrerer (25) englischer Städte untersuchte [2]). In diesen Städten war die Typhusmortalität seit der Ausführung der „sanitary works" (Wasserversorgung, Canalisation u. s. w.) bedeutend, und zwar in 20 Städten um 10 bis 75 Proc. gesunken.

---

[1]) Vgl. Buxbaum, Der Typhus in der Caserne zu Neustift bei Freising. Zeitschrift f. Biol. Bd. VI, S. 1.

[2]) Ninth Report of the Medical Officer of the Privy Council. London 1867.

Dasselbe wird von anderen Städten berichtet, so von Kopenhagen [1]), Hamburg, Frankfurt, Danzig, Wien, Roveredo, Amsterdam etc. Diesen Beispielen wurden aber verschiedene Einwände entgegengehalten, so z. B. der, dass in jenen Städten die sanitäre Verbesserung nicht allein in der Beschaffung von besserem Trinkwasser bestand, denn dort wurden auch Siele erbaut, und es wurde der Reinhaltung von Boden und Luft überhaupt eine grössere Aufmerksamkeit geschenkt. Insbesondere hob man aber auch das hervor, dass der Typhus in anderen Städten, welche sich ebenfalls gutes Trinkwasser beschafften, keine Abnahme zeigt. Es wird sogar vorgebracht, dass in mehr als einer Stadt mit entschieden schlechtem Trinkwasser, wie z. B. Leipzig, Hannover, der Typhus nicht einmal vorherrscht, während zuweilen in Städten mit dem besten Wasser, wie in München, Basel, Erfurt etc. der Typhus sehr häufig ist [2]). Auch in Ofen (Budapest rechts der Donau) zeigte sich beispielsweise der Typhus in einer Caserne heftig genug, obgleich man das Trinkwasser constant aus der freien Donau schöpfte [3]).

Pettenkofer weist unter anderen auch darauf hin, dass die Einführung der Wasserleitung zuweilen mit der allgemein beobachteten zeitweiligen Milderung des Typhus zusammentreffen kann, wo dann gar bald eine neue Welle der Epidemie aufsteigt und die vorzeitig Frohlockenden beschämt. So war es z. B. auch in München der Fall. Hier führte man in 1865 eine Wasserleitung (die sogenannte Pettenkofer-Leitung) ein, welche das Wasser von der Gemarkung von Thalkirchen in die Stadt brachte. Hierauf sank der Typhus in 1867 auf einen ganz ungewöhnlich tiefen Stand herab. Alle Welt schrieb den günstigen Erfolg dem neuen Wasser zu, obschon dieselbe Leitung schon in 1866 in Betrieb war, als die Isarstadt von einer der heftigsten Epidemien verheert wurde; nach einigen Jahren (1870) stellte sich der Typhus aufs Neue ein, und die Trinkwassertheorie wurde für München ganz unbrauchbar. Aehnliches erwähnt Pettenkofer, nach Günther, auch von der Stadt Plauen. Auch diese bekam in 1865 eine Wasserleitung, worauf der Typhus — zur grossen Freude der Bevölkerung — abnahm. Doch schon in 1869 wüthete aufs Neue

---

[1]) Hornemann. Virchow's Archiv, Bd. LIII, S. 156.

[2]) Ewald, Jahrb. der praktischen Medicin 1881, S. 266.

[3]) Krügkula, Wien. med. Wochenschr. 1878, S. 1117.

eine solche Epidemie, wie sie früher zu sein pflegte [1]). Die gleiche Erfahrung erwähnt Virchow bezüglich Liverpool [2]).

Diese aus der immensen Literatur beispielsweise herausgegriffenen Angaben werden — denke ich — dem Zwecke, die über das Verhältniss des Trinkwassers zu Cholera und Typhus herrschende Ungewissheit zu beleuchten, auf eine hinlänglich lehrreiche Weise dienen. Unsere positiven Kenntnisse sind in dieser Lehre sehr gering, und was wir in einer Richtung erfahren, das wird durch die — beim heutigen Stande unserer Kenntnisse für ebenso positiv anzunehmenden — Gegenbeobachtungen in der anderen Richtung paralysirt. Die wissenschaftliche Kritik wird dadurch am meisten erschwert, dass manche Beobachter, durch eine Theorie befangen gemacht, geneigt sind, die für ihre Beweisführung tauglichen Daten auch ungerecht herauszuputzen und die damit Contrastirenden leidenschaftlich verfolgen. Sie sind geneigt, das, was einmal möglich gewesen oder thatsächlich bestand, als ein für alle Fälle gültiges Gesetz hinzunehmen, und vice versa das, was in einigen Fällen zu bezweifeln oder auszuschliessen ist, für immer unter das nicht Existirende zu werfen. Soviel kann aber auch bei diesem Widerspruch der Meinungen für gewiss behauptet werden, dass die Ansicht, wonach das Trinkwasser bei Cholera- oder Typhusepidemien der regelmässige oder auch nur häufige Producent und Vermittler des Infectionsstoffes wäre, nicht bestehen kann.

Sind wir aber darum berechtigt, den Einfluss des Trinkwassers auf Infectionskrankheiten, speciell auf Cholera und Typhus ganz zu läugnen, das Wasser aus der Aetiologie dieser Krankheiten als Factor gänzlich zu streichen? es als ein Etwas zu betrachten, was — wenn man sich nur sonst davor nicht ekelt — wie verunreinigt es auch immer sein mag, unsere Gesundheit nachtheilig nicht beeinflussen kann?

Neuestens sind Mehrere — wie es scheint in Verkennung der leitenden Ideen des von Pettenkofer gegen die Trinkwassertheorie geführten Kampfes — in die Meinung verfallen, dass das Trinkwasser vom epidemiologischen Gesichtspunkte etwas ganz Indifferentes sei, dessen Reinheit höchstens nur mehr durch die Convenienz und den „bon ton“ beansprucht wird. Diese Ansicht vermag ich nicht zu theilen.

---

[1]) Ueber die Aetiologie des Typhus, S. 34.

[2]) Gesammelte Abhandlungen, Bd. II, S. 255.

Pettenkofer war bestrebt — und wie man allgemein sieht, mit vollem Erfolge bestrebt — jene Auffassung zu bekämpfen, als ob im Trinkwasser ein Schlüssel zur Erklärung aller Typhus- und Choleraepidemien geboten wäre, so dass die Hygiene bei gutem Trinkwasser sich dem Schlaf der Gerechten überlassen dürfte; er war bestrebt, jene Ansicht auszurotten, als ob durch die bisherigen Beobachtungen und die etwa beobachteten auffallenden Zufälle die Aetiologie von Cholera und Typhus vielleicht schon, und zwar im Sinne der Trinkwassertheorie, gelöst wäre, so dass die Wissenschaft derzeit schon beruhigt sein dürfte, denn bricht Typhus oder Cholera irgendwo aus, so wird man die Ursache und Quelle ihrer Verbreitung im nächsten Brunnen schon finden. Pettenkofer kämpfte gegen die Supposition, wonach der Infectionsstoff von Cholera und Typhus im Trinkwasser seine Brutstätte und seinen Träger fände, er kämpfte gegen die übertriebene Verallgemeinerung des dem Trinkwasser zugeschriebenen Einflusses, indem er auf die viel wichtigeren und allgemeineren Factoren, auf den Boden und seine Verhältnisse hinwies, indem er den Weg angab, der einzuschlagen ist, damit sich endlich die Augen dagegen öffnen, dass bei jeder Epidemie sofort das Trinkwasser alle Geister und die ganze Thatkraft gefangen nimmt.

Und er kämpfte gewiss mit vollem Recht. Denn nähme man das Trinkwasser als Producent und Hauptverbreiter von Typhus und Cholera an, so wäre es schlechterdings unmöglich, die meisten Eigenthümlichkeiten der Epidemien zu begreifen und zu erklären.

Wie wäre es möglich, dass das Trinkwasser den Infectionsstoff der Cholera verbreitet, wenn diese z. B. in einer Stadt erscheint und binnen wenigen Tagen Hunderte ergreift, die aus hundert verschiedenen Brunnen ihr Trinkwasser schöpfen? Der Infectionsstoff konnte aus einem Abtritte in so kurzer Zeit nicht einmal bis zu dem zunächst gelegenen Brunnen versickert sein, um so weniger konnte er die übrigen Brunnen erreicht haben; denn der Boden gestattet dem noch so kleinen Infectionsstoffe nur eine sehr langsame und schwierige Passage auf so grosse Entfernungen.

Und dann: wenn der Infectionsstoff zuerst ins Wasser gelangte und den Menschen erst von hier aus anstecken würde, so müsste sich die Krankheit um wenige Brunnen herum gruppiren, um Diejenigen, welche eben verunreinigt worden waren; in der Wirklichkeit sieht man aber, dass um gewisse Brunnen herum wohl mehr Menschen erkranken, als in der Umgebung anderer Brunnen, dass aber die

Mehrzahl der Erkrankungen sporadisch, vereinzelt, zu zweien in den einzelnen Häusern, an den einzelnen Brunnen auftritt; ganz abgesehen davon, dass in Städten, wo unzweifelhaft reines Wasser genossen wird, Cholera oder Typhus nicht herrschen dürften, was doch entschieden nicht der Fall ist [1]).

Die Vorstellung, dass wir Typhus und Cholera in der Regel oder auch nur häufig direct aus dem Trinkwasser schöpfen, ist unhaltbar; und das hat Pettenkofer in seinem Riesenkampfe gegen die Befangenheit widerlegt.

Doch hat er nicht ausgeschlossen und konnte es auch gar nicht ausschliessen, dass das Trinkwasser in keinem Falle der Träger des krankmachenden Stoffes sein, oder gar, dass es überhaupt keinen Einfluss auf die zeitliche und örtliche Verbreitung der Infectionskrankheiten haben könne.

Denn die allgemeine Annahme, die Massenbeobachtung spricht unverkennbar dafür, dass das Trinkwasser in Ausnahmefällen thatsächlich der Träger des Infectionstoffes sein konnte, namentlich aber, dass das Wasser wirklich einen gewissen Einfluss auf das heftigere oder mildere Auftreten jener Krankheiten übt. Es kann unmöglich für einen puren Zufall hingenommen werden, wenn man die Grenzen der Epidemie und des schlechten Wassers so oft übereinstimmen sieht; es ist nicht möglich, die Besserung des Gesundheitszustandes, die Verminderung von Typhus und Cholera dort, wo die Bevölkerung mit reinem und gesundem Trinkwasser versorgt wurde, ausschliesslich anderen und nicht einmal besser bekannten oder leichter nachweisbaren Factoren zuzuschreiben.

Die Möglichkeit, dass das Trinkwasser die Heftigkeit jener Epidemien beeinflusst, ruht übrigens auf naturwissenschaftlichen Grundlagen. Wenn der Boden auf die Verbreitung des Typhus und der Cholera von Einfluss ist — und dass er es ist, das habe auch ich im zweiten Theile des vorliegenden Werkes durch entsprechende Daten bewiesen und beleuchtet — so kann der Stoff, welcher seine schädliche Wirkung auf den Menschen überträgt, durch die Grundluft oder das Wasser zum Menschen gelangen. Aber anzunehmen, dass der schädliche Stoff aus dem Boden in die Grundluft oder die Atmosphäre gelangen kann, in das Wasser aber nicht, dass dieses die Schädlichkeit nicht aufnehmen kann,

---

[1]) Nähere Betrachtungen über diese Frage siehe weiter unten im Schlusswort.

dass sie hier ertrinkt, — für diese Annahme fehlt uns jede Begründung. Wenigstens sind diejenigen Organismen, deren pathogene Eigenschaften man bisher studirt hat, durchgehends im Stande, ihre Infectionsfähigkeit auch im Wasser zu erhalten; sie gedeihen und vermehren sich in einem solchen Medium sogar besser als im trockeneren, der Luft ausgesetzten Zustande.

Nach alledem sollte man nach meiner Auffassung die Frage heute nicht so stellen: ob das Wasser den specifischen Keim producirt, und ob es ihn gewöhnlich verbreitet, denn dazu ist es ganz gewiss nicht befähigt; sondern in der Weise: ob der Boden dem Wasser etwas mittheilen, ob dieses irgend woher etwas aufnehmen oder entwickeln kann, was zur Beförderung jener Krankheiten beizutragen vermag; ob also unter gewissen Verhältnissen auch das Trinkwasser auf die zeitliche und örtliche Verbreitung jener Infectionskrankheiten einzuwirken vermag, und in welcher Weise?

Ich werde bestrebt sein, weiter unten zur Beleuchtung dieser Frage verlässliche Daten zu liefern.

Ich wünsche nur noch diejenigen Thatsachen kurz darzulegen, welche sich auf die Frage beziehen, ob das Wasser im Stande ist, ausser den Genannten, auch noch andere Infectionskrankheiten zu erzeugen oder zu befördern?

Das Wechselfieber ist eine jener Krankheiten, bezüglich welcher man in der Regel eine bejahende Antwort erhält. In der Literatur wird man aber exacte Daten, welche unzweifelhaft beweisen würden, dass eine oder die andere Malariainfection wirklich nur durch das Trinkwasser verursacht wurde, und welche es erlauben würden, z. B. den Einfluss der Localität, des Bodens, wo und auf welchem sich der Erkrankte aufgehalten hat, auszuschliessen, kaum antreffen. Der berühmte Beitrag, den Boudin hierzu geliefert, nämlich der Ausbruch von Wechselfieber auf dem Schiffe „Argo“ 1834 [1]), wurde von Colin entschieden angegriffen [2]) und jedenfalls so sehr zum Wanken gebracht, dass er als Beweis nicht länger dienen kann. Dagegen liegt in dem Falle von Blanc [3]) wirkliche Beweiskraft. Aus dem von seiner malari-

---

[1]) Traité d. fièvres intermitt. Paris 1848.

[2]) Ingestion des eaux marécageuses etc. Annales d'hygiène publ. Bd. 38 (1872).

[3]) Arnould. Gaz. méd. de Paris 1874, Nr. 5.

schen Eigenschaft berühmten Walde Gheer (in der Provinz Kattiwar) liess er Sumpfwasser bringen, und gab davon vier gesunden Individuen bei nüchternem Magen je ein Glas zu trinken. Am vierten Tage bekamen zwei von ihnen einen Fieberanfall. Der Versuch wurde nicht wiederholt; die Fieberanfälle wichen dem Chinin.

Blanc behauptet auch, dass er in den von Malaria am meisten heimgesuchten Gegenden Abyssiniens mit seinen englischen Gefährten frei umherzog, ohne je Wechselfieber zu bekommen, was er dem Umstande zuschreibt, dass sie nie Wasser genossen, ohne es vorher aufgekocht zu haben [1]).

Mit diesen und den ihnen verwandten Beobachtungen im hellen Widerspruche stehen andere Aufzeichnungen, welchen zumindest die gleiche Gewichtigkeit zukommt. So schreibt Wenzel [2]), dass man für die in der Jadebucht beschäftigten Arbeiter statt des bis dahin genossenen Sumpfwassers mittelst einer Leitung reines Wasser beschaffte, worauf das bisher sehr heftige Wechselfieber thatsächlich für eine Zeit abnahm; doch war diese Abnahme auch unter anderen Arbeitergruppen zu beobachten, welche auch fernerhin auf das alte sumpfige Wasser angewiesen blieben, und auch unter den ersteren Arbeitern stellte sich später das Wechselfieber, trotz der Wasserleitung, aufs Neue ein und wüthete gerade so, wie früher.

Ebenso schwankend sind unsere Kenntnisse auch bezüglich vieler anderer Krankheiten, von welchen behauptet wird, dass sie vom verdorbenen, verunreinigten Wasser abhängig sind, wie z. B. bezüglich der Dysenterie [3]). Ich gehe in eine detaillirte Erörterung nicht ein, weil ich selbst bisher keine einschlägigen Daten gesammelt habe.

Hinsichtlich des Darmkatarrhs herrscht die allgemeine Ansicht, dass er durch verunreinigtes Trinkwasser verursacht wird. Es wird z. B. der Sommerdiarrhoe sehr oft jene Deutung gegeben, dass zu dieser Zeit das Wasser in Brunnen, Reservoirs, Cisternen etc.

---

[1]) Vgl. Laveran, Traité des maladies et épidémies des armées. Paris 1875, S. 168.

[2]) A. a. O. S. 50.

[3]) Der Ansicht, dass die Dysenterie des Südens hauptsächlich durch verdorbenes Trinkwasser verursacht sei, widerspricht Câtel. Vgl. Berenger-Feraud, Maladies d. Européens, Paris 1881, Bd. II, S. 71.

in Fäulniss übergeht, und dass das verunreinigte, faulende Wasser jene Krankheit hervorruft. Es sind auch sehr viele Städte davon berühmt, dass es dort dem Fremden genügt, einen Schluck Wasser zu geniessen, um sofort einen hartnäckigen Darmkatarrh zu bekommen, und diese Beobachtung versucht man dadurch zu erklären, dass jene Orte ein sehr verunreinigtes, inficirtes Brunnenwasser haben.

Es fällt immerhin schwer auf Grundlage dieser allgemeinen Angaben — denen gewissermaassen der Charakter einer „vox populi" zukommt und welche eben deshalb, als bewiesen, keiner eingehenderen Beachtung gewürdigt wurden — sich ein genaues Urtheil über die Frage zu gestalten, welche Rolle dem Trinkwasser an einem Orte hinsichtlich der dort herrschenden Enteritis zuzuschreiben ist.

Auch diejenigen Daten kranken an dieser Allgemeinheit, welche behaupten, dass in manchen Städten durch Einführung von neuem und reinem Wasser an Stelle des alten und schlechten die Enteritismortalität herabgemindert wurde (Buchanan), oder welche einzelne Durchfallsausbrüche in einzelnen Häusergruppen (Weares in Leicester), Gefängnissen (Salford, Halle) unter dem Militär oder unter Zöglingen in Ermangelung einer besseren Erklärung dem schlechten Wasser zur Last legen. Ich erachte es daher auch gar nicht für nöthig, diese Daten hier ausführlich herzuzählen.

Man kann somit behaupten, dass die ganze Lehre, welche sich mit der hygienischen Bedeutung des Trinkwassers beschäftigt, derzeit grösstentheils nur auf Vermuthungen, Analogien und solchen Beobachtungen zu bauen gezwungen ist, welche den Zusammenhang zwischen dem verunreinigten Trinkwasser und einer Krankheit mit infectiösem Charakter wohl für wahrscheinlich hinstellen, aber zur Beurtheilung der Grösse und der Qualität der Schädlichkeit keinen exacten Maassstab liefern.

Die Hygiene ist berufen, ohne eine sich selbst darbietende Gelegenheit abzuwarten, welche uns zu unbezweifelbaren Beobachtungen über die gesundheitliche Bedeutung des Trinkwassers verhelfen könnte, auf diesem Gebiete activ vorzugehen und, soweit möglich, **den Zusammenhang zwischen der localen Beschaffenheit und den zeitlichen Veränderungen des Trinkwassers einerseits, und der örtlichen Vertheilung sowie den zeitlichen Schwankungen gewisser Infectionskrankheiten andererseits auf directem Wege zu erforschen.** Solche Forschungen bilden den Inhalt des vorliegenden Theiles meines Werkes und ich gehe in den folgenden Zeilen auf sie über.

Erstes Capitel.

Das Trinkwasser von Budapest.

Ich gab meinen Untersuchungen über das Pester Trinkwasser eine doppelte Richtung: einerseits habe ich im Wasser einer grösseren Anzahl von Brunnen, dann auch im Leitungs- und Donauwasser das quantitative Verhältniss der chemischen Bestandtheile von Jahr zu Jahr fortlaufend beobachtet, um auf diese Weise über die zeitlichen Veränderungen im Trinkwasser Daten zu erhalten und um mit diesen Veränderungen gewisse atmosphärische und Bodenverhältnisse sowie das Verhalten der Infectionskrankheiten vergleichen zu können; andererseits untersuchte ich das Wasser in einem grossen Theile der auf dem städtischen Gebiete gelegenen Brunnen ein für allemal, um mit den chemischen Eigenschaften der aus verschiedenen Häusern entnommenen Wässer andere Verhältnisse derselben Häuser, namentlich ihr Verhalten mit Bezug auf Typhus, Cholera, Wechselfieber und Enteritis zu confrontiren.

Dieser Plan ruhte auf einer theoretisch correcten Grundlage. Es ist klar, dass, wenn jene Krankheiten in ihrem zeitlichen oder örtlichen Vorherrschen vom Trinkwasser abhängig sind, dieser Zusammenhang durch ausgebreitete Untersuchungen aufgedeckt worden kann. Wenn Typhus, Cholera und andere Infectionskrankheiten durch den Schmutz verursacht sind, welcher aus dem inficirten Boden oder aus schlechten Abtrittsgruben und Sielen in das Brunnenwasser gelangt: so ist zu erwarten, dass die mehrere Jahre umfassende Beobachtung darauf kommen wird, ob dem Ausbruch der Epidemien eine derartige Verunreinigung des

Trinkwassers vorangegangen war; denn es ist — wie das schon Pettenkofer bemerkt hat — kaum denkbar, dass vom Menschen, seinen Entleerungen oder vom verunreinigten Boden irgend ein Infectionsstoff allgemein in das Trinkwasser gelange, ohne dass sich gleichzeitig auch ein anderer Schmutz dahin ergösse, ohne dass sich hier die chemische Beschaffenheit des Wassers augenfällig veränderte. Wenn ferner solche Krankheiten durch ein auf diese Weise verunreinigtes Wasser verursacht werden: so müssen die Herde der Krankheit in jenen Stadttheilen, Strassen und Häusern angetroffen werden, welche das unreinste Wasser geniessen.

Wir besitzen kein Reagens auf Infectionsstoffe, wir können höchstens auf indirectem Wege auf ihre Anwesenheit schliessen. Da wir uns den Infectionsstoff als einen in erster Linie aus dem menschlichen Körper ausgeschiedenen, in Zersetzung begriffenen oder dazu hinneigenden Körper denken, welcher dazu unter begünstigenden Verhältnissen sich vielleicht auch noch vermehren kann: so folgern wir auf den Infectionsstoff hauptsächlich aus der Anwesenheit von solchen organischen Substanzen im Wasser, welche die Bodenschicht ohne Oxydation passirt hatten; wir folgern darauf, wenn im Wasser grössere Mengen von Chlor angetroffen werden, welches einen der wesentlichsten Bestandtheile der thierischen Ausscheidungen bildet, — wir folgern es auch aus der Salpetersäure, als aus dem Oxydationsproducte der thierischen organischen Substanz und gleichzeitig dem Indicator eines solchen im Boden verlaufenden Processes, — aus dem Ammoniak, welches sich bei der Fäulniss animalischer Stoffe entwickelt und uns gleichfalls die im Boden stattfindenden Vorgänge anzeigt, — aus den im Wasser gefundenen festen Stoffen u. s. f.

An welchen dieser Stoffe haben wir uns bei der hygienischen Analyse des Trinkwassers zu halten? Die verschiedenen Forscher dachten in dieser Hinsicht sehr verschieden. Viele legten z. B. bei ihren Untersuchungen das Hauptgewicht auf die Härte und Weichheit des Wassers, wie es die Gelehrten der alten Zeit thaten; Wagner[1]) und Aubry[2]) bestimmten den festen Rückstand des Wassers sowie das Kali und Natron. Reich[3]) legte auf die Nitrate sehr grosses Gewicht, während Flügge[4]) in einer sehr

---

[1]) Zeitschr. f. Biol. 1866, 1867.

[2]) Dieselbe Zeitschr. 1870, 1873.

[3]) Die Salpetersäure im Brunnenwasser, Berlin 1869.

[4]) Zeitschr. f. Biol. 1877, Heft 4, S. 453.

verständigen und gedankenreichen Abhandlung die Beobachtung des Chlorgehaltes befürwortet.

Ich hielt die Schwierigkeit der Wahl am leichtesten dadurch für vermieden, wenn man alle in gesundheitlicher Beziehung wichtigeren Bestandtheile bestimmt und sich sein Urtheil aus der Vergleichung und Combination der Ergebnisse bildet, und griff um so williger zu dieser Wahl, als es meine Absicht war, durch Untersuchungen überhaupt auch jene Frage aufzuklären, in welchem Verhältnisse diese verschiedenen Bestandtheile in den verschiedenen Brunnen, bei verschiedener Bodenverunreinigung etc. zu einander stehen. Ich bestimmte daher in den Trinkwässern: den festen Rückstand nach dem Eintrocknen, die organische Substanz, das Chlor, das Ammoniak, die Salpeter- und die salpetrige Säure.

Ausser diesen chemischen Analysen bereitete ich auch eine grosse Anzahl von Wasserimpfungen in Hausenblaselösung, um die im Wasser enthaltenen niederen Organismen durch Cultur zu vermehren; mit der Culturflüssigkeit stellte ich dann in mehreren Fällen Infectionsversuche an, um mit der pathologischen Wirkung der gezüchteten niederen Organismen bekannt zu werden.

Die beim Wasser befolgten analytischen Methoden.

Bevor ich die von mir beabsichtigten systematischen Wasseranalysen in Angriff nahm, trachtete ich die zu befolgenden analytischen Methoden durch zahlreiche Vorversuche zu studiren. Ich habe kaum zu betonen, dass es mir hauptsächlich darum zu thun war, bei meinen Massenuntersuchungen solche Methoden in Anwendung zu bringen, welche neben einer dem vorschwebenden Zwecke entsprechenden Genauigkeit auch eine schnelle Arbeit verhiessen. Wie nothwendig eben die rasche Analyse war, wird sofort einleuchten, wenn man bedenkt, dass ich mehreren Tausend chemischer Bestimmungen gegenüber stand. Meine Untersuchungen über das Trinkwasser erstrecken sich in der That auf ca. 1300 Wasseranalysen und umfassen insgesammt ca. 7,5 bis 8 Tausend Einzelbestimmungen. Hätte ich bei diesen Untersuchungen z. B. die Salpetersäure mittelst der unbestreitbar pünktlichsten Schultze-Tiemann'schen oder mittelst der gleichfalls sehr pünktlichen Schlösing-Reichardt'schen Methode bestimmen wollen, so hätten jene 1300 Salpetersäurebestimmungen allein ca. 750 ganze Arbeitstage in Anspruch genommen, mit anderen Worten: ich hätte mehr als zwei Jahre bloss mit Salpetersäureanalysen zubringen müssen.

Die zur Untersuchung bestimmten Trinkwässer liess ich in eigenen, ausschliesslich diesem Zwecke dienenden Flaschen ins Laboratorium schaffen, und zwar auf einmal 10 bis 30 Wässer. Alle Wasserproben wurden zu gleicher Zeit in Untersuchung genommen, gleichfalls unter Benutzung von ausschliesslich dieser Arbeit gewidmeten Apparaten und Reagentien.

1. Fester Verdunstungsrückstand. Zur Bestimmung der festen Bestandtheile des Wassers habe ich numerirte, leichte Glasschalen von bekanntem Gewicht angewendet, in welche ich je 50 oder 100 ccm der Wasserproben füllte. Sämmtliche Schalen stellte ich auf ein Sandbad und erwärmte dieses so gelinde, dass das Wasser nicht ins Sieden kam. Nach dem Verdunsten brachte ich die Schalen nach einander in ein Luftbad von 110° C., trocknete sie hier aus und stellte sie im warmen Zustande auf die Wage, deren Raum mittelst Chlorcalcium stets trocken erhalten wurde. Die zum Wägen nöthigen Gewichte brachte ich schon im vorhinein auf die Wagschale und corrigirte dann das Gewicht je nach Bedarf durch rasche Wegnahme oder Zusatz. Die letzte, feinste Einstellung wurde bei geschlossenem Kasten mittelst des Reiters erzielt. Das Gewicht wurde erst nach längerem Stehen abgelesen.

Bei dieser einfachen Procedur hielt ich an dem Principe fest, dass das Abwägen stets unter denselben Verhältnissen erfolge und dass der abgewogene feste Rückstand mit keiner ungetrockneten Luft in Berührung komme. Vor der freien Luft ist der trockne Rückstand sehr sorgsam zu bewahren, weil er — insbesondere bei salpeterreichen Wässern, wie die Budapester — äusserst hygroskopisch ist. Deshalb ist es unzweckmässig, die Schalen in einem eigenen Chlorcalciumgefässe abkühlen zu lassen und erst dann auf die Wage zu bringen, weil sie während der Uebertragung Wasserdampf anziehen. Auch das häufige Oeffnen der Wage während des Wägens ist verwerflich, weil auch hierbei durch den eindringenden Wasserdampf das Gewicht des festen Rückstandes erhöht wird. Noch unzweckmässiger ist es, den Rückstand, wie das allgemein angerathen wird, zwei oder dreimal nach einander zu wägen und aufs Neue in den Exsiccator zurückzubringen, bis nicht das Gewicht ein constantes geworden ist. Bei diesem Vorgehen nimmt die feste Substanz immer wieder Wasserdampf in sich auf, welcher ihm durch das Chlorcalcium nicht mehr entzogen wird, wodurch die Wägung gefälscht werden muss. Dauert das Wägen sehr lange, so bringt man die Schale, nachdem das Gewicht annähernd festgestellt ist, aufs Neue in das Luftbad von 110° C., trocknet sie aus, lässt sie auf der Wage abkühlen und beendigt jetzt die genaue Einstellung.

Trotz aller Vorsicht ist aber das vollkommen genaue Wägen des festen Rückstandes eine chemische Unmöglichkeit. Die Unmöglichkeit wird dadurch bedingt, dass man nicht im Stande ist, den Rückstand auf eine beruhigende Weise zu trocknen. Durch niedere Temperaturen — z. B. 110° bis 160° C.[1]) — wird nicht alles Hydratwasser der Kalk- und Magnesiasalze ausgetrieben, während eine 110° übersteigende Temperatur den Rückstand ganz sichtbar bräunt; bei 180° gehen bereits 40 und mehr Procent der organischen Substanz verloren[2]). Der auf diesem Wege entstehende Verlust ist bei unreinen, an organischen Stoffen, an Nitraten, Nitriten und Ammoniak reichen Wässern besonders gross. Die Unbestimmbarkeit der Menge der festen Bestandtheile wird durch den folgenden Versuch, welchen Herr Dr. Ballagi in meinem Laboratorium anstellte, am auffallendsten illustrirt[3]): Es wurden von 10 Trinkwässern je 100 ccm bei 110, 150, 175 und 200° C. ausgetrocknet und dann gewogen; im Mittel ergaben sich die folgenden Gewichtsverhältnisse:

110°	150°	175°	200°
0,2789 g	0,2735 g	0,2697 g	0,2671 g,

d. h. der Verlust von 110 bis 200° betrug nahezu 5 Proc.

Zum Glück hat die Hygiene nach einer vollkommen pünktlichen Bestimmung nicht das geringste Bedürfniss; man darf sich daher mit dem bei 110° erlangten Ergebnisse ganz zufrieden geben.

2. Die organische Substanz der Trinkwässer. Die Bestimmung dieses Bestandtheiles habe ich ganz nach der von

---

[1]) Frankland und Armstrong erwärmen das eingetrocknete Wasser nur auf 100°. Jahrb. d. Chem. 1868, S. 840.

[2]) Wiebel, Die Fluss- und Bodenwässer Hamburgs. Hamburg 1876, S. 7.

[3]) Orvosi Hetilap, 1880 (ungarisch).

Kubel vorgeschlagenen Methode ausgeführt [1]). Hier verdient eine Vorsicht besondere Erwähnung. Es ist rathsam, die zum Ansäuern des Wassers verwendete Schwefelsäure vorher bei der Bereitung mit Chamäleonlösung bis zur schwach rothen Färbung zu versetzen. Zuweilen werden nämlich selbst durch die reinste Schwefelsäure des Handels nicht unbedeutende Chamäleonmengen zersetzt und entfärbt.

3. Das Chlor habe ich durch Titriren mit Silbernitrat bestimmt. Meine Analysen wurden zu einer Zeit — und insbesondere bei den chlorarmen Wässern — durch den Umstand gestört, dass aus Versehen ein ganz entschieden chlorhaltiges Kalichromat zur Verwendung kam. Bei der Anwendung dieses Salzes ist auf seinen sehr häufigen Chlorgehalt ein ganz besonderes Augenmerk zu richten.

4. Die Salpetersäure wurde in denjenigen Wasserproben bestimmt, in welchen die organische Substanz bereits oxydirt worden war. Die Probe wurde nämlich bei Seite gestellt, nach dem Erkalten auf das ursprüngliche Volum (100 ccm) gebracht und mit Indigo titrirt. Bei diesem Vorgange hielt ich mich an das Verfahren von Trommsdorf [2]), welches sich zu ähnlichen Untersuchungen vorzüglich eignet. Ihr Hauptvortheil besteht nämlich in der Schnelligkeit, mit der sie ausgeführt werden kann. 10 bis 20 Wässer erfordern selbst bei der sorgfältigsten Salpetersäurebestimmung nicht mehr als 1 bis 1$^1/_2$ Stunden.

Man wirft ihr ungenügende Pünktlichkeit vor [3]). Es ist wahr, dass wiederholte Titrirungen desselben Wassers selten ganz dieselbe Indigomenge erforderten, doch war die Abweichung — wenn nur die Versuche unter sonst gleichen Verhältnissen ausgeführt wurden — verhältnissmässig sehr gering. Deshalb halte ich die Methode zu hygienischen Zwecken für sehr geeignet, wo ja ohnedies keine absolut genaue Bestimmung beansprucht wird. Die an Salpetersäure äusserst armen Wässer habe ich vor dem Titriren durch Verdampfen auf ein kleineres Volum, z. B. von 200 auf 25 ccm gebracht. Bei diesem Vorgange ist das Entweichen von Salpetersäure — trotzdem die Flüssigkeit Schwefelsäure enthält — nicht zu befürchten, so lange man nicht beiläufig den Punkt erreicht hat, dass das Wasser ganz verdampft ist. Ueberschreitet

---

[1]) Anleitung zur Untersuchung von Wasser, II. Aufl. Braunschweig 1874.

[2]) Ztschr. f. anal. Chemie 1870, S. 171; desgleichen Kubel, a. a. O.

[3]) Reichardt, Beurtheilung des Trinkwassers. Halle, 1880, S. 153.

man aber beim Eindampfen diesen Zeitpunkt, so kann die Salpetersäure grossentheils, oder auch ganz verloren gehen.

Das Indigo eignet sich vorzüglich auch zum Nachweise minimaler Mengen von Salpetersäure, sowie zur annähernd quantitativen Analyse der letzteren. Fügt man in einem kleinen Kölbchen zu 10 ccm Wasser ebensoviel concentrirte Schwefelsäure, so erwärmt sich die Flüssigkeit bis zum Sieden; zu diesem heissen Gemische giebt man aus einer gewöhnlichen Eprouvette verdünnte Indigolösung, deren Farbe eben noch durchscheinend ist. Ganz reines Wasser wird schon von 2 bis 3 Tropfen entschieden gebläut; 8 bis 10 Tropfen wird ein solches Wasser verbrauchen, welches im Liter etwa 8 bis 10 mg Salpetersäure (N_2O_5) enthält u. s. f.

Es braucht kaum erwähnt zu werden, dass man die Schwefelsäure vorerst mit destillirtem Wasser und Indigo prüft, um nicht durch eine Verunreinigung irregeführt zu werden.

5. Zur Bestimmung des Ammoniaks goss ich von den zu untersuchenden, in der Regel 10 bis 20 Wasserproben je 100 ccm in kleine, ausschliesslich diesem Zwecke dienende Arzneifläschchen, fügte 2 ccm einer ammoniakfreien Kali- oder Natroncarbonatlösung und 1 ccm ebenfalls ammoniakfreies Aetzalkali hinzu, und liess nach dem Aufschütteln zum Absetzen 1 bis 2 Tage lang stehen.

Nach dem Absetzen führte ich ein gebogenes Glasröhrchen mit der inneren Oeffnung nach aufwärts gerichtet in das Fläschchen, wodurch es gelang, den Inhalt des Fläschchens auszugiessen, ohne dass der Bodensatz aufgerüttelt worden wäre. An Stelle des ausfliessenden Wassers trat nämlich die Luft durch das Glasrohr ein; das Ausfliessen erfolgte so constant und gleichmässig und die Flüssigkeit wird durch keine hineinstürzenden Luftblasen aufgewirbelt. Auf diese Weise goss ich das Wasser in einen Maasscylinder bis zur Marke 51,5 ccm über und entleerte es von hier in bereit gehaltene Reagirgläser. Nun fertigte ich eine Farbenscala an. Ich schaffte mir 60 bis 70 ccm fassende lange Eprouvetten an, wählte unter ihnen diejenigen aus, in welchen 50 ccm Wasser eine möglichst gleich hohe Säule bildeten, und brachte sie auf ein Holzgestell. In den Gläschen eines solchen Statives bereitete ich aus einer $^1/_{100}$ normalen Ammoniaklösung mit möglichst ammoniakfreiem destillirten Wasser eine Farbenscala; in das erste Gefäss gab ich 0,25 ccm Chlorammoniumlösung (= 0,0025 mg H_3N), in die folgenden 0,5, 1, 2, 4, 6, 8, 10, 12,5, 15, 20 ccm u. s. f.

Endlich wurden alle Wässer und alle Grade der Ammoniakscala mit destillirtem Wasser auf die gleiche Höhe aufgegossen, und dann sämmtliche Gefässe mit je $^1/_2$ ccm Nessler'schem Reagens versetzt. Nach 5 Minuten wurden die Wässer mit der Scala verglichen, wobei ich das Wasser enthaltende Reagirglas zwischen die zwei nächstgelegenen Töne der Farbenscala setzte, alle drei gegen das Licht emporhielt und durch den Boden der Gefässe gegen den Himmel blickte. Auf diese Weise können die Farben sehr scharf unterschieden werden, so dass man bei einiger Uebung zwischen zwei Graden der Scala selbst noch $^1/_4$ Grad mit genügender Sicherheit bestimmen kann.

Mit Hülfe dieser Methode vermag man in kurzer Zeit den Ammoniakgehalt von 10 bis 20 und mehr Wässern zu bestimmen.

6. Salpetrige Säure. Zu ihrer Bestimmung ging ich folgendermaassen vor: Ich bereitete eine Normallösung, welche im Cubikcentimeter $^1/_{1000}$ mg salpetrige Säure enthielt. Von dieser Lösung fertigte ich wieder in gleich weiten, eigens dazu bestimmten Reagircylindern eine Scala an. Der erste Grad dieser Scala enthielt 1 ccm Nitritlösung, der zweite 2 u. s. w., worauf alle Grade mit destillirtem Wasser auf dieselbe Höhe gebracht wurden. Von den 10, 20 und mehr gleichzeitig untersuchten Wasserproben maass ich gleiche Mengen ab, brachte sie in Reagirgläser von derselben Weite, wie die Scalagläser, und glich zum Schluss den Inhalt sämmtlicher Gefässe mit destillirtem Wasser bis zur selben Höhe aus. Nun fügte ich allen Gläsern je 1 ccm einer von Nitrit und schwefliger Säure freien Schwefelsäure und je $^1/_2$ ccm einer schwachen Jodkalilösung bei. Nach Ablauf von $^1/_2$ bis 1 Stunde wurden alle Wässer zugleich mit den Farbentönen der Scala verglichen. Der erste Grad der Scala zeigte zu dieser Zeit eine noch kaum merkbare Farbenveränderung; am zweiten Grade war die gelbe Färbung schon deutlich zu erkennen und nahm mit dem Nitritgehalte gleichmässig an Intensität zu. Auch hier wurde das untersuchte Wasser zwischen die zwei zunächst gelegenen Scalengrade gefasst, emporgehalten, und der am Boden der Gläser bei durchfallendem Lichte erscheinende Farbenton verglichen. Es fiel nicht schwer, auf diese Weise selbst $^1/_4$ der zwischen zwei Grade fallenden Abstände zu bestimmen, so dass die Nitritmenge sehr genau festgestellt werden konnte. Um bei Wässern, welche an salpetriger Säure arm waren, noch genauer vorgehen zu können, fügte ich den untersten Scalagraden und den Wässern je 1 ccm frisch bereiteter Stärkelösung bei.

Dadurch bekam selbst der $^1/_{1000}$ mg salpetrige Säure enthaltende Grad eine deutlich violette Farbe, welche mit den Graden gleichmässig aufsteigend und sehr deutlich erkennbar an Sättigung zunahm. Diese Farbe gestattet eine noch empfindlichere Vergleichung. Mittelst dieser Methode sind 0,02 bis 0,03 mg salpetrige Säure im Liter Wasser deutlich zu erkennen und zu bestimmen.

War ein Wasser sehr reich an salpetriger Säure, so bereitete ich daraus sogleich eine neue Probe, zu welcher ich eine abgemessene Wassermenge nahm und sie mit destillirtem Wasser verdünnte.

Die befolgte Arbeitseintheilung war also in Kürze die folgende:

Von den eingebrachten 10 bis 20 Wasserproben wurden vor Allem je 100 ccm in 10 bis 20 eigens dazu bestimmte Fläschchen gegossen, mit der oben angegebenen Menge von kohlensaurem und Aetznatron versetzt, tüchtig aufgerüttelt und gut verkorkt. Hierauf wurde in die auf einem grossen flachen Sandbade der Reihe nach aufgestellten eigenen, numerirten, leichten Glasschalen zur Bestimmung des festen Rückstandes je 100 ccm Wasser abgemessen; das Sandbad erwärmte ein schwach brennender Kranzbrenner.

Es folgte die Bestimmung der organischen Substanz. Nachdem die Normallösung bereitet und genau eingestellt worden war, wurden 100 ccm Wasser in eine eigene Porcellanschale abgemessen, mit diluirter Schwefelsäure angesäuert und die untergestellte Gasflamme angezündet. Gleich darauf goss ich 100 ccm eines anderen Wassers in eine andere Schale, welche gleichfalls angesäuert und erwärmt wurde. Sowie das Wasser in der ersten Schale gut aufgekocht hatte, fügte ich ihm Chamäleon im Ueberschusse zu, und notirte die Zeit; nach Ablauf von 5 Minuten wurde das Chamäleon durch Oxalsäure entfärbt und die Titrirung zu Ende geführt. Nachdem der Stand der Büretten notirt war, wurde das bereits titrirte Wasser in ein eigenes Glasgefäss übergegossen, wo es abkühlte, um dann zur Salpetersäurebestimmung verwendet zu werden. Unterdessen war schon dem zweiten aufgekochten Wasser Chamäleon zugefügt und an seiner Statt schon das dritte Wasser zum Aufkochen etc. vorbereitet worden.

Auf die organischen Substanzen folgte die Bestimmung von Chlor und Salpetersäure. Bezüglich der letzteren wurde zuerst der Titre der Indigolösung bestimmt und die entstandene grünliche Flüssigkeit zur Vergleichung neben die Bürette gestellt. Nun goss ich die zu untersuchenden und nach dem Titriren mit

Chamäleon bereits abgekühlten Wässer einzeln in einen Maasscylinder und ergänzte das zu 100 ccm fehlende Volum durch destillirtes Wasser, worauf die Titrirung mit Indigo ausgeführt wurde. Ich hebe hervor, ganz besonders darauf geachtet zu haben, dass die Titrirung des Wassers ganz auf dieselbe Weise, unter derselben Zeit etc. erfolge, wie die Feststellung des Titers. Nach bestimmter Salpetersäure wurde die salpetrige Säure vorgenommen.

Diese Arbeit konnte an einem Tage mit 10 bis 20 Wässern bequem beendigt werden; für den nächsten Tag verblieb das Abwägen der Trockenschalen und die Ammoniakbestimmung; natürlich war das Abwägen die langwierigste Manipulation des ganzen Verfahrens.

Die Analysen berechnete ich auf die folgende Weise: Jeder Bestandtheil wurde auf eine Million Theile Wasser übertragen; es bedeuten daher alle Zahlen Milligramme im Liter Wasser. Die Menge der organischen Substanzen wurde durch Multiplication des Gewichts des verbrauchten Chamäleons mit 5 (Wood'sche Berechnung) gewonnen. Das Chlor habe ich als Cl, die Salpetersäure als N_2O_5, die salpetrige Säure als N_2O_3 und das Ammoniak als H_3N berechnet.

Chemische Beschaffenheit des Pester Brunnenwassers.

Ich möchte zuerst das Hauptergebniss der gesammten Wasseranalysen besprechen.

Auf der folgenden Tabelle habe ich die durchschnittliche chemische Beschaffenheit aller von mir analysirter Brunnenwässer zusammengestellt. Ich bemerke sofort, dass ich bei der Berechnung der Mittelwerthe einige Brunnen weglassen musste, weil ihr Wasser ausnahmsweise so stark verunreinigt, insbesondere ihr Gehalt an Ammoniak, an organischer Substanz so hoch war, dass sie mit den übrigen Brunnen schlechterdings nicht verglichen werden konnten, und weil ihre allzu hohen Zahlenwerthe eine Fälschung des in den Mittelwerthen hervortretenden Bildes befürchten liessen. Es enthielt im Mittel ein Liter Trinkwasser Milligramme:

	Zahl der Brunnen	Fester Rückstand[1])	Organische Substanz	Chlor	Salpetersäure	Salpetrige Säure	Ammoniak
Innere Stadt	39	1700	56,0	154	294	0,96	3,61
Leopoldstadt	49	481	24,3	41	179	0,15	1,23
Theresienstadt	150	2167	69,5	332	430	0,18	1,48
Josefstadt	136	2920	86,5	331	518	0,25	2,48
Franzstadt	80	2990	72,5	394	632	0,19	4,60
Im Mittel	454	2053	61,8	250	410	0,35	2,72

Die letzteren Zahlen, welche sich aus meinen auf das ganze Gebiet der Stadt gleichmässig vertheilt ausgeführten Bestimmungen ergaben, können mit vollem Rechte als der durchschnittliche Ausdruck des Brunnenwassers der Stadt betrachtet werden; sie beweisen, dass das Wasser unseres Bodens zu den schmutzigsten gehört, die man überhaupt kennt. Wenigstens gelingt es mir, in der ganzen Literatur kaum ein Beispiel anzutreffen, wo das Wasser einer ganzen Stadt im Durchschnitt eine so kolossale Verunreinigung aufgewiesen hätte[2]).

Diese Verunreinigung wird sich für noch um Vieles grösser herausstellen, wenn man die einzelnen unreinsten Wässer hervorsucht. Es fand sich da eine Anzahl von Brunnen, deren fester Rückstand 5000 mg im Liter überschritt. Solcher Brunnen be-

---

[1]) Die Menge des festen Rückstandes wurde nur aus 230 Bestimmungen berechnet.

[2]) In Dorpat enthielt das Wasser von 125 Brunnen im Durchschnitte Chlor: 112,176 mg, Salpetersäure: 192,02 mg und Ammoniak: 1,885 mg (C. Schmidt, Die Wasserversorgung Dorpats, 1863). Zu Lübeck enthielten 33 Brunnen an festem Rückstand: 814,7, organ. Substanz: 58,2, Chlor: 122,2, Salpetersäure: 74,1, salpetrige Säure nur in 4 Brunnen Spuren, Ammoniak: in zwei Brunnen 3,5 und 4,0 mg (Th. Schorer, Lübecks Trinkwasser, Lübeck 1877, S. 117). In Stuttgart: Rückstand: 1402, Chlor: 127,1, Salpetersäure: 163,2, organ. Substanz: 64,5 mg (S. Schorer a. a. O. S. 168 bis 169). In Hamburg: Rückstand: 1337, organ. Substanz: 103,5, Chlor: 170,5, Salpetersäure 168 mg (S. Schorer a. a. O. Dieses Werk enthält überhaupt so zu sagen alle chemischen Angaben, welche überhaupt in der Literatur über das Trinkwasser enthalten sind, aufs Interessanteste zusammengestellt).

sitzt insbesondere die Franzstadt sehr viele, was nach dem, was über die Strömungsverhältnisse des Grundwassers gesagt wurde (s. S. 91), für ganz natürlich erscheinen muss. Es hatten: Pávagasse 6: 5030, Ferenczgasse 32: 4975, Bokrétagasse 26: 4800, Tüzoltógasse 12: 4595, Liliomgasse 17: 4523, Üllöistrasse 25: 4310 u. s. f. In der Josefstadt: Tavaszgasse 23: 5000, Nagy-Fuvarosgasse 6: 4745, Hunyadigasse 11: 4440, Kisfaludygasse 1: 4010 etc. In der Theresienstadt: Aradigasse 17: 5180, Váczistrasse 44: 4485 u. s. w. Die Innere Stadt überflügelt aber mit einem Brunnen alle übrigen; es ist das der Brunnen des Hauses Zöldfagasse 10, welcher im Liter 5845 mg festen Rückstand enthält.

Auch die auf die übrigen Bestandtheile bezüglichen Daten enthalten derlei kolossale Zahlen. Die organische Substanz betrug: Untere Donauzeile 15: 715 mg, daselbst 19: 587 mg, daselbst 32: 495 mg und 8: 460 mg. Auch andere Brunnen enthielten diese ganz unglaubliche Verunreinigung, z. B. in der Josefstadt, Gólyagasse 12: 735 mg, Tömögasse 30: 685, Tavaszgasse 23: 390 u. s. w. Auch in der Franzstadt enthielten mehrere Brunnen 300 und mehr Milligramme organische Substanz. Auch hier wurden alle übrigen Wässer durch eines überflügelt, nämlich durch dasjenige im Hause Árokgasse 5, in welchem sich die organische Substanz bis auf 880 mg im Liter erhob. Dieses Wasser erschien schon beim blossen Ansehen getrübt, mit einer fettigen Haut bedeckt und hatte einen ekelerregenden Geruch.

Die Chlormenge erreichte in manchen Brunnen gleichfalls bedeutend hohe Zahlen. An der Tête der Reihen gehen die Franz- und Josefstadt einher, wo sehr viele Brunnen 600 bis 700 mg Chlor enthielten, Tüzoltógasse 12 sogar 717. Die grösste Menge fand ich in Wesselényigasse 8, mit 777 mg.

Von Salpetersäure enthielten manche Brunnen ganz unglaubliche Mengen. Auch hier fallen die Franz- und Josefstadt mit ihren unreinen Wässern auf. In diesen Stadttheilen enthielt eine ganze Reihe von Brunnenwässern einzeln mehr als 1000 mg Salpetersäure im Liter; wie z. B. Liliomgasse 17: 1312 mg, Pávagasse 17: 1260, Pávagasse 6: 1223 u. s. w., ferner Tavaszgasse 23: 1350 (!), Nagy-Fuvarosgasse 6: 1195, Kisfaludygasse 5: 1198 u. s. w. Doch ist das Brunnenwasser auch in den tiefgelegenen Theilen der inneren Stadt sehr salpeterreich, wie z. B. im wiederholt erwähnten Hause Zöldfagasse 10: 1080 mg, Szerbgasse 10: 1033.

Das Maximum des Ammoniaks ist ebenfalls in der Franzstadt anzutreffen, nämlich: Malomgasse 34: 50 mg, Vendelgasse 12: 30 mg, Tüzoltógasse 1: 30 mg, Szvetenaygasse 2: 25 u. s. w. Ferner in der Josefstadt: Tömögasse 30: 110 mg. In der Theresienstadt fand ich zwei sehr ammoniakreiche Wässer, nämlich Árokgasse 5 mit 35 mg und Kis-Mezögasse 32 mit 46 mg. Alle wurden aber durch den untere Donauzeile 15 gelegenen Brunnen überflügelt, welcher auf den Liter Wasser 130 mg Ammoniak enthielt.

Die salpetrige Säure war viel geringeren Schwankungen ausgesetzt; sie betrug selten weniger als einige Zehntel, höchstens 1 mg. Nur zwei Brunnen machten hiervon eine Ausnahme, nämlich Tömögasse 30 mit 5,16 mg und Régi-Postagasse 1 mit 218,0 (!) mg.

Diese kurze Uebersicht vermochte uns, wie ich denke, hinreichend über die Gegend zu orientiren, in welcher die unreinsten Brunnen anzutreffen sind; sie weist den besorgnisserregenden Zustand nach, welcher diesbezüglich in der Josef-, insbesondere aber in der Franzstadt herrscht. Sie beweist, dass viele unserer Brunnen bis ins Unglaubliche verunreinigt sind, eigentlich reine Düngerjauche führen [1]).

Wenden wir uns nun den auf dem Gebiete der Stadt anzutreffenden guten Trinkwässern zu. Reines Trinkwasser führende Brunnen sind in Budapest nicht so selten; sie liegen aber fast ausschliesslich in der Leopoldstadt, in den Strassen nahe an der Donau. Es enthielt z. B. auf der oberen Donauzeile, auf dem Sigl'schen Grunde, das Brunnenwasser im Liter nur 275 mg festen Rückstand, 13,0 mg organische Substanz, 9,5 mg Chlor, 19,8 mg Salpetersäure, 0,06 mg Ammoniak, und gar keine salpetrige Säure.

---

[1]) In anderen Städten ausgeführte zahlreiche Analysen ergaben die folgenden Maximalwerthe: Für den festen Rückstand: Berlin 2757 (Reich), München 2270 (Wagner), Dorpat 4070 (Schmidt), Wernigerode 4810, Stuttgart 3220, Posen 2420 mg. Organische Substanz: Stuttgart 458, Königslutter 450, Hadersleben 168,5, Posen 330 mg. Salpetersäure: Magdeburg 1587, Berlin 448 (Reich), Wernigerode 459, Braunschweig 640 mg. Chlor: Magdeburg 886, Stuttgart 361 mg. Aus diesen Zahlen ist ersichtlich, dass unser Wasser, was Verunreinigung anbelangt, das Wasser sämmtlicher Städte übertrifft; nur Magdeburg kann sich mit uns messen, jedoch nur bezüglich des Salpetersäure- und Chlorgehaltes. In Indien wurden übrigens noch viel mehr verunreinigte Brunnenwässer angetroffen, wie z. B. eines zu Nassik mit 2417 mg Salpetersäure (Reich, Die Salpetersäure im Brunnenwasser, Berlin 1869, S. 49, desgleichen in den Jahresberichten über die Fortschr. d. Chem. 1862, S. 11).

Auch dem Donauufer entlang weiter abwärts ist das Wasser noch ziemlich gut, doch nicht am ganzen Ufer; einige zwischenliegende Brunnen sind schon sehr schlecht (Lloydgebäude 905 mg, Wurmhof 1100 mg fester Rückstand). Im unteren Theile der Inneren Stadt ist das Wasser schon sehr schlecht (Untere Donauzeile 8: 2720 mg Trockenrückstand), und dasselbe gilt von derjenigen Gegend der Franzstadt, wo, nach den im II. Theile dieses Werkes enthaltenen Ausführungen, das Grundwasser der Stadt sich in die Donau ergiesst.

Es ist auffallend, wie sehr sich manche Brunnen betreffs der Verunreinigung von den in der Umgebung gelegenen unterscheiden. Eines der besten Beispiele liefert der Brunnen im Hause Zöldfagasse Nr. 10; zwar ist das Wasser auch in seiner Umgebung verunreinigt, doch verhält sich seine chemische Beschaffenheit z. B. zu der des allernächsten, im Hause Nr. 13 befindlichen, wie folgt:

	Fester Rückstand	Organ. Substanz	Chlor	N_2O_5
Zöldfagasse 10 . .	5845	137,5	447	1080
„ 13 . .	1350	44,0	90	259

Ich habe kaum zu beweisen, dass man in solchen Fällen berechtigt ist, auf eine in der Nähe des fraglichen Brunnens stattfindende reichliche Verunreinigung des Grundwassers zu folgern.

Auch das kommt vor, dass das Wasser in einem Brunnen besser ist, als in der ganzen Umgebung, doch geschieht das nur ausnahmsweise oder dort, wo dieser Brunnen z. B. näher zur Donau liegt oder zu jenem noch reinen Grundwasser, welches sich von den äusseren Stadttheilen her unter die Stadt ergiesst.

Diese Fälle abgerechnet kann man sagen, dass das Brunnenwasser in der Regel auf grossen Gebieten so ziemlich von derselben Beschaffenheit ist und dass der Uebergang zur grösseren Verunreinigung oder Reinheit nur allmälig erfolgt.

Damit will aber keineswegs gesagt sein, dass nachbarliche Brunnen gewöhnlich auch in der Zusammensetzung übereinstimmen. Mit nichten. Man wird kaum zwei Brunnen antreffen, welche ganz dasselbe Wasser führten.

Die bedeutendste Schwankung ist an der organischen Substanz und am Ammoniak wahrzunehmen.

Die folgenden Erörterungen sollen uns zum Beweise und auch zur Erklärung dieses Verhaltens verhelfen.

Forscht man nach der Quelle, aus welcher die grössere, von der gewöhnlichen und von derjenigen der nachbarlichen abweichende Verunreinigung der einzelnen Brunnen herstammt: so wird man hauptsächlich daran denken, dass dieser Schmutz aus dem den Brunnen umgebenden Boden, aus dem nahe gelegenen Abtritte etc. in das Wasser gelangen konnte. Wir wollen daher den Einfluss in Betracht ziehen, welchen der verunreinigte oder reine Boden auf das Wasser des in ihm gegrabenen Brunnens, und denjenigen, welchen der näher oder entfernter gelegene Abtritt auf dasselbe ausübte.

Um den Einfluss des mehr oder minder verunreinigten Bodens auf das in ihm enthaltene Wasser zu erkennen, verglich ich das Brunnenwasser von 38 solchen Häusern, deren Boden im Mittel weniger als 200 mg organischen Stickstoff in 1 bis 4 m Tiefe und pro Kilo Erde enthielt, mit dem Brunnenwasser von 63 anderen, mit den vorigen auf demselben Gebiete gelegenen Häusern, in deren Boden mehr als 200 mg organischen Stickstoffs gefunden worden waren. Die durchschnittliche chemische Beschaffenheit dieser Brunnenwässer war die folgende; ein Liter Wasser enthielt in Milligramm:

	Festen Rückstand	Organ. Substanz	Cl	N_2O_5	N_2O_3	H_3N
Reiner Hausboden	2403	58,5	314	549	0,242	1,15
Unreiner „	2419	90,5	353	562	0,269	3,69

Es ist klar ersichtlich, dass im verunreinigten Boden Ammoniak und organische Substanzen auffallend zunehmen; viel weniger und kaum erkennbar ist das beim Chlor, der Salpetersäure und salpetrigen Säure, insbesondere aber beim festen Rückstand der Fall.

Ich zögere nicht auf Grundlage dieser Daten meine Ansicht dahin zu äussern, dass ich zur Erkenntniss dessen, ob das Wasser in einem Brunnen mehr verunreinigt, als im Anderen, ob eines davon in einem inficirteren Boden enthalten ist, das Ammoniak und in zweiter Reihe die organischen Substanzen für den entscheidendsten chemischen Ausdruck halte; das Chlor scheint mir weniger verlässlich, die Nitrate und die Menge des festen Rückstandes aber ganz unverlässlich zu sein.

Die folgende Zusammenstellung bekräftigt mich in meiner Auffassung noch mehr: Ich zog das Mittel aus den Wässern socher Brunnen, welche vom Abtritt oder dem Siele einen zehn Schritte nicht übersteigenden Abstand hatten, und aus solchen, welche auf mehr als 10 Schritte entfernt lagen; die Beschaffenheit dieser Wässer ist auf der folgenden Tabelle veranschaulicht:

	Anzahl der Brunnen	Ammoniak	Organ. Substanz	N_2O_5	Chlor
Näher zum Abtritte	196	3,09	80,5	538	376
Weiter vom „	122	1,61	79,5	528	362

Man sieht, dass die in unmittelbarer Nähe erfolgte Verunreinigung am besten durch das Ammoniak angezeigt wird; alle übrigen Bestandtheile, selbst die organische Substanz erstrecken sich aber auch bis zu den entfernteren Brunnen und vermögen durch ihr Schwanken die locale Verunreinigung des Bodens und des Wassers nicht so genau anzukündigen.

Die Erklärung für alle diese Erscheinungen haben wir in der Bindekraft des Bodens zu suchen. Ich habe erwähnt (s. II. Theil, S. 20), dass der Boden dem Ammoniak das Weitersickern nicht gestattet, dass es aber das Chlor, die Salpeter- und salpetrige Säure sehr leicht durchlässt. Hierin liegt der Grund dessen, dass das Ammoniak am Orte der Verunreinigung erscheint und über die Verunreinigungsgrenzen hinaus wieder verschwindet; hingegen sickern Nitrate, Nitrite, Chloride und andere Salze, — die festen Bestandtheile des Wassers — wenn sie ins Grundwasser gelangen, weiter und erscheinen daher unter dem reinen Boden eben so gut, wie unter einem verunreinigten; darum können sie uns auch nicht als Indicatoren der localen Verunreinigung des Grundwassers dienen.

Auch die organische Substanz wird durch den Boden an derjenigen Stelle gebunden, wo sie die Erde durchtränkt; ein Versickern auf grössere Entfernungen erfolgt bei ihr um vieles weniger, als bei den vorhin erwähnten Salzen; darum wird das Grundwasser durch sie selten auf grösseren Gebieten verunreinigt, und darum zeigt ihre Anwesenheit auf eine locale Verunreinigung.

Die organische Substanz durchdringt den Boden hauptsächlich dann, wenn dieser mit ihr bereits gesättigt ist (s. II. Th., S. 24), also wenn er fault; daraus folgt, dass die organische Substanz mit dem Ammoniak, als mit dem Producte des verunreinigten Bodens und seiner Fäulniss, vergesellschaftet auftreten muss. Es geht aus der folgenden Zusammenstellung hervor, dass dem thatsächlich so ist: Ich vereinigte die Brunnen mit sehr viel organischen Substanzen und diejenigen, deren Wasser sehr wenig organische Substanz enthielt und untersuchte, wie weit Ammoniak, Chlor und

Salpetersäure mit dem verunreinigten Wasser übereinstimmten. All das zeigt die folgende Tabelle:

	Anzahl der Brunnen	Organ. Substanz	Ammoniak	Cl	N_2O_5
Viel organische Substanz	62	188,0	6,23	417	426
Wenig organische Substanz	52	22,5	0,11	203	400

In den unreinen Wässern — welche circa achtmal so viel organische Substanz enthielten, als die reinen Wässer — wurde 60mal so viel Ammoniak, die doppelte Chlormenge, aber beinahe ganz derselbe Nitratgehalt gefunden.

Es erleidet also kaum einen Zweifel, dass die Frage, ob ein Wasser durch den inficirten und faulenden Boden mehr verunreinigt wird, als die nachbarlichen Wässer, durch nichts so genau und getreu beleuchtet wird, als durch das Ammoniak und die organischen Substanzen; viel weniger thut es das Chlor, und die übrigen festen Bestandtheile gar nicht. Meiner Ueberzeugung nach sind daher Ammoniak und organische Substanzen für das Studium der hygienischen Eigenschaften des Wassers, für das Erkennen seiner speciellen örtlichen und zeitlichen Verunreinigung tauglicher, als Chlor, Salpetersäure und fester Rückstand.

Die Bedeutung der Erkenntniss dieser Thatsachen liegt darin, dass sie zeigen, wie bei einem beabsichtigten Studium des Einflusses der örtlichen und zeitlichen Verunreinigung des Trinkwassers auf die Infectionskrankheiten — und solche Studien wollen wir in den folgenden Zeilen mit Bezug auf Budapest anstellen — nichts so richtig als Ausdruck der Verunreinigung gewählt wird, als das im Wasser enthaltene Ammoniak und die organischen Substanzen; diese Erkenntniss deutet auch darauf hin, dass wenn überhaupt Infection und Wasserverunreinigung zusammenhängen, die Krankheiten mit nichts eine grössere Ueberstimmung werden aufweisen können, als mit dem Ammoniak und der organischen Substanz.

Es ist überflüssig zu beweisen, dass weder Ammoniak noch die organische Substanz anzeigen können, dass in das Trinkwasser Krankheitskeime gelangt sind und dass es durch diese Stoffe eo ipso schädlich geworden ist [1]). Sie weisen lediglich darauf hin,

---

[1]) Vergl. auch Flügge, Hyg. Untersuchungsmethoden. Leipzig 1881, S. 315.

dass das Brunnenwasser im Boden mit aus dem animalen Körper herstammenden, faulenden Substanzen und Fäulnissproducten in Berührung steht und dass es aus jenem Boden solche Substanzen aufgenommen hat. Beim heutigen Stand unserer Kenntnisse sind wir berechtigt anzunehmen, dass das Trinkwasser, wenn überhaupt durch etwas, so eben durch jene Stoffe und Fäulnissproducte der Gesundheit schädlich werden kann. Die Aufgabe weiterer Untersuchungen wird es nun sein, zu erforschen, ob diejenige Verunreinigung, welche uns durch das Ammoniak und die organischen Substanzen verrathen wird, und auf welche wir aus dem Chlor sowie — obschon, wie zu sehen war, mit geringerer Berechtigung — aus der Salpetersäure und aus dem festen Rückstande folgern, auf die Gesundheit in der That schädlich wirken kann. Die Ergebnisse meiner diesbezüglichen Untersuchungen werde ich weiter unten darlegen.

Auch die folgenden Angaben entbehren nicht des Interesses, denn sie beleuchten das Verhältniss, in welchem die verschiedenen Bestandtheile des Brunnenwassers zu einander stehen, noch näher. Ich gebe als Beispiel in den folgenden Zahlen die chemische Constitution derjenigen (51) Brunnen, welche das meiste Chlor enthielten und vergleiche sie mit den durchschnittlichen Werthen, welche sich aus allen (366)[1]) Brunnenwässern derselben Stadttheile ergaben.

	Chlor	Organ. Substanz	Salpetersäure	Ammoniak
51 Brunnenwässer	587	105,5	832	4,23
366 „	352	76,0	527	3,29

Demnach stieg mit der Zunahme an Chlor auch die Menge der übrigen Bestandtheile. Diejenigen Brunnenwässer, welche das Maximum an Ammoniak enthielten, wiesen die folgende Beschaffenheit auf:

	Ammoniak	Organ. Substanz	Chlor	Salpetersäure
80 Brunnenwässer	9,87	95,0	377	477
366 „	3,29	76,0	352	527

Dagegen ergaben die Brunnenwässer mit dem höchsten Gehalt an Salpetersäure:

	Salpetersäure	Ammoniak	Organ. Substanz	Chlor
83 Brunnenwässer	939	1,45	67,0	406
366 „	527	3,29	76,0	352

[1]) Zur Zeit dieser Zusammenstellung waren so viel Analysen beendigt.

Das heisst: die organischen Substanzen und das Ammoniak pflegen zusammenzuhalten; auch das Chlor richtet sich gewöhnlich nach ihnen, hingegen schwankt die Salpetersäure mit ihnen im umgekehrten Verhältnisse, insbesondere mit der Menge der organischen Substanzen und dem Ammoniak. Diese Erscheinung darf uns nicht überraschen, wir mussten sie sogar von vornherein erwarten. In einem so weit verunreinigten Boden, welcher die organische Substanz bereits durchsickern lässt und sie nicht mehr bindet, in welchem ferner Ammoniak in reichlichen Mengen gebildet wird: in diesem Boden wird auch die Oxydation sehr schwach vor sich gehen, ja sogar beinahe ganz aufhören; ein energisch oxydirender, reichliche Salpetersäure bildender Boden wird dagegen keine unoxydirte organische Substanz durchtreten lassen und keine Ammoniak producirende Fäulniss beherbergen.

Aus alledem müssen wir daher aufs Neue die Ueberzeugung schöpfen, dass wenn man der Verschlammung des Bodens durch organische Substanzen, der Fäulniss der letzteren und der Verunreinigung des Trinkwassers mit diesem Schlamm und mit den Fäulnissproducten die höhere gesundheitliche Bedeutung beilegt: dann auch unter den Kennzeichen für die Beurtheilung der Güte des Wassers die organischen Substanzen und das Ammoniak die erste, das Chlor erst die zweite, die Salpetersäure aber erst die letzte Stelle einnehmen werden.

Ich habe zahlreiche Versuche ausgeführt um zu erfahren, ob in den Gasen des Trinkwassers nicht ein noch besserer Indicator für die im Wasser verlaufenden Zersetzungsprocesse zu erhalten wäre. Insbesondere hat Dr. Paul Munkácsy auf mein Anrathen in meinem Laboratorium in dieser Richtung sehr eingehende Untersuchungen angestellt. Seine ausgedehnten Gasbestimmungen haben (im Widerspruch mit Girardin u. A.) zu dem Ergebniss geführt, dass aus dem Gasgehalt des Trinkwassers auf seine Reinheit keine Folgerung gezogen werden kann [1]).

Ich trachtete weiterhin die Gase des Trinkwassers in jener Richtung zu untersuchen, dass ich das geschöpfte Wasser luftdicht verwahrt an einem warmen Orte stehen liess und dann prüfte, ob vielleicht an dem ursprünglichen Gasgehalt eine Ab- oder Zunahme zu erkennen wäre. Die diesbezüglichen Beobachtungen sind aber derzeit noch nicht weit genug vorgeschritten.

---

[1]) S. Orvosi Hetilap 1881, u. Vierteljahrsschr. f. öff. Gespfl. 1881, II. Heft.

Das Leitungs- und Donauwasser.

Die links der Donau gelegenen Theile von Budapest (Pest) erhielten in 1869 zuerst geleitetes Wasser; anfangs bedienten sich seiner nur wenige, heute jedoch geniesst es schon der grössere Theil der Einwohnerschaft. Es ist nicht meine Absicht, die Geschichte der Einführung und Einrichtung der Wasserleitung zu schreiben, ich will mich auch nicht in die Erörterung der chemischen Eigenschaften dieses Wassers näher einlassen, um so weniger, als eben dieses Wasser aus den Untersuchungen von Than und Balló zur Genüge bekannt ist. Ich beabsichtige nur seine hervorragendsten hygienischen Eigenschaften an der Hand einiger Daten zu charakterisiren, um dann den Einfluss zu beleuchten, welchen dieses Wasser auf die sanitären Verhältnisse der Stadt geübt hat.

Wir wissen, dass das Leitungswasser, obschon die Filtrirbrunnen der Leitung in unmittelbarer Nähe der Donau gegraben sind, doch kein reines filtrirtes Donauwasser, sondern in wesentlicher Menge Grundwasser ist; dieses Wasser stammt aus einem Becken her, welches von Ost nach West gegen die Donau verlaufend, unterhalb der Filtrirbrunnen an der nördlichen Grenze des städtischen Gebietes in die Donau mündet[1]).

Diesem Zwitterursprung entsprechend sehen wir die beiden Quellen auch in der chemischen Beschaffenheit des Leitungswassers nachgeahmt; und zwar bei hohem Wasserstande der Donau vorzugsweise diese, bei tiefem Stande hauptsächlich das Grundwasser; in Folge dessen ist auch das Leitungswasser, wie es sogleich dargelegt werden soll, sehr veränderlich. Uebrigens führt die Donau selbst auch ein sehr veränderliches Wasser.

Ich beobachtete das Donauwasser[2]), gleichwie auch das Leitungswasser seit 1877 ohne Unterbrechung; diese Wässer wurden in 1877 monatlich dreimal, seitdem werden sie monatlich einmal chemisch analysirt. Ich bemerke, dass das zu untersuchende Leitungswasser in 1877 und 1878 gleichzeitig an zwei Stellen entnommen wurde; der eine Hahn lag in einem Hause der

---

[1]) S. das oben citirte Werk der budapester Bodenuntersuchungs-Commission.

[2]) Das Wasser liess ich am Ufer in unmittelbar Nähe der Leitungsbrunnen schöpfen.

Dorottyagasse und führte constant filtrirtes Wasser, während der andere (im hygienischen Laboratorium) sehr häufig (ich möchte sagen überwiegend) unfiltrirtes, nur während seines Laufes durch die Leitungsröhren einigermaassen abgesetztes Donauwasser aus dem Steinbrucher Reservoir lieferte [1]). Seit 1879 nehme ich das Wasser nur von dem einen Hahne (im hygienischen Laboratorium), weil seit dieser Zeit die Röhren der beiden Localitäten dasselbe filtrirte Wasser führen.

Bei der Analyse der hier besprochenen beiden Wässer, namentlich bei der Bestimmung des festen Rückstandes und der organischen Substanzen befolgte ich nicht den anderwärts überwiegend eingehaltenen Vorgang und filtrirte das event. trübe Wasser nicht, sondern zog es in dem Zustande, als es vom Hahn auslief oder aus der Donau geschöpft wurde, in Untersuchung; ich that es deshalb, weil meiner Auffassung nach das Leitungswasser sammt den die Trübung verursachenden Stoffen in den Verdauungscanal gelangt, also auch diese trübenden Stoffe einen Einfluss auf die Gesundheit ausüben können, weshalb auch ihr Ausschliessen von den Untersuchungen den hygienischen Werth der Bestimmungen verkürzen hiesse.

Um die Abhängigkeit des Leitungswassers vom Grundwasser zu veranschaulichen, füge ich hier auch die Analysen des Brunnenwassers in der Neugebäude-Caserne bei, welcher Brunnen sich in unmittelbarer Nähe der Filtrirbrunnen der Leitung befindet, und etwas nach einwärts gegen die Stadt zu liegt, von woher eben das Grundwasser der Leitung zuströmt.

Die chemische Zusammensetzung der hier betrachteten vier Wässer (nämlich des Donauwassers, der beiden Leitungswässer und des Brunnenwassers aus der Neugebäude-Caserne) war die folgende:

---

[1]) Bis zur jüngsten Zeit war ein Theil der Stadt (Innere und Leopoldstadt) mit rein filtrirtem, die übrigen überwiegenden Stadttheile aber für gewöhnlich mit unfiltrirtem Donauwasser versorgt.

	Jahr	Fester Rückstand	Organische Substanz	Chlor	Salpetersäure
Donauwasser	1877 bis 1880	252	62,5	12,31	0,92
Leitungswasser (Laboratorium) . .	1877 bis 1880	251	21,2	14,25	3,72
Leitungswasser (Dorotheagasse) . .	1877 bis 1878	—	17,3	17,40	4,53
Brunnenwasser der Caserne. . . .	1877 bis 1880	477	27,0	37,50	55,55

Ich nahm die Menge des Ammoniaks und der salpetrigen Säure in diese Zahlen nicht auf, weil jene sehr häufig nur in Spuren vorhanden waren; der Ammoniakgehalt des Donauwassers betrug im Mittel aus 1878 bis 1880 0,18 mg im Liter.

Die obige Tabelle lässt mehrere interessante Momente erkennen. Der feste Rückstand des Donauwassers entspricht der diesbezüglichen Zusammensetzung mehrerer europäischer Flüsse[1]); vielleicht ist er hier etwas höher als bei den übrigen, wobei jedoch zu berücksichtigen ist, dass der Trockenrückstand von Flusswässern in der Regel erst nach dem Filtriren bestimmt wird, während ich — wie erwähnt — das Donauwasser in unfiltrirtem Zustande eingetrocknet hatte.

Am Donauwasser wird uns der hohe Gehalt an organischen Substanzen auffallen; er wird theilweise dadurch erklärt, dass ich das Wasser unmittelbar am Ufer schöpfen liess und dass in diesem Schmutze auch die im Wasser suspendirten organischen Stoffe enthalten sind. Im Ganzen lässt sich sagen, dass das Donauwasser im unfiltrirten Zustande sehr unrein ist, so dass es im Sommer, während des Stehens, leicht in Fäulniss übergehen kann. Doch wird selbst das am Ufer fliessende Donauwasser in dieser Hinsicht von vielen Flüssen noch weit über-

[1]) Es enthalten der Rhein bei Strassburg 256mg pro Liter (Baumann, Wasserversorgung von Strassburg 1875), die Elbe bei Lobositz 195 (Breitenlohner 1866), dieselbe bei Hamburg 270 (Reichhardt 1870), der Main bei Offenbach 240 (Merz 1866), die Seine oberhalb Paris 240, die Loire bei Orleans 134,6, der Rhône bei Lyon 106, die Donau oberhalb Wien 141,4 (Bischof 1851), die Themse oberhalb London 297, unterhalb London 453, endlich das Wasser des Jordan 1052. Vgl. Muspratt, Chemie, III. Aufl. Bd. VII, S. 268 ff.

troffen, wie z. B. von der Elbe bei Hamburg, die nach Reichardt 174,5 mg organische Substanz enthält (Muspratt).

Auch die grosse Menge des Ammoniaks ist auffallend. Die Würdigung des volkswirthschaftlichen (Dung-) Werthes der in dieser Weise (als organische Substanz, Salpetersäure etc.) durch die Donau jährlich entführten organischen Substanz überlasse ich Agriculturchemikern.

Die beiden Proben des Leitungswassers sind von einander deutlich erkennbar verschieden, die eine (im Laboratorium) kam in ihrer Zusammensetzung dem Donauwasser sehr nahe, während in die andere schon mehr Grundwasser gerathen war. Im Ganzen genommen besteht das Leitungswasser in weitaus überwiegenderer Menge aus Donau-, dann aus Grundwasser [1]). Der natürliche Filter des Donauufers wirkt — wie ersichtlich — sehr vortheilhaft auf die Reinigung des Wassers, so dass unser Leitungswasser — in chemischem Sinne gesprochen — im Durchschnitt sowohl das Donau- als auch das Grundwasser an Güte und Reinheit übertrifft. Dass es aber Zeiten gab, wo dieses Wasser bedeutend verunreinigt war, darauf werde ich weiter unten noch zurückkehren.

Mikroskopische und physiologische Untersuchung des Pester Wassers.

Das Trinkwasser wird schon seit Langem mikroskopisch untersucht; anfangs wendete sich die Aufmerksamkeit den darin herumschwimmenden Thierchen, den Infusorien, zu; später legte man auf die niedere Flora, auf die Pilze, sowie auf die farbigen und farblosen Algen ein grösseres Gewicht; endlich sind es in neuester Zeit die Bacterien, welchen man im Trinkwasser noch die grösste Bedeutung zuschreibt. Manche haben auch die organischen und krystallinischen Niederschläge des Wassers untersucht (Reichardt) [2]).

Die angewandten Untersuchungsmethoden waren sehr verschieden. Man nahm entweder einfach einen Tropfen Wasser

---

[1]) Vgl. das soeben erschienene Werk Balló's (Die Trinkwässer der Hauptstadt Budapest 1881. Ungarisch).

[2]) Grundlagen zur Beurtheilung des Trinkwassers. Halle 1880, S. 64 ff.

und brachte ihn unter das Mikroskop, oder wartete ab, bis sich das Wasser abgesetzt hatte, und untersuchte den Bodensatz, oder man trachtete endlich die im Wasser enthaltenen Keime und Organismen künstlich zu vermehren und es auf diese Weise zu einer grösseren Gründlichkeit in der Forschung zu bringen. Ich lasse mich in eine detaillirtere Beschreibung dieser Methoden gar nicht ein, da sie ja in vorzüglichen Sammelwerken (Flügge, Lehrb. d. hyg. Untersuchungsmethoden, Leipzig 1881, S. 303 ff., Muspratt, Chemie, III. Aufl. VII. Bd., S. 383 ff.) anzutreffen sind; ich wünsche bloss mein eigenes Verfahren und die damit erzielten Resultate zu beschreiben.

Bei der Anordnung meiner Untersuchungen ging ich von der Annahme aus, dass im Trinkwasser die lebenden und vermehrungsfähigen Bacterien die wichtigsten mikroskopischen Objecte bilden. Ich trachtete daher diese sichtbar zu machen und speciell in einen solchen Zustand zu versetzen, dass ich mit ihnen eventuell auch physiologische Versuche ausführen könne.

Nimmt man einen Tropfen Brunnenwasser, so mag man ihn mit der allerstärksten Vergrösserung untersuchen und man wird in der Regel doch nichts oder bloss etliche glänzende Körperchen oder ein bis zwei verfilzte Fäden darin finden; höchstens sehr unreines, sumpfiges Wasser bietet uns ein etwas abwechselungsvolleres Bild, insofern als man darin einige sich sputende Infusorien, etliche farbige Algen, Diatomeen, vielleicht sogar einige Amoeben antrifft. Bacterien wird man kaum sehen, und wenn doch, so ist es hier und da eine, nicht mit Sicherheit zu erkennende Form.

Unsere gewöhnlichen Brunnenwässer bieten den Bacterien kein günstiges Medium zur massenhafteren Vermehrung und zur Entwickelung, wenn sie auch diese oder ihre Keime enthalten.

Ich kann aber einem solchen Befunde auch keine Wichtigkeit und nichts Lehrreiches zusprechen, wenn man nach langem Suchen im Wasser zuweilen ein oscillirendes oder fortschreitendes Microbium antrifft; der Befund ist ein Werk des Zufalls und mit dem gefundenen Organismus lassen sich keine weiteren Forschungen anstellen.

Die im Wasser enthaltenen Bacterien sind daher zu züchten, und das in einer Weise, dass man ihnen das Leben und die Vermehrung sichere und nicht den Algen und Diatomeen, welche — wenigstens in unseren Tagen — das Interesse der hygienischen Forschung viel weniger in Anspruch nehmen.

Zur Züchtung bediente ich mich des folgenden einfachen Verfahrens: Das aus dem Pumpbrunnen gehobene Wasser wurde in mit Salzsäure gut ausgewaschenen Flaschen aufgefangen; die Flaschen wurden mit diesem Wasser wiederholt angefüllt und dieses wieder ausgegossen; endlich wurde das Gefäss ganz angefüllt und mit einem reinen, bloss dazu verwendeten Kautschukpfropfe verschlossen. Auf diese Weise liess ich die Wässer ins Laboratorium schaffen. Hier standen schon numerirte, sterilisirte Hausenblaselösung enthaltende Reagirgläschen in Bereitschaft, deren Oeffnungen mittelst Wattepfropfen bacteriendicht verschlossen waren. Ich hielt aus Glasröhren ausgezogene Pipetten von der Dicke einer starken Nadel in Bereitschaft, zog sie durch eine Gasflamme, dass sie der ganzen Länge nach ins Glühen geriethen, öffnete die Wasserflasche und tauchte das noch heisse Röhrchen bis zur Mitte der Flasche ins Wasser, wobei ich die obere Oeffnung mit dem Finger verschlossen hielt. Nach dem Eintauchen liess ich die äussere Oeffnung frei, in Folge dessen das Wasser sofort in der bereits hinlänglich abgekühlten Capillarröhre aufwärts stieg, worauf ich diese oben wieder mit dem Finger zuhielt. Das auf $^2/_3$ bis $^3/_4$ mit Wasser angefüllte Röhrchen bohrte ich dann durch den Wattepfropf und liess $^1/_2$ bis $^2/_3$ des Inhalts in die Ichthyocolla fliessen. Darauf zog ich die Pipette heraus, entleerte und glühte sie und verwendete sie zu weiteren Wasserentnahmen. Die Hausenblaselösung liess ich im Zimmer bei 18 bis 20° C. stehen und untersuchte nach etwa 14 Tagen unter dem Mikroskop ihren Inhalt, den ich eventuell auf andere Zuchtgläschen übertrug oder an Kaninchen verimpfte.

Auf diese Weise habe ich insgesammt 248 Wässer ausgesäet. Ausserdem machte ich von 10 Wässern in 1878 und 1879 monatlich eine Aussaat in Hausenblase, wodurch die Gesammtzahl meiner Wasserculturen ca. 480 erreicht. Von diesen letzteren Culturen wird weiter unten die Rede sein [1]).

Das Ergebniss dieser Untersuchungen wünschte ich kurz zu resumiren.

Von den Aussaaten blieb in 15 die Gelatine ganz klar, unverändert und bacterienfrei, drei andere Aussaaten hatten eine sehr

---

[1]) Ausserdem liess ich mehrere Wasserproben in der Sammelflasche Monate lang stehen und untersuchte die in der Zwischenzeit zur Entwickelung gelangten Organismen (Harz'sche Methode); doch gelang es mir auf diesem Wege nie, eine befriedigende Entwickelung von Bacterien zu beobachten, selbst in den unreinsten Wässern nicht.

schwache Bacterienentwickelung zur Folge; die überwiegende Mehrzahl ergab aber eine sehr reiche Entwickelung von Bacterien.

Unter den gezüchteten Bacterien waren alle Formen vertreten, deren ich im ersten Theile dieses Werkes überhaupt Erwähnung gethan habe, mit einziger Ausnahme der dort beschriebenen und vorläufig als „Microbacterium agile“ bezeichneten Form.

Die häufigsten Formen waren Bacterium termo und Bacterium lineola; sie kamen beinahe in allen angegangenen Culturen vor. Darauf folgten die Desmobacterien, welche in 50 Proc. der Röhrchen angetroffen wurden.

Sphaero- und Spirobacterien und Infusorien, sowie Schimmelpilze und einzellige Algen traf ich in sehr geringer Anzahl an, viel seltener als in den mit atmosphärischem Staub oder mit Bodenproben angestellten Culturen.

Es wird interessant sein zu erfahren, welche Wässer zu erfolgreichen Aussaaten führten und welche nicht? Zieht man die chemische Beschaffenheit der den nicht angegangenen Aussaaten zukommenden Wässer in Betracht, so wird man erkennen, dass es beinahe ohne Ausnahme diejenigen waren, die sich in chemischer Beziehung für die besten, für ganz rein bewährt hatten. Diese Brunnen sind grösstentheils in der Leopoldstadt nahe zur Donau gelegen, in jener Gegend der Stadt, deren Boden bisher noch um Vieles weniger verunreinigt ist, als der Boden der übrigen alten Stadttheile. Es fanden sich aber auch in anderen Stadttheilen vier Wässer, welche bei der Aussaat keine Bacterien producirten; diese Wässer sind zwar in chemischer Beziehung sehr stark verunreinigt, jedoch verhältnissmässig immer noch reiner, als das Wasser in ihrer Umgebung, woraus gefolgert werden kann, dass das verunreinigte Wasser, um zu diesen Brunnen zu gelangen, einen reinen Boden passirt und dieser Boden die Organismen des Wassers zurückgehalten hatte. Die chemische Beschaffenheit der erwähnten bacterienfreien Wässer ist auf der folgenden Tabelle enthalten:

	Fester Rückstand	Organische Substanz	Chlor	Salpeter-säure	Salpetrige Säure	Ammoniak
Obere Donauzeile 50	220	12,0	Spur	12,0	0	0,60
Obere Donauzeile, Sigl'sche Fabrik	275	13,0	9,5	19,8	0	0,06
Obere Donauzeile 22	400	45,0	32,6	32,1	0	0,80
Nádorgasse 51, 1. Brunnen	560	20,5	25,5	10,1	0	0,05
„ 51, 2. „	355	16,0	18,4	28,8	0	0,08
„ 47	385	17,0	16,6	13,8	0	0,20
„ 46	305	14,5	7,7	16,8	0	0
„ 43	310	23,0	13,0	20,5	0	0,04
„ 41	290	14,0	9,5	14,5	0	0
„ 37	370	10,0	13,0	22,4	0	0
„ 29	310	16,0	23 7	44,8	0	0
„ 19	695	23,0	45,0	94,9	0	0,08
„ 13	650	17,9	54,0	105,4	0	0,06
„ 3	655	34,5	73,4	—	0,132	0,08
Stácziógasse 1	2965	35,5	227,0	554	0,099	0,40
Örömvölgygasse 4	1825	90,0	142,0	215	0,900	0,35
Mártongasse 10	—	47,5	166,0	560	0,594	7,00
Szvetenaygasse 6	—	98,0	270,0	805	0	0,12

Schon dieser Befund allein fällt ins Auge; doch gestalten sich die Dinge noch auffallender, wenn man in Erwägung zieht, dass ausser jenen 14 Wässern kein einziges angetroffen wurde, welches bei der Analyse die gleiche Reinheit aufgewiesen hätte; es waren also alle die Wässer, welche sich unter meinen sämmtlichen Analysen als gute Wässer herausstellten, von Bacterien frei; hingegen waren unter allen dem Culturverfahren unterzogenen Wässern nur vier, welche in chemischer Beziehung für unrein erklärt werden mussten und trotzdem keine Bacterien enthielten.

So sehr dieses Ergebniss den hygienischen Werth der chemischen Analyse des Trinkwassers hebt, ebenso liefert es den Beweis, dass die Methode zur hygienischen Untersuchung von Trinkwässern tauglich ist. Wässer, welche nach der oben beschriebenen Methode behandelt Bacterien zur Entwickelung bringen, dürfen auch nicht für rein und nicht-inficirt erklärt werden; dagegen darf man Wässer, welche keine Bacterienentwickelung hervorriefen, mit einiger Berechtigung für siechfrei erklären, wenngleich sie auch chemisch verunreinigt sind. Man wird ohne Zweifel ein noch viel bestimmteres Urtheil fassen können, wenn man mit dem untersuchten Wasser zwei und mehr Culturen ansetzt, und wenn diese übereinstimmende Ergebnisse liefern.

Ich habe auch die chemische Beschaffenheit der Wässer, in welchen Micro- und in welchen Desmobacterien sich entwickelten, aufmerksam verglichen, um zu sehen, ob nicht zwischen ihnen ein charakteristischer Unterschied obwaltet; ich fand jedoch in dieser Richtung nichts Bestimmtes [1]).

Mit den gezüchteten Bacterien habe ich auch physiologische Versuche angestellt, doch führten diese zu negativen Resultaten. Die Kaninchen hatten zwar nach der Injection 1 bis 2 Tage lang eine um 0,5 bis 1,0° C. erhöhte Temperatur, welche darauf wieder für 1 bis 2 Tage sogar unter die normale sank: doch hatten sie sich insgesammt binnen Kurzem wieder erholt.

Um über die Infectionskraft des Trinkwassers nähere Aufklärung zu erhalten, griff ich auch noch zu einer anderen Versuchsreihe, welche sich in der zuerst von Emmerich [2]) ein-

---

1) Vergl. weiter unten.

2) Zeitschr. f. Biol. 1878, XIV, 4. Heft.

geschlagenen Richtung bewegte. Ich liess Kaninchen gute und schlechte Wässer subcutan injiciren in Mengen, welche 10 Proc. des Körpergewichtes der Thiere betrugen. Das Wasser wurde entweder im frischen Zustande unter die Haut gebracht, oder vorhergehend 14 Tage lang an einem warmen Orte stehen gelassen; in anderen Fällen wurden die im Wasser eventuell enthaltenen Organismen durch Zusatz von Hausenblaselösung zur Entwickelung gezwungen, wieder in anderen Fällen wurde das Wasser vor der Injection aufgekocht. Mit diesen Experimenten habe ich in meinem Institute die Herren Johann Fodor und Heinrich Schuschny betraut; da sie jedoch ihre Untersuchungen noch nicht abgeschlossen haben, kann ich auf diese nicht näher eingehen.

Zweites Capitel.

Zeitliche Veränderungen im Trinkwasser und die Infectionskrankheiten.

Chemische Veränderungen der Brunnenwässer in 1877 bis 1880.

Eine der interessantesten Fragen ist die, wie sich die chemische Beschaffenheit der Grund- (Brunnen-) Wässer im Laufe der Zeit verändert.

Es darf schon von vornherein angenommen werden, dass das Brunnenwasser keine so constante Zusammensetzung haben kann, als z. B. das Wasser tiefer Quellen; denn die Factoren, welche die Zusammensetzung des Wassers im Boden steuern, sind fortwährenden Schwankungen unterworfen. Die Bodenverunreinigung an und für sich ist schon nichts Constantes; sie nimmt mit dem Dichterwerden der Bevölkerung oder im Gegentheil einer zweckmässigeren Canalisation entsprechend zu oder ab. Die Schwankungen des im Boden verlaufenden Zersetzungsprocesses sind überdies auch je nach Jahren und Jahreszeiten verschieden, sie werden bald durch die Wärme, bald von der Durchfeuchtung beeinflusst. Endlich ist das Auswaschen des Bodens durch die niedergehenden Meteorwässer oder durch das Grundwasser gleichfalls Schwankungen ausgesetzt.

Sowie die Meteorologie eines Ortes, verdienen auch diese Veränderungen seiner Grundwässer und die Beobachtung der Veränderungen eine hervorragende Beachtung; den Letzteren gebührt sogar ein höheres Interesse, weil sich die Wirkung der meteorologischen Verhältnisse in der nächsten Zukunft noch nicht, oder nur in geringem Maasse einstellt, während Stand. Schwankungen, Strömungen und chemische Beschaffenheit des Grundwassers die ganze Entwickelung des Sanitätswesens einer Stadt entscheidend beeinflussen. In unserer Hauptstadt beispielsweise bricht das Grundwasser im allgemeinen Friedhofe hervor und vertreibt Alles von diesem überaus pietätvollen und kostspieligen Orte, — das stetig ansteigende Brunnenwasser wird uns in Kurzem ein solches Canalisationssystem aufnöthigen, welches heute erst nur in den Gelehrtenstuben besprochen wird, — und in der fortschreitenden Verdorbenheit jenes Wassers liegt ein unverkennbarer Hinweis dafür, dass unser Boden noch immer, dazu in zunehmendem Maasse der Verunreinigung und Zersetzung unterworfen ist. Es wird ein Freudentag für das Gesundheitswesen sein, wenn der Forscher die bestimmte Erklärung wird abgeben können, dass in diesen Verhältnissen ein Umschwung eingetreten, dass unser Brunnen- (Grund-) Wasser in Reinigung und Besserung begriffen ist.

Fortlaufende Analysen des Trinkwassers werden an mehreren Orten ausgeführt. Diese Arbeiten beschränken sich aber beinahe ausschliesslich auf die Beobachtung der Leitungswässer, so in London und auch in Budapest. Fortlaufende Analysen der Brunnenwässer werden schon seltener bewerkstelligt, obschon auch diese sehr wünschenswerth sind. Drasche hat vor einigen Jahren die Aufmerksamkeit der Wiener Communalbehörde auf den Umstand gelenkt, dass das Grundwasser nach Einführung der Wasserleitung verderben und Schädlichkeiten gebären wird. Meines Wissens wurden aber keine Schritte gethan, um jenes Verderben thatsächlich zu constatiren oder um es im Gegentheil zu widerlegen.

In München haben Wagner und Aubry die Brunnenwässer auf die Veränderungen im Gehalt an festen Bestandttheilen und an Kali und Natron mehrere Jahre lang untersucht[1]); desgleichen wurden in Erfurt die hauptsächlichen Bestandtheile in mehreren Hundert Brunnenwässern von 1869 bis 1871 bestimmt[2]). An beiden Orten war eine continuirlich zunehmende Verunreinigung des Wassers zu beobachten.

Ich habe mir zu meinen Untersuchungen 10, resp. 9 Wässer auserwählt und beobachte sie ununterbrochen seit Herbst 1876.

---

1) Zeitschr. f. Biol. Bd. II, III, VI, IX.

2) Siehe Schorer, O. c. S. 178 bis 179.

Die Wässer sind: ein Brunnen der Neugebäudecaserne (Taf. IX, Nr. III), Dunagasse 11 (XVI), Carlscaserne (XVII), Ujvilággasse 2 (XVIII), Rochushospital (XIX), Kerepesistrasse 25 (XX), Üllöer Caserne (XXXI), ferner das Leitungswasser aus der Dorottyagasse und aus dem hygienischen Institute, endlich das Donauwasser in der Nähe der Pumpstation der Wasserleitung, unmittelbar am Ufer entnommen.

Die Lage der genannten Brunnenwässer durchschneidet das Gebiet der Stadt von Nordwest nach Südost und von Ost nach West; indem sie in der Stadt zerstreut liegen, werden sie die im grössten Theile des Stadtgebietes bestehenden Wasserverhältnisse im grossen Ganzen zutreffend genug ausdrücken.

In 1877 habe ich sämmtliche Wässer monatlich dreimal analysirt; das Ergebniss zeigt, dass es sehr wünschenswerth gewesen wäre, die Beobachtungen in denselben Zeiträumen fortzuführen; der Zeitmangel zwang mich, sie von 1878 bis heute auf eine Analyse im Monate zu beschränken.

Die Hauptergebnisse der chemischen Analysen sind auf Taf. X dargestellt, bezüglich deren Einzelheiten ich auf die am Ende dieses Werkes angefügte „Erklärung der Tafeln" verweise. Die Zahlenwerthe der salpetrigen Säure und, mit Ausnahme von zwei Brunnen, auch des Ammoniaks habe ich in die Zeichnung nicht aufgenommen, weil diese Bestandtheile in den Brunnenwässern kaum von Zeit zu Zeit anzutreffen waren. Auch die Veränderungen der Leitungs- und des Donauwassers musste ich wegen Zeichnungsschwierigkeiten aus der Tafel weglassen.

Bevor ich mich in die Erörterung der Tafel einlasse, wünsche ich die während des bezeichneten Zeitraumes an den beobachteten Wässern aufgetretenen Veränderungen durch einige kurz zusammengefasste Mittelwerthe zu charakterisiren.

Die jährliche Durchschnittszusammensetzung der Wässer war die folgende:

Jahr	III	XVI	XVII	XVIII [1]	XIX	XX	XXXI	Donauwasser	Leitung I	Leitung II	Durchschnitt aus III bis XXXI
Fester Rückstand:											
1877	476	1185	1030	1400	2125	2940	3809	—	273	—	1852
1878	409	1202	1090	1590	2104	2780	3720	273	230	—	1835
1879	448	1137	1210	1625	3186	3087	4138	271	263	—	2119
1880	575	1232	1158	1930	3945	3482	4103	277	256	—	2346
Organische Substanz:											
1877	24,5	57,0	31,0	45,5	66,0	88,5	63,0	39,5	24,1	15,2	53,6
1878	22,5	47,0	25,0	41,0	55,0	73,0	56,0	62,5	16,0	19,4	45,6
1879	33,0	53,0	33,0	54,0	89,0	84,0	118,5	73,5	23,5	—	66,3
1880	28,0	68,5	32,0	48,5	103,0	97,0	80,5	74,5	20,2	—	65,3
Chlor:											
1877	29	141	134	150	235	351	460	7,8	11,3	13,0	214
1878	51	152	119	194	267	366	488	22,7	24,1	21,9	234
1879	28	141	100	161	419	350	470	12,9	15,1	—	241
1880	42	148	113	178	505	372	471	5,8	8,8	—	261
Salpetersäure:											
1877	54	255	249	335	304	596	797	0,80	4,3	7,1	370
1878	56	287	235	415	334	582	840	0,76	3,5	2,0	392
1879	48	197	228	391	450	637	923	1,28	4,5	—	410
1880	64	188	200	399	516	628	903	0,84	3,4	—	414
Ammoniak:											
1878	—	2,01	—	—	—	—	0,09	0,17	—	—	1,13
1879	—	1,93	—	—	—	—	0,41	0,20	—	—	1,27
1880	—	2,06	—	—	—	—	0,51	0,23	—	—	1,40

[1] In 1877 wurde das Mittel ohne die Monate Juni bis November berechnet, da der Brunnen verdorben war.

Aus diesen Daten wird man sofort entnehmen, dass das Wasser in den meisten Brunnen in zunehmender Verschlechterung begriffen ist. Insbesondere ist das am Wasser derjenigen Brunnen ersichtlich, welche im Inneren der Stadt, auf demjenigen Gebiete gelegen sind, von welchem ich oben (S. 91) dargelegt habe, dass dort das Grundwasser sich ansammelt, stagnirt und fault. (Brunnen Nr. XVIII, XIX, XX und XXXI.) In den auf demjenigen Gebiete gelegenen Brunnen, von welchen weiter oben (S. 94) gesagt wurde, dass sein Boden durch das von der Donau her eindringende frische Wasser zeitweise gewissermaassen ausgelaugt und ausgeschwemmt wird (Brunnen Nr. III, XVI und XVII), hat sich das Wasser im Laufe der letzten vier Jahre entweder nur um ein Geringes verschlechtert, oder in gewissen Beziehungen sogar noch verbessert (siehe den Chlor- und Salpetersäuregehalt in den Brunnen XVI und XVII).

Im Durchschnitt weisen auf der obigen Tabelle alle untersuchten chemischen Bestandtheile der Brunnenwässer von 1877 bis 1880 eine Verschlechterung auf; die Zunahme betrug im Mittel aus allen Brunnenwässern und aus dem ganzen angegebenen Zeitraume für den festen Rückstand 27 Proc., für die organische Substanz 21 Proc., das Chlor 22 Proc., das Ammoniak 24 Proc. und für die Salpetersäure 12 Proc. Der im Verhältniss zu den Übrigen geringe Werth der letzten Zahl liefert kein erfreuliches Moment, denn er beweist nur, dass mit der stetig anwachsenden Verunreinigung des Bodens seine Oxydationskraft nicht gleichen Schritt hält; es wird das auch durch die bedeutendere Zunahme des Ammoniakgehaltes bewiesen.

Wir wollen uns nun den Curven der Tafel X zuwenden, welche die Schwankungen der Hauptbestandtheile der Brunnenwässer darstellen. Der erste Eindruck, den wir hier gewinnen, sagt uns, dass die verzeichneten Wasserbestandtheile sämmtlich und fortwährenden Schwankungen unterworfen sind. Relative am beträchtlichsten ist die Schwankung bei der organischen Substanz; die Menge dieses Bestandtheiles wogt ununterbrochen auf und ab, sie springt sehr häufig auch bis aufs Doppelte der früheren Menge hinauf; bald fällt sie wieder auf die Hälfte herunter. Dagegen zeigt das Chlor die unbedeutendste Schwankung; die Curve dieses Bestandtheiles verläuft — mit Ausnahme etlicher Brunnen — durch die ganzen vier Jahre beinahe in einer geraden Linie. Die Schwankungen des festen Rückstandes sind ebenfalls sehr mässig, während die Curve der Salpetersäure wieder sehr heftig auf- und abwogt [1]).

Die durch diese Curven gebotene Erfahrung liefert den Beweis, dass die zeitlichen Modificationen des Trinkwassers hauptsächlich darin bestehen, dass bald mehr, bald weniger organische Substanzen aus dem Boden in das Grundwasser hinabsickern. Die festen Bestandtheile und das Chlor werden in viel gleichmässigerer Art ausgelaugt. Dass die Salpetersäure in einer so wechselnden Menge im Grundwasser enthalten ist, dürfte offenbar nicht so sehr von der Auslaugung herrühren, durch welche sie, wie das Chlor und die festen Stoffe, gleichmässig in die Tiefe geführt wird, als vielmehr daher, dass die Production der Salpetersäure im Boden zu den verschiedenen Jahreszeiten Schwankungen und Modificationen ausgesetzt ist.

Wir werden uns daher bei der Beurtheilung der zeitlichen Veränderungen in der Verunreinigung des Trinkwassers der organischen Substanz (und des Ammoniaks) als des empfindlichsten Indicators bedienen.

Vergleicht man an den einzelnen Brunnen die Schwankungen der organischen Substanzen oder des Chlors mit den im selben Brunnen am festen Rückstand oder an der Salpetersäure bemerkbaren Schwankungen: so wird man erkennen, dass diese einzelnen Bestandtheile der Wässer ziemlich parallel zu einander verlaufen; am grössten ist aber die Uebereinstimmung zwischen Salpetersäure und festem Rückstand, was auch ganz natürlich ist, da bei den meisten Brunnen der Löwenantheil an festem Rückstand eben den Nitraten zufällt.

Desgleichen ist auch an den Schwankungen desselben Bestandtheiles in verschiedenen Brunnen eine gewisse Uebereinstimmung zu erkennen; die Hauptwellen werden von den verschiedenen Brunnenwässern meistens gleichzeitig ausgeführt.

Wir wollen nun versuchen festzustellen, wie sich diese Schwankung resp. die Verunreinigung der Brunnenwässer in den Jahren 1877 bis 1880 verhielt, um auf dieser Grundlage auf die Vergleichung mit den Infectionskrankheiten übergehen zu können.

Wenn man auf Tafel X wahrnimmt, wie verworren die Curven auf- und abgehen, würde man kaum glauben, dass in ihnen ein übereinstimmender Verlauf der Verunreinigung in den Jahren 1877 bis 1880 anzutreffen sein wird. Trotzdem können bei auf-

---

[1]) Auch das Ammoniak erleidet sehr weite Schwankungen. Vergl. an der angegebenen Tafel die Curvengruppe 5.

merksamerer Vergleichung an diesen Schwankungen gewisse allgemeine Eigenschaften erkannt werden. Es ist zu sehen, dass die Wasserverunreinigung im Winter und Frühling 1877 von einer bedeutenden Höhe herabsinkt; bis Sommeranfang (Juni) tritt eine geringe Zunahme ein, worauf aber ein neuerliches Sinken folgt, welches im September das Minimum erreicht. Von hier steigt die Verunreinigung aufs Neue den Winter 1878 hindurch, um im Fühling und Sommer zu sinken und im Herbst abermals das Minimum zu erreichen. Darauf fällt in 1879 die Zunahme wieder auf Winter und Frühling, die Abnahme auf Sommer und Herbst. In 1880 ist der Stand der Curven das ganze Jahr hindurch überhaupt ein sehr hoher, und der Verlauf ein sehr verworrener. Die höchste Verunreinigung fällt im Allgemeinen auf 1880, darauf folgte mit dem unreinsten Wasser Winter und Frühling 1877; in 1878 und 1879 war der Stand ein niedriger, und die Schwankungen verliefen in mässige Grenzen.

Währenddem, als man diese Daten aus der Gesammtheit der Zeichnungen zusammensuchte, wurde man gewahr, dass das Wasser einzelner Brunnen ganz ausserordentliche Schwankungen ausführte. Manche Wässer durchliefen während der vier Jahre so bedeutende Veränderungen, dass sich einzelne Bestandtheile verdoppelten, oder auf die Hälfte des früheren Standes herabsanken. Es würde mich zu weit führen, wollte ich auch diese starken Schwankungen mit Worten schildern; es dürfte genügen, wenn ich ihre Besichtigung auf Tafel X anrathe, wo das Gesagte sehr leicht zu erkennen ist. Am meisten fallen diese Schwankungen an der Curve 5 auf (Brunnen im Rochus-Hospitale; Tafel IX, Brunnen XIX). In diesem Wasser haben im Frühjahre 1879 und 1880 die organischen Substanzen, wie auch das Chlor, die Salpetersäure und der feste Rückstand so beträchtliche Sprünge ausgeführt, dass die genannten Bestandtheile wiederholt aufs Doppelte erhöht oder auf die Hälfte reducirt erschienen.

Aus der Tafel X kann noch entnommen werden, dass solche lebhafte Sprünge — besonders Ende Winter und im Frühjahr — auch in den anderen Brunnenwässern vorkommen.

Durch welche Naturkräfte werden nun diese Schwankungen des chemischen Gehalts der Brunnenwässer verursacht?

Es lässt sich von vornherein kaum bezweifeln, dass jene Veränderungen der Wässer in erster Reihe durch die Regenfälle bedingt werden, welche eben im Winter und Frühjahr am ausgiebigsten sind und auch am reichlichsten durch den feuchten

Boden ins Grundwasser gelangen. Das niedersickernde Wasser wird auch eben zu dieser Zeit den meisten Schmutz aus dem verunreinigten Boden ins Grundwasser niederschwemmen können.

Ich darf aber die Aufmerksamkeit des Lesers — vielleicht mit Recht — auch darauf lenken, dass die Verunreinigung des Wassers auch mit gewissen anderen Zuständen des Grundwassers einigermaassen zusammenhängt. Wie ich im II. Theile dieses Werkes ausgeführt habe, wird das Grundwasser bei steigender Donau unter einem sehr beträchtlichen Theile des Stadtgebietes in seiner regelmässigen Strömung aufgehalten und ins Stocken gebracht; später, wenn die Donau noch höher gestiegen ist, wird auch das Grundwasser wieder mehr Bewegung zeigen, jetzt aber in einer der früheren entgegengesetzten Richtung. Hieraus folgt, dass das ruhende, oder im verunreinigten Boden auf- und abströmende Wasser mit Schmutz immer mehr sich sättigen, den verunreinigten Boden allmälig auslaugen wird. Jenes Hochwasser stellte sich in der Donau in 1876 bis 1880 (und im Allgemeinen auch in anderen Jahren; vergl. Taf. IV, Curve 2) hauptsächlich Ende Winter und Anfangs Frühjahr ein; zu dieser Zeit stagnirt also für gewöhnlich unter der ganzen Stadt beinahe alles Grundwasser und wird jetzt bestmöglichst verpestet. Ich muss jedoch gestehen, dass auf diese stärkere Verunreinigung der Grundwässer, welche sie währenddem im unreinen Boden einzelner Häuser erleiden, nicht so sehr aus den chemischen Analysen, als vielmehr eben aus den oben ausgeführten Eigenthümlichkeiten der Strömungen gefolgert werden kann. Dass die chemische Analyse von dieser regelmässigen — mit grosser Wahrscheinlichkeit annehmbaren — Verunreinigung, z. B. durch eine nahmhaftere Schwankung, nicht mehr verräth, ist leicht erklärlich, wenn man bedenkt, dass die ins Stocken gerathenen Wässer dann eine längere Zeit hindurch so ziemlich auf demselben Stande verbleiben [1]), weshalb auch der chemische Ausdruck einer auffallend wechselnden Verunreinigung an den Wässern kaum zu erwarten steht.

Dass die früher erwähnten vereinzelten Fälle einer ausserordentlichen und plötzlichen Verunreinigung des Wassers (z. B. im Brunnen XIX) durch directes Hineingelangen gewisser Jauchestoffe verursacht werden, lässt sich mit grosser Wahrscheinlichkeit annehmen [2]).

---

[1]) Unter dem grössten Theile des Stadtgebietes beträgt die gesammte jährliche Schwankung des Grundwassers kaum mehr als $^1/_3$ bis $^1/_2$ m (s. S. 82).

[2]) Eine ganz ähnliche Meinung wird auch durch E. Bugél vertreten. Vergl. Die hyg. Bedeutung des Trinkwassers. Pressburg, 1881. S. 28.

Die chemische Beschaffenheit des Leitungswassers in 1877 bis 1880.

Die jährliche mittlere Zusammensetzung dieses Wassers wurde weiter oben mitgetheilt; hier wollte ich auch die Monatswerthe seiner Zusammensetzung vorführen. Sie sollen uns befähigen, in die zeitlichen chemischen Veränderungen — die Reinheit und die Verunreinigung — dieses Wassers einen Einblick zu gewinnen. Diese Zahlen konnten unter die Curven der Tafel X — wegen Zeichnungsschwierigkeiten — nicht aufgenommen werden. In der weiter unten folgenden Tabelle theile ich nur die Zahlenwerthe des aus der Leitung des hygienischen Institutes entnommenen Wassers mit, weil ich das aus der Dorottyagasse geholte Leitungswasser nur in den Jahren 1877 und 1878 systematisch untersucht habe.

Während 1877 bis 1880 hatte das Leitungswasser die folgende Zusammensetzung [1]):

	Fester Rückstand	Organ. Substanz	Chlor	Salpetersäure	Ammoniak
877 Januar	330	45,0	12,5	4,3	—
Februar	286	45,5	7,0	0,8	—
März	397	36,0	13,3	5,0	—
April	377	24,0	17,3	6,1	—
Mai	277	19,0	16,0	4,0	—
Juni	230	18,5	17,2	4,2	—
Juli	237	17,5	11,1	5,2	—
August	252	12,0	12,7	7,2	—
September	217	20,0	4,7	5,7	—
October	193	14,5	8,3	1,2	—
November	192	17,5	7,7	2,5	—
December	252	17,5	7,7	4,9	—

[1]) Die Analyse wurde am 15. eines jeden Monats ausgeführt. Im Jahre 1877 wurden jedoch monatlich je drei Bestimmungen (am 5., 15. und 25.) vorgenommen und sind hier die Mittelwerthe angeführt.

	Fester Rückstand	Organ. Substanz	Chlor	Salpetersäure	Ammoniak
1878 Januar	275	18,5	4,2	0,4	0,08
„ Februar	245	13,3	11,3	3,8	0,04
„ März	275	13,3	4,2	9,6	0,06
„ April	265	16,5	14,8	9,8	0
„ Mai	265	10,2	11,3	5,5	0,01
„ Juni	210	14,2	18,4	1,7	Spuren
„ Juli	215	5,8	9,5	0,3	Spuren
„ August	200	13,8	57,4	1,1	0
„ September	215	12,6	53,9	0,2	0
„ October	220	14,2	14,8	0,8	0,16
„ November	180	15,3	45,0	3,4	0,12
„ December	190	42,2	45,0	5,7	0
1879 Januar	230	8,9	22,6	1,8	0
„ Februar	300	19,7	3,1	6,7	0,06
„ März	295	16,0	4,8	2,6	0,10
„ April	205	15,4	11,9	10,0	0,05
„ Mai	277	15,0	16,6	4,6	0
„ Juni	—	63,2	33,2	2,1	0,5
„ Juli	215	16,5	15,5	4,8	0,08
„ August	192	59,5	31,5	0	0,25
„ September	420	12,4	11,9	5,8	0,12
„ October	247	15,8	12,4	6,2	0,40
„ November	242	22,1	7,1	3,1	1,65
„ December	270	17,5	10,6	6,3	0
1880 Januar	219	57,5	5,3	1,7	0
„ Februar	287	16,0	14,2	15,1	0,08
„ März	212	30,0	7,9	2,2	0
„ April	194	22,5	10,6	0	Spuren
„ Mai	259	15,5	7,9	4,4	0,05
„ Juni	219	13,5	7,9	1,8	0,05
„ Juli	216	11,0	7,8	5,2	0,35
„ August	359	12,5	7,0	1,5	0
„ September	256	11,0	7,8	3,0	0
„ October	320	14,0	10,6	0	4,41
„ November	273	8,8	7,0	5,5	0,12
„ December	256	30,0	9,6	0	0

Auf Grundlage dieser Zahlen werden wir uns ein ziemlich gutes Bild über die Qualität des Leitungswassers in den Jahren 1877 bis 1880 construiren können.

Aus diesen Zahlen lässt sich nämlich entnehmen, dass im Leitungswasser die organischen Substanzen einer-, dann Chlor und Salpetersäure andererseits in entgegengesetztem Sinne schwanken, wie das auch schon von anderer Seite wiederholt betont wurde. Die Erklärung ist darin gelegen, dass beim Einlassen von unfiltrirtem Donauwasser in die Leitungsröhren die organischen Substanzen des Leitungswassers durch den Schlamm vermehrt werden, Chlor und Salpetersäure aber aus derselben Ursache abnehmen; kommt hingegen alles Leitungswasser aus den Filtrirbrunnen, so wird es weniger organische Substanzen, aber, in seiner Eigenschaft als Grundwasser, mehr Chlor und Salpetersäure enthalten. Desgleichen besteht bei hohem Donaustande das Leitungswasser beinahe ganz aus reinem, filtrirtem Wasser, und zwar grösstentheils aus Donauwasser, — bei niederem Donaustande hingegen sammelt sich in den Brunnen zumeist Grundwasser an. Wenn man jetzt zu unfiltrirtem Donauwasser greift: so wird durch letzteres das Grundwasser verdünnt, gleichzeitig aber auch an organischen Substanzen bereichert werden [1]).

Daraus geht hervor, dass aus einem hohen Gehalt an organischen Substanzen hauptsächlich auf unfiltrirtes Donauwasser, aus hohen Werthen für Chlor und Salpetersäure aber auf hinzugekommenes Grundwasser gefolgert werden kann. Diese Wegweiser befähigen uns, die Qualität unseres Leitungswassers in 1877 bis 1880 festzustellen. Im Winter 1877 war das Wasser an organischen Substanzen sehr reich, an Chlor und Salpetersäure hingegen sehr arm. Zu dieser Zeit war in unseren Leitungsröhren sehr viel unfiltrirtes Donauwasser enthalten. Während des Frühlings und Sommers ging dieses Verhältniss allmälig ins Gegentheil über; jetzt genossen wir reines filtrirtes Wasser; im Herbst nahm aber die organische Substanz aufs Neue zu; es scheint, dass zu dieser Zeit das unfiltrirte Donauwasser neuerdings in Anspruch genommen werden musste. Während des ganzen Jahres 1878 war das Wasser immer sehr arm an organischen Substanzen, um so mehr betrugen Chlor und Salpetersäure; wir erhielten also filtrirtes

---

[1]) Diese Verhältnisse wurden von Prof. Balló auf Grundlage langwieriger Beobachtungen auch im Einzelnen festgestellt, so dass ich von allen weiteren Ausführungen Abstand nehmen und auf sein oben citirtes Werk verweisen kann.

Grundwasser. Im December macht sich aber eine sehr bedeutende Zunahme der organischen Substanzen bemerkbar. Im selben Jahre fallen die Monate August, September, November und December durch ihren hohen Chlorgehalt um so mehr auf, als die Salpetersäure keine hiermit übereinstimmende Erhöhung erlitt. Im Juni und August 1879 enthielt das Wasser überaus viel organische Substanzen, gleichzeitig stand auch das Chlor sehr hoch, die Salpetersäure aber nicht. Uebrigens war das Wasser in diesem Jahre zumeist arm an organischen Substanzen und hatte viel Chlor und Salpetersäure; wir erhielten also zumeist filtrirtes Grundwasser. Im Januar 1880 erlitten Chlor und die Salpetersäure eine beträchtliche Abnahme, womit gleichzeitig die organischen Substanzen zunahmen als Beweis dessen, dass die Leitungsröhren mit Donauwasser erfüllt waren; dagegen fiel die organische Substanz im folgenden Monate ab, und ihre beiden Antipoden nahmen zu, d. h. wir tranken wieder vorwiegend Grundwasser. In den übrigen Jahreszeiten erhielten sich die Wasserbestandtheile constant auf einer niederen Stufe, woraus ersichtlich ist, dass durch die neuen Filtrirbrunnen die übermässigen Schwankungen in der Zusammensetzung unseres Trinkwassers einstweilen beigelegt, und wir der Inanspruchnahme des schlammigen, unfiltrirten Donauwassers, wenigstens zeitweilig, enthoben wurden.

Dieses Bild haben uns die fortlaufenden Analysen unseres Leitungswassers geliefert; weiter unten werde ich noch auf das Verhältniss der Veränderungen des Leitungswassers zu den Infectionskrankheiten zurückkommen.

Die mikroskopischen Organismen im Trinkwasser in 1877 bis 1880.

Ich wollte erfahren, ob auch die organisirten Bestandtheile des Trinkwassers in einem längeren Zeitabschnitte irgend eine systematische Vertheilung aufweisen. Zu diesem Zwecke stellte ich 20 Monate lang von allen untersuchten Brunnen- sowie vom Leitungs- und Donauwasser Aussaaten in Hausenblaselösung an.

Von den beschickten Lösungen wurden 172 eingehend mit dem Mikroskope untersucht, wobei ich in der Nährflüssigkeit in der Regel Mikro- und Desmobacterien antraf. Andere Organismen — wie Sphäro- und Chromobacterien, Spirochaeten, Mycelien etc. — traten bloss ausnahmsweise, kaum in ein bis zwei Fällen auf. In 15 Fällen blieb die geimpfte Hausenblase rein; hier war also die verwendete

Wasserprobe bacterienfrei. Desmobacterien fand ich in 50 Culturen, also in weniger als $^1/_3$ der Wässer: dagegen kamen Mikrobacterien (*Bacterium termo* und *Bacterium lineola*) in ca. 140 Züchtgläschen vor, also beiläufig in $^5/_6$ aller geimpften Gläschen. Die Mikrobacterien verhielten sich zu den Desmobacterien wie 3 : 1.

Ich fand nicht, dass sich je nach der Jahreszeit — z. B. im Sommer oder im Winter — vorwiegend diese oder jene Organismen aus dem Wasser entwickelt hätten. Sehr bedeutend war jedoch der Unterschied hinsichtlich der von den verschiedenen Wässern producirten verschiedenen Organismen, und bezüglich der Häufigkeit des Angehens der Culturen. Die folgende Zusammenstellung soll das beweisen:

	Es fanden sich in den Züchtgläschen		
	Mikrobacterien	Desmobacterien	Die Nährflüssigkeit blieb bacterienfrei
Leitungswasser	17 mal	3 mal	1 mal
Donauwasser	15 „	4 „	1 „
Neugebäude (Br. III)	17 „	5 „	3 „
Donautcza 11 (Br. XVI)	14 „	7 „	4 „
Carlscaserne (Br. XVII)	17 „	6 „	2 „
Ujvilág-utcza 2 (Br. XXIII) (aus 16 Culturen)	9 „	7 „	1 „
Rochus-Hospital (Br. XIX)	16 „	12 „	1 „
Kerpesi út 25 (Br. XX)	15 „	10 „	1 „
Üllöer Caserne (Br. XXXI) (aus 16 Culturen)	15 „	5 „	1 „

Hieraus ergiebt sich, dass (mit Ausserachtlassung des Donau- und des von ebenda entnommenen Leitungswassers) die Erfolglosigkeit der Aussaaten bei den dem Donauufer zunächst gelegenen Brunnen (XVI, III, XVII) am häufigsten eintraf; von den übrigen, unreineres Wasser führenden Brunnen gelang nur je eine Aussaat nicht. Diese Erfahrung dient der weiter oben (S. 303) im gleichen Sinne gezogenen Folgerung als neuere Bestätigung.

Ferner: je reiner das Wasser war (Leitungs-, Donauwasser, Brunnen III), um so seltener enthielt es Bacillen; je mehr hingegen das Wasser verunreinigt war, um so häufiger enthielt es diese Fäulnissorganismen. Die eventuelle Beobachtung, dass im Genuss eines verunreinigten Wassers ein grösserer gesundheitlicher Schaden gelegen ist, als bei reinen Wässern, darf uns daher mit einigem Recht auf den Gedanken führen, dass an der Hervorbringung der schädlichen Wirkung des verunreinigten Wassers vielleicht eben die hier häufiger vorkommenden Desmobacterien hervorragend betheiligt sind.

Die Veränderungen in der Zusammensetzung des Trinkwassers und die Infectionskrankheiten.

In dem bisher Gesagten ist wenig enthalten, was einen verleiten könnte, die zeitlichen Veränderungen des Trinkwassers und das Vorherrschen der Infectionskrankheiten mit einander zu vergleichen. So mag es schon vom theoretischen Standpunkte für zweifelhaft erscheinen, ob eine solche Vergleichung überhaupt motivirt ist? Wenn man Typhus- und Choleraepidemien ablaufen sieht, ohne dass sie sich um die zeitlichen Veränderungen des Trinkwassers auch nur im Geringsten gekümmert hätten, so kann man mit Recht denken, dass das Trinkwasser auch zu anderen Gelegenheiten bei der Entwickelung und Verbreitung von Infectionskrankheiten kaum irgend eine Rolle spielen wird.

Ueber diese theoretische Schwierigkeit hilft uns der Ausspruch hinaus, wonach in einem Werke, welches den Naturfactoren nachforscht und sich nicht auf die Zusammenstellung der bestehenden Kenntnisse beschränkt, die Zerlegung und Vergleichung der Thatsachen auch unter solchen Gesichtspunkten Platz greifen darf, welche vielleicht für überwunden gelten.

Eine grössere Schwierigkeit liegt darin, dass die zeitlichen Veränderungen der von mir untersuchten Wässer nicht so markanter Natur sind, um sie mit den zeitlichen Veränderungen der Infectionskrankheiten — speciell des Typhus, des Wechselfiebers und vielleicht noch des Darmkatarrhs[1]) — vergleichen zu können. Die verschiedenen Bestandtheile jener über das ganze Stadtgebiet vertheilten, untersuchten Wässer weisen ein so verworrenes Auf- und Abschwanken auf, dass es schwer fällt, hier herauszulesen, wie es denn um die Wasserverunreinigung in der ganzen Stadt — oder im überwiegenden Theile der Stadt —

---

[1]) Zur Zeit unserer Choleraepidemien wurden noch keine systematischen Analysen des Trinkwassers ausgeführt.

eigentlich bestellt war, um dann diese mit den Infectionskrankheiten confrontiren zu können.

Die Vergleichung des Wassers mit den Krankheiten wäre ohne Zweifel am besten so zu bewerkstelligen, wenn man speciell ein gewisses Wasser herauswählte und es mit dem Gesundheitszustande derjenigen vergliche, die dieses Wasser geniessen. Ich war in der That bestrebt, die zu einer solchen genaueren Vergleichung erforderlichen Daten zu beschaffen. Zu diesem Zwecke hatte ich mir die drei grössten hiesigen Casernen auserlesen und beabsichtigte ihr Wasser mit den in ihnen vorherrschenden Krankheiten zu vergleichen. Meine Absicht erwies sich als unerreichbar; die Wasseranalysen habe ich zwar ausgeführt, doch gelang es mir nicht, so verlässliche Daten zu beschaffen, um daraus die Morbidität der Insassen der Casernen ersehen zu können. Auch eine andere Schwierigkeit war noch aufgetaucht. Zur Zeit meiner Untersuchungen war nämlich in den Casernen die Wasserleitung fertiggestellt worden, wodurch meine Untersuchungen wieder an Grundlage verloren.

Es blieb daher nichts anderes übrig, als die Sterblichkeitsverhältnisse der gesammten Bevölkerung mit den zeitlichen chemischen Verhältnissen der sämmtlichen untersuchten Brunnen und des Leitungswassers zu vergleichen. Dieses Vorgehen führte zu folgendem Ergebnisse:

Die Schwankungen des Wechselfiebers und des Darmkatarrhs in 1877 bis 1880 — welche auf Taf. V, Fig. 5 und 4 verfolgt werden können — liessen keinerlei Uebereinstimmung mit den chemischen Veränderungen der verschiedenen Brunnenwässer erkennen[1]); auch mit der Verunreinigung oder anderen Veränderungen des Leitungswassers zeigten die Schwankungen jener Krankheiten keine, auch nur die geringste Uebereinstimmung.

Ich kann mich gar nicht darüber wundern, dass die Veränderung der chemischen Zusammensetzung der Trinkwässer keinen irgendwie auffallenden Zusammenhang mit diesen Krankheiten verräth. Es war nämlich weiter oben bezüglich beider Letzteren zu sehen, dass sie unter dem Einflusse der oberflächlichen Bodenschichten stehen, welchen auf jene Krankheiten gewiss eine

---

[1]) Ich halte es kaum der Mühe werth zu erwähnen, dass die zeitlichen Veränderungen von Blattern, Scharlachfieber etc. ebensowenig eine Parallelität oder Uebereinstimmung mit den chemischen Modificationen des Trinkwassers aufweisen.

viel energischere Wirkung zukommt, als eventuell dem Trinkwasser[1]).

Im Obigen (auf S. 155) habe ich aber auch das nachgewiesen, dass der Typhus mit den in den tieferen Bodenschichten verlaufenden Veränderungen im Zusammenhange steht; darf vielleicht dieser Zusammenhang zum Nachtheil des Trinkwassers ausgelegt werden? In der That bieten sich uns in dieser Richtung einige Beweisgründe.

Ich habe weiter oben ausgeführt, dass die Donau — bei zunehmendem Wasserstande — den freien Ablauf des Grundwassers in den Strom hemmt, dass sie dieses zurückstaut und im verunreinigten Boden zum Stagniren bringt.

Es mag theilweise hieraus erklärt werden, warum das Brunnenwasser in allen vier Untersuchungsjahren eben dann am unreinsten — am reichsten an unoxydirten organischen Substanzen — gefunden wurde, wenn die anwachsende Donau die Strömung der Wässer aufhielt, d. i. in der Regel am Ende des Winters und im Frühjahre.

Hiermit stimmt das zeitliche Verhalten des Typhus deutlich überein. Auch der Typhus gelangt mit steigendem Donauspiegel zur epidemischen Ausbreitung; seine stärkeren epidemischen Wellen fallen auf eine Zeit, wo die Brunnenwässer durch die Donau gestaut sind und in Folge dessen inficirtes Wasser führen. Letzteres wird durch die in den Jahren 1877 bis 1880 angestellten directen Beobachtungen noch mehr bestätigt. Stellt man die Verunreinignug des Trinkwassers (insbesondere die organische Substanz, s. Taf. X, Curvengruppe 1) dem Typhus gegenüber (s. am deutlichsten auf Tafel IV, Curve 4)[2]), so sieht man, dass der im Winter und Frühling 1877 aufgetauchte Typhus mit einer gleichzeitigen starken Verunreinigung der Brunnenwässer einherging; hierauf sinken die Curven der Wasserverunreinigung und des Typhus wieder herab,

---

[1]) Es erscheint mir für wahrscheinlich, dass das unfiltrirte Leitungswasser, insbesondere im Hochsommer — durch seine erhöhte Temperatur und durch die Neigung des darin suspendirten Schlammes zur Fäulniss — auf die Entwickelung des Darmkatarrhs befördernd einzuwirken vermag. Ein bestimmtes Urtheil kann ich jedoch vorderhand, in Ermangelung hinlänglicher Daten, nicht abgeben.

[2]) Mit Berücksichtigung der Incubationsdauer ist der Wasserstand vom Januar, Februar etc. mit der Typhuscurve vom Februar, März etc. zu vergleichen.

um sich im Winter 1878 für eine kurze Zeit wieder zu erheben. Das ganze Jahr 1878 hindurch war das Brunnenwasser sehr wenig verunreinigt, und auch jene Krankheit verhielt sich bescheiden, worauf im December sowohl die Wasserverunreinigung, als auch die Krankheit (Stand vom Januar) aufs Neue zunahmen. In 1879 verblieben dann beide wieder auf einem niederen Stande, sprangen jedoch beide im Februar 1880 (Typhusstand im März) empor und zeigen sogar in diesem Jahre auch im August und September (Typhus im September resp. October) noch eine kleine gemeinschaftliche Erhöhung.

Es ist daher nicht zu leugnen, dass der Typhus in Budapest mit dem verlangsamten Strömen und der daraus folgenden grösseren Verunreinigung des Grundwassers einen gewissen Zusammenhang thatsächlich aufweist.

Meinen Erörterungen könnte der Vorwurf gemacht werden, dass die erwähnten übereinstimmenden Schwankungen von Typhus und Wasserverunreinigung keineswegs sehr augenfällig sind. Ich muss das anerkennen, denke jedoch, dass es die Bedeutung der vorgewiesenen Daten nicht aufhebt, ja nicht einmal schmälert. Eine grössere Uebereinstimmung zwischen der chemischen Beschaffenheit der Wässer und dem Typhus konnte nicht einmal erwartet werden, wenn man bedenkt, dass die Typhustodesfälle alle an Typhus in der ganzen Stadt Verstorbenen umfassen, während ich doch die Brunnenwässer nur in den Stadttheilen links der Donau untersuchte und in dem Mitgetheilten darstellte; ausserdem liegen selbst diese Brunnenwässer auf dem ganzen grossen Gebiete zerstreut, so dass sie von den Wasserverhältnissen des Typhus aufweisenden Gebietes nur einen allgemeinen Ausdruck liefern können; endlich giebt es auch auf diesem Gebiete sehr viele, die ein ganz anderes Wasser (Leitungswasser) genossen, mithin unter dem Einflusse eines anderen Wassers standen, als diejenigen, deren zeitliche Veränderungen ich mit der Krankheit soeben confrontirt habe. Wenn wir daher sehen, dass zwischen den Schwankungen der Krankheit und der Beschaffenheit der Brunnenwässer — trotz aller modificirenden, die Erscheinungen ausglättenden Einflüsse — den Hauptzügen nach Jahre lang immer noch eine gewisse Uebereinstimmung besteht, so ist es unmöglich, diese Uebereinstimmung ganz dem Zufall zuzuschreiben und sie für bedeutungslos zu halten.

Es darf nach Alledem mit Recht die Vermuthung aufgestellt werden, dass die Grundwasserschwankungen in

Budapest ihren Einfluss auf den Typhus in der Weise ausüben, dass sie die Strömung des Wassers modificiren und dadurch dessen Verunreinigung und Fäulniss befördern.

Dass diese Vermuthung durch anderweitige Beobachtungen unterstützt wird, darüber soll in dem Folgenden das Nähere dargethan werden.

Drittes Capitel.

Die Qualität des Trinkwassers und die örtliche Vertheilung der Infectionskrankheiten in Budapest.

Brunnenwasser und Infectionskrankheiten.

Ich habe schon weiter oben erwähnt, dass auf dem Gebiete von Budapest sehr verschiedenes Wasser getrunken wird, und habe das auch durch Daten illustrirt. Man hat ferner gesehen, dass auf der Pester Seite die Leopoldstadt, dann die Innere Stadt das beste, die Theresien-, Josef- und Franzstadt ein in dieser Reihenfolge schlechter werdendes Brunnenwasser besitzen.

Schon diese in Hauptsummen zusammengefasste Angabe lässt sich mit der örtlichen Vertheilung von Typhus, Cholera und Enteritis, wie sie im II. Theile dieses Werkes (S. 222) beschrieben ist [1]), vergleichen. Man kann sagen, dass die gesundesten Stadttheile (Innere- und Leopoldstadt) das beste, die ungesundesten (Theresien-, Josef- und Franzstadt) das unreinste Brunnenwasser geniessen. Man darf sich aber mit diesem allge-

---

[1]) Das Verhalten von Cholera, Typhus und Enteritis in den verschiedenen Stadttheilen wird auch durch die folgende — nach Angaben von Körösi zusammengestellte — Tabelle sehr interessant beleuchtet. Ich muss vorausschicken, dass man sich an die Zahlen nur im grossen Ganzen zu halten hat, weil unter den Todten die in Hospitälern Verstorbenen nicht mit enthalten sind, und weil ich als Einwohnerzahl der einzelnen Stadttheile das Ergebniss der Volkszählung von 1870 in Berechnung gezogen habe.

Die gesammte Sterblichkeit betrug in den einzelnen Stadttheilen von 1872 bis 1875 (Cholera in 1872 bis 1873) pro 1000 Einwohner:

	Cholera	Typhus	Darmkatarrh
Innere Stadt	1,5	2,2	3,3
Leopoldstadt	3,3	2,6	7,1
Theresienstadt	4,7	4,2	11,3
Josefstadt	9,0	4,2	19,8
Franzstadt	16,9	4,5	24,5

meinen Eindrucke nicht begnügen, denn er provocirt den Einwand, dass dieses Zusammentreffen des verunreinigten Wassers mit den ungesunden Bezirken auch ein zufälliges sein kann. Wir haben daher durch detaillirte und massenhafte Beobachtungen der Frage nachzuforschen, ob der wahrnehmbare Zusammenhang auch durch die Einzelheiten bestätigt wird, oder ob es bloss eine zufällige Uebereinstimmung ist.

Zum Zwecke solcher ins Einzelne zu führender Forschungen habe ich alle diejenigen Häuser notirt, welche während der 18 abgelaufenen Jahre hinsichtlich der hier berücksichtigten Krankheiten mehr oder im Gegentheil weniger gelitten haben [1]) als die übrigen, und habe die Brunnen der beiden Häusergruppen chemisch analysirt. Bei der Sammlung der Daten ging ich auch hier mit der Vorsicht um, möglichst einander nahe, in unmittelbarer Nachbarschaft oder wenigstens in derselben Gasse gelegene ungesunde und gesunde Häuser zu wählen und deren Wasser zu analysiren, um dem Einwande auszuweichen, dass z. B. die guten Wässer vielleicht alle von den erhöhteren Stadttheilen herstammen, wo eben deshalb, oder aus einem anderen Grunde auch die Sterblichkeit geringer ist, — dass hingegen alle schlechten Wässer vielleicht aus einem anderen, ungesunden, tiefgelegenen Stadttheile geholt wurden, und dass dies den hohen Sterblichkeitssatz erklärt.

Dies vorausgeschickt gehe ich sofort auf die wesentlichen Punkte des Gegenstandes über und untersuche vor Allem, was für ein Brunnenwasser die von der Cholera heimgesuchten und die von ihr verschonten Häuser besassen, wobei ich auch hier, — wie im II. Theile dieses Werkes — unter den ersteren solche Häuser verstehe, in welchen sich zwei oder mehr Todesfälle erreignet haben, unter den letzteren aber diejenigen, wo weniger als zwei Todesfälle beobachtet wurden.

Geht man mit diesen Vergleichungen nach Stadttheilen vor, so erhält man die folgenden Durchschnittswerthe:

I. Innere Stadt.

Zahl der Häuser:			Cholera-fälle	Organ. Substanz	Cl	N_2O_5	H_3N
Cholerahäuser	6	. . .	17	87,0	138	317	7,37
Gesunde Häuser	16	. . .	5	52,5	153	357	1,76

---

[1]) Bezüglich dieser Ausschreibungen vergl. II. Theil, S. 182.

Man sieht, dass das Brunnenwasser in Cholerahäusern um Vieles mehr organische Substanzen, insbesondere aber Ammoniak enthält, als in den gesunden Häusern; der Gehalt an Chlor, besonders aber an Salpetersäure ist im Gegentheil in den Cholerahäusern ein geringerer als in den gesunden.

2. Leopoldstadt.

Zahl der Häuser:		Cholerafälle	Organ. Substanz	Cl	N_2O_5	H_3N
Cholerahäuser	10 . . .	35	25,6	121	289	0,04
Gesunde Häuser	17 . . .	5	26,0	97	215	1,53

Die Brunnen der Leopoldstadt enthalten in den Cholerahäusern nicht nur nicht mehr organische Substanz, als in gesunden, sondern etwas weniger; ihr Ammoniakgehalt ist dort sogar ganz bestimmt ein geringerer. Dieses mit der früheren und, wie zu sehen sein wird, mit allen übrigen Angaben im Widerspruch stehende Ergebniss ist hauptsächlich dem Umstande zuzuschreiben, dass die ungesundesten Theile der Leopoldstadt unmittelbar am Donauufer liegen, welcher Umstand die Brunnenwässer der eben dort gelegenen, übrigens auch sehr wenigen Cholerahäuser im Verhältniss zu den inneren, der Cholera weniger ausgesetzten Strassen dieses Stadttheiles bedeutend verbessert.

3. Theresienstadt.

Zahl der Häuser:		Cholerafälle	Organ. Substanz	Cl	N_2O_5	H_3N
Cholerahäuser	57 . . .	274	87,0	338	363	2,32
Gesunde Häuser	65 . . .	26	58,0	352	502	0,72

Wie in der Inneren Stadt, ist es auch hier unverkennbar, dass die Brunnen der Cholerahäuser um Vieles mehr organische Substanzen und noch mehr Ammoniak enthalten, als die Brunnen der gesunden Häuser; Chlor und besonders Salpetersäure sind hingegen in den Cholerahäusern mehr, in den Gesunden weniger.

4. Josefstadt.

Zahl der Häuser:		Cholerafälle	Organ. Substanz	Cl	N_2O_5	H_3N
Cholerahäuser	69 . . .	370	110,5	408	662	3,00
Gesunde Häuser	61 . . .	37	72,5	363	550	1,30

In diesem Stadttheile übertrifft der Gehalt der Cholerahäuserbrunnen an organischen Substanzen und an Ammoniak dieselben

Bestandtheile der gesunden Häuser wieder um Vieles. In denselben Brunnen waren auch weniger Chlor und Salpetersäure enthalten, als in den Brunnen der Cholerahäuser.

5. Franzstadt.

Zahl der Häuser:		Cholera-fälle	Organ. Substanz	Cl	N_2O_5	H_3N
Cholerahäuser	30 . . .	155	79,0	430	744	5,83
Gesunde Häuser	30 . . .	14	74,5	437	701	1,08

Auch in diesem Stadttheile ist der Gehalt des Brunnenwassers der Cholerahäuser an Ammoniak ein auffallend hoher. Von diesem, auf Fäulniss, auf die Durchtränkung des Bodens mit Fäulnissproducten hinweisenden Bestandtheile ist hier mehr als fünfmal so viel enthalten, als in den gesunden Häusern. Auch von der organischen Substanz enthalten die Brunnen der ungesunden Häuser mehr, obschon der Unterschied hier nicht so bedeutend ist, als in der Inneren- oder in der Josef- und Theresienstadt. Salpetersäure und Chlor sind im Wasser von gesunden und ungesunden Häusern beinahe in der gleichen Menge vorhanden.

Wenn man nun zum Schluss auf Grundlage der schon in diesen Einzelheiten so prägnant hervortretenden Daten die Beschaffenheit des Brunnenwassers in Cholera- und gesunden Häusern im Mittelwerthe zusammenfasst, so erhält man folgendes Ergebniss:

Summe aller Häuser:		Cholera-fälle	Organ. Substanz	Cl	N_2O_5	H_3N
Cholerahäuser	172	851	77,8	287	475	3,712
Gesunde Häuser	189	89	56,7	280,4	465	1,278
Cholerahäuser führen mehr in Procent		—	37,2%	2,3%	2,2%	190,3%.

Diese aus den in 361 Häusern angestellten Wasseranalysen erlangten Resultate bedürfen keines Commentars. Sie beweisen, **dass in Pest das Brunnenwasser in denjenigen Häusern, welche einer starken Cholerainvasion ausgesetzt gewesen, um ein Beträchtliches unreiner war, als in denjenigen, übrigens mit den vorigen nachbarlichen Häusern, welche der Cholera entgingen.** Insbesondere fällt der hohe Ammoniakgehalt der Cholerahäuser auf, sowie ihr Reichthum an organischen Substanzen. Hinsichtlich des Chlors und der Salpetersäure bestand dagegen nur ein geringer Unterschied zwischen den gesunden und ungesunden Häusern.

Bevor ich an die eingehendere Erörterung dieses Befundes schreiten würde, mögen zuerst noch die für Typhus und Enteritis auf die gleiche Weise erforschten Verhältnisse hier Raum finden.

Auch hier wollen wir sogleich die Grundwässer der Typhushäuser mit denen der vom Typhus verschont gebliebenen Häuser vergleichen.

1. Innere Stadt.

Zahl der Häuser:		Typhusfälle	Organ. Substanz	Cl	N_2O_5	H_3N
Typhushäuser	12 . . .	29	74,0	145	341	4,96
Gesunde Häuser	16 . . .	6	52,5	153	357	1,76

Das Ergebniss stimmt mit dem für die Cholera gefundenen vollkommen überein: die Typhushäuser führen ein an organischen Substanzen, insbesondere aber an Ammoniak viel reicheres Grundwasser, als die gesunden Häuser; hingegen haben die letzteren ein an Chlor und Salpetersäure etwas reicheres Grundwasser. Wir wollen rascher fortschreiten:

2. Leopoldstadt.

Zahl der Häuser:		Typhusfälle	Organ. Substanz	Cl	N_2O_5	H_3N
Typhushäuser	16 . . .	76	31,0	107	209	1,60
Gesunde Häuser	9 . . .	8	23,5	109	258	0,09

3. Theresienstadt.

Zahl der Häuser:		Typhusfälle	Organ. Substanz	Cl	N_2O_5	H_3N
Typhushäuser	70 . . .	310	82,5	352	445	2,26
Gesunde Häuser	52 . . .	19	54,0	322	441	0,56

4. Josefstadt.

Zahl der Häuser:		Typhusfälle	Organ. Substanz	Cl	N_2O_5	H_3N
Typhushäuser	59 . . .	249	98,0	394	617	1,58
Gesunde Häuser	71 . . .	39	88,5	380	599	3,26

Es darf hier nicht stillschweigend übergangen werden, dass im letzteren Stadttheile das Brunnenwasser der Typhushäuser weniger

Ammoniak enthielt, als jenes der gesunden Häuser. Die Ursache dieses Verhaltens ist hauptsächlich darin zu suchen, dass in einigen sonst typhusfreien Häusern dieses Stadttheiles (in Milchwirthschaften) die aus den Düngerhaufen herausfliessende Jauche in die nächstgelegenen Brunnen gelangte und ihr Wasser an Ammoniak ganz ausserordentlich bereicherte. Auf diese Weise wurde die Durchschnittszahl des Ammoniaks ganz unerwarteter Weise erhöht.

5. Chemische Beschaffenheit der Brunnenwässer in der Franzstadt.

Zahl der Häuser:	Typhusfälle	Organ. Substanz	Cl	N_2O_5	H_3N
Typhushäuser 19 . . .	54	73,5	422	682	3,90
Gesunde Häuser 41 . . .	14	78,5	445	744	3,50

Und jetzt sei es erlaubt, die für den Typhus gefundenen Daten auf einer übersichtlichen Tabelle zu resumiren: in den am linken Donauufer untersuchten Typhus- und gesunden Häusern wies das Grundwasser die folgende chemische Zusammensetzung auf:

Zahl der Häuser:	Typhusfälle	Organ. Substanz	Cl	N_2O_5	H_3N
Typhushäuser 176	718	71,8	284	459	2,86
Gesunde Häuser 189	86	59,4	282	480	1,83
Typhushäuser führen			. weniger		
mehr in Procent	—	21 %	0,7 %	4,5 %	56 %

Es darf somit wie bei der Cholera auch **für den Typhus** als eine unbezweifelbare Thatsache ausgesprochen werden, **dass in Budapest diese Krankheit in denjenigen, übrigens nachbarlich gelegenen Häusern häufiger auftrat, welche ein verunreinigteres, namentlich an Ammoniak und an organischen Substanzen reicheres Grundwasser besitzen,** wo also die organische Substanz in geringerem Maasse oxydirt wurde; doch ist der Unterschied zwischen den gesunden und den verseuchten Häusern hier nicht so gross, als wir ihn für die Cholera gefunden haben.

Wir wollen sogleich weiter forschen, welches Verhältniss die vom **Darmkatarrh** reichlicher bedachten Häuser denjenigen gegenüber aufweisen, in welchen diese Krankheit seltener zur Entwickelung gelangt. Zum Zwecke dieser Vergleichung habe ich für die auf ihr Brunnenwasser untersuchten Häuser die Enteritismortalität in 1875, 1876 und 1877 herausnotirt. Diese Vergleichung konnte nur auf drei Stadttheile, nämlich die Theresien-, Josef- und Franzstadt erstreckt werden, weil die Inner- und Leopoldstadt in den erwähnten Jahren eine sehr geringe Enteritismortalität aufwiesen. Als ungesund bezeichne ich auch hier diejenigen Häuser, welche im erwähnten Zeitraume zwei oder mehr durch Darmkatarrh verursachte Todesfälle hatten. Das kurz zusammengefasste Ergebniss lautet:

	Häuserzahl	Organ. Substanz	Cl	N_2O_5	H_3N	Fester Rückstand
In ungesunden Häusern	86	93,6	376	565	3,84	2767 (36 H.)
In den übrigen Häusern	280	71,0	345	513	2,56	2653 (188 H.)
Die ungesunden Häuser führen mehr in Procent		32%	9%	10%	50%	4%

oder: in den Häusern, in welchen der Darmkatarrh nur milde oder gar nicht auftrat, enthielt das Grundwasser viel weniger organische Substanzen und noch weniger Ammoniak, als in denjenigen, wo die Enteritis in dem die Jahre 1875, 1876 und 1877 umfassenden Zeitraume häufigere Todesfälle verursacht hatte.

Es ist unmöglich, die hygienische Bedeutung dieser Daten zu verkennen. Sie beweisen den wesentlichen Zusammenhang, welcher zwischen der Verunreinigung des Brunnenwassers und dem örtlichen Auftreten von Typhus, Cholera und Enteritis besteht.

Am meisten wird uns auffallen, dass die genannten Krankheiten eben mit dem Ammoniak und den organischen Substanzen des Wassers in Verbindung stehen, während das Chlor und insbesondere die Salpetersäure im Wasser von gesunden und ungesunden Häusern beinahe in der gleichen Menge enthalten waren, zum Beweis dessen, dass es das in einem mit organischen Substanzen übersättigten und in Fäulniss begriffenen Boden enthaltene Wasser ist, welches den grössten gesundheitlichen Nachtheil in sich birgt, wogegen ein Boden, welcher die organischen Substanzen gut filtrirt, energisch oxydirend wirkt, das Grundwasser nicht inficirt; die Oxydationsproducte machen kein Wasser schädlich und zeigen auch nicht die Schädlichkeit des Wassers an, während das an organischen Substanzen und besonders an Ammoniak reiche Wasser entweder an und für sich schädlich ist, oder — vielmehr noch — einen Indicator für die gesundheitsschädlichen Eigenschaften von Boden und Wasser abgiebt.

Wässer, welche aus dem Boden der einzelnen Häuser soeben grosse Mengen eines dazu noch in Fäulniss begriffenen Schmutzes aufgenommen haben, sind ungesunde Wässer; wo aber das Wasser in einem Hause keinen neuen Schmutz zum Aufnehmen gefunden hat, dort wird die Gesundheit durch das Wasser auch nicht gefährdet sein.

Die Schädlichkeit scheint nicht in der absoluten Wasserverunreinigung zu liegen, sondern in dem in einzelnen Häusern aufgenommenen frischen Schmutze. Es folgt dies daraus, dass die Schädlichkeit des Wassers nicht mit der absoluten, sondern mit der relativen Verunreinigung anwächst. Ich könnte aus der Leopoldstadt eine ganze Reihe von Häusern citiren, welche ein der chemischen Beschaffenheit nach den besten anzureihendes Brunnenwasser führen, und trotzdem giebt es auch hier Cholera etc., jedoch eben in denjenigen Häusern, welche unreineres Wasser haben, als das Nachbarhaus, wo also das im Boden weiter strömende Wasser irgendwie einen frischen Schmutz aufgenommen haben konnte. Dem gegenüber weisen die Josef- und Franzstadt sehr viele gesunde Häuser auf, welche von Cholera, Typhus und Enteritis vermieden werden, obgleich das Brunnenwasser im Liter 3 bis 4 g festen Rückstand, ½ bis 1 g Chlor und Salpetersäure enthält; die Häuser gestalten sich hier hauptsächlich dann zu Seuchenherden, wenn ihr Grundwasser ausser jenen 3 bis 4 und ½ bis 1 g im Boden des Hauses selbst noch einen frischen besonders aber faulenden Schmutz aufnimmt, wenn es auch nur einige Milligramme, für das Ammoniak gar nur einige Zehntelmilligramme sind.

Die Sache macht den Eindruck, als ob das ungesunde Wasser im Boden des Hauses ein Etwas aufgenommen hätte, aber nicht im Stande wäre, dieses Etwas, wie Chlor oder Salpetersäure, fortzuschwemmen. Der schädliche Stoff und das ihn anzeigende Ammoniak bleiben anhaftend, sie werden im Boden in der Nähe der Verunreinigung selbst zurückgehalten und strömen nicht weiter, wie die einfachen Salze und überhaupt die mineralischen Bestandtheile.

Ob es nicht vielleicht niedere Organismen sind, deren Fortreissen vom inficirten Orte zum gesunden durch die Bodenschicht verhindert wird, das lässt sich heute noch nicht aufklären.

Ich will mit diesen Erörterungen nicht gesagt haben, dass die im Wasser enthaltenen organischen Substanzen oder das Ammoniak an und für sich schon Infectionsstoffe sind, oder stets ein infectionsfähiges Wasser anzeigen. Wurden ja doch die Brunnenwässer von zahlreichen Häusern als reich an organischen Substanzen und an Ammoniak in Erfahrung gebracht, ohne dass die Insassen der Häuser in ihrer Gesundheit gelitten hätten. So viel darf jedoch behauptet werden, dass diejenigen Wässer, welche diese Bestandtheile in grösseren Mengen enthalten, mit der Bildung von Typhus- und Choleraherden häufiger einhergehen, als die an jenen Bestandtheilen armen Wässer.

Nach diesen Erörterungen taucht die Frage auf und gelangt auch zur grössten Bedeutung, ob das verunreinigte Wasser selbst als Quelle der Schädlichkeiten betrachtet werden darf oder ob es mit jenen Krankheiten nur in dem weiteren Zusammenhang steht, dass auch seine Verunreinigung vom Boden verursacht wird, von demselben Boden, welcher neben den Krankheiten auch das Wasser regulirt.

Behufs Klärung dieser so hochwichtigen Frage habe ich sehr umfangreiche Untersuchungen ausgeführt, welche nun hier in Kürze beschrieben werden sollen.

Das Leitungswasser und die Infectionskrankheiten.

Zur Klärung der schädlichen Wirkung des Trinkwassers bietet sich uns das folgende Vorgehen dar: Man vergleiche die Mortalitätsverhältnisse der auf Brunnenwasser angewiesenen Häuser mit denjenigen, deren Insassen geleitetes Donauwasser trinken. Wenn die reines Leitungswasser geniessende Bevölkerung entschieden gesunder ist, als die auf unreines Brunnenwasser angewiesene, so darf die Krankhaftigkeit der letzteren auf die im verunreinigten Wasser gelegene directe Schädlichkeit zurückgeführt werden.

Bei dieser Vergleichung muss aber äusserst vorsichtig vorgegangen werden. Viele haben bei ähnlichen Zusammenstellungen folgenden Weg eingeschlagen: Seit dem Jahre X haben wir eine Wasserleitung, seit dieser Zeit ist auch das Vorherrschen des Typhus milder als früher: folglich ist die Abnahme des Typhus der Wasserleitung zu Gute zu schreiben. Dass diese Argumentation zu Irrthümern zu führen geeignet ist, hatte Pettenkofer schon vor Langem hervorgehoben; in den einleitenden Zeilen des III. Theiles dieses Werkes habe ich hierzu auch einige Beispiele angeführt (s. S. 252, 268 [1]). Auch das wäre ein fehlerhaftes Verfahren, wenn man die Mortalitätsverhältnisse derjenigen Stadttheile, wo die Wasserleitung bereits verbreitet ist, mit den anderen vergleichen würde, wo derzeit noch wenig Leitungswasser genossen wird. Hier kann der Unterschied in der Mortalität ebensogut von anderen localen Momenten, wie vom Trinkwasser abhängig sein.

Mit Berücksichtigung der betonten und noch vieler anderer Umstände habe ich meine Vergleichungen auf folgende Weise ausgeführt: Ich liess vor der Eröffnung der Wasserleitung (1869) bis 1877 für jedes Jahr einzeln alle Häuser herausnotiren, welche bereits Wasserleitungen hatten, sowie auch diejenigen, welche zwar im selben Stadttheile gelegen, aber mit Leitungswasser noch nicht versehen waren, — dann liess ich die Bevölkerung der Häuser auf Grundlage der Volkszählung von 1870 aufzeichnen, — endlich notirte ich für jedes einzelne Haus die in den einzelnen Jahren darin vorgekommenen Todesfälle an Typhus, Enteritis, Cholera, Blattern, Scharlachfieber, Diphtheritis etc [2]). Auf Grundlage dieser Daten habe ich dann verglichen, welche Mortalität die Leitungs- und die Brunnenwasser geniessende Bevölkerung in den einzelnen Jahren und Stadttheilen aufwies. Wir wollen die wichtigeren Krankheiten einzeln ins Auge fassen.

Die Cholera trat in 1872 bis 1873 unter der mit Leitungswasser versorgten und der auf Brunnenwasser angewiesenen Bevölkerung im folgenden Verhältnisse auf:

Stadttheil:	Zahl der auf Brunnenwasser angewiesenen Bevölkerung in 1872 und 1873	Es starben an Cholera: zusammen	pro 10 000 Einwohner
Innere Stadt	14 800	19	12,8
Leopoldstadt	22 522	34	14,6
Theresienstadt	94 981	377	39,6
Josefstadt	61 332	417	67,0
Franzstadt	32 453	299	92,0
Zusammen . . .	226 088	1146	50,7

[1]) Ich kann nicht umhin auf Tafel IV, Fig. 4 zu verweisen, welche ganz deutlich klar thut, dass seit 1869 (der Eröffnung der Wasserleitung) die Höhe der Typhuscurve ganz augenfällig gesunken und 12 Jahre hindurch, trotz der enormen Zunahme der Bevölkerung, viel niedriger verblieben ist, als sie im Zeitraume von 1863 bis 1869, also vor Einführung der Wasserleitung sich bewegte. — [2]) Die in den Spitälern Gestorbenen wurden — soweit zu eruiren war — den betreffenden Häusern zugezählt, aus welchen sie den Spitälern zugewachsen sind.

Stadttheil:	Bevölkerungszahl für Leitungswasser	Es starben an Cholera: zusammen	pro 10 000 Einwohner
Innere Stadt	11 807	10	11,8
Leopoldstadt	10 340	10	9,6
Theresienstadt. . . .	38 357	120	31,0
Josefstadt	14 534	47	31,0
Franzstadt	3 845	11	28,6
Zusammen	78 883	198	25,0

Die Cholera hat somit 1872 und 1873 unter der auf Brunnenwasser angewiesenen Bevölkerung mehr, als eine doppelt so grosse Mortalität verursacht, als in der mit Leitungswasser Versorgten.

Denselben Zahlen sind aber auch noch andere Lehren zu entnehmen. Es ist zu sehen, dass die Choleramortalität im selben Maasse zunimmt, als sich das Trinkwasser der einzelnen Stadttheile verschlechtert; in dieser Beziehung sind die Josef- und besonders die Franzstadt, also die Stadttheile mit stagnirendem, verunreinigtem Grundwasser, am schlimmsten daran; am günstigsten sind die Innere- und Leopoldstadt gestellt, welche — wie zu sehen war — auch das reinste, beweglichste Brunnenwasser haben. Demgemäss wurde durch die Wasserleitung die bedeutendste Verbesserung in den Stadttheilen mit dem schlechtesten Trinkwasser inaugurirt, während in der Inneren- und Leopoldstadt die Leitungswasser benutzenden Häuser nur eine unbedeutende Besserung aufweisen.

Da die mit Leitungswasser versorgten Häuser in der Inneren- und Leopoldstadt eine viel geringere Choleramortalität bekunden, als in den übrigen Stadttheilen: so könnte man entgegnen, dass, indem vorausgesetzt werden darf, dass die günstige Einwirkung eines und desselben Wassers auf die Morbilität resp. Mortalität in den verschiedenen Stadttheilen die gleiche sein wird, auch die Choleramortalität selbst in den einzelnen Stadttheilen gleich sein müsste. Dieser Einwand ist leicht zu rectificiren, resp. zu widerlegen. Erstens sprechen Thatsachen. Die Innere- und Leopoldstadt erhielten in 1872 bis 1873 (und überhaupt beinahe bis auf den heutigen Tag) ein ganz anderes Leitungswasser als die übrigen Stadttheile. Dort war das Wasser stets ganz rein filtrirt, während hier beinahe ebenso constant unreines, unfiltrirtes Donauwasser geliefert wurde. Darin stimmen die Innere- und

Leopoldstadt überein, dass sie beide dasselbe Wasser genossen: und wirklich ist auch die Choleramortalität in beiden Stadttheilen beinahe dieselbe; die Theresien-, Josef- und Franzstadt stimmten ebenfalls darin mit einander überein, dass sie mit dem gleichen, unfiltrirten Wasser versorgt waren: dem entsprechend ist auch die Cholera in diesen Stadttheilen beinahe ganz gleich vorherrschend.

Der erwähnte Einwand kann aber auch aus anderen Gründen zurückgewiesen werden; daraus, dass in den mit Wasserleitungen versehenen Häusern weniger Todesfälle vorkamen, darf noch nicht gefolgert werden, dass die Ursache hierfür darin gelegen ist, dass im Leitungswasser weniger Cholerastoff enthalten war, als im Brunnenwasser, und dass daher die Infection, sowie auch die Mortalität in allen mit Leitungswasser versorgten Häusern die gleiche hätte sein müssen. In jenen Häusern tragen ausser dem Trinkwasser auch noch andere Dinge, vielleicht sogar in höherem Masse, zur Entwickelung der Cholera bei. Darum konnte auch das Leitungswasser in sich allein in Häusern, wo sonst ungünstige Verhältnisse obwalten und wo das Leitungswasser vielleicht bloss die im Trinkwasser gelegene Schädlichkeit ausschliesst, nicht aber zugleich auch die übrigen Schädlichkeiten, keine so auffallend geringe Sterblichkeit herbeiführen, wie sie in Häusern beobachtet wird, welche ausser dem Wasser vielleicht auch noch in anderen Beziehungen günstiger gestellt sind. Es kann nach alledem als entschiedene Thatsache hingestellt werden, dass in Budapest bei der Verbreitung der Cholera auf einzelne Stadttheile und Häuser die Qualität des Trinkwassers eine wesentliche Rolle spielt.

Gehen wir nun mit unseren Untersuchungen zum Typhus über. Die Mortalität an dieser Krankheit gestaltete sich in der mit Leitungswasser versorgten und der auf Pumpbrunnen angewiesenen Bevölkerung in 1869 bis 1877 (9 Jahren) auf folgende Weise:

Stadttheil:	Bevölkerung der Pumpbrunnen	Typhusmortalität zusammen	Typhusmortalität pro 10 000 Einwohner
Innere Stadt	68 576	24	3,5
Leopoldstadt	101 397	67	6,6
Theresienstadt	433 517	416	9,6
Josefstadt	269 911	378	14,0
Franzstadt	147 282	74	14,6
Zusammen . . .	1,020 683	959	9,4

Stadttheil:	Bevölkerung der Wasserleitung	Typhusmortalität zusammen	Typhusmortalität pro 10 000 Einwohner
Innere Stadt	51 154	22	4,3
Leopoldstadt	46 673	28	5,9
Theresienstadt	169 300	124	7,9
Josefstadt	67 005	79	11,7
Franzstadt	16 059	17	10,5
Zusammen	350 191	270	7,7

Das Ergebniss stimmt mit den bezüglich der Cholera gemachten Erfahrungen im Wesentlichen vollkommeu überein. Von 1869 bis 1877 hatte der Typhus in den auf Pumpbrunnen angewiesenen Häusern sichtlich heftiger gewüthet, als in den Häusern mit Wasserleitung. Auch die Typhusmortalität nimmt in dem Maasse zu, als sich die Wasserverunreinigung verschlimmert, und das Leitungswasser hatte auch auf die Typhusmortalität der Bevölkerung um so günstiger eingewirkt, je schlechter das Trinkwasser war, an dessen Stelle es getreten. Demnach tritt die bedeutendste Besserung wieder in der Franz-, Josef- und Theresienstadt auf, deren überaus verunreinigtes Brunnenwasser durch ein beinahe ausschliesslich aus Donauwasser bestehendes Leitungswasser ersetzt wurde; hingegen ist der Erfolg der Wasserleitung in der ohnehin mit gutem Wasser begabten Leopold- und besonders in der Inneren Stadt gering; in letzterem Stadttheile genossen sogar die auf Brunnenwasser angewiesenen Häuser einen Vortheil gegenüber den mit Leitungswasser versorgten.

Ich will gleich hier erwähnen, dass das letztere — auf die Innere Stadt bezügliche — Ergebniss nur ein scheinbares ist;

auch hier war gewöhnlich das Leitungswasser den Pumpbrunnen gegenüber im Vortheil; nur in 1873 und 1875 wurde die auffallende Beobachtung gemacht, dass in den mit Leitungswasser versorgten Häusern mehr Typhustodesfälle vorkamen, als in den auf Pumpbrunnen angewiesenen, wodurch dann die Durchschnittszahl, bei der ohnehin geringen Zahl der Bevölkerung und der entsprechenden Todesfälle, eine wesentliche Modification erlitt. Es mag übrigens als auffallend bemerkt werden, dass in 1873 auch in der mit demselben Leitungswasser versorgten Leopoldstadt eben die mit Leitungen versehenen Häuser gleichfalls eine relativ bedeutend höhere Mortalität aufwiesen, als in anderen Jahren. Ich bin vorläufig nicht im Stande, diese auf zwei Jahre und zwei dasselbe Leitungswasser geniessende Stadttheile beschränkte Schädlichkeit dieses Wassers zu erklären. Dass dieser Umstand — wenn überhaupt für etwas — eben für den Einfluss des Trinkwassers auf die Typhusausbreitung Zeugenschaft ablegt, habe ich kaum zu beweisen.

Wir wollen nun das Verhalten des Darmkatarrhs den verschiedenen Wässern gegenüber untersuchen. Die auf die Enteritismortalität bezüglichen Daten konnte ich nur für die Jahre 1875, 1876 und 1877 von Haus zu Haus zusammenstellen. Während des erwähnten Zeitraumes bot die Enteritismortalität in den mit Leitungswasser versorgten und in den auf Brunnen angewiesenen Häusern folgendes Bild.

Stadttheil:	Bevölkerung der Pumpbrunnen	Enteritismortalität	
		zusammen	pro 10 000 Einwohner
Innere Stadt . .	17 082	14	8,2
Leopoldstadt . .	27 950	40	14,3
Theresienstadt	125 268	355	28,3
Josefstadt . . .	80 824	454	56,2
Franzstadt.	47 351	320	67,6
Zusammen	298 475	1183	39,6

Stadttheil:	Bevölkerung der Wasserleitung	Enteritismortalität zusammen	Enteritismortalität pro 10 000 Einwohner
Innere Stadt	22 824	18	7,7
Leopoldstadt	21 534	16	7,4
Theresienstadt	75 536	188	24,8
Josefstadt	31 475	125	39,6
Franzstadt.	7 096	18	25,3
Zusammen	158 465	365	23,0

Diese Daten sind wieder ebenso lehrreich, als die bisher mitgetheilten. Auch hier ist zu sehen, dass die Enteritismortalität in den mit Leitungswasser versorgten Häusern um Vieles geringer war, als in den Häusern ohne Wasserleitung. Ferner nimmt die Enteritismortalität in den einzelnen Stadttheilen in dem Maasse zu, als in diesen die Verunreinigung des Trinkwassers grösser wird. Auch die günstige Wirkung des Leitungswassers fällt um so mehr ins Auge, je schlechter das ersetzte Brunnenwasser ist. Auch das verdient Beachtung, dass die Mortalität der auf Pumpbrunnen angewiesenen Bevölkerung — gerade so wie die Qualität des Brunnenwassers selbst — äussorst verschieden ist; die mit Leitungswasser versorgte Bevölkerung litt dagegen unter einer viel gleichmässigeren Mortalität. In der Inneren- und Leopoldstadt, welche das gleiche reine, filtrirte Leitungswasser tranken, hielt sich die Enteritis auf der gleichen niederen Stufe; auch in der Theresien- und Franzstadt, welche ebenfalls das gleiche, in der Regel aber ein unfiltrirtes Wasser erhielten, zeigt sich die Krankheit mit derselben Häufigkeit; die Verhältnisszahl der Josefstadt ist zwar höher als die der letzterwähnten, doch nähert sie sich im Wesentlichen auch hier den für ähnliche Stadttheile giltigen Werthen.

Aus alldiesen so lehrreich übereinstimmenden Daten muss man zur Ueberzeugung gelangen, dass in Budapest zwischen der Verunreinigung des Trinkwassers und dem örtlichen Vorherrschen von Cholera, Typhus und Enteritis ein enger Zusammenhang besteht. Man kann hierauf mit Recht fragen, ob diese Uebereinstimmung, dieser Zusammenhang nicht auch zwischen anderen Krankheiten und dem Trinkwasser obwaltet? Man wird schon von vornherein mit der Vermuthung an die Vergleichung schreiten, dass der Einfluss, welchen das Trinkwasser auf Cholera, Typhus und Enteritis erwiesenermaassen ausübt, sich für andere, sogenannte rein contagiöse Krankheiten in viel geringerem Maasse zeigen darf, wenn nur die mit Leitungswasser versehenen Häuser — vom Wasser abgesehen — sonst ebenso gesund sind, wie die auf Pumpbrunnen angewiesenen Häuser.

Wir wollen nun die durch diese rein contagiösen Krankheiten verursachte Sterblichkeit betrachten. Ich habe auch diese für den von 1869 bis 1877 reichenden Zeitraum herausnotirt und dabei die Leitungswasser erhaltenden Häuser von den auf Brunnenwasser angewiesenen abgesondert. Diese Aufzeichnungen beschränken sich aber bloss auf die Theresien- und Josefstadt, welche eine massenhaftere Bevölkerung besassen und mit Bezug auf Cholera, Typhus und Enteritis für die Brunnenwasser geniessenden Häuser — wie zu sehen war — ganz ungünstige Verhältnisse darboten. Das Ergebniss war in Kürze das folgende:

An Scharlachfieber starben in 1869 bis 1877:

	Bevölkerung	Todesfälle	pro 10 000 Einw.
In Häusern mit Brunnenwasser	703 500	318	4,5
„ „ „ Leitungswasser	236 300	120	5,1

An Croup und Diphtheritis starben in 1869 bis 1877:

	Bevölkerung	Todesfälle	pro 10 000 Einw.
In Häusern mit Brunnenwasser	703 500	704	10,0
„ „ „ Leitungswasser	236 300	263	11,1

An Masern starben in 1869 bis 1877:

	Bevölkerung	Todesfälle	pro 10 000 Einw.
In Häusern mit Brunnenwasser	703 500	268	3,8
„ „ „ Leitungswasser	236 300	73	3,1

Ferner starben an Lungenentzündung in 1875 bis 1877:

	Bevölkerung	Todesfälle	pro 10000 Einw.
In Häusern mit Brunnenwasser	206 092	532	25,8
„ „ „ Leitungswasser	107 011	250	23,6

Das Ergebniss ist, denke ich, genug lehrreich. Es beweist uns, dass, während Cholera, Typhus und Enteritis in den auf

Brunnenwasser angewiesenen Häusern um Vieles heftiger vorherrschten, als in den mit Leitungswasser versorgten Häusern: die sogenannten rein contagiösen Krankheiten, namentlich Scharlachfieber, Croup und Diphtherie, Masern und Pneumonie sich auf beide Häusergruppen im gleichen Maasse vertheilten, zum Beweise dessen, dass die Qualität des Trinkwassers dort wirklich einen Einfluss besass, hier aber nicht.

Nicht minder wird dem gegenüber auch das folgende Resultat interessiren.

Die Blattern-Mortalität betrug in 1869 bis 1877 in den zwei hier besprochenen grossen Stadttheilen:

	Bevölkerung	Todesfälle	pro 10 000 Einw.
Bei Brunnenwasser	703 500	1079	15,3
„ Leitungswasser	236 300	273	11,6

Die Blattern waren somit durch das verunreinigte Brunnenwasser augenfällig beeinflusst; ich vermag diese Erscheinung nicht zu erklären.

Bevor wir uns in die weitere Würdigung der vorhin erforschten Verhältnisse einliessen: wollen wir noch Umschau halten, ob es nicht vielleicht gelingt, in den mit Leitungs- oder Brunnenwasser versorgten Häusern noch einen anderen, vom Wasser verschiedenen Einfluss ausfindig zu machen, welchem die von den Wässern auf die Krankheiten ausgeübte Wirkung vielleicht mit mehr Berechtigung zugeschrieben werden könnte.

An das Mitwirken allgemeiner localer Verhältnisse lässt sich nicht denken; die zweierlei Arten von Häusern sind ja doch zusammen, neben einander auf dem ganzen Stadtgebiete vertheilt; die mit Leitungswasser versehenen sind nicht etwa auf dem einen — vielleicht erhöhten — Orte gelegen, die übrigen bilden nicht etwa einen abgesonderten, tief gelegenen ungesunden anderen Stadttheil.

Auch das lässt sich nicht sagen, dass die Hausleitungen in den Häusern der wohlhabenden Bevölkerung vorherrschten; es sprechen dagegen zwei Umstände: erstens der, dass Scharlachfieber, Croup und Diphtherie in den mit Brunnenwasser versorgten Häusern mit keiner höheren — sogar mit einer etwas geringeren — Verhältnisszahl auftraten, als in den Häusern mit Leitungswasser; und doch müssten eben diese Krankheiten die arme, sorglose und unreine Volksclasse durch ihre hohe Verhältnisszahl charakteristisch anzeigen, wenn in den auf Brunnenwasser angewiesenen

Häusern wirklich eine solche Volksclasse gewohnt hätte; andererseits wurde bei der Aufsuchung der Bevölkerungszahl der im Obigen verglichenen Häuser in Erfahrung gebracht, dass unter den mit Leitungswasser versehenen Häusern eben die bevölkerten vorherrschen, in welchen also die Bevölkerung gedrängter, unter ungesunderen Verhältnissen wohnt; auch dieser Umstand sollte daher eher in den mit Leitungswasser versehenen Häusern eine grössere Mortalität an Typhus, Cholera etc. verursachen. Auch das steht fest, dass die Wasserleitung — besonders in der neueren Zeit — auf behördliche Verfügung hauptsächlich in denjenigen Häusern eingeführt wurde, welche auffallend ungesund, von Epidemien heimgesucht waren. In anderen Häusern, welche besseres Brunnenwasser hatten und an und für sich gesunder waren, entschlossen sich die Eigenthümer selten zur Einführung der Wasserleitung.

Dass aber trotz alledem die Bevölkerung in den mit Leitungswasser versorgten Häusern ganz bestimmt gesunder war, als in den auf Brunnenwasser angewiesenen Häusern, das beweist um so gewisser, dass im Schmutze der Brunnenwässer die Quelle einer wahrhaftigen Schädlichkeit gelegen ist, welche Cholera, Typhus, Darmkatarrh — und auch Blattern — befördert, — gerade so, wie man sehen konnte, dass auch der Schmutz des Bodens mit dem Vorherrschen der genannten Krankheiten im geraden Verhältnisse steht, — und auf dieselbe Weise, wie man beobachten konnte, dass die Verunreinigung der Luft durch emporströmende Grundluft die Verbreitung jener Krankheiten gleichfalls beförderte.

Schlusswort.

In den obigen Ausführungen habe ich die positiven Resultate meiner Forschungen vorgetragen. Sie haben uns vor eine sehr wichtige Frage geführt, und zu deren Klärung mit auffallender Uebereinstimmung und sprechender Consequenz die wichtigsten Anhaltspunkte geliefert.

Meine bisherigen Forschungen haben ergeben, dass Luft und Boden, sowie das Wasser in der That einen Einfluss auf die Entwickelung verschiedener Krankheiten, hauptsächlich von Typhus und Cholera besitzen; es ergab sich insbesondere, dass jene ihren Einfluss in erster Reihe eben ihrer Verunreinigung verdanken. Es taucht nun die Frage auf: wie ist jener Einfluss von Luft, Boden und Wasser, namentlich aber ihrer Verunreinigung auf das Entstehen und die Verbreitung von Cholera, Typhus und anderen Krankheiten zu erklären?

Wenn den Ursachen von Typhus und Cholera nachgegangen, wenn zu deren Beleuchtung Material herbeigeschafft wird, ist es Regel, bloss darnach zu forschen, ob der Infectionsstoff aus der Luft, dem Wasser oder dem Boden in den menschlichen Körper gelangt war oder gelangen konnte, und man meint gewöhnlich, dass, wenn es gelingt, die zeitliche oder örtliche Verbreitung der Epidemie mit irgend einem Verhalten von Luft, Wasser oder Boden in Zusammenhang zu bringen, damit auch schon nachgewiesen ist, dass der Infectionsstoff dort im Wasser oder im Boden selbst entstanden, und von dort im fertigen Zustand in den menschlichen Körper gelangt sei.

Diese Auffassung ist einseitig und darum unrichtig; denn es ist klar, dass der Einfluss jener Medien auf die Entwickelung der Epidemien die verschiedensten Wege befolgen kann. Es ist möglich, dass sie die Träger des in sie gelangenden Infectionsstoffs sind, den sie überall hin zerstreuen und verbreiten, wohin sie selbst gelangen, ohne dass sie selbst befähigt wären, auch nur ein Atom des Infectionsstoffs zu produciren; doch ist auch das möglich, dass sich der Infectionsstoff in ihnen thatsächlich vermehrt und dann zerstreut wird, und auf gewissen Wegen (Wasser, Grundluft, aufgewirbelter Staub) in den menschlichen Körper gelangt. Diese zwei Verbreitungsarten von Epidemien könnten die directe Verbreitung genannt werden; in beiden sind Luft, Boden und Wasser selbst die inficirenden Agentien.

Doch kann die Verbreitung der Krankheiten durch gewisse Zustände von Luft, Wasser und Boden auch in einer anderen, ganz verschiedenen Weise bewirkt werden, ohne dass der specifische Stoff in ihnen gedeihen und durch sie verschleppt werden würde, — ohne dass das genossene und als schädlich erkannte Wasser oder der als schädlich nachgewiesene Boden oder die durch Bodengase verunreinigte Luft auch nur Spuren des specifischen Keimes enthalten würden. Ihr Einfluss auf die Entstehung der Epidemien kann auch ein indirecter sein, und z. B. in der Modification, in der Herabminderung der individuellen Widerstandsfähigkeit gegen den, eigentlich auf andere Weise reproducirten und verbreiteten specifischen Infectionsstoff bestehen [1]).

Forscher, die sich mit den ätiologischen Verhältnissen von Typhus und Cholera beschäftigen, werden, meiner Meinung nach, nur dann correct vorgehen, wenn sie alle auf die Aetiologie bezüglichen Daten unter diesem dreifachen Gesichtspunkte der Kritik unterwerfen; nur auf diese Weise werden sie die Natur des Einflusses der einzelnen Factoren gründlicher erforschen und erkennen.

Es wäre eine zu langwierige Arbeit, wollte ich die auf Typhus und Cholera Bezug habenden Literaturangaben hier einzeln zergliedern, um nachzuweisen, inwiefern sie den directen oder den indirecten Einfluss bezeugen. Diese detaillirte Kritik überlasse ich Anderen, oder verschiebe sie auf ein nächstes Mal; für diesmal begnüge ich mich mit dem allgemeineren Ueberblick und will nur kurz untersuchen, ob auf Grundlage der bisherigen Angaben die directe Erzeugung und Verbreitung der erwähnten Krankhei-

[1]) Vergl. auch Hirsch, Allgemeine Darstellung der Choleraepidemie des Jahres 1873 in Deutschland. Berichte der Choleracommission für das deutsche Reich. Berlin 1879, S. 313.

ten, resp. der sie hervorrufenden Infectionsstoffe durch Luft, Boden und Wasser für bewiesen oder für wahrscheinlich gehalten werden kann oder nicht.

Bezüglich der Luft kann von einer Erzeugung des Infectionsstoffs natürlich gar keine Rede sein; es wird das sowohl durch die Erwägung, als auch durch die Erfahrung ausgeschlossen. Doch kann auch diese Ausschliessung keine absolute sein, denn es lässt sich schliesslich vorstellen, dass eine Luft, z. B. in einer Localität, mit Feuchtigkeit so weit gesättigt ist, dass sie einen, wo immer herstammenden Infectionsstoff lebend und vermehrungsfähig zu erhalten und so zur Verbreitung der Epidemie beizutragen vermag, während der Infectionskeim in einer anderen, vielleicht nicht so feuchten Luft austrocknet und abstirbt. Ich sehe jedoch keinen Beweisgrund, welcher auf diese oder eine ähnliche Annahme auch nur im Entferntesten verweisen würde.

Ich will ferner nicht behaupten, dass es ganz und gar unwahrscheinlich ist, dass der fertige Infectionsstoff durch die Luft ausnahmsweise verschleppt, z. B. aus verseuchten Häusern oder Häusergruppen in andere gesunde getragen werden könne; ich muss aber erklären, dass uns die Literatur keine einzige Angabe liefert, welche diese, durch die Luft von Haus zu Haus, von Strasse zu Strasse oder gar von einer Ortschaft zu der anderen bewirkte Verbreitung von Typhus- und Choleraepidemien beweisen würde. Die Luft kann also gewiss nur ausnahmsweise und auf ganz unbedeutende Entfernungen der directe Träger, wenn auch eines fertigen Infectionsstoffs sein.

Mit geringerer Bestimmtheit darf behauptet werden, dass das Wasser den zufällig hineingelangenden fertigen Infectionsstoff nicht weiter zu führen und so Epidemien hervorzurufen vermöchte; denn hierfür liefert schon sowohl die Theorie, wie auch die Erfahrung unverkennbare und nicht zu leugnende Belege. Man möge unter Infectionsstoffen Bacterien oder Protoplasmaschollen oder überhaupt irgend eine Substanz verstehen, so ist es keineswegs sicher, ja nicht einmal wahrscheinlich, dass sie, in mehr oder weniger Wasser gelangt, ihre Infectionskraft einbüssen, wie das Viele glauben und behaupten. Von Bacterien wissen wir einstweilen, dass sie ihre Lebensfähigkeit im Wasser auch nach hochgradiger Verdünnung noch behalten; und selbst dann, wenn sie in der millionenfach grösseren Wassermenge so zu sagen verschwinden, können sie noch immer sich erhalten und aufs Neue sich vermehren, wenn sie aus dem Wasser in andere, ihrer Entwickelung günstige Medien gelangen. Meine Culturversuche mit Brunnen- oder Donauwasser beweisen hinlänglich den Fortbestand und die energische Vermehrungsfähigkeit der im Wasser vertheilten und dort lange Zeit hindurch höchst wahrscheinlich inactiv verbliebenen Bacterien. Vom septischen Infectionsstoffe ist uns sogar bekannt, dass er seine Infectionskraft auch nach hochgradiger Verdünnung nicht verliert. Es lässt sich daher vorstellen, dass ein geringes Quantum, z. B. inficirter Fäcalien, welches mit seinen Milliarden von Bacterien in ein Wasserreservoir gelangt, hier aufgelöst und vertheilt wird, und dass jetzt ein jeder Tropfen dieses Wassers jene specifischen Bacterien enthalten kann, welche in ein entsprechendes Zuchtmedium, z. B. in den menschlichen Körper übertragen, hier zur Entwickelung gelangen und die Krankheit hervorrufen können.

Zur Unterstützung dieser Annahme vermag auch die epidemiologische Beobachtung Vieles beizutragen. Es ist uns mehr als ein Typhus- oder Choleraausbruch bekannt, welcher unsere Gedanken unwillkürlich auf diesen Vorgang lenkt, — darauf, dass in das Trinkwasser ein fertiger Infectionsstoff gerathen war und durch das Wasser unter die Consumenten vertheilt wurde. Der Ausbruch in Broad-Street, die Epidemie in East-London, der Ausbruch zu Hurdwaar, ferner die Epidemie in Richmond-Terrace, die Epidemieen zu Caterham und Redhill, der Ausbruch im Franke-schen Institute zu Halle u. a.[1]) könnten alle hierher gerechnet werden, da einige von ihnen viel zu bezeichnend sind, als dass man sie für einen Zufall oder Irrthum betrachten dürfte.

Es handelt sich aber hier überall um einen fertigen Infectionsstoff, welcher ins Wasser gelangte und Diejenigen inficirte, die vom Wasser genossen hatten. Solche Erfahrungen reichen jedoch bei weitem nicht aus, die Grundlage für eine „Trinkwasser-Theorie" abzugeben, denn sie beweisen nicht mehr, als dass der fertige Infectionsstoff im Wasser, wenn er zufälliger Weise hineingelangt war, nicht untergeht, sondern activ verbleibt. Bei solchen ausnahmsweisen Beobachtungen davon zu sprechen, dass das Trinkwasser die regelmässige Ursache der Verbreitung von Epidemien ist, halte ich für gänzlich unbegründet. Es könnte nur dann für die Ursache der Epidemien angesehen werden, wenn es sich herausstellte, dass der Infectionsstoff den Ort seiner Entwickelung oder das Mittel seiner Verbreitung in der Regel, oder zumindest häufig

---

1) Vergl. ferner: A. Hirsch, Die Choleraepidemie des Jahres 1873 in Norddeutschland. Ber. d. Chol.-Comm. VI. Heft, 1879. S. 84.

im Trinkwasser findet, wenn die Erkrankungen regelmässig an gewisse Wässer gebunden wären, ohne welche die Epidemie erlöschen würde und deren Anwesenheit eine Bedingung der epidemischen Ausbreitung der Krankheit wäre. Solche Erfahrungen aber, welche beweisen würden, dass Cholera und Typhus constant an gewisse Wässer gebunden sind und ohne diese oder bloss durch die Veränderung des Wassorbezuges erlöschen, existiren nicht.

Zieht man insbesondere die im Boden stattfindende Filtration in Betracht, so ist es nicht einmal recht möglich sich vorzustellen, dass der Cholera- oder Typhuskeim seine Entwickelungsstätte im Wasser hätte und von hier aus über die Einwohnerschaft verbreitet werden würde. Wie wäre es möglich, dass der Typhus- oder Cholerakeim von einem Kranken oder aus einem Brunnen binnen wenigen Wochen in alle übrigen Tausende von Brunnen gelangte, deren sich z. B. die Pester Bevölkerung in 1866 bediente, als die meisten Fälle — wie das allgemein beobachtet wird — einzeln oder zu zweien zerstreut in hundert und tausend verschiedenen, entfernt von einander liegenden Häusern auftraten; war es ja doch zu sehen, wie energisch der Boden dem Fortschwemmen der suspendirten Körperchen — so auch der Bacterien — entgegentritt. Wie sollte man das erklären, wenn der Typhus in einem Hause Jahre hindurch immer wieder aufs Neue und in dem mit ganz demselben Grund- und Brunnenwasser versorgten Nachbarhause kein einzigesmal erscheint? Oder wie sollte überhaupt die ungleichmässige Vertheilung von Typhus und Cholera in solchen Städten erklärt werden, welche gleichmässig in der ganzen Stadt ein und dasselbe, z. B. Leitungswasser besitzen [1])?

Und wenn in eine von Typhus oder Cholera heimgesuchte Stadt reines Leitungswasser eingeführt wird, so müsste dem Typhus und der Cholera der Lebensfaden plötzlich ganz abreissen, wenn deren Entwickelung und Verbreitung wirklich an das Trinkwasser gebunden wäre; und doch wurde diese Beobachtung bisher nirgends gemacht, auch in Budapest nicht, da auch hier Typhus und Cholera trotz der eingeführten Wasserleitung epidemisch blieben, und auch in den an die Leitung angeschlossenen Häusern fortherrschten, und zwar in manchen sogar mehr, als in Häusern, welche auf verunreinigtes Brunnenwasser angewiesen waren.

Wir verfügen über keine einzige Erfahrung, welche beweisen würde, dass das Wasser eine unentbehrliche oder wesentliche Be-

---

[1]) Vgl. auch das oben auf Seite 254 u. ff. Gesagte.

dingung bei der Entwickelung won Epidemien gewesen wäre; auch diejenigen, welche zur Zeit von Epidemien überhaupt kein Wasser, sondern nur Wein oder Bier oder bloss gekochtes Wasser trinken, erkranken häufig genug, wenn sie in der verseuchten Localität verbleiben.

Das Wasser kann daher in Ausnahmefällen wohl der Träger eines fertigen Infectionsstoffs sein; der Producent, der regelmässige oder auch nur häufige Verbreiter des Krankheitskeimes kann es aber nicht sein, und ist es auch gewiss nicht.

Und der Boden? kann vielleicht dieser für die Infectionsstoffe eine Brutstätte und einen Träger abgeben?

Es ist durch viele und sehr triftige Daten bewiesen, dass der Boden bei der epidemischen Verbreitung mancher Krankheiten eine wesentliche, ja kaum entbehrliche Bedingung ist. Ich müsste die Werke Pettenkofer's reproduciren, wollte ich den gründlichen Nachweis für diese Behauptung liefern, was für den Leser gewiss eine überflüssige Wiederholung wäre. Ich will nur die Hauptargumente andeuten und ein Jeder wolle dann die Beweisführung in Gedanken fortspinnen. Wohlan: vor Allem die Immunität, welche beweist, dass die Cholera, wo ihr ein gewisses örtliches Substrat abgeht, welches wohl durch nichts anderes so sehr als durch den Boden geboten wird, sich nicht zur Epidemie entwickelt; da sind die auf Schiffen gemachten Erfahrungen, wonach die Cholera hier — in Ermangelung des Bodens — zur epidemischen Verbreitung nur äusserst selten Gelegenheit findet; ferner die zeitlichen Schwankungen gewisser Epidemien (Typhus, Cholera, Wechselfieber etc.), welche an manchen Orten (wie zu sehen war, auch in Budapest) mit den zeitlichen Veränderungen des Bodens so auffallend zusammentreffen; endlich die Endemicität gewisser Krankheiten, welche auf die Bodenverhältnisse als auf ihre natürlichste Ursache zurückzuführen ist.

Der Boden zeigt offenbar einen so innigen Zusammenhang mit dem epidemischen Vorherrschen von Cholera, Typhus und anderen Krankheiten, dass die Quelle für die Vermehrung des Infectionsstoffs jener Krankheiten und für die Verbreitung der Epidemie mit Recht im Boden gemuthmaasst werden muss.

Für einige Krankheiten kann diese directe Abhängigkeit in der That acceptirt und auch leicht erklärt werden. Der Infectionsstoff des Wechselfiebers, welcher so sehr an den Boden gebunden und an gewissen Orten so constant sesshaft ist, kann dort in der oberen Bodenschicht wachsen und von daher in den menschlichen Organismus gelangen, wie ich das weiter oben ausgeführt habe. Auch die Häufigkeit der Enteritis über einem verunreinigten Boden ist leicht verständlich, wenn man bedenkt, dass diese Krankheit die Erklärung für ihre Entwickelung in den Zersetzungsproducten des Bodens allein schon findet. Den directen Zusammenhang des Typhus und noch mehr der Cholera mit dem Boden zu verstehen und zu beweisen fällt aber schon viel schwerer.

Sieht man z. B., dass die Cholera einmal aufgetaucht, über zahlreiche Häuser einer Stadt sich rasch verbreitet, und gerade auf diejenigen, deren Boden verunreinigt ist und insbesondere deren Boden es in der Tiefe ist, so müsste man denken, dass, wenn dort, im Boden jener Häuser, der Infectionsstoff selbst wachsen würde, die infectiösen, aber noch nicht reifen Keime aus dem Körper der zuerst Erkrankten in die ganze Atmosphäre verbreitet, bis in die entferntesten Stadttheile zerstreut worden und überall niedergefallen wären; haften geblieben und zur Entwickelung gelangt wären sie aber nur dort, wo die oberflächlichen, insbesondere aber die tiefen Bodenschichten hinlänglich verunreinigt waren. Hier kamen dann die Keime zur Reife, erhoben sich aufs Neue aus der Tiefe des Bodens um zu inficiren.

Habe ich zu beweisen, dass diese Wanderung des Infectionsstoffs durch die Luft, seine Niederlassung in dem an organischen Substanzen reicheren Boden, und — nach der erfolgten Entwickelung — sein neuerliches, jetzt schon in infectionsfähigem Zustande erfolgendes Aufsteigen nicht einmal denkbar ist, weil die meisten Choleraepidemien viel rascher ablaufen, als dass die Keime Zeit finden könnten den Weg in den Boden — und sogar eben in die tieferen Bodenschichten — hinein und von dort wieder heraus zurückzulegen und inzwischen dort auch noch auszureifen, selbst die Möglichkeit zugegeben, dass der Infectionsstoff den Boden, welcher die kleinsten Körperchen so kräftig zu binden vermag, durchdringen könne.

Man kann auch noch beobachten, dass die heftigsten Choleraausbrüche sehr rasch sich entwickeln; die Cholera erreicht ihren Höhepunkt binnen wenigen Tagen und nimmt dann wieder ab, also gerade zu der Zeit, wo, würde der Infectionsstoff durch den Boden producirt werden, er in dem, jetzt bereits in grosser Ausdehnung inficirten Boden eben am reichlichsten sich bilden müsste und somit die meisten Infectionen veranlassen könnte. Der Annahme, wonach dann der Boden den Infectionsstoff *in loco* reifen lässt, widerspricht aber insbesondere die Beobachtung, dass Menschen, welche einen solchen Ort betreten, aber dort nur kurze Zeit sich aufhalten — z. B. Aerzte —, in die Krankheit nicht verfallen; wäre der Infectionsstoff in solchen Oertlichkeiten wirklich im fertigen Zustande angehäuft, so müsste das Betreten solcher Localitäten am gefährlichsten sein.

Kurz, es lässt sich hinsichtlich der Cholera nicht denken und auch nicht beweisen, dass ihr Infectionsstoff durch den ungesunden Boden direct erzeugt und verbreitet würde.

Auch bezüglich des Typhus kann man sich nur sehr schwer dem Gedanken fügen, dass der Boden der directe Erzeuger und Vermittler des Infectionsstoffs sein sollte. Auch die Keime dieser Krankheit müssten den tief gelegenen, in der Tiefe verunreinigten Boden auffinden, weil die Epidemien bei solchen Verhältnissen des Bodens vorherrschen. Den im Boden entwickelten Keimen müsste der Weg zum Nachbarhause durch die Hausthür versperrt sein, da man neben mit Kranken überfüllten Häusern, neben vom Typhus Jahr aus Jahr ein heimgesuchten Oertlichkeiten sehr häufig auch ganz immune Häuser antrifft. Die Keime müssten ferner im Boden mancher Häuser gewissermaassen perenniren, dann von Zeit zu Zeit sich massenhafter entwickeln und jetzt in jenen Häusern Erkrankungen und Todesfälle erzeugen, zu anderen Zeiten hingegen längere Zeit hindurch unthätig ruhen; denn nur auf diese Weise wäre es verständlich, dass gewisse Häuser Jahre hindurch wiederholt vom Typhus befallen werden, während die in der Umgebung gelegenen Häuser constant immun bleiben.

Auch das verdient Beachtung, dass Lage, Verunreinigung oder Reinheit, Oxydation oder Fäulniss des Bodens, Stand und Bewegungen des Grundwassers u. a. bezüglich der Entwickelung der Krankheit — und zwar sowohl des Typhus als der Cholera — keine scharf gezogenen Grenzen abgeben; würde nun der Infectionsstoff im Boden selbst wachsen, so müsste er doch gewissen Bodenverhältnissen sich mehr anpassen und durch die entgegengesetzten Verhältnisse entschiedener abgewehrt werden. Wenn Typhus und Cholera im verunreinigten Boden wachsen würden, so müssten sie aus den auf reinem Boden stehenden Häusern oder aus den Schiffen etc. ganz ausgeschlossen bleiben. Dem gegenüber herrschen aber jene Krankheiten überall vor, auf reinem und auf unreinem Boden, sowie auch auf Schiffen, nur neben dem einen Umstande — bei unreinem Boden — relativ häufiger als neben dem anderen.

Wenn man ferner sieht, dass der reine Boden relativ gesünder ist, und dass mit dem Schmutze auch die Krankheiten zunehmen: so müsste man — eine directe Erzeugung der Krankheitskeime vorausgesetzt — annehmen, dass auch im reineren Boden Keime erzeugt werden, die aber von zahmerer Natur sind, als die im mehr verunreinigten Boden gewachsenen, eine Annahme, die eben so schwer verständlich ist, wie schwer sie vertheidigt werden kann.

Endlich war der Zusammenhang von Typhus und Cholera mit den verschiedensten Factoren — nicht allein mit dem Boden und seiner Verunreinigung und Fäulniss, sondern auch mit dem Wasser, mit dessen Verunreinigung, mit dem Leitungswasser und noch vielem Anderen — ganz unverkennbar; angesichts dieses Zusammenhanges müsste man sagen: wenn der Boden seine inficirende Wirkung dadurch ausübt, dass in ihm der Infectionsstoff der Krankheit sich entwickelt, warum sollten da nicht auch die letzteren Factoren die Epidemien dadurch beeinflussen, dass sich die specifischen Keime auch in ihnen vermehren. Offenbar wäre aber diese Annahme ebenso erzwungen als unwahrscheinlich.

Fragt man daher, ob der Boden mit Typhus und Cholera in einem so directen Zusammenhange steht, dass er die specifischen Keime producirt und verbreitet, so muss ich mit der Ueberzeugung antworten, dass auch der Boden mit jenen Krankheiten in einem so directen Zusammenhange nicht steht.

In welcher Weise sollen nun aber jene Krankheiten durch Luft, Wasser und Boden beeinflusst werden, wenn nicht auf directem Wege?

Wir wollen zuerst diejenigen Verhältnisse des Bodens und des Wassers kurz recapituliren, für welche sich ein Zusammenhang mit Typhus und Cholera ergeben hat.

Wie zu sehen war, ist der Einfluss des Bodens auf Typhus und Cholera ganz augenfällig. Diese Krankheiten herrschen in Budapest auf einem mit hinreichender Bestimmtheit begrenzbaren Gebiete, auf der sogenannten Seuchenzone, mit besonderer Heftigkeit vor, während sie sich an anderen Orten auffallend selten zeigten. Diese Seuchenzone war von dem übrigen Gebiete der Stadt ganz merklich verschieden, sie lag tiefer und der Boden war von beiden Seiten her gegen sie, wie gegen den Grund einer ausgedehnten Mulde hin geneigt. Auch das war zu sehen, dass das Grundwasser unter dieser Zone stagnirte oder nur sehr träge weiter strömte und dass es auf diesem Gebiete der Bodenoberfläche sehr nahe kam. Insbesondere wurde aber auch das erkannt, dass die Bevölkerung der einzelnen Häuser auch auf diesem Seuchengebiete, auch über diesem stagnirenden und oberflächlichen Grundwasser in dem Maasse von den Epidemien zu leiden hatte, als der Boden selbst mehr oder weniger, als er oberflächlich oder in der Tiefe verunreinigt war, je nachdem die organischen Substanzen im Boden in Oxydation begriffen waren oder faulten.

Der Schmutz und die Bedingungen und Verhältnisse seiner Fäulniss waren also diejenigen Momente, durch welche sich der verseuchte Boden vom gesunden wesentlich unterschied.

Aehnliches haben wir auch bezüglich des Wassers erfahren. Die Epidemien waren auf dem schlechtes Wasser führenden Gebiete heimisch und selbst auf diesem Gebiete stand das Verschontbleiben der Häuser von den Epidemien mit einem relativ reineren Trinkwasser, das Ergriffenwerden mit einer relativ höheren Verunreinigung des Wassers, mit seiner Infection durch Fäulnissproducte in Verbindung. Auch das Leitungswasser führte verschiedene Vortheile im Gefolge, so wie es auf Gebiete kam, wo es ein um vieles schlechteres Wasser zu ersetzen hatte, als es selbst war.

Der Einfluss des Bodens und des Wassers auf Typhus und Cholera kann für Budapest nicht länger bezweifelt werden; mit derselben Klarheit tritt aber auch das hervor, dass dieser Einfluss stets innig an die Verunreinigung und ihre Verhältnisse gebunden war.

Mithin war der Schmutz jenes ätiologische Moment, welches in ultima analysi sowohl im Boden als auch im Wasser dem Typhus und der Cholera steuerte.

Geschah aber diese Steuerung in der Weise, dass der Schmutz im Wasser oder im Boden auch den Infectionskeim selbst producirte, dass er selbst die specifische Infection verursachte? Nach den obigen Ausführungen werde ich kaum noch eines Weiteren zu beweisen haben, dass der Schmutz den specifischen Keim zu produciren nicht vermochte, denn sonst müsste man annehmen, dass sich der specifische Stoff den Boden und das Wasser, welche relativ verunreinigter waren, als Boden und Wasser der Nachbarhäuser, von Haus zu Haus ausgesucht hat und dass er sich an den relativ grösseren Schmutz heran, in die Bodentiefe und zu dem hier abströmenden Grundwasser hinuntergedrängt hätte.

Es erscheint mir naturgemässer, anzunehmen, dass der unseren Boden durchtränkende Schmutz, welcher von hier z. B. durch Vermittelung der Grundluft in unsere Wohnungsluft gelangt oder z. B. aus dem Boden, durch Niederschläge oder durch das Grundwasser ausgelaugt, in das Brunnenwasser sickert, und aus jener

Luft und diesem Wasser in den Organismus aufgenommen wird, hierher keine specifischen Infectionskeime verpflanzt, sondern bloss die Empfänglichkeit des menschlichen Körpers für Typhus und Cholera erhöht, resp. die Widerstandsfähigkeit des Organismus vermindert. Ein menschlicher Organismus, welcher sich in einem — durch Vermittelung der Grundluft — mit den Zersetzungsproducten der Bodenunreinigkeit geschwängerten Luftkreise bewegt, oder ein solcher Organismus, welchem ein mit aus dem Boden aufgenommenen Infectionsstoffen übersättigtes Wasser geboten wird, kann mit diesen Producten gewissermaassen durchtränkt werden, in Folge dessen er nicht mehr die genügende Widerstandskraft haben wird, wenn ihn die specifischen Keime bestürmen.

Ich bin mir wohl bewusst, dass die Ätiologie mit der Aufstellung der individuellen Disposition ein in volles Dunkel gehülltes Gebiet betritt; denn heute vermag noch Niemand zu sagen und zu erklären, worin diese individuelle Disposition eigentlich besteht, wie sie functionirt; trotzdem, wie tief auch das auf diesem Gebiete herrschende Dunkel sein mag, muss man es betreten, um, soweit als möglich, auch in dieser, vom epidemiologischen Standpunkte — wie es scheint — äusserst wichtigen Frage Licht zu schaffen, umsomehr als ihr die hygienische Forschung, eben wegen ihrer Dunkelheit, immer und immer wieder ausweicht.

Wir wollen in Kürze untersuchen, ob es möglich ist, dass Luft, Boden und Wasser, wenn sie verunreinigt sind, auf Epidemien in der Weise einfliessen, dass sie die Disposition und die Widerstandskraft gewisser Menschen modificiren? Vor allem wünsche ich aber überhaupt die Wichtigkeit, welche der individuellen Disposition bei den epidemischen Krankheiten, namentlich auch bei Typhus und Cholera zukommt, hervorzuheben. Die Erfahrung lehrt uns, dass jenen Krankheiten gegenüber die vorläufig unerklärliche Disposition der Menschen in der That von der wesentlichsten Bedeutung ist. Man sieht, wie Hunderte und noch mehr z. B. durch das Zusammenwohnen im selben Hause, über demselben Boden, durch den Genuss desselben Wassers etc. einem und demselben Factor ausgesetzt sind und wie von den Hunderten bloss 2, 3, 10 oder mehr erkranken, die Mehrzahl aber der Krankheit (gewöhnlich) widersteht. Dieses Entrinnen kann nur dadurch erklärt werden, dass die Mehrzahl der Menschen zur Zeit der Epidemie nicht disponirt war, nicht aber dadurch, dass es vielleicht an Infectionsstoff gefehlt hätte. Auch das ist uns wohl bekannt, dass z. B. das Lebensalter ganz entscheidend auf die Entwickelung von Krankheiten einwirkt; die Cholera richtet ihre Verheerungen unter dem Säuglings- und dem Greisenalter an, der Typhus bevorzugt das andere Lebensalter; und doch waren Säuglinge, Greise und Jünglinge der Einwirkung desselben Bodens, Wassers nnd Infectionsstoffs ausgesetzt. Auch das ist z. B. bekannt, dass Trunkenbolde jenen Epidemien häufiger zum Opfer fallen als mässige Leute; nicht als ob diese einen anderen Boden unter sich und ein anderes Grundwasser hatten, oder als ob sie vom Infectionsstoffe nicht erreicht worden wären, sondern weil dieser Stoff über den Organismus der ersteren leichter zur Herrschaft gelangen konnte, da sie mehr disponirt waren.

Uebrigens liefert auch die experimentelle Forschung für die Annahme der individuellen Disposition Belege. Ich brauche nur auf die Versuche zu verweisen, welche Chauveau mit Milzbrand an französischen und algierischen Schafen angestellt hat, und bei welchen die letzteren, den französischen gegenüber, eine so auffallend geringe Disposition an den Tag legten.

Die individuelle Disposition ist also bei der Entwickelung von Cholera und Typhus unzweifelhaft der entscheidendste Factor. Hieraus ergiebt sich eines Weiteren, dass alles, was die individuelle Disposition bei einer grösseren oder geringeren Zahl der Menschen mehr oder weniger zu modificiren vermag, hierdurch auch die Verbreitung der Krankheiten zu steuern im Stande ist.

Ist aber die Unreinigkeit von Boden und Wasser wirklich befähigt, in einer grossen Bevölkerung die Disposition der einzelnen Individuen zu modificiren? und wie wäre das möglich?

Man findet schon in den älteren Werken Pettenkofer's[1]) die Idee angedeutet, dass bei der Verbreitung der Cholera der Boden etwa als ein die Disposition erhöhendes Moment auftritt. Der Boden producirt irgend eine Substanz y, welche mit dem vom Kranken herstammenden specifischen x im Boden oder auch im menschlichen Körper selbst sich verbindet und die Krankheit (resp. den Infectionskeim $= z$) hervorruft.

Ganz ähnlich lautet auch eine neuere Aeusserung von Pettenkofer[2]), wonach der Verkehr mit Orten, in welchen die Krankheit (Cholera) endemisch oder epidemisch ist, auf eine uns noch nicht näher bekannte Art den Cholera erzeugenden Organismus x

[1]) Zeitschr. f. Biol. Bd. 5.

[2]) Zur Actiologie der Infectionskrankheiten. München 1881, Bd. 2, S. 350 und 351.

verbreitet, welcher aber an einen anderen Ort gebracht sich, ohne seine giftige Eigenschaft zu verlieren, nur dann vermehrt, wenn er an diesem Orte ein Substrat *y* vorfindet, welches vom Boden stammt, und ihm so zu sagen als Nährlösung oder als Wirth dient, und welches entweder schon im Menschen selbst, oder — was mir (Pettenkofer) wahrscheinlicher ist — im Boden sich entwickelt und aus diesem in den darauf stehenden Wohnräumen oder an darin befindlichen Gegenständen haftet." Pettenkofer stellt also die Möglichkeit auf, dass an dem für die Krankheit disponirenden Orte ein Substrat aus dem Boden in den Körper gelangen könne, welches diesen für das *y* (den specifischen Stoff) vorbereite. Ich kann mich aber dem nicht anschliessen, was Pettenkofer für noch wahrscheinlicher hält, nämlich, dass der Einfluss des Bodens eher darin bestehen würde, dass das *x* mit irgend einem Erzeugnisse ausserhalb des Körpers zusammentreffen und dadurch infectiöse Eigenschaften erlangen sollte; in diesem Falle müsste nämlich angenommen werden, dass das *y* in den Boden gelangt, hier umgezüchtet wird und sich vermehrt, was ich weiter oben als unannehmbar bezeichnete, oder aber, dass aus dem Boden ein Ding hervorkommt, mit welchem das *y* in der Nähe des Bodens, in der ausströmenden Grundluft zusammentrifft, wo sie dann gegenseitig auf einander wirken, so zu sagen in der Atmosphäre der auf dem verunreinigten Boden stehenden Häuser schwebend einander befruchten, und in der Luft eine neue, infectiösere Generation zeugen. Meiner Auffassung nach ist auch das letztere schwer zu verstehen und anzunehmen, und überdies widerspricht es ihm, wie überhaupt der Annahme, dass der Infectionsstoff an irgend einem Orte ausserhalb des Körpers zur Reife gelange, der von mir weiter oben angeführte Umstand, dass Aerzte, welche solche Localitäten, deren Luftkreis mit den Producten von *x* und *y* geschwängert sein sollte, betreten, äusserst selten erkranken, obgleich sie ja doch dort den fertigen Infectionskeim eingeathmet haben konnten.

Nägeli hielt der Pettenkofer'schen und von ihm als monoblastische bezeichneten Theorie in 1877 seine eigene, sogenannte diblastische Theorie entgegen [1]); seiner Ansicht nach producirt der siechhafte Boden gewisse Miasmenpilze, welche in den menschlichen Körper gelangen und hier den Chemismus der Säfte so weit verändern, dass die jetzt eindringenden specifischen Contagienpilze eine günstige Zuchtstätte vorfinden. Noch später wurde auf Grund-

[1]) Die niederen Pilze, München 1877, S. 70 ff.

lage der Versuche eine hiermit im Wesentlichen übereinstimmende, aber der Form nach etwas abweichende Theorie aufgestellt. Davon ausgehend, dass Nährlösungen sich schneller trübten, wenn Wernich die Gase faulender Substanzen hinzutreten liess, als wenn sie der reinen Luft ausgesetzt waren: gelangte man zur Folgerung, dass der Aufenthalt in Fäulnissgasen überhaupt die Disposition des Organismus zur Entwickelung von Infectionsbacterien erhöht.

Meiner Auffassung nach hat die letztere Theorie weniger Berechtigung für sich, als die Nägeli'sche; nach ihr wäre die hauptsächliche Quelle für die Disposition in der Abtrittsluft und nicht in dem verhältnissmässig viel weniger faulenden und viel verdünntere Fäulnissgase producirenden Boden zu suchen, was aber mit der Erfahrung im Widerspruche steht. Andererseits wurde den Wernich'schen Versuchen von Buchner[1]) ein sehr plausibler Irrthum vorgeworfen, wodurch auch die experimentellen Grundlagen jener Theorie wankend wurden.

Auch meiner — mit der Nägeli'schen übereinstimmenden — Meinung nach ist der Boden befähigt, die individuelle Disposition zu modificiren und vorzubereiten, und zwar in der Weise, dass der verunreinigte Boden, durch Vermittelung der Grundluft oder des Wassers, oder auf anderen Wegen Zersetzungs- oder Fäulnissorganismen in den menschlichen Körper gelangen lässt. Je mehr der Boden, und je mehr durch ihn auch Wasser und Luft verunreinigt sind, um so dichter werden die von diesen lebenden oder auf ihm wohnenden Individuen oder die ganze Einwohnerschaft von den im Schmutze gedeihenden Bacterien umschwärmt. Die von Boden und Schmutz gezeugten Bacterien werden sich im Körper ansiedeln und gegen dessen Lebenskräfte ankämpfen. In der Regel geht der Organismus aus diesem Kampfe siegreich hervor, weil die unversehrten Zellen des menschlichen Körpers eine grössere Lebenskraft[2]) besitzen, als die Zersetzungsorganismen.

Die Infection selbst wird hingegen durch einen eigenen Infectionsstoff bewirkt, welcher vom Kranken oder seinen Gebrauchsgegenständen herrührt und verschleppt wird. Dieser Infectionsstoff ist in der Regel nicht im Stande, eine Infection zu bewerkstelligen, wenn er dem ungeschwächten Protoplasma des

---

[1]) Zur Aetiologie der Infectionskrankheiten II. Theil, S. 296 bis 297.

[2]) Hinsichtlich dieses Ausdruckes vgl. Colomann Balogh, Ueber Bacterien in der Bildesubstanz der Pflanzenzellen. Orvosi Hetilap (Aerztliche Wochenschrift) 1876, S. 250 (ungarisch). Vergl. ferner Nägeli a. a. O. S. 99.

menschlichen Körpers gegenübersteht, doch wird er diese Fähigkeit sofort erlangen, wenn derselbe Körper bereits durch andere, schwächende Stoffe, z. B. durch Zersetzungsproducte oder Bacterien — wie in anderen Fällen durch Alkohol (vergl. S. 352) — bereits bestürmt und durchdrungen worden war.

Wenn die vom Kranken herrührenden Stoffe, die specifischen Bacterien, in einen Körper gelangen, welcher mit solchen aus dem Boden und zwar aus dessen Schmutz abstammenden Organismen durchdrungen ist, so kann dieser Körper nicht denselben erfolgreichen Widerstand leisten, als ein ganz reiner, von Schmutzorganismen nicht durchdrungener, ungeschwächter Körper, sondern er wird erkranken, und zwar entweder dadurch, dass jetzt jene Schmutzorganismen über die Gewebselemente und Säfte des Körpers triumphiren, oder dadurch, dass die specifischen Bacterien im bereits geschwächten, weniger widerstandsfähigen Körper sich vermehren.

Alldas ist wohl nur Theorie und Raisonnement, aber es hat auch gewisse experimentelle Grundlagen. So kann z. B. mit Bestimmtheit behauptet werden, dass auch der gesunde menschliche Körper aus der Umgebung fortwährend Bacterien aufnimmt, welche dann in die Gewebe, eventuell sogar in den Blutkreislauf gelangen. Im I. Theile dieses Werkes war zu sehen, dass die Luft zu jeder Zeit Zersetzungsorganismen enthält, welche bei der Inspiration in die Lungen getragen werden. Hierher gelangte Bacterien vermögen ganz zweifellos ebenso in die Gewebe vorzudringen, wie Zinnober oder anderer Mineralstaub, welche man Versuchsthieren einathmen liess. Ebenso enthält auch das in den Magen eingeführte verunreinigte Wasser — gleich vielen anderen Nahrungsmitteln — Zersetzungsorganismen, wie ich das im III. Theile dieses Werkes nachgewiesen habe; diese Organismen können nun in das Gewebe des Darmcanals ebenso eindringen wie die Fetttröpfchen. Je mehr Bacterien aber, gleichviel ob aus der unreinen Luft oder aus dem schmutzigen Wasser, in Lungen und Darm gelangen, um so mehr werden sie auch in die Gewebe und Säfte des Körpers eindringen und diese bestürmen.

Diese Bacterien gehen in der Regel im lebendigen Protoplasma des Organismus wieder zu Grunde, bevor sie sich hätten vermehren, bevor sie auch durch immer neuere Invasionen vielleicht eine ernstere Wirksamkeit hätten erlangen können [1]).

---

[1]) Vgl. Colomann Balogh, a. a. O.

Manchmal besitzen sie aber genug Widerstanskrdaft, um sich auch im lebenden, gesunden Organismus lebens- und vermehrungsfähig zu erhalten. Dafür sprechen die von Béchamp, Billroth, Tiegel, Balogh, Giocosa u. A. mit lebendigen thierischen und pflanzlichen Geweben angestellten Versuche, in welchen sie die lebenden Exemplare oder die Keime der Zersetzungsorganismen antreffen konnten [1]). Es ist nicht unwahrscheinlich, dass diese lebendigen Bacterien eben in solchen Fällen angetroffen wurden, wenn die zur Untersuchung gelangten Körper oder lebendigen Gewebe zu Lebzeiten von Bacterien besonders bestürmt worden waren, während Andere, die im Körper keine lebendigen Bacterien finden konnten, vielleicht eben solche Thiere untersucht hatten, welche durch Bacterien weniger belagert worden waren.

Wie immer sich auch die Sache verhalten mag, so bleibt es mehr als wahrscheinlich, dass der Körper aus der Umgebung Zersetzungsorganismen in der That aufnehmen kann, und zwar um so mehr, je mehr diese Umgebung mit ihnen inficirt ist.

Andererseits ruht auch jene Hypothese auf naturwissenschaftlichen Grundlagen, dass eine in den Körper gelangende Bacterienart hier die Vermehrung anderer Bacterien zu befördern vermag. Nach Nägeli [2]) ist es bei den niederen Organismen eine sehr allgemeine Erscheinung, dass eine Art sich nur in dem Falle entwickeln kann, wenn in der Nährsubstanz vorhergehend schon eine andere Art zur Entwickelung gelangt war und der später kommenden das Nahrungsmittel gewissermaassen vorbereitet hatte.

Ausserdem dient noch ein Umstand als Beweis dessen, dass der Ausbruch von Cholera und Typhus durch die Modification der Disposition wesentlich beeinflusst wird. Es ist uns wohl bekannt, wie alles, was den Organismns schwächt, die Entwickelung der Krankheit am einzelnen Individuum ausserordentlich befördert. An Diarrhoe leidende Menschen erkranken leicht an der Cholera, und aus den interessanten Versuchen von Högyes ging hervor, dass die Versuchsthiere durch die zerstäubten Choleraentleerungen viel leichter inficirt werden konnten, wenn bei ihnen durch die Verabreichung starker drastischer Arzneien vorhergehende heftige Magen- und Darmcatarrhe verursacht worden waren [3]).

---

[1]) Vgl. auch Wernich, Grundriss d. Desinfectionslehre. Wien 1880, S. 41.

[2]) S. a. a. O. S. 75.

[3]) S. Orvosi Hetilap, 1873. Ferner Centralbl. f. med. Wissensch. 1873, Nr. 50, 51.

Nun wird aber kaum etwas den Organismus in seiner Widerstandskraft so sehr schwächen, als die Fäulnissbacterien oder die im verunreinigten Boden zu specifischer Virulenz gelangten Bodenbacterien (Bacillen, Sporen), deren Millionen über einem solchen verunreinigten Boden oder Wasser, Luft, Wohnungen und Nahrungsmittel anfüllend den menschlichen Organismus unausgesetzt bestürmen.

Wenn wir nach alledem gezwungen sind, den directen ansteckenden Einfluss des Bodens und des Wassers bei der Verbreitung von Typhus und Cholera zu leugnen, so wird andererseits die Annahme einer Vorbereitung des Körpers durch Unreinigkeit jener Medien für um so wahrscheinlicher zu halten sein, als diese Hypothese, wie zu sehen war, durch experimentelle Belege, wie auch durch die naturwissenschaftliche Erfahrung hinlänglich gestützt und in ein naturgemässes Licht gestellt wird. Hierauf fussend zögere ich nicht meine Ansicht dahin zu äussern, dass die Verbreitung von Typhus und Cholera das Product zweier Momente ist; einerseits der Disposition, welche durch den schmutzigen Boden, durch schmutziges Wasser und unreine Luft etc. erzeugt wird, andererseits der direct inficirenden Substanz, welche mit den Kranken eintrifft und sich verbreitet.

Aus dem Gesagten ergiebt sich der Mechanismus — um es so zu nennen — der Verbreitung von Cholera- und Typhus- (und auch anderer sogenannter miasmatisch-contagiöser) Epidemien von selbst. Die Disposition für jene Krankheiten ist verbreitet; insbesondere ist sie dort enwickelt, wo der menschliche Körper durch verunreinigten Boden, unreines Wasser und Luft in seiner Widerstandskraft geschwächt ist. Nun langt der specifische Infectionskeim an, und wird alle diejenigen krank machen, deren Körper für seine Einwirkung vorbereitet ist. Und je schmutziger der Boden, auf welchem gewisse Menschen wohnen, je unreiner das Wasser, welches sie geniessen und je unreiner die Luft ist, die sie einathmen, um so mehr steigert sich ihre Empfänglichkeit für die Krankheit, um so ausgebreiteter wird auch die Epidemie sein, zu welcher sich die Krankheit unter ihnen entwickelt.

Ebenso wird die Bevölkerung an einem gegebenen Orte für die Cholera dann am empfänglichsten sein, wenn die Zersetzung des im Boden enthaltenen Schmutzes durch die Schwankungen der Temperatur und Feuchtigkeit im Boden zur höchsten Intensität gesteigert ist. In Budapest stellte sich diese maximale Empfänglichkeit — wie zu sehen war — Ende Sommers und Anfangs Herbst ein, und auch dann, wenn das Grundwasser von einem höheren Stande plötzlich herabsank, wenn also die Zersetzung in den oberflächlichen Bodenschichten am intensivsten vor sich ging.

Auch für den Typhus ist die auf dem schmutzigsten Boden wohnende und das unreinste Wasser geniessende Bevölkerung am meisten disponirt; diese Disposition ist aber nicht an jene Zeiten gebunden, wenn die Zersetzungsprocesse in den oberflächlichen Bodenschichten die grösste Heftigkeit erreichen; Temperatur und Feuchtigkeit der oberflächlichen Bodenschichten üben auf den Typhus keinen entscheidenden Einfluss aus, er richtet sich vielmehr nach den Modificationen der tiefen Schicht, nach dem Stocken der Grundwasserströmung, nach dem Stagniren und vielleicht der hierdurch erzeugten hochgradigen Verunreinigung des Wassers in der Tiefe des Bodens. Jener Unterschied in der Erzeugung der Disposition für Typhus oder Cholera, dass auf das zeitliche Vorherrschen der Cholera die Zersetzungsvorgänge in der oberflächlichen Bodenschicht von Einfluss ist, auf den Typhus aber nicht, kann vorläufig bloss constatirt, nicht aber gründlich erklärt werden.

Wenn man sich den Einfluss von Boden und Wasser auf Typhus und Cholera durch die Annahme erklärt, dass aus diesen Medien, aus dem in ihnen enthaltenen Schmutze gewisse Zersetzungsorganismen in den menschlichen Körper gelangen und dessen Widerstandskraft den krankmachenden Keimen gegenüber abschwächen: dann darf sich auch jene Ansicht berechtigt fühlen, wonach es vielleicht nicht einmal streng nothwendig ist, dass das Schmutzproduct eben aus dem Boden in den Menschen gelange, sondern dass es sich überhaupt an allen Orten zu entwickeln vermag, wo Schmutz und Zersetzung dem menschlichen Körper nahe treten können. In der That spricht die Erfahrung bis zu einem gewissen Grade — insbesondere bezüglich des Typhus — dafür, dass der Schmutz überhaupt, wo immer er auch angehäuft sei, jene prädisponirende Wirkung auszuüben vermag [1]). Es darf jedoch auch das nicht übersehen werden, dass solche locale Schmutzherde zu keinen ausgebreiteten Epidemien führen kön-

[1]) Die Typhusepidemien — aber auch der Schmutz — der alten Gefängnisse, insbesondere aber der alten Handels- und Kriegsschiffe sind Jedermann bekannt.

nen, nicht so, wie der verunreinigte Boden. Es ist das auch sehr leicht verständlich; jene Anhäufungen von Unreinigkeit sind vereinzelt und zerstreut, und beeinflussen selten eine grössere Umgebung und selten in einer constanten Weise, während Boden und Wasser, wenn sie verunreinigt sind, ihre deletäre Wirkung unter ganzen Städten oder Stadttheilen und anhaltend ausüben können. Es ist also natürlich, wenn die hauptsächliche Quelle für die Entwickelung der Disposition im Boden gesucht wird; denn hier ist der thierische Unrath am allgemeinsten und massenhaftesten angehäuft, von hier gelangt er am leichtesten und beständigsten in den menschlichen Körper.

Ich schreibe daher den Einfluss auf die Verbreitung gewisser Infectionskrankheiten in letzter Folge einer einheitlichen und allgemeinen Naturkraft zu: dem Schmutze und seiner Zersetzung. Diese Naturkraft und ihre örtlichen und zeitlichen Veränderungen betrachte ich als den Urquell, auf welchen jene Reihe von Factoren zurückzuführen ist, welche jenen Krankheiten gegenüber mit örtlichem und zeitlichem Einflusse bekleidet sind, nämlich: die Disposition des tief gelegenen und verunreinigten Bodens und die Immunität des erhöhten und reinen Bodens; der Einfluss der Bodenwärme, der Feuchtigkeit und Ueberfluthung des Bodens; der Stand, Schwankungen, Strömung oder Stagnation des Grundwassers. Auf die den Organismus schwächende Wirkung des Schmutzes führe ich den Einfluss zurück, welchen das im verunreinigten Boden enthaltene Wasser, oder überhaupt das verunreinigte Trinkwasser, die dem Boden entströmende Grundluft und vieles andere bei der Verbreitung jener Infectionskrankheiten entfaltet.

Indem ich hierin dem Schmutze für die Verbreitung von Typhus und Cholera (und noch anderer Krankheiten) einen so grossen Einfluss zuspreche: befinde ich mich in Uebereinstimmung mit den zahlreichen Hygienikern, welche die Wichtigkeit des Schmutzes bei der Verbreitung der genannten Krankheiten gleichfalls hervorhoben [1]).

Neben dem Schmutze und neben der durch ihn erzeugten individuellen Disposition gebührt die höchste epidemiologische Bedeutung jenen specifischen Keimen, welche die Krank-

---

[1]) S. John Simon, Rep. of the Med. Off. of the Privy Council and Loc. Gov. Board. New Series, II, London 1874, p. 1 — 49. Vgl. ferner: Sander, Handb. d. öffentl. Gesundheitspfl. Leipzig 1877, S. 49 f.

heit auf den prädisponirten Menschen übertragen. Ueber diesen Infectionsstoff ist uns vorläufig so viel wie gar nichts bekannt. Nach den obigen Ausführungen wage ich aber das eine zu behaupten, dass man diesen specifischen Infectionsstoff nirgends so richtig suchen kann, als im menschlichen Körper und in den von diesem abfallenden, zerstäubenden und fortfliegenden Theilen. Der epidemiologische Forscher wird, im Bestreben den specifischen Keim von Typhus und Cholera zu erkennen, am richtigsten vorgehen, wenn er seine Untersuchungen auf den erkrankten menschlichen Körper richtet. Es ist wahrscheinlich, dass solche Forschungen auch bei Typhus und Cholera uns einem solchen Mikrobium auf die Spur führen werden, wie solches für den Milzbrand bereits thatsächlich aufgefunden worden ist.

Ich halte vom hygienischen Standpunkte den Nachweis dessen für sehr wichtig, dass der Schmutz jener Factor ist, von dem die Epidemien befördernde oder aufhaltende Wirkung des Bodens und des Wassers abhängt. Vom selben Gesichtspunkt ist es auch sehr wichtig zu erfahren, dass verunreinigter Boden und unreines Wasser etc. nur eine Disposition erzeugen und nicht den Infectionsstoff selbst; dass die Production des letzteren und seine Zerstreuung unter die disponirte oder nicht disponirte Bevölkerung durch das kranke Individuum und (gewöhnlich) nicht durch den Boden oder das Wasser geschieht. Auf diesen Kenntnissen — oder sagen wir Hypothesen — ruht die gegen jene Epidemien meiner Meinung nach zu ergreifende Prophylaxe.

Die gegen Typhus und Cholera (sowie ohne Zweifel auch die gegen viele andere Krankheiten) gerichtete Prophylaxe hat also in erster Reihe die Verunreinigung von Luft, Boden und Wasser hintanzuhalten und zu vermindern. Dadurch entzieht sie den Krankheiten die feste, die allgemeine Grundlage.

Doch wird keine der gegen jene Krankheiten gekehrten Maassnahmen einen vollen Erfolg aufweisen können, so lange sie bloss gegen den einen oder den anderen Stapelplatz des Schmutzes gerichtet ist und den Schmutz nicht überall, in der Luft sowohl als im Boden und im Wasser, gänzlich vernichtet hat; obschon andererseits alle Maassnahmen, welche Schmutz und Unreinigkeit wo immer angreifen, indirect auch die Quellen der Epidemien vermindern.

Selbst das beste Trinkwasser vermag die Seuchendisposition einer Stadt nicht aufzuheben, so lange der Boden verunreinigt ist, obschon es die Intensität der Epidemien verringert (wie das durch die Budapester Beobachtungen bewiesen wird); die Epidemien werden sich auch bei der besten und vollkommensten Desinfection ausbreiten, so lange der im Boden und im Wasser angehäufte und in Zersetzung gerathene Schmutz die Disposition unterhält, obschon andererseits die Ausbreitungsgrenzen der Epidemien durch jede verständige Desinfection eingeengt werden.

Darum ist es auch zur Zeit der Epidemien bereits zu spät, an die Verminderung der Disposition zu denken; es ist die Aufgabe der öffentlichen Hygiene, dahin zu wirken, dass aller Orten und schon lange vor Ausbruch der Epidemien auf die Verminderung der Disposition hingearbeitet werde; denn sowie die Verbreitung des Typhus, der Cholera (der Enteritis etc.) ihre Hauptstütze im Schmutze findet, ebenso ist die mächtigste Abwehr gegen jene Epidemien in der öffentlichen Reinlichkeit gelegen.

Doch auch das ist nicht alles. Da der Boden, das Wasser, und der Schmutz bloss die Disposition erzeugen, der Infectionsstoff aber durch den Kranken selbst producirt und zerstreut wird, so folgt hieraus, dass zu epidemischen Zeiten diese Zerstreuung thunlichst zu verhindern ist: deshalb sollen die Kranken isolirt, die von ihnen herstammenden oder mit ihnen in Berührung gewesenen Gegenstände vernichtet oder desinficirt werden. So lange wir die Quelle für die Erzeugung und Verbreitung der Krankheiten bloss im Boden erblicken und meinen, dass, sobald der Boden auch nur von einem Kranken inficirt wurde, dass dann der specifische Stoff im Boden von selbst sich fortentwickeln und Epidemien verursachen könne: so lange entbehren die Kranken und ihre Effecten — wenn sich nämlich der Keim irgendwo bereits eingenistet hat — jeder Bedeutung. Wenn aber — wie ich auf Grundlage der vorliegenden Arbeit zu behaupten wage — der Boden nur die Disposition erzeugt und nicht auch den Infectionsstoff; wenn dieser Infectionsstoff, wie ich das gleichfalls behaupte, im menschlichen Körper erzeugt und — wo die Disposition dazu vorhanden — auch durch diesen verbreitet wird: dann ist es auch eine Lebensfrage bei allen Epidemien, einem jeden einzelnen Kranken und seinen Effecten die eindringlichste Aufmerksamkeit zu widmen, die Verbreitung des specifischen Contagiumpilzes nach Möglichkeit zu verhindern. Dadurch wird — um mich eines Vergleiches zu bedienen — nicht nur dem Unverbrennbaren, sondern auch dem allzu Entzündlichen — dem Disponirten — der entflammende Funke entzogen.

Resumé.

Die im II. Theil dieses Werkes hervorgehobenen wichtigeren Ergebnisse.

1. Der Einfluss des Bodens auf die Verbreitung gewisser epidemischer Krankheiten wurde zu allen Zeiten durch die ärztliche Erfahrung bewiesen (S. 13).

2. Die in den Boden gelangenden organischen Substanzen werden zum Theil chemisch zersetzt (S. 19), zum Theil an der Oberfläche zurückgehalten (S. 23).

3. Das Erscheinen nicht oxydirter organischer Substanzen in dem Wasser, welches durch den Boden gesickert war, oder in den tieferen Bodenschichten weist zumeist darauf hin, dass der Boden mit jenen Substanzen übersättigt ist; dass er sie weder in mineralische Verbindungen überführen, noch an seiner Oberfläche mehr zu binden im Stande ist (S. 24).

4. Der Boden vermag kleine Körper, wie auch Bacterien bei langsamer Filtration zurückzuhalten; doch können diese durch stärkere Wasserströme — namentlich durch Strömungen des Grundwassers — in die Tiefe hinunter geschwemmt werden (S. 26).

5. Die Oxydation der organischen Substanzen ist im Boden durch Organismen, und zwar Mikrobacterien, bedingt; bei der Bodenfäulniss gehört hingegen den Desmobacterien die Oberhand (S. 32 bis 34).

6. Durch Sandboden wurde die Oxydation der organischen Substanzen besser befördert, als durch Lehmboden (S. 36 bis 38).

7. Die Menge der Kohlensäure, welche in einem mit organischen Substanzen getränkten Boden entwickelt wird, nimmt mit der steigenden Temperatur zu; über 60° C. hinaus wird die Entwickelung beeinträchtigt, noch mehr durch eine Wärme von 100

und mehr Graden. Die gänzliche Aufhebung der Kohlensäureentwickelung ist jedoch nicht einmal durch 137° C. erreicht worden (S. 41 bis 43).

8. Die Zersetzung der organischen Substanzen ist bei 2 Gewichtsprocent Feuchtigkeit noch sehr geringe; es scheint aber zu genügen, dass die Feuchtigkeit eines Bodens 4 Procent erreicht, auf dass die Zersetzung in ihm beinahe mit der vollen Intensität beginne. Durch die Ueberfluthung des Bodens mit Wasser wird die Zersetzung nicht aufgehoben (S. 44 bis 45).

9. Auf die Intensität der Zersetzung ist die Durchlüftung des Bodens von wesentlichem Einfluss (S. 47).

10. Der im Boden verlaufende Zersetzungsprocess kann verschieden sein, je nachdem die Luft zu den organischen Substanzen in hinlänglicher oder ungenügender Menge gelangt. Eine jede Naturerscheinung, welche die Durchlüftung des Bodens alterirt, wird auch den Zersetzungsprocess im Boden modificiren; und zwar bald die Oxydation befördern, bald aber Fäulniss einleiten. Die Uebersättigung des Bodens mit organischen Substanzen führt ebenso, als ungenügende Durchlüftung zur Fäulniss (S. 52). Der Städteboden ist überhaupt mehr zur Fäulniss, als zur Oxydation disponirt (S. 54).

11. Bei lebhafter Oxydation verschwinden die organischen Substanzen und das Ammoniak aus dem Boden; bei der Fäulniss hingegen findet sich unzersetzte organische Substanz mit viel Ammoniak vor, wogegen die Salpetersäure abnimmt (S. 52 bis 53).

12. Es werden die zur hygienischen Untersuchung des Bodens in Budapest getroffenen Einrichtungen beschrieben (S. 57).

13. Darlegung der Temperaturverhältnisse des Bodens in Budapest (S. 61).

14. Die Feuchtigkeit des Bodens in Budapest (S. 71). Beschreibung des Verfahrens zur directen Bestimmung der Bodenfeuchtigkeit (S. 74).

15. Schwankungen des Grundwassers in Budapest (S. 82). Die Grundwasserschwankungen werden unter dem grössten Theile des städtischen Gebietes durch die Donau regulirt (S. 85).

16. Das Grundwasser lässt in den links der Donau gelegenen Theilen von Budapest ein stetig zunehmendes Steigen erkennen, was zu sanitären Bedenken Anlass giebt (S. 87).

17. Darlegung der Strömungsverhältnisse des Grundwassers in Budapest (S. 88).

18. Unter gewissen Theilen der Stadt, in der Franzstadt, sinkt das Grundwasser in die Tiefe (S. 96).

19. Im natürlichen Sandboden von Budapest beträgt die Strömung des Grundwasser ca. 66 m pro 24 Stunden (S. 98).

20. Die im Boden befindlichen organischen Substanzen verfallen bald der Oxydation, bald der Fäulniss; zur Unterscheidung dieser Processe führt uns das subsummirte Verhältniss der Kohlensäure und des Sauerstoffs in der Grundluft (S. 113).

21. Der Gehalt der Grundluft an Schwefelwasserstoff, Kohlenwasserstoff u. s. w. (S. 117). Die Kohlensäure als bestes Anzeichen der Zersetzungsvorgänge im Boden (S. 119).

22. Die Menge der freien Kohlensäure im Budapester Boden steht mit der Bodenverunreinigung in geradem Verhältnisse (S. 122).

23. Für Bodenarten von im grossen Ganzen übereinstimmender Permeabilität lässt sich aus dem Kohlensäuregehalt der Grundluft auf die Verunreinigung des Bodens schliessen. Bei verschiedener Permeabilität ist diese Folgerung unrichtig (S. 124).

24. Es werden beschrieben: die jährlichen, jahreszeitlichen und täglichen Schwankungen der freien Kohlensäure im Pester Boden, sammt ihren Ursachen und den modificirenden Factoren (S. 125).

25. Darlegung der Strömungen der Grundluft und ihre Ursachen (S. 136).

26. Der Verlauf der Zersetzungsprocesse im Boden in dem Zeitraume von 1877 bis 1880 wird beschrieben (S. 143).

27. Der Typhus weist in Budapest mit der Temperatur und der Kohlensäureproduction, also mit der Fäulniss der oberflächlichen Bodenschichten, keinen Zusammenhang auf (S. 150).

28. Dagegen ist seine Uebereinstimmung mit den Schwankungen des Donauspiegels augenscheinlich (S. 150).

29. In Budapest nimmt der Typhus in der Regel mit steigendem Grundwasser zu und sinkt wieder mit diesem herab (S. 152).

30. In Budapest steht der Typhus unter dem Einflusse der in den tieferen Bodenschichten verlaufenden Veränderungen (S. 155).

31. Zu jeder beliebigen Jahreszeit war eine wenige Tage andauernde, ausgesprochene Temperaturerhöhung, etwa 14 bis 20 Tage später, von einer Vermehrung der Wechselfieberfälle gefolgt (S. 159).

32. Neben der Temperatur ist auch die oberflächliche Durch-

feuchtung des Bodens von wesentlichem Einfluss auf das Wechselfieber (S. 160).

33. Die Malaria ist ein Product der oberflächlichsten Bodenschicht (S. 162).

34. Der Infectionsstoff der Malaria wird aller Wahrscheinlichkeit nach unter der Bodenoberfläche in den oberen Schichten gezeitigt und gelangt von hier — möglicherweise durch die Vermittelung der Grundluft — an die Oberfläche (S. 165).

35. Auf die epidemische Verbreitung des Darmkatarrhs der Kinder wirkt die Temperatur am auffallendsten ein (S. 168).

36. Die Einwirkung der Regenfälle ist auch offenbar; inmitten der heftigsten Epidemie wird ein ausgiebiger Regenfall, nach 8 bis 10 Tagen, von einer Verminderung der Opfer der Enteritis gefolgt (S. 173).

37. Die epidemische Verbreitung der Enteritis steht unter dem Einflusse der in den oberflächlichen Bodenschichten verlaufenden Processe. Dagegen lässt die Enteritis mit keinem der in der Tiefe des Bodens auf- und abschwankenden Processe irgend einen Zusammenhang erkennen (S. 176).

38. Die im Sommer auftretenden, besonders das Säuglingsalter verheerenden Enteritisepidemien sind als eine solche Infectionskrankheit zu betrachten, deren Quelle im Zersetzungsprocesse der oberflächlichen Bodenschichten gelegen ist (S. 177).

39. Die Cholera war in Budapest an zeitliche Verhältnisse gebunden. Das zeitliche Vorherrschen der Cholera stand in Budapest unter dem Einflusse der Wärme, Feuchtigkeit und der Regenfälle (S. 180).

40. Die Cholera steht in Budapest auch unter der Einwirkung des Wasserstandes der Donau, resp. der Grundwasserschwankungen; sie verblieb bei Hochwasser in der Donau auf einem niederen Stande; bei sinkendem Donaustande loderte sie heftig auf (S. 180).

41. Die Cholera steht — gleich dem Wechselfieber und der Enteritis — mit dem in den oberflächlichen Bodenschichten verlaufenden Processe im Zusammenhange (S. 181).

42. In Budapest giebt es gewisse, genau umschriebene Gebiete, welche für Typhus, Cholera, Enteritis u. A. vorwiegend disponirt, während andere Gebiete mehr oder weniger immun sind. Dem gegenüber zeigen andere Krankheiten, wie z. B. die Masern, Croup und Diphtherie, das Scharlachfieber, kein so auffallend stärkeres Vorherrschen in dem einen, als im anderen Stadttheile (S. 183).

43. Die Seuchenzone von Budapest fällt mit den tiefsten Gebietstheilen der Stadt zusammen (S. 187).

44. Beschreibung der Methoden zur physikalischen, chemischen und mikroskopischen Untersuchung der oberflächlichen Bodenschichten (S. 192 bis 208).

45. Die oberflächlichen Schichten des Pester Bodens enthalten überall, und selbst in den kaum einige Milligramm wiegenden Erdpartikelchen noch Bacterien (S. 196).

46. Je unreiner der Boden, um so mehr vermögen Desmobacterien in ihm zur Herrschaft zu gelangen (S. 197).

47. Die oberflächliche (bis auf 4 m hinabreichende) Schicht des Pester Bodens enthält beinahe 1 Proc. organischer Verunreinigung (S. 209).

48. Die obere Schicht des Pester Bodens ist am meisten verunreinigt; die Verunreinigung nimmt mit der Bodentiefe ab (S. 213).

49. Eine in den Sandboden eingelagerte Lehmschicht verhindert das Niedergehen des Schmutzes in die Tiefe, aber sie sammelt ihn an und führt ihn der Fäulniss entgegen (S. 216).

50. Bei der Bodenverunreinigung kommt die Hauptrolle den Abtrittsgruben und Sielen zu (S. 219).

51. Die Bodenverunreinigung nimmt mit der Bewohnungsdichtigkeit der Häuser zu (S. 220).

52. Das Gebiet des schmutzigsten Bodens fällt in Budapest mit dem Gebiete der Seuchenzone zusammen (S. 222).

53. Der Boden der ungesunderen Häuser war mehr verunreinigt, als der Boden der nahe gelegenen gesunden Häuser. Ebenso enthielt der Boden den Schmutz in den ungesunden Häusern in faulendem Zustande; in den gesunden Häusern waren hingegen die organischen Substanzen in höherem Maasse oxydirt (S. 224).

54. Von den typhusfreien Häusern hatten dreimal so viel einen ganz reinen Boden, als die Typhushäuser (S. 227).

55. In den Typhushäusern waren besonders die tiefen Bodenschichten unreiner, als in den vom Typhus minder befallenen Häusern (S. 228).

56. Eine energische Oxydation im Boden war in den gesunden Häusern häufiger anzutreffen, als in den typhösen Häusern; hingegen war ein faulender Boden in den gesunden Häusern seltener (S. 230).

57. In den cholerafreien Häusern war der Boden seltener verunreinigt, als in den Cholerahäusern. Auch in den Cholerahäusern

zeigten sich besonders die tiefen Bodenschichten mehr verunreinigt als in den cholerafreien Häusern (S. 232).

58. Im Boden der von der Cholera befallenen Häuser war Fäulniss häufiger und Oxydation seltener, als im Boden der cholerafreien (S. 233).

59. Die epidemische Verbreitung von Typhus und Cholera steht in gewissen Häusern, auf gewissen Seuchengebieten unter dem unbezweifelbaren und entscheidenden Einflusse der Bodenverunreinigung und Bodenfäulniss. — Die Ursache der Siechhaftigkeit oder Immunität einzelner Häuser oder Häusergruppen ist also mit der grössten Wahrscheinlichkeit in erster Reihe in der Verunreinigung und Fäulniss der oberen, insbesondere aber auch der tieferen Bodenschichten zu suchen (S. 237 und 238).

60. Beim Zustandekommen der Seuchendisposition liegt der entscheidende Einfluss nicht so sehr in der Bodenfeuchtigkeit und ihren Schwankungen, als im verschiedenen Maasse der Bodenverunreinigung (S. 240).

61. Den Angelpunkt der Verbesserung der sanitären Verhältnisse von Budapest bildet eine richtige Canalisation, welche die Reinhaltung und die allmälige Reinigung des Bodens ermöglicht (S. 242).

Die im III. Theil dieses Werkes hervorgehobenen wichtigeren Ergebnisse.

1) Die Ansicht, wonach bei Typhus- und Choleraepidemien das Trinkwasser der regelmässige oder auch nur ein häufiger Producent oder Verbreiter des Infectionsstoffes wäre, findet in den durch die Literatur gelieferten Daten keine Stütze (S. 269).

2) Trotzdem sprechen zahlreiche Beobachtungen dafür, dass das Trinkwasser auf die Verbreitung jener Krankheiten in der That einen gewissen Einfluss ausübt (S. 271).

3) Darlegung der für die hygienische Untersuchung des Trinkwassers maassgebenden hygienischen Principe (S. 276).

4) Die bei der Untersuchung des Trinkwassers befolgten Methoden (S. 278).

5) Von den Budapester Brunnenwässern sind sehr viele in einem unglaublichen Maasse verunreinigt (S. 286).

6) Es trifft sich häufig, dass selbst Nachbarhäuser kein übereinstimmendes Brunnenwasser besitzen. Von den chemischen Bestandtheilen dieser Wässer weisen die organischen Substanzen und das Ammoniak die grössten Schwankungen auf (S. 289).

7) In Häusern mit verunreinigtem Boden waren die organischen Substanzen und das Ammoniak im Wasser am meisten vermehrt (S. 290).

8) Das Wasser von Brunnen, welche in der Nähe von Abtrittgruben oder Sielen liegen, zeigt die bedeutendste Zunahme an Ammoniak (S. 291).

9) Um zu erkennen, ob das Wasser des einen Brunnens in einem verunreinigteren, inficirteren Boden enthalten ist, als das des anderen, Nachbarbrunnens, also ob das eine Wasser einer grösseren Verunreinigung ausgesetzt ist, als das andere, — dazu dienen Ammoniak und organische Substanzen als beste Anzeichen; das Chlor ist ein weniger verlässlicher, Salpetersäure und fester Rückstand sind ganz unverlässliche Indicatoren. Darum verdienen bei der hygienischen Untersuchung des Trinkwassers das Ammoniak und die organischen Substanzen die meiste Beachtung (S. 292).

10) In den Brunnenwässern nehmen organische Substanzen, Ammoniak und Chlor übereinstimmend zu und ab; die Salpetersäure bewegt sich hingegen, besonders zu den beiden ersteren, im entgegengesetzten Sinne (S. 294).

11) Bei den mit den untersuchten Brunnenwässern — nach der beschriebenen Methode — angelegten Culturen haben sämmtliche für chemisch rein befundenen Wässer auch für bacterienfrei sich erwiesen; andererseits führten die chemisch verunreinigten Wässer beinahe ohne Ausnahme zur Entwickelung von Bacterien. Daher kann von Wässern, welche, nach der beschriebenen Methode gezüchtet, Bacterien reproduciren, auch nicht behauptet werden, dass sie rein und nicht inficirt sind. Wässer hingegen, welche zur Entwickelung von Organismen nicht führen, dürfen, selbst bei minder günstigen chemischen Eigenschaften, für nicht inficirt gelten (S. 303).

12) In den von 1877 bis 1880 ununterbrochen untersuchten Pester Brunnenwässern nahm die Verunreinigung bedeutend zu, woraus auf eine stetig allgemeiner werdende Bodenverunreinigung und auf eine stetige Abnahme der Oxydationskraft des Bodens geschlossen werden muss (S. 309).

13) In jenen Brunnenwässern zeigten auch die Mengen der einzelnen Bestandtheile in den gleichen Zeiträumen fortwährende

Schwankungen, welche an den organischen Substanzen am beträchtlichsten, am Chlor am geringsten waren. Bei der Beurtheilung der zeitlichen Veränderungen in der Verunreinigung des Trinkwassers bietet die organische Substanz den empfindlichsten Indicator (S. 310).

14) Die Schwankungen der einzelnen Wasserbestandtheile, sowie jene der Bestandtheile verschiedener Brunnen zeigen eine gewisse Uebereinstimmung, zum Beweis, dass jene Schwankungen durch dieselben Naturkräfte gesteuert werden. Solche Kräfte sind: das Eindringen der Meteorwässer in den Boden und die Bewegungen des Grundwassers. Ausserdem kann die Menge der einzelnen Wasserbestandtheile auch durch zufällige Verunreinigungen verändert werden (S. 312).

15) Die allgemeinen Schwankungen der Verunreinigung des Brunnenwassers in Budapest von 1877 bis 1880. Die Infection der Brunnenwässer mag zu jenen Zeiten am beträchtlichsten sein, wenn in Folge des Ansteigens des Wasserstandes in der Donau die Strömung des Grundwassers unter gewissen Stadttheilen aufgehalten wird (S. 312).

16) Das Leitungswasser von Pest in 1877 bis 1880; die Veränderungen in der chemischen Beschaffenheit dieses Wassers während der Beobachtungszeit (S. 313).

17) Bei den mit den Wässern längere Zeit hindurch angestellten Züchtungen traf das Angehen der Culturen um so seltener ein, je reiner das Wasser in chemischer Hinsicht beschaffen war; andererseits kamen aus dem Wasser um so häufiger Desmobacterien zur Entwickelung, je unreiner das Wasser war (S. 317).

18) Der Darmkatarrh und das Wechselfieber, welche unter dem Einflusse der oberflächlichen Bodenschicht stehen (siehe das Resumé des II. Theiles, Punkt 33, 37 und 38) liessen mit den zeitlichen Veränderungen der Brunnenwässer gar keinen Zusammenhang erkennen (S. 319).

19) Der Typhus, von welchem ich behauptete, dass er unter dem Einfluss der tiefen Bodenschicht steht (II. Th., 30. Punkt), wies auch mit den zeitlichen Veränderungen des Wassers einen gewissen Zusammenhang auf, indem er in der Regel mit den verminderten Strömungen, und somit auch mit der zunehmenden Verunreinigung des Grundwassers, an Ausbreitung gewann (S. 321).

20) In Budapest scheinen die Schwankungen des Grundwassers die Verbreitung des Typhus hauptsächlich dadurch zu beeinflussen, dass bei der Erhöhung des Grundwasserspiegels das

Strömen des Grundwassers behindert und dadurch seine Verunreinigung und Fäulniss befördert wird (S. 322).

21) Die gesünderen Stadttheile haben ein reineres, die von Typhus- und Choleraepidemien stärker heimgesuchten Stadttheile haben ein verunreinigteres Brunnenwasser (S. 323).

22) In Pest war das Brunnenwasser in den Häusern, welche in 1866, 1872 und 73 von der Cholera heftig befallen waren, merklich unreiner als in den nebenan, oder in derselben Strasse gelegenen anderen Häusern, welche von der Cholera wenig oder gar nicht zu leiden hatten. Das Brunnenwasser der Cholerahäuser zeichnete sich besonders durch seinen hohen Gehalt an Ammoniak und an organischen Substanzen aus (S. 326).

23) Aehnliches wurde an den Brunnenwässern jener Häuser beobachtet, welche in den Jahren 1863 bis 1877 von Typhus häufig heimgesucht worden oder im Gegentheil constant verschont geblieben waren, obschon der Typhus diesbezüglich keine so bedeutenden Unterschiede aufweist, als die Cholera (S. 328).

24) Den für die Cholera gültigen Regeln ganz ähnlich lauten auch die an der Enteritis gemachten Erfahrungen (S. 329).

25) Das in einem mit organischen Substanzen übersättigten und faulenden Boden enthaltene Brunnenwasser ist in gesundheitlicher Hinsicht am schädlichsten, während das in einem die organischen Substanzen gut zurückhaltenden und energisch oxydirenden Boden befindliche Wasser unschädlich ist. Die Oxydationsproducte selbst verderben ein Brunnenwasser nicht und zeigen auch keinesfalls eine schädliche Beschaffenheit des Wassers an; hingegen sind die organischen Substanzen und Fäulnissproducte (Ammoniak) im Wasser entweder an und für sich schädlich, oder sie geben einen Indicator für die gesundheitsschädliche Beschaffenheit des Bodens und des Wassers ab (S. 329).

26) Unter der Bevölkerung der mit Leitungswasser versehenen Häuser kamen in 1872 bis 1873 nur halb so viel Cholerafälle vor, als unter der Bevölkerung derjenigen, übrigens nebenan oder in demselben Stadttheile gelegenen Häuser, welche keine Wasserleitung hatten. Bezüglich der letzteren ist die Besserung um so hervortretender, je unreiner das durch das Leitungswasser ersetzte Grundwasser war. Die Choleramortalität war in den verschieden schlechtes Brunnenwasser geniessenden Häusern nach Stadttheilen sehr verschieden; in den mit demselben Leitungswasser versehenen Häusern war auch die Choleramortalität in den verschiedenen Stadttheilen nahezu dieselbe (S. 333).

27) Aehnliches liess sich — obschon weniger hervortretend — auch für den Typhus beobachten, welcher von 1869 bis 1877 in denjenigen Häusern, welche auf Brunnenwasser angewiesen waren, heftiger wüthete als in den mit Leitungswasser versehenen Häusern u. s. f. (S. 335).

28) Aehnliches wurde auch für den Darmkatarrh erforscht (S. 337).

29) Scharlachfieber, Croup und Diphtherie, Masern und Pneumonie verursachten in den mit Leitungswasser versorgten und in den auf Brunnenwasser angewiesenen Häusern beinahe ganz die gleiche Sterblichkeit, oder es waren die mit Leitungswasser versehenen Häuser sogar die mehr ergriffenen. Die Blattern traten aber unter der auf Brunnenwasser angewiesenen Bevölkerung in grösserer Anzahl auf (S. 339).

30) In der Unreinigkeit des Brunnenwassers liegt eine Schädlichkeit, welche die Verbreitung der Cholera, des Typhus, des Darmkatarrhs — und auch der Blattern (?) — beförderte (S. 340).

Schlusswort.

1) Luft, Wasser und Boden können auf die Infectionskrankheiten entweder dadurch Einfluss nehmen, dass sie den fertigen, in sie gelangten Infectionsstoff verbreiten und so in den menschlichen Körper gelangen lassen, oder dadurch, dass sie selbst auch den Infectionsstoff erzeugen; endlich dadurch, dass sie blos die individuelle Disposition beeinflussen.

2) Es ist kaum zu bezweifeln, dass der fertige Infectionsstoff durch Luft, Wasser und Boden verbreitet werden kann, obschon dies gewiss äusserst selten vorkommen mag, und bisher auch in keinem einzigen Falle ganz bestimmt nachgewiesen wurde.

3) Es ist sehr unwahrscheinlich, dass der specifische Infectionsstoff selbst in der Luft, im Boden oder im Wasser des von der Epidemie heimgesuchten Ortes producirt würde.

4) Luft, Boden und Wasser verdanken ihren Einfluss auf Typhus, Cholera u. a. hauptsächlich ihrer Verunreinigung mit organischen Abfallstoffen.

5) Die in Luft, Boden und Wasser enthaltenen Verunreinigungen üben ihren Einfluss auf das zeitliche und örtliche Vorherr-

schen der Infectionskrankheiten (Typhus und Cholera) in der Weise aus, dass der Schmutz, respective die in demselben erzeugten und für sich oder auch mit dem Schmutze in den Körper gelangenden Organismen (Bacterien) die Widerstandsfähigkeit des von ihnen befallenen Körpers herabmindern. Dieser Schmutz und dessen Producte bedingen die Siechhaftigkeit des Ortes, — sie bilden ein locales Miasma.

6) Alle Anzeichen sprechen dafür, dass der Boden der ausgebreitetste und allgemeinste Stapelplatz ist, von welchem aus Luft und Wasser gewisser Häuser, Stadttheile und ganzer Städte, zu gewissen Zeiten mit dem disponirenden Miasma versorgt werden. Ausser im Boden kann sich aber das disponirende Miasma — im Gefolge von Schmutz und Fäulniss — auch anderswo entwickeln.

7) Die Infection wird durch eigene specifische Stoffe, wahrscheinlich Bacterien, bewirkt, welche vom Kranken und seinen Gebrauchsgegenständen herstammen; diese specifischen Keime werden überall inficiren, wo sie einen, von anderen abschwächenden Stoffe durchdrungenen oder auch auf andere Art zum Widerstand unfähiger gemachten Körper antreffen.

8) Keine prophylactische Maassregel wird gegen Typhus und Cholera durchschlagende Erfolge erzielen, und den Schmutz überall, — in der Luft, im Boden und im Wasser, — gänzlich vernichten, wenn sie gegen den Schmutz nur in einer Stätte (z. B. nur durch Besorgung von gutem Trinkwasser, oder nur durch Desinfection der Abtritte u. s. w.) ankämpft; obschon andererseits eine jede Anordnung, welche die Reinheit der Luft, des Bodens oder des Wassers erhöht, indirect auch den Quell der Epidemien schwächt. Die wichtigste Aufgabe der Hygiene liegt darin, dass sie bereits vor dem Auftreten von Epidemien auf die Herabminderung der Seuchendisposition der Bevölkerung hinwirke. Hierzu liegt das wichtigste Mittel in der Reinhaltung von Luft, Boden und Wasser, — in der öffentlichen Reinlichkeit.

9) Zu epidemischen Zeiten wird die Zerstreuung des specifischen Keimes unter die disponirte Bevölkerung durch die Isolirung und Desinfection der Kranken und ihrer Provenienzen vermindert; deshalb soll auch zu epidemischen Zeiten die Isolirung die Hauptaufgabe sein.

Erklärung der Tafeln.

Tafel I.

Schwankungen der Temperatur der freien Luft und der oberflächlichen Bodenschicht, vom 20. September bis 20. October 1877. Curve 1: Temperatur der freien Luft auf Grundlage der um 7^h, 2^h und 9^h gemachten Bestimmungen, nach den Mittheilungen des meteorologischen Institutes. Curve 2: Bodentemperatur in 0,5 m Tiefe im chemischen Hofe, im Mittel aus zwei, Morgens und Abends angestellten Ablesungen; nach eigenen Beobachtungen. Curve 3 und 4: Bodentemperatur in 1 und 2 m Tiefe am selben Orte nach gleichzeitigen Ablesungen.

Tafel II.

Kohlensäure der Grundluft, auf verschiedenen Stationen in verschiedenen Tiefen, in 1877 bis 1879; nach Monatsmitteln. Curvengruppe 1: Grundluft im Neugebäude, — Gruppe 2: in der Carlscaserne, — Gruppe 3: in der Uellöer Caserne, — Gruppe 4: im Hofe des chemischen Instituts. I, II, III und IV bedeuten 1, 2, 3 und 4 m Bodentiefe, woher die Grundluft aspirirt wurde. Jeder Millimeter an Höhe repräsentirt 1 Vol. pro Mille Kohlensäure (Luft auf 0° und 760 mm reducirt).

Tafel III.

Schwankungen des Grundwassers und des Donauspiegels im April bis December 1880. Jeder Millimeter an Höhe entspricht 2 cm Erhöhung über den Nullpunkt der Donau. Die einzelnen Curven versinnlichen die Schwankungen der folgenden Brunnen: 1) Soroksárigasse Nr. 63 (Brunnen XXX auf Karte IX); 2) Neugebäude Caserne (Brunnen III); 3) Uellöer Caserne (Brunnen XXXI): 4) Donauspiegel; 5) Józsefgasse Nr. 20 (Brunnen XXV); 6) Váczistrasse Nr. 2 (Brunnen XI); 7) Rochushospital (Brunnen XIX); 8) Dunagasse Nr. 11 (Brunnen XVI); 9) Aradigasse Nr. 4 (Brunnen VIII); 10) Királygasse Nr. 87 (Brunnen XIV); 11) Kerepesistrasse Nr. 45 (Brunnen XXI); 12) Teleki-Platz Nr. 154 (Brunnen XXVIII).

Tafel IV.

Curve 1: Monatssumme der Niederschläge von 1863 bis 1880, nach den Angaben der meteorologichen Landesanstalt. 1 mm Höhe entspricht 5 mm Niederschlag. Curve 2: Durchschnittlicher monatlicher Stand des Donauspiegels von 1863 bis 1880, nach den täglichen Messungen der ersten k. k. privilegirten Donau-Dampfschifffahrt-Gesellschaft. Jeder Millimeter an Höhe entspricht einem Steigen von 10 cm über den Nullpunkt der Donau. Curve 3: Schwankungen des Grundwassers im Hause Ujvilággasse Nr. 2 in Monatsmitteln nach, von 10 zu 10 Tagen angestellten Messungen, vom Juli 1875 bis December 1880. Höhen wie oben. Curve 4: Typhusmortalität in Monatssummen für 1863 bis 1880. Die Figur giebt die Mortalität bis 1873 nur für die Stadttheile links der Donau (Pest), von 1874 angefangen stellt sie die Typhusmortalität der ganzen Stadt dar. Für 1863 bis 1871 aus den Pester Physikatsberichten, für 1872 bis 1880 aus den Mittheilungen des hauptstädtischen statistischen Bureaus. 1 mm Höhe entspricht zwei Todesfällen. Curve 5: Sterblichkeit an Enteritis und Diarrhoe in 1863 bis 1880; bis 1873 bloss die Pester Mortalität, von 1874 angefangen die der ganzen Stadt. Bis 1871 nach Physikatsberichten, für 1872 bis 1880 nach den Angaben des statistischen Bureaus. Von 1874 angefangen sind in der Curve Enteritis und Diarrhoe zusammen enthalten; für 1872 bis 1874 sind nur die als Darmkatarrh eingeschriebenen Todesfälle in die Figur aufgenommen worden (die Monatszahlen der unter Diarrhoe eingeschriebenen fand ich nirgends verzeichnet, sie mögen etwa $^1/_3$ des Darmkatarrhs ausgemacht haben). Jeder Millimeter Höhe entspricht fünf Todesfällen. Curve 6: Zunahme der Bevölkerung auf Grundlage der Volkszählungsergebnisse. Bis 1873 zeigt der Pfeil die Bevölkerungszahl von Pest an, von 1874 angefangen die der ganzen Stadt. Jeder Millimeter an Höhe entspricht 10000 Einwohnern. Curve 7: Choleramortalität in den Stadttheilen links der Donau (Pest) in 1866 und 1872 bis 1873 nach den amtlichen Mittheilungen von Körösi. Jeder Millimeter Höhe entspricht 20 Todesfällen an Cholera. Curve 8: Lufttemperatur in Monatsmitteln, in 1863 bis 1880, nach den Mittheilungen der meteorologischen Landesanstalt.

Tafel V.

Curvengruppe 1. Curve 1: Lufttemperatur in 1877 bis 1880 in fünftägigen Mitteln, nach den Angaben der meteorologischen Landesanstalt. Curve 2 bis 5: Bodentemperatur in 0,5, 1, 2 und 4 m Tiefe, nach eigenen, zehntägigen Beobachtungen. — Curvengruppe 2: Kohlensäure der Grundluft in aus den Daten aller Stationen berechneten Mittelwerthen. Die Curven 1, 2 und 3 bedeuten Bodentiefen von 1, 2 und 4 m, woher die Grundluft aspirirt worden war. Curve 1 giebt in 1877 das Mittel der täglichen Kohlensäuremengen aus den auf allen Stationen ausgeführten Bestimmungen an. Jeder Millimeter Höhe drückt 0,5 Vol. Kohlensäure in 1000 Vol. Luft aus. Fig. 3: Typhusmortalität in Budapest für 1877 bis 1880 in Wochenmitteln, nach den Wochenberichten des hauptstädtischen statistischen Bureaus. Jeder Millimeter Höhe entspricht 2 Todesfällen. Fig. 4: Sterblichkeit an Darmkatarrh und Enteritis in Budapest in 1877 bis 1880, wie oben. Fig. 5: Morbidität an Wechselfieber in 1877 bis 1880, zusammengestellt aus den Aufnahmebüchern des allgemeinen Krankenhauses zu St. Rochus, des Kinderhospitals und der beiden Militärhospitäler. Die punktirten Linien in den Sommermonaten versinnlichen bloss die den Büchern der Civilhospitäler entnommenen Erkrankungsfälle. Höhe wie oben.

Tafel VI.

Fig. 1: Niederschläge zu Budapest, in 1877 bis 1880, nach den Mittheilungen der meteorologischen Landesanstalt. Jeder Millimeter Breite enthält die Niederschlagsmengen von je 2 Tagen; jeder Millimeter an Höhe bedeutet 2 mm Niederschlag. Curvengruppe 2: Schwankungen des Grundwassers und des Donauspiegels in 1877 bis 1880. Curve 1: Brunnen im Neugebäude (Brunnen Nr. III auf Karte IX); jeder Millimeter an Höhe bedeutet eine Schwankung von 2 cm über oder unter dem Nullpunkte der Donau. Curve 2: Brunnen in der Uellöer Caserne (Brunnen XXXI) nach fünftägigen Mitteln aus den täglich ausgeführten Messungen. Höhe wie oben. Curve 3: Wasserstand der Donau; zehntägige Mittel aus den täglichen Messungen. Höhe wie oben; oberhalb der Höhe von 400 cm bedeutet jeder weitere Millimeter ein Steigen des Wassers um 50 cm. Curve 4: stellt die Schwankungen des Brunnenwassers im Rochushospitale (Brunnen XIX) dar; Höhen wie oben. Curve 5: Ujvilággasse Nr. 2 (Brunnen XVIII). Curve 6: Dunagasse Nr. 11 (Brunnen XVI). Curve 7: Kerepesistrasse Nr. 45 (Brunnen XX). — Curvengruppe 3: Bodenfeuchtigkeit im Hofe des chemischen Instituts. Die Curven 1, 2, 3 und 4 entsprechen den Bodentiefen 1 bis 4 m. 1 mm Höhe bedeutet 2 g Wasser in 1000 g trockener Erde.

Tafel VII.

Typhusmortalität in 1863 bis 1877. Jeder einzelne schwarze Punkt entspricht einem Todesfalle, welcher im genannten Zeitraume aus dem betreffenden Hause notirt wurde, wo der Punkt eingezeichnet ist. Die im Krankenhause Verstorbenen wurden — so weit es eruirt werden konnte — in dasjenige Haus eingetragen, aus welchem sie in das Krankenhaus transportirt worden waren. Die Daten wurden aus den amtlichen Registern der Todtenbeschauer und der Krankenhäuser gesammelt.

Tafel VIII.

Choleramortalität während der Epidemien in 1866 und 1872 bis 1873. Diese Tafel wurde ganz in derselben Weise construirt wie Tafel VII.

Tafel IX.

Niveauverhältnisse des Bodens und des Grundwassers. Die Erhebung des Terrains über den Nullpunkt der Donau wird durch die Farbentöne ausgedrückt. Der dunkelste Ton bedeckt die bis auf 7 m über dem Nullpunkte der Donau gelegenen Gebietstheile, die folgenden Farbentöne veranschaulichen die Höhen von weniger als 8, 9 und 10 m. Die weiss belassenen

Gebietstheile liegen höher als 10 m über dem Nullpunkte der Donau. Die Höhen wurden nach den Daten des hauptstädtischen Ingenieuramtes bezeichnet und drücken überall die Cote des Strassenpflasters und nicht die Höhenlage der Gründe (Höfe und Gärten) aus. Die Karte liefert überhaupt nur einen annähernden Ausdruck von den Niveauverhältnissen der Oberfläche.

Der Zähler der eingeschriebenen Bruchzahlen drückt den Abstand von der Bodenoberfläche bis zum Grundwasserspiegel (in Centimetern) aus; der Nenner giebt die Höhenlage dieses Wasserniveaus über dem Nullpunkte der Donau (gleichfalls in Centimetern) an. Die mit dem Minuszeichen versehenen Nenner bedeuten eine entsprechende Tiefe unter dem Nullpunkt. Zähler und Nenner zusammen geben die Höhenlage der Bodenoberfläche über dem Nullpunkte der Donau. Die neben den Bruchzahlen stehenden römischen Zahlen bezeichnen jene 34 Brunnen, an welchen längere Zeit hindurch über die Niveauverhältnisse etc. des Grundwassers genaue Beobachtungen angestellt wurden; die arabischen Zahlen 35 bis 73 bezeichnen diejenigen Brunnen, in welchen der Stand des Wasserspiegels bloss ein einziges Mal gemessen wurde.

Tafel X.

Chemische Bestandtheile der Trinkwässer in 1877 bis 1880. Die erste Curvengruppe veranschaulicht die organischen Substanzen (Permanganat × 5) in Milligramm pro Liter Wasser, nach den Ergebnissen der in 1877 dreimal, seitdem einmal im Monate (am 15.) ausgeführten Bestimmungen. Jeder Millimeter an Höhe entspricht 5 mg organischer Substanz. In dieser Curvengruppe bedeutet Curve 1: das Wasser in einem Brunnen des Neugebäudes (Brunnen III auf Taf. IX); Curve 2: den Brunnen im Hause Dunagasse Nr. 11 (Brunnen XVI); Curve 3: Brunnen der Carlscaserne (Brunnen XVII); Curve 4: den Hausbrunnen Ujvilággasse Nr. 2 (Brunnen XVIII); Curve 5: einen Brunnen des Rochushospitals (Brunnen XIX); Curve 6: den Hausbrunnen Kerepesistrasse Nr. 25 (Brunnen XX); Curve 7: den Brunnen der Uellöer Caserne (Brunnen XXXI). — In der zweiten Curvengruppe ist das Chlor der Trinkwässer dargestellt. Die Bezeichnung der einzelnen Curven ist dieselbe wie bei Curvengruppe 1. Jeder Millimeter Höhe entspricht 10 mg Chlor im Liter Wasser. — Curvengruppe 3 ist eine graphische Darstellung des Salpetersäuregehaltes der Wässer. Bedeutung der Curven und der Höhen wie oben. —

Curvengruppe 4 giebt den festen Rückstand der Wässer. Bezeichnung der Curven wie oben, jedoch entspricht hier jeder Millimeter an Höhe 50 mg festem Rückstand im Liter Wasser. Curvengruppe 5 veranschaulicht den Ammoniakgehalt des Brunnenwassers in der Uellöer Caserne (Curve 7) und im Hause Dunagasse Nr. 11 (Curve 2). 1 mm Höhe bedeutet 0,1 mg Ammoniak im Liter.

www.ingramcontent.com/pod-product-compliance
Lightning Source LLC
Chambersburg PA
CBHW020855210326
41598CB00018B/1672
9783743320277